2024
全国智慧农业典型案例汇编

农业农村部信息中心　编著

中国农业科学技术出版社

图书在版编目（CIP）数据

2024 全国智慧农业典型案例汇编 / 农业农村部信息
中心编著 . -- 北京：中国农业科学技术出版社，2024.
9. -- ISBN 978-7-5116-7043-4

Ⅰ. S126

中国国家版本馆 CIP 数据核字第 20245PY419 号

责任编辑 于建慧
责任校对 王　彦
责任印制 姜义伟　王思文

出 版 者　中国农业科学技术出版社
　　　　　北京市中关村南大街 12 号　　邮编：100081
电　　话　（010）82109708（编辑室）（010）82109702（发行部）
　　　　　（010）82109709（读者服务部）
网　　址　https://castp.caas.cn
经 销 者　各地新华书店
印 刷 者　北京中科印刷有限公司
开　　本　185 mm×260 mm　1/16
印　　张　33.75
字　　数　698 千字
版　　次　2024 年 9 月第 1 版　2024 年 9 月第 1 次印刷
定　　价　198.00 元

编著委员会

前　言

　　2021 年至 2024 年中央一号文件连续四年提出"发展智慧农业""推进智慧农业发展"，全方位、深层次推进智慧农业在全国范围内落地应用已经成为国家推动农业高质量发展、建设农业强国的必然要求和重要着力点。为深入贯彻党中央、国务院以及部党组关于智慧农业建设的决策部署，更好发挥现代信息技术赋能农业高质量发展、助力农业强国建设的作用，农业农村部信息中心自 2021 年起面向全国农业农村信息中心系统征集全国智慧农业建设典型案例，并连续两年出版全国智慧农业典型案例汇编图书，得到了各级单位的大力支持，取得了良好的成效，为智慧农业的典型经验总结、落地应用推广贡献了自己的力量。

　　2024 年，我们继续开展智慧农业建设典型案例汇编出版工作，本次将汇编 2023 年征集的来自全国各省（自治区、市）的 163 个典型案例，其中包括 75 个优秀案例。我们对 163 个案例按照智慧种植、智慧畜牧、智慧渔业、智能农机、智慧园区、智慧服务等类别进行分类汇编，形成了《2024全国智慧农业典型案例汇编》，总结了各地智慧农业建设最新应用成果与先进经验，以期为进一步开展智慧农业建设推广工作提供思路。

　　未来，农业农村部信息中心将持续深化智慧农业典型案例的征集工作，拓宽征集渠道，加大宣传力度，吸引更多元、更具创新性的案例加入，不断优化案例筛选与评审工作机制，确保案例优中选优，提升案例整体质量。同时，农业农村部信息中心将持续深耕智慧农业建设，坚定不移的推进智慧农业的全面建设与发展，聚焦技术创新与实际应用融合，加强与科研机构、高校及企业的合作，共同探索智慧农业前沿技术，为加快建设农业强国、推进农业农村现代化贡献力量。希望各级单位充分发挥地方优势，创新工作思路，共同推进智慧农业典型案例的挖掘与推广，呼吁社会各界单位，积极参与智慧农业建设，贡献智慧力量，共同书写农业强国新篇章。

本书案例的征集和汇编，得到了各省（区、市）农业农村信息中心及相关科研机构、企业和社会组织的大力支持，在此表示衷心的感谢！由于时间和水平限制，本书还存在许多不足，仍需进一步改进。在未来的征集中，我们将继续聆听各位读者的意见，努力提升案例的质量和涵盖面，以更好地服务于智慧农业建设。感谢大家的支持与理解，期待在我们的共同努力下，为智慧农业的不断推进添砖加瓦。

本书编委会

2024 年 9 月

目　录

第一部分　智慧种植

第二部分　智慧畜牧

第三部分　智慧渔业

第四部分　智慧农机

第五部分　智慧园区

第六部分　智慧服务

第一部分

／

智慧种植

北京市首农翠湖工场智慧种植优秀案例

➤ **基本情况**

北京翠湖农业科技有限公司成立于 2018 年 1 月，注册资本为 16 800 万元，系北京市西郊农场有限公司全资子公司，隶属于北京首农食品集团有限公司。公司位于海淀区上庄镇前章村西侧，占地 981 亩，包括绿色示范工厂、配套协作区和设施农业创新研发基地三大区域，其中绿色示范工厂计划建设 20 万 m^2 高效设施，一期 10 万 m^2 智能连栋温室已成功运营，是京津冀地区单体最大的蔬菜生产连栋温室，二期 11.2 万 m^2 智能连栋温室在 2024 年 5—9 月陆续投入运营。

➤ **主要做法**

公司依托首农食品集团之农业底蕴，以"生产 + 科研"两种业态为主导，以智能连栋温室高效生产模式为核心，建设成为立足海淀、服务北京、辐射全国的设施农业产研融合创新基地，带动传统设施农业转型升级，支撑首都菜篮子供应。

1. 高效智能连栋温室设计

翠湖智慧农业创新工场的整体设计遵循科学性、先进性与实用性相结合的原则，提高土地利用率。同时，坚持绿色、环保的理念，各建筑物、构筑物在满足种植工艺、供暖、电气及给排水等专业需要的前提下，尽可能实现节能、节水、高效，因地制宜、合理适用，具有示范性和带动效应。实现了种植方式的科学性和温室设备的先进性相结合的目的。

生态环保方面：采用雨水收集技术、水肥循环利用灌溉技术、熊蜂授粉技术、生物天敌防虫技术等生态绿色先进技术来确保项目的生态环保。

数字化智能管理方面：采用气候分区环境调控技术、加温降温能源管理与调控技术、作业信息采集与监控技术、劳动力智能管理技术、产品信息管理技术、温室与装备信息管理技术、植物生命全周期信息采集与管护支持技术等来确保项目的"数字技术与智能化管理"。

温室的节能性方面：深入贯彻节能、节水、节约用地和环境保护等国家（地方）相关政策；充分利用当地多种资源、因地制宜地设计，尽量降低温室能耗，并通过智能控制系统和优化的设计保证水、暖、电等能耗指标在国内同类温室中居于领先地位。选择精准度高、稳定性强的水肥一体化设备，配备 RO 制水机、储水罐、紫外线消毒机回液循环再利用；采用关键环节智能装备，提升劳动生产率，提高作业质量和管控能力；采用智能导航车（AGV），配套与商品化处理设备交互的调度管理系统，实现输送无人化和物流设备精准无缝对接，实现物流输送极速化；采用绿色生产和防控技术，以熊蜂授粉、水肥精准减量为手段实现栽培过程绿色化，基于栽培生产过程测算优化，配置生物和物理防控点位，配置相应的固定设备和安装托架，使绿色防控在设计方案中得以制定；选用高性能拉秧机，资源化处理植株废弃物。

2. 园区生产和运营管理

环控系统——生产管理数字化：主要通过室内外环境监测设备，将实时环境数据（包括光照强度、温度、湿度、风速等）实时汇总到环控系统，根据番茄不同生长周期，设置精准环境策略，系统自动控制天窗、遮阳幕布、高压喷雾、垂直风机等环境控制设备的工作状态，使其达到设定的精准环境参数，让作物在最佳的环境下生长。

室外气象站　　　　　　　　环境检测设备　　　　　　　　中控室

幕布　　　　　　　　　　垂直风机　　　　　　　　高压喷雾

天窗　　　　　　　　　环流风机　　　　　　　天空防虫网

水肥一体系统：根据番茄不同生长阶段、不同气候环境条件下光合作业和代谢精准的控制，通过温室内光照、温度、CO_2浓度、湿度、基质称、回液 EC 值实时监测、水肥一体系统根据设定好的策略，综合分析当前植株的生长状态，精准控制母液调配比例、控制滴灌的频率和总量，达到营养生长和生殖生长的精准调控，最终达到最大的产量和最优的品质。

RO 过滤

纯水罐、回液罐

施肥机

UV 消毒机

省力化装备：温室配备各项省力化设备，包括 65 辆升降轨道作业车、25 辆电动打叶车、80 辆轨道采摘车、2 套 AGV 牵引工作车，2 台智能轨道打药车等，工人在工作中可以最大限度地省力、方便、快捷。

AGV 牵引车和轨道采收车

升降轨道作业车

轨道打叶车

劳动力管理系统：该系统利用带有 NFC 功能的手机，通过局域网手机端 App 实时将工人操作和巡查情况反馈回服务器数据中心。系统会自动分析数据，统计每个工人的绩效、每道工序完成效率、便于管理人员合理进行人员分配，提高整体劳动效率，从而全面提高生产效率和降低生产成本。

 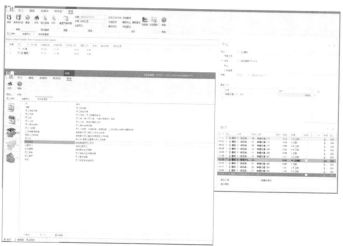

劳动力管理系统

业财一体化系统：该系统将生产、包装加工、销售和财务管理有效整合在一个平台，根据销售的订单指导生产安排，采后加工包装根据订单合理安排材料、人员调配。围绕经营所有投入品的采购申请、出入库管理都由平台完成，均与财务直接关联，财务实时获得应收、应付数据，免去了各部门之间反复对账的烦琐，打通了业务和财务的壁垒。业务责任人可随时随地打开系统完成线上审批，大大节约了时间成本，提高了工作效率。

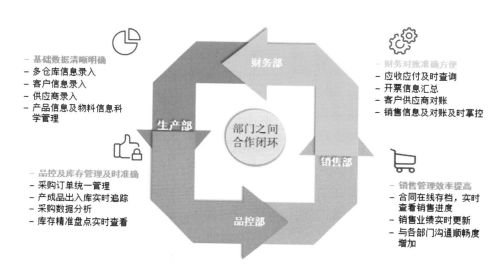

蔬菜质量安全溯源系统：该系统完整记录了首农翠湖工场的番茄从播种、育苗、定植、管理、采收、包装、销售全过程详细信息，实现每个包装唯一溯源码，消费者通扫描溯源二维码，可以了解番茄整个生长周期各项管理活动，还可以通过网络摄像机，实现生产场景的实时再现，真正做到了全程可溯源。

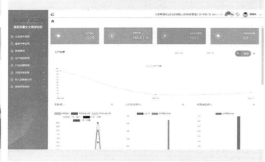

➤ **经验效果**

1. 生态效益

翠湖农业地紧邻大西山绿色生态文化带，且处于生态控制区，具有保护现有生态环境的需求。采用如高效节能温室、节水灌溉、良种良法配套等节能环保新技术，有效提高水、光热、土地等资源的利用率。同时采用绿色种植方式，严格控制化肥、农药的使用。高效绿色蔬菜工厂在装备和技术的支撑下，水肥利用率与传统蔬菜种植相比将提高 55% 以上，每立方米水能产出 60 kg 以上番茄，节约用水 50% 以上，在国内处于领先水平；土地利用率和产出率提高 4 倍以上，有效地解决了农田生产的水、土等环境制约问题；通过植株的光合作用，温室生产年固碳可达 1000 t 以上；业财一体系统和劳动力管理系统的投入使用，在提高劳动效率上发挥了重要作用，温室内生产用工约 4 亩 /人，是普通生产设施劳动效率的 2 倍以上；溯源系统对企业品牌的提升和推广有着很大助益，提高消费者对品牌认可度的同时，对行业内食品安全问题提供了标杆。

2. 经济效益

根据园区产业布局与建设内容，基础设施、种植环境和条件均得到改善，经济作物产量和品质得到提升，农业科研和科技成果转化率明显提升，科技推广得到发展。年产大中小型番茄 200 万 kg 以上。通过高品质蔬菜品牌和销售平台的建设，可有效统一产品质量、稳定销售价格、延长产业链，增加蔬菜产品流通和服务业产值。

3. 社会效益

以高效设施和高效服务为纽带，促进首都优势设施农业科技团队的集聚和联合，引进全国优势团队，建成涵盖设施农业基础研究、应用基础研究、应用技术开发的全程化研究创新集聚区，促进我国设施农业工艺、工程、装备、模式的创新融合，突破我国设施农业科研点式分布多、集成研究不足的瓶颈，以高效集成成果促进设施农业产业提升。园区融科技创新、成果转化、蔬菜生产、生活服务于一体，以设施农业为核心的都市农业示范带动区域农业科技化、标准化、优质化，为所在区域的农民就业增收和农业提质增效起到带动和示范作用。

撰稿单位：北京翠湖农业科技有限公司，北京市数字农业农村促进中心

撰 稿 人：李新旭，刘　雪，郭　嘉，刘胤池

天津市果盛家庭农场基于温室育苗场景的
智慧种植优秀案例

➤ 基本情况

天津市武清区河西务镇，地处低洼平原，有天然无公害蔬菜生产基地 4.2 万亩，离北京主城区和天津主城区各 60 km，是天津和北京的"菜篮子"，村民们种菜、卖菜，有着广泛的种植基础。果盛家庭农场位于河西务镇，主要经营蔬菜种苗培育和胡萝卜制种生产，自 2014 年成立以来，果盛家庭农场坚持"新品种新技术引进推广—工厂化育苗—蔬菜种植—技术指导"的经营思路，不断引入新品种新技术，示范推广"自动化栽苗 + 植保 + 回收"机械化种植模式，育苗规模逐步扩大至 30 多个温室、年育苗产量 2 000 万株以上，品种多，质量好，深受农户们的好评。同时，通过现场观摩、技术讲座、专题培训等方式，提升农户种植素质和能力，带动农户共同培育全国农产品 GAQS-GAP 试点生产经营主体，将胡萝卜等新品种全产业链引进贫困村，带动困难群众增产增收；新冠肺炎疫情期间，果盛家庭农场主动申请成为天津市"菜篮子"保供基地，积极响应政府号召抢种速生叶菜，让市民吃上优质新鲜蔬菜，陆续组织工人复工复产，克服困难完成 300 多万株种苗嫁接订单，保障了农户春季正常种植。同时，果盛家庭农场紧跟科技潮流，和天津市农业科学院建立合作，将物联网技术、大数据技术等引入育苗过程，提高了生产效率。

工作人员查看种苗生长情况

天津新闻频道到果盛家庭农场采访

➤ **主要做法**

1. 实施背景

"苗好半成收"，优质壮苗是农业健康发展的基础。果盛家庭农场打破传统人工育苗模式，将日光温室环境智能监控系统引入育苗流水线，培育出的优质菜苗不仅满足本地需求，还销往山东省、河北省等地。日光温室环境智能监控系统由天津市农业科学院信息研究所设施物联网团队专门为农业温室、农业环境控制、气象观测开发生产的环境自动控制系统，可测量风向、风速、空气温湿度、CO_2 浓度、光照强度、气压、降水量、太阳辐射量、土壤温湿度等农业环境要素，根据温室作物生长要求，通过相关作物生长模型实现现场控制设备的启闭，自动根据温室内外温湿度差调控通风除湿，最终达到适宜作物生长的最佳环境条件。

2. 主要内容

智能监控系统硬件建设：应用到果盛家庭农场的智能监控系统主要包括环境信息监测与温室环境控制两大类，其中，环境信息监测由温室内环境信息采集和温室外气象环境信息采集两部分组成；温室环境控制由卷帘智能控制系统、灌溉水车一体化控制系统、补光灯智能控制系统、石墨烯加热智能控制系统 4 部分组成。各部分分工明确，相互配合，共同完成温室内外作物生长环境参数的采集与控制，实现了育苗过程的自动化、无人化、智慧化。智能监控系统由信息采集单元、田间控制器、中心计算机、现场控制设备四大部分组成。布置于温室内外的环境传感器采集到的信息利用田间控制器的 4G 通信模块上传到中心计算机上进行存储显示。中心计算机利用模糊控制和基于 LSTM 的环境预测算法建立种苗生长模型，将收到的环境数据输入模型分析处理，并将其与用户设定的阈值相比较，若实测值超出设定范围，则通过手机 App 显示报警信息。与此同时，中心计算机可向田间控制器发出控制指令，田间控制器根据指令控制卷帘电机、灌溉水车、补光灯、石墨烯加热器等现场控制设备进行通风除湿、补光增温等操作，以调节温室内作物的生长环境，同时将信息反馈给中心计算机进一步完善种苗生长模型。

卷帘智能控制系统

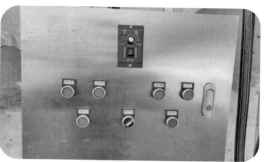

灌溉水车一体化控制系统

补光灯智能控制系统

温室外气象环境信息采集设备

　　软件系统建设：智能监控系统配有的"设施一键式智能调控 App"具备远程数据实时监测、远程报警、用户管理、数据记录分析等功能，在应用层为用户提供一站式服务，可以综合展示控制以上 6 个部分内容，实现现场控制设备的定时、定量、定值、循环启闭。定时启闭，用户在手机页面设置现场控制设备开启时间点，到达设置时间后设备自动运行；定量启闭，设置设备运行时长、位置信息或灌溉流量，当达到设置要求数值时设备自动关闭；定值启闭，结合传感器采集数据，当传回数据符合设置阈值条件时，开启设备直至传回数据不满足要求；循环启闭，用户可设置设备运行周期，周期循环执行操作。App 管理策略采用分布式控制结构，依据分散采集数据，集中操作管理，实现对独立温室的智能控制及多栋温室的联网管理，达到一人管理多栋温室，提升温室管理效率与及时性。App 的"智能化"不仅体现在对温室环境的监测与控制，还可以对历史数据进行存储、分析、查询、导出，通过不同条件组合查询和对比历史环境数据，以数据列表和曲线图的方式直观查看沉淀多年的温室环境数据，逐步建立统一的数据模型，完善调整温室育苗计划，实现育苗过程的可追溯。

App 界面　　　　　　传感器数据显示界面　　　　　定时启闭界面

定量启闭界面（位置）　定量启闭界面（流量）　　　定值启闭　　　　　循环启闭

3. 运营模式

智能监控系统集智能算法、自动控制、云计算、物联网、大数据等技术为一体，依托部署的各种传感节点和无线通信网络，建立温室多元化感知和作物生长模型，通过远程控制、集中管理、统一调控，实现温室生产环境的智能感知、智能预警、智能决策、智能分析。

➤ 经验效果

日光温室环境智能监控系统项目研究历史已有 5 年，已发表相关论文 15 篇，其中 SCI 论文 3 篇；获得授权专利 13 余项，其中发明专利 4 项；取得软件著作权 12 项。随着科技的进步和社会经济的发展，智能化是设施农业发展的高级阶段和未来方向，通过改变作物生长的自然环境，创造适合作物最佳的生长条件，避免外界恶劣的气候，达到调节产期、促进生长发育、防治病虫害等目的。

1. 经济效益

智能监控系统节约人力成本 50%，用户只需将育苗所需要的技术参数在手机 App 界面设置好即可实现温室的智能控制，1～2 人可同时管理 10～20 个温室，相比于传统管理方式中 1 人最多看管 5 个温室，大大减少了人工，日常管理基本为机械化，生产效率明显提升；提高了育苗产量与质量，相比传统农业管理，智能监控系统应用到育苗过程中节水约 50%，节约肥料约 30%，保证温室始终处于适宜的环境条件，病虫害减少，提高种苗成活量 2 倍以上，有效规避了苛刻的育苗环境因人为因素产生损失。

2. 社会效益

示范引领周边农户：智能监控系统建成后，成为周边智能农业示范展示基地，改变了农户对传统农业种植的认知，打破了农户思维局限性，起到了良好的示范引领作用。

促进传统农业生产方式变革：智能监控系统已成为弥补传统农业不足的一种新型农业模式，也是推动温室生产向精细化、智能化方向发展的有效途径。智能监控系统降低了信息采集、处理和传输的成本，优化了农业资源，改善了操作人员的工作环境。特别是在大规模温室生产中，应用智能监控系统的优点能够更好地体现出来，为温室的精确调控、提高产量质量、调整生长周期、提高经济效益提供了科学依据。

智能监控系统是现代农业发展的主流，利用自身的技术，使温室作物生产跳出了全年季节的限制，为现代农业的发展提供了前所未有的机会，依靠农业物联网技术开展温室种植，使温室变得"智慧"，温室管理变得更加容易和高效。智能监控系统的应用对传统农业生产方式是一次革新，不仅有利于温室育苗，更是推动智慧农业发展的基石。

撰稿单位：天津市农业科学院信息研究所，天津市果盛家庭农场

撰 稿 人：腰彩红，杨　勇

河北省金沙河合作社智慧种植优秀案例

➤ **基本情况**

金沙河合作社成立于 2012 年 3 月，注册资金 2 000 万元，现有成员 445 名，由企业法人、职业农民、入股农户组成。地处我国小麦核心产区，主要种植优质冬小麦、玉米两大主粮，小麦亩均产量 550 kg、玉米 650 kg，粮食年产量 3.3 万 t。经过 10 余年的

蓬勃发展，种植规模已从最初的 3 766 亩扩展到近 3 万亩，涉及南和区 6 个乡镇、34 个行政村、7 380 个土地承包户，辐射带动 8 200 余农户，培养职业农民 120 余人。

2018 年被评为省级农民合作社示范社，2019 年被评为国家级农民合作社示范社。2019 年 6 月，作为 24 例全国农民合作社典型案例之一，受到农业农村部推介，2023 年入选农业农村部"第四批新型农业经营主体典型案例"，中央政治局常委、政协主席汪洋，国务院副总理胡春华先后对合作社三产融合发展模式作出重要批示，汪洋特别强调"实现了一二三产业融合发展，是个方向！"

公司要发展，科技要先行。目前金沙河已实现了从原粮种植、原粮运输、仓储加工、产品销售的一体化信息支撑平台。职业农民可通过手机实时知晓作物生长情况，便于农事操作；原粮收购和使用上通过信息化打造实现了不同粮源分仓存储，仓温、仓容随时监控并执行先进先出的原粮使用过程；小麦研磨和挂面加工全程也都通过机械化、数据化和智能化的操作方式和设备实现了自动化生产，并且通过监控系统和自有 ERP 系统，可实现供产需全链条匹配的信息化经营过程。

➤ **主要做法**

1. 实施背景

2021 年初，邢台市南和区金沙河农作物种植专业合作社开展智慧数字化基地建设，利用"互联网 + 农业"的现代化理念，建设小麦生产数字化平台，购置智能化物联网墒情监测设备，建设 6 000 亩数字化生产基地。通过将采集数据实时传输至应用平台，实现对田间农情及环境的动态监测，提高生产效率和管理水平。合作社本着从小麦种植管理的精细化和品牌价值提升出发，围绕小麦从种植到收获这一条主线，对小麦生产的各个环节要素进行数据采集，构建小麦生产数字化平台和支持系统，提供小麦种植、田间管理、科教服务、环境监测、农机管理、质量追溯、数据分析等功能应用，为小麦种植生产数字赋能，促进小麦生产的精细化管理，用数据说话，提高生产效率和管理水平，降本增效，扩大营收。

2. 主要内容

现代化农业规范生产：金沙河合作社先后同国家小麦产业体系、中国农业科学院等科研团体合作，打造了近 3 万亩的高标准优质强筋小麦种植基地。2022 年积极承担大豆玉米带状复合种植工作，高性能、高质量、高标准开展全程机械化作业。在作物生长期间根据实际情况进行施药次数，使用自走式喷药机和无人机智能化进行杀虫、杀菌、营养调节剂等植保作业。收获时以大豆成熟为主，玉米等待收获，大豆选用 3～4 行履带式收割机、玉米选用 3～4 行摘穗剥皮型自走式玉米收获机。先收地头四周净作大豆，其次大豆、玉米一前一后双机同时作业，大豆时速不超过 5 km/h，玉米时速 8 km/h，作业效率每台机械每天收获 100 亩左右。

整个过程技术精细化，操作机械化，克服高温、干旱、大风、降水等恶劣天气影响，解决播种、打药、授粉、收获等技术难题，有机融入了现代农业产业生产，保证了稳粮扩油工作的落实，通过全产业链发展，金沙河走出了一条一二三产业融合发展道路，获得社会效益、经济效益双丰收。

小麦生产数字化平台：平台总体分为采集层、数据层、服务层、应用层和展现层。采集层通过接口服务，将采集到的各类数据上报平台，存入数据层，服务层基于数据层的各类数据，为应用层和展现层提供服务支撑。平台采用基于云技术的面向服务（SOA）架构，以服务为粒度，基于业务来构建软件系统。以 SOA 为基础构建，一是以业务为驱动，更敏捷地满足用户的业务需求。二是提高系统复用性，更快速，代价更低地推出新服务。三是更好把服务与用户自有系统相整合。四是把本系统的服务与其他供应商的服务进行整合。平台提供 Web 端、App 端，以及其他服务端为实际用户提供服务。用户通过互联网网络访问到平台网关；nginx 负载均衡通过分发策略把用户访问请求分发到不同的服务层；服务层将业务拆分成多个微服务模块。各个微服务模块通过注册服务统一注册到服务管理中心服务系统，服务注册中心对微服务进行统一的管理，包括服务的名称、IP 地址、服务端口、服务是否可用等。服务注册中心系统主要功能是对服务的治理，包括微服务的发现、自动注册、在线状态检测、宕机服务自动销毁等功能。各个微服务模块根据实际的业务需求，调用分布式持久层服务把业务数据进行存储。

北斗导航，精准定位，精细播种施肥

自走式喷药机喷药、无人机作业

玉米收获机

环境信息采集系统：金沙河合作社环境信息采集是在农业生产中不可缺少的基础性监测工作，该系统可监测种植环境空气温湿度、风速、风向、气压、光照强度、降水量等多种环境信息，为农作物合理生长和水资源合理利用提供生产参考依据。通过对环境降水量的变化规律的监测，可以为合作社高效节水农业技术，提高水资源生产效率，促进农业可持续发展作出贡献。

环境信息采集

土壤墒情监测系统：能够实现对土壤墒情（土壤湿度）的长时间连续监测。系统能够全面、科学、真实地反映被监测区的土壤变化，可及时、准确地提供各监测点的土壤墒情状况，为减灾抗旱提供了重要的基础信息。

墒情监测

农事宝助力精准监督：组织研发手机应用软件"农事宝"，所有物资采购、销售收入等信息均可在线查询、时时共享、事事监督，高素质农民可以随时了解自己的各项物料领取、农机使用等情况，查阅自己历史年份及当季种植的各项开支、收入明细及利润分配情况，了解农田种植的作业标准，记录各项作业的工时、人力等细项指标，对作业质量进行评判打分。所有合作社成员特别是股权农户通过软件能够对合作社账目实时监督查询，做到"社员人人手中有本账"，大幅降低了财务监督的成本和地域局限性，民主管理更加智能化、科技化、公开化、透明化。

➤ **经验效果**

1. 社会效益

粮食规模化经营：粮食规模化生产离不开数字化平台，金沙河合作社自成立以来始终坚持小麦、玉米两大主粮规模化种植，并不断开发适宜该地区种植的优质粮食品种，并实行统一种植优质品种、统一采购生产物资、统一科学管理、统一技能培训、统一粮食存储、统一销售粮食产品的"六统一"服务，每亩节约生产成本 441 元，亩均产量达小麦 650 kg、玉米 550 kg。邢台市南和区金沙河农作物种植专业合作社是全国单体种植面积最大的农民合作社。

促进优质粮食品种：基于小麦数字化平台及智慧种植系统 2022 年在闫里基地试验示范推广小麦品种"马兰 1 号"亩产达 863.76 kg，创河北省小麦单产历史新高。与中国农业科学院作物科学研究所等部门的合作，成功研发并推广种植了"中麦 578"小麦品种。

2. 经济效益

金沙河农作物种植专业合作社种植规模达 3 万亩，现代化农机具齐全，目前已经形成了专门的种植管理手册，由职业农民按地块进行统一管理（每人负责 400～500 亩地），通过信息化手段，收集小麦生产各个环节的数据，数据进行产量分析，将经验与数据融合，形成标准化的种植体系，实现小麦生产的精细化管理。应用现代农业新技术和全程机械化，每亩可减少化肥使用量 40 kg（增加有机肥用量 100 kg），亩均减少农药使用量 0.70 kg，每亩节水 100 m³；通过平整土地、填沟去垄，每亩增加 0.02 亩有效土地。通过科学管理，共计节本增效约 115 元。

撰稿单位：邢台市农业信息中心，邢台市南和区金沙河农作物种植专业合作社

撰 稿 人：张玉朋，李江坡，葛瑞娟，韩微莉，张　哲

河北省雪川马铃薯全产业链数字化应用优秀案例

➤ 基本情况

雪川农业集团成立于 2007 年，是一家高度聚焦于马铃薯作物，实现核心种业科研、现代农业服务、综合加工开发协同发展的新型科技农业产业集团。下辖 22 个分（子）公司和机构，已经构建起以马铃薯种业为核心现代农业服务为延伸、食品加工为龙头，集育、繁、推、储、加、销为一体的马铃薯全产业链。现拥有马铃薯组培车间 5 400 m²、智能化微型薯温网室 47 800 m²、微型薯年生产能力达到 5 000 万粒，是国家高新技术企业，农业产业化国家重点龙头企业，中国种子协会副会长单位、中国种子协会马铃薯分会会长单位。通过向薯农提供各类马铃薯品种的脱毒种薯、种植方案、农业金融以及马铃薯产后加工销售等服务，形成了集马铃薯新品种选育、品种和农业新技术 IP 商业化、农业数据管理、农业金融服务、马铃薯食品开发和综合深加工等业务为一体的农业高新技术产业平台。集团投资建设了 11 个全机械化现代农场，拥有 16 万亩自营机械化农场，3 座马铃薯仓储物流及精深加工产业园，带动农民增收达 30 亿元以上。投资 10 亿元建设了雪川食品马铃薯加工项目，2021 年 5 月，雪川农业集团获得由亚洲品牌集团、亚洲品牌研究院、ABAS 专家委员会认定的"中国品牌500 强"；同年 6 月，获得由世界品牌实验室认定的"中国 500 最具价值品牌"。

➤ 主要做法

1. 实施背景

在数字化转型的时代浪潮中，用数字经济赋能现代农业，是下一阶段的发展重点，也是全面推进乡村振兴，加快农业农村现代化发展的关键。雪川农业立足马铃薯全产业链建设基础开展了数字农业技术的应用与开发，突破了一批数字农业关键技术，形成了雪川自己的数字产品及数字技术体系。雪川马铃薯全产业链数字化项目对2 万亩大田种植基地进行了数字化升级改造，并围绕基地建设辐射覆盖河北省张家口市坝上地区的马铃薯产业，切实优化了察北管理区马铃薯产业的生产体系、智能作业体系和产业链数据体系，促进察北管理区马铃薯产业现代化建设，多方面提升经济效

益，并形成马铃薯产业数字一张图，实现各主体一目了然掌握资源分布情况。

2.主要内容

雪川马铃薯全产业链数字化项目总体架构包括3个体系和3个平台。

马铃薯生产环境和生长发育实时观测体系：依托雪川农业标准化种薯示范基地，通过建设物联网监测系统和部署田间综合监测站点等设施设备，对马铃薯生长环境和植株生长发育进行实时监测。对马铃薯种植大田的墒情、苗情、虫情、灾情等"四情"和气象进行预测预报，精准指导生产决策。

通过配置多光谱采集终端、小型田间气象观测站、360°高清摄像头、土壤墒情仪、马铃薯表型数据采集仪等设备，结合高分辨率遥感数据和数字化田间调查，实时监测田间小气候、马铃薯种植和长势情况，预估作物产量和品质。利用机器学习和图像处理技术，智能识别马铃薯种植的病虫害的数量、种类，构建早疫病、晚疫病等病害监测预警模型，分析预测病虫害发生时间、趋势和为害程度，并通过手机App或短信方式，提示防治时间、防治区域、防治办法。

马铃薯智能农机精准作业体系：在马铃薯种植与采收农机装备上加装北斗导航、高精度自动作业、作业过程自动测量等设备，实现路径厘米级自动跟踪、行进速度自动控制、行进方向自动调整、机具自动升降等功能，满足大田作物耕、种、管、收各环节智能精准作业需求。配置喷药无人机、水肥一体化等智能装备，实现耕整地、播种、施肥、施药和采收等过程的精准作业。耕种环节，基于高精度北斗定位及高程数据，实现马铃薯大田表面厘米级精度的平整，开展智能耕整地、精准播种/栽插作业。

马铃薯全产业链数据资源体系：依托雪川农业集团股份有限公司集优质马铃薯品种科研、繁育、种植、加工和销售于一体的全产业链模式。建设马铃薯覆盖产前、产中、产后数据标准体系和指标体系。全面采集马铃薯生产各环节、各终端及设备的数据资源，按照马铃薯全产业链产前、产中和产后，收集与汇聚马铃薯的生产、加工和销售全链条数据，对数据资源进行清洗

与加工，形成了马铃薯全产业链数据资源体系。

智慧马铃薯农场管理平台：实现了马铃薯从种到收的全流程管理，基地数字化设备的联网管理，实现农资、人员、成本、设备、农事、收成等精准管理。平台汇聚作物生长环境、作物长势、病虫害、农事管理、农机作业等信息，以及种植投入品、产出品、农事作业记录、人员管理、成本收益等各类数据，构建水肥调控、精准作业、产量估算、病虫害预测预警、生产计划、市场分析等智能模型，打造农场生产经营数字化管理中枢，形成马铃薯高效生产的标准化处方种植策略，提高生产经营管理效率。

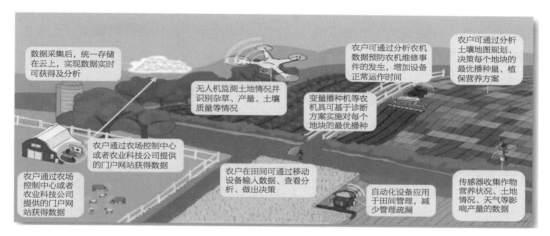

雪川智慧农场作业示意图

马铃薯大数据分析展示平台：在马铃薯全产业链数据资源体系建设的基础上，充分挖掘多源异构数据资源价值。提供通用模型算法，涵盖分类、回归、聚类、关联降维、时间序列、识别、预测、优化等类型，提供从传统的统计分析、计量分析到预测分析、机器学习的模型算法支持，构建价格预测模型、价格波动性模型等，形成一个算法库、一个模型池、一个展示窗口，实现马铃薯产业链关键环节数据建模及可视化分析与展示，将枯燥的数据流转化为直观的业务成果，为决策、预警提供更直观、更科学的高维动态展示。

马铃薯大数据公共服务平台：为用户提供马铃薯生产、收储、加工、销售、贸易、价格、消费等信息服务，提供公开数据查询、下载服务。开展马铃薯在线检测服务，实现随检随出报告；发布马铃薯供需信息，逐步建设马铃薯病虫害咨询诊断、收储、交易和期货服务功能，为马铃薯全产业链用户提供丰富的信息服务。

➤ 经验效果

1.经济效益

实施智能化管理精准作业后土地利用率提高 5% 以上，人均管理面积增加 400%以上，增产 30% 以上，年增收 720 万元；通过农机智能化管理以及物联网检测等数字化改造后，用水节约 30% 以上、灌溉降低 10% 以上，农药节约 20% 以上，预计年节约 90 万元。有效规避了市场风险及提高了销售价格，预计每吨增收 200 元左右，年增收 2 000 万元。

2.社会效益

显著提高了政府宏观调控能力，通过对马铃薯产业资源数据的汇总、统计分析与宏观展示，将能够对整个产业的农业资源现状进行全面梳理，使得农业管理部门全面掌握资源现状。

3.生态效益

项目的实施减轻病害对马铃薯生产的威胁，防灾减灾效果明显，生态环境得到改善；改善了马铃薯生产条件，提高了察北管理区土地利用率和劳动生产力。项目建设区形成了良好的生态环境，通过精准作业、物联网技术应用、农业生产科学标准化过程管理，配合马铃薯虫害预警系统，最大程度减少化学肥料和农药的使用，从而控制水土污染，大大降低农药残留和减轻对环境的危害，改善了区域生态环境。

雪川马铃薯全产业链数字化项目通过数据采集、信息处理和分析等技术手段，实现了对马铃薯种植、养护、收获、加工以及销售等全产业链的数字化监测和管理，促进农业信息化数字化发展。通过大数据、物联网、云计算、人工智能等前沿技术手段，将农业生产与现代化管理紧密结合，产生了协同效应和信息共享效应，为农业信息化数字化进程提供了有力支撑。通过数字监测和管理全产业链，为广大农民提供了更精准的农业信息，使薯农能够更加科学地种植马铃薯，提高了产量和质量，同时降低了成本和风险，有效提高了农业效益和农民收益。同时，该项目强调全产业链的信息共享和协作，促进了马铃薯相关产业融合和一二三产业深度融合。为推进传统农业的数字化转型提供了参考借鉴的实践模式。

撰稿单位：张家口市农业信息中心，雪川农业发展股份有限公司

撰 稿 人：薄玉琨，郑海光，高 玮，侯文婷，陈志宇，王超然，曹海珍

辽宁省鞍山市海城市智慧种植优秀案例

➤ **基本情况**

海城市丰沃农机合作社成立于 2012 年，固定资产 800 万元，合作社现有社员 136 人。合作社业务主要以粮食生产、农机作业服务和新机具示范、推广、应用为主，现有水稻育秧成套设备 14 套，大型育苗催芽车间 1 处，小型水稻插秧机 12 台，高速水稻插秧机 36 台，智能驾驶水稻插秧机 20 台，智能驾驶拖拉机 2 台，农机监测设备 60 套，无人植保飞机 4 台，育秧冷棚 160 栋面积 51 000 m²，拥有土地流转经营权面积 5 600 亩，年作业面积达 3 万余亩，年利润 226.5 余万元。

➤ **主要做法**

1. 实施背景

依托丰沃农机合作社，打造种植业创新应用基地。海城市是辽宁省首批数字乡村试点地区，水稻又是全市重要的优质米主导产业之一，打造省级智慧水稻种植基地，既是全方位建设数字海城的需要，又是促进水稻产业提档升级、稳粮保供和农民增收的重要途径。基地围绕水稻生产全程智慧化开展项目建设，丰沃农机合作社长期从事水稻"耕、种、防、收"农机服务，并建有 5 600 亩长期流转合同的水稻示范基地，完全能够满足"智慧种植业应用基地不低于 1 000 亩"的项目条件。合作社围绕填平补齐数字农业信息采集、分析决策、控制作业、数据管理等系统，不断加大硬件设施投入，形成了完全能够对接智慧种植业应用基地项目的硬件支撑。先后投资 400 余万元，在腾鳌接官村建成了占地面积 2 500 m² 的多功能数字化便民服务大厅，作为智慧农业展示基地，在中小镇、温香镇、牛庄镇建设 3 处智能化示范基地，极大地方便了社员和农民对智慧农业的学习应用。

2. 主要内容

2020 年以来，先后引进拖拉机作业辅助导航系统、插秧机作业辅助导航系统，使合作社数字建设再上新台阶。特别是北斗厘米级定位系统精度高、安全可靠，故障率极低，地形适应性强，农机作业效率提高 25% 左右。同时，以江苏沃得农业机械有限公司、黑龙江惠达科技发展有限公司为支撑，形成"信息公司 + 合作社 + 专业团队"的信息技术产业服务链条，有效提升了智慧种植业应用基地信息技术运维管理水平。投资 200 万元，引进水稻智能化浸种催芽成套设备，已建成投产。该设备的投入使用可基本满足 8 万亩水稻育苗催芽需求。

目前，智慧农业指挥平台建设已经启动。以信息技术为支撑，实施海城市省级智慧种植业（水稻）应用基地项目，打造核心区域 1 000 亩，辐射示范面积 50 000 亩的水稻生产智能农机示范基地。信息技术主要应用在智慧农业信息采集、作业控制、数

据管理与分析决策方面，利用互联网、物联网
信息技术手段实现高质量空天地一体化大数据
获取、处理与融合，建立智能化管理决策平
台，建设"水稻数字化生产体系—数字化与
智慧管理平台—智能农机作业"一体化的水
稻生产智慧场景，实现用信息技术支撑完成
耕（整）地、种植、植保、灌溉、收获等田
间"智能化"作业。采用载波相位差分测量技
术（RTK），将卫星高精度定位技术加载至农
机上，可在农田作业过程中实时得到厘米级定
位精度，提高作业质量。

智慧农业管理平台

在项目区全面试点智能驾驶拖拉机、旋耕
机、打浆机、智能驾驶水稻插秧机、无人植
保飞机、智能驾驶谷物收割机等现代化农机装
备技术，运用智能农机设备，推动水田耕种的
智能化，降低生产管理成本，提升种植经济效
益，并建立1套现代化、规模化的智能农机生
产作业模式。项目建设计划应用100台智能农
机装备，带动海城市600多台乘坐式插秧机和
300多台58.8 kW以上拖拉机，以及30多台
无人机的智能应用统筹。示范基地建成后，智
慧农机成果将辐射全市25万亩的水稻主产区。
通过推广配套建设田间综合监测站点，采用无
人机、农业机器人、人工智能、物联网、大数
据、云计算等产品，实现全方位的农情信息采
集。例如建立健全物联网气象监测系统，可以
采集空气温度、空气相对湿度、光照强度、风
向、风速、降水量、土壤水势、苗情图片等。

田间数据采集设备

辅助导航设备

通过完善数字农业大数据看板，搭建数字地图展示平台、农事管理平台、农机
监管平台、农情监控平台、农产品追溯平台、农产品电商平台，配套云服务、物联
网，借助无人机高精度测绘、智能农机导航和传感器智能终端，在项目区建立智能
化管控平台。在智能化管控平台层面，完成水稻生产过程中的地块管理、农机管理、
农事指导、任务调度、质量分析、效力评价和农资管理等工作。提高海城市乃至鞍
山市的水稻种植机械智能化水平和数字农业综合竞争力，实现水稻单产增加5%以
上，化肥利用率提高15%～20%，农药施用量减少20%左右，综合增产节本增收

20%～25%。推动数字农业相关成果向行业辐射、转移与扩散，促进现代农业产业的升级改造。

➤ 经验效果

1. 经济效益

一是节约了劳动力资源。智慧水稻种植基地通过自动控制系统的引入，农机作业过程基本不需要人工进行干预，从而显著改善了传统的农业劳作模式，有效提高了农业生产效率，智能农机化技术将会使农业生产的人力需求减少25%～35%。二是节约了投入成本。智能系统控制农机装备进行作业，在实际作业中有效避免了传统人工驾驶和操作产生的失误和误差，使翻耕、播种、施肥、植保、收获等各个生产过程都精确实施，有效保证了不同工序机具之间的配合度，通过精细化作业，降低了农药化肥支出成本20%。三是提高了产出效益。采用智慧化水稻生产、智能农机应用模式精准作业，能够保证每亩秧苗扦插的成活率，加上智能决策系统专家指导，科学运用肥料、水分等田间作业，并及时防治病虫草害等，使产量得到稳产高产，能够将产量提升5%～10%。每公顷减少种植成本加增产收益4 230.12元，整体收益提升近90%以上。

2. 社会效益

一是推进农业生产方式的转变。智慧农机关键技术作为企业、科研院校的创新性项目，立足地面和空中智能农业装备，融合农田、气象等其他系统，意图在"全程机械化＋综合农事"，总结一批可复制、可推广的做法经验，有利于加快农机研究的各项成果向农业生产力方向转化，为农业的高效生产以及高质量发展奠定基础。促进小农户与现代农业发展有机衔接。二是提升农业机械智能化水平。智慧农机正成为农机行业热点，技术的革新、广阔的市场需求和较高的劳动力成本等因素都在推动农业与科技加速融合，未来智能农机将成为农村田间的标配。智慧农场示范基地作为推广智能农机的平台，由国内多家科研院所和企业组成的智能化农机团队参与，通过组织开展智能拖拉机、插秧机、施肥（药）机、收割机等实地智能作业，实现耕、种、管、收、储、运等环节的数字化、智能化以及创新的农业生产模式，促进农业增产增收，转化农机发展方式，提高以信息设备、智能控制为核心的农机信息化水平，推动智能制造技术向农业生产的转变。

3. 生态效益

一是提高生态农业综合生产力。先进农艺技术的推广应用，需要依靠农业机械作为载体和桥梁。例如实施土壤深耕、深松、化肥深施、免耕播种、秸秆粉碎还田等农业节本增效新技术，是人畜力所无法完成的，必须依靠农机动力才能得以实施，能够定时、定量、定位完成精确作业，从而提高了土地产出率、资源利用率。二是提高农业资源的开发利用水平。纵观世界各国，机械化都是农业现代化的先导。在农业增产和农村经济发展中，农机的贡献率份额已占到25%。例如整齐有序的机耕道、配备完善的机电提灌设施、标准化节水灌溉是新农村风貌的标志，而且随着科技的发展，农机功能也在不断拓展。秸秆粉碎还田、机收打捆、青贮、菌基培养等综合利用技术，不但实现了变废为宝，而且从源头上清除了秸秆污染。

撰稿单位：辽宁省农业发展服务中心，海城市丰沃农机服务专业合作社

撰 稿 人：关玲玲，崔铁岩，宁莉莉

吉林省桦甸市福豆农业智慧农业建设优秀案例

> **基本情况**

吉林福豆农业科技发展有限公司成立于 2015 年 11 月，坐落在吉林省桦甸市八道河子村，公司占地 22 万 m²，总投资 6 000 万元，是集农业技术推广、大豆种植、种子培育、红果加工、旅游度假等于一体的综合性农业企业。公司主要致力于大豆油料作物推广、中小学生研学实践、旅游和休闲农业建设，并领办了 13 家种植专业合作社和 1 家家庭农场，形成了一定规模的产业联合体，先后被评为农业产业化省级重点龙头企业、吉林省休闲农业与乡村旅游 4 星级示范企业，2022 年被吉林省农业农村厅认定为省级智慧农业示范基地。

> **主要做法**

1. 实施背景

随着电子商务、"互联网"、物联网技术在现代农业生产中的发展与应用，农业进入数字化、网络化和智能化发展阶段。为加快公司智慧农业应用建设步伐，公司于 2020 年、2021 年两年先后投入了 270 多万元硬件设施用于建设，利用虫情监测站、气象站、物联网、水肥一体化等设施开展农作物监测、农业资源管理和灾情监测，并结合数字化管理平台"吉农云"新型经营主体管理系统，开展了生产、经营、管理、服务等数字化全方位的应用转型，实现了 1 950 亩露地大豆种植区的数字化农业监测和规范化、标准化、数字化、智能化的生产经营管理。

福豆农业产业园全景

福豆电商产业园

2.主要内容

通过集成应用大数据、物联网、墒情传感器、云台摄像头等先进技术和设备，实现病虫害监测、水肥一体化控制、农业资源监测等应用，构建福豆智慧农业管控平台，形成种植管理基础信息"一张图"。

福豆农业水肥一体化控制系统

水肥一体化控制系统：针对生产基地和产业园区的智能温室和日光温室，结合测土配方数据，根据种植作物品种、土壤类型等各个关键点设置，利用专家知识和内嵌经验模型，通过服务器指令控制设备的开关，实现温室内水肥一体化设备的远程控制。系统通过检测灌溉溶液营养成分及酸碱度，控制系统 PID 运算释放不同肥料原液参与混合搅拌，达到所需要的灌溉肥水，最后进行定向位置释放。系统通过对定向位置种植作物进行定时、定量、精量营养液或清水输灌，实现了资源的高效利用，最终实现作物的高产、优质、环保栽培。

福豆农业资源监测系统

农作物监测系统：利用遥感技术对农作物种植过程中的重点指标（如种植面积、长势情况、产量估算、土壤墒情、病虫害等信息）进行实时监测，形成数据分析。

农业资源监测系统：快速获取宏观信息，对耕地、水等农业自然资源的数量、质量和空间分布进行监测和评价，为农业资源开发、利

福豆农业手机应用端

用与保护、农业规划、农业生态环保、农业可持续发展等提供科学依据。

农业物联网系统：通过物联网技术，实现对生产管控设备的控制从而实现基地智能化建设，保证作物的生产质量。智能控制器通过各种传感器接收各类环境因素信息，通过逻辑运算和判断控制相应温室设备运作以调节农业生产环境，并提供农作物

生理生态、选种育种、节水灌溉、防控病虫危害等基础数据。

3. 运营模式

福豆农业从 2016 年开始着手规划，通过土地流转的方式整合土地资源，带动周边农户建立种植基地，构建起"公司+农场""种植+加工+销售"的全产业链生产经营模式。通过大豆销售的三产，链接农业一二产，一是通过机械化、标准化、集约化生产，确保提升产品的质量。二是实现优质优价，有效分散市场风险、破解大豆价格低迷、种植收益低的困境。为扩大销售渠道，福豆农业打造了 1 个建筑面积 3 550 m² 的电商产业园，搭建了 1 个以 B2B、B2C 为核心的电子商务交易技术平台。产业园进行品控，主推桦甸当地土特产品，重点引进坚果、酸菜、清真牛肉、食用油、大豆精深加工制品、速冻玉米等电商企业，融合网商、网货、品牌设计、生产加工、物流、融资、培训等服务，打造一种全新的专业市场模式。

➤ **经验效果**

1. 经济效益

通过开展气象、土壤检测、可视农业、水肥一体化等设施种植技术应用。利用水肥一体化灌溉施肥的肥效快、养分利用率高等特点，公司在 1 950 亩大田作物田间管理中应用了水肥一体化技术。据 2022 年数据统计，使用该技术后，灌溉施肥体系比常规施肥节省肥料 10%，单产提高 5.5%，累计节约水肥费用 51 余万元。同时，大大降低了设施农业中因过量施肥而造成的水体污染问题。由于水肥一体化技术通过人为定量调控，满足作物在关键生育期"吃饱喝足"的需要，杜绝了任何缺素症状，因而在生产上可达到作物的产量和品质均良好的目标。

2. 社会效益

福豆农业与吉林省农业科学院签订了院士工作建站协议，共同成立院士工作站，并依托出彩农业和桦甸市人民政府，在园区内成立了吉林出彩大豆产业研究院。工作站以优势互补、平等互利、协作创新、共同发展为宗旨，充分利用各自优势，聚焦大豆产业的核心问题开展关键技术研究，培育市场急需的专用大豆新品种，构建绿色生产体系，开发新型豆制品，促进大豆产业的高质量发展。结合吉林省农业科学院在科技、人才等方面的优势，以及吉林福豆农业在大豆规模化种植方面优势，以市场为导向，围绕大豆产业链部署创新链的研发，从大豆品种更新换代、产业化基地建设、大豆绿色生产技术、豆制品加工等方面进行深度合作，发挥各自优势，提升大豆一二三产业融合发展。同时，通过打造福豆智慧农业大数据平台，在用户端实现了个性化定制；在企业端实现了智能化生产、服务化延伸、数字化管理，为桦甸市产业兴旺和乡村振兴注入新动能，并辐射带动了 6 个乡镇、135 户种植户共同发展，产业人均增收达 9 500 元。

撰稿单位：吉林福豆农业科技发展有限公司，吉林省农村经济信息中心
撰 稿 人：孟 源，于海珠

黑龙江省七台河市茄子河区宏伟镇虎山村智慧农业试点项目优秀案例

➤ 基本情况

七台河市茄子河区宏伟镇位于七台河市区东部，辖区面积 1 026 km²，东与宝清县相邻，南与密山接壤，西与北兴农场毗邻，北与桦南森工林业局为邻，周边有红霞林场、岚棒林场、岚峰林场和泥源林场。全镇辖 28 个行政村，49 个自然屯，户籍总人口 2.3 万，其中，农业人口 1.6 万；农民人均收入 12 085 元；镇党委下辖 32 个党支部，共有党员 735 名。宏伟镇作为农业大镇，耕地总面积 34.8 万亩，其中玉米面积 11.08 万亩，大豆面积 21.4 万亩，水稻面积 2.3 万亩。宏伟镇大力调整产业结构，致力于多方面共同发展，实施了"5+5"战略工程，建设以特色大豆种植为机头，中草药种植为两机翼，特色大果榛子和黑木耳为发动机的"大飞机"。目前，以富民食用菌合作社为代表，注册了"京石泉""岚棒山"等商标，其中包含有机和绿色食品标识，所生产的产品销往全国；以岚棒山村、京石泉村、山峰村和鹿山村为主，已经发展大果榛子面积 1.1 万亩；以山峰村、鹿山村为主，发展中草药种植 5 760 亩。

➤ 主要做法

1. 实施背景

为提高七台河市茄子河区农村农业现代规划，将智慧农业作为数字经济支撑关键领域之一。全面深化农业数字化转型，大力提升农业数字化水平。推进"三农"综合信息服务创新，发展智慧农业。建立农业线上"全产业链数字化"和"农业大数据"，形成集种业、农田、种植、农机、农垦信息等为一体的综合数据服务体系，建设集智慧农业管理平台、智慧乡镇平台和数字乡村平台于一体的数字化农业平台体系，为七台河市农村农业现代化建设贡献力量。

2. 主要内容

智慧农业管理平台通过整合农业相关资源，建设农业数据中心、完善兴业运行管理监测体系形成智慧农业综合信息化平台，集综合农事、耕地管理、土壤墒情、土壤养分、可视化管理、产品种植追溯、大数据分析等功能可视化管理区域内气象环境、病虫害、作物生长情况进行实时监测农业评估，实现宏伟镇水稻、坚果、中草药农产品数字化农业物联网的信息服务，为区域农事生产提供良好的种植环境，辅助管理人员对农业生产做出准确判断与决策。

智慧乡镇平台建设重点围绕乡镇级基层政府对各级村屯在行政、农事、民生、党建等方面业务进行数字化赋能，打造集成线上会议、日常宣传、智慧党建、补贴发放、网格管理、扶贫惠民、监控监管等功能为一体的数字化信息平台。实现由乡镇覆盖到村屯的在线视频会议，建设实时、统一、规范的党建宣传阵地，实现村级农业大数据可视化中台，同时结合各种工作流程再造实现在线办公、在线办事、便捷惠民的基层数字化政务平台。

数字乡村平台建设以惠民便民为核心建设打造覆盖乡村的信息发布和信息分享的移动互联网平台，通过与智慧乡镇平台的数据打通为村民提供在线办事渠道，包含农业政策发布、农业信息分享、在线科普学习、合作医疗、银行贷款、农业保险、各类补贴申领、各类在线缴费、农业水文气象信息发布等功能为广大农民朋友打造在线办事了解政令的信息化平台。平台实现土地流转、农资买卖、房屋租赁、招工求职、农机租赁、粮食加工、法务咨询、养老关爱、乡村文旅等功能，旨在解决乡村信息不对称问题的同时提供服务村民的信息分享平台。

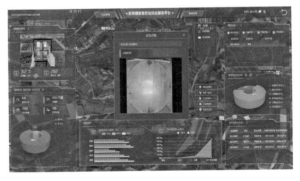

系统截图

系统平台底层基于 Hadoop 大数据分析数据模型进行平台搭建。通过遥感感知技术构建智慧物联，实现对区域内气象环境、土壤墒情、病虫害、生长情况、作物种植追溯、大数据分析可视化管理，为区域农事生产提供良好的种植环境。辅助管理人员对农业生产进行准确的分析研判。形成在线数字无纸化办公模式，围绕基层政府及各村屯在行政、农事、民生、党建等方面的业务进行数字赋能的同时通过数据对接实现惠民相关功能管理，为村民提供便民渠道从根本问题解决农村信息不对称的问题。

全域数字农业将互联网、物联网、移动互联、云计算、地理信息系统、高性能计算、智能数据挖掘等信息技术在农业产业发展等方面进行应用，是农业物理资源和信息资源得到高度系统化整合和深度开发，最大限度释放人力资源，科学进行种植提高农作物产品产量、质量。从而带动地方其他行业经济发展。

3. 主要技术

农田视频监测系统：通过建设 2 套高点 +6 套低点视频监控系统，在视联网平台进行终端显示及操控，实现对每个监测点的作物生长情况等进行实时监测。农民和农业专家可以配合气象墒情监测系统和虫情监测系统，对作物进行远程监测与诊断，并获得智能化、自动化的解决方案。

农业气象站系统：包括风速监测、风向监测、空气温湿度监测、大气压力监测等部分。气象站通过网络把气象环境数据发送到云端服务器，这样就可以在监管平台和程序上实时查看天气情况。

土壤墒情监测系统：检测土壤温度、水分等情况，帮助农民实现合理灌溉；同时检测土壤中氮磷钾的含量，指导农民合理施肥。

大田虫情监测系统：采集设备主要由害虫诱捕装置、害虫收集装置、害虫灭杀装置、害虫散虫装置、高清摄像机与光源、履带传送装置、控制器、显示器、电源与防雷系统、网络传输模块组成，对设定时间段内收集的害虫进行分段存放和拍照。风吸式杀虫灯是新型 LED 光源和风吸式杀虫设备，突破了传统杀虫灯对小的害虫毫无灭杀能力的局面。杀虫灯具有光控模式、时控模式两种工作状态。杀虫灯采用了防水设计，即使雨天也可以照常工作杀虫。

➤ 经验效果

目前，在茄子河区宏伟镇政府三楼的会议室里，装入了智慧农业综合服务系统。这套系统完全颠覆了大家对粮食从种到收过程的认知。服务系统包括农田视频监测系统、农业气象站系统、土壤墒情监测系统、大田虫情监测系统和风吸式杀虫灯。农民或是农业专家无须到达地块现场，通过手机或电脑就可以进行田间管理，而且还可以通过系统对极端天气和虫害的预警躲避灾情。此外，这套系统还可以实现农产品的溯源管理。

运用现代科技助力加快农业领域的转化应用，打造将涵盖农作物管理、综合农事管理、耕地管理、种植追溯管理、智慧农机管理、大数据分析平台的全域智慧农业综合服务平台，整合农业相关资源，建设农业数据中心、完善行业运行监测体系，形成智慧农业为一体的综合信息化平台。改变传统乡镇、乡村数据不匹配、不对称模式。通过现代化信息技术手段科学服务创新，构造智慧物联形成国际知名、国内一流的智慧农业示范基地。

撰稿单位：七台河市茄子河区宏伟镇

撰 稿 人：毛若兴

江苏省昆山陆家未来农业示范园
"A+温室工场"优秀案例

➤ **基本情况**

昆山市乐佳农业发展有限公司（以下简称乐佳农发公司）成立于2019年，为昆山市陆家镇国有平台公司，位于昆山市陆家镇陈巷路108号。2020年，中国农业科学院与苏州市人民政府签署全面战略合作协议，2021年，中国农业科学院华东农业科技中心（苏州）落户昆山市陆家镇，联合建设昆山智慧农业技术和装备产业集群示范园，包括华东中心研发总部、未来农业示范园和国际设施园艺智能装备制造基地三大板块。乐佳农发公司致力于开发与运营现代农业园区和农业项目，负责建设与运营5330亩的陆家未来农业示范园（以下简称园区）及配套设施项目，围绕新品种种植与推广、青少年科普教育、休闲农业等功能定位，重点打造A+温室工场、大田无人农场、"璞生活"文旅、五千亩高标准农田等项目，依托"二十四节气桥"、油菜花海、五千亩绿色稻田等田园风光，打造昆山农文科商旅协同融合发展的标杆性现代智慧农业园区。先后获评江苏省绿色农产品基地、苏州市市级现代农业园区等荣誉。

➤ **主要做法**

1. 实施背景

陆家未来农业示范园A+温室工场（以下简称温室）项目是习近平总书记"大食物观"发展理念的有形实践，是苏州市人民政府和中国农业科学院共建华东农业科技中心框架协议中的重点内容，承担着苏州市智慧农业改革试点任务。

温室位于园区核心区，总占地面积45亩，其中玻璃温室建筑面积18 812.3 m²，配电房203.52 m²、锅炉房236.64 m²，同时建设室外场地、道路、雨水、污水等配套工程，总投资1.2亿元，打造具备国际先进水平的数字化设施园艺工场标杆，同时温室作为中国农业科学院华东农业科技中心的配套试验基地，也为中国农业

A+温室工场

自动补光系统

科学院、中国农业大学、南京农业大学、江苏省农业科学院、苏州市农业科学院等高校、科研院所提供了农业科研新技术、新品种、新装备、新模式的试验应用场景和展示基地。2022年，被认定为苏州市智慧农业示范生产场景。

2.主要内容

环境控制自动化：一是光照系统。采用内外遮阳、植物补光联合技术，有效调解温室内植株直射光强，温室内钢结构、暖管、园艺地布选配白色，有效增强温室内光反射，为植株提供优良的光照环境。二是温湿度通风系统。采用双侧连续开窗、外遮阳、湿帘风机、内循环风机、内保温、侧卷、高压喷雾及管道供暖技术，有效控制温室内温度、湿度、空气流动，为植株提供良好的空气环境。三是水肥灌溉系统。采用水肥一体化、滴箭精准灌溉和回液消毒再利用技术，为植株提供优良的根部环境。自动化设备区配备了水肥循环系统的枢纽设备区、自动化播种线、果蔬包装线、物联网控制中心、仓储间。

生产管理数字化：与荷兰威斯康（Viscon）集团、骑士（Ridder）集团联合研发环控系统，实时监测温室内光照、温度、湿度、营养等环境条件，探索建立昆山地区草莓、樱桃番茄等植物生长模型，根据作物不同生长阶段对水分、养分、温湿度、CO_2浓度等要素需要，量化植物生理生态过程及其相互关系，自动开启或关闭

温室智能化控制柜

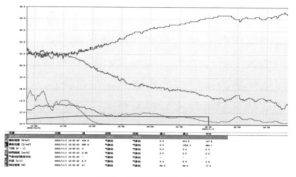

温室环控数据曲线

番茄立体栽培（番茄工厂）

AGV 地磁运输车

天窗、内外遮阳、湿帘风机、高压喷雾、暖管、营养液池等设施装备，实现植物生长过程自动化监测与调控。

智能场景多样化：A+温室工场布局植物工厂、番茄工厂、黄瓜工厂、叶菜工厂、草莓工厂、潮汐育苗工厂、自动化设备包装间等8个功能区域，采用国际领先的光环境控制、自动环控、绿色植保、自动水肥一体

青少年科普

化灌溉、自动采收、高效周年栽培、高效采后处理、物联网控制等诸多技术，确保温室的低碳高效运营与农产品高品质生产。一是植物工厂。设置了8层人工光栽培床，采用人工可控的光、温湿度和营养液精准控制，进行 VIVI 袋育苗与 VIVI 免洗菜，实现绿色高效种植与加代繁殖。二是育苗工厂。采用自动化盘床潮汐灌溉技术，周期性地从供液罐将营养液泵入盘床，植物吸收剩余的营养液再自然回流入回水罐，循环消毒使用，有效地控制育苗中病害的发生，实现了水肥耦合智能化闭合循环利用和"零排放"，践行现代农业"绿色"发展理念。三是叶菜工厂。采用先进的 DFT（深液流）营养液池栽培技术，有利于保持营养液 pH 值、EC 值、溶氧量、温度等要素指标的稳定，生产的叶菜整齐度高，口感佳。叶菜工厂引进国际先进的叶菜水耕栽培全自动一体化设备，模块化机械单元集成自动定植、自动采收、自动消毒、灌溉水回收、顶部供暖等技术，实现了物联网全网管理与控制。四是果菜工厂。草莓、番茄、黄瓜等采用悬吊式椰糠无土栽培技术，配套采摘机器人、采摘车、AGV 运输车等自动化园艺生产设备，栽培操作便利，减少人工，提高温室空间利用率，降低番茄植株病虫危害发生率，实现番茄高产高效高质。

➤ 经验效果

1. 社会效益

A+温室工场，形成了单一产品从选种、育苗、生产过程管理、采后包装和营销的全产业链模式探索与示范，是昆山市践行农业高质量发展，在农业领域探索从"昆山智造"向"昆山创造"升级的有效实践。温室依托以中国农业科学院为核心的国内外高校、科研院所农业科技成果与人才资源优势，利用"农业现代化关键是科技现代化""工厂化"发展思路重塑农业，采用国际标准建设智能温室，实现智能控光、控温、控风、控肥、控水等数字技术智慧生产。遵循"以国内大循环为主，国际国内双循环相互促进"的发展理念，积极探索东部发达地区现代农业的产业发展方向和发展模式，逐步建立现代设施园艺生产管理的全套规范、工艺、装备体系，形成可复制发展模式。温室作为中国农业科学院华东农业科技中心产学研科技项目落地示范的重要载体，揭榜挂帅联合研发番茄巡检机器人，探索现代设施农业生产管理的全套规范体

系，带动昆山市高新区玉叶智慧蔬菜基地、周庄鼎丰有机蔬菜基地等多家单位实现农业生产数字化转型，同时为陆家稻麦无人农场、巴城葡萄无人农场等项目协同、高质量发展提供借鉴参考。温室建成投产以来，先后接待各级党政、农口、高校科研院所、客商参观考察团与培训班 300 多个，面向昆山市范围内中小学、少年记者团、志愿者团队开展农业科技自然课堂、研学体验、素质拓展活动 20 多次，成为昆山市农文科商旅融合发展示范标杆、招商窗口、农业科普教育示范基地、职业农民培训样板间。

2. 经济效益

产品产量显著提升。植物工厂单位面积产量是露地单产的 40 倍，生长周期由露地 70 d 缩减到 34 d，做到周年生产；叶菜生长周期 28～35 d，每年可采收叶菜 9～10 茬，产量是传统大田产能的 8 倍以上，年产叶菜 21 万～33 万株；番茄工厂果实采摘期达 8～10 个月，年产量 22～30 kg/m²，年产优质番茄 16 万 kg 以上。农业生产降本增效。通过使用水肥一体化、滴箭精准灌溉等技术，植物工厂洁净气候室节水节肥 90%，育苗工厂育苗节水 50% 以上、节肥 75% 以上，叶菜工厂、果菜工厂节水节肥 40%。使用绿色生态防控技术和自动化设施装备，节省人工 60% 左右。

撰稿单位：昆山市农业农村局，昆山市乐佳农业发展有限公司

撰 稿 人：王雪花，毛钲越

江苏省七彩玫瑰全产业链智能种植园优秀案例

➤ **基本情况**

盐城七彩玫瑰园艺有限公司成立于 2017 年，由马来西亚 YG PARK 公司投资建设并负责提供种植技术，丹麦永恒玫瑰公司负责玫瑰花品种筛选及其优化等。总面积 185 亩，总投资 2 亿元，主要生产七彩玫瑰盆栽及季节性花卉盆栽。其中，一期占地 55 亩，主体为 35 000 m² 薄膜连栋温室；二期占地 130 亩，主体为 20 000 m² 玻璃温室、100 亩室外玫瑰花田。全部建成投产后，可年产盆栽花卉 1 100 万盆，年可实现开票销售 1.3 亿元。是国内首家引进荷兰 ISO 智能 AI 玫瑰自动扦插机器人，专注于玫瑰花产业的现代农业生产企业。七彩玫瑰是盆栽玫瑰市场第一品牌，市场认可度高，主要销售市场全覆盖长三角、武汉、西安、郑州、北京、济南等一、二线大城市。公司自成立以来，种植的玫瑰品种年增加 10 个以上，现已达 78 个，品种数全国最多。

➤ **主要做法**

该公司是目前国内盆栽玫瑰生产智能化自动化程度较高的基地，二期项目引进荷兰文洛式玻璃温室结构，荷兰 ISO 智能 AI 扦插种植机器人，荷兰 PRIVA 智能环控、

水肥一体化灌溉系统，德国 MAYER 盆花自动化生产线，德国 LOCK 传动系统、瑞典的保温幕布等进口设备，为玫瑰花产品始终保持业内领先地位提供保障。

ISO 智能 AI 玫瑰自动扦插机器人：结合德国自动生产线，通过自动扦插机器全自动化修剪装盆，实现了玫瑰花种植从基质解压粉碎、基质装盆浇水、剪枝扦插、摆放苗床、枝条修剪、成品疏盆等流程全部专业机械设备化生产，大大提高种植的精度、准度及速度，同时减少人工配备、花苗损耗及生产成本，实现年产量增加 120 万盆，节约成本约 90 万元。

ISO 智能 AI 玫瑰自动扦插机器人

荷兰文洛式玻璃温室：通过采用高透光率的散射玻璃、高透光超白玻璃及斯文森节能幕布等，满足了玫瑰花生长过程中不同时期对光照的需求，解决了夏季日照过强、冬季日照不足，全年供应难持续的问题，提高玫瑰花产量近 10%。

荷兰文洛式玻璃温室

Priva 环控软件平台：荷兰 Priva 温室环境控制系统——Priva Connext 过程控制计算机作为中央控制系统，确保气候、能源以及灌溉等种植关键过程的精准控制。通过 Priva 室外气象站实时监测气候变化，结合 Priva 室内传感器收集的各项测量数据，Priva Connext 系统使用"前馈"预测技术，提前计算能源的实际需求及所需时间，精准调控生产温室内的温度、湿度、光照、水肥、回收水、

水肥一体化灌溉

能源等各个环节，确保所有设备和系统完全集成和同步。例如 COMP3-4 系统，显示生长区各种环境系统的运行状态，如开窗、帘幕、湿帘风机、循环风机。通过温室内传感器采集到的环境数据，自动控制系统进行分析调控，打造一个适合玫瑰生长的环境。即使是在多变的气候下，温室内也能精准控制保证稳定适宜作物生长的气候，规避极端天气带来的损失，解决了全年连续供应困难的问题，并有效降低玫瑰花生产能

耗 20%，年节约成本约 160 万元。

水肥一体化系统：在日常的生长管理中，采用最先进的进口水肥一体化潮汐式灌溉系统在定制的苗床上浇灌营养液，植物通过盆底吸收，多余的营养液通过地下管网到回收罐过滤消毒处理后再重复利用，实现灌溉零排放、零污染，保证灌溉循环用水的安全性。

种苗组培中心：园区围绕"生态优先、绿色发展"战略重点，从农业生产到农产品销售的全过程，以"双减工程"为载体，植入高科技"基因"，在配置智能玻璃温室、日光能温室、纹络型连栋大棚等各类高效农业设施的基础上，2018 年新建投入种苗组培育苗中心，在丰富种苗品种的基础上，进一步保障了种苗组培的安全品质。组培中心使用工业 4.0 版的先进技术，拥有智能化程度较高的控制中心及生产管理平台、全自动生产调度系统、全过程数字溯源系统、全自动环境控制系统等，与传统组培相比，中心具备数字化组培能力，能实现种苗继代组培全过程记录、生产周期自动控制、种苗溯源等功能。后期将再建设 355 m^2 组培室、自动检测室、AGV 智能物流系统、升级生产管理平台的物流规划功能、智慧大棚等，实现组培过程除接种外的自动化作业。

玫瑰工坊：以农旅融合为抓手，利用玫瑰花产业优势，大力发展"花卉经济""美丽经济"，在集聚游人的同时也全面拉动了产业经济的发展。在二期新建智能玫瑰工坊，设有七彩玫瑰花饼、玫瑰精油、玫瑰手工皂等 DIY 体验区，同时在玫瑰展示区展陈销售农副产品、小饰品、生活用品、餐饮等产品，既满足游客的精神享受，也满足游客的物质享受。公司秉承以花会友，通过充分挖掘玫瑰花的观赏、食用与药用价值，大力开发以玫瑰花衍生品为主的系列旅游产品，不断满足人们对花样生活的需求。

电商直播中心：以自媒体应用拓宽玫瑰花销售新渠道，打造电商直播中心。利用玫瑰花产业优势，发展"花卉 + 电商 + 节庆 + 旅游"的农业发展新模式，以农村电商平台为载体，不断拓宽农产品销售渠道，打造花卉交易新市场，既实现园内七彩玫瑰盆栽销售的全覆盖，又积极帮助各地销售竹稻米、小花生、粉丝等特色农产品，为乡村振兴加速"加码"，展现出生机勃勃的"花样经济"新业态。

➤ 经验效果

园区一直致力于利用互联网、云计算、物联网、大数据等现代技术，提高农业生产效率和经营水平，保障农产品质量安全，促进现代农业发展，乡村生产更绿色更洁净。目前，公司已列为江苏省花木协会第八届理事会理事单位，并与江苏省农业技术推广总站、南京农业科学研究所、南京林业科学研究院共同制定了江苏省盆栽玫瑰扦插与潮汐式栽培技术地方标准体系。

1. 社会效益

七彩玫瑰作为盆栽玫瑰市场领军品牌，市场认可度高。与上海、广州、昆明等 10 多家知名花卉交易市场保持长期合作关系，为扬州世界园艺博览会、上海花博会等大型展会提供 30 万余盆玫瑰。玫瑰、姜荷花、彩叶芋、海芋等品种远销东南亚、美国等国家，进出口贸易额 300 万美元。为了推动乡村产业振兴，扩大农民增收致富渠道，以"公司 + 农户"的模式，为当地农民提供种苗、肥料、技术和保底价收购，为所在村增加村级集体经营性收入 100 万元；为周边农户提供近 160 个就业岗位，村民人均增收近 1 000 元。

2. 生态效益

一方面，在日常的生长管理中，使用水肥一体化潮汐灌溉循环系统在定制的苗床上浇灌营养液，多余的营养液通过地下管网到回收罐，进行过滤消毒处理再重复利用，保证灌溉循环用水的安全性，实现灌溉零排放，无污染更节能环保。另一方面，通过采用高透光率的散射玻璃、高透光超白玻璃及斯文森节能幕布等设备，满足了玫瑰花生长过程中不同时期对光照的需求，解决了夏季日照过强、冬季日照不足、全年供应难持续的问题，提高玫瑰花产量近 10%。通过智能环控系统、进口水肥系统、自动采光系统，实时对生产区内环境进行集中、远程、联动控制调节，改善玫瑰生产环境，降低患病风险，减少 30% 药品的投入使用。

3. 经济效益

一方面，通过引进德国玫瑰自动生产线、荷兰 ISO 智能 AI 玫瑰自动扦插机器人等现代智能自动化设备，实现生产过程全自动化，由原来 20 人的分工合作，升级为目前 3 个人的统筹把控，大大降低了人工需求和劳动成本；另一方面，通过荷兰的 Priva 智能控制系统、水肥一体化潮汐式灌溉系统、高压钠灯补光系统、降温加温等系统，精准控制玫瑰花生长过程中各阶段不同气候、能源以及灌溉等需求，有效降低玫瑰花生产能耗 20%，年节约成本约 160 万元，实现年产量增加 120 万盆。

撰稿单位：盐城七彩玫瑰园艺有限公司

撰 稿 人：陶　健

江苏省肉鸡养殖全链条智慧化管理优秀案例

➤ 基本情况

和盛食品集团有限公司成立于 2008 年 6 月，总部位于江苏省泰州市姜堰区，是一家以国鸡种禽繁育、饲料生产加工、肉鸡养殖销售、家禽屠宰及深加工为主导产业的国家级龙头企业，公司始终坚持"和谐、合作、同创、共盈"的经营理念，目前在江苏泰州、常州、盐城、浙江台州、江西赣州、广西南宁、安徽阜阳、广东梅州、河源等地建立了分（子）公司，在已有鸡养殖、食品加工的基础上积极准备进入养猪业，扩大产业范围。注册资金7 000万元，现有员工1 000多人，其中博士研究生1人，硕士研究生20多人，具有本科以上学历的100多人，专职从事研发人员共50人，合作养殖户达1 500多户，2022年实现上市肉鸡8 000万羽，销售收入16亿元，为合作农户创收超1.5亿元。

和盛集团种鸡繁育场

该公司于2018年组建专业的信息化团队，每年投入1 000多万元开发智能化管理系统，拥有自主产权的ERP管理系统运营成熟，实现了对集团物资、财务、销售、生产环控等各环节数字化管理，获评2022年省级数字农业农村基地。公司采取"公司＋合作社＋农户"形式，与农户建立利益联结机制，对合作农户实行"六统一保"即统一供应苗鸡、统一供应饲料、统一技术指导、统一卫生防疫、统一回收产品、统一品牌销售、实行保护价收购。

➤ **主要做法**

1.实施背景

集团种鸡场占地270亩，总投资1 200万元，基础设施完善。集团农户服务中心位于姜堰区大伦镇工业集中区，占地30亩，拥有办公大楼1幢、宿舍大楼1幢，设立了养户管理技术服务部、饲料加工厂、财务部、销售部、综合办公室等部门，配套农户培训室80 m²，饲料质量检测实验室100 m²，农户物资供产仓库300 m²，为信息化全链发展打下了坚实的基础。随着科技水平的发展，养殖数字化智能化把养殖行业带入了一个大数据时代。和盛集团积极响应政府号召，发挥龙头企业的示范引领作用，深入推进科技赋农，旨在提高广大养殖户经济效益。数字农业前景广阔，但相关智能设备功能不尽完善，普通农户实际生产中使用困难，且跟不上设备更新换代的速度。和盛集团通过调研探索，决定跟浙江台州学院联合研发、

和盛集团数据中心

ERP信息管理系统

深度定制智能化养殖环控系统，着眼需求端不断尝试技术攻坚，最终解决了行业内智慧养殖普遍存在的四大痛点：操作困难、模式死板、功能滞后、故障率高，为公司实现智能养殖、信息化大数据分析提供了解决方案。

2.主要内容

信息化场景应用丰富：近年来，和盛集团高度重视科技创新，不断提高集团的核心竞争力。每年投入近千万元研发费用，其中信息化及物联网板块高达 500 余万元。目前正在使用的信息化系统功能菜单有 1800 多个，微信小程序主要有"和盛管家""和联农""和盛销售平台""和盛采购平台""鲜临门"等，应用程序主要有肉鸡电子秤、饲料电子称等。同时自主研发了公司 ERP（企业资源计划）信息管理系统，涵盖协同办公、财务人事、采购、饲料配方、薪酬、屠宰、物联网环控等诸多系统，建立了全链业务流程一体化管理模式。

管理平台无限兼容：和盛集团将物联网应用引入养殖生产前端，实现低风险、低人工、低料肉比、高品质、高收益的数字化养殖，管理平台采用独创的 SQL 参数配置，功能、运行模式可以做到无限扩充，相当于"胖平台、瘦设备端"（软件平台复杂代码编程做控制策略及分析，设备端做指令接收及动作的模

国鸡生产动态

微信小程序

集团管控中心

式），该种方式能把所有设备集中管控起来，控制策略方便修改及调度，数据及时集中分析处理和统计，真正实现无人化值守。

养殖设备控制精准：数据采集器每分钟采集室内环境数据，经过平台分析后智能调度风机、水帘、灯光、小窗、电锅炉等（具体设备根据各用户场区实际情况安装使用），用户全程不需要干预，即可自行调节环境。采集的数据包含：温度、湿度、二氧化碳、光照、氨气、负压、水表、电表、控制开关运行状态、出线开关电流/电压数据等。

生产应用优势明显：市场现有设备普遍操作繁杂，养殖户学习难度大、要求高，而该公司物联网环控系统采用云端智能控制，简单易用。风机是鸡舍最重要的设备，在自动控制中稍有差池就会造成重大损失，和盛采用风机共享池模式并通过多种报警措施，建立强大应急保障，确保任何情况下通风不受影响。在实际生产中，鸡舍多种设备很难达到理想状态，例如开启温控设备和风机运行、昼夜温度难以完美契合导致时常出现冷热应激反应，和盛创新采用联合多种方案控制和渐进式保降温模式，保障鸡舍始终处于理想状态。市场上现有设备功能出厂前已固定，难以跟上养殖需求的变化，而和盛物联网环控系统可以无限扩充远程更新升级，解决了设备落后于生产的问题，延长了运维周期，缩短了故障排查时间。

➤ 经验效果

集团桥东肉鸡养殖示范区位于大伦镇桥东村，占地60亩，已建成标准化种养结合生态循环大棚鸡舍10栋，从实际生产来看，智能环控系统具有以下成效。

提高管理效率：简单参数设置，自动代码执行，集团公司专人值班进行集中管理。

节约能耗成本：以一个场区11栋鸡舍1个季度的数据进行节能对比，使用智能环控系统的鸡舍比普通鸡舍节能24.33%。

提高经济效益：系统应用后，种鸡产蛋性能和肉鸡生长速度提升。同一时间段同一品种，种鸡产蛋率平均高出3.78%；肉鸡上市率提高3.65%，料肉比下降0.11，公鸡均重增加0.178 kg，母鸡均重增加0.115 kg，养殖户毛利增加0.88元/只。

撰稿单位：和盛食品集团有限公司

撰 稿 人：严 莹

浙江省嘉善县浙农耘粮油未来农场优秀案例

➤ 基本情况

为构建面向未来的生产效率高、绿色底色足的长三角现代农业样板，探索适合当地发展的"农业共富"模式，西塘镇强村公司与浙农现代农业有限公司合资设立了主体公司长三角一体化示范区（浙江嘉善）浙农现代农业有限公司，通过政府引导+龙头企业带动＋村集体参与的模式，在嘉善县西塘镇开展新型粮食种植万亩示范田建设，共同打造浙农"耘"农场和覆盖服务、生产、品控、流通、共享的为农服务生态圈。"浙农耘粮油未来农场"围绕西塘祥符荡区块，整体种植面积 2.6 万亩，以水稻、小麦、油菜等粮油作物为主，农场实施标准化管理，按照"五统一"模式进行管理，探索全程化、集成化、一站式的社会化服务模式。

竹小汇低碳智慧稻田

➤ **主要做法**

1. 实施背景

粮食安全是"国之大者"，共同富裕是"民心所向"。习近平总书记在二十大报告上指出，"全方位夯实粮食安全根基，全面落实粮食安全党政同责，牢牢守住十八亿亩耕地红线"，全力保障粮食安全是国家目前的重要发展战略。为了着力推进西塘镇现代农业发展，助力西塘全面提升长三角一体化示范区先行启动区核心区域、浙北粮仓核心区的高质量发展，西塘镇亟须引入具有实力的骨干农业龙头企业打造生态、高效的示范农场。

生态拦截沟渠和绿色防控系统

2. 主要内容

"浙农耘粮油未来农场"紧紧围绕"五化"（要素集约化、生产智能化、产业生态化、管理高效化、功能多样化）开展建设工作，打造粮油未来农场发展模型。在共富引领、社会化服务、数字化支撑、生态化生产、品牌化经营等方面，积极探索机制创新、践行科技与服务相融合、推动多元化发展、助力产业兴旺，取得了一定的成效。

共富化机制："浙农耘粮油未来农场"以强村富民为核心，重构生产、流通、分配、消费等各环节的组织形式，优化人才、资金、技术等要素资源的共享机制，拓宽农业产业增值渠道，提升农产品品牌溢价。积极探索"社有资本＋村集体资本＋政府引导"的利益共享机制，在确保粮食安全的同时，基本形成了可复制的"西塘农业共富"模式。

社会化服务：一是建设稻米全产业链农事服务中心，开展全程社会化服务。农场建设占地28亩的稻米全产业链农事服务中心，配备现代化大型农机具，并通过农场数字化管理平台进行统一管理、调度，探索"耕、种、管、收、烘"全程机械化运行模式。二是建立共享合作社，开展农业机械共享。原有农业生产主体间协调互动能力差，农业生产各类资源闲置，导致资源的高度浪费。项目通过组建嘉善县耘农耕农业专业合作社，依托浙农"呼呼打药"农机共享平台，提高农业机械的使用效率。三是开展线上线下培训指导。项目拥有高级农艺师1名、农艺师2名、特聘教授2名；同时，充分发挥浙农集团自身科技服务团队力量、浙农全省飞防联盟力量及浙江省农资商品应用技术顾问团力量，为农业生产提供线上线下技术指导培训服务。

数字化支撑：农场通过生产机械化、数字化、智能化等建设，加强与新一代信息技术和先进农业技术融合，提升农场的生产效率和管理水平，促进农业降本提质增效。一是开展数字孪生平台建设。通过物联网技术手段，对农场遥感、气象、土壤、监控、病虫害、碳排放等多源数据的采集，实现作物生长数据指标的可见、可管、可控、可追踪；通过数字孪生平台的建设，联动田

农机专业合作社全程机械化服务

祥符荡稻田数字孪生平台

浙农耘粮油未来农场生产种植区

间智能监测、精准感应、自动灌排、虫情测报、多光谱无人机等智能控制系统，实现农场管理作业的少人化、高效化。二是推广机械化、智能化作业。农场引进种植当地

农业科学院育种推广的宜机化、高产、优质品种，保障品种与机械化种植模式的有机融合。同时深入推进"机器换人"，开展粮油"耕、种、管、收、烘、加、储、运"全程机械化作业，并于农场核心区域建设示范区，开展数字智能无人农机引进推广。

生态化生产：在低碳稻田建设方面，一是通过薄露灌溉技术进行自动灌排控制，有效节水近 200 m^2/亩，较传统模式节水 30%；二是基于无人机光谱分析和基地可视化大数据平台，实现最小 6 m^2 区块生长差异化辨别，达到最小单元精准施肥；三是通过自动巡航系统精准操作，可有效提高农机的使用效率，减少燃油使用量 10%，基于"1+3+N"农业低碳应用模型中，节水节能减排降碳智能决策体系，实现亩均减碳排放逾 20%。在绿色生态稻田建设方面，一是实现稻田退水"零直排"，农场内建有生态拦截沟渠系统，实现覆盖 8 750 亩农田退水的循环利用，有效控制农业面源污染。二是加强绿色生态防控，配备智能虫情测报灯、物联网太阳能杀虫灯，结合田路建设昆虫野花带，形成益虫保育区，应用低毒低残留农药及生物农药；三是提升秸秆综合利用，通过秸秆粉碎深翻和打捆离田技术，实现了秸秆回收综合利用；四是构建水稻绿色生产技术体系，联合中国水稻研究所、浙江省农业科学院等科研院所探索构建基于土壤健康、作物健康、低风险防治病虫害等技术措施的绿色生产技术体系，示范区实现肥料减量 15% 以上，化学农药减量 30% 以上。

品牌化运营：项目严格按照品种规划统一、农资配供统一、生产技术统一、农机作业统一、产品销售统一"五统一"模式，通过"浙农耘"服务品牌建立"三品一标一码"可追溯管理体系，实现生产、服务全过程可靠、可信的品质管控。

> ➤ **经验效果**

1. 经济效益

农场以高标准农田建设为基础，积极推进机械化、数字化、智能化等建设，加强与新一代信息技术和先进农业技术融合，提升农场的生产效率和管理水平，目前农场整体机械化水平已超过 85%，水稻生产亩均产量增加 50 kg，实现亩均降本增收超 200 元。

2. 社会效益

农场注重强化社会化服务能力，在做好自有土地生产管理的同时，积极向周边乡镇、县区辐射发展，充分发挥技术优势和资源优势，为其他区域农业生产提供技术、农资、农机服务面积 5.2 万亩，每年举行农民技术培训会不少于 15 场，培训规模种植户 360 人次，每年帮助种植户增加效益超 200 万元。

3. 生态效益

在全球温室气体排放中，农业约占碳排放总量的 1/3。农场与中国水稻研究所、阿里云共同打造竹小汇低碳智慧稻田，基于数字测碳、装备控碳、立体减碳三大技术突破，以水稻好氧灌溉技术为基础，形成节水、节能、减排、降碳智能决策体系，实现水稻生产亩均减碳排放逾 20%。相关数据已交由权威机构认证，预计连续 5 年认证后可作碳汇交易。

　　撰稿单位：长三角一体化示范区（浙江嘉善）浙农现代农业有限公司，嘉善县农
　　　　　　　业农村局

　　撰 稿 人：孙利利

安徽省阜南县智慧农业"未来农场"优秀案例

➤ 基本情况

　　阜南县智慧农业未来农场（以下简称阜南未来农场）是由阜南县现代高效循环产业园运营中心投资，中科中谷智能科技有限公司负责规划设计而打造的智慧农业样板。阜南现代高效循环农业产业园，总规划面积 $130\ km^2$，其中耕地 12 万亩，人口 11.13 万人，辖 21 个村民委员会，是以智慧农业和循环农业为特色，品牌粮食和食用菌为主导产业的现代农业循环园。中科中谷智能科技有限公司，是依托中国科学技术大学国际金融研究院科创中心平台、深耕现代智慧农业的一家科技型企业。公司聚焦以无人农业及元宇宙技术体系下的"未来农场"设计、规划、建设、运营（EPCO）；提供涵盖农业产业规划、农业产业互联网、人工智能与精准实施技术于一体的数字农业综合解决方案。阜南未来农场位于阜南县现代高效循环产业园核心区的苗集镇前进村邵刘庄，占地面积 1 485 亩，其中包括软质白麦良种繁育基地 720 亩、育种实验站 80 亩、设施农业占地 70 亩、果树种植 130 亩、农事服务中心 15 亩、秸秆处理站 110 亩、运维中心 20 亩、村庄宅基地 340 亩。阜南未来农场内各功能板块分别由多家企业和合作社承担，分别是中化 MAP 阜南服务中心（农业生产智能化托管）、安徽省农业科学院作物研究所汪建来育种实验站（智能考种测产）、安徽省大地农业科技有限公司（设施大棚智能控制）、阜南县林海生态技术有限公司（秸秆粪物智能化处理）、阜南古韵风情农业科技有限公司（葡萄节水灌溉）、阜南县远锐农机专业合作社（植保无人机统防统治）、安徽农道文旅产业发展有限公司（民宿运营）、中科中谷智能科技有限公司（智慧农业云平台运维）。

➤ 主要做法

1.实施背景

　　阜南县是全国唯一农业（林业）循环经济试点示范县，2021 年 3 月，阜南县现代高效生态循环农业产业园纳入第三批国家农村产业融合发展示范园创建名单。阜南县紧紧抓住长三角一体化发展的战略机遇期，加大政策扶持，提升农业技术装备和信息化水平，实施主要农作物生产全程机械化推进行动，推进大宗作物全程机械化生产，提高植保无人机等农机装备精准作业能力，加强农业信息化建设，推进"互联网

"+现代农业"行动计划,大力发展
数字农业,拉长拓宽延伸产业链条、
推动三农产业高质量、绿色可持续
发展。

2.主要内容

大田智能灌溉系统:为了满足农
场内 800 亩流转土地灌溉和智能节
水灌溉示范,园区投资 100 万元,新
建气象站 2 座、卷盘式喷灌机 4 台、
机井 10 口、地面水排灌站 2 处、肥
水一体化节水灌溉首部枢纽 1 套;示
范性建设地埋式伸缩喷灌 20 亩、立
柱式喷灌 20 亩,开发出 1 套智能灌
溉管控平台。

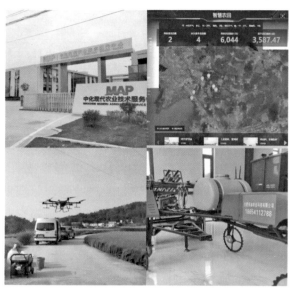

农业生产智能化托管:由循环园
投资 1 260 万元新建的农事服务中心
包括农机仓库、大型农机、配套农机
具和智能控制模块。中化 MAP 作为
第三方牵头运营阜南未来农场社会化服务联合体,并利用遥感技术和智慧农机调度平
台,联合阜南境内多家农机合作社承担全县部分乡镇农作物"耕、种、管、收、储、
售"农机作业业务。发挥加盟的农机合作社作用,组织多台植保无人机,引进植保机
器人和病虫害预测预报智能设备,实现智能植保技术应用全覆盖。手机 App 智农用户
端可为中心 20 km 服务半径内的农场和专业合作社提供手机端的智慧农业服务。

育种实验站:阜南县地理、气候、土壤环境适宜种植软质弱筋小麦品种。针对这
一农业特质,引进安徽省农业科学院作物研究所小麦育种团队在阜南未来农场建立小
麦育种和良种繁育基地。小麦产业体系首席专家汪建来研究员在农场运营中心成立了
"汪建来工作室"。购进智能型考种机、育种远程监测等智能设备。

设施农业智能化控制:循环产业园总投资 4 300 万元,引进设施农业雾耕农业
种植技术,在未来农场内建成一项高度智能化的高科技农业技术应用场景。在 70 亩
连栋大棚内,购置智能肥水一体机、根据棚内温度、湿度、光照度、二氧化碳浓度
值,通过手机 App 智能遥控风机、湿帘、水雾。此技术应用可节水 90%、节肥 50%、
产量提高 2~3 倍、土地利用率提高 5~8 倍,单位面积综合效益是传统农业的
20~30 倍。

秸秆粪物处理:阜南是农牧大县,每年产生大量农作物秸秆和畜禽粪便。与同济
大学新能源研究院合作,在未来农场范围内建成以林海生态生物天然气项目为依托,

成功掌握多维智能化可控生物天然气核心技术，首创县域"站田式"全域化、全量化、全循环农业废弃物处理方式，有效解决了农业废弃物处理、天然气输送、有机肥供应等难题，探索出了全域农业废弃物生态循环经济发展多元化的处理模式，推动了全县有机废物全利用。

未来农场综合服务云平台（驾驶舱）：未来农场新建成的5G智慧农业综合服务平台，建设面积300 m^2，建设内容包括农场基本信息展示、数字化管理、数字村庄、农业产业互联网、智能灌溉管控等。

360°沉浸式全息数字农业科普投影：总投资15万元。内容为5G未来农业发展的方向，包含了数字农业全部过程，畅享数字农业从地球飞向火星的美好憧憬。

720° VR循环农业场景展示内容：通过720° VR技术，展示循环园区内三全模式的8大应用场景，即运营中心、林海生态、联美食用菌、秸秆发电、中羊牧业、中化MAP、大地雾耕（兼顾5G未来农场）、邵刘民宿。

无人超市：通过自动门矢量控制器，超静音马达，无级变速的自动门以及相关电脑、监控设备，实现无人售货，顾客仅需微信扫一下二维码进

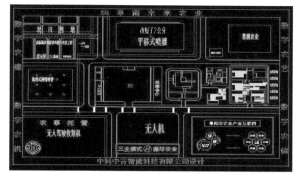

入无人超市的售卖小程序，便可购物。里面包括民宿体验物品、本土特色文化产品、农产品纪念品。

3.运营模式

阜南未来农场的模式架构是由"4D+1"组成。"4D"代表"数字农建、数字农机、数字农艺、数字农信"。"1"是指一个未来农场运营中心。功能内容包括美丽乡村改造、智慧农业运维、人员培训、农事服务、农产品初加工、冷藏物流、直播电商、农旅休闲等。"数字农建"是基于《高标准农田建设　通则》（GB/T 30600—2022）中要求，针对高标准农田提升改造工程数字化方案要求而规划建设的。"数字农机"是围绕"二强一增""农业大托管"，减少劳动力、提高劳动效率而搭建和成立的智慧农机调度平台和智慧农机服务组织体系。"数字农艺"是农业生产体系数字化、标准化管理的载体。依托着农业物联网设备、大数据、人工算法技术，提高农作物产量和农产品品质。"数字农信"是通过农业产业互联网和农业产业联盟组织，借助数字化技术手段，推动农业主导产业延长产业链、提升价值链、保障供给链、完善利益链完美落地。

运营方式有两种，第一种是以村集体股份经济合作社为主体，以专业合作社等新型经营主体为补充，农户用承包地入股村集体股份经济合作社，实现小农户承包地集中连片统一种植，开展小麦、玉米"耕、种、管、收、售"全程数字化托管服务，实现土地规模化经营，提高粮食生产效益。第二种是采取轻资产投资方式，借助新开发的未来农场数字化管理平台，从粮食生产托管全产业链服务入手，通过优质订单将粮食订单语言翻译成农业种植语言，与村集体经济组织、合作社、家庭农场、规模种植户合作，制定科学种植管理方案，最后进行粮食等农产品回购，完成全产业链发展，为广大小农户和产业链合作伙伴提供线上线下相结合、涵盖农业生产销售全过程的综合服务。

➤ 经验效果

1. 推广应用

阜南未来农场创新将当地村委会基层组织纳入运营主体，以提高村集体收入和农民增收为目标所建立的数字化管理体系，成功创建出安徽省县域"产业兴旺、生态宜居、乡风文明、治理有效、生活富裕"示范工程，为安徽省乃至华东地区落实国家乡村振兴战略，提供了可推广、可复制的示范模式。阜南县全县域推广"三全模式"，是集循环农业、智慧农业、生态农业、休闲农业为一体的"三农"发展模式。阜南未来农场是阜南"三农"发展模式的缩影，因此，阜南未来农场模式又是最完整的农业发展模式。阜南未来农场模式所构建的数字农建内容和标准，在2023年阜南县苗集镇、柳沟镇10 000亩高标准农田提升工程节水灌溉项目中得以复制推广。已完成的智能灌溉系统、智慧农机社会化服务、智慧种植技术和智慧农业云平台可以直接植入即将开工建设的1 600亩高标准农田提升改造工程节水灌溉项目中。在国家（太和）科技创新基地和太和县淙祥家庭农场规划设计中，已经将阜南未来农场模式植入。在11 500亩高标准农田提升改造工程、4 500亩节水灌溉以及农事服务中心建设、种养循环、智能农机应用、农业生产全程社会化托管等设计规划实践中，实现全程智能化布局，得到太和县各级政府、农业部门和经营主体认可。

2. 社会效益

阜南未来农场所涉及的农业物联网应用场景已经成为全市智慧农业重要观摩基地，为本市高校、中小学学生提供了物联网技术培训场所，帮助传统农民熟练运用智能手机控制物联网设备。横向以村为单元布局，纵向以农、牧、渔等产业链为触角，瞄准省（市）级示范家庭农场、合作社等具有较好基础的农业经营主体，推动智能农机装备与技术在种植业耕种管收各环节广泛应用，有力促进阜阳市智慧农业健康发展。

撰稿单位：阜南现代循环农业投资有限公司

撰 稿 人：张永华，姚　昆

福建省八马茶业现代智慧园建设优秀案例

➤ **基本情况**

福建八马茶业有限公司是集基地种植、生产加工、产品销售、茶文化旅游于一体的全产业链综合性大型茶叶企业，连续 12 年获评国家重点龙头企业，工厂厂区面积达 150 亩、建筑面积 9.6 万 m^2，目前产能可以达到 5 000 t 精制茶；2023 年总产值 3.39 亿元，品牌价值 270.09 亿元。截至 2024 年，全国门店超 3 400 家。作为国家级非物质文化遗产项目乌龙茶制作技艺（铁观音制作技艺）代表性传承人创立品牌，八马茶业将已有近 300 年历史的铁观音技艺以二十四定律严制好茶，秉承"让天下人享受茶的健康与快乐"的使命，为满足消费者多样化的品饮需求，八马茶业布局中国各大名茶产区，将产品覆盖至乌龙茶、黑茶、红茶、绿茶、白茶、黄茶、再加工茶等全品类茶叶以及茶具、茶食品等相关产品。遵循八马好茶四大标准（安全、对口、正宗、稳定）和三大选品标准（名家之作、非遗技艺、黄金产区），汇聚中国原产地好茶。

通过运用信息化技术对企业进行升级改造，对茶园安装物联网环境监控、视频监控、可视化管理系统、茶山病虫害智能监测系统等投入超 360 万元；对生产加工、物流仓储、销售等方面设备投入超 2 000 万元，实现企业的生产智能化、经营网络化、管理高效化、服务便捷化以及创新应用等。

➤ **主要做法**

1. 实施背景

传统农业经历过最早的依靠个人体力劳动及畜力劳动的农业生产模式、以机械化生产为主的生产经营模式和自动化农业。今天农业生产发展已经进入了高级阶段——智慧农业，其优势是集新兴的移动互联网、云计算和物联网技术为一体，依托部署在农业生产现场的各种传感节点和无线通信网络实现农业生产环境的智能感知、智能预警、智能决策、智能分析、专家在线指导，为农业生产提供精准化种植、可视化管理、智能化决策。目前，我国农业正处于传统农业向现代农业的转型时期，全面实践这一新技术体系的转变，网络信息化技术将发挥独特而重要的作用，也为现代农业发展提供了前所未有的机遇。为贯彻落实党的十九大精神，加快推动现代信息技术与农业的深度融合，提升数字农业发展水平，从部委到全国各省份纷纷制定数字农业及智慧农业相关措施，全面推进"互联网+"与农业生产、经营、管理、服务融合发展，为加快农业现代化和农村一二三产业融合提供新动力。

2. 主要内容

八马茶业现代智慧农业茶园的建设以5G、物联网、信息化、大数据、云服务等智慧农业核心技术，促进企业自动化、信息化，提升企业生产效率和经营效益为发展为目标，将物联网技术、信息技术与大数据云服务技术应用于茶业种植、加工、销售全过程管理，探索企业高产优质的生产管理模式，提升企业管理水平和产品质量，起到智慧园推广示范效果，带动数字化技术在农业及茶产业方面的应用，实现"5G+现代"智慧农业产业园。

智慧茶园：利用5G、物联网、大数据、云服务等智慧农业核心技术，将可视化监测系统、智能害虫防治设备、区域多功能气象监测站等核心

数字农场界面

监控台界面

茶园设备

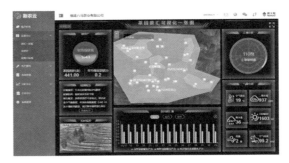
碳汇一张图

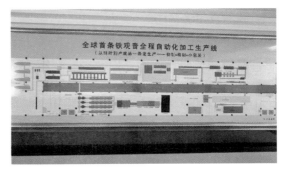
全球首条铁观音全程自动化加工生产线

装置运用在茶园的管理系统中，对区域内的气象环境、土壤墒情、病虫害等进行实时监测并上传云端，为科学化茶园管理及智慧工厂生产的各个环节提供数据支持。使得管理人员能够更及时、准确地监测和定位问题所在，从源头上严控茶叶原料品质。实现茶产业链的智能化、标准化、规模化管理，从而优化茶叶产品标准输出，提升茶叶生产效率。还将"碳达峰、碳中和"理念贯穿智慧茶园的建设中，打造出"碳汇茶园"项目，为将来的碳交易、碳金融服务做好铺垫。"碳汇茶园"有助于探索低碳技术在茶业种植领域的运用，极具创新性和前瞻性。

智慧生产：采用以 ERP 为数据基础，整合 SCM、WMS、MES、全渠道管理系统、二级解析节点及 5G 示范应用，实现研发、生产、采购、库存、销售、财务各个环节的智能化和数字化的集成；建立产品的全程质量追溯体系，实现产品质量安全顺向可追踪、逆向可溯源。公司自主研发的第六代生产线，是目前国内最具现代化的乌龙茶铁观音精制加工厂，从局部自动化生产模式升级为综合柔性自动化生产模式，兼容 90% 以上在制产品配方，各工序间减少物料周转频次、物人接触，从上茶叶原料预处理到包装出货采用清洁自动化加工技术，茶叶从进料到成品，全程不落地实现加工自动化、清洁化、智能化生产，极大提高产品的安全性、稳定性和生产效率。智慧仓储：公司率先引入全新的智能仓储业务模式，借助全新的智能仓储业务模式，通过部署智能仓储 AGV 机器人和算法，把电商业务集中管理，率先在全

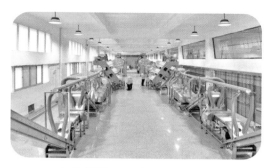
第六代进厂原料预处理生产线

第六代自动化智能柔性生产线设备

国实现茶业物流仓储领域的智能化作业和信息化管理。通过先进的 AGV 机器人和 WMS 软件系统为智慧仓库提供易扩展、更高效的柔性智能化系统解决方案，提供基于智能搬运机器人的产品及服务，包括智能拣选、智能收发货和集货、智能 AI 调度及品牌服务等；针对茶类电商行业快速、高效、准确的仓储物流特点，实现全场无人化、智能化、信息化的管理模式，有效提升自动拣选作业效率；整个 AGV 智慧库区为动态区域，系统会依据历史数据分析向智能搬运机器人发出指令，用机器人代替人工行走，"人找货"拣选升级为"货到人"拣选，同时双拣选位的模式，拣货

第六代精制茶叶包装生产线

站采用双分拨设计，可同时拣选 23 个订单，显著提升订单工作站效率；AGV 工作区采用的是提总波次和分播波次算法，不仅能高效提升拣选效率，同时将拣货过程升级为减少等待、无须找货、简易操作的方式，显著降低了拣货难度和劳动强度。该智能仓仓库共计 6 700 m²，可处理日均单量最高峰 13 000 订单 /d，准确率高达 99.99%，拣选人工减少 30%，所采用的三代朱雀 M60C 潜伏机器人可采用黑灯仓库 24 小时不间断作业。

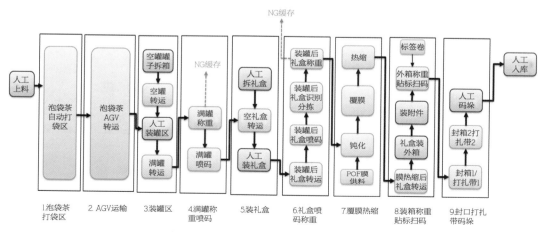

第六代自动化大包装、智能柔性全包装生产线流程

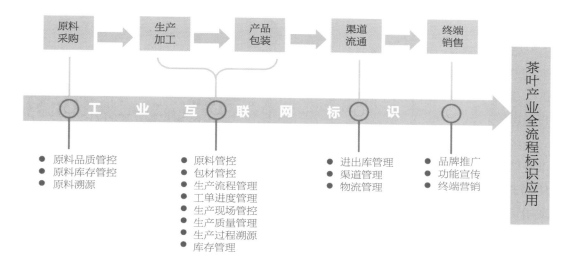

八马茶业全流程标识应用

3. 主要技术

以 5G、物联网、信息化、大数据、云服务等智慧农业核心技术，促进企业自动化、信息化，提升企业生产效率和经营效益为发展为目标，将物联网技术、信息技术与大数据云服务技术应用于茶业种植、加工、销售全过程管理，探索企业高产优质的生产管理模式，提升企业管理水平和产品质量，追求传统茶业与现代科技的高度融合，通过打造可视化、数字化、智能化的 5G "智慧茶园 + 智慧工厂" 综合体，持续引领茶行业的高质量发展。

4. 运营模式

通过运用信息化技术对企业进行升级改造，实现企业的生产智能化、经营网络化，管理高效化、服务便捷化以及创新应用。

生产智能化：引进移动 5G 网络，配备物联网传感器，采集生产基地环境因子、建设视频监控系统，应用 360° 摄像头对茶园实时情况录制上传，通过

仓储 AGV 机器人

智能货仓分布

5G+VR 直播。

管理高效化：智能仓库管理系统，实现仓库作业过程的管理，通过条码及 PDA 等技术手段，对仓库作业及过程进行指导。

经营网络化：覆盖电商日常管理所涉及的售前、售中、售后所有业务流程，使物流、资金流、信息流高度整合，实现电商业务流程的信息贯通和效率提升，借助数字化赋能，提升品牌运营效率。

服务便捷化：建设 100 m² 成果展示中心及配套设施，配备 8 m² 以上 1.8 精度 LED、对接省厅智慧农业平台、树立一块 20 m² 左右的"福建省智慧农业项目"宣传牌。

创新应用：探索开展智慧茶园"碳达峰、碳中和"模式研究、开展茶文化数字改造。

商品物料条码

扫码准确率高达 99.99%

智能货仓打印系统

➤ 经验效果

1. 经济效益

5G 现代智慧农业的实施大大提升了对生产环境管理的自动化程度，降低人工成本，依靠系统就能够自动完成；生产线兼容 90% 以上在制产品配方，效率提高了 20 倍，能耗下降了 30%，产品良品率≥99.5%，智能仓储准确率达 99.99%，减少人工 30%，数据的可追溯率在理论上达到 100%。

2. 社会效益

节约能源资源、精确农业产出的预测和统计，引导农业产业结构平衡发展、实现了农业生产管理的远程化和自动化，减少了农业从业者到生产现场进行作业的必要性。

3. 生态效益

改变过去基于感性经验的农业生产管理方式，通过精确、科学的数字化控制手段进行农业生产和管理，可以有效避免用药、施肥、灌溉等行为的过度化和滥用，从而避免对生态环境的破坏，起到保护生态环境的目标。同时，在国家碳达峰碳中和的大战略背景下，项目创新性地进行了茶园碳汇资产核算的探索，并通过与科研院校的合作，共同研究农业农村领域减排固碳措施，为福建省农业碳达峰碳中和在茶园领域进行了试点示范作用，项目的运营充分贯彻落实可持续发展理念，项目生态效益显著。

撰稿单位：福建省农业信息服务中心，泉州市农业农村局，安溪县农业农村局，福建八马茶业有限公司

撰　稿　人：陈　婷，念　琳，李碧娜，李福德，王秋玲

江西省炊之园富硒七彩小番茄优秀案例

➤ 基本情况

富含硒元素的七彩小番茄是江西省炊之园农业科技有限公司的主打绿色农产品。江西省炊之园农业科技有限公司成立于 2019 年，注册资本 2 000 万元，总投资 1.15 亿元。是一家集农业技术研发、技术推广、果蔬种植销售、农产品深加工为一体的数字化农业企业。截至目前，公司共流转土地 1 800 余亩，覆盖玉山县六都乡清溪桥村、华山村等五个行政村。2023 年已实现年产小番茄 500 万余 kg，水稻 30 万余 kg，年产值达 7 000 余万元。公司坚持以生态优先、绿色发展为导向，公司坚信科技就是生产力，稻果蔬轮作基地在农用设施建设、育苗、移栽、植株管理、采摘、销售等各个环节，逐步完善并引入智能化、数字化、智慧化种植管理设施和技术。与多家高校及科研机构开展合作，致力于生态环境与农业生产的协调发展，着力打造绿色健康的农产品。

➤ 主要做法

1. 实施背景

智慧农业是现代农业的发展方向，数字化、智能化、智慧化是农业的未来。数字农业是国家发展"数字中国"战略的重要组成部分，是实现信息化与农业现代化深度融合的有效举措，更是推动农业高质量发展的重要手段。多年来，围绕实现乡村振兴战略和促进现代绿色农业发展这条主线，按照农业种植智能化、经营网络化、管理数据化和服务在线化的要求，本着为生产者、管理者、消费者服务这一宗旨，不断完善构建七彩小番茄智慧种植基地。

2. 主要内容

充分运用物联网、云计算、5G 通

信网络、人工智能、图像识别等前沿
技术：实现种植生产数字化遍及传
播、记录、展示、管理等环节，激活
农作物高效种植，有效降低病虫害，
提高富含硒元素的七彩小番茄等果蔬
产量与质量，使原本复杂的信息变成
可观看、可交流和可操作的与消费者
互动场景。

在种植基地内部署一套智能中
央气象站：通过智能数字传感器可采
集种植基地内空气温湿度、太阳光照
度、降水量、风速风向、大气压力、
大气 PM2.5 等要素，通过物联网网络
将环境数据传输到农业智能终端，通
过有线网络传输至中控中心智慧农业
平台进行数据交换、分析等，利用平

台的消息发布系统结合数字乡村随时了解种植基地实时气象信息。在中央气象站部署
360° 高清球型摄像头，可实时对中央气象站及设备进行监控，如发现设备故障或紧急
状况，可实现对监控目标的肉眼直观分析警示。

在种植基地内部署智能灌溉系统：通过部署的土壤实情传感器，判断土壤含水量
是否符合农作物生长的水分，与科学值对比，如果低于警戒值，则自动打开喷滴灌设
备进行补水作业，当土壤含水量达到上限值则自动关闭喷滴灌设备。支持远程控制
（PC、手机、移动终端等）、现场控制等多种控制方式。基地农技人员通过操作手机或
触摸屏进行管控，控制器按照设定的配方、灌溉过程参数自动控制灌溉量、吸肥量、
酸碱度等水肥过程的重要参数，实现对灌溉、施肥的定时、定量控制。

在种植大棚内部署智能控制系统：通过在温室内部署的智能数字传感器，判断温
室内气候环境是否符合农作物生长的环境，与科学值对比，来决定是否需要打开或关
闭风机、湿帘、遮阳等设备。空气温湿度传感器判断降温、加温系统的开启，光照传
感器判断遮阳系统的开启，二氧化碳传感器判断是否打开二氧化碳补充系统。

依据生产管理需要，在种植基地内部署高清视频监控设备：通过 360° 视频监控
设备以及高清照相机对农业生产现场进行实时监控，对作物生长情况进行远程查看。
同时可根据设定，对视频进行录像，随时回放。为种植基地生产积累影像视频资料，
为生产研究、品牌打造提供数据支撑。

在种植基地内部署农产品智慧溯源系统：随着生活水平的提高，人们更加注重食
品的安全与质量。面对复杂的食品安全现状，消费者选择农产品，最希望了解的是

农产品的质量安全问题并核实这些信息。智慧农产品质量追溯系统，增加了农产品从田间到餐桌各个环节的透明度，提供给企业展示优质产品的窗口，助力企业打造绿色安全的高端品牌。确立农产品追溯体系流程和建立流通数据库的基础上，通过进一步完善产地安全生产的基础信息库，建立相应的流通管理系统，主动引导种植基地按标准化进行种植、加工，逐步规范种植操作流程，从更深层次上实现农产品溯源。追溯赋码，支持二维码、条码等编码技术，消费者使用手机扫描产品包装上的二维码，或者登录农产品溯源平台输入产品编码即可快速查看丰富详尽的农产品档案，包括生产者信息、生产地点、产品品名、产品基本介绍、产品认证信息、农产品的全生长期图片、肥料使用记录、农药使用记录、关键环境数据，同时可以实时查看种植现场的视频。通过溯源系统的管理平台，公司基地自行维护产品以及企业基本信息，同时借助农抬头智慧农业物联网自动采集的环境信息、实时视频信息等，建立完善丰富的农产品档案。消费者登录手机 App 就能够实时查看农作物的生长环境、生长情况，以及工作人员的农业劳作情况，参与到农产品种植生产的监督过程，提升对品牌的信任度以及黏度。在线营销，通过结合手机扫描产品包装上的二维码，或者登录农产品溯源平台输入产品编码即可直接网上下单，或导流至各大电商平台（如淘宝、京东等）、微信平台、抖音平台。实时视频，通过在线视频向消费者提供农产品生产过程中的实时场景，把原生态、原产地的农产品直接呈现在消费者面前，让消费者感觉真实。

➤ 经验效果

炊之园富硒七彩小番茄种植基地牢固树立现代农业种植必须走数字化、智能化、智慧化科学道路理念，一步一步朝着公司"助力乡村振兴，把绿色还给大地，把健康带给人民"的目标稳步前行，公司富硒七彩小番茄基地种植逐步品尝到了智慧种植所带来的甜头。

1.经济效益

通过数字化的平台建设，向消费展现农产品种植过程，极大提升企业自身形象、品牌价值，消费者可对购买的产品过行评价，投诉和信息反馈，对于食品召回后的信息消费者更能第一时间了解，让每个消费者消费得明明白白。通过手机描二维码或者条形码，可查看农产品从田间种植、加工检测到物流的全过程。实时监控农产品市场动态，帮助生产者迅速调整市场营销需求。以上措施极大地推动了该公司的采摘园建设运营。通过举办采摘节活动，每天带动采摘消费达 2 万元以上，年接待游客 30 万人次以上。带动了全县其他果业采摘园建设，通过微信和抖音平台互通有无，共同发展，使很多种植业主转亏为盈，实现采摘园周边农民增收。智慧种植也为公司按现有模板向外复制成为可能，公司基地将通过 3 年增培计划，依托"公司＋农户＋基地"模式扩大种植规模，打造万亩标准化产业化生产基地及小番茄深加工技术体系（小番茄果酒已小批量生产），逐年覆盖周边地区，预计覆盖受益人口将超10 万人，新增劳动就业超 5 000 人，公司通过智慧种植力争成为华东地区最大的小番茄主产区，年产值超 5 亿元，真正为乡村振兴添砖加瓦。

2. 生态效益

我国的化肥投入结构不合理、利用率低仍然是当前突出问题，化肥投入尤其是磷肥的投入普遍偏高，造成养分投入比例失调，增加了肥料的投入成本。我国肥料平均利用率较发达国家低 10% 以上，氮肥为 30%～35%，磷肥为 10%～25%，钾肥为 40%～50%。肥料利用率低不仅使生产成本偏高，而且是环境污染特别是水体富营养化的直接原因之一。利用水肥一体机精准施肥，节水节肥节能。炊之园富硒七彩小番茄种植基地常年得到湖州师范学院微生物制剂与农产品安全实验室吴酬飞、李阳博士团队、南京林业大学等高校技术支持，使该项技术直接落地，解决了全程准确使用纯植物为源主的生态有机肥问题和全程使用微生态制剂等进行病虫害绿色防控问题。

生产出来的富硒七彩小番茄不仅产量高、口感好，而且绿色环保无污染，是所有人群都适宜的绿色生态果蔬。此外，公司还尝试稻蔬果轮作，由于智慧种植粮食增产明显。去年一年产粮 30 万 kg，在种植小番茄的同时，粮食安全有保障。

3. 参考借鉴意义

智能温室生产型大棚的遮阳、通风、升温、降温、灌溉系统全部可以设置成电动或者自动化程序，无须人工过多的干预，省时省力。以智能化温控育苗大棚为例，以前 14 亩左右育苗大棚人工浇水需要 20 个人工，并且浇灌不均匀。而改用自动化喷滴灌设备以后，一个人半天就可以完成整个大棚的浇水工作。

撰稿单位：江西省农业技术推广中心智慧农业处

撰 稿 人：胡　雷

山东省济南市安信智慧种苗工厂优秀案例

➤ 基本情况

山东安信种苗股份有限公司成立于 2008 年 7 月，注册资本 5 628 万元，是集蔬菜种苗繁育、蔬菜种植管理服务、数字智慧种苗工厂设计建造、高端肥料销售于一体的高新技术企业，是我国蔬菜种苗行业第一家上市企业。公司建有 5 个研发中心，分别在种子繁育、数字化集成、农机与农艺融合、场景创建与运行等领域开展前沿技术攻关，拥有发明和实用新型专利 120 余个、计算机软件著作权等 20 余项；曾先后荣获山东省科技进步奖、神农中华农业科技奖等 70 余个奖项。公司近年持续加大科研投入，通过农机与农艺融合，从育苗播种到出苗各环节研发了相关智能化设备，构建智慧种苗工厂。目前拥有 20 万 m² 的现代化育苗温室，年育苗能力超过 3 亿株，主要有番茄苗、甜椒苗、西瓜苗、甜瓜苗、黄瓜苗等，产品远销全国 30 个省（区、市）。

➤ **主要做法**

1. 实施背景

随着蔬菜产业发展，全国蔬菜移栽苗需求量巨大，受供求关系的影响，涌现出一大批蔬菜育苗企业，据不完全统计，全国蔬菜育苗规模企业1500多个。种苗企业投资专用设施设备对新品种进行引进、筛选、试验、示范、推广、服务，是带动整个产业链发展的核心关键环节。但多数蔬菜育苗企业投资规模较小，育苗设施相对简单，以简易工厂育苗为主，主要依靠人工操作，机械化水平低，没有标准的生产工艺，主要靠经验决策。因此，其培育出的蔬菜种苗普遍存在质量不稳定、移栽成活率低、成苗质量差、病虫害严重等情况，给育苗行业和种植户带来重大损失，严重影响蔬菜产业的健康发展。

2. 主要内容

山东安信种苗凭借国际先进的智慧种苗工厂概念和国内独创的智慧种苗生产模式，对生产流程精确控制，减少80%人工依赖，提高30%以上经济效益。利用精准设备控制降低60%农药化肥投入，结合低碳节能温室技术可节省50%以上能耗成本，既降低了农民生产成本，又保障了食品安全性，实现农民增收与绿色发展的双利双赢。

3. 主要技术

万物互联的智慧农业形态，工厂融合人工智能、物联网、云计算、大数据、生物表型组学等各种技术，运用5G移动通信技术，将标准农艺转

数字自动苗床系统

基于5G网络的智能喷灌系统

自动平盘播种系统

温室智能高效立体保温系统

化为可操作的数字语言，并建立数据模型，通过大数据分析，根据生产模型形成相关指令，操纵智能机械设备进行作业，替代人工完成生产任务，并不断优化学习。山东安信智慧种苗工厂是将以下各功能子系统与自研智能设备进行有机结合，实现整体运营优势，打造新型现代种苗工厂，提升行业科技水平。

种苗智能巡检机器人信息采集

物联网控制系统：基于网络通信传输、远程监控、数据分析，实时获取温室环境信息和植物生长状态，通过种苗生长环境模型分析，自动控制设备运行，精准调控温室光、热、水、气等环境参数。

数字种苗管理系统（ERP系统）：基于云平台的种苗生产管理运营系统，将种苗运营管理各环节有机串联，企业内部人、财、物科学配置及成本管控，订单—原材料—育苗流程—市场，实现销售管理、生产管理、财务管理、服务平台各系统有机配合，保证质量管理各步骤的实施、监控、可溯源，极大地减少了失误，提高了工作效率。

茄果类劈接嫁接机

智能蔬菜种子精量播种系统：安信种苗研发智能蔬菜种子精量播种线，通过CCD视觉识别技术、人工智能、Fast RCNN算法对播种质量进行检测，实现智能补种，降低空穴、重播率。

数字自动苗床系统：数字自动苗床系统基本配置有特制苗床、物流系统组件、数字控制系统部分组成，苗床传送线由多组移动线轨道连接。苗

除湿杀菌机器人

智能寻址运输车

床可以通过控制系统由一组轨道移动到另一组轨道。也可以在横向的移动线轨道和纵向的种植区导轨之间切换移动方向。配备苗床标签识别、定位、追溯系统，可以选取任意苗床进出。

基于 5G 网络的智能喷灌系统：智能喷灌系统对运输过程中的种苗通过视觉感知及传感器数据采集，对种苗肥水进行检测识别，自动精量控制喷灌，极大降低人力成本，提高种苗质量。

自动瓜类接穗播种系统：运用智能识别、自动吸附与移栽、自动控制系统等先进技术，克服了人工播种效率低、强度大、播种不均匀等缺陷，效率调高至人工播种的 25 倍。

温室智能高效立体保温系统：按照特定比例将 FE18D、EVA、高分子聚合填充剂等材料发泡而成，通过机械整体成型。优点：①保温效果好，保温效果是传统保温被的 3 倍以上，在室外 -10℃的情况下，能保持棚内温度 20℃以上；②材料轻薄，厚度约为传统保温被的 1/5，重量约为传统保温被的 1/10，质量轻安装方便；③防水防冻，导热系数低、防火阻燃性能好；④使用寿命长，使用寿命是传统保温被的 2 倍以上。

"果菜诊病"病害识别系统：基于视觉检测系统，采用 YOLO-V3 深度学习算法，实现对植物种类和病害实时检测识别。帮助农户精准诊断、准确用药，减少农药滥用，提高食品安全。

自主研发智慧种苗工厂功能机器人：自主设计研发智能巡检机器人，能够 24 h 不间断地在智能种苗工厂进行巡回检查，主要解决人员管理不及时、用人多、信息不准确的问题。运用雷达对地图模型建立以及模型匹配自动巡航，超声波自动避障；搭载高清摄像头，对种苗的状况进行实时采集分析，对苗情和人员进行管理。种苗嫁接机器人，安信种苗率先投资设计研发的蔬菜嫁接机，根据嫁接苗特点设计，嫁接机使砧木、接穗接合迅速，自动完成嫁接操作，可避免切口长时间氧化和苗内液体的流失，从而大大提高了嫁接成活率，工作效率极大提高，嫁接成功率 90% 以上。解决手工嫁接费工、费时，作业质量与作业时间相矛盾的问题，促进种苗嫁接技术的推广应用，满足嫁接苗的市场需求。自主研发的蔬菜温室除湿杀菌机器人，集物理除湿、紫外线杀菌、臭氧杀菌于一体，解决了蔬菜种植与育苗温室湿度大，易发病害，农药施用量大的问题，能够有效预防病害，减少农药用量 80%，减少环境污染，提高食品安全。

智能种苗运输车的研发结束了传统人工运输时代，解决了传统方式运输劳动强度大、工作效率低的缺点，使工作效率提高 30 倍。

➤ **经验效果**

山东安信种苗秉持"创新为根，质量为本，敬细惟实，聚力致远"的经营理念，以"为种植户提供优质种苗"为己任，携手产业链上下游相关企业，脚踏实地、攻坚克难，以专业理念打造专业服务体系，让越来越多用户在省事、省心、省时的同时取得高收益。

目前，公司高品质种苗已销往全国各地，智能设备已走出国门，山东安信"智慧种苗工厂"已在山东、浙江、内蒙古、安徽、江苏、新疆等蔬菜主产区落地，带动了产业的发展。其中安信浙江省嘉兴无人农场项目被评为浙江首批"未来农场"。

撰稿单位：济南市农业技术推广服务中心，山东省农业技术推广中心

撰 稿 人：高兴萍，苏　静，王统敏

山东省夏津县东李镇联合社智慧化高产示范粮田优秀案例

➤ 基本情况

山东省夏津县东李镇土地股份农民专业合作社联合社，于 2020 年 4 月 2 日注册成立，注册资金 1000 万元，由东李镇党委、政府组织辖区 34 个村级合作社联合出资成立。联合社以"党建 + 合作社 + 农户 + 订单"的形式提供产、供、销一条龙服务，为农民提供各种农产品所需要生产资料的统购、土地托管服务、农产品销售及相关技术信息服务，通过对农民土地进行测土化验，合理配方施肥，统一引进优良品种、统一选购化肥、农药等一系列的服务，有效解决了当前农民面临的"投入高、产量低、品质差"的痛点，达到了整合农村土地资源、解决农村劳动力、助力农业增产增效的多重目标，实现了让农民抱团发展。截至目前，联合社已累计为群众提供托管服务 5 次、托管耕地 10.2 万亩，累计带动村集体增收 220 余万元，为群众节约生产成本 350 余万元。作为德州市"吨半粮"创建重点乡镇，为解决小麦、玉米生产中技术标准化程度低、技术服务不及时、生产效率低等问题，2021 年联合山东农业大学农学院共建 1000 多亩智慧化高产示范田，装配了自动灌溉装备、微型气象站、土壤墒情监测站等农田信息化设备，及 5G 通信数据回传、分析系统，时时监控农作物长势、苗情分析，为粮食种植各环节嵌入"智慧芯"。同时借力山东农业大学农业技术与人才优势，时时对农作物"把脉问诊"，提供种植品种选择、播前整地造墒、测土配方施肥、病虫害防治及日常管理的技术服务，形成了一整套粮食高质高产技术解决方案。

➤ 主要做法

智慧化"吨半粮"高产示范粮田，围绕粮食种植数字化服务，实时采集局部气象观测、土地墒情实时监测、粮田病虫害观察等农田数据，以大数据和 AI 算法等核心技术，通过平台的监控指挥系统能实现农作物长势、苗情分析等情况"一图总览"，为种植户提供农业"产前、产中、产后"的全方位服务。

（1）强化基础设施及信息系统建设：强化粮食种植大田中的数字技术应用，完善前端数据采集的智慧化设施设备，安装微型气象站、土壤墒情监测仪、虫情测报仪等

农田数据采集设备和自动喷灌系统。打造中端信息处理的智能化平台，构建集数据采集、数据存储、数据管理、分析挖掘及综合展示为一体的"智慧粮脑"信息化平台，实现前端数据采集的中端处理，在镇为农服务中心装配智能化操控平台，采用大屏显示，数据情况一目了然。

（2）优化数据采集共享利用：在物联网、无人机、多光谱植物传感等新一代信息技术的基础上，构建天空地一体化信息监测采集体系，集成采集农田作物信息数据，实现农田信息采集的全面化、高效化。通过无人机遥感平台搭载多光谱摄像头、4K高清摄像头实现农田尺度的作物长势信息采集，对小麦而言，分别在冬前苗期、拔节期、开花期、熟期等5个生育期间进行数据采集。地面监测农田气象信息的采集装备，将光照传感器、温湿度传感器、降水量传感器、风速风向传感器等气象因子采集传感器集成为一个小型气象站，同时配备太阳能供电装置，安装在农田的边缘位置。地面作物信息采集装备选用固定式光谱设备和便携式光谱设备两种，固定式光谱信息采集设备固定安装在农田中，主要采集作物长势、生物量、叶片氮含量、叶绿素等信息，太阳能供电无须额外供电，数据实时上传云平台。

（3）农机设备远程操控实现种田自动化：农机监管，通过云平台，实时监控农机、农机具实时状态、作业品质、作业轨迹、作业面积、作业质量等，优化投入、提高效率。农机共享（预约），

数字化吨半粮示范田"智慧粮脑"终端系统

数字化吨半粮示范田里装配的小型气象站

数字化吨半粮示范田里配备的自走式平移喷灌机

数字化吨半粮示范田麦田飞防

农户发单，农机手接单，资源整合、统一调配；农户可发布耕种管收、无人机巡航、测土配方等各类服务需求。无人机自主规划航向、自主飞行、设定拍摄时间间隔，且飞行时间大于 30 min 的机型。通过构建水肥一体化或自动灌溉装备，用无线控制的方式实现农田水肥一体化及水分灌溉的自动控制。所有控制界面及操作均在平台界面中展示。用户可实时查看电磁阀的状态，并进行控制。

（4）全方位信息服务做好末端技术支持：山东农业大学农学院教授团队通过"神农云服"专家平台反馈数据提供技术服务，定期提供农事提醒，包括病虫害防治、杂草防治、水肥管理等；一对一专家线上交流，通过语音、图片、视频、文字等形式通过线上系统与农业专家进行交流；技术视频发布，将作物生产栽培管理新技术、新品种、新模式通过视频的形式进行发布，农户通过 App 进行查看；关键农时深入田间地头调研苗青墒情，并提供针对性建议。与夏津县农家丰植保服务专业合作社合作，结合本地气候、作物长势，基于数据反馈，提供全套农业种植技术方案。与大疆创新科技有限公司山东省总代理合作，在无人机飞防、无人机巡田方面提供专业技术支持。

➤ 经验效果

1. 经济效益

2022 年，东李镇"吨半粮"数字化生产能力创建的 1 000 亩示范农田，共计收获 760 t 小麦、810 t 玉米，平均每亩产量为 1 570 kg。以前该地块为半沙壤土，粗放式生产管理，亩产 1 150 kg 左右，综合运用智慧化设施及信息系统等高产高效生产技术方案后，每亩产量增长 32%。

2. 社会效益

该项目的实施对促进农业产业结构优化调整，促进农民共同富裕，推进乡村振兴有重要的积极作用。以推进现代信息技术与现代农业发展深度融合为方向，综合运用智能监测、大数据、移动互联、云计算等现代信息技术，推动粮食生产各环节技术服务体系建设。面向政府，解决了小麦玉米播种面积、产量预测、灾情速报等数据的自动化高效快速精准获取问题，为政府科学决策提供技术支持。面向联合社，实现了各合作社的高效交流、需求及时反馈、农机统一调配、农资高效预定等。面向各村级合作社，解决了小麦、玉米生产中技术标准化程度低、技术服务不及时、生产效率低、精准化程度低等问题。东李镇通过提高各环节的智能化水平，降低生产成本，大幅提高种植效益，打造粮食生产智慧农业服务模式，引领粮食生产的现代化。下一步，东李镇将进一步升级数字农业平台，普及数字农业服务网范围，实现"吨半粮全域数字化"，为粮食种植各环节嵌入"智慧芯"，实现从"靠经验"到"靠数据"，使数据优势转化为产业优势，扎实推进全域"吨半粮"创建工作。

撰稿单位：山东省夏津县东李官屯镇政府

撰 稿 人：肖长健

河南省丰盛农业发展数字农业
乐享智慧种植优秀案例

➤ **基本情况**

河南丰盛农业发展有限公司成立于2009年，是集花生种植、加工、仓储交割多位一体的现代农业龙头企业之一。经过十几年不断探索，该公司已经发展成为下辖6家子公司、3家专业合作社，拥有固定资产2.6亿元，员工156人的省级农业产业化龙头企业、浚县省级优质花生现代农业产业园。依托青岛农业大学，借助5G、物联网、人工智能、卫星导航等多项新技术，建立农业数字化云平台，实现从育种到整地、播种、田管、收获、运输及仓储、加工的农业全流程数字化管理，打造数字农田，建立了数字种植业创新应用基地智慧种植示范区，种植面积10 000亩，核心区位于浚县善堂镇王礼村周边。大田农业智能化管理系统总投资615万元，其中，星陆双基协同反演系统（含小型气象站）投资约100万元、智能化自走式灌溉设施投资107万元、智能化农机采购278万元、大田物联物设施80万元、软件管理系统50万元；建立浚县5G现代农业高油酸花生良种繁育示范基地展厅；通过智能手段对花生农事作业的全程监管、可视化表达、数字化展现、信息化管理等，用新理念、新技术构建新业态、新经济。

➤ **主要做法**

1.实施背景

河南丰盛农业发展有限公司智慧农业种植基地地处黄河故道，属于沙质土壤，昼夜温差大，适宜花生生长，是"河南省花生种植最佳区域"之一。公司以"善堂花生特色小镇"建设为突破口，通过善堂花生的辐射作用，带动周边滑县、内黄、延津等县约200万亩花生种植，能够为花生初加工和物流产业提供优质原料。"善堂花生"已经通过绿色食品和国家地理标志认证，为发挥当地花生种植优势，做大做强公司主营产品"膳堂香"花生品牌，公司投资600多万元聚力打造河南花生智慧农业项目示范园区。

2.主要内容

项目主要建设内容包括花生种植生产基地、物联网应用系统服务平台、水肥一体化设施、环境监测与控制、大屏信息展示等。为该地区的花生产业提供从播种到种植生产管理，到采收加工，到仓储物流等，全产业链一整套"智慧花生"解决方案，帮助公司和区域实现花生的产前、产中、产后全程数字化管理、可视化操作与控制、精准的智能分析与决策，最终实现花生标准化生产和原产地供应链数字化管理。

建立网格化数字地块：公司将流转的土地以 100～300 亩不等的规则地块，设置 19 个家庭农场式种植区，按照地块进行划分编号和信息采集，对气候、土壤、水源等生产要素进行数据化，形成数字地块信息。

开展科企深度合作：在花生种植模式方面，以河南省农业科学院为技术支撑，紧紧围绕善花生产业发展中的关键技术需求，强化育种、植保、土壤肥料、加工、质量安全、农业信息化等学科技术力量协同，组建跨单位、跨学科的专家团队，围绕产业全链条，构建了新品种、新技术与新生产方式等相结合的一体化技术体系，支撑花生智慧种植的快速发展。在花生生产管理方面，公司与青岛农业大学合作打造数字化云平台，实现了从育种到整地、播种、田管、收获、运输及仓储、加工农业全程数字化管理。在花生品质管控方面，公司通过农产品质量追溯、生物物理防治、节水灌溉，打造规模化、标准化、绿色

浚县万亩花生智慧种植业基地核心区位

化现代种植区，大幅度提升花生的品质。科企深度合作，充分发挥各自优势，实现强强联合，现代种植业智慧种植的魅力。

实行产品可追溯：通过生产基地地块标记上图，做好生产基地认证、产品认证；实行产地准出合格证、承诺制，建立生产档案，生成溯源链条；通过 RFID（射频技术）、二维码等识别技术实现农产品可追溯。消费者扫描溯源二维码，会显示农产品（花生）生产信息、加工信息、流通环节、质检信息进行溯源验真，全面提升了企业的品牌效益和附加值。

3. 主要技术

智能水肥一体化灌溉技术：是在现有水肥一体机灌溉系统的基础上，建立智能灌溉分析系统，基于数字地块信息、土壤水分、养分监测数据、气象环境要素等数据进行综合分析，精确提供肥料配比信息，控制一体机系统对各地块实施差异化的精准灌溉，提升水资源、化肥等农业投入品的使用率和产出率。

病虫害智能预报预警和防治作业精细化管理技术：基于气象实况监测数据、土壤温湿度数据、农业气象指标库、病虫害库等，实现病虫害在适宜条件下发生的概率分析，对病虫害类型和喷药指数，提前进行预警；对已发生的病虫害类型、规模进行分析，形成病虫害类型、分布和喷药指数；实现人工、无人机精准喷洒控制。

远程智能化管理技术：使用北斗导航自动驾驶耕地机、水肥一体化节水设备、无人驾驶智能花生捡拾联合收获机等，节约劳动力。利用精准的农业传感器进行实时监测、感知和采集各种信息，通过云计算等技术进行多层次分析，控制设备进行联动完成农业生产、管理。结合手机 App 生产智能提醒和遥控操作，实现全流程、多方位的一体化管控和服务保障，显著提高农业生产经营效率，降低人工成本。

智慧生态农业大数据可视化应用技术：通过云计算、农业大数据让工作人员便捷灵活地掌握天气变化数据、土壤环境数据、数字地块信息、病虫害数据、灌溉指数、喷药指数、农作物生长态势等，直观展示各类图表、要素和统计分析数据，为宏观决策提供详细的数据支撑。

➤ 经验效果

通过浚县优质花生智慧生态农业管理平台建设，实现了花生智慧种植，夯实了浚县优质花生种植示范基地产业基础，提高生产能力。

1. 生态效益

在农药、化肥使用上，一家一户种植很难做到精准施用化肥和农药。智慧种植则可以通过提前预警预防、统防统治和机械化精准作业，减少用药用肥量和用药次数，提高防治效果。据测算，近年通过智慧种植的农药和化肥使用量比农户自己种植管理分别减少约 10% 和 30% 以上，利用率分别提高到 45%、42%，节水灌溉比井灌可减少用水量 25%，亩降低成本 50 元左右，万亩智慧种植区节本 50 万元。

2. 经济效益

农业机械可根据农田信息进行定制化生产，农业生产基本可实现无人作业，万亩农田常驻管理人员不会超过 10 人，大大节省了人力成本，种植基地数字技术已经覆盖的农田面积 10 000 亩，部分生产环节数字化作业辐射带动农田面积达 12 万亩，降低生产成本近 30%，节省人力成本 100 万元，农民增收约 800 万元。

播种环节的漏播问题一直是影响花生产量的技术短板，为解决这个问题，技术团队应用了地面仿形技术，在播种器具的下料口安装光电传感器，并加装北斗导航设备，实现了对播种的精准控制。一旦播种器具出现漏播，将快速在地图上显示漏播位置，便于及时补种。"过去花生每亩用种量大概 15 kg，现在通过精准播种，每亩用种下降到 7.5 kg，出苗率从 80% 提高到了 95%，这是实打实的节本增效，降低用种量50%，降低种子成本 50%，亩减少投资 100 元，平均每亩增产近 100 kg，亩增产收入70 元，两项合计万亩智慧种植区节本增效 170 万元。

3. 社会效益

通过花生智慧种植，提高生产能力，提升发展质量，强化"膳堂香"花生品牌优势，延展主导产业发展边际，提高主导产业发展效益，辐射带动周边地区花生产业发展，深入推进园区一二三产业融合进程，带动其他产业升级，形成新的经济增长极，增强产业发展的抗风险能力和市场竞争力，促进全县经济增长。

浚县优质花生智慧生态农业管理平台建成后，通过对现代农业科学技术的展示、示范以及对农业龙头企业、农村合作社、种花生大户等新型经营主体的培育，以及全链条社会化服务组织的壮大，提高了浚县省级花生现代农业产业园各生产环节协作效率，生产效率，管理水平，引领浚县农业走向标准化、规模化、现代化的发展道路，为智慧农业的产业升级和产业结构调整提供了有力支撑。

撰稿单位：河南省乡村产业发展服务中心，河南丰盛农业开发有限公司

撰 稿 人：汪秀莉，李晓梅，刘 佳，王文浩

广东省佛山市吉田村水稻无人农场建设优秀案例

➤ 基本情况

佛山市中科农业机器人与智慧农业创新研究院（以下简称研究院）是 2020 年 12 月经佛山市民政局批准成立民办非企业性质研究机构，业务主管部门是佛山市科学技术局。研究院由佛山中科产业技术研究院、华南农业大学、仲恺农业工程学院等共 6 家单位联合发起成立的创新型研究院。研究院使用面积约 3 000 m²，配备专业技术研究人员 37 人，其中，国际著名农业自动化教授 1 人，全职高级职称 5 人，兼职教授 10 人、副教授 10 人。聘请中国工程院罗锡文院士担任创新研究院学术委员会主任。研究院业务聚焦农业大数据、农业物联网、农业人工智能与农业机器人四大领域，通过对农业技术的自主创新，为智慧和高端农业提供支持，促进佛山市智慧农业向高端农业发展，在佛山建立一个智慧农业产业园作为样板，以点带面，推向全国。

2020 年底，在佛山市、高明区两级科技和农业部门的指导下，由研究院出资建设吉田村无人农场农业园区，研发投入达 696.6 万元，其中垫资设备和大数据云平台软件等 400 万元。2021 年底验收后，由吉田村支付创新研究院设备等费用 396.6 万元。2022 年，佛山市科技创新专项资金（大专项＋任务清单）立项 200 万元资助入园建设单位。

➤ **主要做法**

1.实施背景

2021年中央一号文件明确指出，要提升粮食和重要农产品供给保障能力，强化现代农业科技和物质装备支撑。未来农业生产全过程的无人化将成为我国智慧农业产业发展的趋势，而加快破解农机装备全产业链中的"卡脖子"难关，对保障粮食和产业安全意义重大。

当前种植和收获机械化是我国农作物生产中突出的薄弱环节，如水稻的耕作、直播或插秧、收获环节等。通过农机农艺融合实现高效的农业机械化作业体系，利用全球卫星定位技术、人工智能、物联网技术与服务平台，实现种管收无人驾驶机器人装备与空地控制技术集成创新，是无人农业装备智能化的关键。

2.主要内容

本项目为佛山市高明区吉田村智慧农业园区服务、同时围绕广东省第七批农业科技园批准立项的高明广东省农业科技园建设。高明区更合镇吉田村委会智慧农业园区无人水稻农场试点初期建设选址位于高明吉田村，建设面积100亩，通过初期100亩无人水稻农场实验，研制开发水稻耕种管收全生命周期无人化作业设备，大大降低人力成本，减少人为干扰，提高水稻产品质量。在解决无人水稻农场北斗导航无人驾驶设备开发、智能

激光平地机

无人驾驶耕地机

水稻旱直播机

增硒与施肥无人机

化植保无人机开发、智能灌溉控制系统开发、基础数据采集模块开发等关键技术问题后，进行500亩无人水稻中试实验，优化无人水稻农场技术方案，解决前期存在的问题，最后进行1000亩无人水稻农场推广应用建设。

3. 主要技术

项目团队进行了近30年的自主作业移动机器人的自主创新，突破了复杂农田环境下农机自动导航作业高精度定位和姿态检测技术；创新提出全区域覆盖作业路径规划方法、路径跟踪复合控制算法、自动避障和主从导航控制技术；研制了具有自主知识产权的农机自动导航作业线控装置和农机北斗自动导航产品。在此基础上，项目团队积极响应国家政策，为提升我国农机机械化水平，提高作业效率，降低生产成本，开展基于北斗系统的农机自动驾驶应用以及北斗农机作业监管服务应用。一是基于北斗导航的无人作业机器设备。基于北斗导航的无人作业机器设备开发与应用是其中关键技术，该应用在各种大中型拖拉机上以及各种收获机械、水田作业机械（如插秧机）等农机上使用，集北斗系统、大扭矩电机精确控制、农业机械转向控制技术于一体，应用于整个农业的耕、种、管、收环节，例如靶地、旋耕、播种、喷药、收割、开沟、精量施肥等农业作业中。基于北斗双天线定位定向和高精度差分技术，实时提供农机等车辆的姿态信息，坐标信息，航向信息等，通过控制方向盘转动，从而控制农机自动驾驶行走，并将农机行走作业精度控制在 ±2.5 cm 以内。无人农机设备包括无人驾驶拖拉机、激光平地机、无人驾驶耕地机、水稻旱直播机、增硒与施肥无人机、无人驾驶高地隙喷杆喷雾机、无人驾驶收

无人驾驶高地隙喷杆喷雾机

无人驾驶收获机

无人驾驶运粮车

基于北斗的 5G 农机作业监管平台

获机、无人驾驶运粮车。二是基于 5G 大数据云平台管控系统。因农业环境复杂多变，涉及技术领域广泛，包括机械工程、自动化与通信工程、人工智能、农业工程、农业种植等。以水稻等植物作业为例，包含水田耕地、播种、施肥、收获与转运、管理控制，全进程都需要自主作业机器人、无人机和管控平台来完成，它们分别要在干土壤中、水田中、空中进行精准自主作业、协同作业。而对于水稻种植管理来说，包含水稻的成熟度、病虫害、采摘收获与运输等过程，同时还受到野外环境复杂、作业条件恶劣等的挑战，因此，为实现农业种植规模化、智能化的全程无人管理，技术突破与功能创新集成是拟解决的复杂问题和技术难题，本团队开发建设了基于 5G 大数据云平台管控系统。基于 5G 大数据云平台管控系统集成北斗定位、5G、物联网、信息融合等技术，整合多源农机实时作业状态信息和生产大数据，提供农机物联网、安全监管、信息化管理综合解决方案，实现农机管理数字化、可视化、智能化、精准化，并可通过手机 App 应用及微信公众号完成实时监管。通过整合、强化农业科技创新、把农业机器人、农业智慧大脑成果转化为农业科技创新应用，在此基础上，利用 5G 机器人传感器，实时获取农地内包括果蔬成熟度、病虫害、天气和土壤的温度湿度等状况在智慧平台可视化，机器人自动的及时的多台机器联动作业进行处置，同时将例如粮食产量、天气数据等的情况数据传输到区县等的农业部门，方便部门开展相关一系列措施，破除传统农业管理存在的滞后性、单一性等问题。三是智能立体视觉采摘机器人。智能立体视觉采摘机器人综合灵活轻量的采摘机构、基于视觉的水果识别定位算法、稳定可靠的驱动器及控制系统，是近年来农业工程领域兴起的前沿技术。轻量化的采摘机构拟合水果对象的娇嫩特性，规避了传统工业机器人笨重复杂的结构，可有效减少对水果的损伤，实现采摘机器人的实际应用。机器视觉技术通过机器学习算法完成与未知或复杂环境的物理交互，帮助采摘机器人适应复杂的水果采摘环境，在恶劣的气候环境下准确识别和定位采摘水果，完成自动避障、运动规划及人机交互等复杂作业。因轻量化果蔬采摘机器人每年收获工作时间短，为提高其利用率，基于机器视觉智能水果感知系统、柔性末端执行器、基于云平台多机协同作业系统，能对果蔬进行视觉分类、识别与评估决策，基于视觉机器人果情检测与果园物联网节点监控，用自主开发视觉与智能传感系统，监测果园植物的生长和病虫害，为果农预警和精确植保，打造生态绿色无公害果园，减少虫害快速繁殖。提高了果品的价值，减少农药对环境的污染和对人类的伤害。

目前，圣女果采摘机器人和智慧农业无人农场 5G 大数据云控平台已于 2021 年 12 月依托佛山高明吉田村智慧农业园区项目通过验收，得到验收专家的一致肯定。研究院负责人邹湘军教授于 2022 年被农业农村部人力资源中心、中国农学会遴选聘任为"科创中国"南方作物机器人专业服务团团长，其带领团队研制的自主导航的荔枝果蔬机器人、无人驾驶中转车等装备，经科学技术成果鉴定，在水果机器人采摘技术研究方面达到国际领先水平并获选广东省农业农村厅"七个一百"标杆，在 2022 世界数字农业大会现场展示，面向全球发布。

4. 运营模式

专家指导，村民参与：在园区建成后，罗锡文院士、邹湘军教授等多位智慧农业专家多次前往吉田村无人水稻农场进行指导，为村民现场讲解农业机器人使用，也在教室内针对"智慧农业"做了相关培训，对村民提出的问题进行了一一解答。如今，农业园区内，基本上每月都会迎来农业科技特派员的调研和回访，当地村民也积极参与协助园区发展"智慧农业"。

科技赋能，产业提升：通过引入基于北斗系统的农机自动驾驶技术以及基于北斗的 5G 农机作业监管平台等高科技设施设备，围绕项目送技术、围绕产业强服务，构建"创新团队 + 基层农技推广体系 + 新型农业经营主体"的新型农业科技服务体系、农业科技成果转化服务体系。无人水稻农场 2021 年晚稻收获约 300 kg/ 亩，2022 年早稻收获约 450 kg/ 亩，产量相比普通水稻得到大幅提升，起到了"引进一个院士，带来一个团队，支持一个企业，影响一个产业，助推一片经济"的作用。

特色发展，品牌赋能：万亩稻田增硒水稻的平均亩产量达到了 500 kg，增硒米的价格是普通稻米的 2～3.5 倍，这些都成为带动高明区乡村振兴的重要抓手，也带动了当地村集体收入。为进一步加强品牌农业建设，不断增强品牌市场竞争力和影响力，提升产品附加值，园区建设团队还为生产的富硒水稻设计了品牌 LOGO，通过品牌帮助更多优质特色农产品实现品牌化，为走出一条具有高明特色的品牌强农之路贡献力量。

➤ **经验效果**

1. 经济效益

吉田无人水稻农场已扩展到 1 000 亩，实现只需要 5 个工人管理，在大幅降低用工成本的同时，也实现了精准施肥和收割。通过水稻耕种管收生产过程全数字化、无人化，减少生产过程中由人工经验不统一造成的生产误差，以及降低人工成本投入80% 以上，提高农产品产量10%，早稻产量达 450 kg/ 亩，晚稻也有 300 kg/ 亩。智能农业更带动吉田村农业用地的地价提高，据统计，吉田村农用地比周边村落的每亩平均租赁价要高出 200～300 元。

2. 社会效益

园区正积极打造"5G+ 农业机器人"科技创新平台，同时聚集了科技型人才 5 名、农村科技特派员 12 人，形成较完善的科技服务体系。国家水稻产业体系专家团队会定期来高明指导授课，培训多名水稻生产管理农户，增加了技术转移转化能力和农民创新创业激情，促进当地农民科学素养和技术水平提升。

农场现引进农业新品种 12 项（包括华南农业大学培育的富硒水稻和佛山科学技术学院培育的佛甜系列玉米等）。聚集高新技术企业和农业龙头企业 2 家（广东益之硒农业科技有限公司、马氏水产、银鹏米业）。通过促进农业高新技术转移转化，使土地产出率提高、资源利用率提高、劳动生产率提高 80% 以上。

　　撰稿单位：广州国家现代农业产业科技创新中心，佛山市中科农业机器人与智慧
　　　　　　　农业创新研究院

　　撰 稿 人：杨润娜，谭　星，邹湘军，邹天龙

广西壮族自治区柑橘数字化产业链建设优秀案例

➤ **基本情况**

　　广西桂林鹏宇兄弟柑橘产业开发有限责任公司（以下简称鹏宇兄弟公司）位于广西壮族自治区桂林市恭城瑶族自治县栗木镇建安村。该公司成立于 2007 年，注册资金 1 000 万元人民币，经营范围包括柑橘等农副产品、花卉、果树苗木的繁育及种植、加工、研发、销售。公司占地面积 1 500 亩，建立柑橘种植基地 1 000 余亩，农场由 4 个种植片区组成，分为 6 个滴灌片区，主要种植品种有日南 1 号早熟蜜柑（200 亩）、纽贺尔脐橙（100 亩）、W* 默科特（300 亩）、金秋砂糖橘（200 亩）、网室育苗大棚（100 亩）、桂柚一号、奥林达夏橙、砂糖橘等（100 亩）。公司于 2011 年获广西科技厅授予"农业标准化生产技术示范基地"；2012 年被授予"桂林市扶贫龙头企业"；2013 年 1 月被授予"桂林市农业产业化重点龙头企业"；2019 年 7 月被认定为"恭城瑶族自治县第一批就业扶贫车间"；2019 年被认定为"恭城瑶族自治县电商扶贫农产品标准化体系建设项目"；2021 年 1 月被认定为"自治区级农业龙头企业"；2021 年 1 月被认定为"2020 年广西出口（供港）农产品示范基地"；2021 年 6 月被认定为"2021 年首批广西供应深圳农产品示范基地"；2021 年 10 月被认定为"2021 年广西农业信息化示范基地"。

➤ **主要做法**

1.实施背景

　　鹏宇兄弟公司长期与中国农业科学院柑橘研究所、广西特色作物研究院、湖南农业大学、桂林理工大学、广西师范大学等科研院所和大专院校建立了密切合作关系，推广应用先进的科研成果，运用物理杀虫、生物制剂诱虫、平衡施肥技术，实施绿色高效栽培管理，在产、学、研一体化方面取得了显著的经济效益和社会效益。园区内建有无病毒苗木繁育基地 1 个，园区全部栽植无病脱毒柑橘苗，网棚大苗培育统一施用添加生物菌的沼液沼渣以及养殖场发酵处理过的有机肥并安装水肥一体化设施。园区严格按照"信息采集自动化，田园耕作机械化，肥水和农药施用标准化，操控管理平台数字化"标准进行柑橘基地规范化建设。

2. 主要内容

公司将物联网技术运用到传统农业中，运用传感器和软件，通过移动平台或者电脑平台对农业生产进行控制，使传统农业更有"智慧"。充分利用智慧农业系统和人工智能数字化体系，采用先进科学技术在园区内建立了智慧农业物联网系统，按照"信息采集自动化，田园耕作机械化，肥水和农药施用标准化，操控管理平台数字化"标准进行规范化建设。运用柑橘种植遥感大数据平台，采用手机终端及电脑智能控制系统和先进的滴灌技术，实施水肥一体化滴灌技术，科学防控病虫害，建立柑橘管理监控大数据和产品质量可溯源体系。

3. 主要技术

水肥一体化技术：公司在 2008 年全套引进了以色列普拉斯托公司先进的滴灌技术，电脑操控，实施水肥一体化，省工节肥，是目前中国唯一一个通过滴灌系统运行的最大的猪—沼—果农场，有"中国沼液柑橘第一园"的美誉。2019 年又引入捷佳润滴灌公司对园区的滴灌系统进行了升级改造，每棵树具体定位 4 个滴灌滴头，每个滴头每小时 1.25 L 水，每棵树每小时 5 L 水，更加精准的实施水肥到位不浪费。农场经过多方学习以及经验积累升级改造"一干七支水肥一体"管理全部使用电脑智能控制系统，无须电力也可自行对全园 80% 柑橘树进行滴灌施水施肥，并且园区管理采用手机终端及电脑智能控制系统，该系统可计算出果树所需的各种营养元素和水分，可遥控操作进行水肥一体化管理，具有节水、节能、环保、精准、高效、节约人工等优点，真正实现了节水、节能、精准、高效、节约人工的数字化管理目标。

农产品质量可追溯体系：公司建立柑橘管理监控大数据和产品质量可溯源体系，严格按照农业部柑橘标准园、绿色食品和出口欧盟果园的操作规程进行生产和销售，质量溯源系统实现产品检测，产地溯源（土质、生产环境、生产企业信息等），产品质量信息溯源，产品检测信息展示（进出口岸信息、检测档案追踪、报检单号）等，实现水果从"田间地头到消费者手中"的源头可控、质量可监控、过程可追溯、政府可监管，保证了果品的品质和安全，促进广西外向型水果产业转型升级。智慧种植系统：2017 年公司引进了中农普惠的系统和软件（慧种地），主要对农作物生长做出实时监控，针对农产品管理核算以及成品流量做出相应的监管监控，让管理人员更加轻松得知农场实时工作进度和工作流程，并且对土壤湿度温度以及病虫害发生防治进行监控管理，对基地农事操作实行监控管理。

华为人工智能技术：2020 年公司与理工大学合作，依托华为人工智能技术，在示范农场内对原有设备和系统升级改造、适配迁移和二次开发，建设了一个覆盖从前端的各类传感器、作动器硬件系统，到多源能量收集和供给系统，到多网融合的数据通信网络，到本地数据存储处理和展示中心，到云端数据存储处理中心，再到多平台多角色多用户的管控程序，实现贯通柑橘果园种植—采摘—仓储—销售全链条的智慧化管理，为柑橘标准化生产和安全追溯提供有效的数字依据和支撑，同时也为人工智能技术在农业领域的推广应用起到显著的先行示范作用。本系统构架分为 4 个层级，包括涵盖各类传感器、作动器和多源供电系统的感知层，涵盖 ZigBee、Wi-Fi、NB-IoT 和 5G 多网融合的高速数据通信网络，涵盖本地数据中心和云端数据中心的冗余存储处理系统，基于大数据和专家系统的柑橘果园管理决策系统，以及覆盖多平台多角色多用户的用户管理界面程序，项目总体架构如下图所示。

4. 运营模式

鹏宇兄弟柑橘种植基地位于恭城瑶族自治县生态瑶乡"新三位一体"循环农业核心示范区，采用"公司 + 合作社 + 基地"运营模式，通过提升示范区科技设备和生产设施装备水平，实现加工、包装、仓储、物流、检测、销售一体化；依托华为人工智能数字化农业展示建设，实现覆盖柑橘果园种植—采摘—仓储—销售全链条的数字化管理。

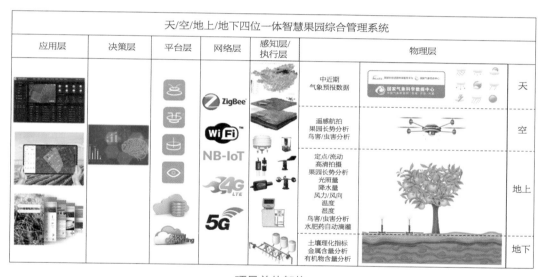

项目总体架构

➤ 经验效果

1. 经济效益

通过对柑橘进行人工智能系统的物联网数字化应用，利用前端柑橘种植相关数据的采集，以及结合气象站的预测，可以针对柑橘种植过程中如何提前预防虫害、冻害，如何精准施肥进行科学指导。与普通数字化模式相比，通过人工智能软件和硬件的系统监控实现本企业产量增加 5%，柑橘人工智能数字化种植可以节约 5% 的肥料，10% 的劳动力成本，农药使用量可以减少 5% 以上。

2. 生态效益

通过人工智能全链条数字化农场监控环境温度和湿度，统一砍除黄龙病树，种植网室内培育两年生无病健康大苗，采取矮化密植、适度规模、生态隔离等实现病虫害预警，减少化学农药的使用量 10% 以上，平均每年每亩减少农药使用次数，减少了环境污染，实现对农产品生产用药的科学合理使用；通过人工智能数字化监控系统进行一体化滴灌实施灌溉，提高了水资源的利用率，减少了资源浪费；构建高效、低毒、低残留、环境友好型农业生产，带来了可持续性发展的生态效益，实现富余排泄物基本资源化利用，实现减量化、清洁化、资源化的生态循环体系，从整体上改善了恭城的农业生态环境。

3. 推广应用

广西柑橘种植面积 948 万亩，产量 1 868 万 t，产量占全国总量 28.37%。恭城瑶族自治县作为水果生产大县，其柑橘种植面积和产量在全区占据一定比例，鹏宇兄弟柑橘示范农场作为智慧农业典型，在柑橘产业链数字化打造起到模范带头作用，有较强的推广示范作用。

撰稿单位： 广西壮族自治区农业信息中心，恭城瑶族自治县农业农村局
撰 稿 人： 廖　勇，饶珠阳，黄泽雄，邓丽洪

四川省南充市高坪区凤仪湾中法农业科技园智慧农业优秀案例

➤ **基本情况**

四川嘉陵江凤仪湾农业开发有限公司是四川省港航投资集团的国有全资公司，公司成立于 2016 年，注册资本 5 000 万元，是贯彻落实国家乡村振兴战略和农业高质量发展新质生产力背景下国有现代化农业开发企业，公司主要从事现代农业产业基地建设、旅游项目开发、康体养生养老产业开发等农业相关产业，同时负责中法农业科技园项目的建设、管理和营运，是南充市农业产业化经营重点龙头企业。建设中的凤仪湾中法农业科技园位于南充市高坪区江陵镇，总规划面积 3 万亩，一期建设面积 1.7 万亩，总投资 18 亿元，目前已建成循环农业区、湿地农业区、柑橘博览区和全气候智能温室。

➤ **主要做法**

1. 实施背景

凤仪湾中法农业科技园总体定位为"中国农业公园、都市后花园、旅游目的地"，依托中法合作平台，突出新农业、新旅游、新生活、新交流"四大重点"，走产区景区化、田园公园化、产品高端化"三化路径"，重点展示中法现代农业的"新设施、新模式、新品种、新技术"，打造集智慧农业、精准农业、设施农业、循环农业、休

闲农业于一体的可持续低碳高效现代农业示范园区。该项目是第 21 届联合国气候变化大会中方推荐项目；是省委、省政府在"一带一路"倡议背景下推进川法合作的重点示范项目；是省"十三五"规划建设项目、连续3 年省重点项目；是南充市、高坪区"十三五"规划重点建设项目，是市区一号工程、一把手、一站式、一票否决"四个一"项目。

2. 主要内容

引进国际领先的法国式智能温室，硬件设施全部从法国进口，温室占地面积为 22 050 m^2，分为科普体验区（1 440 m^2）、灌溉区（360 m^2）、育苗区（1 890 m^2）、新品种展示区（1 485 m^2）和封闭生产区（16 875 m^2），此外在温室的东北角还有用于供暖的加温设备，包括锅炉房和储热罐，同时配备 1 560 m^2 产后处理中心。科普体验区建设有现代农业展厅——番茄智慧谷，展厅投资 1 500 万元，借助声音画面、自主体验等方式呈现番茄的驯化、育种历史、栽培技术和加工业以及智慧农业的发展现状。目前该展厅已整体呈现，并承担相应的科普研学功能。

3. 主要技术

智能温室环境控制系统：智能温室的灌溉区内集成 PRIVA 环控系统，利用温室内传感器对温室内的生态环境参数进行自动监测，并将自动上传的数据结合预设参数进行综合分析，并通过系统实现对温室内硬件设施进行自动化智能控制，将温度、湿度、

中法农业科技园智慧温室航拍实景

中法农业科技园智慧温室生产实景

中法农业科技园智慧农业资源数据中心

光照、水肥、气体成分等稳定在适宜番茄生长的区间内。

智能温室水肥一体化灌溉系统：智能温室水肥一体化灌溉系统所需的硬件设备，包括 RO 反渗透过滤系统（过滤后的水达到纯净水标准）、UV 紫外消毒系统（可以消灭水中接近 100% 的有害微生物），3 个储水罐（清水罐、回液罐和消毒后回液罐），以及两台施肥机（大小施肥机分别负责生产区和育苗区的施肥工作）。施肥机根据控制系统下达的指令自动吸取适量的母液、酸碱和过滤后的清水，并将它们混合后通过灌溉管道输送到番茄植株基部的滴箭，对番茄进行滴灌。灌溉后的回液回流到回液罐经 UV 紫外消毒系统消毒后进行二次利用，达到水循环和肥料循环使用，可以大大节约生产成本。

中法农业科技园智慧农业资源数据中心：建成 1 500 km² 农业资源数据中心，内容包括智慧农业云平台及设备、智慧农业资源数据采集更新平台及设备、智慧农业资源数据管理平台及设备、智慧农业数据图像集成展示平台及设备。通过大数据搜集应用，中法农业科技园相关数据（农业资源信息、农业生产信息、农业经营主体信息、农业投入品信息、农产品流通信息等）能在 GIS 地图上清晰地展现出来，为农业发展决策提供数据支撑。农产品追溯系统与电子商务相结合，集成作物种植产前、产中、产后的信息管理功能，将大量信息整合形成农产品质量安全溯源的基础数据，全面监控作物从种植开始到成熟后的采收、销售一系列行为，为中法农业科技园农产品提供具有公信力的农产品追溯信息。

生产技术创新：智能温室番茄栽培以水培和基质栽培技术和全气候控制技术，采用精准控制手段和现代化栽培管理技术，实现番茄高效生产，应用雄蜂进行自然授粉，实现番茄的即摘即食、绿色无污染。同时，与中国农业科学院合作建立专家工作站，与北京与然农业科技发展有限公司签署了合作协议，与法方多个公司保持技术合作，为智能温室长效运营提供了有力的科技支撑。

4. 运营模式

结合智能温室科普研学馆——番茄智慧谷，从番茄的历史起源到生长过程，再到传统农业、设施农业以及番茄产业化带来的变革将进行全面的介绍与展示，打造国内智慧农业交流平台，面向各个农业企业和高校开展科普研学活动，助力全民科学素质提升。利用凤仪湾果园小程序及公众号，建立凤仪湾果园分销机制。通过与盒马鲜生、伊藤洋华堂、Oley、匠心极等高端品牌店达成合作，以此提高凤仪湾品牌农产品附加值、扩大销售渠道、提高农产品的品质和信誉度，从而实现农产品的高端化、品牌化。2023 年销售小番茄 25 万 kg，有机桃 30 万 kg。

➤ **经验效果**

1. 经济效益

改变传统种植为数字化种植模式，通过对种植全过程的数字化转换，结合土壤、气候等情况，实现作物施肥、施水、施药精细化管理，极大地提高了生产效率，减少用药用肥用工等支出 15%～20%。智慧温室产品环境稳定、管理标准，产品品质稳定，每平方米年产番茄产量达到 25～35kg，每年约有 10 个月能轮番产出上市，产量是传统温室的 5～6 倍。

2. 社会效益

除直接为当地农户提供土地租金收入外，还采取"土地入股""劳务承包""公司＋产业合作社"等多种方式促农增收，同时提供 300 余个就业岗位，并可每年培养输出千余名农业专业人才，直接带动农民 1 500 户，户均增收 5 万元，每年实现为农增收 1 亿元以上。

3. 生态效益

通过智能环境控制，可以最大限度地节约水资源，有效降低投入品的使用量，极大地降低了环境污染。通过智能全程可追溯，保障了食品安全。智慧温室作物采用立体吊挂式栽培方式，土地综合利用率 95% 以上，种植土地净利用率大于 80%。

4. 推广应用

中法农业科技园智慧温室是西南地区的第一个半封闭式全智能温室，对南充市乃至川东北地区的现代科技农业产业发展都将起到助推作用。仅 2023 年春季科普研学接待南充市内、外学校及团队 200 余场，约 30 000 人次参加，接待散客约 10 000 人次，省内政府及企业约 2 000 人次参观学习，2023 年 7 月 14 日在全省数字农业暨设施农业现场推进会上该公司就凤仪湾中法农业科技园智慧温室案例作交流发言。在南充中法农业科技园全智能温室的基础上，结合项目当地气候条件，在马尔康市英波洛村推广高标准设施农业示范基地项目，在青川县三锅镇名兴村推广乡村振兴特色食用菌产业园项目，通过对结构、材料及设备进行调整，降低了建设成本，实现了项目节本增效，助力乡村振兴。

撰稿单位：南充市农业信息服务站，四川嘉陵江凤仪湾农业开发有限公司

撰 稿 人：殷 荣，毛 瑜

四川省长虹智能物联工厂化育秧系统优秀案例

➤ 基本情况

四川长虹云数信息技术有限公司成立于 2019 年 7 月，现有员工 140 余人，是四川长虹集团旗下专业从事农业物联网智能产品生产制造和解决方案研发的高新技术企业，是四川省"专精特新"企业和创新型企业。秉承"让农民因科技更幸福、让农村因科技更美丽，让农业因科技更兴旺"的发展理念，致力于成为国内领先的智慧农业综合服务商。与四川农业大学联合共建四川省智慧农业工程技术研究中心，以农业

高新技术研发为抓手，发展农业新质生产力。智慧农业相关产品及解决方案先后荣获2021年四川省经济和信息化厅评选的智慧城市优秀解决方案、2022年首届数字乡村创新设计大赛优秀奖、2022年首届数字四川创新设计大赛三等奖。

➤ **主要做法**

1. 实施背景

承建的"长虹智能物联工厂化育秧系统"落地绵阳梓潼县，该县有"五谷皆宜之乡，林蚕风茂之里"的美誉，是农业强县，水稻是该县主导产业之一，是四川"天府粮仓"重要粮食功能产区。传统育秧方式主要采用的水育秧、旱育秧、塑料硬盘（软盘）育秧等模式，这些育秧技术与新形势下的土地流转、新要求下的全程机械化、规模化种植不相适应，面

智能物联工厂化育秧效果

临着种植效率低，农村地区劳动力短缺的问题，开展水稻工厂化、智能化育秧已经势在必行。2023年3月公司承建"智能物联工厂化育秧系统"项目，建设约1 200 m²的水稻工厂化育秧中心，集成水稻智能机械化置盘技术、暗室叠盘催芽技术、运动式循环秧盘育苗技术、智能物联网控制技术于一体的综合性水稻育秧系统，可实现移栽大田3 000余亩。该项目解决了育秧环节劳动力短缺、传统大田育秧的出苗不整齐和病害严重等问题，推动了丘陵地区水稻种植全产业链机械化种植，提升种植效率。同时"一棚多用、一机多用"，除满足育秧外，实现了辣椒苗、白菜苗、花苗、豆芽苗等多种苗类温室培育技术应用，极大提升实用性和经济性。

2. 主要内容

水稻智能机械化智能化播种与置盘技术应用，建设水稻秧盘的流水线式输送系统，在智能物联育秧工厂内，主要用于输送秧盘上盘和下盘，代替人工搬运，降低生产成本，提高工作效率。建设秧盘自动叠盘系统，该系统能够架起5盘秧盘，对育秧秧盘进行自动堆叠，极大减轻人力作业负担，工人只需在叠放至一定高度后搬运即可。建设秧盘供盘系统，该系统一次性可放置40张左右秧盘，秧盘顺着一张一张落下从导轨输送至播种机，省时省力，减少人工来回搬运秧盘。建设水稻育秧播种全自动流水线，该系统实现1 h生产率可达到1 200盘，适合7寸或9寸秧盘。播种量可自行调节快慢。

暗室叠盘催芽技术应用，建设10 000 mm × 6 000 mm × 4 000 mm密室催芽房，暗室催芽集成高精度温度传感器、高灵敏度湿度传感器、紫外线杀菌、智能温控系统，智能雾化传导系统。实现密室环境温湿度可控，避免温度过高烧苗，温度过低不出

苗，实现72h出芽率达90%以上，极大提高催芽效率。

运动式循环智能苗床育苗技术，运动式循环智能苗床采用链条式机架式结构，以3kW电机驱动，苗架净空高度40cm，苗床尺寸31 000 mm × 3 300 mm × 5 500 mm，占地面积约105 m²，可一次性摆放3 000个秧盘，足以满足150亩的大田机插秧苗供应。高度集成智能灌溉系统、补光系统、光照采集系统、温湿度采集系统、运动控制系统、远程看护系统等。实现全智能化温室秧苗配育，极大提升苗期管理效率和降低运行成本、节约土地资源。

智能物联网控制技术应用，利用信息技术实现温室内光、温、水、气、肥等秧苗生长所需要素精准化控制，保障秧苗在可控环境下无胁迫生长。同时完善远程看护、远程巡苗、远程诊断等功能，降低用户苗期管理成本，提高生产效率。

3. 运营模式

采用"政府引导、公司化运营、合作社和种植大户使用"的模式，由政府给以一定的建设补贴和运营政策优惠，公司进行主体建设和运营，为合作社和种植大户提供社会化服务。

➤ 经验效果

四川是我国的人口大省和农业大省，自古就有"天府之国"的美誉，是全国13个粮食主产省之一和西部唯一的粮食主产区域，但四川丘陵地带居多，80%育秧还处于传统的育秧模式。随着"天府粮仓"战略行动推进，工厂化智能物联育秧已成为新趋势。工厂化智能物联育秧建设，对比传统方式节约人力劳动80%，节水约60%，节约种子30%，增产15%，极大提升秧苗质量和种植效率，特别是"一棚多用，一机多用"等解决方案，经济效益明显，在国家实施乡村振兴战略的大背景下，对于提高种粮农户的收入和积极性，具有重要意义。

撰稿单位：四川长虹云数信息技术有限公司

撰 稿 人：周太刚

贵州省有数农业大棚设施种植草莓智能化优秀案例

➤ 基本情况

贵州有数农业发展有限公司于2020年12月由遵义院士工作中心自然资源信息工程团队组建。2015—2020年间团队投身于贵州国家电子商务示范县建设、农业供给侧结构性改革、大数据应用等方面，为农产品上行打造了相当多的成功案例，且一直致力于用互联网信息化应用服务农业，建设农村，并在此期间积累了大量农业农村工作的经验。2020年底，随着乡村振兴战略的发展，为所学致力于所用打造了西南最大的单体草莓种植基地——泗渡农场草莓产业发展示范基地。

泗渡农场以打造智慧农业、现代农业、品牌农业为基石，致力于用科技服务农业。泗渡农场运用研发的智慧管理系统，通过传感设备监测光照、湿度、土壤营养成分和酸碱度等方面并收集数据，制定农场风控系统，指导防虫防灾，同时设立分拣设备，建造冷库、以提高出货产品品质，用数字化、现代化和品牌化来打开市场。农场与多方农业专家教授交流学习，从科学育苗、科学种植、草莓套袋生长到农产品溯源、检测等细则，探索成熟的模式并推广给当地乡村振兴带头人。

➤ **主要做法**

（1）借助棚内传感器传送的各项数据，农户不用再全部靠主观经验去进行劳作，把实时数据作为重要的参考因素，可减少测量工作量，提高棚内作物的幼苗存活率及生长力，达到高产、稳产。

（2）借助联动控制系统，对大棚设备的智能化控制，大幅度减少人工操作，提高设备控制及时度，有效节约资源，减少损失。

（3）通过远程视频监控的应用，减少农户巡查时间，同时对大棚实时监控、实时防盗，农户通过棚内摄像头查看农作物的生长情况，及时作出人工干预。对自动化控制结果进行核查。如通过远程视频查看棚内卷帘是否已按指令完成开启。

（4）使用智慧大棚大数据平台，将棚内外数据做集中展示、统计分析，设置报警值，超标报警，通过平台、短信、邮箱等方式发送给农户，农户在手机／电脑端远程查看数据，定期导出历史数据，远程操作联动设备，让大棚种植可视化、智能化。

（5）通过农产品可追溯系统，将棚内果蔬从幼苗到餐桌全过程都展示给监管者和消费者，不仅提高了监管部门的监管能力，也让消费者更放心购买食用，"绿色"标签品牌价值提升。

（6）棚内外的生态监测、水肥联动、农情咨询、市场行情分析、视频监控等版块汇总展示，提高对所辖农业工作的掌控力，基于这些数据的叠加积累，数据周期可以扩容到数年，为未来的科技种植提供原始数据的积累，赋予更多的指导意义。

智慧大棚网络由数量众多的低能源、低功耗的智能传感器节点所组成，能协作实时监测、感知和采集各种环境或监测对象数据，并进行处理，获得详尽而准确的信息，通过无线传输网络传送到用户，同时用户也可将指令通过网络传送到大棚。智慧大棚的投入使用帮助需方准确掌握的监测棚内空气和土壤的实时数据，通过联动和灌溉系统显著提高大棚生产经营效率。基于精准的传感器进行实时监测，利用云计算、数据挖掘等技术进行多层次分析，提高了大棚生产对自然环境风险的应对能力，使传统大棚成为高效率的现代产业。围绕泗渡农场草莓园利用实时、动态的农业物联网信息采集系统，实现快速、多维、多尺度的大棚信息实时监测，并在信息与种植专家知识系统基础上，实现大棚的科学化种植、大棚的智能监测、智能联动、智能灌溉、智能施肥与智能喷药等自动控制，突破传统种植信息获取困难与智能化程度低等技术发展瓶颈。

物联网云平台、采集系统、控制系统、现代农业装备将组成统一的巨大的网络数据采集端（传感器、节点）、浏览终端（手机、PC）、控制终端（控制节点、设备）。

智慧大棚关键技术

传感器技术
通过声、光、电、热、力、位移、湿度等信号来感知现实世界，是物体感知物质世界的"感觉器官"。

网络通信技术
物联网物理系统的状态数据和应用服务的反馈信号传输的基础。

智慧农业关键技术

信息处理技术
对感知数据采集信息的处理、分析和决策，实现对物理实体的有效监控与管理。

自动控制技术
接收执行命令到控制执行器进行执行动作，最终影响物理实体状态，形成从物理世界到信息空间再到物理世界的循环过程。

智慧大棚物联网应用

≫≫ 什么时候浇水？怎么浇水？　≫≫ 什么时候施肥？怎么施肥？　≫≫ 什么时候打药？怎么打药？

≫≫ 什么时候放风？怎么放风？　≫≫ 什么时候升/降温？怎么调控温度？　≫≫ 什么时候遮阳/补光？怎么调节光照？

智慧大棚大数据服务包含低成本多维度环境监测、预测，精准化大棚生产，专业化标准化种植体系；霜冻等灾害的预测和控制，装备和机械智能控制等，每个指令自动生成并对各个设备进行控制。

智能分拣平台：智能分拣平台利用传感器技术对草莓的大小、重量等参数进行采集，采用红外传感器，高精度称重传感器和彩色相机来实现。

利用图像处理和计算对采集到的草莓数据进行处理，并利用机器学习算法对草莓进行分类和分级。利用机械控制技术，结合气压、振动、吸盘等机械手段将草莓快速、精准抓取和分拣出来，并将其放到相应的容器或运输线上。利用物联网技术，将草莓分拣的数据上传存储，实现数据的互通共享和远程监测，使得草莓生产管理人

智能分拣平台

员可以实时监控草莓分拣线的运行情况和生产效率，准确地掌控草莓的分拣量。

农业本底大数据平台：农业本底大数据平台利用云计算技术，建立农业生产者、供应商、批发商、零售商等多方参与的平台，实现农产品从种植到销售的全生命周期管理。通过云计算技术，可以将大量的数据存储在云端，提高数据的安全性和存储容量，利用大数据处理和人工智能算法的应用，对农产品的生产、流通、销售等各个环节的数据进行采集与分析，充分了解农产品的生长情况、品质和数量为农业生产者提供精准的农业生产指导和决策支持，同时云计算技术还可以对市场进行分析和预测，为农民提供更加精准的市场供求信息。

➤ 经验效果

1. 社会效益

有效促进当地农业产业结构优化调整，带动草莓种植产业加工物流及农旅等二三产业发展，打造地方品牌，提高企业竞争力，间接带动农民就业300人。

2. 生态效益

通过对草莓生产过程进行智能监测和信息获取，有利于实现草莓的减灾、防灾、病虫害防治；智慧农场管理系统和草莓采摘园生产数字化管理系统实现节水灌溉、精准施肥施药等，减少化肥农药施用，大大减少农业生产面源污染。

3. 经济效益

目前基地育苗产量5万株/亩，草莓苗市场价格为0.8元/株，年产育苗量80亩，苗收益约320万元；目前现有草莓棚221个，占地面积约363亩，亩产草莓1000kg。项目建成后，基地草莓育苗增加至150亩，草莓种植800亩，总收益将达到上亿元。

撰稿单位：贵州有数农业发展有限公司

撰 稿 人：徐 荣

贵州省开阳县现代化集约育苗体系示范基地优秀案例

➤ 基本情况

贵州省现代种业集团有限公司（以下简称种业集团）为贵阳农投集团下属子公司，成立于2021年6月29日，注册资金9 800万元。目前，在技术研发方面，采取合作研发形式建立专家团队7人，其中研究员1人、教授2人、副教授4人；运营管理职工45人，含博士1人、研究生11人；已建成开阳县南江乡及楠木渡镇、清镇市卫城镇、长顺县广顺镇等地的8个现代化蔬菜种苗繁育基地，构建年产优质蔬菜种苗4.6亿株产能的蔬菜良种繁育体系。种业集团围绕着力打造国家山地特色农业种业创新核心区、西南种业成果转化示范区、贵州种业产业要素集聚区的战略定位，以"突破现代种业"行动为引领，坚定不移抓优种，围绕"蔬菜、水果、食用菌、畜禽、水产"五大类，重点突破辣椒、草莓、羊肚菌等单品，完善"科技创新、良种繁育、市场推广、技术服务"四大体系，统筹发展定位、产业形势、区位条件、资源禀赋等因素，按照"一心·一带·多基地"的总体布局，加快形成以良种供应为基础、创新发展为驱动、融合发展为路径的山地特色农业种业发展格局。

➤ 主要做法

1.实施背景

一是根据《国家信息化发展战略纲要》提出培育互联网农业，建立健全智能化、网络化农业生产经营体系，提高农业生产全过程信息管理服务能力；《"十四五"全国农业农村信息化发展规划》指出要突破大田种植业信息技术规模应用瓶颈，构建"天—地—人—机"一体化的大田物联网测控体系，加快发展精准农业，提升农业生产精准化、智能化水平。二是为贯彻落实《国务院关于支持贵州在新时代西部大开发上闯新路的意见》，推动传统产业全方位、全链条数字化转型，大力发展数字经济，种业集团在开阳县实施了育苗信息化示范基地项目。项目实施后，在种子种苗的生产效率、土地产出率、劳动生产率有了显著提高，减少农业面源污染、成本节约、管理节约有了显著提升。

2.主要内容

基地采用以色列玻璃大棚设施，配置内外遮阳系统、增温保温系统、循环通风系统、补光系统等八大系统，以信息化控制和追溯种苗繁育过程，通过天车移动作物、车间定点生产，实施播种、催芽、配肥、运输、灌溉等机械化流水线作业。设施设备已达到国内一流水平，仓库管理系统、Priva环境控制系统、水肥管理系统，智能物流栽培系统（华农—碧斯凯），生产管理系统等智能育苗信息化生产管理系统的投入，现代化水平进一步提高。

仓库管理系统：集团通过仓库管理系统总平台输入账号实时查询基地生产情况，查看基地在床种苗的实时数据、查看基地种苗的时间数据、查看基地种苗的管理数据（施肥、打药）、查看基地种苗的销售数据及其他数据等。

Priva 环境控制系统、水肥管理系统：基地的 Priva 环控系统安装有温度、湿度、光照、风速风向传感器，通过计算机内网发送指令控制温室内部的设施设备运行。通过传感器实时传输数据，通过 Priva 环控系统控制室内温度，按照育苗标准控制 15～25℃设定阈值，实时提醒。通过湿度传感器获得湿度传输湿度数据，控制温室湿度，根据育苗的不同类别和不同时期设定湿度阈值，到达临界值时预警提示。同时配合水肥系统（喷灌系统）、湿帘装置和

通风系统进行湿度调节温室内湿度。光照子系统控制光照时间，根据天气变化和季节性差异调节光照强度和光照时间，控制光照时间 10 h 左右，同时配合温控系统降温和增温。水肥管理系统根据苗木长势调节植物营养的 EC 值，从 0.1～1.2 的范围设定阈值，实施预警，对农事操作进行系统管理。

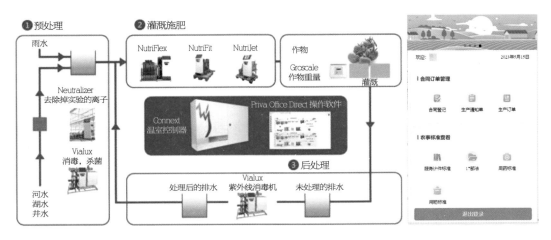

智能物流栽培系统（华农—碧斯凯）：智能物流栽培系统以栽培床为载体实现温室内蔬菜作物全自动运输，智能物流栽培系统有效解决了育苗过程中种苗的流转问题，它利用电机驱动和气驱动实现种苗载体的苗床进行流转。通过信息化完成整个生产区域与操作区域工作运行的统一调度，可以实现多种工艺线路运行和组合，达到全自动运行效果。苗床运送，通过苗床编号设定生产区域，配合自动化播种，将苗床自动化从生产区运送到操作区摆盘，最后将苗床运送到指定区域，实现人工节省、提高劳动生产率。自动化水肥管理，通过平板控制将喷灌系统设定到指定区域，进行施肥和浇水。该系统由华农碧斯凯提供内网运行，系统可安装在平板电脑上进行操作相对便利。

生产管理系统：该系统将生产、采购、仓库、基地管理、人员管理、销售等部门进行联通，实现物资采购、出入库，人员网格化管理和销售订单有机结合。销售部按照客户需求对生产部下达生产订单，生产部按照生产订单制订生产计划，进行物资采购和生产，生产人员进行网格化管理。所有数据可在集团的仓库端进行查询。

➤ 经验效果

1. 经济效益

一是提高土地产出率，在应用前，每年可生产4茬蔬菜实生苗，单价为0.1元/株，大棚空置期较长；启用信息化系统后可生产嫁接苗4茬，可周年生产，单价1.5元/株。二是提高劳动产出率，在未启用前，单株劳务成本为0.05元/株；信息化应用后，出料率高，整齐化高，成品率高，单株劳务成本0.035元/株。三是农业投入品减量增效，启用Priva温室环控系统有效减少农药、化肥、水、农膜、基质等育苗投入品的使用量；其中化肥用量减少30%以上。同时污水回收系统对废水肥料进行回收，减少对环境的破坏。四是管理成本节约，通过仓库管理系统、Priva环境控制系统、水肥管理系统、智能物流栽培系统、生产管理系统应用，节约销售、物资盘点等成本10%以上。五是提高整体收入，完成工厂化育苗2747.7万株，销往昆明、厦门及威宁、长顺、沿河、开阳等9个省（区），营业收入2553.15万元，毛利润184.27万元，经济效益较好。

2. 社会效益

重研发，打牢种业基础，与贵州大学、贵州省农业科学院等科研院所开展品种筛选测试、技术开发等合作，推进嫁接育苗、种子丸粒化、组培脱毒等新技术应用及蔬菜育苗基质配方研究；集品种，奠定种业基石，收集和引进蔬菜品种2094余个进行筛选测试；拓市场，推广种业产品，举办2021年全省蔬菜种子种苗现场观摩会，集中展示推广1052个优特蔬菜品种，举办2022年贵州省蔬菜种子种苗展示推介会，展示品种1501个，深受各级主管部门好评，6个平台争相报道，点击量6万余人次。此外，重视对农民的技术培训，对辣椒嫁接技术累计培训200人次。

3. 生态效益

生产废弃物治理与循环利用：基地设置了原水罐、净水罐、废水回收罐等，对项目废水进行回收处理，通过物理沉降、化学沉降等进行回收到原水罐进行利用。

减少农业面污染：一是精准控制农业用水总量，通过 Priva 温室环控系统精确用水量节水，提高水的利用效率。二是减少化肥和农药使用量，通过信息化，精准施肥，减少农药，化肥的使用量。三是对废弃物进行综合循环再利用，通过原水罐、净水罐、废水回收罐进行废水回收利用。

撰稿单位：贵州省现代种业集团有限公司

撰 稿 人：魏建伟

云南省勐海曼香云天水稻智慧种植优秀案例

➤ **基本情况**

勐海曼香云天农业发展有限公司（以下简称公司）成立于 2018 年 8 月，注册资本金 1.5 亿元，为云天化集团的全资子公司，是云天化集团积极融入国家乡村振兴战略，积极响应党中央"全力保障粮食安全"，认真落实习近平总书记对云南的"三大定位"的战略部署。公司聚焦水稻全产业链，以订单农业为切入点，整合"科研＋种植＋收储＋加工＋品牌流通＋商贸"水稻产业资源，逐步打造云南省最具有影响力的粮商，致力成为云南省现代农业全产业链的领航者。公司累计完成固定资产投资 1.69 亿元，建有 5 万 t/年大米加工全自动生产线及包装线、60 t/h 清理中心 1 座、450 t/批次天然气烘干机、900 t 烘前仓、900 t 烘后仓、1.5 万 t 低温恒温储粮平房仓、1.5 万 t 混凝土筒仓、1 333 m^2 全自动工厂化育秧中心及其他配套设施，可覆盖 15 万亩以上水稻种植基地，拉动数万农户脱贫致富。"张福锁院士工作站"落户公司开展植物营养规律、绿色肥料研发、农业绿色发展等研究，研发勐海香米专用肥，为香米种植提供了强有力的技术支撑；公司与云南省农业科学院粮食作物研究所合作建立了"七彩云米研究中心"，全套引进种、繁、推技术体系，联合研发"傣王稻"系列专用品种，为香米种植提供优质种质资源；同京东集团开展战略合作，联合建设了云南省首家"京东农场"智慧农业示范基地，并获得了 2020 年"京东农场年度优秀合作基地"；联合西南大学构建了绿色优质香米生长模型，集成了智慧香米无损监测系统平台，耦合生长模型和监测平台，构建了绿色优质香米智慧化管理决策支持系统。

➤ **主要做法**

1. 实施背景

根据《数字农业农村发展规划（2019—2025 年）》提出要加强县域重要领域和关

键环节数据资源建设，构建综合信息服务体系，全面推进数字技术的综合应用和集成示范，依托县级农业农村部门，选择在数字化水平领先的粮食生产功能区、重要农产品生产保护区、特色农产品优势区、国家农业绿色发展先行区、国家现代农业示范区以及国家现代农业产业园所在县市，建设一批数字农业试点项目，全域推进种植业、畜牧业、渔业和质量安全监管等领域的数字化改造，探索可复制可推广的建设模式。

2. 主要内容

公司自成立以来按照"互联网＋农业"发展理念，以实现水稻生产智能化、稻米营销网络化、公司管理高效化"三化"为建设目标，全面实施"PLC 编程自动化""智慧农场""互联网＋"农产品，实现管理高效透明，畅通产品流通渠道，逐步建立全面支撑现代农业发展的信息化新格局。公司智慧农业建设项目，重点打造智慧农业"1+3+N+1"建设，"一云"——农业数据云；"三平台"——农业物联网平台、农产品质量安全监管追溯平台、农产品电子商务平台；"N 系统"——涉及育苗、种植、生产、包装、销售等近 15 个子系统；"一厂"——智能工厂。目前，智慧农业总体框架基本形成，"一厂、三平台、多系统"已建成投入使用，农业大数据获取、互联、共享的大网基本形成。

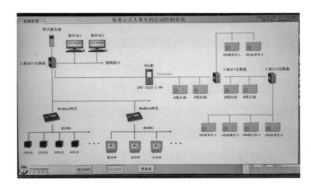

3. 主要技术

大田智能环境监测站：基地共计建设大田智能环境监测站 5 套，可监测大气温度、大气湿度、光照强度、风速、风向、大气压力、降水量、土壤温度、土壤湿度。

虫情监测站：基地共计建设虫情监测站3套，可分时段设置和控制，可远程自动/手动拍照，实现虫体自动清扫及分天存储；20 W诱虫光源，排水系统，实现雨虫分离；太阳能供电。

水质监测站：基地共计建设水质监测站1套，可监测水温、pH值、EC值。

作物生长监测：基地共计建设农田作物生长图像监测设备3套，农田作物生长实时视频监测站2套，可进行作物生长监测。

农资使用监控：基地共计建设农资配制视频监控设备2套，可对农资配制现场关键视频信息的采集。

农仓监测：农仓（农资/原粮/成品）配备视频监控设备1套，对农仓关键出入库视频信息的采集；配备环境监测设备1套，对农仓内空气温度、空气湿度等数据的实时采集；农仓出入管控配置智能电子锁，实现对农资/原粮/成品仓库的出入库记录管理，全步骤监控电子锁的操作，能够及时监控查询相关操作记录，实时记录运营数据。

追溯管理系统：共计建设追溯管理系统2套，通过区块链技术，建立贯穿农产品耕种管收储运销全程追溯体系，消费者可以通过扫描二维码，准确了解农产品全过程信息，并通过产品外包装二维码呈现。实现"从农田到餐桌"的全程可追溯信息化管理。

管理平台：公司现有管理平台2个，可对基地信息、农事作业、农资调配和设备管理等基础信息的记录和管理，包含基地信息模块、四情监测模块、农事管理模块、农资管理模块。

4. 运营模式

研产销一体化经营模式：经过多年发展，公司初步形成水稻品种研发，稻米仓储、加工、销售，高端功能米开发，副产品综合利用的产业链。水稻品种研发以现有栽培品种（云粳 37、滇屯 502）为基础，针对种源退化等问题开展提纯、复壮工作，确保了公司年度核心种植区 1 万亩订单水稻优质种子供应，提纯复壮后其综合生产表现和食味品质不低于原品种。选育了符合绿色生产要求、且通过云南省审定的粳稻品种 1 个。水稻生产方面，公司水稻生产"推广应用优质香软米品种 + 智能浸种催芽 + 专用育秧基质立体育苗 + 机械插秧 + 水稻测土配方套餐肥 + 绿色防控 + 机械收获"的绿色有机技术模式；粮食仓储方面，公司平房仓建设面积 4.6 万 m²，仓库类型为立筒仓（13 个）和低温平房仓（6 个），总仓容 3 万 t。配备机械通风、制冷控温、磷化氢环流熏蒸设备、粮情测控、移动清理输送设备系统等，粮食出入库实现机械自动化，做到了科学、高效、经济、安全、绿色储粮。加工生产方面，生产车间 3 个，分为清理中心、烘干车间、大米加工车间。均属于数字化（智能）车间，车间占地 12 395.9 m²，稻谷加工能力 5 万 t/ 年。公司选用的加工设备为日本佐竹，加工理念为多机轻碾，可根据稻谷品种进行定制加工（三砂两铁、一砂两铁、两砂两铁）。产品销售方面，产品销售布局"线下商超 + 线上平台 + 会员平台"模式。线下营销网络遍布全国 20 多个省（市），在全国建有 2 家直营店。线上主要上线淘宝、京东、天猫旗舰店，同步布局拼多多等新兴平台及多个细分渠道，如"832"扶贫平台；在抖音、小红书、快手视频等平台，通过内容输出 + 网红直播带货等方式实现品牌线上增长；在有赞平台实行会员制管理，完成会员拉新，裂变分销，实现复购；在"傣王稻"平台下，整合集团多种资源，提升客户体验，创造会员价值。

公司高端产品"傣王稻"通过了绿色食品认证、有机食品认证，质量管理体系认证、中国良好农业规范认证、HACCP 体系认证、食品安全管理体系认证。"傣王稻"品牌入选云南省"绿色云品"品牌目录、"中国农产品百强标志性品牌"，公司系列产品作为西双版纳州勐海县扶贫产品优秀供应商首批进入《全国扶贫产品名单》。2022 年私人订制认种土地达到 1 000 亩，2019 年销售收入 1 106.78 万元，2020 年销售收入 11 100 万元，2021 年销售收入 3.2 亿元，2022 年销售收入 6.25 亿元，经营利润 127.35 万元。

经营管理数字化：公司建有稻米产业生产数字化与智慧可视化平台，该平台集成无人机数据采集、卫星数据采集，实现多数据源融合。公司物联网技术已应用到种、储、加、销及物流的每个环节，建立起了从田间到餐桌的全程食品安全可追溯体系。

➤ 经验效果

1. 经济效益

公司智慧农业建设项目的实施，降低人力成本，提升工作效率。原基地 1 500 亩管理至少需要 15 人，完成 1 次环境、虫情、水质、作物生长监测等常规操作，约需 3 h；日常巡查约需 3 h。运用管理平台后，基地管理人员只需 3 人，人力节约 80%。完成环境、虫情、水质、作物生长监测等常规日常操作，约需 30 min，效率提升约 83%，日常巡查更有针对性，只需重点查看问题田块，约需 1 h，效率提升约 67%。

2. 社会效益

追溯管理系统的应用，使产品更加"透明"，消费者放心。公司部分产品已实现"一物一码"，消费者可以通过扫描二维码，准确了解稻米从种植、生产、加工、物流、仓储、销售等全过程的信息，实现"从农田到餐桌"的全程可追溯信息化管理。

撰稿单位：勐海曼香云天农业发展有限公司

撰　稿　人：杨院琴

陕西省安康市汉阴七叶莲智慧数字农业园区优秀案例

➤ 基本情况

汉阴七叶莲农业科技有限责任公司位于陕西省安康市汉阴县涧池镇紫云村二组，成立于 2019 年 6 月，占地面积 103 亩，拥有科技育苗棚一座，蔬菜种植大棚 57 座，500 t 适温保鲜库 1 座，农残检测实验室 1 座，是一个以蔬菜及其他农产品种植和销售为主，以标准化的种植体系与技术规范，严格按照种植规范进行科学生产管理，引进最新的现代化智慧数字农业设备设施，集富硒蔬菜种植及其他农产品技术研发、种植、加工、销售于一体的全产业链发展的农业科技型企业。公司致力于以品质求生存、以服务求发展，为消费者提供绿色、生态、健康的农产品，让优质农产品走进千家万户。

➤ **主要做法**

1. 实施背景

公司于 2019 年 5 月通过招商引资进驻汉阴县涧池镇紫云村，与陕煤集团在汉阴 13 个帮扶村合作建成了功能蔬菜示范基地，通过跨区域合作形式，采用"联社联企联户、直销包销帮销"的"三联三销"的帮扶模式，整合村级资源，引导贫困户加入，合力推进"国有企业+政府+民营龙头企业+合作社+贫困户"新模式，共同发展富硒蔬菜种植产业，让脱贫户享受更多红利。

2. 主要内容

建立了标准化的种植体系与技术规范，搭建智能化数字农业系统，在自动化喷淋、无土栽培、气象监测、温湿度控制、土壤养分实时监测、水肥一体化、自动卷膜、农残检测等方面，均引进新设备，掌握前沿操控技术，并严格按照种植规范进行科学生产。

建立智能水肥一体化系统：该系统借助水路压力系统，将可溶性固体或液体肥料与灌溉水融合，通过管道和滴头形成滴灌，均匀、定时、定量，显著提高园区农业生产效率，高效节水控肥节肥、减少病虫害、增产丰收、改善土壤环境。

建立大棚温湿度和土壤检测系统：该系统利用传感器自动监测采集园区内土壤湿度、氮磷钾含量、土壤 pH 值，棚内空气湿度温度，并利用无线网络实时将数据传输回数据中心，是园区智能卷膜系统、水肥一体系统数据联动的核心数据源。

建立育苗室空气温湿度检测控制系

统：该系统通过温湿度传感器感知室内温湿度、气象站感知园区内的太阳光照强度、动力控制系统自动或手动控制调整育苗室内1个遮阳网、4个保温棉、7个风机的开关，进而实现育苗室育苗生产环境的可控、可调、智能控制。

建立大棚智能卷膜系统：基于大棚内温湿度监测数据，园区内气象站实时气象数据，大棚智能卷膜系统实现自动控制大棚卷膜，实现大棚温度、湿度、光照等生产环境的远程调控，替代传统人工手摇卷膜，大大降低了园区的生产成本，提高生产效率。

建立气象监测系统：收集园区内气象要素，包括氧气、臭氧、CO_2、光照强度、温度、湿度、风速、风向、紫外线、降水量、PM2.5、PM10、大气压强等数据，在提供有效实时气象监测数据的同时，也作为本园区育苗室育苗环境、大棚内农作物生产环境智能调节的有效数据来源。

通过开展测土配方施肥、增施有机肥、新型肥料等措施，深入推进科学施肥；在病虫害防治方面采取物理防治为主，生物及化学防治为辅，坚持预防为主、防治结合、综合治理的原则，严禁使用违禁农药。七叶莲农业公司作为"安康市农产品质量安全追溯与食用农产品合格证管理'双覆盖'标杆单位"，蔬菜销售前逐批次进行农药残留检测，检测合格后张贴"安康市食用农产品合格证"，消费者可通过扫码查看蔬菜生产过程及检测信息，实现蔬菜可追溯，确保农产品质量安全。通过与西北农林科技大学的科研合作，在总结以往种植经验的基础上，充分挖掘当地富硒绿色的生态环境资源，开展绿色富硒蔬菜的产品研发，打造极具地标性的、绿色健康的农业品牌。

3. 运营模式

公司成立以来积极探索乡村振兴产业发展路径，协助政府做好相关工作，积极推进"龙头企业+合作社+农户"的造血式帮扶模式，并帮助农户实现全部脱贫。公司积极开展帮扶带动工作，做好"5个助力"，在汉阴县乡村振兴阶段发挥重要作用。一是，推进农业与信息产业融合、发展数字农业、智慧农业，除自有产业及13个帮扶村外，带动周边农业产业发展，提供技术服务与帮销，带动规模超过1000亩，助力汉阴县乡村产业振兴。二是，招募工人优先于移民搬迁社区以及贫困、残疾人员。同时培训技术人员，把技术留在当地，把人才留在当地，助力汉阴县乡村人才振兴。三是，加强生态宣传，倡导绿色种植，建设24节气主题的瓜果长廊，推广循环农业的理念，时刻提醒我们尊重自然，掌握节气对农业的影响，带动乡村生态文化，推动生态文明共识，助力汉阴县乡村生态振兴。四是，挖掘中华优秀传统农耕文化与现代农业文化、红色文化的结合点，激发村民文化参与，增强乡村文化创新。七叶莲农业基地荣获陕西省省级农业研学基地，丰富农业研学课程，为全省中小学生普及农耕文化知识，助力汉阴县乡村文化振兴。五是，持续为13个帮扶村进行农业技术指导，定期组织培训，带动村干部学习更多蔬菜种植技术，发挥带头示范作用，做到培训一人带动一村，增强组织能力和组织效力，助力汉阴县乡村组织振兴。

➤ 经验效果

1. 经济效益

智能通风设备：传统的人工手动大棚放风耗时、不能实时掌握棚内温度，无法达到蔬菜理想生长值，搭建了智能通风设备后，管理人员通过手机 App 软件远程操作控制，即可达到自动智能通风的目的，经公司测算，每年每亩大棚可以节省人工 21 000 元左右，且同等蔬菜同时种植，智能通风设备所种的蔬菜可提早 13 天上市，价格提高了 14%，产量可以提高 10% 左右。

水肥一体化系统：借助水路压力系统，将可溶性固体或液体肥料与灌溉水融合，通过管道和滴头形成滴灌，均匀、定时、定量，显著提升园区农业生产效率，高效节水控肥节肥、减少病虫害、增产丰收、调节土壤环境。水肥一体化设备的投入使用可以达到以下目的。一是高效节水，可帮助水肥相融，采用的是可控管道，方式是滴状浸润作物的根系，减少水分的蒸发，可节水 30% 以上。二是控肥节肥，通过智能控制系统采取定时、定量和定向的方式，减少肥料的挥发和流失，实现集中施肥，达到平衡施肥，而且在同等的种植条件下，最少便可节约肥料 30%。三是减少病虫害，可有效降低棚内的湿度，使其湿度降低 8.5% 左右，抑制了棚内病虫害的发生。四是增产增收，促使作物得到足够的生理需要的水肥，这种浇灌技术下的果实饱满，个头大，普遍可增产 10% 以上，减少病虫害，减少腐烂果和畸形果的数量，以黄瓜为例，使用水肥一体化设备技术的黄瓜比运用常规的人工施肥的黄瓜畸形率要少 21%，黄瓜增产很大，产值增加。五是调节土壤环境，该设备可以降低土壤容重，增加孔隙度，进而使土壤微生物的活性增强，这样可以减少养分的流失。微生物活性的增加可以提高土壤次生盐渍的含量，而土壤次生盐渍具有高水位大流量的运行特点，这样可以使灌溉周期缩短，减少输水损失，提高水利用系数，使灌区作物灌水在生育期，大大提高了作物的产量。

2. 社会效益

通过数字农业的搭建，彻底转变农业生产者、消费者观念和组织体系结构，完善的农业科技和电子商务网络服务体系，使农业相关人员足不出户就能够远程学习农业知识，获取各种科技和农产品供求信息，专家系统和信息化终端成为农业生产者的大脑，指导农业生产经营，改变了单纯依靠经验进行农业生产经营的模式，彻底转变了农业生产者和消费者对传统农业落后、科技含量低的观念。智慧农业的投入使用，显著提高了农业现代化精准管理，农业生产经营规模将越来越大，生产效益也越来越高，迫使小农生产被市场淘汰，必将催生以大规模农业协会为主体的农业组织体系。智慧农业有利于促进农业的现代化精准管理、推进耕地资源的合理高效利用。

撰稿单位：汉阴七叶莲农业科技有限责任公司

撰 稿 人：赵井波

宁夏回族自治区荟峰西部（中国）牧草大数据平台优秀案例

➤ **基本情况**

宁夏荟峰农副产品有限公司成立于2010年6月，注册资本1200万元，固定资产5000万元，现有员工55人，是集苜蓿育种、商品草种植、饲料颗粒加工及销售于一体的全产业链企业。公司建有苜蓿草颗粒加工厂1座、商品草生产基地13350亩，苜蓿种子基地3000亩，年生产苜蓿草种子60 t、苜蓿干草捆6000 t、苜蓿草粉及颗粒10000 t。饲草产品有苜蓿干草捆、包膜青贮、苜蓿草粉、苜蓿颗、苜蓿种子、宠物饲草等10余种。公司联合国家牧草产业技术体系盐池综合试验站、宁夏农业科学院、宁夏大学、甘肃农业大学、中国农业科学院等多家科研所开展科研项目合作，先后借助国家多项草畜产业试验示范项目、固原市"四个一"林草试验示范工程等，整合资源建成六盘山牧草产业化联合体，不仅承担苜蓿新品种、新技术田间适应性试验示范和种植推广工作，还聚焦农机引进研发，通过农机大面积作业，适时收割处理，饲草产品实现提质增效。荟峰西部（中国）牧草大数据平台自建设以来，已经过1.0、2.0和3.0版本迭代升级，利用互联网、云计算、物联网等技术，有效打通了苜蓿饲草生产销售各环节信息通道，实现了耕、种、管、收、销全程全链条信息化管理。

➤ **主要做法**

1.牧草大数据平台成为全产业链智慧大脑

荟峰西部（中国）牧草大数据平台是集苜蓿种植基地管理、生长监测、收获储存、加工销售、物流配送等一体化信息服务平台，主要包括智慧种植、智慧农机、智慧物流、产品销售等多个系统模块，形成具有数据采集、存储、运算、决策、控制等功能的智慧大脑。

智慧种植系统：在田间配备小型气象监测站、虫情测报灯、孢子捕捉仪等物联网设备，对大田空气温湿度、土壤温湿度、降水量、病虫害等信息实时采集并上传平台，通过专家建模分析提出科学的种植方案，指导开展牧草栽植、灌溉、施肥、施药、收割等农事服务。

智慧农机系统：在农机上配备北斗定位主机及延伸监控设备，实时监测农机作业位置、作业场景，调取农机作业记录和轨迹，实现牧草生产农机精准调度和统一管理，提升了作业效率。

智慧物流系统：有效打通第三方承运人平台接口，关联物流车辆并配备定位装置，可在线查看牧草运输车辆状态和位置，实现物流统计、在线发布物流需求、线上匹配物流服务和调度车辆等功能，缩短了出货流程，提高了运销能力。

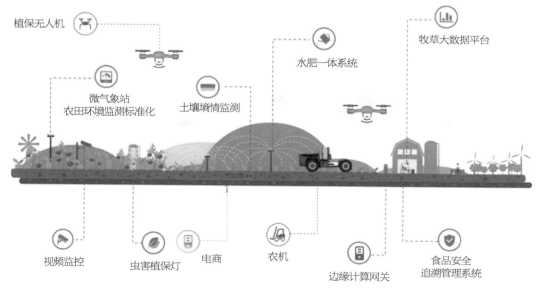

平台运行模式

电商销售系统：链接牧草生产主体、批发商、供货商相关信息数据，并根据市场需求发布产品信息，完成线上订单配送。同时利用销售流程管理子模块，实时录入牧草产品入库、出库、销售及客户资源信息，实现了从田间到客户的全过程服务，结合农产品市场监测分析，为牧草生产企业辅助决策提供参考。

2. 多线程信息精准采集形成数据基座

气象环境智能监测：通过小型智能气象站、温湿度传感器等物联网设备，对苜蓿生产田间土壤温湿度、空气温湿度、太阳光照、风向、风速、降水量等环境数据自动采集、存储和远程传输至管理平台，为指导适时灌水和施肥提供决策参照。

病虫害智能监测：通过智能虫情测报灯、孢子捕捉器、性诱器、摄像头、智能手机等物联网设备，对苜蓿生产过程中害虫、病斑进行智能拍照、自动统计、数据传输，实现了苜蓿病虫害自动化、可视化、智能化、精准化远程监测，为苜蓿病虫害防治决策提供了基础数据。

灾、苗情智能监测：通过农业遥感、移动或固定摄像头、智能手机、作物生理生态监测仪等物联网感知设备，对苜蓿生产过程中受灾情况、苗情等信息进行采集，并上传到系统平台，对牧草作

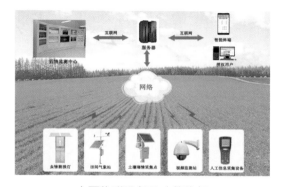

主要物联设备及功能构架

物生产远程实时监测与诊断，为管理决策提供服务。

农机作业监管：通过农机终端的北斗卫星定位系统接收卫星定位数据，将农机的位置、状态、报警等信息发送到中心服务器，从而使监控调度中心能清楚直观地掌握农机的动态位置信息以及各收割点的收割情况，对农机进行合理调度，从而实现对农机资源的共享使用。

物流配送及市场销售信息监测：通过网络数据抓取工具，调用第三方物流平台实时在线查看牧草运输车辆状态、位置，实现物流统计、调度，实现在线发布物流需求、线上匹配物流服务。

3. 平台智能运算助力科学决策

种植环节管理决策：通过平台设定空气温湿度、虫情等数据预警值，实现系统自动预警并生成预警事件，将预警事件信息以手机短信、网页报警形式提示管理人员，并形成统计报表供管理人员做出管理决策。

种植环节管理决策流程

农机作业管理决策：将农机作业行动轨迹数据通过传感器记录上传至系统后台，经过对相关数据分析和判断，高效调度农机，从事牧草生产作业。

农机作业环节管理决策流程

销售环节决策：通过物流配送信息和电商销售数据的汇集，综合分析牧草产品的分布、销量、购买人群等关键信息，利用平台构建销售模型，生成产品销售方案。

销售环节管理决策流程

4.智慧物联实现智能控制

系统平台对农场气象、病虫害等数据进行分析和处理后，利用平台＋人工辅助的方式，精准控制生产设备，实现智能控制，例如通过水肥一体化设备进行远程精准灌溉，通过农机、物流管理模块对农机和物流车辆进行远程调度，通过对销售数据的运算分析进行牧草产品信息精准推送等。

➤ 经验效果

1.经济效益

通过各类传感器、监测设备、农机、定位系统、视频监控设备的使用，人工成本降低了 20％左右；通过田间"四情"监测系统和气象监测的使用，农田灾害发生率显著降低 60％以上，作物有效增产 30％左右，产品销售额提高 35％左右；利用合理设计物流配送路线，确保了牧草产品配送及时准确，年度总销量由以往的百吨上升到千吨，使得产品市场占有率和竞争力得到提升；电商平台能够快捷高效地布局牧草产品的销售，缩短了产品销售时间 50％以上。

2.社会效益

提升企业管理水平，促进种植户的素质提升，产业发展助力乡村振兴。

3.生态效益

有效改良了土壤，防止水土流失；通过农药的减量使用，减少了面源污染。

4.推广应用

荟峰西部（中国）牧草大数据平台构建了集环境监控、作物模型分析和精准控制为一体的单品大数据管理平台，既通过物联网设备实时监测农事生产活动，又通过大数据平台的分析运算和农业专家的辅助决策，为牧草生产管理提供科学、精准、实用的指导方案，实现了牧草耕、种、管、收、销全过程信息化管理，对牧草提质、生产增效、产业扩能的效果作用明显。平台有效整合了牧草生产各阶段的关键信息，通过精准化控制、精细化管理，实现了节水节药节肥和省工省时，大幅提高了牧草的产量、质量及销量，对大田饲草生产具有很好的示范推广价值。

撰稿单位：宁夏回族自治区农业勘查设计院

撰 稿 人：魏　亮

新疆维吾尔自治区巴州极飞数字化智慧农场优秀案例

➤ 基本情况

新疆巴州极飞农业航空科技有限公司成立于 2015 年 3 月，系广州极飞科技股份有限公司（以下简称极飞科技）的全资子公司。近年来，公司相继投资 3 亿元，在尉犁县建设新疆运营基地。母公司极飞科技成立于 2007 年，是致力于用机器人、人工智能和新能源技术为农业赋能的农业科技公司，产品包括农业无人机、遥感无人机、农业无人车、农机自驾仪（农业用北斗终端）、农业物联网设备、智慧农业系统平台等，拥有完整的智慧农业解决方案。研发专利申请总数超过 3 500 项，是国家知识产权优势企业，并在 2023 年获选为农业农村信息化示范基地（服务型）、国家级专精特新"小巨人"企业及第八批国家级制造业单项冠军企业。

极飞数字化智慧农场项目——"超级棉田"，通过智能化设备和数字化服务，形成"全面感知、智能决策、精准执行"的智慧农业生态闭环。通过搭建"空天地一体化"的观测网络，超级棉田使用遥感无人机和农业物联网设备对农田环境、作物长势进行全面感知，高效获取信息；根据感知阶段的信息，结合 AI 智慧农业大脑，辅助农艺精准分析决策；依据智慧农业系统做出的农艺决策，极飞智能农机精准执行播种、施肥、灌溉、植保等农事活动。同时借助机器人、人工智能等高科技手段，大幅减少管理人员数量，验证了无人化管理模式应用于大规模种植场景的可行性。

➤ **主要做法**

1. 实施背景

新疆棉花面积、总产连续 30 年居全国第一。为进一步探索通过智慧农业技术提高棉花生产效益，极飞科技在新疆巴州尉犁县开启了国内首个无人化棉花农场实验项目"超级棉田"，打造智慧农业在棉花种植上应用的闭环。

2. 主要内容

极飞超级棉田是国内首个数字化、信息化、精准化、少人化棉花农场实验示范基地项目。来自极飞科技的两名工借助机器人、人工智能、信息化等高科技手段，实现自动化耕种、遥感巡田、智能水肥管理、病虫草害防治、物联网监测等应用，完成 3 000 亩高标准棉田的 30 名左右人工缩减为 2 人，大幅提升了效率，验证了无人化管理模式应用于大规模种植场景的可行性。

农田地势分析

使用遥感无人机获取农田信息

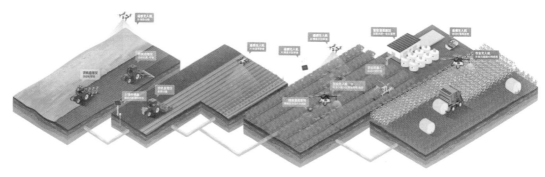

无人化棉花种植场景

在耕地环节，超级棉田管理者利用遥感无人机和农机自驾仪改善整地问题。整地前，使用遥感无人机完成高精度地势分析。农机自驾仪接收地势分析结果，自主规划整地路线，自动化犁、平耙，确保土地平整度，预防棉花种植高低不齐，减少棉花受光、打药不均匀等情况的发生。

播种前，通过农业物联网设备监测环境信息，帮助确认播种时机，降低抢播风险。在自动化播种后，利用遥感无人机普查出苗率，使用 AI 智能分析出苗情况，精准补苗，解决播种前、中、后的问题。使用搭载自驾仪的农机设备进行高精度导航播种，节省人力投入，减少土地浪费。

农作物从播种到采收的管理工作，包括灌溉、施肥、病虫草害防治、生长管理等。极飞物联网实时监测棉田气候、气温等土壤墒情信息，为管理决策提供科学依据。采用配备多光谱相机的无人机以及物联网系统，可充分获取数字化智慧农场的田间信息并及时分析，及早诊断、发现病虫害情况并采取行动。

极飞数字化智慧农场管理模式

搭载农机自驾仪的拖拉机进行播种作业

农业无人飞机根据处方图精准喷洒

极飞智能灌溉阀确保灌溉均匀

下"本地化部署"的智能灌溉系统联通物联网，可对棉田实现工业级用水量的精准监控，配合更新后的肥料储存装置与自动施肥设备，农田管理员可实时监测水肥浇灌情况，实现远程定时定量地将氮、磷、钾肥施放到棉田中。智能灌溉系统能够做到全程自主化操作，并配备了压力、雷达传感器，能预警蓄水池液位，支渠、干渠

极飞超级棉田

水流速，计算出水量、进水量达成动态平衡。电动、光伏出水桩配备压力传感器，在软件系统中能实时监测到出水口压力，做到动态平衡，确保棉田灌溉均匀。此外可以设置各类数据异常值，在发生异常情况时，后台会直接打电话给负责人，做到及时预警。智能水肥灌溉系统实现了智能灌溉，精准控水、控肥，大幅降低水肥用量，节省人力投入。

在数字化智慧农场管理模式下，农场管理者能全面了解作物不同阶段的生长情况，包括作物长势、气候、土壤数据等全面的数字化信息，辅助其做出更科学的农事决策，如棉花种植的密度、何时播种、灌溉、施肥和打药等，实现精细化生产规划与执行，从而减少农资和农事投入。

➤ **经验效果**

1. 经济效益

自 2021 年启动至今，超级棉田逐渐形成了一套成熟的管理模式，并以显著的降本增益成果，为更多传统种植者提供了参考的样本。实现了出苗率≥80%，整地达标率≥99%，覆膜率≥99%。通过科学化农艺决策，结铃数≥10 万个 / 亩，杂草除净率≥98%，病虫害防治率≥95%，水、肥、药利用率提升 30%。通过数字化采收管理，产量≥400 kg/ 亩，脱叶率≥93%，吐絮率≥97%，采净率≥95%。投入成本≤2 200元 / 亩，无人化比率≥80%。2022 年，超级棉田亩产 403.6 kg，与周边传统棉田对比，亩增产 15.6%。同时在水电、化肥、农药、人力等生产资料方面实现良好降本，较周边大户节省了 47.2% 的水电成本、27.4% 的肥料成本、30.7% 的农药成本以及 64.3%的人力成本，亩综合成本降低了 419.6 元。2023 年，超级棉田亩产 420.9 kg，较上年增产 4.3%。同时亩均投入降至 2 196.76 元，较上年减少约 180 元，降本 7.6%。

2. 社会效益

极飞数字化智慧农场模式坚持节本增效、节能减排、助力绿色可持续发展的原则，相较于传统农场，"超级棉田"可借助科技减少约 22% 的温室气体排放。在"超级棉田"，农田管理者选择用电力驱动的农业无人机代替燃油农机，执行作物植保、田间除草以及脱叶剂喷洒等任务。此外，通过安装农机自驾仪，管理者可以让精准导

航系统辅助传统农机进行全自主作业，实现更科学的农机调度。在犁地、播种和采收等农事活动中自动规划高效的作业路径，能够减少因行驶误差导致的额外油耗。此外，通过对农田的灌溉系统进行了智能化改造，为全部出水桩换上可远程控制开闭的智能电动阀，并将灌溉系统接入极飞物联网，使用工业级电子水表精准监控用水量。农田管理员可在移动设备上实时监测水肥浇灌情况，实现远程管理。还可以通过极飞智慧农业系统实时了解不同地块的肥料投入情况，配合更新后的肥料储存装置与自动施肥设备，定时定量地将氮、磷、钾肥施放到棉田中。相比传统农场，"超级棉田"降低 23% 的化肥用量。

撰稿单位：新疆维吾尔自治区农业农村厅信息中心，巴州极飞农业航空科技有限公司，广州极飞科技股份有限公司

撰 稿 人：居来提·沙吾开提，陈欣宜，胡治强

重庆市奉节县智能农机促进奉节脐橙
走上现代化优秀案例

➤ 基本情况

奉节县地处渝东北长江三峡库区腹心，全县幅员 4 098 km²，辖 33 个乡镇（街道），全县常住人口 74.5 万人，其中农业人口 47.5 万人。近年来奉节县坚持走"精准发展、精心管护、精深加工、精品营销"的农业产业发展之路，脐橙种植面积达 38 万亩，产量 40 万 t，获得第五批国家现代农业产业园、全国绿色食品原料标准化生产基地等称号，奉节脐橙荣获中国特色农产品优势区、全国名特优新农产品和中国驰名商标，列入农业品牌精品培育计划，区域品牌价值达 182.8 亿元。奉节县集大山区大库区的特点为一体，造就了适宜脐橙生长的环境条件，但山峦起伏、沟壑纵横下的"山坡田""鸡窝田""插花田"也造成脐橙种植、采摘人力需求大。加之全县农业人口老龄化严重、外出务工率高、劳动力严重短缺，农业机械化智能化是当下乃至未来的破题之举。在此背景下，大富好农业科技发展（重庆）有限公司（以下简称公司）于 2020 年在重庆市奉节县安坪镇成立，公司主要从事双栖果园轨道运输机生产，非标自动化设计制作，与农业生产经营有关的技术、信息、服务设施建设运营等。公司针对山区、丘陵而自主研发生产的双栖果园轨道运输机，主要用于果园、茶园、蔬菜基地农产品和农业生产物资运输，可实现"公路 + 轨道"两用无人运输、自动巡航、远程监控等功能。

➤ 主要做法

创业政策助力，本土农民创新人才返乡创业：公司创始人张润富原是重庆奉节

人，高中文化，常年在广东等地从事自动化项目。2020年因故滞留不能返厂，期间他看到老乡们艰苦的劳作方式，没有适宜山地的运输机械，爱好设计的他便萌生了设计农业运输机的想法，经过不断地设计、测试、改良，研发出陆轨两用田间双轨运输机。出乎意料的是，他这个简单实用的运输机极受当地农民的欢迎，此时奉节县出台了相关的农民返乡创业政策措施，市场的接受程度高加上政策的支持力度大，他决定用自己的特长为家乡发展、为乡村振兴作出自己的贡献。于是，他成立了自己的公司，专门从事运输机及相关农业设施设备的研发、生产和销售，完成了从农民到工人，从工人到老板的华丽转身。

农机高工加持，陆轨两用运输机插上智慧翅膀：最初设计的陆轨两用双轨运输机，虽然能实现公路和田间轨道两用，载货量也比一般田间轨道运输机高了一倍，且还减少了卸货上车的环节，但还必须有人驾驶，农机安全风险相对较高，商用和推广都还存在障碍。县农业技术服务中心高级

工程师王云霞得知后，主动与张润富联系，一起商讨改良设计方案，经过不断的磋商、田间测试，新的陆轨两用双轨运输机于2021年实现了无人驾驶。为进一步提升设备的安全性能，他们还在运输机上增加了摄像头、GPS定位和锂电池等，实现了运输机的智能避障、位置感知及油电混用等功能，为了满足不同农民的需求，张润富还研发了陆轨两用单轨运输机。至此，公司的陆轨两用运输机实现了从机械化到智能化的转变。

政府项目推动，陆轨两用运输机获得商用推广：2021年，在县农业技术服务中心与公司的共同努力下，张润富研发生产的果园轨道运输机获得了重庆市农业机械鉴定站的推广鉴定认证。考虑到县内果农的迫切需求，安坪、草堂、朱衣等乡镇政府通过项目方式，统一规划并铺设陆轨两用运输机轨道15 km，购置陆轨两用双轨运输机17台、陆轨两用单轨运输机14台。新华社、央视影音和《重庆日报》等媒体都对陆轨两用运输机进行了专题报道，目前多家企业表示了对该公司的投资意向。借助抖音等新兴自媒体平台，打响陆轨两用运输机的名号，浙江、四川等地用户已订购相关设施和运输机。

➤ 经验效果

1. 经济效益

农机智能化开发要贴合生产需求。该公司创始人张润富从农民需求角度出发，针对果园地形坡度大人难上下、果树间距小农机难驶入及以往田间轨道运输车难卸货上车且成本高等问题，研发出了占地空间小、载量高、成本低、省环节的陆轨两用运输机，获得当地农民的高度认可，切实提高了生产效率。奉节县安坪镇三沱村村民张勇家有2万～2.5万kg脐橙，之前人工采摘费12 000元，使用该运输机后只需3 000元，节约人工费75%左右。

2. 社会效益

智能农机运营模式要大胆创新。大富好农业科技公司针对农户购置智能农机产品前期投入大的特点，适时推出"政府＋村集体＋农户""企业＋农户"合作模式，公司与村集体经济组织合作成立社会化服务组织，将培训合格轨道运输机的操作人员纳入社会化服务成员，变购买方为合作方，兼顾了合作方和公司的利益，同时减少了土地资源浪费，增加了当地就业岗位，也促进了企业的发展。

3. 推广应用

科技创新成果要适时落地应用。张润富研发的陆轨两用运输机，获得了多项实用新型专利，但让该项技术落地的关键是商用推广。县农业技术服务中心在调研了解后，及时指导完善推广鉴定手续，积极联系相关投资商和生产线事宜，有力助推了该项农业科技创新技术的推广。目前，全县已有多个乡镇主动对接该公司安装使用，重庆巫山、浙江、四川等地农业企业也相继签订订购协议。

撰稿单位：奉节县农业农村委员会

撰 稿 人：陈秋双

西藏自治区日喀则市青稞产业大数据中心建设优秀案例

➤ 基本情况

西藏日喀则市青稞产业大数据中心项目实施单位为日喀则市农业农村局，是市人民政府工作部门，为正处级。市农业农村局贯彻落实党中央关于"三农"工作的方针政策和决策部署全面落实自治区党委、日喀则市委、市政府关于"三农"工作的部署要求，负责统筹管理日喀则全市"三农"工作。市农业农村局贯彻落实农业强国、数字乡村战略要求，高度重视农牧业数字化建设工作，在组织管理方面，率先组建了日喀则市农牧业信息科，正科级单位，设置 6 名专业骨干编制，主要承担制定全市农业农村数字化相关政策规范、顶层设计及重大项目建设管理工作，推动日喀则市农牧业数字化科技应用落地等职能，顶层设计方面，协同市经信局、网信办等部门编制了《日喀则市数字乡村建设工作方案》等政策，并通过中央财政乡村振兴转移支付资金、农牧业强市及高原高质量发展政策资金倾斜支持日喀则市农业农村数字化建设示范推广工作。

➤ **主要做法**

1. 实施背景

青稞是西藏自治区的立农之本，是藏民族最主要的传统粮食，是全区的"政治粮""稳定粮"和"致富粮"，是我国重要的高原特色农产品。西藏是全国最大的青稞集中种植区，日喀则市是"世界青稞之乡"，产业集群区是西藏青稞产业核心区，为进一步做大做强日喀则市青稞产业集群，发挥数字农业引擎优势，推动青稞产业高质量发展，建设日喀则市青稞产业大数据中心项目，搭建青稞产业大数据服务平台，为青稞制种、大田生产、农机管理、品控溯源等产业链重点环节、重点场景提供便利数字化服务，打造数字青稞产业链样板，以此推动日喀则市其他农牧产业数字化转型升级，引领全区农牧业高质量发展。

2. 主要内容

紧抓"数字机遇"，积极推动卫星遥感、物联网、大数据、云计算等新一代信息技术同日喀则市特色农牧主导产业提质升级紧密融合，以日喀则市青稞产业大数据中心为切入，立足日喀则市青稞产业集群发展条件，建设日喀则市青稞产业大数据服务体系、数字青稞标准化生产经营体系，以及数字化青稞种植应用示范基地，线上线下联动，建立夯实日喀则市青稞产业大数据底座，提升数字化管理服务能力，助力青稞产业集群建设，引领全区农牧业数字化发展。

建设青稞产业大数据服务体系，实现青稞产业高效管理决策：盘活日喀则市现有青稞产业数据资源，建立日喀则市青稞产业大数据服务体系，通过数字化引擎带动日喀则市青稞产业高质量发展，重点在防灾减灾、农机管理、青稞溯源、产业发展等方面提供数字化管理服务，在保证数据安全前提下，实现数据跨部门、跨系统、跨层级调用，避免系统重复建设和数据壁垒，同时，整体通过大数据平台体系建设，涉农政务线上办理，促进政府管理数字化转型，推动政府实现青稞产业数字化管理和决策。

建设数字青稞标准化生产经营体系，实现生产节本提质增收：围绕日喀则市青稞产业生产经营过程数字化服务需求，为农户、合作社相关生产经营主体提供覆盖青稞产前、产中、产后的数字化服务，为农户提供 GIS- 遥感、精准气象、农事记录基础可视化数字工具，提高农场生产管理效率，实现生产成本降低，并形成青稞农事种植档案，作为品控溯源基础数据，促进地方优质农产品品牌打造，提高优质农产品议价能力，不断升级拓展数字化服务功能，引入农资农机等线上农业社会化服务预约和服务监测功能，提升农服质量，并通过青稞产品供需对接、订单生产、市场行情功能应用，降低农户市场经营风险，获得优质优价，综合促进农牧民节本提质增收，同时降低政府相关部门组织管理工作成本。

建设数字化生产场景应用基地，实现日喀则数字青稞引领示范：结合数字化农业工具应用，在产业发展优势聚集区，选择青稞制种基地（原种田、一级种田、二级种田），优先面向新型农业生产经营主体，通过线下建立青稞数字化种植示范基地，线上线下联动，形成一套适合日喀则数字农牧业发展可复制可推广的模式，引领全区数字农牧业高质量发展。项目前期重点服务于日喀则市近3万亩青稞制种基地，实现基础数字地块上线，打通现有系统平台数据，随着系统平台建设成熟，推广服务范围应用于整个青稞产业集群，并为其他日喀则市农牧产业数字化积累经验。

3. 运营模式

围绕青稞产业高质量发展，通过线上线下结合，构建青稞产业大数据运营管理服务体系。在市农业农村局统筹下，组建以日喀则"市—县—乡—村"四级完善的农牧综合推广中心技术资源及农机合作社、农资农服企业等为主的农业社会服务资源体系，并通过基层科技特派员、农牧专干、乡村振兴专干等驻村工作群体把农牧民组织起来，依托青稞产业大数据中心平台，为农牧民提供优质高效社会化服务，同时推动农牧业生产经营由分散化向组织化、规模化、标准化、数字化方向转变。

➤ 经验效果

项目以种田与大田生产标准化释放青稞全产业链数字化转型升级新动能。截至2022年4月，项目已实现3万余亩制种基地数字化管理，打通了农业农村局9套涉农系统27类数据，推出18项涉农服务，通过数字化方式办理颁发了西藏第一批农机驾驶牌证。为全产业链的数字化转型升级、全域推广服务奠定坚实基础。项目重点从以下3个方面助力青稞产业提质升级。

提高日喀则市青稞标准种植水平和生产效率：通过上线标准制种生产方案，提供农事智能推荐提醒，告诉农牧民如何进行科学制种，同时提供遥感、气象数字化工具，农牧民足不出户就能看到自家地块青稞长势情况，提高田间管理效率。在种植管理过程中，农牧民可以线上购买优质农资，预约农机服务，并能够在线进行农机作业质量实时监管和质量评价，从而提升社会化服务质量水平，推动青稞标准化种植和生产服务水平提升。

推动日喀则市青稞优质品种保护和品牌建设：通过区块链溯源体系，实现青稞种植全流程过程监管，包括"基地生产—加工包装—物流销售"全过程，给每一包种子建立唯一的身份标签，打开手机，扫一扫袋子上的二维码就能知道这袋青稞是哪个基地生产的、种植主体是谁、中间使用了什么种肥药等信息，提升青稞的可追溯程度，有利于日喀则市青稞品种资源保护，推动日喀则青稞产业品牌建设。

提升日喀则市青稞产业防灾减灾管理能力：通过精准气象、卫星遥感服务应用，结合灾情上报管理工具，初步形成青稞产业灾前预警、灾中监测、灾情调度、灾后评估的日喀则数字青稞防灾减灾管理体系，减少灾害造成的损失。

数字技术是现代农牧业发展新引擎，"靠天吃饭"的传统产业迎来了数字化、智慧化变革的契机，为了让更多农牧群众充分享受到数字发展红利，项目将在一期 3 万亩成熟应用基础上，推广覆盖到整个 6 万亩全部青稞良种繁育基地及青稞产业集群，并将功能拓展到耕地生态保护、精准数字补贴、涉农政务服务等业务场景，覆盖产业上中下游各环节，并能够复用到其他农牧业领域，实现从数字青稞到数字农牧推广应用，赋能全市农牧产业提质升级，带动农牧民群众增产增收。

撰稿单位：日喀则市农业农村局

撰 稿 人：索　朗

天津市东信花卉公司智慧农业建设典型案例

> ➤ **基本情况**

天津市东信花卉有限公司，拥有 7 000 m² 研发中心、66 万 m² 智能温室、2.8 万 m² 展示交易中心和 7 000 m² 综合管理服务中心。公司是全国十佳花卉种植企业，主要生产宝莲灯、蝴蝶兰、竹芋和红火鸟等花卉，其中东信花卉出产的宝莲灯、红火鸟、竹芋等品种多次获得花博会、园艺展览会等活动的奖项，深受广大花友和消费者的喜爱。公司注重花卉科研，与中国科学院植物研究所、中国农业大学、南开大学等高校搭建了国家地方联合工程实验室、院士专家工作站、天津市花卉技术工程中心等科研平台，围绕新品种筛选、种苗培育、病虫害防控等技术的研发应用，不断提高产品种类和品质。2022 年东信花卉公司获得 3 项专利授权。2022 年参与承担制定《中国花卉协会团体标准和自然资源部林业行业标准》1 项，为行业发展积极助力。2023 年获批农业农村信息化示范基地、农业农村部花卉智慧生产技术重点实验室、天津市文明单位、天津市东丽区新时代文明实践基地、天津市东丽区劳动教育实践基地，第二届"鼎新杯"数字化转型应用大赛"打造数字化平台赋能节水农业"案例获得一等奖与标杆奖，第二届"光华杯"千兆光网应用创新大赛乡村振兴专题赛"千兆光网赋能节水农业数字化平台助力乡村产业振兴"案例获得二等奖，获得中国鲜花基地集采花卉园艺展洽会宝莲灯单品展示金奖。

> ➤ **主要做法**

项目建设主要建设数据共享及数据交换、智能化数据分析与决策模型、垂直业务数据体系建设、垂直业务数据体系。重点方向在于提高数据分析决策服务的质量，为农业生产管理者决策提供精准、有效、可靠的数据支持；借助物联网设备在内的信息化手段提升农业生产效率。

1. 技术和应用情况

乡村农业物联网平台项目主要基于 NB-IoT、4G、5G 物联网覆盖的优势条件，通过丰富的前端物联网感知设备，打造数据采集、分析、呈现一体化的服务平台。平台系统布设多渠道的信息感知节点，对各类静态、动态的数据进行综合采集，根据不同的场景采用不同的传送网络，将数据汇聚到大数据中心，为后续的大数据分析和挖掘提供基础数据支撑。针对涉农数据形成数据资产目录，建立数据共享机制和流程，实现数据共享开放；面向行业（畜牧、种植、花卉、物联网设备）深化能力，打造垂直业务数据体系能力；基于行业痛点，充分利用数据沉淀，构建智能分析与决策能力；实现基于大数据的数据盘查与数据追溯，对农业主体及资源数据进行高标准数据管理。

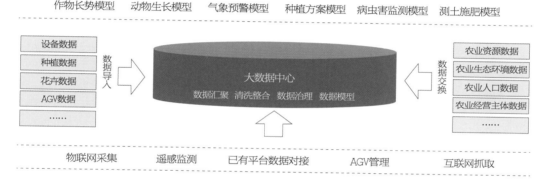

2. 项目方案设计

利用云网一体、云网协同、属地运营的优势，采用四横三纵的架构体系，以交互连通的种植业、花卉、设备等多个一张图可视化大屏的形式呈现，"四横"是从智慧感知、智能网络、大数据中心、业务应用；"三纵"是从农业产业数字化指挥调度系统、农业产业数字化信息安全系统和农业产业数字驾驶舱。

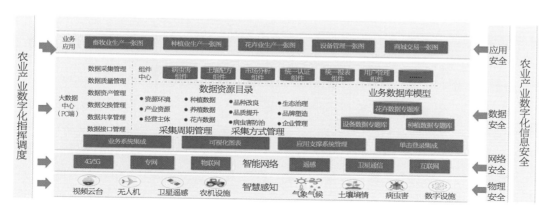

农业产业物联网方面，通过物联网 + 农业产业，提升农业数字化水平。围绕现代

农业，构建乡村产业体系，充分利用5G网络优势，实现对AGV车辆的控制、动态数据收集及管理。可精确的提供CO_2浓度、空气湿度、温度等数据的采集，数据送给后端平台进行大数据分析。将农业产业链中的选种、育苗、种植、流通、销售各环节纳入云数据和物联网管理，把各环节的专业技术及种植经验转变为数据，向农户及政府提供农业精准服务。打造4G/5G+大数据+物联网+云计算+人工智能技术支撑的智慧农业监测服务体系。

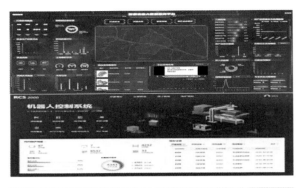

3. 项目目标

建设统一的农业产业数字化智慧平台，将种植、交易、产融功能模块进行整合，数据高度汇聚、统一展示、统一调度。通过物联网、遥感、大数据、区块链、人工智能技术，整合接入电商平台交易能力、产融平台能力，实现农业产业资源互补，解决农业产业垂直领域数据模型的标准统一，解决数据孤岛，最终实现纵向的数据沉淀；横向打通数据对接，加强农业生产环境、生产设施和动植物本体感知数据的采集、汇聚和关联分析，完善农业生产进度智能监测体系，加强农情、植保、耕肥、农机作业、农产品交易、农业产融等相关数据实时监测、分析及展示，提高农业产业生产管理数据支撑能力。

4. 农业生产技术创新

农业生产得益于物联网智能技术的加持，生产和经营模式全面创新。农业物联网终端针对不同农业形态、不同痛点需求做对应的适配。通过多样化的物联网感知设备，将数据统一收集到数据中台，形成数据资源汇聚的资源池，通过大数据分析，将分析结果进行可视化呈现，为农业生产、农事管理提供了数据依据，在农业信息化生产、农村智慧化治理方面提供全面技术支撑。

5. 物联网应用创新

将农业生产与物联网智能技术平台有效结合，将物联网技术与高速PON+边缘云计算的结合，带动物联网应用创新。平台通过部署在农业大棚内部的摄像监控设备，配合千兆光网得以将乡村环境用网络与摄像功能相互结合。后通过大屏端的汇聚管理功能将农事活动做到可监管化、可扩展化。在智能化节水场景中，通过对水流量、净水量、浇灌量和回收量的人工智能识别，充分结合边缘云计算技术，将大量计算分析功能边缘化，极大提高了以往的远端云存储计算的效率。在农业作业过程中，应用5G

工业网关，实现对农业农机 AGV 的实时调度、控制、数据收集，在农业智能化的技术应用上进行了创新，取得了良好效果。此外，根据不同应用场景下的需求，能提供多种网络接入方式，NB 网络低功耗，4G 网络广覆盖，5G 网络高速率低时延，充分发挥各类网络特点；所有产品数据均存储于联通云中，保障设备数据安全；产品开箱即用，配置 PC 端与手机端应用，方便工作人员随时随地远程管控。

➢ **经验效果**

1. 经济效益

项目实施后，充分利用地表水资源和地热资源，每年主要是支付运维费用即可。另外，通过现代信息化、智能化技术的应用可以实现通过智能化监控管理，中高端花卉作物生产效率可以提高 30% 以上；实现智能灌溉、通风、补光等节省人力成本，远程操作；同时，根据传感器监测的数据，如温湿度、光强等参数，智能控制，精准调控，避免人为因素造成的生产损失。

2. 社会效益

项目采用智能信息化监测、计量等设备设施，通过现代化物联网技术、数字孪生等技术，更加立体、直观地展示了能源利用、节约的全工艺流程及节约效果，可以将该项目作为典型树立，对天津市节水、水源置换工作及清洁能源开发利用起到促进和带动作用。

3. 生态效益

项目实施后，水源由原来的地下水转换为地表水，同时由地热为园区温室提供电力和采暖，实现雨水、河道水处理后再利用和地热资源的充分利用，可以通过以点带面的方式，让类似项目"遍地开花"，遏制地下水的进一步超采，河道、渠道、坑塘蓄水位提高，使水环境得到充分的改善，防止大面积的土壤滋生盐渍化。同时充分发挥地热清洁能源的作用，降低环境污染。环境地质灾害、地下水污染也能得到缓解和控制，提高区域生态资源承载能力，最终达到生态系统得以恢复这一宏伟目标。

撰稿单位：天津市东信花卉有限公司，天津市农业科学院信息研究所
撰 稿 人：王　渌，杨　勇

天津市中恒为科技（天津）有限公司智慧农业建设典型案例

➢ **基本情况**

中恒为科技（天津）有限公司是一家致力于数字农业、大数据和数字商务新零售、人工智能、物联网及软件开发、区块链整体解决方案、品牌系统化设计等业务板

块的专业服务运营商，隶属于天津市滨涛集团，并由浙江甲骨文超级码科技股份集团参股深度合作。2022 年中恒为科技（天津）有限公司再次斩获"雏鹰企业"和"科技型中小企业"双荣誉称号，以及 2022 年被评为高新技术企业。作为数字三农及产业互联网整体解决方案大型服务商，中恒为科技（天津）有限公司推出了"1+3+4+N 数字化体系解决方案"。从农业信息化、农村电子商务、农业大数据云平台、农业物联网和农业智能硬件等方向出发，旨在打通农资供应、农产品生产、农产品加工、农产品流通、农产品销售等各个环节，加快农业农村现代化，全面推进乡村振兴建设。现与天津市津南区农业农村委员会、天津市津南区国资委下属金谷集团、天津市优质小站稻开发有限公司、天津市津南区佳沃葛沽现代农业产业示范园、天津易华录信息技术有限公司、山东德州易泰信息技术有限公司（易华录德州分公司）等知名农业企业、政府合作共赢，服务质量得到了客户的一致认可。

➤ **主要做法**

1. 实施背景

津南区农作物新品种展示基地通过特色农作物品种的集中种植，打造集品牌农业、高效农业、特色农业、智慧农业、精致农业、品质农业为一体的农作物新品种展示基地，塑强天津市农业品牌整体形象，壮大和维护"津农精品"金字招牌，并努力将其打造成走向全国乃至世界的新名片。

2. 主要内容

本数字农业信息化项目建设共分为了五大内容：数字农业水肥一体化建设、数字物联网大棚控制系统、数字农业物联网虫情监测站建设、数字农业视频监控系统、数字农业产供销一体化大数据中心平台建设。

3. 主要技术

数字农业水肥一体化建设：水肥一体化技术是将灌溉与施肥融为一体的农业新技术。水肥一体化是借助压力系统（或地形自然落差），将可溶性固体或液体肥料，按土壤养分含量和作物种类的需肥规律和特点，配兑成的肥液与灌溉水一起，通过可控管道系统供水、供肥，使水肥相融后，通过管道、喷枪或喷头形成喷灌、均

匀、定时、定量，喷洒在作物发育生长区域，使主要发育生长区域土壤始终保持疏松和适宜的含水量，同时根据不同的作物的需肥特点，土壤环境和养分含量状况，需肥规律情况进行不同生育期的需求设计，把水分、养分定时定量，按比例直接提供给作物。通过节水灌溉的使用，农作物得到及时的灌溉，提高了灌溉保证率，能有效促进

增产增收，这也是节水灌溉系统的主要效益。此外，不但可以减少水体污染，同时还能提升作物品质，还能实现节水、节电等效益。实行节水灌溉及系统后，可以减少灌溉过程中劳动力配置，滴灌通过局部湿润灌溉，使土壤疏松，通透气性良好，易溶性肥料、植物生长调节剂等可随水灌入，可减少作业次数和劳动力投入，节省了大量的人力物力。

数字物联网大棚控制系统：可通过手机端平台自动控制和手动控制大棚的棉被和通风口，自动控制分为两种，温度控制和时间控制，温度控制即利用棚内安装的空气四合一传感器（空气温度、湿度、光照强度、CO_2浓度）上传的数据，结合在控制平台中设定的数值来控制大棚通风和棉被的升落；时间控制为首先在平台内设

定好时间，例如每天7：00棉被升起，9：30风口打开，17：00风口关闭，18：30棉被落下。根据不同作物对于环境的需求，设定相应的时间；自动控制依靠安装的限位器来保证设备因异常情况而导致的损坏。

数字农业物联网虫情监测站：包括远程信息化虫情测报灯、物联网环境监测仪、杀虫灯，该系统采用太阳能供电，内置4G模块，无须拉电拉网；虫情监测系统运用生物学、生态学、数学、系统科学、逻辑学、AI等知识和方法，利用现代光、电、数控技术、无线传输技术、物联网等技术，结合实践经验和历史资料，在无人监管的情况下，可自动完成诱虫、杀虫，电体分散、拍照、传输、收集、排水等操作，并将虫害类别和计数情况实时上传至农业四情测报平台，并在网页端显示，根据识别的结果，对虫害的发生与发展进行分析和预测。

数字农业视频监控系统：数字农业针对环境监控与安全防范的要求，为了预防和制止入侵盗窃、抢劫、破坏等犯罪行为，保障生产与收获季节的正常运转，同时为便于监视观测作物的生长状况和管理，园区周围安装了7部400万6寸32倍红外智能球机，棚内安装了400万拾音喊话智能枪机，并采用中国联通自主研发的5G CPE无线传输的方式，管理员可以通过计算机网络实施传输与监控，无须亲临现场就可以通过视频信息管理、监控农业生产，同时通过视频图像可实时观察作物生长状况及观察病虫害状况。

数字农业产供销一体化大数据中心平台建设：系统应用总共 16 项功能，分别为投入品管理、大棚管理、专家信息管理、销售管理、品牌营销管理、农机管理、溯源系统、数据中心、设备中心、组态应用、摄像头管理、触发器管理、病虫害检测平台、仓库管理、农场管理、水肥一体化系统。通过项目建设，通过平台可设定环境数据预警值，系统自动预警，生成预警事件，通过手机短信及网页报警提示管理人员或工作人员进行管理和控制。同时可以将园区空气温度、空气湿度、CO_2 浓度等环境监测数据以图表形式或曲线图形式形成统计报表，供管理人员做出适当的作物生长管理、分析与决策。从而打造示范型区域农业大数据平台，全面提高农业全产业链精准管理水平，由点及面，坚实进取，引领智慧农业发展。

4. 运营模式

构建农业全产业链数据资源体系，全产业链数据深度挖掘分析体系与智能化全链路大数据服务支持体系，以信息安全及时传输和深入智能分析为手段，实现对农业生产的统筹管理与资源共享，支持种植管理现代化、决策科学化。实现对园区农业实时环境数据苗情数据的可视化展示，智能设施的远程查看和管理。

➤ **经验效果**

数字农业可以通过电子商务、电子政务等促进农业经济活动的信息化。实行信息服务手段多样化，重点加强农业信息网络建设，建立以农业信息网络为依托，互联网与电信、电视等其他现代媒体相结合的应用模式，把计算机网络信息量大与电视、电话、手机普及率高的优势结合起来，拓宽信息覆盖范围。通过数字化设备比如田间摄像头、温度湿度监控、土壤监控、物联网等，以实时"数据"为核心来帮助生产决策的管控水肥一体化系统和精准实施，并通过海量数据和人工智能对设备的预防性维护、智能物流、多样化风险管理手段进行数据和技术支持，进而大幅提升农业产业链运营效率并优化资源配置效率等。农业物联网技术的发展，将会解决一系列在广域空间分布的信息获取、高效可靠的信息传输与互联、面向不同应用需求和不同应用环境的智能决策系统集成的科学技术问题，将是实现传统农业向现代化农业转变的助推器和加速器，也将为培育物联网农业应用相关新兴技术和服务产业发展提供无限的商机。农业物联网在提升农业智能化水平，推动农业现代化的进程中将具有广阔的应用前景。

1. 经济效益

京基御香苑设施农业基地通过综合物联网技术、智能化设施装备、作物生产管理专家决策系统等，实现了生产管理的定量化、精确化，亩均减少农药、化肥施用量 10% 以上，单产提高 5%～10%。可以减少不必要的浪费，各个环节的衔接更加紧密，缩短生产到消费中间的时间成本、运输成本等，提升各个环节参与人员的收益，这也是农业发展的主要动力之一。

2. 社会效益

社会效益随着生产—流通—消费环节的紧密配合，农产品的品质与数量都会更贴近大家的需求，提升生活质量，另外也会减少运输消费环节中的浪费，提高了农产品的质量和效益，满足了社会生产的基本要求。

3. 推广应用情况

农业领域的市场信息、生产信息、管理信息的广泛交换和共享，可以大大增加农业的开放度，降低农业活动的交易成本，加强农业生产者与农产品加工、市场流通、农业生产资料供应等部门的联系，进一步促进农业科研和技术推广，使农业生产经营突破地域限制。

撰稿单位：中恒为科技（天津）有限公司，天津市农业科学院信息研究所

撰 稿 人：冯少傲，杨　勇

河北省数字赋能，实现现代种业智能化典型案例

➤ 基本情况

辛集市马兰农场为生产型示范基地，农场主要从事农作物育种研究、新品种新技术的试验、示范、转化与推广工作。现有科研、办公及生产用地共计 2 717 亩，完备的农作物种子科研、生产、加工、检验、仓储等基础设施。拥有一支科技水平高、科研能力强的人才队伍。农场与中国农业科学院、河北农业大学等多家科研院校建立合作关系，科技实力强劲。曾选育、繁育、引进新品种 61 个，其中育成的品种和成果有 5 项获得国家级奖励，20 多项获得省部级奖励。马兰农场是国家现代农业产业园的核心企业、国家级农业科技园区的核心企业、节水高产小麦技术创新与集成示范基地、农业科技集成创新与示范基地和河北省优秀科普示范基地。农场以产业数字化、数字产业化为发展主线，以数据为关键生产要素，坚持以信息化带动现代农业产业化的发展思路，积极打造"智慧农业"示范区。

➤ 主要做法

1. 瞄准现代农业，实现农业向智能化信息化跨越

"云上马兰"——农技推广与"互联网+"应用：2020 年初，核心区马兰农场打造新型推广模式——"云上马兰"。设立了演播室，购置了专业化直播设备，利用互联网、云计算和大数据技术，开展线上会议、在线课堂、远程指导、业务洽谈等事务，提高农业服务的便捷性，足不出户解决农村信息服务"最后一公里"问题，为农户、经销商支招解难，在春耕生产中起到了非常好的效果和助力。具体开展了教学培训通

过电脑、手机等平台播放，学员上课地点不受限制，采取直播＋录播、实景课相结合的教学方式，每节课的录播都可以回放观看，一次记不住可以反复多看几遍。专家在线视频服务方面，专家服务期间，农民、客户可通过微信小程序或 App "小鱼易联"搜索 "大地直播讲堂" 即可进入直播间，与专家 "面对面" 交流，遇到管

理、病害问题随时发送清晰照片给老师，随时解决。推广服务方面，组织销售人员与大户、经销商开展视频会议的方式进行线上观摩、品种讲解、农业信息咨询等工作。同时借助电商平台加强为农服务，加大电商销售力度，公布各区域负责人电话和采购方法。演播室设立至今，农场通过直播形式开展 30 多个县的 "小麦线上观摩会"，参会人员达 1.2 万余人；河北省农业厅农技推广中心借用演播室组织的 "全省小麦农技推广大会"；辛集市政府在农场直播推广辛集特色产品雪花梨；河北农业大学在农场开展直播教学。"云上马兰" 的开展极大促进了传统农技推广与互联网技术的融合，对于我省农业服务智能化、信息化、便捷化发展作出了表率。

农作物多光谱遥感解析应用推广：通过无人机监测作物的长势信息，根据土壤和历史气候数据，结合作物生长模型评估其健康状况。监测作物生长状态，包括出苗率、种植密度、叶面发育状况等，同时监控作物所处的生长周期，为灌溉、施肥、植保、收割等农事活动提供依据，还能提供每个区域的最佳收割期。在实时监测作物长势的基础上，再结合环境数据、天气预报、土壤营养、灌溉状况等因素，利用大数据分析技术形成精确的农事活动指导建议，通过 App 直接推送到农户的手机上。

水肥一体化技术建设应用：农场建设了水肥一体化控制系统和水肥一体化智能控制仓，以及配套的水泵、稳压及过滤系统，实现了基地 500 亩大田（小麦、玉米）的水肥一体化灌溉施肥控制，根据不同作物的需肥特点、基质养分含量状况、作物不同生长期需水／需肥规律情况，通过自动化配肥系统准确地把不同肥料液按比例注入灌溉系统中，利用喷灌设备对育苗进行水肥一体化作业，实现肥水的均匀喷灌，以缓释肥为基肥，液体肥补充生长所需养分，实现水肥智能营养搭配灌溉，代替机械施肥，施肥作业流程简化为 1 道，亩节约机械作业费 15 元，提高肥料利用率，减少农业面源污染，具有经济和环保双重效益。平台应用 Web 版和手机 App，实现本地、远程随时可控可查看，提前制订灌溉计划，实现无人化灌溉施肥管理；配置基于 EC 值和 pH 值平衡调节的水肥平衡精量配比模型，实现养分均衡供给。

创建专属智能农机实验区：在科技园区专门整理 20 亩耕地用于农机作业实验。重点开展无人化田间作业、农机导航、无人机植保作业等试验示范，向技术合作单位

提供便捷的试验、测试、示范、推广场地。可以在非作业季节也能对各种智能农机装备进行有效的技术测试与示范，也为各个合作厂商提供了标准化的测试场所，已有 12 家智慧农机、自动驾驶技术相关科研机构、企业进驻，开展联合试验示范，每年开展智能农机装备试验测试 100 多个工作日，测试总时长达到 500 多个小时。

无人农场建设示范：农场打造了 500 亩地试验田作为载体，将已经成熟、完善的各环节智能化单项技术进行集成组装、展示。建设小麦"无人农场"示范区，重点开展多光谱遥感解析、智能节水灌溉、农机全程无人化作业、无人农场智能采集等系统的集成示范。农机作业实现了车辆自动规划路径、自动点火、自动出库下田、自动完成深松、深耕、旋耕、播种、收获等作业的功能，无人驾驶农机直线路径跟踪误差 $\leqslant \pm 5\,cm$，达到了农机在无人驾驶情况下完成特定环节的高效作业，并设有避障雷达，遇障碍物自动停车，保证作业安全。无人驾驶收割机的损失率平均为 0.3%，低于普通收割机的损失率平均 1.5% 的水平，10 h 就可以完成 100 亩地的收割作业，不仅节约了大量的劳动力，也极大地提高了生产效率。

种子生产智能应用：种业数据中心建设方面，围绕种业数据资源目录、数据采集系统、种业资源数据整合三大模块，统一用户、主体、种质资源、品种等基础数据的需求，构筑了数据、技术、应用与安全协同发展的数字种业平台，夯实了种业基地建设基础、强化数字种业技术产品研发、推进种业基地智能服务，基地的全产业链现代化水平得到了全面提升。数字育种基地建设方面，应用物联网、卫星遥感及大数据等技术，搭载田间生产智能化设施设备，开展了田间生产、种子加工、仓储调运等信息监测，强化溯源管理和数据分析，提供种子生产专业化服务，打造"人—机—田—种"的全环节数字化对接、"耕—种—管—收"的全流程信息化监管服务，提高了种子全链条质量安全。智慧育种服务方面，以制种产业为核心、相关产业为补充，深入种业服务建设，打造专家咨询系统、繁种基地公共管理、虫情监测预警、水肥管控等服务应用，推动了种业地基发展链条完整和产业融合。

2. 运用信息技术提升管理水平

管理系统在全场应用：2018 年上线的云之家在企业管理，保障企业高效、高速运行上发挥了重要作用。云之家系统将企业或者单位中每一个角色进行定义，分配权限，全部业务流程在线流转，在线审批，告别了纸质单据资源浪费，效率低下，签批困难的问题，并且每个环节都在系统上有清晰的记录，查找核对非常方便，对于事项的过程控制起到了关键作用。

创建农户服务平台：平台包含了农场对农户的所有业务，农户只需要一部智能手机，就可以获得成本管控、专家问诊、施肥建议、生资订购、农业保险、技术培训等多项线上服务。针对农技服务专家资源紧缺，农技问题指导不及时等问题，马兰农场利用信息化技术开展农技推广，开发了 4C 农资连锁推广模式。

> 经验效果

1. 促进种子产业升级

做优做强种子研发生产基地：利用基于物联网的环境监测体系，大力开展节水小麦新品种选育、良种繁育及新品种、新技术的推广转化等工作。2021年，郭进考研究团队耗费10年育成的节水高产、矮秆抗倒小麦新品种马兰1号成功通过河北省审定，在河北、河南、山东、山西等省进行了较大范围示范，2023年最高亩产达到838.8 kg，为当年河北省小麦亩产较高纪录之一。河北省将其列为重点推广品种，2023年，马兰1号的推广面积已经超过500万亩。

创建节水小麦现代化种业：种子生产实现全程自动化，基地生产实行"六统一"标准化，所有产品加注二维码，实现产品质量和服务可追溯化，质量安全追溯系统可将生产管理系统的定植档案和投入品使用等数据通过二维码和互联网展现给消费者。追溯系统的作用在于将生产者和用户连接到一起，由生产者对用户展示生产过程，由用户对生产者进行监督，保障了种子生产质量，促进了市场发展。经营规模进入小麦种业全国前十强，将"石农""石兰"打造成河北节水小麦种子品牌。

2. 实现降本增效

为种业高效树标杆：北斗导航自动驾驶系统与精量播种机的完美结合，实现千米接行误差不大于2.5 cm，且接行准确，播行端直，为之后作物中耕打药、施肥、收获作业提供便利，使农机工作效率提高40%。有利于提高中耕作物作业质量。播种小麦、玉米劳耕作业保护宽度缩小，施伤苗率和漏肥率减少，肥料利用率增加，除草和施肥效果增强，至少提高作物产量3%～5%。智能水肥一体化灌溉系统田内可免去畦埂和水渠占地，土地利用率可提高5%～15%。

推广智能灌溉系统的应用：每亩可节水40 m³，节约5元成本，每年可节约20%水资源，同时产量提高20 kg/亩，不仅降低了生产成本，还实现淡水资源的合理高效利用。

撰稿单位：辛集市农业农村局，辛集市马兰农场

撰 稿 人：田　蜜，闫志业，霍　彬，郭　华，井润梓，李　丹，王玉新，李　炜

山西省晋城市智慧无人农场典型案例

> 基本情况

2022年晋城市建设成功全省首家智慧无人农场，在加快信息技术与农机农艺深度融合上先行一步。首期建设规模200亩，引进了智能无人拖拉机、无人联合收割机，在田间部署了虫情监测仪、墒情监测仪、小型气象站和高清视频监控终端，并搭建了远程可视化管控系统和管理平台，可以对虫情、墒情、灾情和苗情进行实时的远程监

测与诊断，获得智能化、自动化的解决方案。通过智能农机装备，实现田间作业的耕、种、管、收"精准化""少人化""无人化"，提高农业生产力，增加农民收入。

➤ **主要做法**

1. 无人化作业

通过建立土地资源高精地图数据平台，实施自动导航和无人机作业，整体提高机械化作业质量和连续作业能力，减少人力成本。试点和推广无人机械作业，在耕、种、管、收等主要作业环节，基于无人驾驶耕整机械、无人植保机械和无人驾驶收获机械，实现少人化或无人化作业，大幅减少农业生产人力成本。

无人驾驶耕整地作业：完成地块上线无人作业系统后，自行规划作业路径，自主执行耕整作业；远程操纵，可实现自动点火、油门控制、档位控制、机具升降控制、PTO 转速控制、多路阀控制；采用北斗卫星导航系统，并兼容 GPS、GLONASS 导航系统，导航精度 ±2.5 cm；TBOX 及作业监控设备远程信息处理，作业数据实时上传至数字农业生产管理平台，通过手机 App 或 PAD 对作业状态进行监控。

无人驾驶播种作业：完成地块上线无人作业系统后，自行规划作业路径，自主执行播种作业；远程操纵，可实现自动点火、油门控制、档位控制、机具升降控制、PTO 转速控制、多路阀控制；采用北斗卫星导航系统，并兼容 GPS、GLONASS 导航系

园区风采

无人驾驶整地机械

无人驾驶收获机械

无人机植保作业

统，导航精度 ±2.5cm；TBOX 及作业监控设备远程信息处理，作业数据实时上传至数字农业生产管理平台，通过手机 App 或 PAD 对作业状态进行监控。

无人植保作业：全新智能航线模式，自主规划作业航线。枝向对靶技术，可调节机臂角度，斜角喷洒穿透厚冠层，使药液上下均匀附着，雾滴数量增加。作业数据上传至数字农业生产管理平台。

田间智能控制设备

无人驾驶收获作业：完成地块上线无人作业系统后，自行规划作业路径，自主执行收获作业；远程操纵，可实现自动点火、油门控制、档位控制、机具升降控制、PTO 转速控制、多路阀控制；采用北斗卫星导航系统，并兼容 GPS、GLONASS 导航系统，导航精度 ±2.5cm；TBOX 及作业监控设备远程信息处理，作业数据实时上传至大数据平台，通过手机 App 或 PAD 对作业状态进行监控。

2. 数字农业生产管理平台

包括 3 个方面，一是无人作业农机物联网监管系统，在无人作业农机上安装农机作业监管终端和农机作业视频监控终端，对无人农机开展耕整地、播种、植保、收获作业过程中农机位置、作业状态、视频图像等信息进行实时监控，实现作业数据和视频影像数据实时回传到示范基地管理平台，并能对无人作业农机进行远程作业监控，实现示范区无人作业农机的远程可视化管控和精准化调度管理。二是农事管理系统，将大田中的耕、种、管、收等农事环节进行数字化闭环管理，通过物联网集成大田的气象站、土壤监测、虫害监测、视频监控等传感设备，将数据作为生产要素融入生产经营中，通过数据分析和农技知识对生产给出建议，有效防止种子、化肥、农药等农资产品的浪费，达到减肥减药的目标。通过下发任务、巡田管控等功能，帮助农田管理人员增加沟通效率，减少人力资源浪费，有效降低管理人员管理成本。三是无人农场农机作业监管与服务大屏幕展示系统，展示高精度农田数据、无人驾驶农机运行参数及作业数据、终端运行状态数据、作物 / 环境 / 土壤监测数据等，更好地对示范点无人农机作业情况以及作业数据进行监控和管理，便于进行系统的展示和人员培训。

➤ 经验效果

引导广大社员和农机户尝试使用智能化驾驶辅助系统以及数字化土地管理平台，通过先进设备和管理平台的使用，大幅提升农机作业效率，提高粮食产量 5% 以上，管理成本节约 10%。

撰稿单位：晋城市农业机械发展中心，山西省农业农村大数据中心
撰 稿 人：焦碧婵，常 红，陈小凤

辽宁省阜新蒙古族自治县嘉禾美来谷业智慧种植典型案例

➤ 基本情况

阜新蒙古族自治县嘉禾美来谷物种植专业合作社联合社位于阜新市阜蒙县，于 2017 年 2 月在阜蒙县工商局注册，至今成立 6 年多，注册资金 500 万元。合作社的经营范围：组织收购、销售成员所种植的谷物，引进新技术、新品种，开展与谷物有关的技术培训，技术交流和信息咨询服务。农药零售，农业技术推广服务。阜新蒙古族自治县嘉禾美来谷物种植专业合作社联合社年均耕种面积约 3 万亩，每年为 3 000 多家农户服务，在农业种植领域拥有深厚的底蕴和丰富的经验。阜新嘉禾美来谷物种植专业合作社联合社经营状况良好，2021 年度营业收入为 361 万元，2022 年度营业收入达到 567 万元，年营业额稳定增长。阜新蒙古族自治县嘉禾美来谷物种植专业合作社联合社按照"多元并进"的经营思路，现有行政综合部、财务部、技术部、电商运营部、服务部、业务部、售后部，员工合计 20 余人。近年来，联合社以智能化种植为导向，全方位构建智慧化、现代化种植体系，实行高效农业，推进科技兴农。合作社机械设备配套齐全。拥有大型智能化拖拉机、旋耕机、深松整地联合作业机、各类播种机、飞防无人机、谷物联合收割机、脱粒机、秸秆压捆机等各种农机农具。实现了合作社生产的机械化和专业化。

➤ 主要做法

阜新蒙古族自治县嘉禾美来谷物种植专业合作社联合社多年来科学规划大田生产种植计划，整合土地资源、统一规划布局，改变传统的耕种场景，提高耕作效率，无人驾驶拖拉机稳定性高，还能把驾驶员从单调重复、高强度的劳动中解放出来，去从事其他农事工作，工作效率大大提升。在物联网、北斗导航、无人机、大数据平台等现代科技应用的助力下，开启智慧农业模式，生产标准化、现代化水平日益提升。合作社根据农田里的物联网检测设备采集上传的相关数据，对土壤墒情、气象数据等农情信息进行整合分析，多台大型智能化拖拉机自动作业，起垄、施肥、敷设滴管、铺膜、播种一气呵成。采用北斗导航无人驾驶机械化作业，实现田间统一管理，让种子与种子之间保持了足够的空间距离，避免了相互间的争水抢肥，且后续不用再间苗，避免了毛根损伤可能引发的畸形、裂根、弯曲等情况与无污染、节水省电的膜下滴灌和喷灌方式相结合，最大限度地提高了经济效益和土地利用率。智能化拖拉机快速、精确、高效地机械化播种，系统能自动定位，录入经纬度，形成农田地图，按照北斗导航系统圈定的路线在田里奔跑，且绝对不会出"圈"。可以实现直行、转弯等无人化操作，结合多种技术开展自动作业，和人工播种时间相比节省了 30% 左右，每小时作业量达 20 亩，省时省力。传统播种机经常出现复种和漏种现象，既浪费种子又不能保证质量。给拖拉机安装上北斗导航智能化系统后，只需设定好线路和地块数据，播种机就能进行直线播种，每千米偏差不超过 2 cm，不但提高了播种精准度和种植效率，还能从源头上减少种子浪费。充分运用多种北斗智能化农机，有效提升智能化农机装备水平、作业水平，农作物耕种收智能机械化水平达到 90% 以上。

航测巡田无人机

阜新蒙古族自治县嘉禾美来谷物种植专业合作社联合社拥有多台高科技农业无人机，现代化农业无人飞机配合航测巡田无人机，无人机可见光与多光谱相机均为 200 万像素，在飞行 100 m 地面分辨率达 5.3 cm。相比传统模式通过卫星获取遥感影像，可提供分辨率更高、时效性更强的数据参考，飞机、RTK 模块、相机一体化设计，RTK 高精度定位结果实时补偿至相机 CMOS 中心，实现厘米级定位。无人机顶部集成多光谱光强传感器。当进行数据处理时，太阳辐照度数据将可用于对影像进行光照补偿，排除环境光对数据采集的干扰，显著提高不同时段采集到的数据准确

北斗农机作业管理平台

北斗农机作业管理平台

度和一致性，大大简化工作流程。将航测的照片导出到大疆智图进行建模，快速高效生产各植被指数图。能够时时监测田间农作物的长势，病虫害的发生以及肥料缺少的地块，生成农田处方图，农业无人机根据航测到的信息进行精准施肥，精准施药，做到不漏喷，不重喷，不多喷，显著提高农业生产经营效率。

➤ **经验效果**

1. 根据客户的需求做土地托管服务

因地制宜地设计全托管、半托管及单环节托管流程和标准，并参考市场农资及农

机价格，科学合理设计服务费用。通过联合社的智能化、科学化种植，有效节约人工、水肥等成本，规范种植生产标准，最大程度降低种植风险，保障种植产量和效益双丰收。

2. 集中销售农产品（订单农业）

2021 年开始，在规模大、相对集中连片的服务地区做青储玉米的订单销售，提高种植的经济效益 10%～20%，并因早收获大大降低了玉米后期成熟、风灾、霜灾、雪灾的风险。订单农业业务的开展很好地适应了市场需要，避免了盲目生产。通过联合社的订单业务以比较完善的生产条件，基础设施和现代化、智能化的农机装备为基础，集约化、高效率地使用各种现代生产投入要素，包括水、电力、农膜、肥料、农药、良种、农业机械等物质投入和农业劳动力投入，从而达到提高农业生产率的目的。

3. 水肥一体化项目的实施

农业服务 9 年，深受阜新地区十年九旱的自然条件的制约，如何能够运用既有的资源，创造最大价值。2020 年开始，嘉禾美来联合社开始尝试在核心服务村、镇，实施节水浅埋滴灌项目。根据地块和井的位置做农户的工作，并培训专业人员，设计图纸配件，如何浇水、如何全程管理，每个环节都有技术员、负责人，整体有总指导员。两年下来，初有成效，能确保灾年不减产，丰年增产 20% 左右。

4. 统种统收（农民土地入股方式）

此项目是农户以土地经营权入股，嘉禾美来联合社出劳务管理及资金，秋后卖粮，去除服务费用，按农户的土地入股份额分钱，解决了农户资金问题的同时，也大大提高了土地集中连片的程度，加速了现代化农机作业的效率。

5. 人才培养

培养农业相关的专业人才，包括农机、无人飞机、植保、种植、营销、售后、电商、财务、运营等。为阜新地区及全国的农业联合体成员输送实用型人才。

撰稿单位：辽宁省农业发展服务中心，阜新蒙古族自治县嘉禾美来谷物种植专业
　　　　　合作社联合社

撰 稿 人：由振宇，张　璐，张海军

辽宁省本溪市行天健智慧种植典型案例

➤ **基本情况**

行天健药业集团有限公司成立于 2009 年 12 月 17 日，是集中药材及农产品种植、养殖，中药饮片、食品和保健食品生产、加工，销售及研发于一体的现代化集团公司，国家农业产业化重点龙头企业。公司坐落于世界文化遗产地五女山下的辽宁五女

山经济开发区江南园区，注册资金1
亿元人民币，资产总值 2.5 亿元，旗
下拥有 8 家子公司，现有员工 315 人，
其中管理人员 30 人，技术人员 18 人，
生产及销售人员 267 人。公司产业园
区占地面积 10 万 m²，主营业务为食
品（保健食品）生产、中药饮片生
产、以人参为主的东北道地中药材
种植及加工、蟾蜍养殖及蟾酥提取、

集团厂区鸟瞰图

中华蜂养殖及蜂蜜系列产品加工、猴头菇菌丝体加工、有机粮食的种植、加工、研发
等。2022 年实现营业收入 2.1 亿元。公司与上海中医药大学联合建立"国际人参研究
院"，实现了产学研一体化。在提升公司产业创新发展的同时，研究院以人参等东北
道地药材有效成分提取、创新饮片、系列保健食品开发为主要研究方向，现有以人参
为主的功能食品 20 余种，产品以高品质赢得客户信任，销往国内各大市场。公司建
立了严格的质量保证体系，规范生产管理，实现精细化管理，2021 年以来，投资 3 亿
余元建设行天健健康产业园，设有药品食品加工总厂、饮片车间、保鲜冷（冻）藏仓
储物流中心、质量检测研发中心、行政办公展示中心、接待中心、保障公辅中心等。
健康产业园年可生产中药饮片 1 000 余 t，健康品 1 亿余件，拥有库容量 20 000 余 t 的
保鲜冷（冻）藏仓储物流中心。目前公司拥有标准化药材基地 31 700 余亩，其中野山
参基地 6 700 余亩，园参基地 17 000 余亩，西洋参基地 3 000 亩，细辛、苍术、威灵
仙、五味子、龙胆草等 10 余种东北道地药材基地 5 000 亩。其中，野山参和林下园参
均获得有机人参认证、中国良好农业规范（GAP）认证和质量管理体系（GB/T 9001—
2016/ISO 9001：2015）认证，人参、西洋参等 6 个产品获得了中国生态食材认证。年
产野山参 10 t，园参和林下园参 800 t，其他药材 2 000 t。

> **主要做法**

1. 大数据平台搭建

公司与北京道地良品技术发展有限公司建立战略合作关系，搭建行天健大
数据信息平台，通过大数据采集、大数据储存、大数据备份、大数据管理、大
数据清洗、大数据挖掘、大数据分析、大数据可视化的一站式数据应用。2023 年
4 月完成系统账号开通使用，根据平台制订的预警规划进行信息推送等要素实时监控
和智慧化管理，建立大数据档案。并对农产品、中药材全生命周期进行全方位监控，
确保种植按照标准化手册操作，每个品种都有二维码"身份证"，消费者可通过手机
扫一扫功能，了解种植年限、田间管理、气象环境等情况。逐步完善通过物联网设备
掌控田间的生长环境，作物长势，病虫害等情况实时视频画面的可视化。

2. 种植 / 养殖追溯

中药材农业数字化是 GAP 落地实践的有力抓手，公司以新版 GAP 为基础，通过"六统一"和"可追溯"关键措施，建立中药种植标准化生产模型和 GAP 管理系统，实现产品的标准化落地生产，同时实现企业源头数字化管理，作为产品延伸检查的重要工具。利用移动互联网、大数据技术手段、GIS 地图等技术进行种源管理、农户档案、产地环境、质检管理、加工管理、田间管理、赋码管理、仓储管理、流通管理，推进种植生产经营的智慧化管理。

药材种植追溯平台

3. 饮片生产追溯

中药工业数字化让"生产"更智能，在国家监管要求及市场需求下，公司建立"人、机、料、法、环、测"全流通智能化溯源生产管理系统，构建中药材 - 中药饮片的全链条关键质量控制体系和全过程溯源体系，做到了"一切行为有记录，一切行为可追溯"，为生产效率提升、供应链质量管理、生产过程数字可视化赋能。从生产订单—领料出库—工序分配—生产开工—生产完成—质量确认—成品检验—放行入库全程追溯。

人参车间生产设备

4. 让质量看得见

用科技护航产品全程可追溯，从源头到终端"码"可见，让消费者吃上放心产品。

➤ **经验效果**

1. 经济效益

行天健药业集团有限公司通过数字化中药材追溯体系建设，项目完成后将进一步推动辽宁省中药材产业的

溯源码

新宾满族自治县马鹿沟、鸡肠沟林下园参基地

布局优化、产业要素集聚和产业链条不断完善，龙头企业示范带动能力不断增强，中药材产品质量和品牌效应不断提升，科技支撑保障能力不断强化，预计到2024年中药材全产业链项目总产值约3.5亿元，其中林下山参面积可达1.35万亩，每年预计山参产量可达4 000 kg，产值1 200万元。有机人参产品认证面积达3 000亩以上，可实现参场范围内农民劳务收入400万元以上，人均10 000元，对提高农民收入，巩固脱贫攻坚成果、促进乡村振兴等作出巨大贡献。

2. 社会效益

公司中药材追溯体系建设，坚定不移地执行专业化道路，依托国家发展战略规划，以强大的技术创新与产业化能力，推动农业产业数字化变革，带动行业转型升级。在农产品和中药材流通领域，公司使用集成应用电子标签、条码、传感器网络、移动通信网络和计算机网络等追溯系统，可实现农产品和中药材质量跟踪、溯源和可视数字化管理，对农产品和中药材从田头到消费者、从生产到销售全过程实行智能监控，可实现农产品和中药材的数字化物流，同时也可大大提高农产品和中药材的质量。

3. 示范效益

公司坚持药材源头到饮片加工的全程闭环式标准化管理，是上海中医药大学产学研基地，上海雷允上药业、上海和黄药业、上药神象、日本津村株式会社等国内外多家企业人参供应商和可溯源基地。公司采取"公司+基地+农户+合作社+联合体"的利益连接方式，自建和牵头组建公司及合作社12个（含牵龙头企业1个、自由企业3个、合作社8个），实现了国家级农业产业化重点龙头企业带动作用，大力推进乡村振兴，助推中药产业发展。

撰稿单位：辽宁省农业发展服务中心，行天健药业集团有限公司，桓仁满族自治县农业农村局

撰 稿 人：丁碧鹤，王　平，潘　京

黑龙江省五大连池市智慧农业建设典型案例

➤ **基本情况**

1. 良种繁育基地信息服务云平台建设项目（产业园）

项目总投资700万元，资金来源全部为中央奖补资金。承担主体为五大连池市农业技术推广中心。2021年实施。建设地点为五大连池市龙镇、新发镇、建设乡及双泉镇相关村屯。已完成招标，签订合同，即将开工建设。施工单位为联通数字科技有限公司黑龙江省分公司。

2.种子公共服务管理平台建设项目（制种大县）

项目总投资 118 万元，全部为中央财政奖补资金。承担主体为五大连池市农业技术推广中心。实施期限为 2021 年。建设地点为产业园以外的乡镇。已完成招标，签订合同，即将开工建设。施工单位为联通数字科技有限公司黑龙江省分公司。

3.黑龙江省黑河市五大连池市国家现代农业产业园物流交易平台建设项目

总投资 181.5 万元，本项目是五大连池市国家现代农业产业园大豆良种繁育基地三期建设项目，旨在实现生产场景监控、园区楼宇光纤线路接入、种子溯源定位、原有高标准农田、黑土地保护等物联网设备对接及维保，原有拼接屏搬迁，配套开发五大连池种子交易服务平台系统及平台云资源和推广服务。目前，该项目于 2023 年 4 月 19 日由联通数字科技有限公司黑龙江省分公司中标，近期将开始施工建设。

➤ **主要做法**

1.产业园良种繁育基地信息服务云平台建设项目

2021 年 4 月，获批国家现代农业产业园，创建期 3 年，总共给予 1 亿元资金。其中 2021 年奖补资金项目，产业园良种繁育基地信息服务云平台建设项目，投资 645 万元，在产业园范围内安装大豆良种种植区田情监测设备 21 套，虫情监测设备 23 套，农业数字智慧决策大屏、云主机等设备，配套开发良种繁育基地信息服务云平台软件系统。

2.制种大县种子公共服务管理平台建设项目

五大连池市被国家确定为新一轮制种大县奖励政策实施县，在"十四五"期间每年给予 3 000 万元奖励资金，2021 年奖补资金项目，制种大县种子公共服务管理平台建设项目，投资 110 万元，在产业园外主要大豆良种种植区安装田情监测设备 6 套、虫情监测设备 6 套。监测点数据全部上传到良种繁育基地信息服务云平台软件系统。

➤ **经验效果**

通过项目实施和资金整合，共投入建设资金近 2 000 万元，建成数字农业基地面积 20 万亩以上。一是建设黑土地监测点 10 个。实施黑土地利用试点县项目，使用资金 200 万元，建成黑土地监测点 10 个，占地 20 亩，实现了不同类型耕地质量长期监测。二是建设高标准农田田情监控点 54 个。2019 年、2020 年连续两年使用高标准农田建设资金 670 万元开展田情监控建设，共建设田情监测点 54 个，分布在龙镇、双泉镇等 4 个乡镇 20 个村内。监测点监测内容包括土壤、环境的温度、湿度、风速等，可监测耕地 5.4 万亩，实现所测耕地生产全程监控可追溯，提升产品质量。

三是建成大豆制种基地监管服务云平台。利用制种大县奖励资金 200 万元，建成繁育基地监控点 12 处、气象监测站 6 处，建成大豆制种基地监管服务云平台。通过建设制种基地确权、品种展示示范、质量检测、病虫害防治、大豆制种追溯等内容，实现大豆良种生产全程监控监管，大幅提升基地信息化水平。四是建设可监测"物联网 + 基地"1 处。使用产业强镇奖补资金和企业自筹资金共计 100 万元，在青山村建成可监测"物联网 + 基地"，共安装

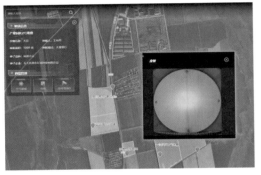

监测设备 12 套，包括智慧农业管理平台、超声波气象监测站、管式土壤墒情监测站、农情长势记录仪、太阳能集热装置系统等，进一步提升青山村数字农业建设水平。五是建设"互联网 + 农业"基地 19 处。几年来，按照省厅相关建设要求，不断整合绿色高质高效等项目资金，建成了"互联网 +"农业高标准基地 19 个，面积 6 万亩，实现基地生产可监测。六是建成农作物重大病虫田间监测网点 27 个。通过整合资金，建成农作物重大病虫田间监测网点 27 个，加大监测点调查员培训力度，加强网点运行管理，做到重大病虫害规范调查，实时上报。准确掌握发生动态，及时发布预报预警信息，科学指导病虫害防控，为有效控制重大病虫危害提供基础保障。

撰稿单位：五大连池市农业农村局

撰　稿　人：符丽歌

黑龙江秋慧丰农业服务有限公司智慧种植典型案例

➤ 基本情况

黑龙江秋慧丰农业服务有限公司于 2019 年 6 月 10 日成立，是从事农业生产、经营、管理、科研的社会化服务企业，是解决农业劳动力短缺、带领当代年轻人返乡入

农的服务者。公司秉承"发扬科技优势，服务亿万百姓，以民为本，服务至上"的宗旨和"为粮食安全保驾护航"的理念，不断进行技术创新、设备创新、服务创新和管理方式创新，创立了农业新型职业农服人——"农田卫士"，全面迈向了现代化、科技化、数据化。公司于 2022 年开始与绥化市北林区兴和乡、新华乡建立合作关系，其中水稻种植 1 万亩，大豆 3 000 亩，玉米 2 000 亩，累计投入资金 2 000 万元。公司产业数据科研服务中心开发的"秋慧丰 App"应用软件，通过了国家版权局认证。该软件全面推行"统一托管服务、统一服务流程、统一技术要求、统一收费标准、统一服务精神、分工协作服务"的模式，完成农业数据记录、信息提供、数据云储存、服务监管等工作，有效实现土地生产经营（耕、种、管、收、售）托管。推进数字田园、智慧农场建设，加快开展数字农情，利用卫星遥感、航空遥感、地面物联网、大数据分析等技术，动态监测农作物的墒情、苗情、虫情、灾情等，及时发现预警信息，提

升监测能力和气象预测预报能力。大力推进粮食生产信息化，完善农药数字监管平台，提升农药数字化监管手段。

➤ **主要做法**

1. 实施背景

传统种植在浇水、施肥、打药的情况下都是依靠种植人员的感觉和经验。现代农业能够自动且精确地感知种植物是否应该浇水、打药等，弥补传统种植弊端，让种植人员实现环境可测、生产可控，确保农作物的质量。

2. 主要技术

地面信息采集：使用地面温度、湿度、光照、光合有效辐射传感器采集信息，可以及时掌握水稻生长情况，当水稻因这些因素生长受限时可快速反应，采取应急措施。使用降水量、风速、风向、气压传感器，当这些信息超出正常值范围，可及时采取防范措施，减轻自然灾害带来的损失，如强降雨来临前，打开稻田蓄水口等。

地下或水下信息采集：可实现地下或水下土壤湿度、水分、水位检测，实现合理灌溉，杜绝水源浪费和大量灌溉导致的土壤养分流失；可实现氮磷钾、溶氧、pH 值的信息采集，全面检测土壤养分含量，准确指导水田合理施肥，提高产量，避免由于过量施肥导致的环境问题。

视频监控：视频监控系统是指安装摄像机通过同轴视频电缆把图像传输到控制主机，实时得到植物生长信息，在监控中心或异地互联网上即可随时看到作物的生长情况。

水稻智慧化种植报警系统：可在主机系统上对每一个传感器设配设定合理范围，当地面、地下或水下信息超出设定范围时，报警系统可将田间信息通过手机或弹出到主机界面两种方式告知农户。农户可通过视频监控查看田间情况，然后采取合理方式应对田间具体发生状况。

3. 运营模式

设立运营管理团队：成立专门的小组负责无人机的运营管理工作，包括人员培训、设备维护、数据安全和飞行规划等。

培训与资质认证：针对操作人员进行培训，包括飞行操作技术、飞行规则等，并进行相应的资质认证。

设备维护与安全管理：建立设备维护制度，定期进行设备检测和维修并制定安全管理措施以应对突发事件。

数据安全与隐私保护：确保无人机携带传感器所采集的数据的安并制定数据使用和共享规范。

飞行规划与风险评估：制订详细的飞行计划并进行风险评估以确保飞行的安全性。

监控与改进：建立监控体系，对无人机运营管理的各个环节进行定期监测，并根据监测结果进行改进和优化。

➤ 经验效果

1. 经济效益

在农业生产中，基于地面监测的手段，要实现大范围土地监测，需要耗费大量的人力和物业、财力，而且全面监测一次时间周期很长。遥感技术具有宏观、大面积、波段多、重访周期快等优势，发挥星、空、地多源遥感手段土壤常态化监测对于土壤环境风险管理具有重要作用。在 10 000 亩的土地土质监测中，应用本技术的单次监测费用为 5 000 元，而常规土壤监测采取需约 300 个，每个土样采集费用 10 元，化验费 25 元，采集化验费总额约 10 500 元，采用本技术节支总额 5 500 元。如果采用低空遥感技术则可以在一天飞行数公里，如果天气条件和飞行条件允许，可随时获取研究区图像数据并快速得到土壤监测结果。因此，成本节约则会更加明显。

2.社会效益

改善农民生产生活条件：提供更多的科技支持和帮助，使其更好地适应软件的应用，实时了解农业生产的各个环节，提高农业生产效率，同时减少劳动力的浪费，改善农民的生产生活条件。

促进农村产业升级：为农村产业升级提供支持，促进农村经济发展。通过软件的应用，可以推广高效节能的农业生产方式，提高农产品的产量和质量，增加农民的收入，促进农村产业升级和发展。

保护环境和资源：可以更加精准地掌握农业生产的各个环节，减少浪费和资源消耗，降低农业环境污染和风险，为保护生态环境和资源提供保障。

"秋慧丰 App"应用软件在农业生产中可提高农业生产效率、降低生产成本、提高产品质量，促进农村产业升级和资源节约，同时为保护环境和资源提供支持。未来，随着科技的不断进步，将在更多农业生产中得到广泛应用，为促进农业可持续发展和实现城乡共同发展作出更大的贡献。

撰稿单位：黑龙江秋慧丰农业服务有限公司

撰 稿 人：刘秀峰

黑龙江八福农业科技智慧农业典型案例

➤ **基本情况**

黑龙江八福农业科技有限公司是华狐生物科技（中国）有限公司旗下的全资子公司，于 2016 年在鸡东县注册成立，总投资 3.2 亿元。黑龙江八福农业科技有限公司主要从事功能性原料种植，现有紫苏种植基地达 4.6 万亩，位于中俄边境三江平原地带的原始森林，分别分布在凤凰山林场、联合林场、西南岔林场、宝泉林场、平房林场及森林消防队等 6 个林场，均已获中日两国有机认证。现有人员 54 人，在自有农场规模性种植有机紫苏与有机大豆，全年带动农户 200 余户，解决当地临时农民工就业 5 000 余人次，创收约 260 万元。公司现已基本实现现代智慧农业与传统农业相结合的发展方式，利用大数据分析，将数据可视化，实时通过智慧农业监测基地土壤湿度、温度、气压、风速、降水量等数据，独特的原生态环境加上嵌入的种植方式，为紫苏籽深加工产品提供优质的原材料。在收获方面，八福农科采用自动化收割机械，减少收割作业损耗，大大提高了收割效率。

➤ **主要做法**

黑龙江省八福农业科技有限公司种植紫苏 4.6 万亩，投入资金 600 多万元，引进智慧农业智慧系统，通过信息技术改造传统农业、装备现代农业，通过信息服务实现农业生产和大市场的对接，实现农作物生长情况、现场视频、数据分析反馈结果、突发情况预警等重要数据大屏展示，工作人员可直观、科学、系统地了解现实情况，为农业生产做出决策。

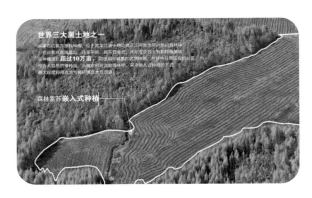

1. 实现全程精准管控

智慧田地信息监测终端使用物联网技术对农田现场农作物生长环境情况进行全方位的监控，实时监管当前农田环境的光照、温度、湿度、降水量、土壤墒情、风速风向、视频监控、植物茎秆生长、叶面温度、卫星遥感等耕地质量数据以及植物生长数据，并通过移动 5G、LORA 无线通信、光纤宽带等形式进行数据回传。工作人员足不出户就可以对于农作物的生长情况进行全面管控，对于突发情况以及恶劣天气病虫害做到及时报警及时处置，对土壤管理、污染土壤修复提供实时监控报警，打造科技先进的高标准农田管理。

2. 实现了全程精准服务

智慧农业云计算大数据中心主要建设本地化信息中心，对于智慧田地信息监测终端采集来的农田环境数据以及视频数据进行存储、分析、决策等服务，保证智慧农业信息系统矩阵内相关系统的安全平稳运行。预期实现农作物生长数据、农业作业数据、生产数据、年产量产值数据长期积累，为未来对农业大数据分析、产量预估、生产决策提供有效支撑，夯实现代化科技化农业发展基础建设。

3. 实现了信息系统矩阵建设

现规划搭建六大农业系统建设智慧农业信息系统矩阵（农业环境信息检测系统、农业卫星遥感检测系统、农业生产 ERP 管理系统、农产品溯源管理系统、农业数据采集汇聚分析系统、农业数据大屏展示系统）、实现从生长生产监管，产品溯源，流程管控等农业生产各个方面的系统支撑，实现现代化信息化管理。通过智慧农业大屏指挥中心直观形象展示各类采集数据、视频数据，提供数据分析、大数据决策。

➤ **经验效果**

通过建设农业物联网，打造鸡西市、鸡东县数字农业的典型样板，项目中涉及物联网设备数据采集、视频监控、土壤墒情监测、作物长势监测、病虫害预防监测等一批高精尖设备部署，大数据采集存储机房可以为当地数字化农业提供不间断的数据采集存储服务、数据分析服务、数据预警决策服务等，项目符合国家数字农业新基建工程的发展需求，并成为当地数字农业的智慧新名，对农业信息化数字化产生了积极的作用。

提升农业生产管理水平：实现机械化、规模化种植，降本提效，促进增产增收；促进智能化、精细化管理，实时监测、大数据分析并精准满足作物生长需求。

确保农产品安全质优：促进农产品信息透明化，实现从种植到销售全过程追溯管理；促进品牌建设，净化市场，提升优质产品市场份额。

促进农业绿色发展：节水减肥减药，减少环境污染；形成种养结合、循环发展模式，提高资源利用率。

加速农民职业化转变：吸引高素质人才回归农业，实现自身价值；倒逼农民转变观念，积极利用培训学习知识、技能。

撰稿单位：黑龙江八福农业科技有限公司

撰 稿 人：方丽娟

江苏省深耕设施农业数字智能化 赋能
"丁集黄瓜" 特色产业发展典型案例

➤ **基本情况**

江苏省淮安市淮阴区丁集镇镇域总面积 95 km^2，下辖 21 个行政村，共有 17 353 户约 6.4 万人，耕地面积 5.98 万亩。丁集黄瓜种植历史可以追溯至 20 世纪 90 年代，2005 年以后开始规模化种植，2011 年被评为 "国家地理标志农产品"。近年来，丁集镇坚持把黄瓜产业确立为全镇农业主导产业，通过建设黄瓜产业园全力打造 "黄瓜小镇"，先后被授予 "江苏省农村一二三产业融合发展先导区" "江苏省绿色蔬菜产业特色镇" "江苏省绿色优质农产品基地" "江苏省第一批农业生产全程机械化智能化典型基地" "江苏省高素质农民培育实训基地" "江苏省农业科技自主创新技术集成示范基地" "江苏省数字农业农村基地" "淮安市数字农业农村基地" 等称号，2020 年获批开展国家级农业产业强镇创建。

目前，丁集镇已建成占地800余亩的黄瓜产业种植示范基地，包括4500 m²黄瓜等蔬菜工厂化育苗智能温室，蔬菜示范种植新型日光温室大棚135栋，钢结构繁种保温拱棚20栋，年繁育黄瓜籽种8000 kg，培育各类蔬菜种苗1500万株、瓜果蔬菜8000余t，实现年产值超4000万元，撬动社会各方投资累计超1.5亿元。截至目前，丁集镇黄瓜种植面积近万亩，年产量超18万t，全镇黄瓜全产业链从业人口近5000人，鲜食黄瓜年销售收入近4亿元。现阶段丁集镇致力于利用云计算、物联网等现代信息技术，建设黄瓜全产业链服务系统，构建黄瓜全流程的在线填报、审核、统计分析体系，协助部门及时掌握黄瓜生产经营状况，并以电子地图形式展现黄瓜分布情况以及主要生

淮阴丁集黄瓜产业园航拍

丁集黄瓜主题科普馆

产经营指标，对生产自动化、病虫害防治、工厂化育苗的种植能力水平，实现精准管理，促进黄瓜产业质量和经济效益有效提高。

➤ **主要做法**

丁集镇依托良好的产业基础和园区运营公司淮安市恒晟达农业科技有限公司优势，充分发挥引领带动作用，形成以黄瓜为主产业的蔬菜集聚区，引领区域经济发展。

1. 充分利用有利条件

依托天津黄瓜研究所、江苏省农业科学院以及扬州大学等农业科研院校提供技术支持，通过"科研机构＋企业＋村集体＋农户"的经营模式降低蔬菜生产成本，优化蔬菜品种和品质，提高蔬菜品质和产量。丁集镇以恒晟达为载体，建设淮阴区丁集黄瓜主题馆，搭建基地物联网管理系统，同时整合多渠道资金，为打造农业物联网智慧创新应用基地夯实基础。

2. 依托数据平台发展

基于淮阴区农业大数据平台，以经营主体应用为核心，从底层应用形成数据汇集，根据不同人群不同需求形成决策分析模型。配套设施设备与农业生产、经营、管理等各领域融合，实现精准化种植、科学化决策、可视化管理和智能化操控。分为黄瓜总览、经营主体、应用场景、病虫害防治、辅助决策系统五大模块。

黄瓜总览：黄瓜种植产业底数全掌握。利用卫星遥感、物联数据、云计算等信息技术摸清我区黄瓜产业数据底牌，以农户为最小单位，倒扒底层数据，汇聚资源总览。

经营主体：黄瓜种植主体信息全汇通。根据龙头企业、合作社、服务组织、农户、农业企业、专业大户等不同的主体性质统筹种植品种、面积、产量及销售途径，保障黄瓜产业精准化。

应用场景：黄瓜种植实时场景全监测。实时监测基地信息，包括空气、温度、土壤等环境因子，为农户提供自动化生产，为产量预测（OSBI）、规模指数（SDCI）模型提供有效支撑。

病虫害防治：黄瓜种植生产过程全保障，可根据黄瓜类型、病虫害搜索查看防治专业知识指导。特别邀请专业的技术团队，开通线上咨询，提供实时咨询服务。

辅助决策：黄瓜种植售后流程全畅通。通过对黄瓜决策种植 SDCI 预测、黄瓜 TCI 预测、OSBI 预测、CPI 预测以及 LOT 监控智能模型分析，保障黄瓜全产业链高效持续。

3. 夯实智慧平台系统

丁集黄瓜产业智慧种植示范园通过数字化、信息化管理的方式，实现智慧种植目标，运用的软件平台系统主要包括以下 5 种。

农资库房管理系统：以计算机和网络技术为基础，运用新一代信息技术和数据库信息系统对农资生产、流通、使用各个环节进行全程监管，构建新型农资长效监管机制，功能包括基础数据管理、采购管理、出库管理、库存管理、报表管理等。

生产档案管理系统：地块管理、农事管理、采收管理、包装管理、农产品销售、追溯码管理、合格证管理等。

数字园区管理平台：数据展示、监控画面、传感器数据分析、预警、可视化监测等。

数字园区无线监控系统：通过无线数据传输技术与"淮阴区农产品质量安全 + 农业综合执法平台"对接，对包括种植作物的生长情况、投入品使用情况、农民耕作情况、育种情况及病虫害状况情况进行实时视频监控，实现现场无人值守情况下，种植者对作物生长状况的远程在线监控，农业专家远程在线病虫害作物图像信息获取，质量监督检验检疫部门及上级主管部门对生产过程的有效监督和及时干预。

数字园区无线智能传感系统：主要监测湿度、光照度、CO_2 浓度等。

五大平台系统的有机结合、综合运用，可保障园区育种生产的全过程智能化信息化运用，软件平台与大数据平台的有效对接，可进一步夯实智慧种植的硬软件基础，让农业生产更高效，精准农业更合理，智慧生态发展模式更绿色。

➤ 经验效果

丁集黄瓜产业智慧种植示范园以建设智慧种苗工厂为抓手，以智慧化、现代化全产业链整合为定位，努力打造集科研、生产、展示、教育、文旅等为一体的现代农业产业园，取得了良好的社会、经济和生态效益。2022 年全镇农村居民人均可支配收入达 2.9

万元，所辖 21 个行政村村集体经济均突破 30 万元，村集体经济总收入 907.31 万元。

1. 经济效益

通过黄瓜大数据基础支撑平台的建设，打通数据壁垒，提高信息系统建设集成度，降低农户种植成本，提高黄瓜产业生产自动化、智能化水平，每年可培育以黄瓜为主的各类蔬菜苗 1 000 万株，繁育黄瓜籽种约 8 000 kg，年产鲜食黄瓜等蔬菜 8 000 t 以上，推动黄瓜产量提升 10%～15%，带动全镇年产鲜食黄瓜 13 万～16 万 t。园区的培训学校每年可为丁集镇培养蔬菜生产职业农民 200～300 人，常年可吸纳 500 名以上有劳动能力的当地农民就近务工，每年可增加村级劳务服务收入 20 万元以上，促进壮村富民。

2. 社会效益

智慧种植示范园打破黄瓜数据分割和利益壁垒，推动丁集甚至全区黄瓜产业大数据资源的整合、共享、开放和利用，形成覆盖全面、上下互通、数据共享的黄瓜产业大数据智慧农业发展格局，摸清淮阴区黄瓜产业资源需求等若干底牌，加快实现基于数据的黄瓜产业科学决策。园区与江苏省农业科学院蔬菜研究所、天津科润黄瓜研究所、扬州大学、南京农业大学等科研院校共建产学研一体化基地，达成院地成果转化合作关系，以科技力量助力智慧农业发展。

3. 生态效益

通过黄瓜产业大数据基础平台建设和持续服务，充分应用物联网、互联网、卫星遥感等技术，将数据作为一种生产资料，实现精准种植，减少了肥料的使用，提高了水资源的利用率，同时充分利用风能、太阳能等自然界清洁能源，使整个黄瓜生态系统达到了平衡稳定的良性循环。在建设中探索出生态农业模式，减少环境污染源，减缓水土流失，提高土地利用率，保护自然生态环境，形成智慧生态循环养殖模式。同时，园区高标准建设提高整体镇村环境，带动资金投入农村人居环境改善。

撰稿单位：淮阴区丁集镇人民政府

撰　稿　人：潘朝伟

浙江省打造"浙农补"应用　推动种粮补贴"一键直达"典型案例

➤ **基本情况**

粮食安全是"国之大者"。平湖是浙江的产粮大县，粮食种植规模居全省第三位，种粮补贴资金发放量大，每年涉农类补贴近亿元，涉及农户 1.3 万户。但在传统补贴发放过程中，农户端存在种粮补贴政策不清晰、申领不便捷、补贴不及时，政府端存在操作程序繁、工作效率低、行政成本高等问题。为提高种粮补贴发放效率，提升农民种粮积极性，稳定粮食生产面积，平湖市打造"浙农补"特色应用，聚焦粮食补贴小切口撬动粮食安全大牵引，实现种粮补贴申请"农民不跑，让数据跑"。

➤ **主要做法**

1.突出"管用"，工作体系构建成形

一是党建引领，健全组织体系。成立由市长任组长的数字乡村建设工作领导小组，明确由分管市长挂帅，部门党政一把手总负责，成立市、部门、镇、村四级工作负责制，以"专班运作"为抓手统筹推进，清晰责任、明确任务，建立机制高效的组织保障体系。二是创新机制，增强执行聚合力。建立健全"部门＋专班＋技术公司"的"1+1+1"工作机制；坚持"日碰头、周例会、月总结"的运行机制；实行"表格化、清单化、项目化"的闭环管理机制，对建设项目实行"挂图作战"，对账销号、闭环管理，形成合力共同推进。三是激活数据，赋能场景应用。通过人地对应、规则判断、字段关联等功能，以及人脸识别等组件实现农户种粮补贴的线上一键申领。通过打通粮补系统、农资实名购买系统等数据建立种粮补贴一张图，实时掌握地块种植主体、种植面积、种植作物、投入品购买和使用情况、补贴申领情况等，形成种粮大户精准画像。叠加粮食功能区等图层分析，清晰、全面监测全市非粮化状况。四是加强政策引导，优化发

浙农补用户端界面

浙农补驾驶舱汇聚粮食生产数据，
智能监管粮食生产功能区"非粮化"

浙农补管理端可查看每笔粮补资金
发放进度和审核流程

展环境。出台政策文件、实施方案、团体标准等，规范补贴流程。通过路演、案例和成果发布推介、媒体报道等，进一步扩大影响力、覆盖面。同时，加大"浙农补"应用培训，到镇到村手把手实操教学，让农户熟练掌握申领步骤，努力打造成为政府管用、能用，农户爱用、好用的补贴平台。

2. 突出"好用"，重塑补贴申领流程

一是精简流程，信息一站式审核。改革前，补贴申领流程主要有农户申报（递交相关材料）、村级初审、镇级核查、公示、市级复核、确定补贴标准、公示资金、市级下拨资金、镇街道发放资金等9个环节；改革后，将村、镇、市多级审核环节，前置为市级层面通过航拍地块和实地核验相结合的方式提前核定地块信息、种粮面积，确定补贴数据，申领流程简化为"农户自主申领—系统审核—资金发放"3个环节，补贴申请到发放的时间由5个月缩短至最快5个工作日。二是打破壁垒，资金一网通发放。平湖各村以田埂为界，对每块地按序进行编码，实现"一地一码"。根据承包流转协议，农户、村干部、第三方中介确定每块地实际种植户，明确地块承包者、种植者、种植面积，实现人地对应。下一年度若流转协议有变动，对该地的种植户进行动态更新。目前，平湖市流转面积约22.4万亩，每年需更新的地块大约4.6万亩，占比20.5%。同时，通过地块智能关联，农户申领补贴只需点击一个补贴地块，其名下所有补贴地块全部智能关联，实现申领地块"一键秒领"，异地申领"零距离"，有效解决疫情期间部分省外种粮大户无法回平湖申领补贴的问题。三是重塑制度，改革一体化推进。为规范"浙农补"补贴发放流程，先后制定出台《浙农补核发管理规范》团体标准、《平湖市规模种植补贴实施细则（试行）》和《平湖市耕地地力保护补贴实施细则（试行）》，明确补贴范围与对象、补贴标准、操作流程等。同时，重塑资金发放方式，由原先的"先审批后发放"调整为"以预付款支付事后审批结算"。

3. 突出"实用"，集成应用服务场景

一是集成服务，提增农户幸福感。用户端设置了政策发布、补贴申领、补贴查询等模块，农户除了在用户端申领补贴外，还可以实时查询补贴政策、公示地块以及补贴发放进度、历年补贴到账资金等，极大激发了农户的种粮积极性，提升了农户的获得感和幸福感。二是数字赋能，提升工作时效性。简化工作流程，摒弃传统操作流程中的文件上报、审批等行政化手段。前置审核工作，补贴审核重点由原来的"审面积、审作物、审地块"变为"审核人、地对应"，村集体每年只需对土地流转协议有变化的地块进行审核，极大减轻了工作量，提升了工作效率。资金公示调整为系统在线公示，既提升农户关注度，又减少政府大量行政成本。三是共享共用，提高数据关联度。按照水稻等粮食作物成长周期，采用无人机航拍形成人、地、物对应的种粮补贴一张图，实现"一图多用""一数据多用途"，有效避免不同部门对种粮数据的重复收集、审核，做到数据同源、共享共用。种粮补贴"一张图"，可实时监测地块种植情况，智能监管粮食生产功能区"非粮化"，保障粮食安全。

➤ 经验效果

1. 经济效益

种粮补贴涉及面广、农户数多、资金量大，真实、准确、高效地发放补贴资金是各级政府关注的事项。传统数据核查每年核查经费约117.6万元，"浙农补"运用数字化手段，将一地一码、无人机航拍两张图层叠加形成补贴作物矢量图，精准核实每个农户补贴面积，每年核查经费约59.9万元，平均每年可减少经费支出50.9%。

2. 社会效益

"浙农补"应用于2021年7月1日上线并上架"浙里办"。目前已上线规模种粮、耕地地力保护、旱粮生产、规模油菜种植补贴、种粮农民一次性补贴、配方肥补贴等6个项目。截至目前，累计发放补贴资金2.81亿元，惠及农户12.4万户次，每个农户每笔补贴资金全程可追溯、可查询。2023年通过"浙农补"发放补贴资金9 869.87万元，其中，上半年发放耕地地力保护、春季规模种植、一次性补贴等6 256.46万元，占全年补贴资金的63.4%，既有效缓解种粮农户春耕、夏种等粮食生产资金压力，又减少农户利息支出130.7万多元，大大提增了农户的种粮收益。

3. 推广应用

"浙农补"入选国家数字乡村试点优秀案例（全国44个）并在全国推广，先后获得浙江省数字政府优秀应用、全省农业农村数字化改革优秀应用，入选省创新提质"一号工程"优秀案例。平湖市也列入浙江省农业农村厅"粮补直达"试点县。有关做法先后在农业农村部计划财务工作简报、浙江省数字化改革（工作动态）刊用，获农业农村部点赞，受到中央电视台、浙江日报等主流媒体争相报道。

撰稿单位：平湖市农业农村局

撰 稿 人：邵 洁，金玉芳

安徽省太平猴魁茶产业高质量发展智慧茶园建设典型案例

➤ 基本情况

为认真贯彻落实习近平总书记关于"统筹做好茶文化、茶产业、茶科技这篇大文章"的重要指示，促进茶产业全面转型升级，更好地推动太平猴魁产业高质量发展。2021年，黄山区联合政府部门、生产企业及科研机构，共同组建了茶产业战略合作、开放型经济联合协作组织——太平猴魁茶产业高质量发展联合会。打造了一批智慧茶园、数字茶叶加工厂，推动实现全产业链品牌化、优质化、数字化、可追溯化发展。通过物联网、大数据、智能终端等技术，建设农业物联网，实现对茶园种植、采摘、日常管理的全程监控、溯源和科学管理，进一步提高茶叶品质和茶园管理的可追溯性、可控性。2022 年，在茶产业价格普遍受到疫情影响的大环境下，联合会会员茶叶价格不降反增，均价达 2 487 元 /kg，比 2021 年提高 21.8%。

➤ 主要做法

1. 全力打造太平猴魁区块链技术服务平台

黄山区在安徽省率先将区块链技术应用到茶叶生产全过程，与中国科学院合肥物质科学研究院信息中心共同开发了太平猴魁茶产业高质量发展区块链技术服务平台。平台包括数字茶园、茶产业联盟链、区块链服务系统与数字驾驶舱等几大模块，以数字化、信息化为手段，运用物联网、互联网、区块链和云计算等前沿技术，实现茶产业数据的可视化与信息的可信化。一是物联网系统助力高品质生产。以联合会会员认证基地为基础，遴选了 15 家企业茶园基地完成了数字茶园建设，建成智慧茶园基地 3 000 亩，在基地内配置了茶叶生长有利及不利因子信息自动收集传感器（病虫自动测报、土壤信息测报等）和云视频等物理设备 172 台（套），并将收集及捕捉到的相关数据接入平台项目内大数据中心，旨在推进太平猴魁先进实用技术应用推广及示范引导典型带动，促进科技成果转化。二是科技设备赋能高标准管理。区块链平台将联盟链、区块链服务系统与数字驾驶舱整合一体，作为全区进行茶产业管理的综合性信息化管理平台，通过气象监测、土壤监测、虫情监测、监控摄像等设备，将茶园种植环境进行信息量化、可视化管理。全天候记录茶叶生长、种植、采摘等环节

太平猴魁区块链技术服务平台截图

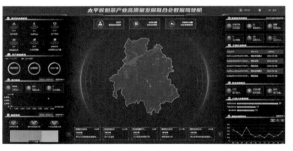

太平猴魁茶产业高质量发展联合会数据驾驶舱

太平猴魁地理标志保护茶产品认证系统

的环境参数信息，将数据传递给业务服务管理系统，保证了监测数据的真实性。三是区块链技术实现高标准溯源。平台面向消费者提供了溯源查询应用，开发了溯源查询小程序，向消费者展示茶产品在种植、采摘、加工、管理等环节的相关溯源信息，确保联合会认证基地产出的茶叶管理全程留痕、数据不可篡改，进一步提升黄山区茶产品品牌的公信力。

太平猴魁产品认证信息查询小程序

2. 全力构建智慧茶园数字化环境监测体系

一是合理布局布点。通过项目带动，在全区范围内合理布局，选取了14家企业茶园基地作为试点新建了小型智慧茶园自动气象监测站，构建了茶园数字化环境监测体系，监测服务面积达10 000亩。二是优化设备设施。通过对上争取，在全区15处茶园基地新建了最新型六要素（气温、湿度、风向、风速、气压、降水量）自动气象监测设备4台（套），指导茶企安装自动收集传感器40台（气象一体机、土壤信息测报），全天候收集捕捉光照强度、空气和土壤温湿度、CO_2浓度、土壤导电率和pH值、PM2.5和负氧离子等茶叶生产有利和不利因子信息。此外，基地还安装高清网络视频监控设备83套、靶标虫害声光精准防控设备30套、虫害智能测报设备23套。三是信息共享共用。通过茶叶基地功能齐全的各项设备将收集及捕捉到的相关数据接入平台项目内大数据中心，为太平猴魁茶农种植生产管理提供指导依据，同时也为太平猴魁特有品质的环境因素影响的科学研究积累真实有效的数据。四是精准监测防控。基地内的虫害智能测报设备可以通过云端机器全天候进行茶叶害虫识别、分类处理，进而确定每天虫情变量，并根据环境气象和历史数据进行虫情参数预测。靶标虫害声光精准防控设备通过干扰破坏害虫繁殖，根据害虫光敏特性，远程控制辐射光谱，精准杀灭害虫，实现了绿色、安全、高效的大范围虫害精准防治。

3. 全力开发地理标志保护茶产品信用系统

一是开发了地理标志保护茶产品认证系统。在太平猴魁茶产业高质量发展区块链技术服务平台的基础上，黄山区借助信息化、数字化手段，运用互联网、大数据和区块链等技术建设太平猴魁地理标志保护茶产品认证系统，确保黄山区太平猴魁茶产品产量有数、销售有依、产区可查、可信溯源，有效管理太平猴魁地理标志使用权限，规范太平猴魁茶叶市场，提升太平猴魁茶叶品牌的市场竞争力。二是开发了太平猴魁产销小程序数字管理系统。为全面提升太平猴魁数字化发展水平，计划用3年时间，建设包括由茶园GIS地理信息系统、全产业链大数据中心、信息化公共服务平台、数字加工厂和大数据交易平台构成的茶产业工业互联网，目前开发了太平猴魁产销认证手机微信小程序数字管理系统，努力构建太平猴魁从"茶园"到"茶杯"的可视、可控、可追溯智能体系，让卖出的每一片太平猴魁均能在太平猴魁"产业大脑"上得到认证，促进消费者透明消费、放心购买。手机小程序主要面向企业、农户和消费者，实现了扫描产地认证码认证查询，查看自身核定产量和销售情况等功能。三是开发了太平猴魁产品一物一码产品标识系统。黄山区统一为联合会会员配套建设了一物一码产品标识功能，着力提升太平猴魁品牌在一二三产业融合中的信息化建设，以产品为媒介，一头连接各生产企业，一头连接千千万万的顾客。让好产品会"说话"，让太平猴魁品牌真正实现优质优价。

> ➤ 经验效果

1. 经济效益

通过组建茶产业战略合作、开放型经济联合协作组织太平猴魁茶产业高质量发展联合会，实现太平猴魁的品牌影响力和市场竞争力的提升，实现茶农增收、企业发展、品牌保护，促进太平猴魁茶产业高质量发展。接入平台的茶园达3 000余亩，主体50余家，经过系统认证的太平猴魁均价上涨21.8%。

2. 生态效益

通过生态茶园虫害防控系统建设，提升茶园病虫害精准防控能力，实现生物农药+物理防控取代原有的化学农药，实现对茶园种植、采摘、日常管理的全程监控、溯源和科学管理，进一步提高茶叶品质和茶园管理的可追溯性、可控性，实现黄山区茶园绿色发展。

撰稿单位：黄山区太平猴魁茶产业高质量发展联合会
撰 稿 人：陆文斌

安徽省众兴菌业食用菌种植数字化典型案例

> ➤ 基本情况

安徽众兴菌业科技有限公司于2017年11月成立，公司位于安徽省滁州市定远县西卅店镇滁州国家农业科技示范园区内，是天水众兴菌业科技股份有限公司全资子公司。经营范围包括食用菌种植、销售，食（药）用菌及有益微生物育种、引种及相关产品的研究、开发，食（药）用菌高效生产工艺及其培养基再利用技术的研究、开发，自营和代理各类商品的进出口业务。公司总占地面积288亩，总投资6.83亿元，自企业建成投产以来，截至目前已经达到日产60 t，年产20 000 t双孢菇的产能。公司主要为长三角及江、浙、沪、粤等地大型商超及蔬菜批发商提供食用菌货源，有力保障了当地的"菜篮子"工程，稳产保供。企业运营以来，带动西卅店镇高潮村、幸福村、陈庄村3个贫困村配套建设的大型秸秆收储中心，内有制冰车间，每年配套供应小麦秸秆 5 万 t 及冰块 4 000 t，为村集体创收 100 余万元，解决当地贫困就业岗位 100 人，为就业脱贫发挥了巨大的经济效益。公司切实履行"四带一自"农业产业化龙头企业的社会责任，瞄准产业、就业、发展、民生等领域，壮大村集体经济收入，带动当地群众 700 人就业，其中脱贫户 88 人，年均增收 4 万～5 万元。带动二龙回族乡、严桥乡、池河镇等附近乡镇发展食用菌生产，促进特色产业发展，为农民增收致富提供了新路径。

安徽众兴菌业科技有限公司大门

➤ **主要做法**

1. 实施背景

安徽众兴菌业利用总公司的管理优势、技术优势，利用具有双孢菇工厂化生产的核心技术和成熟的市场渠道，通过从荷兰引进世界先进双孢菇工厂化种植设备、技术和管理模式，使我国的工厂化生产双孢菇的单产、品质和安全性整体达到世界先进水平。公司为建立数字化车间，引进荷兰进口全自动智能设备有发酵控制装置、封闭发酵装置、联传投料机、进料机、出料播种机、中心输送机、出料添加剂机、发酵催芽装置、覆土搅拌机等设备，采用格林斯达全自动卧式／立式碱洗塔控制系统 V1.O、F-CenteralFarmMannger 控制软件。2018 年开始建立双孢菇菌丝培育负压数字化车间，智能负压环境、菌丝恒温冷库系统、菌丝培育隧道压力室，从财务管理、采购管理、库存管理、销售管理、报表核算、计划管理、在制品管理、质检管理、单据管理、统计报表十大板块需求系统化解决双孢菇菌丝高品质培育需求。

菇房成品库空调控制柜

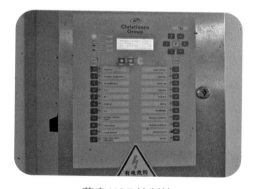

菇房 KCF 控制箱

2. 主要内容

车间智能装备应用及联网：公司全部设备均为荷兰进口，设备智能化及自动化程度

食用菌真空预冷保鲜系统

处于国际领先水平，双孢菇菌丝培育负压车间共有全自动化智能设备5套，每套采用独立的西门子从站控制，主站采用西门子PLC控制，借助Profinet通信方式实现主从站信息传输，实现车间设备联网及数据实时交换，实时将当前菌丝生长环境参数传输到主控中心实现闭环控制。

生产过程实时调度：主控中心采用F-Centeral FarmMannger软件控制系统，集成国产软件DCS全套系统功能，实时监控双孢菇菌丝培育负压车间内部的菌丝恒温冷库和25条培育隧道内部的湿度、温度、pH值、O_2、CO_2、NH_3、游离生物浓度等多参数值，通过发酵曲线实时监控与设定值实时比较，保证参数均处于最优状态，出现误差偏移实时进行闭环补偿。可控制厌氧发酵的发生，把NH_3和H_2S的排放减到最低，同时使有益的微生物大量生长，让发酵更加全面。

物料配送自动化：采用顶端投料方式、自动化传送系统，并与投料系统对接，自动识别和传送堆料，使送料更为准确，且节省大量人力。一次发酵完成的堆肥通过高层传输进入双孢菇菌丝培育负压车间进行2～3次发酵，自动播种机将菌丝与堆肥均匀混合后，通过多级连续填料机和分层填料机配合使用将已混合后的菌丝与堆肥分别按顺序注入隧道压力室，封闭进行菌丝培育。

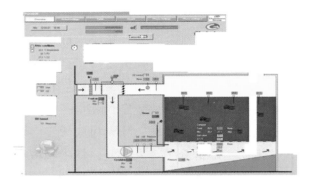

双孢菇菌丝培育负压数字化车间：
独立隧道压力室控制界面

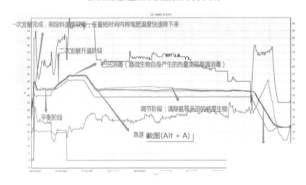

菌丝二次发酵参数记录曲线

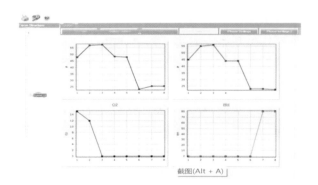

隧道压力室参数生成曲线监测

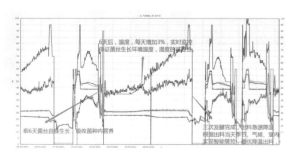

菌丝三次发酵参数记录曲线

产品信息可追溯：借助 F-Centeral FarmMannger 控制软件通过隧道内的湿度、温度、菌丝堆肥高度等检测开关实时检测隧道内菌丝微环境状态及当前堆肥高度，生成软件实时生产曲线图，由专业的技术人员进行监测分析，实时监控当前菌丝的生长状态，通过环境及堆肥高度的曲线分析当前菌丝生长状态，出现曲线骤变可实时排查曲线走向确定批次菌丝的综合质量。

环境与资源能源消耗智能监控：工厂引进先进的废气、废水、氢气净化设备系统等一系列全智能环保设备，发酵过程的大量用水可循环利用，不会排出污水。

设计与生产联动协同：由技术人员对产品进行工艺参数的设计，小批量产品的研发通过技术中心的研发仪器做大量的试验验证参数的准确性，最终将工艺参数运用到生产设备上，结合考量温度、湿度、智能设备生产过程中带来的一些不稳定性，不断对设计的新产品进行工艺优化最终实现量化生产。

售后服务智能化：ERP 系统针对销售部门专设售后反馈窗口，定期对客户进行售后调查，对出厂的每批次产品的质量会联合客户进行质量分析调查。车间内菌丝状态实时监控，双孢菇批次产品进行贴标（包含生产日期，批次等详细信息）。借助 F-Centeral FarmMannger 控制软件进行批次产品实时数据监控，数据有效保存 1 年，并实时反馈到集团 ERP 系统中，若出现产品质量问题可以在最快时间内排查到是哪个批次时间段产品有瑕疵并校验培育工艺是否需要优化，给客户一个最满意的回复。

➤ 经验效果

1. 社会效益：解决大学生及一般技术院校就业问题，缓解就业压力，还能解决附近农民和社会人员工作问题，促进区域人民生活水平和生活质量的不断提高。工厂专设扶贫双孢菇采摘车间，有效解决附近农民 700 多人的就业问题。企业运营以来，带动西卅店镇高潮村、幸福村、陈庄村 3 个贫困村配套建设的大型秸秆收储中心，内有制冰车间，每年配套供应小麦秸秆 5 万 t 及冰块 4 000 t，为村集体创收 100 余万元，解决当地贫困就业岗位 100 人，为就业脱贫发挥了巨大的经济效益。公司切实履行"四带一自"农业产业化龙头企业的社会责任，瞄准产业、就业、发展、民生等领域，壮大村集体经济收入，带动当地群众 700 人就业，其中脱贫户 88 人，年均增收 4 万～5 万元。同时带动二龙回族乡、严桥乡、池河镇等附近乡镇发展食用菌生产，促进特色产业发展，为农民增收致富提供了新路径。

2. 经济效益：食用菌种植数字化的建立通过计划管理，有效降低库存物资，加快资金周转率（不缺料、不积压）；优化生产计划排程管理，使生产设备产能得到最大程度的提升；精准的成本核算，挖掘降低产品成本的潜力；减少重复劳动，提供生产及工作效率，有效降低人工成本；有效减少停工待料、品质问题、延迟交货等带来的损失。

3. 推广应用：本项目以其独特的创新性具有广泛的推广应用价值。项目的特色在于采用了全新的技术手段利用人工智能、物联网等先进技术，实现了企业生产、管理、服务等方面的数字化、智能化，提高了企业效率和竞争力，其次将传统的管理模式与新兴技术相结合实现了企业的数字化转型，从而实现了企业的可持续发展。

撰稿单位：安徽众兴菌业科技有限公司，定远县农业农村局

撰 稿 人：李文武，宣　锋

福建省福州市长乐区雪美农业开发有限公司
智慧农业建设典型案例

➤ 基本情况

福州市长乐区雪美农业开发有限公司，位于闽江口南岸的长乐区古槐镇龙田村，

2002 年投产成立，现有员工 1 000 余人，生产基地 23 000 多亩（包括河北基地），年产蔬菜和粮食逾 6 万 t，总资产 3 亿元。公司设有蔬菜供销服务中心、蔬菜冷链中心、种苗繁育中心、智能温控大棚、水稻烘干中心、蔬菜检测中心及智慧农业中心，采用现代农业标准化管理模式，运用农业"五新"技术，从产

前、产中、产后各个环节入手，常年为果蔬市场提供"优质、安全和可靠"的农产品，主要产品有水稻及花椰菜、西蓝花、甘蓝、辣椒、番茄、黄瓜等各种果蔬，严格执行绿色食品标准生产。公司创建了"雪米"品牌，先后获得了"福建省数字农业创新应用基地""福州市蔬菜基地""全国农超对接示范基地""省级城市副食品蔬菜基地""福建无公害农产品蔬菜基地""福建省农业产业化省级重点龙头企业""全国第一届青运会指定蔬菜供应基地""福建省蔬菜重点调控基地""福州市知名农产品品牌""粤港澳大湾区'菜篮子'生产基地""福建名牌农产品""福建省农业科学院科技示范基地""2023 年度国家级科技型中小企业"等称号。公司以"走绿色道路，创生态文明"为企业文化，以"服务三农，助农增收"为企业宗旨，创新经营机制，拓展服务领域，和农民之间搭起一座紧密联系的桥梁。

➤ **主要做法**

1.实施背景

充分利用数字资源优势,构建为农服务基础,进一步扩规模、提总量。通过物联网技术完成农田信息监测、可视化展示、农资投入品管理、生产作业管理等业务信息化管理,利用现代数字技术与现代农业机械相结合,大力开展育秧育苗服务、代耕代种服务、粮食烘干服务和冷链冷藏社会化服务。同时建立产品企业可追溯体系,实现农产品"从田间到舌尖"安全保障。

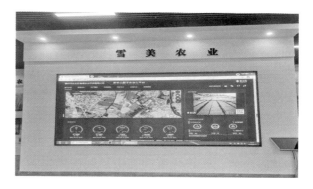

2.主要内容

物联网设备:建设10套环境采集传感器,1个种苗繁育中心建设1套环境采集传感器,10个智能温室大棚建设10套环境采集传感器,共15套设备,采集参数为大气温度、大气湿度、光照度、CO_2、土壤温度、土壤湿度。对育苗中心A控制设备进行升级改造,完成风机、水帘、内外遮阳、卷膜的远程控制。在公司的主要种植区域和道路安装18套300万像素海康威视网络摄像头,附带防雨防雷击功能,分别为园区主要道路安装10套球机,育苗中心安装8套枪机,并配备1台网络硬盘录像机NVR,方便管理视频监控数据,构建企业园区安防监控和产区生产监控体系,保障园区正常生产经营活动。

可视化管理系统:可视化管理系统基于地图GIS技术,在地图上可视化展示中药材智慧园区整体园区布局情况,在一张图上展示园区各资源版块详细信息,包括园区布局、企业状

况、产品信息、物联网数据等，利用
显示大屏以及地图 GIS 技术直观了解
园区智慧化情况。实时展示基地各区
域的土壤温度、土壤湿度、土壤 pH
值以及大气温度、湿度、CO_2 浓度、
光照强度传感器等数值。实时展示加
工车间的大气温度、大气湿度、CO_2
浓度的传感器数值。实时展示基地的
空气质量，具体展示大气温度、大气

湿度、PM2.5、PM1.0、PM10、光照强度、负氧离子、风速、风向、降水量实时采集的
传感器数值。可视化管理系统规划布局包括一是展示中心内建设可视化管理系统，具
体涵盖有园区布局展示模块（基于地图 GIS、支持物联网、视频信息联动切换）、物
联网大数据信息展示模块（实时展示物联网大数据及历史数据曲线，环境阈值异常告
警）、种植基地及加工生产环境展示模块（展示实时视频图像信息）、企业风采展示
模块（搭建企业风采展示入口），基地 VR 展示模块（通过虚拟现实展示中药材基地
环境）。二是视频监控系统，具体分布基地、加工车间、办公区域。可视化管理系统
模块方面，可视化管理系统主要将设备的信息及其数据进行收集汇总，实现对不同行
业、不同场景、不同设备的统一管理。为帮助用户更好更快地接入和管理设备，物联
网设备接入控制平台从设备接入、设备安全、设备管理等多个方面对企业用户进行多
种人性化的优质设计，降低研发成本，缩短产品研发周期，提升效率。一是生产环境
实时监控，通过可视化管理系统中的设备监控，用户可以随时随地查看设备状态和底
下所挂载的传感器监测到的环境数值。实时数据会随着时间的推移，变成历史数据并
存储下来成为历史数据以备以后数据分析使用。二是生产信息可视化视频监控，可视
化管理系统为了实现大面积、多场景以及全天候的安防检测，将网络安全摄像头等传
感器融入整个安防控制网络中。一旦在监控画面中发现异常情况，物联网能够以最快
的方式发出警报并提供有价值的信息。三是报警信息，从农业解决方案来说，通过物
联网技术，能对产品生长的整个过程进行全面的监控，不仅实现了精细化管理，还节
省了人力成本。

可视化管理系统设置了数值异常报警机制，用户可根据自身需求设置报警参数，
并且可以通过微信、短信、邮件、语音等多种通知方式接收报警信息。在报警触发的
时候，可以设置设备联动控制，例如当设备土壤湿度传感器监测到当前场地湿度连续
几天不足及所设定的阈值时，便出发报警机制，自动开启灌溉系统对中药材基地进行
浇灌作业，直到土壤湿度传感器监测到的湿度数值达到设定的阈值范围内，就关闭作
业。一是历史数据，可视化管理系统支持历史数据查看与筛选，帮助用户更好地进行
数据查看与分析。二是项目管理，可视化管理系统为用户打造了基于项目、设备、传

感器的 3 个子集管理。在项目管理中，用户可以将项目的所有权迁移到其他用户，也可以将设备迁移其他项目下。项目设备可迁移，方便用户更好地管理与维护。三是设备信息，设备信息中涵盖了对设备及视频的基本操作，其中，设备列表中，可对设备进行新增设备查询基本功能。为方便用户快捷新增设备，可视化管理系统还提供快捷添加设备和设备克隆便捷操作。在视频列表中，主要为管理视频列表为主。四是触发器管理，为用户配置触发器列表，用户可在其设置相关参数以达到数据异常报警和设备联动等操作。五是客户管理，为用户提供了管理客户资料的入口，用户可以收录客户名、客户账号备注、客户手机号、客户类型、客户状态、客户地址、注册时间、操作等，方便用户更好地管理客户资料。六是生产日志，用于农户对农场进行日常运作的管理，进行农事记录，其中，用户可以根据自身情况，自行记录作业名称、批次、作业人员、作业时间等。

➤ 经验效果

1. 经济效益

公司积极发展数字农业，建设智能温室钢架大棚。40 亩智能温室种苗繁育中心每年为农户提供商品化机插秧大田用苗 2 万多亩、蔬菜种苗 8 000 万棵。公司 10 台插秧机和 20 台旋耕机，采用机械数字化播种和机插技术，应用"物联网 + 北斗定位 + 网络通信"为一体的智慧农机新模式，每年为农户水稻机械化耕作插秧 2 万多亩。2023 年代耕代种服务面积达到 40 000 多亩。通过缩小水稻插秧横、纵间距，增加种植密度，在帮助农户节约生产和人工成本的同时，又提升了产量——每亩增产稻谷 80 kg，每亩增收经济效益 225 元。公司配备 7 台燃气烘干机，全部采用智能化生产管理，日烘干稻谷量为 200 多 t，帮助农民解决了受天气影响和场地条件制约，长期存在的"有天无地晒、有地无天晒"的难题。通过数字智能化粮食烘干服务，带来可观的经济效益、社会效益和生态效益，每吨粮食可减少损失 3.25%，即每吨增产 32.52 kg，每吨可增产值 79.64 元；平均年减少稻谷晒干损耗达 70 万元，为减少粮食资源浪费，提高作物产量和农民收益作出了积极的贡献。2023 年为农民烘干稻谷 2 万 t，公司蔬菜供销服务中心，通过现有的 15 座蔬菜保鲜冷藏库和 2 000 多 m² 冷链配送中心，可一次性储存蔬菜 5 000 t。配以冷链仓储、冷链运输销售等方式，带动小微农业企业和农民增收增效。通过 15 辆冷链运输车和"互联网 + 营销"，日销售蔬菜可达 300 t，帮助周边农户解决产品销路问题，保障了本地区菜篮子的供应。

2. 社会效益

公司以农民增收、农业增效、乡村振兴为出发点，举办各类农业技术培训和生产指导活动，有效提升了受训农民的职业技能和科技水平。公司以田间学校为载体，举办各类农业科技服务技术培训 16 期，受益农民达 1 500 人次。公司利用"互联网 + 农业"思维，采用"线上 + 线下"的订单销售模式，主动与商超、电商等对接，并与600 多农户建立产供销联合体，服务客商达 3 500 多户。同时通过品牌策划，注册了

"雪米""李雪美"两个商标，以"雪米"西蓝花为拳头产品，依托 10 个绿色农产品认证、3 个蔬菜种植专利，利用企业微信公众号、抖音等平台推介宣传，先后与美团、朴朴、拼多多、淘菜菜等电商合作，采用"公司 + 基地 + 连锁配送 + 电商平台"的蔬菜小区直营模式，冷链送达消费者，减少传统蔬菜销售环节，线上线下日销售量达 300 t，促进农产品"出村进城"。公司利用现代数字技术与现代农业机械相结合，大力开展育秧育苗服务、代耕代种服务、粮食烘干服务和冷链冷藏社会化服务。通过商品化处理、品牌宣传，提升农产品的商品性和市场价格，建立利益联结机制，促进农民增收增效。公司围绕"三农"工作，任重道远。将继续发挥农业产业化龙头企业带头作用，积极发展提升数字农业，朝着稳产增产、农户增收、乡村振兴、共同富裕的目标迈进。

撰稿单位：福建省农业信息服务中心，福州市农业农村局，长乐区农业农村局，
　　　　　福州市长乐区雪美农业开发有限公司
撰 稿 人：陈　婷，念　琳，陈　璐，林长治，李　旭

山东省淄博市以数赋智，打造国内一流石榴园典型案例

➤ 基本情况

淄博锦川河富硒农业发展有限公司是一家集软籽石榴研发育种、试验示范、生产加工、销售服务为一体的省级农业产业化重点龙头企业。公司 2013 年以来流转 1 500 余亩废弃矿坑、荒山，实施生态农业修复工程项目。11 年时间共投资 1.4 亿余元，依托园区天然富硒土壤优势，发展了以软籽石榴为主的十几种特色作物种植，现已建成北方地区初具规模的"富硒软籽石榴科技示范园"。公司位于山东淄博国家农业科技园区、山东省现代农业产业园内，先后被授予"中国优质石榴基地""山东省农业产业化重点龙头企业""山东省林业龙头企业""山东省经济林标准化示范园""山东省农业新六产示范基地""山东省高素质农民培训基地""山东省富硒农产品示范基地""山东省休闲农业精品园区""淄博市智慧农业应用基地"等荣誉。2021 年入选国家地理标志农产品保护工程，并通过国家首批天然富硒土地认证。公司投资 1 200 余万元，建设了环境传感、数据采集、生长监控、数字病虫害测报、自动化装备等智能化设备以及云平台、手机 App、智能化管理系统等数字农业软硬件设施。

➤ 主要做法

1. 实施背景

为贯彻落实中共中央国务院《关于全面推进乡村振兴加快农业农村现代化的意

见》精神和根据《中共淄博市委淄博市人民政府关于打造数字农业农村中心城市的行动方案（2020—2025年）》要求，紧紧围绕淄博市委、市政府"一个目标定位、四个着力建设、十个率先突破"的总体思路和工作布局，牢固树立绿水青山就是金山银山的理念，深入实施乡村振兴战略，以推进农业供给侧结构性改革为主线，按照"紧盯前沿、打造生态、沿链聚合、集群发展"的产业组织理念，淄博锦川河富硒农业发展有限公司致力于打造黛青山数字农业示范园——软籽石榴全产业链数字化提升和智能化改造。通过本项目的建设与推广应用，实现园区作物远程监控、温湿调控、水肥精准管理等方面的智能化生产和数字化管理，打造高效、智能、精准、绿色数字农业园区，探索数字化农业发展模式，加快推进农业生产智能化、管理数据化、服务在线化，全面提高农业现代化水平。辐射带动当地农业生产加工的精准决策、精准生产、精准管控、精准服务。

2. 主要内容

建设园区数字农业大数据可视化智能控制中心，实现大数据应用分析和生产数据监测。建设控制中心并在生产现场部署农业气象环境监测站1套，用以实时监测园区气候信息，了解园区农作物的生长环境；部署无线低功耗土壤四合一传感器220套，实时采集土壤的温度、湿度、EC值等，实现土壤墒情精准监测；部署水肥一体化系统26套，铺设园区水肥一体化灌溉管路，对50余栋大棚阀门升级成电磁阀控制，在精准灌溉、远程调控、水肥均衡等方面发挥影响。通过园区数字农业大数据应用服务平台，实现PC、手机端远程控制。

3. 主要技术

一是农业信息的获取。建设园区气象环境检测站，用于温度、湿度、

黛青山数字果园鸟瞰图

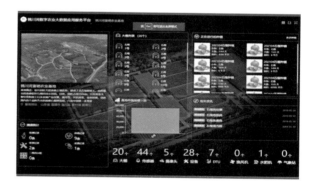

锦川河数字农业大数据中心

智能虫情测报系统

光照、大气压、二氧化碳、风速、风向、降水量等气象要素的全天候现场监测；建设园区土壤墒情检测系统，通过在园区部署的 220 套无线低功耗土壤四合一传感器，实现对土壤温度、湿度、EC 值、光照强度等的精准监测；建设视频监控系统，用于观测作物的生长状况、病虫害发病状况、农事管理情况等；建设智能虫情测报系统，依托 AI 技术和海量的病虫害图库，准确识别害虫的种类和数量，对当地的病虫害发生趋势做出预测和诊断。二是对所获取信息的管理。建设园区数字农业大数据可视化智能控制中心，打造大数据监管驾驶舱，实现大数据应用分析和规模化数据监测，包括园区单位信息、园区种植管理、园区基地大棚、园区传感器信息、园区产品出入库信息、园区农事操作信息、供应商及客户信息等。三是经信息分析做出的决策。建设大数据指挥中心，包括生态监控、动态分析、预警预测、智能控制等，为各级管理人员提供全面可视化、快速化、数字化的决策支持。四是由决策而决定的具体实施方针。建设智能灌溉系统，对园区新增加水肥一体化系统 26 套，并接入园区数字农业大数据应用服务平台，根据决策指挥中心通过数据分析后所下达的相关指令，达到科学灌溉、按需施肥的目的，实现节水、节肥、改善土壤环境，提高作物品质；建设智能温控系统，对园区 50 栋连栋大棚进行智能化升级，安装物联网控制柜 50 套，控制卷膜电机，建设自动温控系统，根据石榴各生长阶段适宜的温度需求，设定工作阈值，实现自动温控。

➤ **经验效果**

1. 经济效益

通过园区智慧农业物联网体系建设降低企业管理投入，提升管理效率。降低劳动力工作强度和支出，提高工作效率，增加管理范围，减少农资使用，降本增效，为农产品标准化奠定基础。通过项目实施，实现节省人工 20%～30%，节省水肥和农药 10%～20%，增加产量 10%～20% 的目标，同时提高质量、降本增效效果明显，也为农产品溯源提供安全保障。智慧化农业的实施，不仅减少了成本，还提高了产量。2023 年公司软籽石榴亩产达 1 200 kg 左右，亩增产 10% 左右，每亩提高经济效益 2 000 元左右。

2. 社会效益

增强内生动力。推进产学研融合发展，提高农业从业人员素质。通过规模化、标准化、集约化的生产，提高劳动生产效率，增加了农业的综合效益。通过物联网技术信息交互，促进融合发展，提高技术水平。通过展示、示范、培训，引导更多农业从业人员共同推动农产品智慧化管理，农产品标准化建立，推进产学研融合发展，提高农业从业人员素质，加快种植业结构调整，促进农业高质量发展，起到良好的示范和带动效应。建立软籽石榴标准化种植模型，辐射带动全市更多农户增收致富。

3. 生态效益

项目生产运营从园区生态系统的总体出发，利用信息化手段，创造有利于作物生长的良好生态环境，不仅改善园区的土壤结构与条件，使生态链得以保护，同时降低农药、化肥的使用量，减少有害物质对土壤、环境的侵蚀，有效保护园区天然富硒土壤的环境条件，生态效益显著。

以打造黛青山数字农业示范园区为引领，强化市场化理念、产业组织理念、平台思维、生态思维。积极运用数字化、信息化、智能化、智慧化技术推动园区转型升级、跨越发展，抢占现代农业发展制高点，推动乡村振兴走在前列。为淄博市数字农业农村中心城市升级、跨越发展助力，为建设务实开放、品质活力、生态和谐的现代化农业农村提供有力支撑。

撰稿单位：*淄博锦川河富硒农业发展有限公司，淄博市数字农业农村发展中心，山东省农业技术推广中心*

撰 稿 人：*张锦超，车呈瑾，毛向明*

河南省柘城县国家数字农业创新应用基地项目典型案例

➤ **基本情况**

柘城县农业农村局作为项目建设及实施单位，在设施种植、大田种植、高标准农田、农产品检验检测体系等重大农业建设项目施工的组织管理、建设资金监管和设备设施的运营管护方面积累丰富的实践经验，取得显著成效。2020年柘城县入选国家"互联网+"农产品出村进城试点县项目创建。柘城县国家数字农业创新应用基地位于牛城乡，项目总投资4 539.80万元。其中温室设施面积39 000 m²，大田耕地面积5 000亩，数字农业指挥中心面积200 m²。柘城是中国辣椒之乡，全县辣椒种植面积稳定在40万亩，年产干椒12万t，年交易量突破60万t，交易额超过百亿元，是全国重要的辣椒种植、集散、加工基地和价格形成中心。柘城县依托中央预算内投资项目柘城县国家数字农业创新应用基地（辣椒品种）建设，完成一期数字农业创新应用基地建设。

➤ **主要做法**

1.实施背景

2017年10月，党的十九大报告明确提出，深化供给侧结构性改革，推动互联网、大数据、人工智能和实体经济深度融合。2018年1月，《中共中央、国务院关于实施乡村振兴战略的意见》提出，加快构建现代农业

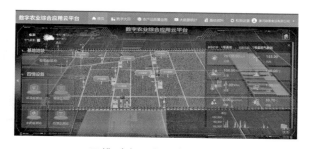

三维时空一张图应用场景

产业体系、生产体系、经营体系，提高农业创新力、竞争力和全要素生产率，加快实现由农业大国向农业强国转变。2019年6月，《数字乡村发展战略纲要》指出，加快推广云计算、大数据、物联网、人工智能在农业生产经营管理中的运用，促进新一代信息技术与种植业、种业、畜牧业、渔业、农产品加工业全面深度融合应用，打造科技农业、智慧农业、品牌农业，探索发展数字农业应用是履行上述目标的关键行动。

2. 主要内容

数字农业基础云平台：平台是纯软件系统，可直接部署在云服务器上，具备较强的灵活性，支持同城跨可用区容灾和就近路由，规避单可用区可能存在的不可抗力风险，提高服务的高可用性和容灾能力，能够满足地区数字农业建设要求。

5G 物联网—万物互联，智能感知、智能控制应用场景

种苗生产信息精准管理系统：对辣椒种苗生产过程进行集成化管理，规范辣椒种苗生产标准和管理流程，保证生产数据真实、有效，从而提高辣椒生产效率，提高辣椒的品相和产量，确保辣椒生产销售水平不断提升。

育苗生产日历管理系统：制订农事计划、巡园计划，添加农事方案，按作物品种类型，预置不同的农事活动，记录每次农事活动产生的预计成本；制订作物的农事计划方案播种、除草、施肥、灌溉、施药等，按照辣椒种苗的生长模型制订。

精准种植四情监测系统：通过

AI 图像识别—自动采集，智能识别，智能分析应用场景

安装物联网传感器对温室农作物"四情"进行即时的数据监测，对农作物各个生长阶段的长势长相进行动态监测，实现信息采集、生产监控、安全可视、在线监管，全面提升农业信息化和四情监管水平。

辣椒生长预测模型大脑：结合作物生理学、生态学、气象学、土壤学和农学等相关学科的关键技术，在综合量化作物生长发育过程及其与环境和技术关系的基础上，以辣椒生产过程中的水肥管理为对象，软件系统内置辣椒生长模型，包括辣椒全生育期的需水和需肥规律，结合辣椒生理发育期进行环境、生态因子特征指数选取与调整，构建以辣椒的生长发育模型为基础的水肥一体化决策模型和基于水肥一体化装备的配套高效高产管控系统，实现整个基地辣椒生产过程的智能化管控。

辣椒智能移栽装备：包含全自动辣椒移栽播种机、全自动辣椒施肥覆膜机和配套无人驾驶拖拉机。无人驾驶拖拉机带动全自动辣椒移栽播种机，对辣椒作物进行移栽智能作业，行距、株距、深浅可根据需要灵活调节，移栽效率高。全自动辣椒施肥覆膜机具有旋耕、施肥、覆膜、铺设滴灌带等功能，具有设施自动化程度高，功能全面，维护方便等优点。

测土配方施肥推荐系统：根据提供的土壤信息，系统测土配方的模型计算配方；分析土壤养分丰缺的状况评价，提供适用的施肥方案。依据平衡施肥原理，建立 AI 施肥决策模型，

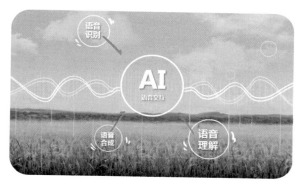

AI 语音交互—农业农村数字化应用场景

农作物模型大脑应用场景

3D 数字孪生—让数据展现更直观的应用场景

区块链溯源—采集真实农产品防伪追溯和
产业数据应用场景

根据各地块土壤肥力情况和作物养分特征，结合种植农作物、目标产量、施肥模式等信息，系统智能计算配方，分析土壤养分丰缺的状况评价，推荐最适宜的亩均施肥量配比。

农业专家远程诊断系统：构建农民、农技人员、专家的远程资源共享桥梁，为生产主体和农户提供全程的技术指导与服务。建设农业专家信息库，以列表的方式按一定的类别公开展示专家信息，为农户远程咨询提供基础支撑。

采后商品化处理系统：将农产品采后商品化处理现实世界利用数字化技术营造的与现实世界对称的数字化镜像。以建设采后商品化处理设备三维模型为基础，实现可视化综合管

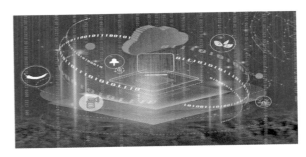

微服务框架—缩短项目周期应用场景

物联网平台－轻量级发布／订阅式消息传输应用场景

理。将设备进行 3D 仿真复原，同时，将生产作业运行状态可视化呈现。采后商品化数字分析系统对采后商品化处理设备进行数据采集，通过图表生成可视化分析报表，对采后处理作业数据叠加展现，对阶段数据进行多维阶段分析。

质量安全溯源系统：以质量安全为基础，采用区块链技术，从田间地头到产品终端，实现农产品全产业链追溯。从种子、环境、生产过程到销售，建立农产品供应链中原料、加工、包装、存储、销售等环节的信息管理，全流程管控，保障农产品安全优质生产，助力打造优质品牌。通过消费者数据支撑建立用户画像销售分析模型，为消费者提供精准营销服务。

辣椒云市场门户：云市场板块聚焦产品服务介绍，解决方案应用特点，针对不同客户群的需要响应，关键应用功能介绍，简单应用功能视频推介，数字农业云市场应用可以带来的改变等内容，展示推介柘城数字农业创新应用基地应用案例。

辣椒云市场优选商城：实现数字农业相关智能物联网硬件产品展示和推荐，帮助新型经营主体、新农人了解数字农业相关硬件产品功能及性能，方便线上订购，实现硬件产品与平台系统快捷接入集成应用。

辣椒产业数字服务：市场信息服务可以查阅发布的供应信息、行情信息、行业咨询信息、种植技术信息等，农产品价格指数服务的农产品价格模块提供对农产品价格及其价格走势实时查询。农企推荐支持柘城辣椒相关企业进行品牌建设、产品宣传、文旅推广，旨在通过本平台进行相关宣传推广。新农人培训以种植技术、加工技术、

经营管理等专题进行培训课程的展示，可进入精品课程在线观看。

可溯源微商城：实现网上交易，帮助农户、农业生产企业解决农产品销售难的问题，实现了农产品的线上交易流程，建立特色农产品的交易制度，可与追溯及物联网技术无缝对接，通过电商平台可实现农产品生长履历各关键节点的信息查看，展示农作物视频信息、生长环境因子信息、加工、存储、销售、流通信息等，让生产者和消费者直接对接，减少了中间的流通环节，降低了中间费用。

辣椒产业数据辅助决策分析系统：采用大数据分析、动态可视图表等技术，为管理者提供分析舱、育苗、种植、管理、投入品、营销、质量安全等专题决策服务。大力提升农业生产"精准决策、精准管理"能力，切实增强对农业生产灾害、病虫害、产量、长势、产值情况的发现、预警和控制能力。

数字农业沉浸式培训体验系统：结合大屏系统打造出柘城现代数字农业场景，将制作好的三维动画影片呈现出立体场景营造出身临其境的培训体验效果。通过现代数字化集成技术科学种植辣椒作物的沉浸式教育培训，展现现代农业的标准化生产技术规范，数字化种植画卷依次展开，科普柘城现代数字农业模式。

3. 主要技术

数字孪生可视应用技术：通过可视化的设施农业数字孪生模型，动态模拟系统现场实时工作状态，通过动画清晰直观地实时查看农情监测和物联设备的工作情况，直接在可三维模型直观操作，解决了指挥调度效率低的问题。

AI 智能语音交互技术：基于人工智能语音识别、语音合成、自然语言理解等技术，在移动端及固定点实现数字设施种植"能听、会说、懂你"式的智能人机交互，帮助用户使用语音查看农业"四情"监测、语音远程控制设备等，使数字设施种植更简单，应用更加便捷，不识字的农户也可以利用数字化技术实现简便种植应用。

AI 苗情图像识别技术：基于人工智能图像解析、识别等技术，实现数字设施种植"能看、能识别、懂你"式的智能人机交互，帮助用户使用 AI 摄像机识别农业种植"四情"状况，实施监测预警、智能自动采集及联动控制，应用更加便捷，实现简易化的便捷操作。

大数据分析决策技术：大数据技术应用通过深度挖掘和有效整合农产品产业链数据。农情监测、环境监测、视频图像信息数据库，将作物种植过程中的生长监测、环境监测数据统一纳入大数据监测体系，实现作物生产种植分布、产量预估、肥水调优、投入品减量化、实时生长状态和环境适宜性评价，形成农业大数据监测预警，指导农业生产。

区块链溯源存证技术：利用块链式数据结构来验证与存储数据，利用智能合约全新基础架构与计算方式，用于农产品防伪追溯和产业数据的真实性收集。将溯源数据存证到区块链网络中，基于区块链技术的不可篡改、不可伪造特性，保证数据采集、存证、处理、展示的全过程真实可信，实现数据的可信存证。融合区块链技术贯通全产业链。

无人驾驶田路协同技术：无人驾驶农机是数字农业、智慧农业发展的现实需求，用农机进行定量的可量化的作业。无人驾驶农机采用北斗导航自动驾驶系统，集"高精度引导—自动控制—无人智能控制驾驶"于一体，通过在高精度引导、智能控制、无人驾驶等系统的核心算法，拥有路径规划、自动启停、自主掉头、智能避障、双机协作等技术。

悦农盒子 AIoT 智能设备，悦农盒子是围绕用户打造的农业信息助手，赋能农业物联网硬件生态，打造更懂用户的 AIoT 智能设备，可联动水肥机、气象站、墒情站、虫情设备、苗情站等多个物联网设备及系统。悦农盒子语音交互了解气象、墒情及当前作物的种植指导，语音控制施肥、浇水，10 寸液晶屏切换现场可视化界面。

4. 运营模式

柘城县引进专业的运营团队"河南腾跃科技有限公司"，实行市场化运作，负责辣椒产业数字化运营管理。围绕数字农业创新应用基地，打造辣椒工厂化育苗、辣椒农情监测预警分析、辣椒生产决策模型、农业生产控制、辣椒生产过程管理、辣椒采后商品化处理、农产品质量安全追溯等辣椒大产业的全过程数字化。

辣椒产业结构调整，精准扶贫新模式：柘城县始终把辣椒产业作为结构调整、精准扶贫的重要抓手，把辣椒作为绿色产业、富民产业、朝阳产业来重点打造，走出了一条集生产、加工、销售、品牌为一体的产业现代化发展路子。2 000 余名辣椒经纪人帮助 1.26 万农户走上种椒脱贫致富路。应用现代农业信息技术覆盖全县辣椒生产全产业链，并应用现代管理方式，实现精准扶贫新模式。

现代化辣椒育苗工厂，发展绿色生态新模式：柘城县辣椒小镇现代化辣椒育苗工厂，为全县辣椒种植提供充足的、优质的种苗。现代化工厂育苗具有育苗周期短、成活率高、种苗抗病能力强等特点。在辣椒苗移栽时节，该工厂为全县提供了几万亩的辣椒幼苗，成为发展可持续发展的绿色生态新模式。

科技赋能辣椒生产，产学研创全面结合模式：2020 年 5 月 5 日，柘城县三樱椒种子样品随长征五号 B 运载火箭进入太空，完成了高真空、微重力、高能粒子辐射等特殊太空环境因素影响的刺激性太空实验。在辣椒产业发展中，柘城县特别注重产学研创相结合，与中国农业科学院、河南省农业科学院、河南农业大学等科研院校合作，成立了全国特色蔬菜技术体系综合试验站、辣椒生产与加工技术交流中心；柘城县还联合商丘师范学院、商丘科学院，与湖南省农业科学院邹学校院士科研团队共同建设了河南省干制辣椒产业技术院士工作站。

立足国际之列，铸就绿色品牌新模式：创立品牌繁荣市场，柘城辣椒香飘天下。柘城辣椒先后通过"国家地理标志保护产品""国家地理标志证明商标"和"绿色食品"认证，被评为"2018 质量之光年度魅力品牌"，在上海举行的 2019 中国品牌建设高峰论坛地理地标排行榜发布会上，"柘城辣椒"品牌居全国第 65 位，品牌价值 60.52 亿元。

规模化托管运营，经营管理新模式：结合柘城县"柘城辣椒"主导产业数字化转型的重大需求，根据柘城县辣椒种植及农业产业发展实际情况，以丰富的辣椒资源和良好生态环境为基础，实施 123 工程，即"一中心""两市场""三基地"，采用建设—运营—移交（BOT）、建设—拥有—运营（BOO）等模式推进数字化运营新模式。合理利用现有资源，加强柘城三樱椒基地智慧温室的二次利用，进行无公害、纯有机蔬菜种植，促进智慧农业可持续发展。联动腾跃现有"云农谷"云平台，将智慧菜园种植过程公开化、透明化，任何客户都可通过腾跃"云农谷"云平台随时查看基地实况。通过腾跃旗下的"云农谷"云平台的技术支持和腾跃智慧菜园种植基地的项目实践，将智慧种植推广至农户和消费者，让智慧农业从概念落实到身边，有效推进农业数字化发展进程。

加快农旅融合，带动产业可持续化发展：毗邻椒香湖，万平智慧蔬菜园，借势辣椒节客流资源及辣椒小镇名气，引流智慧种植基地，以沉浸式体验、智慧种植参观、智能设备体验为亮点，将基地打造成农业＋旅游代表景点，促进柘城农业产业化发展。同时，加强与本地学校合作，打造"走近科学·智慧种植观展园"，将自然科学课搬到温室，带领孩子们零距离观看植物生长、沉浸式感受新时代数字种植，感受科学的魅力和农业的新形态，在孩子们心中种下科学种植、智慧生产的种子，让孩子们现场体会劳动的快乐，做到寓教于乐。

➤ **经验效果**

1. 经济效益

通过资源的优化配置，现代信息技术的应用，使农业信息基础环境更加安全，使业务运转更加高效。及时获取大量预警性信息，促进农作物精准生产全过程的技术集成应用，有效提升农作物生产农机、农艺、信息融合水平。提高肥料利用率 30%，节水 50%，省工 95% 以上，节本增效明显。提升柘城数字农业创新应用基地项目区的土地产出率、资源利用率和劳动生产率，在区域农业发展中彰显强大的示范引领作用。育苗工厂提高植株成活率，节省人工、投入品，增产增收；传统种植灌溉用电及人工需 40 元 / 亩，水肥一体化每次只有用电费用，成本每次 5 元 / 亩，每年平均浇水 5 次，亩均每年节省 175 元左右；小麦及辣椒每年投入肥料及农药 605 元，节省 182 元；传统施药施肥全年需人工 11 次单次 10 元，需 110 元 / 亩，节省 105 元；基地每亩每年节省 462 元。精耕细作每年增产 10%，辣椒增收约 30 kg，小麦增收约 50 kg，小麦和辣椒合计增收约 600 元，遇到灾情严重情况，增效更加明显。每年每亩节本增效合计在 1 062 元以上。

2. 社会效益

智慧农业示范引领，带动辣椒生产加工采取"企业＋自建基地＋农户"的运营模式带动周边农户增收致富，加速作物育种、驱动精准农业的操作、实现农产品的可追溯、重组供应链，并测算预估实现农产品销售上的指导。基地种植的辣椒全部用于本地农副产品深加工，订单农户产品以高于市场 10% 的价位收购，农户每亩年均增收 120 元以上；公司每年对流转户的土地每年按亩均 450 kg 辣椒标准支付农户或折价支付租金，并反聘流转土地的农户到企业就业，农户年均增收 2 万元以上。数字农业的应用实现了设施种植管理的精准化，提升了农业生产的科技含量，从源头解决农产品质量安全问题，为食品质量安全溯源提供保障。带动农业物联网技术设备及相关农村产业经济发展，把先进技术传播给相关产业，有利于引导其他农业企业进行信息化建设，提高农产品质量安全水平和市场竞争力，并按照产业化要求增强服务功能，规范生产经营，实现做大做强。

3. 生态效益

基地加强对农业生产环境及生产过程的全面监控，通过对农业化学投入品监管，促进合理使用农药、化肥、药品等农用化学物质，提高使用效能和安全性，减少对农业生态环境的污染，保证农产品生产的水体、耕地条件符合农产品安全生产的需要，实现农业生产良性循环和可持续发展。实现秸秆还田、农作物废弃物处理系统有机整合，农业秸秆等废弃物变废为宝，转化为有机肥，提升农产品质量。节约能源，改善农村的生产和生活环境。在项目区内，将部分农作物秸秆转化为有机肥，实现农业固体废弃物资源化利用，亩均耕地减少化肥施用量成本投入 200 元，亩均增收 400 元。

无人驾驶 – 田路协同，打造无人农场应用场景

4. 推广应用

通过数字农业应用推广基地项目建设，实现工厂化智能育苗、设施种植农情智能监测、自动化管控、远程可视化监控和统一调度管理，农产品质量安全可控，实现农业原料投入减量化，生产控制自动化、远程监测可视化、综合决策智能化。通过数字设施农业基础门户云平台建设，围绕辣椒作物生产种植构建农业基准数据，并综合使用农业大数据相关技术，在辣椒育苗辅助决策分析管理上发挥数字化

悦农盒子—农作物种植语音指导应用场景

作用。实现农业资源的上图入库，农业生产过程的有效管理，辣椒产业链主要种植环节的数据接入，打通上下级机构信息化系统数据交互，对农业大数据进行分析、处理和展示，加强辣椒设施种植农业数据资源的交换共享，更加精准地应用于农业的各个环节。辣椒采后商品化处理系统建设，对分选、烘干、包装等设备实施智能化改造，提升采后处理全程自动化水平。农产品质量安全监控系统建设，使农产品质量安全可控，实现农业原料投入减量化，实现生产全程监控和产品质量可追溯。在系统建设过程中统一辣椒产品标准、种植标准，以及数据采集标准、物联网接口标准等，实现辣椒品牌运营和数字农业信息的持续性、复用性。更好地推动传统农业向现代农业的转型，助力农业信息化和农业现代化的整合升级、高效利用及高效的推广价值。

5.对农业信息化数字化促进作用

一是促进科技成果转化，柘城农业农村局围绕辣椒科技成果转化、辣椒种子繁育，已建设不同品种的辣椒科技成果转化试验基地、辣椒生产技术成果转化试验基地、不同品种的优质辣椒繁育基地等。二是促进市场主体多方协同，柘城县农业农村局坚持政府引导、市场主体、多元投入、多方协同的原则，推动大数据、云计算、物联网、移动互联等现代信息技术在农业中应用，在设施种植领域开展精准作业、精准控制建设试点，探索数字农业技术集成应用解决方案和产业化模式，打造数字农业示范样板，加快推进农业生产智能化、经营信息化、管理数据化、服务在线化，全面提高农业现代化水平。三是促进农业生态环境，提高农村生活环境质量，数字化农业能够有效改善农业生态环境。将农田生产单位和周边生态环境视为整体，并通过对其物质交换和能量循环关系进行系统、精密运算，保障农业生产的生态环境友好，农村生活环境质量提高。四是促进规模化种植，有效带动周边就业，通过"公司＋基地＋农户"模式，适度规模化设施种植，成为农业生产的基本趋势。引导柘城县农业产业化龙头企业，有效带动周边就业，提高农业综合生产效率，经济效益高。五是促进传统农业进行数字改造和升级，本项目通过重点建设工厂化育苗系统、环境监测控制系统和生产过程管理系统、产品质量安全监控系统、辣椒产业重要数据资源管理系统，实现对传统农业进行数字改造和升级。

撰稿单位：商丘市农业农村局，河南腾跃科技有限公司

撰 稿 人：袁俊家，郜凤梅

河南省安阳县数字化生态无人农场典型案例

➤ **基本情况**

2023年3月验收完成的千亩生态无人农场是由安阳县农业农村局和全丰生物科技

有限公司投资 750 万元，山东理工大学智慧农业团队提供技术共同建设完成的河南省唯一一家耕、种、管、收农作物生长周期内重点时节智能化、无人化数字农场。安阳县农业农村局事业在编 112 人，其中中高级职称以上 80 人，占全县农业技术人员 70% 以上，这些技术人员具有扎实的理论知识和丰富的一线农业技术推广经验；全丰生物科技有限公司是一家集农用植保无人机研发、生产、销售、推广应用、飞防服务于一体的高新技术企业，始终坚持科技引领发展理念，企业已成为全国农业服务品牌引领者。千亩生态无人农场主要采购自动巡航系统的拖拉机 4 台、智能无人收割机 4 台、无人驾驶播种机和深耕机各 4 台、植保飞防无人机 6 台、智慧灌溉系统 2 套、气象传感器、无人植保机以及土壤墒情传感器等智能装备，由山东理工大学智慧农业团队提供智能算法和模型，融合农业航空应用技术，实现生态无人农场内智慧水肥一体化灌溉系统、土壤传感器、气象传感器等关键设备与 GIS 地图、5G 等各种软件的连接，通过各种传感器数据传输、AI 算法、大数据技术甄别筛选等各项技术的综合运用，构建完成基于人工智能、云平台的农机装备协同作业管控系统，实现农机装备与人工智能深度融合，达到耕种管收的重要农时节点全自动作业效果。

➤ **主要做法**

1. 实施背景

当前农业从业人员越来越趋于老龄化，60～70 岁的人员已成为农业生产的主力军，农业密集型劳动生产成本和传统粗放型农业生产管理模式都已经不适应当前农业发展趋势。随着各种末端传感器装置融合现代信息科技和物联网、大数据、云平台、气象信息等技术在农业上的应用，数字农业得到飞跃发展。数字化技术在农业上的应用显著降低农业生产成本投入、提高农产品质量，增加农户收益。2020 年中央"一号文件"《中共中央、国务院关于抓好"三农"领域重点工作确保如期实现全面小康的意见》再次对智慧农业的发展给出了指导"依托现有资源建设农业农村大数据中心，加快物联网、大数据、区块链、人工智能（AI）、第五代移动通信网络（5G）、智慧气象等现代信息技术在农业领域的应用"。2021 年 2 月，为落实好上级有关文件精神，加快全县农业发展，提高

全县农户收益，借助安阳优质小麦现代农业产业园项目，安阳县农业农村局和全丰生物科技有限公司申请成功千亩生态无人农场项目。

2. 主要内容及技术

生态无人农场内智能机械装备是由几十颗北斗卫星为其提供定位服务，在物联网技术、云计算、人工智能技术及 5G 信息技术加持下，配备拖拉机、收获机等智能设备、通过远程自动化执行相关的命令及操作，完成播种、耕作、收割、采摘等重要节点农事作业。一是耕种精确。无人驾驶拖拉机控制系统行驶精度可达 ±2.5 cm，相当于火柴盒大小，可以有效避免各项作业环节中农机压苗现象，降低农机在田间连续作业时对农作物受损的可能性，还可实现自动避障、紧急制动，极大地保证作业安全耕种时通过控制拖拉机耕种自动行驶，确保精准的直线度和行间距可以使作物通风、受肥更为均匀。二是植保飞防精准作业。通过对植保无人机运行轨迹、亩用药量等在线监测，对植保无人机的关键零部件运维情况等进行远程监测预警，实现农业植保的数字化、可视化、智能化管理。三是适时灌溉，精准施肥。通过自动气象站、土壤温湿度传感器等监测土壤水分、土壤温度等数据，根据作物需水模型，再结合降水预测等信息，对单位面积作物的精准水量需求测量以及不同地块土壤类型和水分含量差别进行可变速的智能灌溉，从而以更适宜作物生长的方式进行灌溉和施肥，节约灌溉用水量和肥料用量。四是按照国内最先进的农业设备参数设计，选用能够提升管理工作效率的小麦无人驾驶收割机和无人驾驶玉米籽粒收获机精准作业。为满足不同地块作业，农田作业时采用"S"形、"口"字形、"回"字形路径，地头转弯采用半圆形、鱼尾形、梨形、弓形等。收割机可远程通过手机端遥控发动机启动、熄火、收割机割台升降、拨禾轮升降、增减油门、行驶速度调整、卸粮筒动作等，并可远程监视发动机转速、油位、水温等。

3. 运营模式

生态无人农场由安阳全丰生物科技有限公司在安阳县瓦店乡流转 1 000 亩土地，负责农场中日常农事管理、农业机械设备维护等；农业农村局负责农场中植保、测土配方施肥、农机、农技、农产品质量管控等田间技术；山东理工大学负责云平台维护、数据处理、无人驾驶机械装备调试、安装以及农业机手操作培训及其他智能设备终端数据计算并共享给农业农村局和企业等有关事宜。

➤ **经验效果**

1. 经济效益

无人农场采用无人化、智能化、数据化生产，智慧化农机具可以全天全时段连续作业，每年每台机械设备可节约人力成本 2 万元以上，提高土地成本利用率 6%～9%，每亩降低农药使用量 5% 以上，提高作业效率 30% 以上。智能灌溉设备结合气象站、土壤墒情等设备数据，利用大数据、人工智能算法精准确定灌溉位置及灌溉水量，节水 20% 以上，节肥 15% 左右，生态无人农场内每亩增产 10% 以上。综上，生态无人农场每亩每年可节约成本 90 元，每亩每年可增加收益 154 元，1 000 亩每年可为农户增加 24.4 万元收益。

2. 社会效益

无人化农场相对于传统的农业机械化，解决了当前农业劳动力短缺的情况下"谁来种地"的问题，可以大幅度提高劳动生产率，提高土地和农资等资源的利用率，代表了当前先进的农业生产力，是数字化技术、卫星导航和物联网等新兴技术在农业生产中的集成应用。随着国内城镇化水平进一步提高，农业人口下降，农业劳动力成本更高，技术进一步成熟的时候，无人化农场将迎来快速普及推广，布局无人化农场研究、技术和产品，对加速推进我国农业现代化、粮食安全等都有重大意义。

撰稿单位：安阳县农业农村局

撰 稿 人：郝凤珍

河南省九龙食品基于全产业链的数字田园应用服务体系典型案例

➢ **基本情况**

河南省九龙食品基于全产业链的数字田园应用服务体系项目位于"中原农谷"规划区域内，依托原阳县阳阿乡 13 000 亩高标准农田建设全产业链数字田园应用服务体系，以种植"原阳黑麦"为主，兼种高油酸花生、芝麻，围绕"订单种植、标准化管理、智慧化作业"等生产经营中的重点环节，应用移动互联网、遥感、物联网、大数据等信息技术，对农作物全产业链进行数字化管理运营，节约了生产投入成本，提高了农作物品质，增加了农户的收益。河南九龙食品有限公司是项目实施单位，2014 年在原阳县产业集聚区金穗南街投资建厂，是一家以农副产品种植、加工、销售为主的现代化食品生产企业，占地面积 15 000 m²，总投资 5 000 多万元。郑州农云大数据科技有限公司是项目技术支撑单位，2017 年在郑州市郑东新区龙子湖智慧岛注册成立，是郑州市大数据示范企业，主要开展农业大数据的研发、推广和应用。

➢ **主要做法**

1. 实施背景

为贯彻落实习近平总书记关于"保障粮食安全"的重要论述，探索"藏粮于地、藏粮于技"的实现路径，在河南省大力建设中原农谷的过程中，积极建设数字化高标准农田，聚焦小麦全产业链数字化创新，应用现代信息技术促进种业、粮食、食品聚合发展，提高生产经营效益、节约投入成本，推动小农户与现代农业高效衔接，为保障粮食安全和促进农业农村现代化作出贡献。

2.主要内容

建设数字田园云服务平台：应用云计算、大数据、物联网、遥感等信息技术，研发应用数字田园云服务平台，平台包括农田数据仓、农田一张图、农田数字孪生、农田在线问诊、农田农事记录等功能模块，对农田的基础数据、电子地图、农作物长势、病虫害监测、农事活动等信息进行采集、上传和发布，支持水肥一体机、无人机、灌溉设备、数据采集终端等智能设备的远程控制。

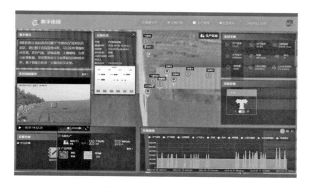

数字田园云服务平台

部署大田智能作业设施：通过对大田种植全产业链数字化设计，围绕种植过程中的重要作业环节，部署智能作业设施，并在数字大田云服务平台上建立统一的数据接口，实现不同设备数据的实时抓取和智能控制，为智能管理和精准作业提供了支撑。部署的智能设备有水肥一体机、无人飞机、航架式和卷盘式自动遥控喷灌、田间气象站、病虫害监测站等设施。

田间气象监测站农作物长势监测终端

研发耕、种、管、收一体化的手机App：针对传统农田管理过程中的"粗放式"问题，基于智能手机研发操作简单、功能齐全的农田管理App，引导小农户开展精细化、智能化的农田管理，将传统农业作业过程与现代化科学技术相结合，实现在线圈地、管理种植方案、派发作业任务，社会化服务组织查找、作业验收、农作物长势展示等功能，同时，与管理部门、金融机构、生产商、供应商等相关单位和农技专家的在线联通，实现农田耕种管收的全程智

智能无人机飞防

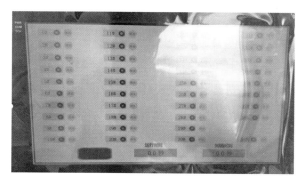

田间灌溉设备智能控制终端

能化。

3. 运营模式

搭建"六统一"标准化生产体系：立足"种出好品质、卖出好价钱"的目标，围绕"品质原粮"的标准，按照规模化、标准化和产业化的发展思路，统一品种、统一农资、统一标准、统一技术、统一管理、统一仓储，打造高标准优质黑小麦种植示范基地。

开展全产业链数字化管理服务：围绕标准化种植生产管理的业务流程，综合应用卫星遥感、精准气象、物联网、人工智能等信息技术，采集汇总育种、种植、管理、销售等各环节的信息数据，建立全产业链数字田园云平台，打造黑小麦高标准农田智慧农场，实现对农田生产全过程的智能化、精准化、自动化监测。

在线圈地　　　　　　　　任务派发　　　　　　　　任务详情

探索订单种植和团队管理的经营模式：立足黑小麦产量高、矿物质和微量元素丰富、市场有需求的优势因素，种植"正能二号"黑小麦，与陈克明面业、白象面业、博大面业等生产企业签订种植订单，进行标准化生产。生产过程中，与河南农业大学、河南农业职业学院建立合作关系，成立"团队 + 农户 + 专家"的生产服务支撑组织，引进大专院校毕业生，提供技术支撑，实现专业化管理。

➤ 经验效果

形成可推广的农业全产业链数字化经营模式，通过系统分析农业全产业链的数字化需求，探索出产前订单种植、产中标准化管理、产后品质可追溯的全产业链数字化管理路径，为提高农田生产经营效益提供了借鉴。

形成了校企合作的成果转化落地模式，项目充分应用了河南农业大学和河南农业职业学院在育种、农业物联网设备、小麦生长全周期模型等科研成果，通过校企合作，实现了先进科研成果的顺利落地，提高了企业和农户的收入，实现了社会效益和经济效益。

形成了"企业＋村集体＋农户"的市场化运营模式，在生产经营过程中，充分整合各方资源，联合生产企业、技术企业、加工企业、种植企业、村集体、农户等各个主体，在技术、资金、管理、实施等方面发挥各自作用，实现共赢和多赢的市场化运营模式。

撰稿单位：河南九龙食品有限公司

撰 稿 人：张建省

河南省温县小麦种子信息化公共服务平台应用典型案例

➤ 基本情况

温县是小麦良种繁育基地，国家级小麦制种大县，小麦种子基地常年稳定在30万亩，为助力种业高质量发展，温县农业农村局使用制种大县项目资金建设温县小麦种子信息化公共服务平台。

通过对接国家种业大数据平台，实现温县小麦育繁推一体化信息互通互联，全方位展示温县小麦制种大县历史数据和发展趋势，实时为制种农户提供田间农情、墒情、灾情等信息，利用植物—土壤—大气连续体模型及大数据驱动型智能农业技术系统，结合卫星与无人机遥感、人工智能、互联网等现代化技术，构建智慧种植决策系统，为农户推荐最佳的种植决策，提高农户种植效益。为制种企业搭建育繁推一体化信息管理平台，全面提高企业生产和监管效率，实现生产全程可追溯。为政府监管提供可追溯的信息管理平台，从备案源头掌控生产信息，真正把控种子生产质量全过程，助力"温麦"品牌高质量发展。

➤ 主要做法

1. 实施背景

国以农为本，农以种为先。种子被誉为现代农业的"芯片"，种业是国家战略性、基础性核心产业，是农业创新发展的源头动力，是保障国家粮食安全的坚强基石。温麦良种远近闻名，在业界有着"中国小麦看河南，河南小麦看温县"之说，温县2021年入选国家制种大县，同时作为河南省数字乡村示范县，数字农业已初具信息化基础，但在种业安全、制种企业运营管理、数字化生产等方面支撑力不够，为补齐种业数字化建设的短板，建设了温县小麦种子信息化公共服务平台。

2. 主要内容

该平台利用云计算、物联网、大数据、算法模型、人工智能、区块链等现代信息技术，与农业生产经营管理服务深度融合，并结合当地政府、执法监管部门、制种企业、繁种农户等的业务需求，提供一体化解决方案。面向政府的温县小麦种业大数据平台，应用大数据、遥感监测等技术，实现全县种业公司基本信息、繁种田分布、土壤地力等展示与监管，并通过与中国种业大数据平台数据共享，对种业全过程管控，为管理决策提供数据；面向制种企业的育繁推信息化展示平台和业务信息化管理平台，应用区块链、大数据等技术，实现小麦种子溯源，规范制种流程，优化运营管理，提供企业对外展示窗口；面向繁种农户的人工智能种植决策制种管理平台，应用以植物—土壤—大气连续体数字化模型和智慧种植决策为核心的技术实现种植方案、遥感监测、灾害预警等功能，提供从种到收全生育期种植指导，提高生产水平，降本增效；面向执法监管部门的数字化监管与服务系统，通过提供种子备案、流通信息等，做到种子全环节有迹可循，保障政府监管，提高种子安全。

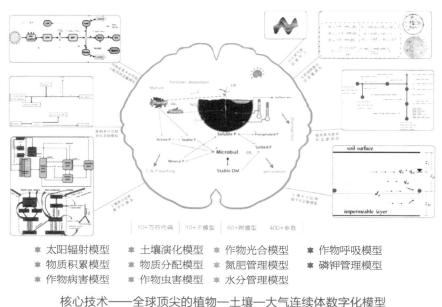

太阳辐射模型　土壤演化模型　作物光合模型　作物呼吸模型
物质积累模型　物质分配模型　氮肥管理模型　磷钾管理模型
作物病害模型　作物虫害模型　水分管理模型

核心技术——全球顶尖的植物—土壤—大气连续体数字化模型

通过"4个1"工程建设助力温县实现种业数字化，切实推进小麦种业育繁推数字化进程，全力打造具有温县特色的小麦种业"芯片"，打造国家级制种大县标杆，树立国家种业振兴典型案例。"4个1"工程建设具体包括：建设1个温县小麦种业大数据库，搭建小麦全生育期SOP数据采集体系，采集政府、种业公司、繁种农户等多渠道数据，包括小麦种业、土壤、气象、农情监测、种植生产、作物算法模型、种

子流通等数据，建立温县独有的小麦种业大数据库。建设1套有利于行业和市场发展的温县小麦种子育繁推一体化数字管理系统，以小麦种业大数据库为基础，搭建政府端、企业端和农户端的8套系统平台。建设1个有利于展示、观摩和引领的数字种业技术小麦示范基地，包括制种示范田种植决策管理系统建设、田间硬件设备改造升级（水肥一体化系统、田间监测站）和全自动无人机信息采集系统（无人机全自动巡航系统），打造小麦数字化制种的示范基地。建设1个对外宣传和展示的窗口——温县小麦种业数字展厅，对种业概况、种业大数据、制种生产数字化、制种服务数字化、种业监管数字化及未来展望等六方面进行展示，实现种业大数据可视化和数字化制种场景互动，全方位赋能温麦品牌。以建设温县小麦种子信息化公共服务平台为起始点，项目建设完成后，爱科农将提供5年大数据服务和数据采集服务，持续优化本地小麦模型和种植方案，为生产管理提供精准种植决策；为保障平台落地和应用效果，为政府端、企业端和农户端用户提供2年系统培训、使用回访、效果宣传、技术推广等服务。同时，爱科农与温县农投、中原农险等本地企业合作，为温县种业发展提供更多服务。

> **经验效果**

温县小麦种子信息化公共服务平台是河南省焦作市温县的制种大县建设项目，项目建设的温县种业大数据中心成为河南首个小麦种业大数据中心。

1. 经济效益

温县小麦种子信息化公共服务平台建设，通过种植决策的精准化、数字化，降低农业生产风险，提升农业决策效率，帮助农民增产增收；实现更加高效的水肥和植保，使小麦生产水肥节省15%～25%，产量提升10%～20%，亩均收益增加约200元。引进先进的数字农业技术，极大地提升农产品的科技含量，保障农产品质量，增加附加值，带来更高的经济效益。

2. 社会效益

温县小麦种子信息化公共服务平台的建设，助力温县举办第六届小麦种子产业博览会，项目建设实现了温县小麦种子从产到销的全程过程可追溯，这也是全国首个实现全县域种业公司应用的种业数字化管理平台的案例，有利于支持种业高质量发展，助力种业基地建设规模化、机械化、信息化、智能化，提升现代种业建设，数字能力加持，促进区域产业升级，逐步辐射影响周边农业种植者，形成带动作用，为本地农业现代化转型升级奠定基础。

3. 推广应用

目前温县小麦种子信息化公共服务平台已在温县得到广泛应用推广，其中企业端系统已在温县平安种业、丰德康、裕田三家头部种业公司推广应用，未来要推广到53家种业公司；农户端系统基于卫星遥感、无人机、物联网系统等，结合植物—土壤—大气连续体模型，对繁种农户进行数字化赋能，并已在古贤村的试验基地和繁种基地推广使用，未来以村镇单位进行推广应用，数字农业技术的应用表明今年温县小麦长势有 75% 好于去年；政府端已上线多个农业科室，目前温县农业科学研究所、种子工作站上线温县种业大数据平台，农业执法大队人员上线种业监管系统，依托此平台开展种子执法监管工作；全自动无人机巡航系统已应用在温县农业科学研究所 7 块繁种田共计 1 000 亩，已实现关键生育期的定时巡田和数据回传。

撰稿单位：温县农业农村局

撰 稿 人：訾帅朋，牛　超

湖北省十堰市郧阳区小香菇大产业，数字引领"郧阳香菇"蓬勃发展典型案例

➤ 基本情况

香菇产业是山区农民短、平、快的脱贫致富项目。近年来，郧阳区牢固树立"科技强农、科技赋能"的发展理念，彻底打破了香菇传统种植模式的桎梏和瓶颈，着力打造"智慧菇业"，重点培育了一家国有香菇龙头企业——十堰市昌欣香菇产业发展有限公司，由昌欣香菇公司牵头成立了郧阳区食用菌产业联盟，带动郧阳香菇企业蓬勃发展。十堰市昌欣香菇产业发展有限公司成立于 2019 年 6 月，肩负着延伸全区香菇产业链、提升价值链、守护生态链的使命，承载着菌利于民、助农昌欣的责任担当。公司位于十堰市郧阳区谭家湾镇食用菌循环经济产业园，主要从事菌种研发、香菇种植、加工、销售、旅游观光和技术培训推广。公司坚持科技为先，与国家食用菌协会、华中农业大学达成长期合作关系，建立产学研基地，着力打造集菌种研发、菌棒制作、技术培训、技术指导、市场开拓及栽培模式创新于一体的产业链企业。建成湖北省首条自动化香菇液体菌种生产线、自动化香菇菌棒生产线和大型工厂化养菌车间。

➤ 主要做法

几十年来，中国农民种植香菇的生产模式都是以家庭作坊为主，劳动强度大、生产成本高，在 2018 年以前，郧阳区香菇生产几乎全部靠手工或半机械化生产，面临严重的生产成本高、效益低、感染大、劳动力紧缺等问题和难题。为了彻底破解这些难题，郧阳区依托龙头公司昌欣香菇公司，全面推进工厂智能化改造，着力打造香菇产业的升级版，把技术环节留在企业，依托科技化，实现了"制棒、灭菌、摊凉、接种、养菌"的"五大跨越"。

制棒实现从手工到自动化的跨越：为了改变传统的生产模式，生产量低、菌棒的成活率低、劳动强度大，越来越多的农户，特别是年轻人不愿意参与香菇种植，郧阳

区通过引进并改造升级现代化、自动化香菇制棒生产流水线，完成从拌料到装袋、扎口的流水线自动化生产作业，1人控制1台设备，1天可生产3 000棒左右。每天可生产菌棒10万～15万棒，年可生产3 000万棒以上，菌棒质量实现大幅度提升，劳动成本大大降低。

灭菌实现从人工到智能的跨越：传统的菌棒灭菌模式，需要在"蒙古包"内蒸3天3夜，时间周期长，产量少。郧阳区采用国内自动化程度最高、灭菌效果最好、规模最大的现代化灭菌设备，一灶可蒸5 000袋，原来72 h，现在仅需5～8 h即可完成灭菌工作。全自动的天燃气设备，不仅干净卫生，时间还缩短了近10倍，只要调好参数，打开开关，就自动上气，自动灭菌，自动熄火，一个人就能轻松自如地控制30台以上的机器设备。

摊凉实现从自然冷却到骤冷速降的跨越：传统的菌棒摊凉靠自然摊凉，如遇高温异常的天气，摊凉需要的时间更长，容易出现杂菌感染，严重影响、制约着菌棒的成活率、出菇率。为了改变这一现状，郧阳区通过设计建造智能化的制冷系统，原来十天半个月摊凉不凉的菌棒，现在只需8～12 h，菌棒就从115℃的高温，下降到25℃左右的自然温度，便可进行接种。随着冷却时间的大大缩短，杂菌也没有了滋生的机会，成活率、出菇率大幅度提升。

接种实现人工点菌到无接触点菌的跨越：传统的菌种点种方式烦琐，人工点菌300～400棒，1袋的成本需9毛钱，感染风险较大，质量很难保证。郧阳区通过引进先进的智能化接种设备，实现了"无接触""零感染"接种点菌的转变，每棒的成本也从9毛钱降到8分钱左右，1天1台设备可接种1万棒。

养菌实现"靠天养"到"恒温养"的跨越：过去，因受房子和环境条件的限制，卫生条件差，养菌时间周期长。郧阳区通过研发集成恒温养菌车间，实现了温度、湿度、氧气动态调节和智能控制，使车间内各区块的气候始终处于科学、合理的状态，最大限度地满足了菌棒快速优质生长的需要，农民只需要打个电话，工厂就把养好的菌棒及时送到菇棚旁。菇农只需要把菌棒入棚上架，适时采摘即可。

➤ **经验效果**

1.经济效益

郧阳区充分发挥地域和产业优势，运用数字化手段发展现代农业，实现智能化生产、数字化管理，推进农村产业融合，推动农业产业结构调整，增加农民收入，实现乡村振兴。一是通过技术升级改造，实行集约化生产、设施化栽培、全程标准化运营，达到减轻劳动强度，提高生产效率，降低了生产成本的目的，使香菇种植具备低成本高效益的优势。二是建立信息管理系统，实现数据搜集、数据分析、数字化控制，达到高效、精准、节能降耗的目的。三是建立香菇产业安全防护和视频信息展示系统，加强巩固香菇全产业链视频图像联网应用，建设标准统一的采集建档系统，实现精细化管理，为科学指导生产和纠错补短提供高效管理途径。在香菇产业大数据指导下，郧阳区年均发展种植香菇及其他食用菌 5 000 万棒，菌棒成活率、出菇率分别达到 95% 和 98% 以上，直接种植收益达 5 亿元以上，综合产值 30 亿元以上，带动全区 19 个乡镇 300 多个村 10 000 户约 3 万人从事香菇产业，户均增收 2 万～3 万元，人均增收 7 000 元以上，切实将香菇产业打造成带领农户增收致富的主导产业和乡村振兴的支柱产业。近年来食用菌加工企业自主研发生产的菌种菌棒、干鲜香菇、菌菇饼干、灵芝茶、植物蛋白肉、香菇酱等产品远销美国、韩国、日本、西班牙等 20 多个国家，年出口创汇 9 000 万美元，深受海外客户喜爱与认可。

2. 生态效益

郧阳区发展香菇产业，运用先进生产设备，对污染物防治措施得当。香菇生产不增加有害物质，不会残留，属绿色食品生产。生产中消耗的主要原料是冬季落叶的阔叶林木屑。发展食用菌不仅不会破坏植被，反而让农民从发展中尝到甜头，得到好处，他们会更好地保护植被，并通过对荒山的改造，扩大林木的蓄积量，保证了青山常在，菇业永兴。

3. 社会效益

郧阳区以实施乡村振兴战略为契机，以推进农业供给侧结构性改革为主线，发挥香菇特色产业优势，坚持以标准化生产基地为依托，以加工物流产业化龙头企业为带动，以科技创新和成果转化为引领，以推进数字农业建设为重点，构建现代生产要素聚集的香菇产业集群，促进菌种繁育、数字化设施应用、数字化种植、加工物流、研发培训、文化旅游等相互融合和全产业链发展，带动农民持续稳定增收。通过利益联结机制发展香菇产业，发展种植香菇，不与人争粮、不与粮争地、不与地争肥、不与农争时。不论男女老少都能参与，真正做到人人有事干、家家无闲人，很好地解决了山区农村闲散劳动力和闲散时间的就业问题，同时使党的富民政策深入人心，密切党群、干群关系，保持农村长期稳定发挥了重要意义。而且辐射当地香菇栽培业、食品业、包装业、运输业、旅游业等行业的发展，具有显著的经济效益、社会效益和生态效益。

撰稿单位：郧阳区农业农村局，十堰市昌欣香菇发展有限公司
撰稿人：熊　丽，谭　峰

湖北省园博生态种植专业合作社智慧水肥灌溉平台典型案例

➤ 基本情况

湖北园博生态种植专业合作社，成立于 2015 年，合作社集黄桃无害化种植、新

品研发、推广销售、加工生产、农业产业化全程式技术培训与服务于一体，租赁面积1 200 亩，建有办公场所 300 m²，培训场所及多功能服务中心 600 m²，合作社自成立以来，坚持以创新创业平台建设为核心，以机制创新为根本动力，以促进绿色农业新技术新品种产业发展和业主增收为目标，以增强科技服务能力为重点，以实施绿色环保生产模式，节本增效创品牌为手段，强化与高校院所技术合作，与华中农业大学、湖北工学院、湖北省农业科学院、湖南希望种业股份有限公司、上海市农业科学院科技联姻嫁接作技术支撑，构建和依托科技特派员专家团队，为小微型农业企业创新创业主体及人员提供良好的创新平台、孵化平台、科技中介服务平台、网络服务平台，加强科技创新、成果转化、产业创意、产品创制、市场营销等综合服务为推动汉川特色农业水果品种新产业健康可持续发展贡献力量。

➤ **主要做法**

1. 实施背景

除黄桃以外，合作社还种植了鸡心樱桃、秋月梨以及红美人、黄金贡柚等高端水果。黄桃品种怕涝，所以这片排水良好的岗地，是黄桃种植基地的优选之地，然而，这片土地也有先天的劣势，就是所处之地水源不足，历来干旱，每年水稻灌溉季节，农户用水也是一个大问题，尤其是近两年，干旱的天气对水果种植产生较大影响，干旱天气在影响品质的同时，也会导致水果严重减产。2021 年，合作社通过与当地村集体及镇政府共同研究，在市乡村振兴支持下，种植基地建设了智慧水肥灌溉平台。

2. 主要内容

智慧水肥灌溉平台，是通过数字化技术与土壤学、作物生长等学科有机地结合起来，在农业生产过程中对果树、土壤从宏观到微观的实时监测，包括对果树生长、果实生长、水肥状况实时采集和监控。数字化分析系统，对果园生产中的现象、过程进行判断，提供决策数据，实施水肥灌溉，可以合理利用农资资源，降低生产成本，改善生态环境，提高产品和质量。智慧水肥灌溉平台总体分为"滴灌管网系统 + 物联网系统 + 智慧果园管理平台"的三级架构，并辅以互联网标准体系及安全保障体系，保障系统正确、高效运行。整套系统采用了节水滴灌技术、物联网技术、5G 通信技术、云计算技术、3S 技术（地理信息系统 GIS、全球定位系统 GPS、遥感系统 RS）、移动互联网技术以及大数据分析技术，系统自动采集作物生长数据和长势跟踪影像，通过移动通信技术将采集到的数据上传至云平台进行大数据比对计算，综合得出最优的滴灌方案，再通过分区的方式对整个系统进行智慧化滴灌控制。智慧水肥灌溉三大子系统主要特点：一是是滴灌管网系统由"首部系统 + 管网 + 无线阀门 + 喷头 / 滴灌管"构成，按照园区整体设计规划和施工条件，将种植区域划分为多个轮灌片区，每个轮灌片区采用一个无线阀控器进行滴灌控制。二是 IoT 采集和控制系统由物联网数据采集器和低功耗无线阀控器构成。物联网数据采集器能够实时采集本区域内土壤墒情、气象环境、作物生长的数据，为滴灌任务提供决策支撑；无线阀控器负责控制电磁阀进行分区滴灌。三是智慧果园管理平台为滴灌管理提供 Web/App/ 小程序和数据大屏终端，可以查看物联网设备采集的各项实时数据和历史数据，输出合理的滴灌方案和任务并通过无线指令到阀控器，对指定的滴灌区域滴灌，达到智能滴灌的目的。智慧水肥灌溉平台按五层架构进行设计，分别是基础层、感知层、网络层、决策层、应用层。五层结构为滴灌的数字化、精准化和智慧化提供了有效的技术保障。

智慧水肥灌溉平台首部设施

根据上述介绍，智慧水肥灌溉平台实际是 3 个系统一个平台的整合应用，即灌溉管网系统、物联系统、智能水肥一体化系统和智慧果园管理平台。目前智慧水肥灌溉平台在园区的面积为 240 亩，覆盖园区部分果树，灌溉水源选取园区最大的堰塘，水面面积约 60 亩，灌溉管网分布为 10 余个片区的轮灌组，可以实施灌溉，水肥补充，田间管理功能。首部设施是控制整个灌溉管网系统的大脑，可以管理整个田间地块各灌溉轮组的灌溉系统工作及休息，实现分区分控功能。首部系统由控制系统、过滤系统及搅拌桶组成。园区设有小型气象站，辅助物联网系统对园区小范围内

滴灌管网、作物长势摄像头及物联网设施

智慧果园管理平台

的气候监测，同时，分布在园区不同区域监控设备及摄像头，可以实现对土壤检测及作物长势的监测。根据整个园区的果树栽种分布布置的灌溉管网设施，对工作区域实现灌溉全覆盖，同时，分布在园区的长势摄像头及物联网监测设备实时搜集数据，反馈至监测平台。另外，给予整个系统配套的智慧果园管理平台（田小二 App），也能帮助提供即时的病害及虫害预警，实现田间科学管理，上传农事记录等。可以在平台将生产技术、专家经验等制定为标准化生产流程，并自动下发工作任务，如施肥、施药、农事、巡园等任务，让工作人员清晰了解每日生产任务，职责划分明确，实现专

业化、规范化种植。

➤ 经验效果

湖北园博生态种植专业合作社智慧水肥灌溉平台的建设，也是信息基础设施的建设，推动了信息技术与农村生产全面深度融合，同时对于区域特色产业发展起到引领示范作用，为实施设施农业起到带头作用，另外也极具生态效益、经济效益和社会效益。

1. 生态效益

预计该平台灌溉系统，使用时间在 5 年以上，整个滴灌系统在提倡环保水肥的前提下，可以精准控制用水量，通过低压水流渗透达到灌溉作用，比常规浇灌节省用水70% 左右。在极度缺水的区域意义重大。

2. 经济效益

整个滴灌系统预计受益时间 8～10 年，在"三个系统一个平台"的辅助作用下，预计整个种植基地因该系统建设带来的年平均产值提升可达 15%～20%。此外，本项目为乡村建设支持项目，以村集体入股形式参与，预计在项目实施期间，将会为村集体带来约 60 万元的分红经济收益。

3. 社会效益

除了本系统建设起到的示范引领作用，灌溉系统为推动农村地区数字建设也起到积极作用，是信息技术与生产高度融合的典范，同时，因系统建设带来的经济效益也将会为周边农户提供更多的就业岗位，预计合作社基地年平均务工费用将会增加 15%左右。在互联网、物联网愈加发达的今天，在国家政策方针指引下，农村受益已经慢慢体现，作为信息技术与设施农业其中一部分的滴灌设施建设，具有较强的现实意义，值得推广。

撰稿单位：湖北农村信息宣传中心，湖北园博生态种植专业合作社

撰 稿 人：耿墨浓，严　立

湖南省隆平好粮科技推动长沙县粮食全产业链数字化转型典型案例

➤ 基本情况

湖南隆平好粮科技有限公司（以下简称隆平好粮）是隆平高科旗下专注于农业服务领域运营的实体公司，公司以成为"品质原粮生态构建者"为愿景，以"每亩增收500 元"为奋斗目标，通过"平台＋区域社会化服务中心＋农户"的组织方式，孵化出"选好种、种好田、收好粮、卖好价、分好利"的"五好服务"模式，其核心是运

用科技创新与管理升级，创建线上线下相结合的品质原粮产销协同体系，实现"种 + 粮 + 米"短链化、品质化、规模化的稳定供应，提升产业链价值与可分配利润空间。秉承"一切业务数字化，一切数据业务化"的理念，公司结合业务搭建了覆盖粮食生产、流通全产业链的 Agpower 农业增益系统，该系统能有效服务与赋能农资渠道、种植户、烘干厂、库点、米企、资金方等产业链主体，实现多方受益。截至目前，公司已在长沙县建设了春华稻喜等 3 家自营服务中心，加盟运营了 2 家服务中心。其中，隆平好粮春华社会化服务中心（以下简称"中心"）占地面积 40 亩，总计划投资 2 100 万元，服务面积 5 万亩。中心以市场需求为导向，针对粮食生产薄弱环节进行设计和建设，提升粮食生产效率、降低生产风险。中心已建成包括年烘干能力 2 万 t 的自动化烘干中心、农机停放库、农资周转仓库及配套的生活办公区等。Agpower 农业增益系统已经在长沙县结合业务进行深度绑定落地。

➤ **主要做法**

1. 实施背景

传统从种到粮的粮食产业链链条长、效率低、产销脱节、决策主体多、交易成本高，且长沙地区多丘陵，因地块分散、品种杂乱种植等原因，粮食生产相对更难全流程溯源、粮食品质难以保障。为解决这些问题，更好地链接和服务广大农户和产业链主体，公司以实现稳定供应品质标准化的单品种大米，打造长沙县籼稻品牌大米为目标，将业务与信息化系统有机融合，形成"种 + 粮 + 米"一体化运营模式，促进粮食产业走上规模化、品质化的高质量发展道路。

2. 主要内容

线下线上结合，搭建粮食生产和流通一体化平台：公司通过构建"四大体系"（即品种研发和筛选体系、技术服务体系、区域性社会化服务体系、流通体系）和推进"两化"（即标准化和信息化）赋能产业。通过"标准化"提高服务的专业化和规范化水平；通过"信息化"提高产业链的管理效率、提升产业链协同效率，并积累产业数据资产赋能产业，打通金融和保险等关键环节，实现粮食产业从市场需求端向生产端的规模化反向定制。

运用"五好服务模式"，孵化区域性社会化服务中心：公司抓住产业链条上的关键点一体化服务中心，用站点管理系统、365 益农等系统赋能烘干厂、农户，解决了长沙县农户从种什么到怎么种再到如何卖的问题。通过"一体化平台"能力构建和"五好服务模式"和技术、品种、资金、信息、管理等赋能，盘活大量烘干厂等社会存量资产。通过公司 + 合作社 + 农户的模式与农户形成更紧密、稳定的利益链接机制，提高农户种粮积极性。

打造供应链系统，有效链接产销两端："交割库"是指在优质稻粮食集中上市时，隆平好粮作为平台方，受供粮方或需粮方委托，利用国库或米企自有库，在产销区建仓，一站式为长沙县粮食产业上下游提供优质稻代收、代储、金融、粮权交割、物流等服务的创新性产品。供应链系统是基于"交割库"业务模式，运用区块链技术、物联网技术、云计算等技术在粮食流通领域构建实物仓监管、仓单质押、仓单交割、粮权监管等功能的信息化系统。实现了商品标准化、监管数字化、融资信用化、交易平台化，满足交易供应链管理高效与金融产品植入便捷的要求，打造动产数字化与金融一体化解决方案。

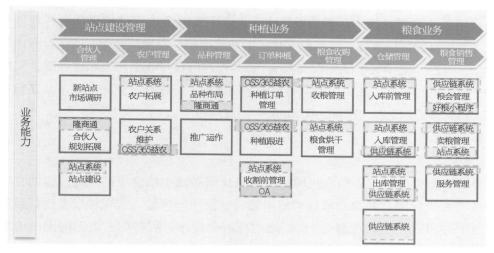

隆平好粮应用系统现状

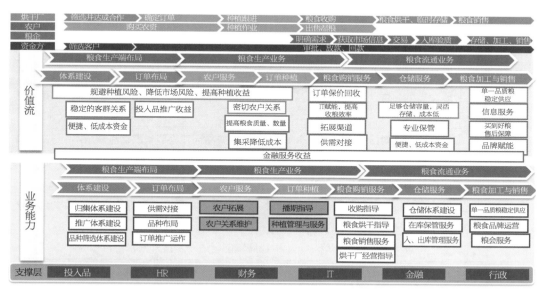

隆平好粮业务架构

构建"数字化"溯源系统，实现品质原粮反向定制：结合业务开展，公司实施了国家级粮食生产全程服务标准化试点，主编各类企业标准251项、搭建了完善的粮食全程生产服务标准体系。在业务标准化的基础上，公司构建了1套覆盖全产业链的农业增益数字系统，结合业务"五好"模式赋能各方，实现品质原粮规模化反向定制，一是针对种植端定制了365益农公众号，该公众号是种植户的种植随身帮手，实现种植日历一人一方。二是针对粮食产后服务中心打造站点SAAS系统——"好粮宝"服务系统，运用互联网、物联网等数字前沿技术开发的SAAS在线服务系统，旨在解决粮食产后服务中心的运营管理的痛点难点问题，长沙县已有10余家用户注册使用。三是针对粮食流通领域构建供应链系统。运用区块链技术、激光雷达等物联网技术、实物仓模型算法等先进技术，对原粮归集、入库保管以及出库销售环节进行信息化升级，实现粮食品质标准化、监管数字化、融资信用化、交易平台化。四是针对市场交易端口，打造"隆平好粮品质粮交易平台"，直连粮食产业生产端和流通端，实现了从种子到种植、收储、加工、销售等全链条数字化、标准化，真正实现了从实验室到田间，再到餐桌的全程可跟踪、可追溯。

➤ **经验效果**

1. 经济效益

公司采取订单生产、标准化种植和信息化服务赋能粮食生产，全方位为农户的粮食生产提供保障，为农户降低种植风险、规避市场风险，实现种粮无忧，目前已实现为长沙县农户增收300元/亩。通过标准化管理，稻谷加工处理时间由传统晾晒2～3d缩减至19h，效率提升50%以上。通过优质稻交割仓将粮食品质从不标准变得标准、交易从分散变为集中，保障了粮食品质和供应的稳定性，降低了交易成本（见下表）。

五好模式——农户增益测算

增益方向	增益路径/方式
一体化	改变原有的农资、粮食流通体系，集中规模，利用统一采购、厂家直供等方式可直接降低农资成本
	通过搭建产销对接平台（交割仓），缩短粮食交易环节，节省粮食流通成本
品质化	通过品种择优、栽培管理、科学烘干，有效提升粮食品质，提高产量，提高产品附加值，提升溢价能力0.4元/kg
科技化	通过品种科技化、信息科技化、管理科技化，有效提高产业链价值，增加科技附加值
共享机制	隆平粮社成员订单量交易再返利1%以上 后期还可以给大米进行"隆平大米"品牌赋能，进一步提升大米溢价

2. 社会效益

通过数字化技术，公司构建了1套"从农资到粮食、从种子到流通、从田间到餐桌"的全流程、全产业链Agpower农业增益系统，实现品质原粮由原来无法溯源的"混配原粮"升级为可以溯源的"单品种原粮"，达到质量可控、可见，确保大米品质提升。目前，以单品种大米为主导的"隆平芯米"的市场零售价格比同等级南方籼米平均溢值 4～6 元 /kg，为长沙县老百姓增加收入 200 元 / 亩以上。

3. 推广情况

通过数字化系统，公司积累了种植户、经销商、粮食产后服务中心以及下游用粮企业的农资和原粮的线上交易数据。公司以平台方的角色联合银行、保险等金融机构，以及供应链公司、产业资金方等共同合作，由公司提供交易数据，结合各方的资源，构建数字化信用体系和风控模型，有效降低金融机构资金进入产业链的风险，为产业链上的关键节点提供资金支持。目前面向农户、社会化服务中心和米企等服务主体，开发出了"农户惠农贷""服务中心信用贷""米企好粮贷""米企好粮储"等 4 个产品，深受用户欢迎。在 IT 系统的支持下，公司在长沙县建设并运营了 10 多个隆平好粮社会化服务中心。2022 年完成品质原粮交易 2 万多 t；服务农户 300 余户，每亩为农民增收近 300 元；2023 年已落实订单面积 4 万亩。

撰稿单位：湖南隆平好粮科技有限公司

撰 稿 人：夏　婧

湖南省永兴盛牛农业智慧冰糖橙果园建设典型案例

➤ 基本情况

永兴盛牛农业发展有限公司是郴州市通源生物科技有限公司在永兴县投资建立的全资子公司，注册资金 1088 万元，公司位于永兴县湘阴渡街道油塘村。公司依托郴州市通源生物科技有限公司专业研发生产有机肥水溶肥的优势、依靠邓子牛教授技术团队提供全程技术指导，积极响应郴州市委市政府打造百亿柑橘产业的号召，致力于开展柑橘果园托管、自建柑橘果园经营及柑橘生产、加工、销售等业务，大胆应用柑橘现代化栽培技术，实行标准化生产，对果园进行机械化、自动化、智慧化管理，实现基地"小四化"（水肥一体化、打药高效化、耕作机械化、管理数智化）全新模式，全面推动测土配肥、土壤改良、提升品质、品牌运作全过程科学管理。五年规划建设标准化冰糖橙柑橘果园 2 万亩，铸造高质量冰糖橙品牌，全面提升线上线下品牌运营能力，着力打造郴州柑橘"百亿"高质量全产业链。

公司全程托管了湖南金果果农业综合开发股份有限公司永兴县湘阴渡街道 3000 余亩冰糖橙种植基地，并将该基地作为柑橘标准化生产示范园来打造，安装了水肥一体化系统、减药增效打药系统和可视数字化智慧化管理系统，配备了施肥机、除草机、多功能挖掘机和拖拉机等设备，开展了土壤改良、绿肥栽培、配方施肥、病虫害综合防治等工作，取得了良好效果，并正在新建 6 通道全自动化选果场，打造盛牛果品数智化场地仓。

➤ **主要做法**

1. 实施背景

永兴县委县政府历来非常重视柑橘产业，全县柑橘种植面积22.1万亩，其中永兴冰糖橙15.3万亩。冰糖橙是湖南省选出的具有自主知识产权的优良特色品种，1978年引入永兴栽培以来，在特殊的生态环境和果农长期的精心培管下，形成了享誉海内外的"永兴冰糖橙"品牌。永兴冰糖橙果形整齐、端庄、色泽鲜丽、果皮细薄、肉质脆嫩、化渣、多汁、风味浓郁、甘甜爽口、少核或无核，品质极佳，先后荣获农业部优质农产品奖、中国农业博览会金奖、湖南省农博会金奖和最畅销产品奖、中国中部（湖南）农博会金奖，2004年被评为湖南五大柑橘名牌产品，2007年成功注册"永兴冰糖橙"原产地证明商标，2009年被评为"中国十大名橙"，2010年注册为湖南省著名商标，2012年被国家工商总局认定为中国驰名商标，2014年被国家质检总局认定为国家地理标志保护产品，2016年荣获全国名特优新农产品目录，发展基础较好，发展潜力较大。永兴县的冰糖橙产业在品种培优、品质提升、品牌打造和标准化生产等方面离高质量发展还有一定距离。品种老化、退化严重，新品种选育与推广工作滞后，永兴冰糖橙品牌影响力徘徊不前，种植效益虽然在省内领先，但与褚橙相比，差距依然巨大。特别是建园水平较低，永兴县1978年开始引进冰糖橙，发展时间较早。由于当时的局限性，20世纪80—90年代建设的果园"路难、电难、水难、管理难"等问题非常突出，郁蔽封行严重，机械化管理程度较低，进而导致灌溉、打药、施肥、采收等工作劳动力成本较高。加之永兴县柑橘园多选址于山地、丘陵，由于灌溉设施不到位，导致抗旱能力不足。21世纪以来，新建的冰糖橙果园也没有很好地注重现代果园建设理念融入和栽培技术应用，导致一些新的栽培技术和机器设备无法应用于生产。

2. 主要内容

项目地位于永兴县湘阴渡街道油塘村。地处湖南省东南部、郴州地区北陲，位于北纬25°54′～26°29′，东经112°43′～113°35′。地域狭长形似蚕，东西长90 km，南北宽10.8～56 km。全县土地总面积为1 979.4 km²，占湖南省土地总面积的0.93%。县境北接耒阳市，南连苏仙区，东北、东南、西南依次与安仁、资兴、桂阳三县毗邻。全县16个乡镇除高亭镇、太和镇之外，其余均与外县交界。县境距首都北京铁路里程1 860 km，距省会长沙280 km，距郴州40 km，距南粤广州445 km。项目区冰糖橙果园3 000余亩，根据果园实际基础条件和果园周边现有柑橘溃疡病、柑橘黄龙病发生的问题，对标现代果园建设和经营管理要求，改造升级原为苗圃1 280 m²、新建苗圃1 208 m²，建设热镀锌围栏和马夹子生物围栏各12 000 m，全园配备水化一体化系统和喷药系统，配备必要的机械装备和智慧果园管理系统，打造盛牛果品数智化场地仓。

3. 主要技术

永兴盛牛农业发展有限公司全程托管位于永兴县湘阴渡街道油塘村3 000余亩冰

糖橙基地，负责整个果园的生产、技术、经营管理、市场营销等全产业链全过程。公司利用科技赋能，用机械化、数字化、智能化为果园农艺赋能，大幅提升生产效率和产品效益。由湖南农业大学邓子牛教授团队进行全程技术指导，主要实施技术分为以下 5 个部分。

宜机化修路整梯，梯梯通机械：按宜机化要求定植冰糖橙健康容器大苗，对园地布局进行优化，实行宽行窄株栽培，提高果园机械化作业率，可实现节省劳动力 50%，节水 50%，减少喷药时间 60%，减少化肥用量 30%，降低生产成本 40%。

深施有机肥改土，起垄种植健康容器大苗：栽苗前深翻撩壕 1×1×1 深坑，每亩填入菌渣等有机质 30 m³，有机肥 10 t，钙镁磷肥 500 kg，以利早结丰产。

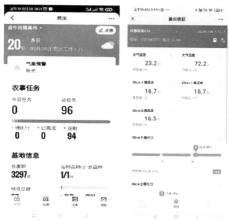

水肥一体化配套科学平衡施肥，建设高效喷药系统：全园分 6 个区建设水肥一体化系统，通过对土壤、叶片和肥料进行养分分析，制订平衡施肥方案，选择适宜可溶性固体肥和液体肥进行精准施肥，同时增施固体和液体有机肥，以全面改良土壤，保证植株的养分需求。全园建成高效喷药控制中心，极大地提高喷药效率，3 d 可完成全园喷药。

安装智能化可视化监测管理系统，实行果园智慧管理：果园具备气象监测站、土壤监测站、水势监测系统等。系统收集果园气象、水分、土壤、病虫害等监测数据的，可实现自动灌溉，鉴别病虫害。园内视频监控覆盖整个果园，全园实现可视化、监控数智化管理，全程监测冰糖橙物候期、病虫草害、土壤水分墒情，实行精准化农事管理。

生态绿色种植，安装隔离设施：全园推行生草栽培，禁用除草剂，采用半机械化除草和绿肥控草。园区安装生态隔离网防控黄龙病、溃疡病等病虫害，采取预防措施，实现对黄龙病等危险性病虫害的综合绿色防控，有效防控黄龙病蔓延，全园基本控制木虱，黄龙病发病率控制在 1% 以下。

以上技术成熟、建园方案、冰糖橙现代栽培技术也已经在其他地区取得成功，冰糖橙采摘后加工处理技术经过多年的研究及生产实践，技术成熟。永兴盛牛农业发展有限公司的农业生产、加工、销售经验丰富，案例项目建设内容切实可行，硬件软件技术都非常成熟。项目运营模式以项目建设单位为主，实行联动带农的运营模式，带动周边冰糖橙全产业链的发展。

➤ 经验效果

1. 经济效益

相对传统生产模式，本项目通过标准化生产，可使优果率提高 10%；通过机械化管理，可减少运行成本 20%；通过分选加工，可提高销售收入 30%。项目建成后，果园年产量可达 1 200 t 以上，年总产值在 720 万元以上，年净利润在 300 万元以上。公司实行联农带农的方式，即"以企业＋基地＋农户（脱贫户）"的经营模式，结成稳定互赢的利益联结机制。主要优先吸纳脱贫劳动力就业，智慧果园可直接实现联农带农对象 340 人，已脱贫对象 731 人，间接带动脱贫户（监测户）3 049 人，前 5 年累计产业增值分红资金达 300 万元，第 6 年后每年可保底分红 20 万元，为县防返贫事业提供持续资金来源。

2. 社会效益

项目建设采用先进的技术和经验，实现冰糖橙产业标准化生产，延长产业链，提高产品质量，提升附加值。本项目实施后，能丰富市场供给、促进柑橘产业结构调整，更加保障食品安全。一般来说，每亩柑橘种植、加工、流通等产业环节可安置 2 个劳动力就业，本项目因机械化水平较高，按每亩安置 1 个劳动力就业进行核算，则可安排不少劳动力就业。项目采用先进栽培技术和管理方法，能起到良好示范作用，带动周边柑橘果农完善设施设备，提高种植管理水平，推动产业升级，提升产业效益。项目建成的分选线，可辐射服务周边果农，提高果实品质一致性，增强市场竞争力，提升销售价格，可直接促进果农增收。

3. 推广应用

项目通过基地数字化建设后，提升企业自身管理能力的同时也可以为广大中小种植企业产生带头示范作用，为果园数字化的推广起到积极作用，客观推动了农业的信息化数字农业建设进程。

撰稿单位：永兴县农业农村局，永兴盛牛农业发展有限公司

撰 稿 人：张小兰，马　文

湖南华达田园生态农业智慧种植典型案例

➤ 基本情况

湖南华达田园生态农业股份有限公司位于衡阳市蒸湘区呆鹰岭镇土桥村，成立

于 2017 年 8 月，流转土地 580 余亩。公司是集农产品种植、养殖、销售及配送，农产品检测，农业科技咨询，农业机械安装维修，餐饮管理，劳务外包服务等为一体的综合性企业。公司累计投入 3 000 余万元，建设蔬菜单体大棚 200 座，连栋钢构大棚 32 000 余 m^2、水肥一体化 400 亩及农产品检测实验室和大数据智慧系统。种植棚内安装了环境检测设备、监控摄像头、大棚操作自动控制柜；控制室内安装了监控大屏、电脑控制终端，大数据系统，通过信息化传输，可实现作物生长环境检测、土壤墒情监控、农事智能化操作，是衡阳地区率先开展智慧种植的现代农业公司。

公司现有种养殖专业技术人员 15 名，普通种植工人 170 名，可年产蔬菜 3 500 t，产值 2 000 万元。花椰菜、包菜、莴笋通过国家绿色食品认证，所有产品实现赋码出售，在国家农产品质量安全平台、湖南省农产品"身份证"管理平台、粤港澳大湾区农产品质量安全溯源平台可实行全程质量追溯。利用数字智能化设施设备对环境、生长过程进行控制，通过数字化管理平台对生产管理、加工、流通营销等环节实现监测预警、质量追溯、产销一体的闭环管理，形成可持续发展的运营模式。

➤ **主要做法**

1. 实施背景

智慧农业是农业现代化的高级阶段，创新推动农业农村信息化发展的有效手段，也是我国由农业大国向农业强国发展的必经之路。数字技术对提高土地出产率、劳动生产率、资源利用率发挥着巨大作用。湖南华达田园生态农业股份有限公司 2020 年通过"湘江源"公用品牌使用授权粤港澳大湾区"菜篮子"生产基地认证，为对接粤港澳大湾区蔬菜需求，大力提升蒸湘区蔬菜种植等特色农产品的供给能力和供给质量，打造衡阳"湘江源"设施蔬菜品牌，满足粤港澳市场需求，充分发挥特色作物的增产潜力，增加产量，提高种植效益和种植水平，公司 2021 年开展智慧农业建设。

2. 主要内容及技术

大数据管理系统：运用 5G 通信技术，以人脸识别、物联网、人工智能语音识别技术为支撑，通过配置新一代节能型环境采集、农业生产图像采集、温室水肥一体化系统、卷膜通风、卷被、高压微雾降温、CO_2 发生装置、温室空气环流、补光等远程智能控制模块，基于专家控制模型与实时监测数据，通过云计算和大数据系统处理和运算分析，实现温室智能装备的工作状态采集、远程控制、自动调控、数据分析、自主学习等功能，技术人员也可以利用"云平台"对温室环境和设备进行远程自动控制，最终实现生产设施环境控制全面自动化、经营管理全程数字化、农产品生产过程履历追溯。不仅大大节省人力成本、降低劳动强度、提升产品品质，更有利于提升生产管理的标准化水平。

数字监控技术：通过安装在大棚、分拣、贮藏等场地摄像头，可实时监控生产情况，接入农产品质量监控平台，对产品在生产、储藏、分拣等过程实现实时视频传输，视频与企业填报农业生产数据相结合，实现监管部门的实时监控，确保农产品质量安全。

水肥一体化应用技术：通过棚内环境传感系统把作物生长环境通过 5G 数据传输，利用"萤石云"管理云平台，手机 App 连接水肥一体机，农业生产者 24 h 可查看作物生长情况，不管在什么地方，可通过手机端，及时进行补水、施肥、施药操作。

大棚环境传感检测技术：通过环境传感器，实时监控棚内温度湿度、土壤温度、土壤 pH 值，通过物联网系统可查看掌握棚内作物生长环境，实施遮阳、通风、补水等操作。

2021 年投资新建高标准连栋蔬菜大棚 32 000 m²，配置风机水帘、环境检测传感器、自动卷帘系统和水肥一体化系统。

➤ **经验效果**

1. 经济效益

生产过程数字化管理、采后商品化处理等可减少用工 60% 以上，年节约人工开支 30 万元以上，节省大量成本，溯源系统为产品带上"身份证"，增强产品竞争力，提升产品自身价值，价格提高 1 元 /kg，年可增加收益 150 万元；在实际生产过程中，实时精准施肥、灌溉，可实现化肥减量达到 3% 以上，灌溉用水量节约 20%，土地整体产出率提高 10%，整体经济效益明显。

2. 社会效益

华达田园种植基地作为智慧农业技术实践的先行者，以现代信息技术为支撑，将农业生产与管理环节深度融合，构建了大棚蔬菜智能化种植技

术体系和成熟模式，潮汐育苗设施应用、标准化栽培技术示范，通过开展信息咨询、技术服务、模式输出等形式完善市场运行机制，逐步形成市场化、产业化的农业新格局，不断探索创新发展模式，为发展现代设施农业、智慧农业提供重要的技术支撑。

撰稿单位：湖南华达田园生态农业股份有限公司

撰 稿 人：王小会

广东省清远市数字飞来峡智慧农业云平台典型案例

➤ 基本情况

广州海睿智能科技股份有限公司，成立于 2016 年，位于广州市黄埔区科学城，由多位农业信息化领域的资深博士、教授创立，是国内领先的智慧农业产品与数字平台服务商。以"物联网 + 人工智能"技术为核心，构建涵盖"物联网感知—大数据分析—AI 决策"的技术闭环，面向农业领域提供全产业链数字化解决方案和平台服务。公司与中国农业大学、中国科学院智能所、华南农业大学、广东农业科学院、广州农业科学院等科研院所开展了深入的产学研合作。截至 2022 年末，业务覆盖全国 26 个省（市），产品累计服务 57 个现代农业产业园区、4 316 个农场，为各省（市）农业产业创建了标准化、智慧化、产业化的融合发展平台。公司是国家高新技术企业、广东省"专精特新"企业、广州市农业龙头企业，获评广州创新软件企业、广州优秀互联网企业、德勤中国高科技高成长 50 强企业，拥有 130 多项专利、软件著作权等知识产权，通过 ISO 9001 质量管理体系、ISO 27001 信息安全管理体系、ISO 20000 信息技术服务管理体系认证，荣获神农中华农业科技奖二等奖、广东省首届农村创业创新大赛一等奖、BEYOND 国际科技创新奖等荣誉。

数字飞来峡智慧农业云平台总投入建设资金 972 万元，建设"生态农业、功能农业、数字农业"标杆，打造飞来峡名片，全面推进乡村振兴建设。

➤ 主要做法

1. 实施背景

数字农业农村发展是新时代培育乡村振兴新动能、实现乡村全面振兴的关键抓手。十九大以来，清远市坚持农业农村优先发展，立足特色优势资源禀赋，以广州对口帮扶清远为契机，大力发展智慧农业和推进数字农业农村建设。

2. 主要内容

数字飞来峡智慧农业云平台集数字飞来峡、产业资源地图、特色产业集群、"飞来一品"区域品牌、助农营商服务等多种功能与一体，以数字技术为手段，以品牌提升为目标，助力建设"生态农业、品牌农业、数字农业"标杆，打造飞来峡名片。

数字飞来峡：构建飞来峡镇统一的农业农村数字化门户，大力实施智慧农业示范工程，依托物联网、大数据等技术，在全镇的基础数据、产业资源、业务管理、政务平台、品牌传播等 5 个方面实现资源数字化、要素数字化、产业数字化和监管服务数字化，提升农业资源、农业产业一体化监管水平，加快推进农业农村现代化建设。

精准飞来峡：突破关键技术，研发镇域级的产业资源地图，创新遥感智能提取技术，建立全区域的基础地形、土壤营养（pH 值、墒情、氮、磷、钾、硒）、水质（水温、水体叶

绿素、透明度、悬浮物）等精准大数据平台，实现全镇农业规划、招商、决策、分析的数字化管理，优化农业产业发展布局和结构，促进精深加工和产业融合，加快构建现代化农业体系。

特色飞来峡：将清远麻鸡、天农鸭、黑皮冬瓜、库湾网箱水产业等特色产业与数字化平台深度融合，推动乡镇特色产业的新型管理模式、推广模式和发展模式，打造主供粤港澳、辐射全国的优质特色农产品供应基地，全面提升农业质量效益和竞争力。

品牌飞来峡：打造统一的镇域公共品牌——"飞来壹品"，制订公共品牌管理、运营的标准机制，联合权威媒体进行品牌发布与推广，提升飞来峡农产品品牌知名度；搭建农产品追溯平台和品牌产品网络销售平台，通过平台实现品牌的数字化管理与产品营销，实现农民增收、企业增效、就业增加。

3. 主要技术

"数字飞来峡智慧农业云平台"，构建了以物联网联接、云计算、大数据、AI 为基础的平台底座；以卫星遥感智能提取技术，建立全域基础地形、土壤营养、水质等精准农业大数据平台；打造一批农业物联网、智能水肥一体化、病虫害智能监测预警、农产品质量安全溯源等智慧农业技术应用示范。

4. 运营模式

平台由实施单位负责建设和运营，围绕智慧农业、乡村治理、公共服务、产业振兴等方面多项业务场景应用，开展数字化运营服务。依托海睿科技数字农业生态资源，通过数字化的渠道和方式，推动特色农业产业的数字化管理、品牌传播与营销推广。联合广州日报等媒体开展特色农产品区域品牌和订单农业合作，推动飞来峡镇特色农产品走出广东、迈向全国。

➤ **经验效果**

1. 经济效益

本项目相关技术和模式，自 2022 年在清远市飞来峡区域实施以来，已覆盖 7 家农业龙头企业和 105 家农业合作社，带来 2 800 万元以上经济效益。

2. 社会效益

智慧农业技术的应用，实现节约劳动力投入 30% 以上，减少化肥农药的使用量达40% 以上。项目的实施提升了农业产业生产标准化、信息化水平，促进高效化、智慧化生产，提高了资源利用率，保护了农业农村生态环境，带来良好的社会效益。

3. 推广应用

数字飞来峡智慧农业云平台以大数据、云计算、物联网、移动互联网、智能感知、智能控制以及人工智能等新一代信息技术与农业产业链全面深度融合，通过智能化种植监测系统、多媒体监控系统、标准化生产管理系统、精准种植模型、大数据中心、可视化安全追溯系统、数字化营销系统等系统的建设，为农业生产和产品营销提供精准数字化服务，为农业农村提供便捷和个性化服务，全面提升农业农村信息化管理水平，项目具有持续性和应用推广价值。

数字飞来峡智慧农业云平台项目打造了数字化帮扶乡村振兴的新模式，正在加速推动数字乡村建设、产业品牌培育、农业数字体系完善，深化清远都市农业一二三产业融合发展，形成现代化大农业格局，实现市乡村产业联动发展，成为全国数字乡村的示范标杆，为乡村振兴与对口帮扶提供创新模式。

撰稿单位：广州国家现代农业产业科技创新中心，广州海睿智能科技股份有限公司

撰 稿 人：陈婉姗，刘万晶，冉耀虎

四川省眉山市东坡区"互联网＋农业"打造四川智慧农业标杆典型案例

➤ **基本情况**

西南智慧农业项目位于眉山岷江现代农业示范园区东坡片区入口旁，是由东坡区人民政府与世界五百强中国建材集团合作，引进荷兰瓦赫宁根大学无土栽培技术及智能生产设施，共同打造智能化、集约化、现代化的农业项目。项目总规划面积1 283 亩，总投资约 15 亿元（人民币），拟建成 8 栋单体面积在 105 亩以上的智能温室大棚。由东坡区人民政府先期投入 1.5 亿元，占地面积 202 亩，大棚面积 112.8 亩的项

目一期工程已于 2019 年 2 月底基本建成，成为中国西部地区最大的蔬菜类玻璃温室，3 月初由凯盛浩丰（德州）智慧农业有限公司启动运营，产品品牌为"绿行者"，主要销往阿里巴巴旗下"盒马鲜生"、红旗连锁和伊藤洋华堂等网络生鲜销售平台和大型商超。

凯盛浩丰（德州）智慧农业有限公司成立于 2017 年，是中国建材集团旗下混合所有制企业凯盛浩丰农业有限公司的全资子公司，是目前国内最大的温室运营商，已建成运营德州临邑、德州陵城、四川眉山、青岛莱西、江西进贤、安徽桐城等 6 个基地，合计种植面积约 1 000 亩，主栽桃太郎、红又红、樱桃番茄、草莓番茄等 6 个品种，总栽培约 150 万株番茄。目前眉山基地共栽植进口番茄品种 1 个 16 万株，员工 245 人。公司以"从种子到餐桌的绿色"为理念，致力于生产安全、新鲜、美味的产品，通过标准化、组织化、设施化、信息化，发展现代智慧农业，整合资源，赋能上游，服务下游，以科技和创新改变中国"三农"。是一家输出资产管理、运营服务、田园综合体开发的乡村振兴解决方案提供商。

➤ **主要做法**

智能标准化种植：西南智慧农业项目引进国际前沿的蔬菜生产设施（文洛式玻璃连栋温室）及全球领先的无土栽培技术，覆盖材料采用获得国家科技进步奖二等奖超白减反高散玻璃。主体框架采用优质碳素钢，防腐性能好，荷载能力强。屋顶安装智能的通风开窗系统，电机全自动化控制，高效通风，无须人力，通风窗上设置防虫网，可防治虫害。双层水平幕帘设计，上层用于遮阳，下层用作保温。温室大棚运用荷兰原装进口的智能化设备，通过中心计算机管理系统构建作物生长模型，利用传感器感知温室内温度、湿度、CO_2 浓度、光照强度、水肥灌溉量等关键数据，实时远程监管控制。采用水肥一体化灌溉系统，通过压力补偿式滴箭灌溉，使

水肥均匀吸收，相比传统大田种植，节水节肥逾95%。温室采用物理生物综合防治病虫害，并采用熊蜂授粉，实现了产品零农残、零激素、零重金属，风味佳。温室大棚智能化创造作物最适生长环境，彻底摆脱对自然环境的依赖，让作物无限生长成为现实，实现一次定植、全年采收，真正做到了农业工厂化、标准化生产。

物联网管控、可视化运营：在控制温室内作物生长上，通过物联网技术对作物生长全过程进行智能感知、智能分析、智能决策，实现精准化种植、科学化管理、可视化运营。在对温、光、水、气、肥全面智能化调控下，创造番茄最佳生长环境，实现一次种植，全年采摘。其肥水可实现循环利用，较普通栽培节水95%、节肥80%，生产全程采用物理病虫害防控，农药零施用。在科学管理上，建成人工管理系统，进行"刷卡"计量，自动汇总统计，管理中心实时精准掌握温室内工作情况，实现人工合理调度。

机械工厂化分级包装：在产品分级包装上，引入制造企业生产过程执行系统EMS（Manufacturing Execution System）和凯盛机器人智能化分拣包装生产线，按照农业工厂标准对生产调度、库存、质量、人力资源、设备、工具、生产过程进行协同管理。促进粗放农产品进一步转变为特定品种、数量、规格等的农业商品，便于消费者识别和选购，从而提高农产品市场营销效率和附加值。

网络化销售体系：在产品运输销售上，与阿里巴巴合作建立"凯盛浩丰智慧农业ET大脑"，通过云数据平台对市场需求进行实时分析、处理和共享，准确掌握市场需求和物流动态。

产品可追溯系统：通过智能标准化种植、物联网管控、可视化运营、机械工厂化分级包装、网络化销售体系等形成1条完成的可追溯链条，农产品逐步实现有根有源。

➤ 经验效果

西南智慧农业项目一期是西南地区建成单体面积最大、智能化程度最高、生产效益最好的温室大棚，树立了四川省农业智能化发展标杆。项目成功投产标志着眉山市乃至四川省现代农业科技发展水平上升到了新的台阶，推动了智慧农业产业在四川的布局，成为西南地区现代农业发展的方向标，成为践行发展农业新质生产力的标志工程。

1.经济效益

目前，西南智慧农业项目一期已进入正式运营，能年产番茄3 000余t，可实现年产值约3 000万元，为周边农户提供月收入4 000～7 000元的就业机会70～100个。

2.社会效益

项目充分发挥示范带动作用，带动一批采用先进设备的新型经营主体，通过把传统农民和农业信息技术人才相结合，培养出一批新型复合性职业农民，加深传统农业和信息技术结合，造就一批有知识、有经验、有激情的农业人才队伍，以科技第一生产力，助力乡村振兴。

3.项目的持续推广性

在乡村振兴战略实施和农业农村现代化的政策背景下，设施温室产业将迎来高速发展的机遇期。凯盛浩丰将利用自身在现代农业领域 20 年种植管理、市场、大数据、数字农业等方面的专业优势，联合中国建材集团在高端材料产业、工程管理、国际合作等方面的综合优势，在全国进行模式复制。

撰稿单位：四川省眉山市东坡区农业农村局

撰 稿 人：莫思敏

云南省彝良天麻智慧种植典型案例

➤ **基本情况**

本项目由彝良县天麻产业开发中心主导实施，中国移动通信集团云南有限公司昭通分公司、云南云链未来科技有限公司参与项目开发。本项目以天麻产业的智慧种植全流程管理服务为核心，联合运用互联网、移动互联网、区块链、物联网、大数据、云计算、人工智能等信息技术，以打造世界一流的"绿色食品牌"和擦亮昭通天麻"金字招牌"抓手，以保障彝良县天麻质量安全为切入点，扩展至天麻产业"种植—生产—加工—仓储—流通—消费"全产业链和全生命周期，借助成熟的高新技术打造现代化数字天麻，构建"从田间到餐桌"全程可追溯应用体系，打造数字天麻和科学天麻，让天麻产品"品质看得见、健康看得见、生态看得见"的追溯体系，促进彝良县高原特色农业健康、绿色发展。目前项目一期应用系统已建设完毕并投入使用，项目正在二期规划建设中。一期已由项目实施单位投入项目建设资金 500 万元。

➤ **主要做法**

1.实施背景

云南省昭通市彝良县是昭通天麻的核心产区，素有"世界天麻原产地"之美誉，也是全国品质最优的天麻主产区。但因彝良县天麻产业起步晚，科技研发、品牌培育、宣传推介、市场营销等条件支撑严重滞后，加之彝良天麻基础研发不足，产业标准化建设不健全，产业监管发展也缺乏有效抓手，存在多方面的发展需求痛点。为解决上述问题，规范天麻种植工作，实现天麻产业发展的提质增效，彝良县天麻产业开发中心规划主导建设本项目。项目在深入产业调研后针对彝良县天麻产业量身定制，旨在以天麻产业数字化、数字天麻产业化为主线，推进数字农业建设，推进天麻产业的种植生产数字化、推进天麻产品的标准化、标识化、身份化、品牌化。

2.主要内容

针对上述产业发展、监管痛点，项目团队规划建设了"1+5+N"的整体项目系统，以1个数字天麻区块链综合管理云平台为核心，5大应用体系主模块为主要内容，N个产业应用决策引擎为重要组成部分。"1"个数字天麻区块链综合管理云平台即核心的数字天麻区块链综合管理云平台，该平台汇集整体产业数据，通过对天麻全流程各环节的数据采集及分析，实现溯源系统中采集数据分析成果可视化展示，赋能产业动态透明化。"5"，五大应用体系主模块分别为生产管理智能化、质量安全标准化、产业发展品牌化、政府监管信息化、产融结合生态化五大功能模块。项目分别对应生产管理、质量监控、品牌建设、政府监管及生态协同产业应用场景的痛点，规划建设了分属其特点的13个子系统。

系统通过联动应用打通了天麻产业全流程（麻种、菌种、基地物联网、种植、分拣分级、加工、库管、交易、物流等）各环节的数据管理渠道，基于不同业务场景实现了产业全流程的数智化管理，也基于产业参与主体发展需求提供了产销对接、品牌建设、农技培训、市场信息公告等公共服务，在促进产业整体发展的提质增效外，实现了天麻全流程数据采集溯源，为产业各环节监管提供了可信数据抓手。

项目利用软件应用服务天麻产业中种植生产、加工经营等各类参与方，通过"产品溯源码"追溯了彝良天麻产业的全生命周期流程，并将关键环节数据上传至区块链固定存证，以保障其真实性、不可篡改性和可追

项目子系统选入页面截图

项目天麻综合服务小程序截图

项目大数据平台应用（产业数据统计展示）截图

项目大数据平台应用
（气象站监测数据统计展示）截图

溯性。数据基于产业溯源小程序端及各物联网硬件从各产业链环节中采集，并以"一物一码"的形式伴随产品流向市场，消费者仅需扫码就可了解产品的来龙去脉，实现放心消费，促进产业销售拓展。这些数据也将反馈至政府产业大数据平台，助力政府实时监控产业动态、科学规划产业发展，实现以数据治理代替传统治理，提升产业发展前瞻性。

N 个产业应用决策引擎为各项目子系统内的关键应用组成部分，通过决策引擎能够将农业及相关涉农数据融合分析，实现农业资源智能调度，赋能农业生产智能高效化。

3. 主要技术

项目联合运用了区块链、物联网、大数据、人工智能等技术，其中主要技术为区块链技术，用于将天麻产业全流程的各个重要环节的数据固定存证，在保障数据真实可信的情况下深入挖掘产业数据价值，赋能产业数字化监管。

4. 运营模式

项目系统由彝良县天麻产业开发中心长期主导运营，配套一整套项目实施管理制度用于整体系统运行管理。基于项目软件系统向产业市场参与主体提供的"一物一码"溯源管理、交易撮合等服务将以 Saas 应用服务收益为运营方带来长期支持项目系统运转的资金。

➤ 经验效果

1. 经济效益

项目基于彝良天麻产业涉麻经营主体信息及地块信息的全部细化统计，实现了整体产业全部供应关系的统计。项目中数字天麻区块链综合管理云平台基于市场监管局数据基础，将 170 个天麻经营部、销售部、门市，507 个天麻合作社，101 个天麻种植场，190 个天麻内资公司，14 个两菌经营销售企业，9 个两菌生产企业，总计 991 个产业涉麻经营主体信息及两河镇、龙安镇、龙海镇、荞山镇、小草坝镇、钟鸣镇、奎香镇、角奎镇、海子镇等 9 个乡镇共计 644 个社组的天麻种植企业、种植量、林下种植情况等数据进行了汇总管理，对 18 962.8 亩天麻种植基地进行了物联网监控部署，对 525 230.09 亩天麻种植地块、18 962.8 亩天麻种植基地、8 938.08 亩天麻定制药园、5 000 亩天麻种源保护基地进行了地图可视化标绘。实现了天麻产业内各类经营参与主体数据信息、种植数据信息、采收产量数据信息、加工数据信息、产值数据信息、仓储数据信息、检验检测数据信息及种植生态因子监测信息的汇总分析和可视化展示，保障用户能够实现相关数据信息的自定义筛选查询和展示，快速提取所需的关键信息内容。这些信息能够通过平台应用有效保障相关管理部门能够清晰洞察产业相关情况，将原本至少需要通过各级部门人工统计、汇总后、筛选分析至少 1 周才能产出的数据信息内容转变为实时查看展示，极大节省了整体产业动态监控数据统计分析所需的人力物力。

项目系统内还构建了完整的彝良天麻交易市场的价格监测体系。相关应用能够结合线下实施工作，实时精准反馈市场价格信息，促进产业参与主体追踪市场动态，降低生产经营风险，获得更多经济收益。

项目应用还能够有效促进彝良天麻区域特色品牌建设。结合产品溯源、消费追踪、市场监测、品质把控等多重措施，以立体化品牌营销策略，多管齐下提升彝良天麻产品品牌传播效能，进一步拓展品牌溢价空间实现品牌化与数字化的双轮驱动，构建产业消费新生态。

2. 社会效益

在项目应用内还将中国科学院植物研究所相关产业研究专家选定的 12 个极具天麻种植科研价值的基地中装配了物联网气象站设备，并将其集成到了数字天麻区块链综合管理云平台中，能够在平台中以每小时的细化数据维度显示基地的降水量、风速、风向、空气湿度、大气光照、土壤温湿度、土壤 pH 值等 8 项环境数据，为天麻种源及相关林下作物种植生长科研工作提供强效支撑。项目系统普及至彝良县各乡镇村集体中，能够通过项目应用助力产业发展由传统"低小散"的小作坊模式转型到"大产业 + 新主体 + 新平台"的发展模式，做大做强做优彝良天麻主导产业，构建完善的产业生产和经营体系，把小农户引入"一县一业"的发展大格局，推进标准化生产经营，提高天麻产品商品化率，培育壮大产业内龙头企业，进一步稳固彝良天麻产业链中的利益联结机制，促进当地就业提升。

3. 推广应用价值

目前，项目应用已经获得了工信部第五届"绽放杯"5G 应用征集大赛云南区域赛的特色奖。项目二期已在规划建设中，预期将打通系统与云南省中药材种植养殖行业协会建立的"数字云药"中药材产业信息公共服务平台。作为云南省药品监督管理局和云南省商务厅在全省中药信息化追溯工作中唯一认可的官方平台，"数字云药"平台的互通将保障本项目系统中具备行业权威平台公信力，同时也能够赋能项目应用在全省全中药材产业中进行推广示范。未来，项目系统在不断进行升级优化的同时，也将充分发挥示范性作用，带动更多相关产业、地域的项目模式推广应用，以点带面，实现更广范围内的产业振兴。

撰稿单位：彝良县天麻产业开发中心，中国移动通信集团云南有限公司昭通分公司，云南云链未来科技有限公司

撰 稿 人：黄　鑫，李紫馨，谢金燕，王晓涵

云南省昭阳红苹果智慧种植典型案例

➤ 基本情况

昭通超越农业有限公司成立于 2018 年 3 月，是发展昭阳区现代苹果产业，集矮

砧密植苹果种植、采收、储藏、分选、品牌销售为一体的现代农业企业。现已建成矮砧密植苹果基地 3 万亩，建成矮砧密植大樱桃（车厘子）种植示范基地 500 亩；引进 20 t/h 法国迈夫诺达苹果分选线，建成 4 万 t 水果产业冷链物流园，并在全球优选 118 个品种建成"昭阳红苹果科技集成示范园"，为引领昭通苹果优质发展提供了优质种质资源基础。基地种植模式主要为矮砧密植树形模式，包括嘎啦、蜜脆、红蛇、富士、华硕、红露、瑞雪、中田、青林、维纳斯黄金等系列品种。按照 HY/T 844—2017《绿色食品温带水果》，采用果园放蜂授粉技术、植保监控系统、生物防治系统、果树负载量管理、果园机械化管理、水肥一体化滴灌六大核心技术，实施统一脱毒种苗、统一种植标准、统一采收标准、统一贮存条件、统一出厂标准、统一冷链配送、统一品牌销售产业链"七统一"标准，采用选用矮化砧木、优质品种，果园管理机械化管理，水肥一体化滴灌技术系统，果园生草模式，科学化树形管理系统，果树合理负载管理，植保监控系统，生物防治系统八大核心技术，保证苹果在种植、分选、包装、仓储、运输全过程的实时监控，以先进技术和产业模式实现此苹果非彼苹果的华丽蝶变，打造昭通高端苹果品牌"昭阳红"。

"昭阳红"品牌已获得国家知识产权局注册商标，苹果产品已获得"昭通苹果"农产品地理标志、"昭通苹果"地理标志商标、"昭通苹果"区域公用品牌、绿色食品认证、GAP 认证等，打造"七彩云南，多姿昭阳红"品牌，开创多样性苹果品类。公司先后荣获"绿色食品牌"省级产业基地认定，获得云南省脱贫攻坚扶贫先进集体、云南省农业产业化经营重点龙头企业、全国脱贫攻坚奖扶贫先进集体、农业产业化国家重点龙头企业、农业农村部办公厅命名为第二批全国种植业"三品一标"基地、农业农村部第一批农业高质量发展标准化示范项目（国家现代农业全产业链标准化示范基地）、农业农村部 2023 年度农业农村信息化示范基地等荣誉。"昭阳红"牌苹果荣获中国绿色食品博览会金奖，连续上榜中国苹果产业榜样品牌，2020—2022 年连续 3 年获得"云南省十大名果"称号等。

➢ **主要做法**

1. 实施背景

紧扣云南省打造世界一流"绿色食品牌"目标，结合公司实际，全力打造"昭阳红"高端苹果品牌，2021 年实施昭阳红智慧果园建设项目（一期）1 000 亩，辐射 3 万亩"昭阳红基地"苹果基地，带动 3.2 万亩技术合作基地果园降本增效，助力产业兴旺与乡村振兴，为全区、全市提供可复制可推广的经验模式。

2. 主要内容

昭通超越智慧果园项目（一期），包括数字种植管理系统、数字农业调度指挥系统、物联网设备管理系统、区块链种植追溯系统、基地可视化系统、农机设备数字化管理系统、运营管理平台、一物一码系统。

3. 主要技术

数字果园种植管理系统：包含技术管理、巡检管理、耕作管理、投入品管理、灌溉作业管理、采摘作业管理、用工管理等功能。管理人员可以通过手机、平板电脑、计算机等信息终端实时查看苹果基地环境要素和作物长势，同时，水肥一体化系统接入后，还可以通过信息终端远程查看或控制智能灌溉等设备，从而实现园区集约化、网络化、智能化管理，达到降低虫情病害，减少施肥用药，降低劳动强度，减少人为责任风险，提高品质品相，实现绿色健康可持续发展的目的。

昭通超越农业有限公司基地全景

数字农业调度指挥系统：集成微信或企业微信，打通种植管理系统、物联网系统、区块链系统、可视化系统、设备管理系统，进行方案、人员、物资、任务的决策、调度、指挥。

昭通超越农业有限公司基地可视化系统

物联网设备管理系统：基地物联网管理系统包括物联网监测基站及物联网管理云平台两部分。物联网监测基站利用物联网技术采集气象、土壤、图像、定位等数据，无线传输到物联网管理云平台。物联网管理云平

昭通超越农业有限公司智慧果园综合管理平台

台通过大数据存储与云计算技术，为用户提供种植指导、天气预报、灾情预警、测土配方等农业生产服务。农业产、供等各环节的数据还可以通过云平台共享给政府、农资农机供应商、农技服务人员、采购方和消费者等。

区块链种植追溯系统：根据国家农产品质量安全体系建设要求，围绕种植环节、采收环节、加工物流环节、仓储管理环节及交易环节，制定苹果追溯管理技术标准；结合云南省孔雀码追溯平台、云果区块链追溯平台底层技术，构建苹果质量安全溯源应用，对产品生产过程进行全面监控，实现从投入品到农田到餐桌全过程的可追溯。同时，结合昭阳苹果区域绿色品牌推广，形成产业链数据库，对产业链上的参与方形

成信誉评价报告，切实提升农产品质量安全水平。

基地可视化系统：基于果园状况，在 720° 全景地图中做模型开发，进行地块信息、技术管理信息、耕作管理信息、生长动态信息、现场视频等可视化展示和远程管理，并结合果园介绍，支撑基地生产管理纵览和决策。

基地布局图：采用无人机航拍正射影像，地面分辨率不低于 0.1 m，采用 CGCS2000 坐标（三度带投影），1985 国家高程基准，影像格式为 GeoTIFF 格式。

基地三维模型：基地三维模型采用无人机倾斜三维摄影建模方式，模型分辨率不低于 0.05 m，模型位置采用国家 CGCS2000 坐标系（3 度带投影），1985 国家高程基准，采用模型格式为 .OSGB 格式。在地形的三维建模中，大多数软件进行空间分析时都是基于网络，通过地形建模的方法既能保证建模的精度，又能满足应用的需要。再根据航拍所形成的照片进行绘制三维模型，并提交相应的数字高程模型。

农机设备数字化管理系统：主要包含农机作业管理、作业人员资质管理、设备管理、耗材成本管理等功能。农机作业管理，通过 GPS 作业轨迹，进行工作量核算和边界范围管理。设备管理，设备巡检、维护保养记录，设备备件管理，设备维修管理。耗材成本管理，设备用油、用电管理，成本核算管控。

运营管理平台：主要是为基地管理人员和监管部门提供运营数据查看及辅助决策的管理平台，其主要包括基地运营管理、投入品使用监管、农机具使用监管、溯源监管管理等功能。

一物一码系统：主要是对基地设施、设备、产品等进行身份标识、赋码及管理的系统，主要功能包含设施设备赋码、产品赋码、赋码档案管理、接口预留及开发等。设施设备赋码，给设施、设备、农机、车辆、地块（树行）、物资赋码，进行资产、设备流转使用、维修保养记录管理，作业信息跟踪，成本管理。产品赋码，给出库产品赋码，进行从餐桌到田间的投入品、种植、采摘、储存、分选包装、质量标准、品控、销售情况等溯源。赋码档案管理，赋码标的信息记录、数据汇总。溯源信息开发利用端口预留开发（等待接入销售管理、客服管理、渠道管理、产品分析、拓客、分销、新零售等）。

➤ **经验效果**

通过智慧化、信息技术应用，推动昭通苹果产业数字化转型，在提高土地产出率、资源利用率、劳动生产率等方面取得明显成效，在农业投入品减量增效、减少农业面源污染等方面提高绿色高质高效水平，在建立长效利益联结机制、促进农民就业增收等方面助力乡村振兴。

1. 经济效益

项目完成提升改造的果园核心区域，通过技术改造和升级，果品品质得到进一步改善、优质果品率进一步提高。项目辐射覆盖的 3 万亩果园降本增效，每亩平均逐步实现增产 4.8%，总体产量新增约 300 t 以上，按 10 000 元/t 计算，每年增加产值约

300万元以上。由果园改造提升示范，带动昭阳区、昭通市苹果产业的发展，提升品牌影响力，促使品牌获取更多市场溢价。

2. 社会效益

项目通过良好的管理和科学的生产技术，提供大量优质的苹果农产品，同时合理规划、布局和应用还可以为农业产业数字化转型起到示范作用。通过技能培训、示范展示、业务交流等活动有效带动当地农业提质增效，共创"昭阳红"绿色农业品牌。

3. 参考借鉴意义

本项目借助大量传感器及智能终端设备，实现对气候环境、土壤状况、作物长势、病虫害等农业"四情"的实时监测上行，及对人工、物料、设备等管理信息的实时控制下发，将传统的基地信息传送和管理人工操作提升为数字化、实时化、精准化，极大地提高了30 000亩大型基地生产管理的数字化和智能化水平，基本实现了苹果生产过程的数字化控制和精准化管理，降本提质增效明显，大大加强了苹果产业链供给侧竞争水平。结合公司的优秀生产经验和龙头企业影响力，项目的数字化投入将产生大批量、高价值的苹果生长生产数据，有利于建立和推广昭通苹果标准化种植模型，示范带动周边及全区全市苹果产区快速高质量发展，提升"昭通苹果"区域品牌影响力，收获更高和更多的市场溢价，推广先进的种植业综合开发模式和理念，促进当地农业产业升级，增加农民收入，增强群众绿色农业意识，共创"昭通苹果"区域公共大品牌。

撰稿单位：昭通超越农业有限公司

撰 稿 人：周兴林

云南省禄丰锦海花卉智慧种植典型案例

➤ 基本情况

禄丰锦海农业科技发展有限公司成立于2021年4月，位于楚雄彝族自治州禄丰市碧城镇下者泥达村，是一家专业从事集月季新品种引进、种苗繁育、月季切花示范种植及销售为一体的生产型企业。公司拥有研发生产基地307亩，全部采用高标准绿色无土栽培模式。配套水肥一体化生产线，智慧分拣生产线、农业生产管理平台、办公及管理用房等基础设施，采用"公司+基地+专业合作社+市场"的产业发展之路，带领花农走上更加规模化的生产致富之路。公司成立了以法人为主的技术研发团队27人，现拥有1项发明专利、1项计算机著作权、11个自主知识产权月季新品种专利、19项实用新型专利，制定8项企业标准，为公司科技创新发展奠定了基础。"锦海"旗下培育的品种"初心"荣获2021年度中国好品种荣誉称号，"如意"荣获第十届中国花博会金奖，"锦海"品牌连续 4 年荣获"云南省十大名花"称号。

➤ **主要做法**

锦海花卉物联网智慧农业生产管理平台依托花卉种植业的产业优势和基础，运用互联网、农业物联网、农业云计算与大数据、移动互联网等核心技术，重点打造以农业大数据为主推动花卉产业发展，将科技成果转化及技术转移创新服务平台体系建设为目标。共计投资 460 万元，在种植基地大棚中，引入物联网、互联网、云计算、大数据等技术，开展物联网建设并进行示范引用，构建相应的软硬件平台，促进大棚种植基地生产管理模式的转型升级，推进基地大棚种植向现代化、精准化、智慧化转变，促进锦海科技花卉种植及生产管理水平的提升。

建立全覆盖水肥一体化智能控制系统：将肥、水融合，在月季最需要的时期，定点、定量、均匀地施入植物根际吸收部位，因此，对肥水的利用率很高，有效减少农村面源污染，特别是干旱年份，效果非常明显。每亩可以节约用水 40%、节约肥料 30% 以上；可以降低土壤湿度，减少杂草、墙面绿藻及病虫害兹生，减少除草投入和病虫防治成本，提高作物品质，增加效益。公司在鲜切花栽培过程中，通过采用水肥一体化设施按照苗木长势浇水、施肥，做到精准供养，并通过循环回收系统回收多余水肥再次利用。水肥一体化覆盖率达 100%，有效提高水肥施用效

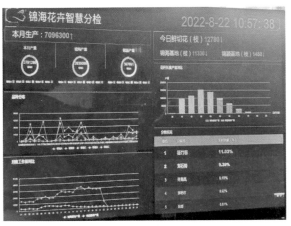

率，节约用水用肥，对周围环境不产生污染，实现对生态环境的有效保护。

建立自动化智能鲜切花分级、包装一体化流水线：通过建立智慧化的流水线，工人由生产操作的直接执行者，转变为自动分级、包装流水线生产中各种自动化机械的监护者、管理者，工人摆脱紧张的手工作业和繁重的体力劳动，只需执行监视、检测、调整以及维持自动化机械正常进行包装工作的生产作业，减轻了的劳动强度，采用鲜切花分级一体化流水线操作工作效率提高30%，节约人工成本180万元，产品质量提高25%，可实现品种数字实时传输。

建立产品质量安全追溯系统及锦海追溯系统：详细记录每束花的采收、分拣、包装、出库、基地鲜切花日产量等信息，并统一上传到网络服务器保存，客户通过扫码可实时查询该产品的详细信息，确保产品质量管控到位。

建立农业综合生产销售平台：通过建立农业综合生产销售平台，实现对基地大棚内气温、土壤墒情、视频等的实时监测和采集，并且实现对灌溉的远程、自动控制，支持用户通过 Web 访问、桌面终端、手机终端等快速、便捷访问平台并在平台中完成相关操作。实现大棚灌溉的远程、自动化控制，以及对大棚内环境、土壤墒情、视频、作物生长状态等信息的实时采集及监管。客户可通过锦海公众号、锦海商城等手机终端，快速便捷访问平台并在平台中完成采购下单操作。

➤ 经验效果

1. 生态效益

建立的水肥一体化设施，每年可节约 30%～40% 月季切花的生产成本，同时微滴灌精准施肥也让月季单产显著提升。此外，应用水肥一体化控制系统，加快了现代农业建设步伐，只需 1 个人、1 部智能手机便可实现种植基地的灌溉施肥全覆盖。与传统的月季切花生产相比，省时 50%、省工 70%、省肥 50%，省水 70%。提出绿色高效栽培技术精准水肥管理和调控技术 2 项，实现化肥施用量减少 20% 以上、农药使用量减少 30% 以上、高效栽培产量提高 30%；同时，通过手机可以对整个月季切花种植基地的环境数据、土壤墒情和植物长势及病虫害进行实时监测，为月季切花生产管理决策提供依据和指导。

2. 经济效益

锦海花卉物联网智慧农业生产管理平台的建成使基地提质增效 8%，高效栽培产量提高 30%；总结出月季良种组培繁育技术规程，建成年产 5 000 万枝月季鲜切花流水生产线，为本地农业产业结构调整及农民致富增收提供产品支持。实现销售收入 7 000 万元以上，实现利润 600 万元以上，带动种植面积 1.3 万亩，带动农户 4 024 户，户均增收 4.2 万元。

3. 社会效益

提升产品质量，积极打造花卉品牌，扩大基地建设，扩展国内外市场提升公司知名度凝聚力和服务功能，加大玫瑰种植规程的培训推广力度，推广月季鲜切花示范基地 1 000 亩以上，培训技术人员和新型职业农民 1 000 人次，辐射推广 3 000 亩，带动农户种植面积增加，促进就业。

撰稿单位：禄丰市农业农村局
撰 稿 人：邝永华

云南省云天化智慧种植平台典型案例

➤ 基本情况

云南云天化现代农业发展有限公司（以下简称现代农业公司），成立于 2020 年，是云南云天化股份旗下全资子公司。公司聚焦于云南高原特色农业，贯彻"金色链条赋能现代农业"的核心理念。提供"设计标准＋种植管理＋检验检测＋供应链＋品牌营销"的产业运营服务为种植端和市场端提供产业赋能，并在云南高原特色农业的基础上建立发展"高标准绿色食品产业链"，为国内外消费市场提供新鲜、安全、健康、高品质的农产品。

现代农业公司积极响应国务院国资委正式印发的《关于加快推进国有企业数字化转型工作的通知》文件精神，贯彻云南省"数字云南"和打造世界一流"绿色食品牌"战略，遵循"数据驱动业务、数据监测业务、数据优化业务"的原则，梳理业务流程体系、规范数据治理结构、设计平台功能架构、构建数字化业务运行体系，通过云天化现代农业全产业链数字平台赋能农业、发展农业，实现现代农业业务数字化转型，帮助现代农业公司立足云南，面向国内外的销售市场聚合、开放及孵化平台服务，助力现代农业产业链赋能战略和理念的推进及落地。

➤ **主要做法**

1. 实施背景

十四五规划着重提出，要持续强化农业基础地位，深化农业供给侧结构性改革，强化质量导向，推动乡村产业振兴；加强大中型、智能化、复合型农业机械研发应用，农作物耕种收综合机械化率提高到 75%。加强种质资源保护利用和种子库建设，确保种源安全；加强农业良种技术攻关，有序推进生物育种产业化应用，培育具有国际竞争力的种业龙头企业；完善农业科技创新体系，创新农技推广服务方式，建设智慧农业；优化农业生产布局，建设优势农产品产业带和特色农产品优势区；推进粮经饲统筹、农林牧渔协调，优化种植业结构，大力发展现代畜牧业；深入推进优质粮食工程；推进农业绿色转型，加强产地环境保护治理，完善绿色农业标准体系，加强绿色食品、有机农产品和地理标志农产品认证管理；强化全过程农产品质量安全监管，健全追溯体系；建设现代农业产业园区和农业现代化示范区。

2. 主要内容

云天化现代农业智慧种植平台是云天化集团基于现代农业板块所搭建的一个集管理和服务于一体的数字化平台。平台通过顶层设计，以数基、数聚、数通、数智、数创、数据治理"六数一体"的设计理念形成数字化农业生态解决方案，完成了从种到采摘分选的全链数字闭环，通过数字化种植及数字化供应链体系，实现标准化种植、精细化管理，助力产业的高效运作。云天化智慧种植平台是云天化现代农业大数据平台中的重要组成部分，是一个承上启下的核心业务平台，对下需要对接硬件集成与控制平台及时获取物联网数据，对上需要对接采后加工系统、销售系统、分析决策系统和对外呈现系统，平台通过业务联动实现了种植过程的技术管理、成本管理、溯源管理等。平台按照业务划分为 4 个子平台，即基础信息管理系统、种植管理系统、第三方技术托管系统及临时人员管理小程序。

种植基地管理平台：以物联网作为数据基础，为种植提供精准指导，实现从育苗到采收的数字化种植指导方案及数字化溯源链条；以基地管理为切入点，通过地块绑定人员，人员管理地块，设备附着地块的方式实现对目标农场区域的全方位管理监控，进而达到种植管理精细化、农场管理高效流程化、产品生长过程可控、流程可追溯、人员工作可量化的智慧农业种植管理平台。同时，通过云计算、人工智能、GIS

等互联网技术实现种植模型及环境模型的积累和应用。

硬件集成与控制平台：通过云天化企业标准，实现了基地智慧硬件的集成管理、人员管理、数据管理、数据安全、数据所有权管理，统一规范智慧硬件通讯协议标准，各厂家链接云天化自有 API 接口，即可实现数据统一。同时结合各传感器数据，进行策略配置和自动控制，随着数据的积累及模型的训练实现智慧化控制。

采后加工系统：运用物联网、二维码等信息技术实现仓库的自动扫码出入库及库存动态管理，对基地仓库的货品名称、所属仓库、仓库联系人、库存数量、剩余容量等精准线上记录；对仓库的库存数量进行精准的数据记录，经过汇总分析生成可视化的库存统计表，包括周报统计、月报统计等，实现从毛产品到成品的精细管理。

数字农场驾驶舱：在展示层建立数字农场驾驶舱，连接硬件集成控制平台实现基地实时影像的调阅，连接种植基地管理平台实现基地实时任务的统计、工作人员现场情况实时反馈及作物动态监测。

3. 主要技术

在种植生产作业环节，摆脱人力依赖，构建集环境生理监控、作物模型分析和精准调节为一体的农业生产自动化系统和平台，根据自然生态条件改进农业生产工艺，进行农产品差异化生产。在生产管理环节，将智能化传感器技术、地理信息技术和互联网技术应用于基地的精细化地块管理、种植计划任务管理、种植技术管理以及种植人员管理。规范种植流程，提升管理效率，实现农业种植技术的工业化作业模式。

种植基地管理平台 PC 端

种植基地管理平台移动端

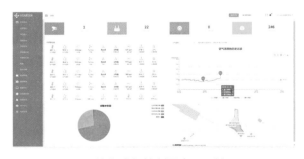

硬件集成与控制平台 PC 端

4. 运营模式

云天化智慧种植平台总体架构是在《数字乡村发展战略纲要》和农业"互联网+"的总体指导下，根据当前农业企业管理的需求，按照"先进成熟、稳定高效、安全可靠"的原则，采用云计算、大数据、物联网等先进技术进行建设。智慧种植平台对上游进行供应链管理，与下游进行销售市场对接，合理规划采收时间、作物产量、确保产品品质，提供基础数据，为订单农业做好支撑。

硬件集成与控制平台移动端

➤ 经验效果

1. 经济效益

平台与两家外部公司成功签订农业数字平台应用协议，获取农业数字化服务费；平台在对外应用中，逐步完善系统功能、优化业务管理流程，形成高复用易推广的数字化农业服务平台。

2. 社会效益

智慧种植平台将基地种植管理流程化，形成标准统一的种植数据，为后续作物种植模型的建立奠定数据基础；清晰化便捷化的种植成本核算，根据基地种植成本与进度，及时调整种植策略，提升基地效益；实现基地设备远程策略化控制，减少人工控制，提高基地现代化建设水平；形成自有、统一、标准的基地环境数据，提高数据自主性与安全性。

3. 对农业信息化的促进作用

云天化智慧种植平台为供应链和销售端提供支撑，为推动全产业链数字化转型打好基础，在供应链进程中，经营者、种植户均可以通过物联网的智能硬件实时查看种植环境、生长数据等情况，以此推动产业上游升级，增加高品质农产品供给。截至目前，蔬菜板块拥有澜沧蔬菜基地、石屏蔬菜基地、昆阳蔬菜示范园、梁王山蔬菜示范园面积共计2 183.7亩，建立种植计划41个，生成种植批次68个，已累积形成农事任务13 000多个。花卉板块拥有晋宁宝峰基地面积1 000亩，建立种植计划63个，生成种植批次64个，已累积形成农事任务6 570个。此外，共计10个基地接入平台，连接摄像头152个、网关74个、开关设备652个、采集设备557个。累计获取空气温湿度、风速风向、土壤温湿度等环境数据上千万条；在大棚基地中实现远程化、策略化的大棚开关控制与水肥控制。

撰稿单位：云南云天化现代农业发展有限公司

撰稿人：杨　芳

甘肃省陇南市康县岸门口镇贾坝村生态农场建设项目典型案例

➤ **基本情况**

康县农业产业化发展中心，为副科级建制公益一类事业单位，隶属康县农业农村局。现有职工 11 人，其中，高级职称 2 人，中级职称 4 人，属于财政全额拨款事业单位。主要职责是负责农业产业化培训、宣传、信息发布，指导农业产业化经营、特色产业基地建设和农产品加工业发展，开展"产业贷"、高标准农田建设等公益职责。

➤ **主要做法**

1. 实施背景

康县地处陕甘川三省交界地带，秦巴山区陇南市中南部，总面积 2 958 km²，是长江上游水源地保护区、生物多样性主体功能区，境内"八山一水一分田"，山大沟深、交通不便、信息闭塞，耕地仅有 31.26 万亩，人均 1.76 亩，80% 为山旱地，粮食生产效益低而不稳，特色产业品种多但规模小，80% 以上的群众分散居住在 70 余条河谷、90 多座山梁和高半山、峡谷河道及林缘地区。生态农场旨在持续获得高产量的同时，提高智慧农业技术水平，科学管理，保持环境友好和产品安全，是保护环境、发展农业的新模式。推进生态农场建设，打好"绿色牌"，是推进农村生态文明建设的重要举措，是探索农业现代化的有效途径，既能够保障国家粮食安全、食品安全，又能保护生态环境，既能拓宽农民增收渠道、提升生活质量，又能丰富农村消费链条，具有重大的建设意义。近年来，康县立足自身生态环境优势，抢占农业绿色崛起的制高点，创新环境保护与农业发展相结合的新模式，在岸门口镇贾坝村建设生态农场，引领康县农业产业升级，提升康县农业绿色发展水平。

2. 主要内容

康县岸门口镇贾坝村生态农场位于康县岸门口镇贾坝村，项目区涵盖约 400 亩农业用地，配备水肥菌一体化 170 亩，智慧物联网系统 1 套，秸秆—废弃物资源化利用系统 1 套，土著微生物筛选与扩培实验室 1 间，配套实施田间产业路、生态农场附属设施等，总投资 600 多万元。

3. 主要技术

该项目主要示范与推广智慧农业物联网技术、水肥菌一体化技术、土著微生物繁育、筛选与扩培技术、秸秆—废弃物资源化利用等技术。通过田间数据采集、无线数据传输、远程控制、监测、在线数据分析、预警与控制，以实现智能水肥管理、农业可视化监控、农业植保监测、农业遥感监测与分析、农业气象监测与分析等，进而达到高效农业生产，促进农业农村废弃物有效处理，增加土壤有机质改良土壤，降低农业生产的肥料投资成本，提高农作物产量和品质的目的，实现利用最少的资源投入产出更优农产品的效果。

4. 运营模式

康县岸门口镇贾坝村生态农场建设项目采取两种模式相结合的方式运营，一是"党建＋N"模式运营，即1个在村党支部引领下，1个农产品加工小组，1个龙头带动车间，多个家庭小作坊相结合的模式。整合农户土地经营权、集结农村富裕劳动力入股贾坝村股份经济合作社，为群众免费提供技术指导、科学管护、保底回收的闭环式产业发展服务。通过品牌包装、深加工等方式，提高农产品附加值，由龙头企业统一销售产品。二是"互联网＋休闲农业"运营模式，即通过线上平台免费认领土地，认领人缴纳一定的保证金即可获得这一块土地1年使用权，1年后土地没有破坏，保证金全额退还认领人。在土地认领期内由认领人自主种植蔬菜粮食获取所有种植产出，认领人可选择自己前往种植、打理，也可以委托农场职业种植能手免费代为种植、养护和收割，认领人可全程视频监控所有环节。

➤ 经验效果

1. 经济效益

项目实施以来，村内经济社会面貌发生巨大变化，综合发展能力明显提升。群众收入显著增加，由村集体经济合作社牵头，先后建成猕猴桃及小杂粮加工包装车间、酒坊、榨油坊、磨坊、豆腐坊、游乐场、农业技术服务培训基地、产品展示直播带货间。通过统一品牌包装，营销和直播带货，线上线下联动，提高产品效益和销量，有效带动农户289户1032人增收，

贾坝生态农场全貌

订单猕猴桃采摘

订单跑山鸡养殖

农耕文化研学基地

订单水稻种植

基本实现户户有产业，户户有增收渠道，利益联结成效得到充分发挥。村集体积累资金每年增收 20 万元以上，户均增收在 3 000 元以上。2023 年村集体经济收入 21.6 万元，2024 年预计集体经济收入达到 60 万元。

2. 社会效益

通过农业生态产业园带动，在康县树立典型，形成特色无公害种养殖、农特产品深加工、农业种养殖科普体验、农业旅游观光体验、民俗餐饮等综合发展模式。农村生态环境保护工作得到加强，村庄绿化、污染治理、道路硬化等基础设施取得明显成效。农业结构得以合理优化调整，粮食播种面积相对稳定，无公害农产品和绿色食品种植量增质优，农村各项事业有序发展。

3. 生态效益

为了追求高质高产，肥料等农资产品常年过度使用，导致土壤的微生物菌群、理性化结构和生态环境等遭到严重的破坏。康县茶叶科技开发中心康县茶叶标准化示范园建设项目应用了水肥菌一体化技术，可大幅降低农业生产过程劳力成本，以较少的资源投入实现较高的产出效果，通过先进的设备、更科学的方法，将微生物扩培和有机肥发酵技术从实验室搬到农民的田间地头来，大幅度地降低农业生产过程中的农资成本。

智慧农业是未来中国农业的发展趋势，也是标准化、规模化、智能化的科学诉求，实现全方位的农业监管与数据分析，是未来智慧农业发展的主要表现方式。该项目的推广价值在于将智慧农业技术应用于农业监测、分析、管理等方面，在一个平台容纳多级用户、多角色共享与共同管理数据，监测农业生产管理全过程，减少软件重复开发成本，提高行政部门监管职能。

撰稿单位：甘肃省农业信息中心，康县农业农村局
撰 稿 人：杨鑫环，高　虹，张　昕，王　鑫

甘肃省酒泉市物联网引领现代农业信息化典型案例

➤ **基本情况**

敦煌市农业广播机械化学校是公益性正科级事业单位，成立于 1984 年，隶属敦煌市农业农村局管理，2006 年被酒泉市政府确定为敦煌市农村劳动力转移就业定点培训机构；2011 年被敦煌市委组织部确定为敦煌市葡萄产业人才培训基地。核定事业编制 7 个，现有在岗职工 5 人，其中，正高级职称 1 人，副高级职称 2 人，初级职称 2 人。主要承担敦煌市农民实用技术培训、农村实用人才培养、高素质农民培育、农业技术推广普及和农业信息化服务等工作任务。近年来，聚焦产业发展和农民实际需求，抓

培训、提素质，传信息、促服务，先后组织实施了阳光工程培训、新型职业农民培育、高素质农民培育、农村信息公共服务网络工程等项目，不断总结探索人才培养、技术推广新模式，积极开展物联网技术应用示范，促进农业数字化、智能化、智慧化应用，着力推动现代信息技术与农业农村发展深度融合，为敦煌市乡村振兴和现代农业发展提供了人才技术支撑。

物联网示范点

➤ **主要做法**

敦煌位于河西走廊最西端，全市辖9镇、56个行政村、395个村民小组，总人口20万人，其中，农业人口10万人，耕地面积37.34万亩。随着产业结构不断调整，基本形成了特色林果、优质蔬菜、畜禽养殖等优势产业。近年来，为了更好地发挥现代信息技术赋能农业农村高质量发展，敦煌市委、市政府高度重视农村信息化工作，把农村信息化建设作为推动现代农业发展的关键措施常抓不懈，紧紧围绕农业全产业链智慧农业建设，依托农业信息化项目资源，积极探索智慧农业建设应用模式，在宣传政策、传输技术、传播信息等方面发挥了较好的作用，全面支撑着现代农业发展。物联网是农业信息化、现代化的重要组成部分，是推动"互联网＋农业"的重要技术支撑。随着物联网技术在农业生产中不断推广应用，农业生产的精准化、集约化、高效化水平逐步得到提高，推动农业生产向着可控化、智能化方向发展。

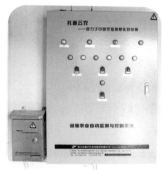

传感器　　　　　控制柜

技术人员对实施物联网项目的农户进行理论培训

物联网示范农户现场操作

2017 年敦煌市被原甘肃省农牧厅确定为甘肃省农村信息公共服务网络（二期）工程项目县，下达项目资金 50 万元，通过建立 12316 信息服务点开展物联网技术应用示范。项目在敦煌市莫高镇高效节水农业产业示范园区实施，浙江托普云农科技股份有限公司、敦煌联通公司提供技术支持。选择 8 座日光温室通过安装应用智能化控制设备，配备全方位红外球型摄像机、硬盘录像机、服务器、交换机、光照、温度、湿度、CO_2、土壤水分传感器等物联网控制设备，建成了物联网环境实时感知与采集系统、自动控制系统、视频系统和农业物联网应用管理平台，集成建设了温室通风系统，实现种植全过程的数据采集、处理、分析、输出管理决策和建议，大幅度提高设施农业的科学化管理水平；通过各种无线传感器实时采集生产现场参数获取植物生长状况信息，再通过智能系统定时、定量、定位处理，及时精准地遥控农业设备开启或关闭。种植户通过电脑或者手机 App 登录平台，远程监控温室内的温度、湿度、CO_2浓度、光照强度等空气及土壤数据指标，远程视频监控作物长势情况，远程控制卷帘、放风、灌水等终端设施，有效实现了农业科技信息零距离服务，实现温室生产智能化管理，形成示范带动效应。

在物联网技术示范应用过程中，依托园区农民田间学校强化技术指导服务，采取集中培训、现场示范、印发资料等形式，对示范农户开展广泛的技术培训，不断提高农户对物联网技术的认识和操作应用技能；充分利用广播、电视、报刊等新闻媒体，大力宣传农业物联网技术在农业生产中的应用，努力营造良好的氛围；制定《物联网技术应用示范操作规程》，确定 2 名专业技术人员具体负责物联网设备的操作管理、运行维护和跟踪指导，形成完善的信息服务机制，园区已成为展示敦煌现代农业的窗口。

➤ 经验效果

通过项目的实施，有效提升了示范园区的科技含量和档次，推动了现代农业的健康发展。物联网技术应用，真正实现了设施农业生产自动化、管理智能化。2020 年 9 月莫高镇高效节水产业园农民田间学校被中央农广校、中国农民体育协会推介为全国优秀农民田间学校，该园区已发展成为职业农民教育培训实训基地和农民田间学校。一是在农业资源精细监测方面，通过电脑、手机利用传感器感知技术、信息融合传输技术和互联网技术，构建农业生态环境监测网络，实现对温室生态环境的自动监测。二是在精细管理方面，实现对生产过程的智能化控制和科学化管理。通过物联网技术综合运用，可达到提高产量、改善品质、节省人力、降低人工误差的目的，通过对光、热、水、气、肥等环境因子的实时监控，创造植物生长的最佳环境，设施温室的产量和效益平均提高 10% 以上。有效实现了农业科技信息零距离服务，推动了敦煌市现代农业发展和农民持续增收。三是在质量溯源方面，通过对农产品生产、流通、销售过程的全程信息感知、传输、融合和处理，实现农产品"从农田到餐桌"的全程追溯，为农产品安全保驾护航。四是在农产品物流方面，利用条形码技术和射频识别技术可实现产品信息的采集跟踪，有效提高农产品在仓储和货运中的效率，促进农产品电子商务发展。

随着物联网技术在农业生产领域的广泛应用，通过培育一批精细化、智能化管理的农业生产新模式，必将引领现代农业发展，促进农业发展方式的转变，推动农业数字化转型，为农业高质高效、农民富裕富足提供有效支撑，推广应用前景十分广阔。

撰稿单位：甘肃省农业信息中心，敦煌市农业广播机械化学校

撰 稿 人：高　虹，张　昕，杨鑫环，姜生林，徐　静

新疆维吾尔自治区昌吉市二六工镇光明村智慧农业运用经验成果典型案例

➤ **基本情况**

新疆九圣禾农业发展有限公司成立于 2008 年，注册资金 2.06 亿元，总资产 30 亿元，是一家向现代农业产业全要素提供服务的互联网平台公司，致力于整合农业全产业链资源，利用互联网手段，构建线上线下配套的全产业链综合服务管理平台，打造"产业化、标准化、专业化、智能化、数字化"的现代农业综合服务产业新业态与管理新模式。

➤ **主要做法**

1.实施背景

本项目位于新疆昌吉州昌吉市二六工镇光明村，依托玉米制种"五化"示范基地建设，为实现玉米制种生产规模化、标准化、机械化、集约化、信息化运行打造示范基地，通过科学管理和规范化运作，提高示范基地的经济效益，对昌吉市玉米制种产业及种业发展起到示范引领作用。

2.主要内容

项目主要内容包括数据采集、数据分析、智能决策、智能控制等方面。在数据采集方面，该项目引入了高分辨率气象站、土壤水分传感器、植物生长监测仪等设备，实现实时监测环境因素的变化，并提供数据支持；在数据分析方面，通过数据挖掘和分析技术，对采集的数据进行处理，并生成精准的农业生产方案；在智能决策方面，根据数据分析的结果，制订农业生产计划，并实现农业生产过程的智能化控制。

3.主要技术

项目主要技术包括物联网技术、云计算技术、大数据分析和人工智能等。其中，物联网技术用于设备间的数据采集和通信；云计算技术用于数据存储和计算；大数据分析技术用于处理和分析采集到的数据；人工智能则用于智能决策和控制等方面。

4. 运营模式

运行模式为智能化的自动化控制模式，通过对设备的智能控制，实现从种植到采收的全过程智能监控。在智慧农业实际运用的同时，在当地推广"企业 + 农业种植合作社 + 农户"的模式，充分带动当地农业发展，并且通过订单农业建立了多样化的服务模式，既提高了农户的种植收益，也保障了农产品的品质和安全。

智慧农业后台展示页面

➤ 经验效果

1. 经济效益

该项目实施过程中，为当地农民创造了丰富的价值，具体来说，在种植小麦、玉米、番茄等方面为农户节本增收的具体数据如下：冬小麦亩产平均增长 10%，最高增长达到 15%；玉米亩产平均增长 15%，最高增长 20%；番茄亩产平均增长 10%，最高增长 15%，成熟率提升 5%；农民使用的农药和肥料平均减少了 30%，同时，不必再购买昂贵的农药（如杀虫剂）。通过该项目实施，使当地农户得以掌握一系列现代化管理手段和工具，增加了农业生产效益和农产品质量。据统计，在种植小麦、玉米、

智慧农业后台操作页面

智慧农业数据采集设备

番茄等方面，光明村农户的每亩地收入都增加了 200～400 元。

2. 对农业信息化数字化的促进作用

该项目的推广运用对农业信息化、数字化产生的促进作用非常显著。该项目采用了一系列高科技手段，包括光伏电池板、遥感监测、传感器等，把全村的农田智能化、数字化，实现了精准施肥、精准灌溉等各环节协调配合，使得农业生产效率和质量得到大幅提升。首先，通过电子地图等方式，把农田的土地质量、地貌、作物生长状态及周边环境等进行了数字化清晰地展现，使农业信息得到了高效整合和应用，不仅为农业生产提供了实时预警和预测，还降低了劳动成本，提高了农业生产效率。其次，采用了物联网技术，通过物联网实时监测土壤水分、气象参数等状况，并利用人

工智能技术进行数据分析和预测，从而准确对农田进行精准施肥、精准灌溉，提高农作物产量，降低种植成本，提高了农产品市场竞争力。

3. 推广应用

该项目的成功实施，为智慧农业的推广提供了样板和经验。采取了先进的数字技术，如物联网、大数据、人工智能等，实现了自动化测量数据、精准施肥、精准灌溉等，提高了农业生产效率和质量。此外，智慧农业还具有一定的可持续性，它不仅可以降低农业生产过程中的能源消耗，还可以减少农药和化肥的使用，改善农田土壤质量，提高农产品安全性和健康价值。同时，可以使农民更好地了解和掌握农业生产信息和知识，提高他们的素质和技能，从而更好地适应市场需求和变化。因此，该项目的推广价值和可持续性非常高，它能够帮助农业实现绿色、可持续和高效的发展，为农民增加收益，同时也为城市提供优质的农产品，促进城乡发展一体化和可持续发展。

4. 参考借鉴意义

提供实践经验：智慧农业实践是对智慧农业理论和技术的实际运用和测试，可以为智慧农业建设提供实践经验和案例，帮助农业机构更好地应用智慧农业技术和管理方法。

推动技术创新：通过智慧农业实践探索新技术、新理念，推动智慧农业技术的创新和进步，对于智慧农业建设的发展有着重要的推动作用。

验证市场需求：将智慧农业技术和农业生产需求结合起来，有助于验证市场需求和发展方向，为智慧农业建设的方向提供参考。

促进农业可持续发展：智慧农业实践可以协助农业机构发现生产过程中存在的问题和瓶颈，并提出相应的解决方案，从而推动农业的可持续发展。

综上所述，智慧农业实践对智慧农业建设起着重要的参考和借鉴作用，为农业创新和发展提供了可靠的基础和支持。

撰稿单位：新疆维吾尔自治区农业农村厅信息中心，新疆九圣禾农业发展有限公司

撰 稿 人：古丽皮艳·迪力夏提，王 艺

山东省青岛市智慧蓝莓产业链，助力乡村大振兴典型案例

➤ 基本情况

青岛地区是中国最早进行蓝莓产业化发展模式尝试地，为全国蓝莓产业化的摇篮。在乡村振兴的战略背景下，如何让特色农业产业在扩大规模的基础上拉长链条、叫响品牌、促进增收，是乡村振兴需要认真研究的重要课题。青岛西海岸农高发展集

团有限公司把"蓝莓智慧化生产及全产业链开发利用"作为突破口，打造"智慧蓝莓""数字蓝莓""诚信蓝莓""富民蓝莓"，推动"产学研用推"融合发展，趟出一条以蓝莓产业高质量发展，助力产业全面振兴的全产业链新路子，用小蓝莓做出乡村振兴的大文章。青岛地区作为全国蓝莓产业化的摇篮，经过20余年的发展，逐步成为了全国蓝莓产业集聚区。但随着全产业链的发展，出现了智慧农业标准化规范不足、智慧农业应用程度低、智慧农业人才数量少、智慧发展创新性缺乏等制约蓝莓发展的瓶颈。针对以上主要问题，青岛西海岸农高集团有限公司联合青岛农业大学和山东省果树研究所等科研院所，青岛西海岸农高科技服务有限公司等蓝莓智慧化种植、培育企业，及青岛紫斐农业科技发展有限公司等蓝莓产品深加工企业，发挥各自优势，逐步构建了"产学研用推"一体化产业模式，通过"延链、补链、壮链"，与6家蓝莓企业签订孵化入驻协议，与9家企业签订合作框架协议，争取区政府支持，将蓝莓研究院提升为"青岛西海岸新区乡村振兴研究院"，积极宣传推广技术成果，示范推广蓝莓种植面积近10 000亩，带动相关企业及示范园区年增收1亿元以上，初步形成了从产业源头到推广终端的蓝莓全产业链智慧化发展框架。

➤ **主要做法**

坚持科技支撑，勇当数字蓝莓的"开创者"：在国内首次创新建立蓝莓高通量表型鉴定平台，构建了yolov5程序并在自建数据集——蓝莓数据集上成功实现，可对蓝莓果实进行成熟度和个数检测；构建了深度学习预测模型，利用一维卷积神经网络通过SNP预测蓝莓的表型表现，研究表明蓝莓产量性状分类模型优于回归模型，总体预测准确率超过99%，对进一步探索蓝莓的基因调控表型机制和智能育种发挥重要而积极的作用。蓝莓温室智能化提升研究，基于人工智能、大数据技术，采用数字化图像分析及无线传感网络数据传输技术与田间试验相结合的方法，园区实现一是管理可实现水肥灌溉远程操控；二是作物生长的空气温湿度、光照强度、CO_2浓度、土壤温湿度、EC值、pH值及土壤肥力检测等可进行数字化管理，其数据可回传到管理平台，用于数据分析；三是园区所处位置的气象和虫害虫情信息可实现自动记录；四是作物生长自身数据可随时调取；五是视频监控设备、温室内数据显示屏、种植管理大数据平台能实时有效辅助工人日常工作；为蓝莓生产管理建立智慧大脑，进行数字化管理，实时了解蓝莓生长发育状况，实现水肥精准使用、环控智能预警、管理智慧少人、病害提前防控，达到全面准确智慧化管控蓝莓种植生长过程。

坚持创新引领，争当行业发展的"开篇者"：以单位为基础，发挥智慧引领作用，加速集聚创新要素，构建"产学研用推"一体化产业模式，链接山东农业大学和山东省农科院等高校及科研院所，发挥各自优势，协同发展，形成合理高效的协同创新机制、利益共享机制、产业培育机制、人才招引机制。目前，建成青岛蓝莓研究院暨青岛西海岸新区乡村振兴研究院、青岛市特色农作物智能育种技术创新中心，形成孵化中心，与周边企业、农户达成蓝莓智慧化生产及全产业链开发利用合作协议，与蓝主产镇宝山、张家楼、大村及六汪等镇（街道）农业服务中心建立合作，积极推广技术成果，在全区构建蓝莓全产业链开发利用发展框架。截至目前，已发表录用论文 5 篇，编写出版书籍 1 册，立项团体标准 2 项；授权发明专利 2 项，申请发明专利 3 项，获得软件著作权 2 项，申请软件著作权 1 项，授权实用新型专利 6 项。获 2019—2021 年全国农牧渔业丰收奖农业技术推广成果奖二等奖 1 项，推动了青岛乃至山东蓝莓技术革新、产业迭代，极大地助力了青岛蓝莓引领国内蓝莓市场。

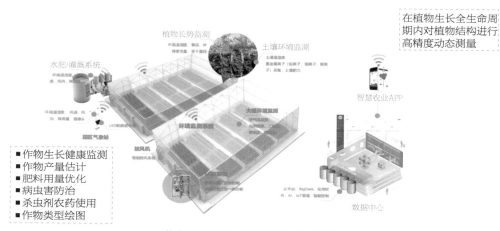

蓝莓温室智能化提升研究效果展示

坚持整体思维，善当全产业链的"开拓者"：立足山东，对标全国，与辽宁省果树研究所、大连大学、佳沃蓝莓等国内蓝莓行业各领域的领先者进行交流沟通，紧抓蓝莓产业发展的痛点难点，提出了蓝莓种质智慧化选育、传统温室大棚智慧化管理、产品销售线上线下推进。一是开展对蓝莓温室大棚智慧化管理进行研究，做日光温室蓝莓大棚智慧化的尝试者。二是不断开展蓝莓精深加工，首次研发蓝莓气泡酒，做蓝莓加工行业的先行者。采用可控性的低温持续发酵，有效提高生产效率 5% 以上，采用百分百蓝莓原果破碎发酵，引入无菌净化车间，生产配制型果酒气泡酒。三是建立蓝莓质量可追溯系统，做品牌打造的践行者。使用 HTML、CSS、JS 实现页面布局和内容展示，使用 Java 语言基于 MVC 三层框架进行数据处理，基于 JavaScript 可个性化定制的数据可视化图表，扫码即可实现蓝莓全流程可追溯。四是进行蓝莓产品线上直播销售，做蓝莓销售的探索者。利用"品牌 + 直播"组合，注重并坚

蓝莓产品无菌灌装车间

持品牌化发展道路，致力于打造成国内蓝莓和果酒产业知名品牌，通过农业＋文旅的形式，宣传蓝莓果酒文化，青岛蓝莓品牌得到快速传播。线上采用短视频直播形式实现，更好地利用直播经济打造品牌效应。

突出示范带动，争当乡村振兴的"践行者"：一是发挥科技筑巢引凤作用，吸引高端人才聚集。从分子生物和物候条件多方面开展蓝莓全产业链布局，柔性引进辽宁省果树研究所、山东农业大学、青岛农业大学、青岛市黄岛区气象局等专家人才 7 名，团队 4 人被评为青岛市科技特派员，与大连大学等高校、科研院所专家教授建立了良好合作关系，较好地发挥了智慧农业的创新带动作用。二是强化科技成果示范带动，助力乡村振兴建设。在推进过程中，把田间地头和生产基地变成"第一培训室"，对蓝莓行业者进行"第一时间"培训，实现了科技技术成果有效转化和有机结合，截至目前开展蓝莓高效栽培等技术培训近 1 000 余人次，较好地发挥了智慧农业的创业带动作用，有效助力了乡村振兴建设。

➤ 经验效果

强化顶层设计，聚焦聚集人才和资金，提高科研效率：强化顶层设计职责，统筹规划、建立统一协调的农业科研体系，加大农业科研体系的资金、技术和人才投入，强化农业科研机构、农业企业的相互合作和交流，使农业科研有序进行，减少重复研究，强化集成创新，并统筹兼顾智慧农业发展所需的各项高科技技术，发挥专项资金"四两拨千斤"的作用。

加大资金投入，建立建设示范和样板，提高成果转化：首先，各级政府部门在政策、资金、物资、人力等方面加大对智慧农业建设发展的支持力度。其次，充分发挥运营成功的智慧农业案例的示范带头作用，组织定期参观学习智慧农业运行模式，深入学习和交流如何建设管理智慧农业的方法。最后，充分发挥农业高校和相关科研院所拥有的雄厚的师资力量、科研基础优势和丰富的教学经验，将对职业农民进行智慧化和数字化有效培训培养纳入科研项目类别，探索适合我国国情的高素质农业人才培养机制，为智慧农业发展提供源源不断的农业人才。

投稿单位：青岛市智慧乡村发展服务中心，青岛西海岸农高发展集团有限公司
撰 稿 人：李梓菲，肖 颂，张园莉

山东省青岛市即墨区智慧种植典型案例

➤ 基本情况

项目建成国内最早、品种最全、规模最大的芳香植物引进、推广、繁育和示范种植专业化基地，面积 300 多亩，农业产业化联合体面积已达 2 000 多亩，年产优质无

纺布基质苗的数量1 500万株左右，与中国农业科学院共同完成了国家行业标准制定和香草科研项目；与中国医学科学院所签订合作协议。已设立的"香草精油萃取应用"专家工作站，先后获得上合峰会农产品专供基地和食材供应商，山东省新六产示范主体、芳香植物农业产业联合体，青岛市农业龙头企业、智慧农业基地等数十项荣誉称号。

以智慧农业为核心，提供农业种植和农产品加工领域的智能控制及云平台等软硬件产品和智慧农业完整解决方案，构建高效种植和低碳节能的人工环境，帮助用户实现低碳智慧生态种植。基地被评为青岛市智慧农业园区，已有的四大板块智能化设备在运营、开发和推广中。

➤ **主要做法**

1. 实施背景

"智慧种植方舱"是智慧农业种植板块重点打造的一种高技术、精装备的生产体系，集生物技术、室内环境控制、设施农业和计算机技术等多学科于一体创造的一种适合农作物生长的人工智能环境。使农业生产从自然生态束缚中脱离出来。按计划周年性进行植物产品生产的工厂化农业系统，是农业产业化进程中吸收应用高新技术成果最具活力和潜力的领域之一，代表着未来农业的发展方向。"智能烘房"是用低成本生产出超高品质农作物，是农产品精深加工领域市场的难点和痛点。不仅在以芳香植物为代表的中草药等高价值农产品市场潜力巨大，有助于天然芳香产业和中草药产业的规模化、产业化、可持续发展，解除其深加工、存储环节的后顾之忧。在干燥蔬菜、水果等作物应用前景广阔，产品的价格必将数倍地提升，必将是我国乡村振兴战略的一大助力。

2. 主要内容

"种植方舱"：通过设施内精准的环境控制手段，实现植物周年高效连续生产，由云计算系统对植物育种、育苗、成长到采收的全过程的温度、湿度、光照、CO_2浓度以及植物养分等环境要素进行自动控制，使其生长过程不受或很少受自然条件制约，节约农用耕地和水资源，产品安全不受污染，操作便捷，标准化程度高。具有其独有的特色可以直接为用户提供新鲜蔬菜，也可为偏远地区、

特殊环境等不适宜种植作物地点提供相应种植服务，同时针对工业生产需要，也可以为医药公司或食品加工企业直接提供稳定产量与品质的作物，满足制药工业与食品工业的需求。

智能烘房：传统烘房大部分温度超过 50℃，其有效成分（以挥发性成分为主）将损失殆尽。低温脱水，能最大限度地保持其原有色泽和有效成分。但是冷冻干燥技术（FD），虽然生产的产品几乎可以完全保留其有效成分，保持完美的色泽和复水性。但由于设备投入大、高耗能等原因其加工成本至少 10 倍于热风干燥技术。

智能烘房采用超低温脱水温度，最低可以低至 7℃，可以用热风干燥（AD）的能耗，生产出接近冷冻干燥（FD）高品质农产品，实现"超低温、高品质、低耗能"脱水。

3. 运营模式

智能方舱：建立从种苗培育、到设备提供、到技术服务、到产品回收全产业链运营模式。种植户可以在荒地、农家院及房前屋后、盐碱地等所有闲置土地进行灵活放置方舱，并进行种苗的放置和收获等简单操作即可实现营收。方舱由公司技术人员进行远程监控，实现人工和资源投入最小化，收益最大化，成为农业科技扶贫和乡村振兴的有力支撑。

智能烘房：首先，在百草香芳香植物基地、香谷农业基地进行示范应用和相关的技术参数测试；然后根据农村生产条件的人性化设计，既有可以用于田间地头的移动式中小型智慧烘干房设备，覆盖范围可以从几亩到几百亩，也有可用于集中烘干房的大型设备、加工车间等，覆盖范围达到区县级行政区划的规模，提高此领域的科技化、产业化水平，建立地区级和全国级设备生产、运营、服务体系。

➤ 经验效果

1. 项目持续性

智慧方仓种植不仅可实现菌类、蔬菜类、药材类等多种农作物的种植，也可实现农作物周年连续生产，节约农用耕地和水资源，26 m² 方仓面积就相当于 10 亩土地种植量，植物无污染无农药无重金属残留，代表着未来农业的发展方向。通过成熟的云控制系统、智慧照明、纳米水培雾培等技术支持，提高作物的产量和品质，农副产品的附加值提高 5 倍，带动农民就业，推动乡村振兴共同富裕，特别是适合对偏远不适宜种植的地区恶劣环境下救援及军事物资供应等使用。安装现代低能耗冷却和加热系统的可再生能源设备，智能控制接入物联网，全天候采用自动控制及气候补偿，精准控温控湿度控碳，实现主动节能与行为节能的统一，经济效益显著。智慧烘房可露天放置，不受环境影响，无论晴天还是阴雨天。而且设备可随意移动，低耗能采用闭式循环除湿干燥方式，无废气废热排放，相对传统开式干燥模式，节能 50% 以上，节约加工成本，还可以远程操控，产品可租可售，满足不同客户的灵活需求，节省投资成本。

2. 推广应用价值

智能方仓种植，可分为两种应用方式，一是单舱种植（农户模式），公司提供种苗，技术指导、种植培训、技术赋能，在政策支持下，结合市场引导产业链的搭建下，最终由农户种植创收，按劳所得。每个方舱年收益约 10 万元。二是多舱种植（基地模式）在单仓种植方式下，加入农业合作社、家庭农场进行合作，最终还由农户种植创收，也可公司回购深加工附加值更高产品。智慧烘房已在基地落地示范应用投入到产业化种植使用，其封闭式设计，使有效物质无法随热风逃逸到空气中，回收植物细胞液，细胞液的价值极高，可充分利用开发出附加值更高的产品和产业。一份投入，双重收获，超低温烘干，功效和风味基本保持不变，主打药材、肉类食品、调味品、脱水蔬菜、海产品等物品的工业品、果蔬花茶等领域的烘干。

撰稿单位：青岛市智慧乡村发展服务中心，青岛百草香芳香植物有限公司

撰 稿 人：宁维光，刘丰启，王　清

重庆市智慧茶叶生产技术体系示范园区典型案例

➤ 基本情况

重庆市农业科学院茶叶研究所联合国家农业信息化工程技术研究中心开展智慧茶叶关键技术创新、装备研发与平台开发，采用无人机—地面遥感、现代物联网技术，在重庆市永川区茶山竹海茶叶生产基地（29°23′N，105°53′E）构建了茶园环境与茶树长势健康信息的实时监测网络，连续监测茶园、茶树、气象环境及土壤环境信息。通过自主研发的茶树生长监测仪、便携式茶叶品质光谱检测仪及开发的丘陵山地茶园小帮手小程序，实现了茶树长势的定量观测、茶鲜叶质量的无损检测、茶叶产量的精准估测和茶园管理方案的实时推送，建立了重庆市首个智慧茶叶生产技术体系示范园区，面积 101.7 亩，并通过以太网、4G/5G 网络实现了永川、万州、秀山多个示范基地的广域互联以及信息共享。

➤ 主要做法

1. 主要技术

信息化技术给传统茶叶的转型升级提供了新的方向，为解决茶叶生产过程中用工难、成本高的产业痛点，重庆市农业科学院茶叶研究所通过引进、联合国家农业信息化工程技术研究中心赵春江院士团队，在重庆市技术创新与应用发展专项重点项目《茶叶智慧化生产加工技术研究与应用》的支撑下，共同开展了智慧茶园精准感知、茶树智能优管决策等技术的集成应用研究，创新集成了以下多项技术。

茶叶品质及养分原位光谱检测技术：利用高光谱分析技术，从获取的茶鲜叶光谱信息中筛选出对茶树叶片健康状态及茶鲜叶不同品质指标敏感的波段，构建分析模型，并研发便携式茶叶品质光谱检测仪，实现了茶叶茶多酚、咖啡碱、氨基酸、水浸出物、氮素、叶绿素等茶叶品质指标的实时无损检测，平均检测精度达到92%。

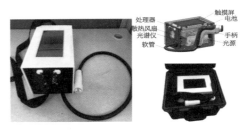

茶鲜叶产量监测预测技术：基于茶鲜叶数码影像数据，采用深度学习模型的VGG16网络构建新梢识别及动态生长模型，不同茶鲜叶采摘标准的识别精度优于90%以上，利用识别的芽叶数和标准，结合百芽重、覆盖度实现了茶园产量的精准估测。

茶树精准水肥一体化变量控制技术：融合土壤养分和茶叶养分诊断信息，创新茶园施肥决策方法，集成茶树精准水肥一体化变量控制技术，采用茶树精准水肥一体管理专家决策系统和远程智能控制系统，根据实时监测数据，通过PC端、手机端配置灌溉、施肥条件并执行灌溉、施肥策略，实现了茶园水肥的在线精准施用。

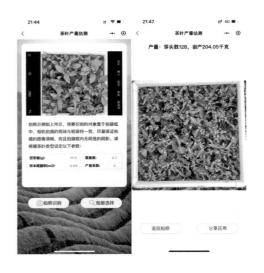

2. 运营模式

在项目实施过程中逐步建立起"信息技术企业＋科研院所＋经营主体＋种植户"为主，政府扶持引导为辅的产业运营模式。智慧园区面向全市乃至全国的涉茶单位开放，在技术应用、技术服务的基础上开展技术交流，不断优化技术，更新园区设施，升级智能装备，提升园区的智慧化应用管理水平。

➤ 经验效果

1. 经济效益

茶叶品质及养分原位光谱检测技术的应用，降低了企业茶样的检测成本，稳定提升了原料品质，提高了产品价值，高档茶叶生产量可增加10%。茶鲜叶产量监测预测技术的应用，提前、精准估测茶叶产量，保证茶企、种植户及时组织用工，茶鲜叶保时保量充分下树，通过田间测产，示范区茶园增产 33.7%，鲜叶产值每亩增加744.6 元。

2. 推广应用

在渝西、渝东北和渝东南茶区的永川茶山竹海、万州太安镇、秀山峨溶镇建立茶叶智慧化生产管理示范基地 3 个，核心示范面积 871.1 亩，辐射推广 1.56 万亩。通过智慧茶叶体系示范园区的建设和关键技术的推广应用，2021 年、2022 年在重庆市、万州区、永川区科技局的持续支持下，继续与赵春江院士团队联合开展《茶树生长感知与茶园智能肥水管控》《万州区智慧茶园生产管理技术集成应用》《永川区智慧茶园生产管理技术集成与应用》项目攻关，在万州区、永川区新增了 3 个智慧茶园应用场景。随着茶叶智慧化生产管理技术的创新突破，为重庆市茶叶产业的转型升级提供了有利的技术支撑，同时技术在重庆市茶叶主产区应用范围的不断扩大，也为重庆市智慧农业的发展提供了建设方向。

撰稿单位：重庆市农业科学院

撰 稿 人：杨海滨

重庆市魔芋种质资源和良种扩繁智能化试验基地建设典型案例

➤ 基本情况

项目根据《2022 年智慧农业"四大行动"推广应用项目》（北碚农业农村委〔2022〕90 号）文件要求，由重庆西大魔芋生物科技有限公司联合西南大学、重庆青程农业科技有限公司、重庆固守大数据有限公司等单位顺利完成项目建设。项目通过智能温室的上部结构及土建、主体骨架、外覆盖材料、外遮阳系统、隔断、照明、电动和配电控电系统工程的实施，完成新建了魔芋种质资源和良种繁育智能联动大棚 512 m²；实现了对智能温室大棚和组培室内温度、湿度、光照、肥力等魔芋种质资源生长要素的智能检测和实时响应。项目还改进完成了魔芋良繁组培实验室和配套设施设备建设。项目收集了白魔芋、花魔芋、珠芽魔芋、西盟魔芋、勐海魔芋、甜魔芋、疣柄魔芋等国内外魔芋种质资源 200 多份，并联合西南大学魔芋研究中心完成了 200 多份魔芋种质资源的 DNA 指纹图谱及遗传亲缘鉴定分析，并使用现代分析化学的方法完成了不同魔芋种质资源的品质分析鉴定。项目通过对 50 多项魔芋种质资源的田间表观性状数据化赋值分析后，开发了魔芋种质资源表观性状智能鉴定分析小程序系统 1 个。此外，项目以有机肥、复合肥、生物基质等物资的采购施用完成了基

地 10 000 m² 的改土工程，并完成了
魔芋种质资源和良繁过程中所需植保
药剂和相关配套设施设备的采购和
建设。

➤ **主要做法**

1. 实施背景

魔芋是唯一含有大量葡甘露聚糖
的特种经济作物，被誉为"神奇的
东方保健食品"，且其具有种植区域
性和加工特殊性。随着魔芋种植业的
快速发展，我国魔芋加工业也逐渐涌
现出来，不断发展壮大。魔芋产业以
优质可溶性膳食纤维葡甘露聚糖开发
作为基础，其独特的加工性质和开发
价值吸引了广大投资者的眼光，预计
可发展至 300 亿元以上的市场规模。
魔芋作为我国南方特色的经济作物之
一，虽然广泛的开发利用历史悠久，
但与现代智能农业的接轨尚处于起步
阶段，迫切需要从魔芋种质资源和良
种繁育为突破口，推进魔芋产业的智
能化升级。项目依托重庆西大魔芋生
物科技有限公司与西南大学在北碚区
歇马街道合作共建的 15 亩魔芋种质
资源圃为实施地，以现有的魔芋种质
资源为基础为后续魔芋种质资源智能
鉴定、筛选和创新开发作基础研究工

智能控制系统

自动气象站

气象数据自动传感器

作；并在现有魔芋组培愈伤组织诱导、分生组织脱毒和组培苗（试管芋）批量化生产
为主的"魔芋良种三级繁育技术体系"的基础上，开展了探索魔芋良种繁育智能控制
体系铺垫基础的试验研究。项目于 2022 年 6 月立项，并开工建设，并于 2023 年 1 月
初全面竣工。

2. 主要内容

良繁基地基础工程建设委托施工单位重庆青程农业科技有限公司新建智能温室大
棚 512 m²，并按设计功能需求划分为 5 个区域。智能温室大棚建筑包含连栋膜温室上部
结构及土建、主体骨架、外覆盖材料、外遮阳系统、隔断、照明、电动和配电控电系

统。智能控制系统包含首部系统、施肥系统、智能控制系统、物联网系统、炼苗实时监测响应系统、室内管网及喷灌滴灌系统，其中施肥系统覆盖 1 500 m²，喷滴灌系统覆盖 10 000 m²。智能温室大棚配置设备包含水泵 1 台、通风排湿器 5 台、自动气象站 1 台、气象传感器 16 个等。其他配套设施建设包括维护种质资源槽 300 个、核心种质圃 200 个、有性杂交封闭区 30 个等。组培实验室建设完成组培室、实验室 50 m² 配套建设。组培实验室建设配套设施设备包括培养架 20 个、臭氧发生器 3 台、全自动量程照度计 4 台、组培用空气净化器 1 台、内外温湿度检测仪 1 套等。

魔芋杂交封闭育种核心区

魔芋种质资源遗传鉴定和品质分析委托西南大学魔芋研究中心推进 128 份魔芋种质资源 DNA 指纹图谱和品质分析。通过相关专业实验设计、实验药剂配比、分析化学分析，完成了 4 组（96 份样本）魔芋种质资源 DNA 的指纹图谱对比分析和 4 组（80 份样本）魔芋种质资源的干物质含量、KGM 含量等品质指标鉴定。通过上述 DNA 指纹图谱鉴定、品质指标分析等，完成 5 组共 80 份魔芋种质资源的开发建议。

魔芋种质资源组培架

项目引进的系列魔芋种质资源

种质资源智能鉴定分析小程序系统委托重庆固守大数据有限公司，通过系统整理国内外魔芋种质资源的表观性状数据，进行数字化赋值分析后，开发了以 56 个主要表观性状指标进行魔芋种质资源表观性状智能鉴定分析的小程序系统 1 个。该系统是国内外第 1 款针对魔芋种质资源进行智能鉴定，并筛选优质表观性状的智能小程序系统。其他配套建设，购买复合肥 5 t、生物有机肥 30 t、物基质（珍珠岩、蛭石、草炭等）500 袋，完成 15 亩魔芋种质资源圃的全园改土工程。购置魔芋种质资源种植过程中植保施药的迷雾打药机等配套设备。

3. 主要技术

项目在重庆西大魔芋生物科技有限公司的主持下，与西南大学联合实施，并委托重庆青程农业科技有限公司、重庆固守大数据有限公司进行技术合作。项目核心技术为国内首创将魔芋种质资源引种技术、栽培技术、生物资源鉴定技术、良繁技术和保种技术与现代物联网技术集成，汇集成为的魔芋种质资源圃环境监测和响应系统、魔芋种质资源智能筛选鉴定系统和魔芋良种繁育组培室智能监测和响应系统。

4. 运营模式

项目在重庆市农业农村委员会及北碚区农业农村委员会的直接领导下，组建项目管理机构。成立了由技术专家、企业高管持续跟进的项目运营管理小组，负责项目建设，协调解决建设中的重大问题；对项目的总体规划、可行性研究报告、技术设计和实施方案的制订和审定；项目建设的工作计划和资金、物资的安排；项目建设的进度检查、方案审定和组织验收；收集、整理有关项目建设的资料和完成上一级的有关汇报；组织和参加项目物资招标活动的有关工作；负责项目生产建设任务的实施。

➤ 经验效果

项目建设是国内魔芋种质资源和良种繁育方面突破性的开始，为国内魔芋种质资源引种、鉴定、开发、新品种培育和轻简化智能设施栽培积累了重要的基础。在此基础上，项目还建议进行持续性的种质资源开发、新品培育、良种扩繁、栽培技术和加工品质分析等方面进行智能联动的研究和推广，确保后续科技成果持续更新的同时，逐渐开启国内魔芋大田生产向设施轻简化的方向持续升级。在项目智能化开发的基础上，重庆西大魔芋生物科技有限公司依托西南大学的资源基础在以云南西双版纳州勐海县、景洪市为核心，拓展魔芋遮荫设施生产和栽培，拓展面积 12 000 多亩，逐步在魔芋大田生产的主产区推广应用。

撰稿单位：重庆西大魔芋生物科技有限公司，西南大学
撰 稿 人：蒋学宽，牛　义

重庆市大足区国梁镇智慧蔬菜种植项目典型案例

➤ 基本情况

重庆市大足区天道生态农业发展有限公司成立于 2016 年 3 月，是重庆市大足区农业产业化重点龙头企业、农民合作社示范社。天道农业自身在开展农业生产的同时，

不断探索智慧农业智能化生产模式，以帮助周边菜农实现高产量、高品质、高效益为己任，将各项标准贯穿于农业社会化服务全过程，把分散种植的农户组织起来，根据标准化的技术和流程，为农民提供蔬菜种植、田间管理等服务。目前蔬菜生产销售服务网络已在供销大足区本地市场的同时延伸到重庆、四川、陕西等省（市），建成多个村级服务站，服务社员 2 000 余户，标准化种植面积达 5 000 余亩。

2021 年公司投入 200 余万元开展智慧蔬菜种植基地建设，发展智能化设施栽培技术，实现高水平的设施农业生产和优化设施生物环境控制，推动大数据智能化为现代农业赋能，促进农业农村经济实现高质量发展。

➤ **主要做法**

1. 实施背景

根据《中共中央、国务院关于实施乡村振兴战略的意见》《数字乡村发展战略纲要》和《重庆市智慧农业发展实施方案（试行）》《2021 年市级农业专项资金分配》等相关文件部署要求，实施智慧农业"四大行动"推广应用项目，为促进农业智能化健康发展，推动农业物联网、人工智能、5G、北斗卫星导航等现代信息技术在大田作物、设施园艺、畜禽养殖、水产养殖等生产关键环节的应用，促进智慧农业技术在农业生产管理、加工流通、市场销售、安全追溯等关键环节的融合。充分利用互联网、物联网和大数据等现代信息技术，建立区域性特色农产品单品种数据监测采集体系，实现区域内特色农产品单品种质量安全可追溯、全产业链环节可实时监测预警，为区域农村经济发展、产业精准扶贫、新型生产经营体系构建增添活力，探索建立可看、可用、可复制的智慧农业发展模式，促进农业生产转型升级。

2. 主要内容

该项目总体目标，一是充分利用先进的物联网、人工智能和大数据技术，围绕蔬菜种植生产管理智能化、数字化开展建设。通过智能化设备对设施大棚种植生产实现智能环境监测、温室智能控制、虫害智能监测绿色防控、生产活动农事管理、水肥一体化精准管理等智慧农业信息化建设，打造大足区蔬菜种植新模式。二是通过智慧蔬菜种植平台系统建设，建立起了标准化智慧农业服务新模式，面向农户提供农业高技术服务，蔬菜种植专业技术培训，提高农民技能，推动大足区农业生产管理的规范化、科学化、精准化、智能化。截至目前，该项目已完成建设，智慧蔬菜种植平台系统、大棚环境监测系统、智能大棚遮阳系统、水肥一体化系统、智能虫情测报系统、视频监控系统、绿色防控系统、智慧种植大数据展示系统和生产控制中心。实现利用物联网感知技术、视频可视化、大数据分析处理技术对温室的环境监测和环境控制的智能化，并通过可视化大屏，对种植基地从"空—天—地"全方位管控，提升生产管理效率。一是智能环境控制系统建设推动设施大棚生产智能化管理，2021 年天道生态农业公司完成了 10 000 m² 的智能化设施大棚建设，在棚内安装了智能内外遮阳系统、智能虫情测报系统、温室环境及土壤墒情监测传感器、PLC 智能控制柜、水肥一体化滴灌系统。通过对设施蔬菜基础数据的采集形成了农产品生产、土壤监测、农情监测、病虫害监测、物联网可视化监控，通过实时监控棚内的环境要素参数，作物的物候生长监控视频，智能调节棚内的通风、遮阳等设备的运行，达到满足作物生长的最佳环境要求。并对监测数据进行分析，对超过标准数值的进行预警，帮助企业节本增效。二是水肥一体化系统应用实现精准灌溉管理，通过在棚内安装水肥一体化系统、精量施肥系统、田间管网系统、阀门控制系统和末端滴管系统可根据棚内传感器检测土壤墒情参数及土壤 NPK 参数，将水肥混合液按测土配比直接滴灌到作物根部，实现精准控制灌溉供给，按条件策略定量灌溉，满足作物生长所需要的营养成分比，达到节水节肥的目的。使生产资料投入成本节省 10%以上，亩产经济效益增加 15% 以上，通过这种节水灌溉的方式，在渝西片区达到示范性带头作用。三是智能虫情监测系统，利用现代光、电、数控技术、无线传输技术、互联网技术、构建出 1 套害虫生态监测及预警系统。通过害虫诱捕和拍照、种类识别、数量统计、数据分析对种植区域内的虫害情况进行预测，智能化监测分析虫害发生等级及预测产生虫害风险，实现了绿色防控，节能减施，提升了蔬菜品质和产量，杜绝农药残留，使菜品亩产值提高了 15% 以上，具有十分重要的推广和应用价值。四是大数据展示系统，通过在线

智慧种植大数据展示

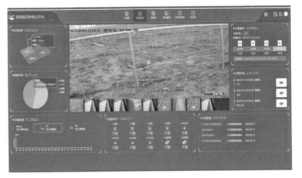

智能温室系统

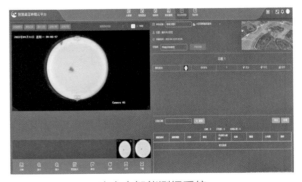

病虫害智能测报系统

智能虫情测报装备

监测蔬菜生长的环境信息，包括空气温湿度、NPK、EC、pH、CO_2、光照度等，通过智能无线控制设备自动调控大棚的环境条件，以实现蔬菜的正常生长，从而提高蔬菜产量，提供优质的产品，通过可视化和分析报告等多种方式进行产业分析与预警，为企业蔬菜产业布局提供数据支撑，为生产管理提供指导，降低种植系统性风险。

智能绿色防控装备

天道农业建立起了标准化智慧农业服务新模式。一是组织化建设，健全服务网络。通过合作社建设"村站—社员"的服务网络。二是农业技术培训，提高农民技能。三是标准化生产，推动绿色发展。通过对生产技术进行标准化集成，不断开展农业标准化技术研究。四是专业化服务，保障生产无忧。做到服务有计划、过程有记录，确保服务落地、有效。五是信息化平台，提高服务效率。与重庆市农业科学院、中国移动重庆大足分公司、重庆芯达智胜科技有限公司等单位开展合作，共同研发出智慧种植云平台，汇聚了设施农业的一张图管理、农场基地物联网管理、水肥一体化管理和病虫害绿色防控等。六是品牌化运营，提升产业价值。通过"天道"蔬菜品牌建设，将标准化生产的绿色农产品统一包装、统一形象、统一加工、全程追溯进行销售。

天道农业构建三大智慧农业标准体系，即农业生产技术标准体系、农业服务标准体系、农业服务管控标准体系，已推广应用了番茄、黄瓜等20余种作物的标准生产规程。

3. 运营模式

公司生产经营农民享受生产分红：天道生态农业公司通过与周边农户及生产合作，吸纳重庆市大足区国梁镇边桥村村民委员会产业补助项目资金作为集体的股权，整合农村的土地资源、生产资料和人力资本等生产要素，发挥技术优势和规模效应，帮助小农户与现代农业发展有机衔接；通过公司市场化运作获得更多的利润让农民和集体享受更多的生产红利。

线上线下培训，培育数字化新农民：天道农业以服务设施蔬菜和露地经济作物产业发展为导向，以提高农民综合素质与技能为目标，积极推进农民教育培训高质量发展。线下，通过实践形成了农民田间地头指导的"田间课堂"、晚上走村串户的"农民夜校"、关键节点实地"观摩会"、理论与实践并重的"新型职业农民培训"等培训方式，精准服务每个生产管控点，每年开展线下技能培训达万余人次。线上，打造通过微信服务群，建立抖音、快手等新媒体传播渠道，进行实时农业生产技术指导，每年开展线上技术指导万余人次。通过技能培训，培养了大量高素质农民和实用技术人才，打造了一支强大的乡村振兴人才队伍。2020年企业获得对多项职业技能认定和称号。

➤ **经验效果**

大足区国梁镇智慧蔬菜种植项目样板工程项目，是渝西地区唯一的优质高效智能化种植智慧农业技术集成示范项目。它以"农机可视化、生产智能化、种植信息化、灌溉智能化"等为核心，通过智能化装备、场景化应用，构建农机精准作业、病虫害联动测报与防控、智能适墒灌溉，实现了农业种植节本增效、生态友好。完整的蔬菜精准化种植技术体系成功实现了从耕—种—田间管理—收储—销售的全流程大数据可视化，探索了现代农业新型生产方式，为重庆市的蔬菜智慧种植的技术提供了推广示范作用。

撰稿单位：大足区农业农村委员会

撰 稿 人：罗　茜

重庆市"绿油坡大脑"助力芽菜现代化生产典型案例

➤ **基本情况**

重庆绿油坡蔬菜有限公司成立于2010年3月，2013年初正式投入生产，是一家标准化、规模化生产芽苗菜的现代农业企业，占地面积50亩，日生产能力达150 t/d，相当于近2万亩旱涝保收的露地蔬菜一年的产量。公司目前是西部地区生产单体规模最大、全国数智化程度最高的芽苗菜工厂化生产基地。

2013年、2016年、2019年、2022年获农业农村部（农业部）中国绿色食品认证中心颁发的绿色食品证书；生产的产品2014年、2017年、2021年至今连续多届被重庆名牌农产品评选认定委员会评选为重庆名牌农产品；2015年，获得中国西部（重庆）国际农产品交易会评选的"消费者喜爱产品"称号，并被中国优质农产品开发服务协会评选为全国2015年优秀农业企业；2016年、2018年、2020年至今连续获"重庆市农业产业化市级龙头企业"称号；2022年获得重庆市"专精特新"企业荣誉；2023年重庆股转中心首批19家"乡村振兴板"挂牌企业、获得铜梁五一劳动奖状、成功认定"高新技术企业"，同年被评为"重庆市农产品加工业百强领军企业"。

➤ **主要做法**

公司自成立以来，一直秉承"科技创新、绿色健康"的经营理念，在信息化和自动化方面投入了大量精力，引进具有国内外先进水平的生产设备及全自动生产流水线（其中，7项设备及工艺获得中华人民共和国国家知识产权局《实用新型专利证书》），全程机械化封闭作业，微电脑控制生产车间水温、室温和湿度，以确保产品质量稳定。在引进国内外先进技术基础上，结合重庆本土实际，形成了由灭菌系统、孵化系统、清洗包装系统、冷却系统和计算机控制系统构成的的栽培管理技术和质量管理系统，实现了生产技术现代化、生产流程自动化、生产工艺标准化、生产规模大型化，保证了芽苗菜生产的产量与品质。

2017年公司建设了物联网智能化管理系统，物联网智能化管理系统建设分为硬件和软件两大部分。硬件部分包括视频监控、物联网监控、自动化控制、信息化管理平台，多媒体信息发布；软件部分包括系统登录、全局监控、工艺流程、报警信息、统计分析、系统管理、二维码管理、多媒体发布管理等。利用当前的物联网和互联网技术，通过建立1套自动化的监测系统，生产人员、管理人员随时都可以了解豆芽的生长环境，看到车间的生产情况，能够及时对生产做出决策预警，帮助企业实现规范化、智能化的数据统计管理，生产出更优质、更放心的豆芽，从而提升产品的市场占有率和品牌知名度；实现信息化管理。实施"物联网、智能管理系统建设项目"后，通过自动化的监测系统，规范化、智能化的数据统计管理，进一步提高工厂的管理水平和产品质量，进一步提升"绿油坡豆芽"产品的市场占有率和品牌知名度。

2020年绿油坡公司参加了重庆市2020年智慧农业"四大行动"推广应用项目的建设，建设了"绿油坡8万t豆芽菜工厂化生产大数据智能系统、时控机器人智能分装生产线"。其中，绿油坡大数据智能系统是管理数据化集成应用通过建设统一的大数据中心，打通从生产、配送、销售到管理等各个环节的数据，为企业的全方位数据分析与预测提供支撑。对企业基础信息、产品生产、销售以及配送过程中产生的各项数据信息进行收集整理，帮助企业实现规范化的数据统计管理，以达到产品质量安全可追溯。PC端和移动端的前端应用使各环节都能了解实时当下情况，并及时沟通做出决策。绿油坡时控机器人智能分装生产线是工厂从产品孵化生产到成品出库的重要环节之一。上游承载了产品孵化出库的初始形态，下游形成了最终出厂的产品形态。传统的人工分装在分装效率、运输效率、产品清洁和外观品相上有一定程度的不足，使产品由于分装效率存在不能满足市场需求，存在不同程度的掉落浪费、外观受损，以及去壳不净的状况。而绿油坡智能时控机器人分装生产线兼顾了产品运输与分装的协调控制，极大程度地完善了传统工艺的不足，实现了整个系统的安全联锁和优化调度。

2021年，在2020年智慧农业的基础上，进行"绿油坡8万t豆芽工厂化生产全自动智能孵化喷淋系统"建设。每套设备包含孵化喷淋生产线、淋水车，每条淋水线对应1个专用控制箱，每套设备安装有温湿度传感器、触摸屏控制器等。该设备作为当下先进的喷淋孵化系统的硬件设施，可配合通过第三方物联网平台和自建服务器采集孵化过程中的数据，设置当下不同车间、不同产品所需的温度、湿度等参数，可基于大数据分析和神经网络算法，综合考虑销量和产量，智能调整孵化环境。同时，公司开发绿油坡智能孵化系统，基于自动化设备和物联网传感器，应用大数据采集、存储和分析手段，对孵化车间的异常情况进行监测，减少人为疏忽和生产事故，并利用深度学习算法预测未来 7 d 的孵化产比，通过大数据分析和人工智能算法智能的调整孵化车间的设备，从而调整孵化环境，实现孵化车间数字化和智能化。管理人员可以通过 PC 端或手机端实时查看孵化车间的生产情况，对生产过程、设备状况、库存情况、预估产比等有更加直观的了解。

2022 年开展绿油坡"8 万 t 豆芽菜工厂化生产智能化系统"建设。系统是一套通过汇集生产、营销以及外部因素的相关数据，运用机器学习算法、深度学习算法等，并自动学习、自我更新的智能系统。利用深度学习算法预测未来 7 d 的孵化产比，通过大数据分析和人工智能算法确定当时的下豆数量，智能地调整孵化车间的设备，手机端实时查看孵化车间的生产情况，对生产过程、设备状况、库存情况、预估产比等有更加直观的了解。

➤ **经验效果**

公司致力于打造一个以数据驱动公司发展为目的的分析平台——"绿油坡大脑"，做到通过打通公司数据和实时全面的数据采集，优化生产流程、提高管理水平、驱动营销决策。以数据为中心，提供可视化查询和数据报表，并通过智能监控、智能分析、智能决策，对关键指标进行实时监测和智能预警，让工作人员随时随

地掌握公司动态，帮助公司实现数字化、精细化、智能化管理。助力公司智能高效决策，帮助公司建立持续的竞争优势。

在农业信息化数字化产生过程中，注重根据实际情况，优先从最需要、最棘手的问题点入手，形成一个功能模块，再根据该模块打通上下游数据形成多个功能模块，最终汇聚成一个数智化平台。公司始终坚持用先进技术和数据驱动为生产经营赋能，并不断提高产品的市场竞争力，这是一个需要依托于科技不断更新与发展，技术不断精进与迭代才能实现的目标。

目前公司借助"绿油坡大脑"开展生产与日常管理的模式，已成功运用在公司另一个分厂上，对产品品质、产量的提升有明显成效，扩大了生产，创造了就业岗位，一定程度上带动了当地的发展，也为渝东北地区的客户带来新鲜、可口、健康的芽苗菜。同时，公司针对这一系列的功能模块进行了知识产权积累，截至目前，已经获得 8 项实用新型专利、11 项软件著作权，成功取得 1 项发明专利，目前有 5 项发明专利已申报。

撰稿单位：铜梁区农业农村委员会
撰 稿 人：胡元杰

第二部分

/

智慧畜牧

山西省祥和岭上智能生态养殖优秀案例

➤ **基本情况**

山西祥和岭上农牧开发股份有限公司创建于 2012 年，地处右玉县威远镇张千户岭村，是一家集"生态粮草种植、饲草饲料加工、智能牧场散养、屠宰加工包装、产品系列分割、线下餐厅体验、线上网络销售、岭上羊肉小馆加盟及产品定制服务"为一体的羊全产业链集团公司。

公司累计完成投资 1.5 亿元，厂区占地面积 370 余亩，4 万余亩生态草场，建设有年屠宰量 20 万只羊的标准化深加工车间，年产量 3 万 t 有机肥加工厂，年产量 10 万 t 草颗粒加工厂和熟食产品及小杂粮等多个加工车间，配套有完善的仓储物流及冷链设施。并完成了羊肉全过程有机认证和 HACCP 体系认证。截至目前，公司 1 号天然智能牧场基本完工，数字化配套设施已运行，占地 2 万亩，年出栏国家地标畜产品"右玉羊" 3 万只。在此基础上，全面推进 2 号智能天然牧场建设，前期预计年出栏高质量有机羔羊 10 万只，在"十四五"末实现"十万亩智能牧场扶农民、百万只有机羔羊乐市民"的宏伟愿景。经过多年发展，公司打造了以"祥和岭上"为品牌的有机功能羊肉和以"千户侯"为品牌的标准化右玉生态羊肉，成为了有品牌基础及管理经验的新型农牧企业，收获了很好的市场口碑和社会效益。

➤ **主要做法**

右玉县位于北纬 39° 国际公认的草食畜黄金生产带，有发展畜牧业独特的区位优势、资源禀赋和产业基础，自然生态良好，林木绿化率达到 54%，良好的生态环境和特定的气候条件，造就了风味独特、极具竞争力的地标性羊肉产品，是全国重要的肉羊优势产区和京津地区重要的畜产品供应基地。养羊业长期以来粗放散养，各养羊场户因养殖规模、饲养条件、资金实力、技术水平、认知观念等差距养羊方式千差万别，品种、饲料、饲养管理、疫病防控、产品质量等缺乏科学、统一的内控标准和产品标准。

公司于 2016 年开发了"散养羊科学 6C 标准"，通过羊源可控、环境可控、营养可控、疫病可控、生产工艺可控、粪污可控的"6C 标准"生产符合右玉羊肉标准的生态有机羊；2018 年开发出了"肉羊健康高效养殖全营养草料复合颗粒饲料"及加工工艺；2020 年开发了"智能围网轮牧"的全新养殖方式，通过给羊打电子耳标，进行条码识别、定位跟踪，以及运用电子监控、电子围栏、红外遥感、物联网等技术，实现在信息化总调室就能观看羊的放养动态和运动轨迹，从而实现智能化管理。通过智能牧场的建设，将极大解放劳动力，大大提高生产的规模化和标准化。同时，在山坡上建设了羊的智能饮水补饲点，使羊在保持漫山遍野自由奔跑觅食的基础上，进行科学植被种植、节水滴灌、禁牧轮牧混合补饲，既保护水土，又能实现羊的营养均衡。通过对羊的全程数字化管理，实现羊肉从牧场到餐桌全程可追溯，保证消费者吃到高品质的放心羊肉。

公司围绕羊的全产业链生态肉羊产业为主导，创新开发多元化、多业态、多模式农业经营模式，建立了集饲草种植、智能生态养殖、肉羊屠宰加工、营销等综合于一体的现代农业产业体系，以及"公司+村集体+合作社+农户"生产经营体系，拓宽了农民增收渠道，推动了一二三产业融合发展。

➢ 经验效果

山西祥和岭上农牧开发股份有限公司以智能化生态养殖建设和肉羊健康生产为宗旨，以打造高端羊肉的"品质、品味、品牌"为理念，以科技成果转化和农民专业素质提升为支撑，建立"产研"结合、"政企"联动的高效运营机制；集"研发、生产、加工、物流、电商、餐饮、服务及追溯"为一体，探索现代牧业"全程化、系统化、高效化、安全化"高度内控的产业格局；创新农民利益共享机制，龙头带动、场户加盟、专业化生产、产业化发展，全面提升生态肉羊高质量发展和品牌羊肉的区域竞争力，为肉羊产业增产、增量、增收、增效。

产生的社会效益一是壮大右玉肉羊产业，推动华北地区肉羊产业建设，依托现有的肉羊生产优势，优化产业结构，提升产品产量品质，带动肉羊产业现代化发展，打响右玉羊肉品牌"祥和岭上"羊肉，

从而推动山西省乃至华北地区肉羊产业的发展；二是有利于促进新业态增长，增加新的经济增长点，通过一二三产业的联动发展，实现企业与农民的利益联结，达到共进共富。肉羊产业的壮大发展推动电子商务、产地直销、冷链物流配送、休闲农业、个性化定制等新模式，引领城乡居民多层次、多样化的消费需求，带动形成居民消费的新热点，促进农业发展由"生产导向"向"消费导向"发展；三是有利于促进融合机制，激发农业发展的内生动力，农业产业的发展兴旺可引导各类服务主体的形成，促进农民合作社、家庭农场、服务组织规范化发展，同时又能反作用促进龙头企业的壮大发展。通过强化企业、合作社等组织的联农带农激励机制，逐步建立一二三产业的互动机制，充分挖掘威远镇各村庄资源，发展现代农业，促进产业内生动力的挖掘。项目建设有利于促进社会稳定，振兴乡村建设，促进农村经济发展。

祥和岭上智能生态养殖为"右玉生态羊山西特色农产品优势区"生态肉羊高质量发展打造样板，树立标杆。实现全程内控的生态肉羊全产业链标准化生产，有力推动"祥和岭上"功能羊肉和"千户侯"生态羊肉两大区域品牌建设，增强雁门关农牧交错带肉羊优势产业的核心竞争力。以"龙头带动、场户加盟、专业化生产、产业化发展"的运行模式，整体提高右玉县乃至雁门关肉羊优势产区养羊生产水平，有效地推动产业提升和农民脱贫增收。为全县生态旅游增添新型科技农业观光的看点。打造以科技推动肉羊产业高质量发展和职业农民专业技术提升的示范、培训平台，促进养羊场户从业人员专业水平和经营观念的转变与提升，有效地推进肉羊产业进步。

撰稿单位：山西祥和岭上农牧开发股份有限公司，山西省农业农村大数据中心
撰 稿 人：张宏祥，冯晓君

辽宁省营口耘垦牧业智慧畜牧优秀案例

➤ 基本情况

营口耘垦牧业有限公司成立于 2017 年 7 月。营口耘垦牧业有限公司是由沈阳耘垦牧业（集团）有限公司投资的全资子公司，是营口市农业产业化重点龙头企业，集"种鸡饲养、鸡雏孵化、饲料生产、技术服务、肉鸡养殖、有机肥生产、肉鸡屠宰、食品加工、物流配送"于一体的全产业链肉鸡加工企业。企业年总投资 4.30 亿元，占地 89 716 m²，于 2021 年 6 月开始正式运营，预计年屠宰肉鸡 8 000 万羽，年产值 24 亿元，年利税 1 200 万元，项目实现就业 1 500 人。企业基建同时规划并建设了基于企业工作流和数据流的智能养殖户管理系统、数字化屠宰车间及生产管理系统、数字速冻车间、数字冷库系统、物联网厂内物流系统、智能配运物流管理系统、智能环境监测系统及防火、安全监测系统、智能环保水处理系统、智能排产系统及厂区应急指挥

系统。

➤ **主要做法**

公司目前已经应用的有养殖端数字化系统、饲料生产数字化系统、肉鸡加工端数字化系统。

1. 养殖管理平台

养殖管理信息化平台主要服务于企业养殖事业部下辖的养殖场，帮助其便捷快速地进行日常养殖工作。平台采用物联网技术，围绕设施化肉鸡养殖厂生产和管理环节，帮助养殖场进行科学化、信息化的集采购、养殖、销售于一体的管理。

环境信息采集系统：系统采用物联网技术，通过智能传感器在线采集养殖场舍内环境信息（CO_2、NH_3、H_2S、空气温湿度、光照强度等），实现在线监测肉鸡生长的环境信息，以实现肉鸡的健康生长、繁殖，从而提高肉鸡生产率，提供优质的肉鸡产品，进而提高经济效益。

营口耘垦牧业有限公司鸟瞰图

远程智能控制系统：通过环境信息采集系统的数据，同时集成养殖场环境控制设备，实现养殖舍内环境（包括照度、温度、湿度等）的集中、远程、联动控制。可以自定义规则，让整个养殖场设备随环境参数变化自动控制，例如当室内湿度过低时，养殖场供暖系统自动开始加温。远程、自动化控制养殖场所内环境设备，提高工作效率。

智慧化生产车间

视频监控管理系统：通过电脑或者手机远程查看养殖场所监控视频，实时监测肉鸡的生长状况和企业内部管理人员工作情况，并可以保存录像文件，防止肉鸡被盗等状况出现。

智能报警系统：可以灵活地设置各个养殖场所不同环境参数的上下阈值。一旦超出阈值，系统可以根据配置，通过手机短信、系统消息等方式

智能化分割车间

提醒相应管理者。根据报警记录查看关联的养殖场所设备，更加及时、快速远程控制养殖场所设备，高效处理养殖场所环境问题。

智能养殖管理系统：通过环境信息采集系统、远程智能控制系统、视频监控管理系统、智能报警系统的数据采集，对养殖环境、生长状况等进行全方位监测管理，进行细致分析。方便养殖场管理人员根据肉鸡的生长过程，实现精细化饲养，例如养殖户可以从阅读器采集到畜禽的身份信息，如品种、出生日期、防疫信息、日常喂食量、喂食种类及次数等。通过对养殖过程的智能化的管理，可以帮助企业实现养殖环节的信息化与自动化管理，提升养殖品质，提高整体竞争力。

2. 饲料管理平台

通过饲料管理信息化平台，按采购、饲料生产、饲料销售等业务流程实现自动化、信息化、规范化管理，流程间环环相扣，保证业务有序进行，结合管理重点，在业务过程中进行系统控制，减少人为疏漏的发生，提升生产效率。

3. 生产加工管理平台

收购结算系统：屠宰场发布收购需求，与其合作的养殖户根据收购需求制订出栏计划，屠宰场根据需求确定最终每个养殖户收购的只数。系统自动将每天的收购信息汇总，生成订单，屠宰之后进行交易结算。

基于马瑞奥生产线的 MES 制造执行系统：通过数字化屠宰生产线的应用，实现从原料到产品市场的全面追踪管理，工作流带动数据流，推动企业生产有序数字化运转。其中，设备控制层包括视觉识别、智能称重、质量管理、分级配重、X 光机、切割、检测、质量管理、包装等，实现由屠宰到分割再到智能称重，智能分级，数字化检测，质量控制和包装等各个环节数字化和智能化。流程控制层包括批次管理（Flock Intake）、数据报告（PDS Reports）、总体设备效率管理（OEE）、出成率管理（Yield control）、修剪料管理（Trimming）MES 制造执行系统包括数据集成、订单管理、库存管理、品控管理，最终实现生产线性能分析。

4. 屠宰管理系统

屠宰场管理人员根据肉鸡的入场数量，制订合理的屠宰计划并下达至车间工作人员，车间工作人员对肉鸡进行屠宰分割称重赋码，屠宰管理子系统与读码器设备、自动称重设备、电子脚环相结合，实现屠宰进场、生产、发货环节的数据追溯。

5. 屠宰检测系统

屠宰检测管理子系统主要用于官方兽医进行宰前检疫和宰后检疫以及企业检验员对屠宰肉鸡进行检验检测。在肉鸡屠宰过程中，官方兽医和企业检验员会进行检验检疫，记录检验检疫信息，对于不合格的，选择其问题的原因和相应的处理方式，确保入库的产品健康。

6. 视频监控系统

对接企业内部生产流水线的视频监控系统，通过电脑或者手机可以实时调取生产车间工作动态，方便管理人员动态掌握车间人员工作情况。

➤ **经验效果**

1. 经济效益

在养殖环节：传统养殖模式 2 人养 1 栋鸡舍，营口耘垦信息化笼养模式 2 人养 2 栋鸡舍，大大降低了单只鸡养殖成本，成活率提升 3%。截至 2022 年年初，营口周边地区与耘垦集团合作的现代化标准笼养肉鸡饲养场多达 32 家，建造现代化笼养鸡舍 198 余栋，单栋鸡舍均投资 180 万元，共计投资总额约 3.7 亿元。年出栏约 4 510 万只鸡，以单只鸡成本 25 元估算，创造现金流动 11.3 亿元，养殖户营业增收入 11 681 元 / 年。

在生产加工环节：通过商品代销售管理系统，对接养殖户进行合同管理，进行排产计划管理，做到养殖回收及回收前食品安全检测与智能回收肉鸡物流管理科学有序进行；与传统纸笔记录，排产等年节约人力 30 人；相关人员及物流车辆能耗在此部分成本节约 50 人，每年 50 000 km。

2. 社会效益

白羽肉鸡信息化笼养养殖模式是一种新型高效、健康、环保、节约型养殖模式，此模式的建立并推广是今后白羽肉鸡集约化养殖的发展趋势，符合"环境友好型、资源节约型"社会发展需要。通过建立数字化工厂，采用智能化生产，精益管理提升企业整体管理水平，为全省的农牧企业树立标杆和参照，达到了专业化与规模化的很好结合，形成了专业化生产、集约化经营、企业化管理现代产业模式。实现全产业链布局后，可创造年产值 100 亿元，带动就业 5 000 人，拉动上下游关联产业发展，带动周边农户就业增收，促进营口地区一二三产业融合发展，推动地区经济发展。

3. 生态效益

企业发展期间，环境保护工作依然重要，营口耘垦养殖基地的饲养管理模式，除了提升经济效益、社会效益之外，同时也加强了养殖业对生态环境的保护，对比传统饲养管理模式，营口耘垦养殖基地将环保措施应用于实际生产当中，鸡粪发酵还田，实现了畜牧业循环经济的最大化利用。

撰稿单位：辽宁省农业发展服务中心，营口耘垦牧业有限公司

撰 稿 人：王传岐，汪会鹏，李建萌

浙江省三产融合，数智一鸣，创造新鲜健康生活优秀案例

➤ **基本情况**

浙江一鸣食品股份有限公司始终专注实业、聚焦农业，围绕整合和延伸农业产业

链"三产融合发展"，已经发展成为一家集奶牛养殖、乳品与烘焙食品生产加工、连锁零售门店于一体的农业产业化国家重点龙头企业。从 2002 年在全国首创乳品和烘焙食品相结合的"一鸣真鲜奶吧"商业模式，建立了奶吧标准化服务体系；聚焦"智能要货、柔性供应、精益排产、敏捷配送"，销售体系和供应链协同高质量发展，已形成了具有一鸣特色的产品与服务，形成了解决方案以"新鲜健康为核心"的"柔性敏捷供应"质量管理模式，以食品安全为前提，实现 24h 内新鲜直达。截至目前，已在江、浙、沪、闽、皖等 5 省建立了 2 200 余家奶吧门店。公司先后获得"农业产业化国家重点龙头企业""国家高新技术企业""国家级绿色工厂""工信部两化融合管理体系贯标试点企业""第一批数字农业工厂""浙江省第一批制造业云上企业""浙江数字赋能促进新业态新模式典型企业和平台"等诸多荣誉。

➤ **主要做法**

1.数智规模化养殖

2005 年，公司在远离城市的温州泰顺县兴建自有生态牧场，正式开启中国乳牛养殖业在南方高热、高湿地区进行规模化养殖的探索。2009 年，公司成立奶源服务部，兼顾中国奶牛养殖小、散以及南方牧业发展等特点，大力推进"规模化牧场 + 牧场园区 + 现代化挤奶"的奶牛饲养模式，实现了奶牛饲养业向科学化、标准化经营模式转变。公司在生产链中高度重视数字化建设，采取针对性措施，推动奶源及自有牧场物联网设备的应用，建立成熟的数字化管理体系，实现了社会牧场数智化原奶运输路线管控、奶温实时监控。通过牛场管理软件、奶牛发情监测系统、先进挤奶系统、CIP（自动清洗）系统、环境监测监管系统以及自动感知设备，采集和汇总牧场前端数据，进行数据分析和生产决策，实现养殖过程中对奶牛的精准感知、精准预警、精准饲养、精准管理，整体效率得到明显提升，其中产奶量每年提高 5%～16%

牧场俯瞰图

奶牛养殖

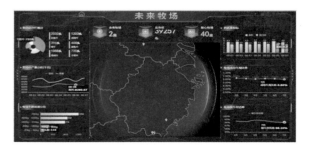

（平均8%），每头牛每年平均提高单产500 kg，每年每头牛增加产值2 000元以上。公司智能化、高品质、标准化奶牛饲养模式，为温州奶业的奶牛养殖、优质奶牛基地建设开创了全新的模式，在浙南闽北地区的奶牛养殖起到示范作用。

2. 信息化生产体系

公司已建成平阳、平湖和常州三大生产基地，和以基地为中心的三大一级配送中心、七大城市二级配送中心（宁波、南京、余杭、萧山、金丽、台州、嘉善）；二级城配是以"50 km为半径、200家奶吧为商圈"进行布局。生产基地配备国际先进的生产工艺流水线和生产设备，乳品车间工艺整线实现全自动中控控制，产品实现全密闭生产；烘焙车间，实现流程化生产，引进了国际国内先进的自动化设备系统。总投资2.6亿元的一鸣工业园二期于2014年建成投产，拥有国际先进的生产工艺流水线和生产设备。乳品车间工艺整线实现全自动中控控制，其中前处理车间为无人无水车间，产品实现全密闭生产。烘焙车间，实现流程化生产，大量使用机器代替人工，全车间实现10万级净化指标。从工艺设计、设备选型、节能环保、环境安全等各个方面开展技术创新，具有自动化、机械化程度高、资源循环利用等特点。2021年5月正式投产的常州工厂引进国际最先进的智能数据中心、智能乳饮料生产系统、智能烘焙生产系统、智能仓储和智能能源管控系统等，实现全自

利乐19灌装机

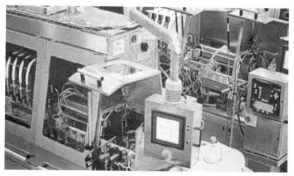

爱克林灌装机

前处理中控操作系统

前处理自动化车

动中控控制，乳饮料生产自动化程度、设备集成水平、生产效率水平、物料利用率水平行业领先。公司不断从工艺设计、设备选型、节能环保、环境安全等各个方面开展技术创新，提高自动化生产能力；通过设备工艺升级，创建绿色工厂；不断深化"管理换效"战略，建立运行"智慧一鸣"生产与销售一体化信息系统，及时汇总各种渠道的需求信息并快速转化为生产指令；建立实时的食品安全质量信息记录与追溯体系；将 SAP、ERP 等信息系统集成互联，建立精益智能化生产模式。公司先后获得工业和信息化部授予的"制造业与互联网融合发展试点示范项目""两化融合管理体系贯标试点企业"称号，被浙江省经信委评为"省级工业互联网平台"。

3. 智能冷链物流

公司建立了自有物流车辆与配送中心、外部专用合作车辆相结合的冷链物流体系，配套冷藏运输车辆 400 余辆，并通过七大配送周转中心，将业务区域辐射浙江、江苏、上海、福建等地。最大程度保障了食品的营养成分、新鲜品质不在生产或储运过程中损失。公司制定了严格的装车、运输过程的温度过程控制标准，不符合过程要求的产品不得进入门店销售。以高效、精细的冷链物流配送体系为基础，实现对各门店网点的每日配送，保证了短保食品的新鲜送达与快速周转。通过建设智能要货平台、冷链安全控制系统等多个 IT 系统，逐步推动公司物流体系向智慧物流转型，在采购端、配送端分别做好生鲜乳运输和冷链车辆的管控。公司于 2018 年被评为"浙江省供应链试点企业""温州市青年文明号"，2020 年被评为浙江省防控新冠疫情市场保供"贡献突出企业"，2021 年入选浙江省物流创新发展试点。

4. 消费者终端智能供给

用户运营系统，包含全渠道线上线下用户行为数据的分析，洞察用户的消费行为和习惯，建立了一整套的用户模型，根据大数据算法形成每个用户的基础画像和行为画像；智能要货系统综合同比、环比固定周期内每个门店每种产品的销售数量，通过天气情况、商圈变化、活动情况等条件相结合，智能预估出保证最低安全库存，实现最大销售量的预测分配系统，确保核心单品断货率控制在 7% 以内；围绕市场和顾客需求，在成熟市场、发展市场和拓展市场不同的渠道上，通过工艺配方改良、技术和服务创新，给顾客提供精准的新鲜健康的产品和服务体验，引导顾客消费、创造顾客价值和新顾客。

➤ 经验效果

1. 经济效益

通过数字化改革，取得以下 4 方面成效：一是数字创"鲜"，以数字化为牵引，实现产品研发、生产、营销智慧化；现授权专利 66 项，获得国家科技进步奖二等奖。二是产品保"鲜"，实现 12 h 从牛肚子到人肚子，领跑全国同行业。三是产业领"鲜"，设置了产量趋势、订单履行、呆滞库存监控、成本节约等指标，分析生产大数据，对生产计划建立三产接二连一全产业链融合模式；获评国家级重点农业龙头企业。四是共富争"鲜"，形成现代农业企业＋基地／门店＋农户的增收模式，带动就业超 15 000 人，人均增收 1.6 万元。

2. 社会效益

公司在长三角布局了七大配送中心，一鸣仓储物流利用物联网技术实现从源头到终端的全程冷链数字化管理，借助易流 GPS、WMS、TMS 信息化系统，提升乳制品冷链全流程的信息化水平，实现环境温度数据实时监测预警，提升全链条管理效率，推动全流程降本增效。现自有及合作车辆 420 多辆，服务网络遍布浙江全省以及江苏、福建、上海主要城市，每日配送网点超过 3 500 个，全程冷链保障食品新鲜安全直达。一鸣在大力推进信息化产业链的同时，形成了特色的三产接二连一的数字化平台，可复制推广给奶农、经销商、供应商、加盟商，通过数字赋能驱动产业变革，协同增效。

3. 推广应用价值

现自有牧场 2 座，核心牧场 40 座，奶牛近 4 万头，汇集了产量分析、奶质指标、经营分析等数据。针对每头奶牛的饲养草料配比和奶质指标进行分析比对，得出优质奶饲喂标准，并将此技术复制到其他牧场和奶户，通过牛场管理软件进行数据分析和生产决策，实现养殖中对奶牛的精准感知、精准预警、精准饲养、精准管理，奶牛单产已经从过去的 4.5 t 提升到现在平均 9.6 t，有些牧场单产达到 12 t 以上，保证奶源量足质稳。

撰稿单位：浙江一鸣食品股份有限公司

撰 稿 人：林信心

浙江青莲食品股份有限公司智慧畜牧建设优秀案例

➤ 基本情况

浙江青莲食品股份有限公司成立于 2001 年 10 月，以"味美食物，让生活更美好"为企业使命，定位高品质猪肉供应商和服务商。20 余年深耕地方猪全产业链已形成包括"生物基因、良种繁育、饲料加工、生态养殖、屠宰生产、肉品加工、冷链物流、生鲜品牌、餐饮连锁、文化旅游"的生猪全产业链布局，先后获得农业产业化国家重点龙头企业、农村产业融合典型龙头企业、全国模范院士专家工作站、全国首批生猪屠宰标准化示范厂、全国首批非洲猪瘟无疫小区等国家级荣誉。

从绿色产业链，到数字产业链，再到智慧产业链，青莲正在探索一条"三链合一"的全新农业数字化之路，数字化框架"五位一体"覆盖智慧供应链、智慧办公、智慧运营、智慧交易、智慧用户五大板块，构建起涵盖数字化育种、智能化动物营养工厂、智慧养殖、智慧生产、数字门店等环节的数字全产业链闭环体系，全力打造"青莲未来牧场"，通过数据链接真正做到从种源到牧场再到消费者的无缝衔接，让产品更安全用户更放心。依托常规生鲜业务的产业基础，主导品牌"膳博士"以"黑猪专家"为品牌定位，全力推进中国黑猪高端生鲜品牌发展。

➤ **主要做法**

近年来，青莲按照数字化改革思路，锚定智慧供应链、智慧办公、智慧运营、智慧交易、智慧用户"五大"板块，构建了数字化管理、数字化育种、数字化养殖、数字化屠宰、数字化物流、数字化销售、数字化服务等全链条数字化发展。

1. 主要内容

生命周期数字化赋能，生猪养殖方式更先进：一是开展原种场数字化育种。与浙江大学合作成立中国首个黑猪产业研究院，以数字育种技术实现双育种，保种水平处于全国领先水平。二是建设智能动物营养工厂。建立基于近红外（NIR）技术的猪饲料原料营养品质快速检测体系，形成生猪养殖动态营养需要量配方，推出生猪饲养最佳供应饲料，建设年产 30 万 t 的智能化动物营养工厂。三是布局数智标杆养殖厂。以安全养猪、福利养猪、智能养猪为目标，建设青莲数智循环农业公园即 10 万头标杆猪场，通过"口袋 App"实时监测猪场的温度、湿度、粉尘、氨气量等。

屠宰流通数字化升级，猪肉质量安全有保障：一是创建标准化屠宰厂。按照出口欧盟标准，实现人道屠宰、三重清洗、三重脱毛、充分按摩等，保障 77 道屠宰工序到位，最大程度降低宰前应激，提升肉品质量。二是构建数字化冷链体系。运用大数据分析手段设计科学而饱和的物流线路，实现精细化配送。同时，组建专业的冷藏运输车队，建成标准化的产品预冷间，配备冷链温度跟踪系统，

确保全程的冷链物流配送，让产品的新鲜和美味及时送达每一位消费者。

商业管理数字化重塑，企业经营质效大提升：一是打造智慧驾驶舱。以构建"青莲未来牧场"管理模式为目标，搭建青莲猪产业 5G+ 区块链数字化管理平台，上线"智慧驾驶舱"，实现了智能养殖"一舱"管控，屠宰端、深加工端、物流端、消费终端"一舱"连接，产业发展管理水平全面提升。二是发展数字化门店。依托全国品牌门店智慧系统，在 1 500 余家青莲旗下"膳博士"终端门店上，加载数字化门店应用场景，感知人与场的实时数据，青莲未来工厂生产的"膳博士"鲜肉包和蒸煎饺全透明生产线，使猪肉可追溯上升为制品可追溯。三是拓展新零售渠道。加强自主研发，依托零售用户系统，上线定制团购系统，实现企业、产品、服务与消费者零距离接触，成为长三角领军生鲜品牌。

2. 运营模式

青莲采取直营模式、数字化运营。借助供应链大数据，青莲实行 M2C（Manufacturers to Consumer）去中心化，让利消费者，具体而言即去掉批发商和零售商，生产厂家直接对接消费者，从青莲到消费者，只有前置仓和客服两个环节，改变了渠道分散化、用户碎片化、供应链成本高的传统商业模式。事实证明，该模式带来了显著的效果，公司降低了 20% 的运营成本。为给消费者提供更多元化高品质肉类食品选择，公司通过向精深加工品类的拓展，形成了从生鲜猪肉到肉制食品的产业延伸。青莲自创品牌"波拉波拉"发展迅猛，与国内强势品牌三只松鼠、百草味等国内一线零食品牌建立了广泛的战略合作。青莲食品还创成全省首个生鲜+制品综合肉类工厂，实现了从原来传统屠宰行业到精细分割到鲜食工厂的三级跨越。目前在青莲 13 个生产工厂中，已实施数字化改革的数字工厂鲜销率从 60% 提升到 90%，平均利润率从 1% 提高到 6%，突破了传统养猪产业的商业瓶颈。数字化带来了"用户思维"，青莲打造了猪猪星球乐园。猪猪星球作为国家 3A 级景区，让消费者在体验感受的同时，可真正了解产业背后的故事、文化、历史。青莲借助"农业+文旅+新零售"全面融合的全新业态，通过搭建消费者与产业的沟通平台、产业资源整合平台，实现产业价值链的重塑。

➤ 经验效果

1. 经济效益

数字化有效降低了青莲食品的生产管理和流通管理的成本。浙江青莲食品股份有限公司战略指挥中心及大数据分析中心可统一管理青莲在全国的 19 个智慧牧场和 9 个生鲜工厂，实现猪场智能养殖的"一舱"管控，有效降低人力成本。目前青莲食品旗下年产 30 万 t 的智能化动物营养工厂仅需 3 名员工，每养殖 1 万头猪也仅需 3 名员工。同时，基于大数据的智慧物流体系使得青莲食品的流通环境变得更加合理高效，有效提升了流通效率，降低物流成本。

2. 推广应用情况

基于猪数字化育种技术平台，青莲对地方猪的育种、繁育进行数字化管理，实现数据共享和流通，进而提高猪种质量，并将优质种质资源的技术开发与商业化推广有效结合，形成完整的黑猪商品体系。目前青莲已领衔起草并发布《中国黑猪肉》等标准，嘉兴黑猪保种场也升级为"国家级嘉兴黑猪保种场"。青莲成功让曾经濒临灭绝的中国地方猪"嘉兴黑猪"得以保种繁育，提纯复壮，以优质产品的形象回归市场。数字化有效降低了青莲公司生产经营活动可能面临的风险冲击，提升其风险预测和管理能力，有利于构建产业链韧性。首先，对于生产环节，数字化应用帮助青莲食品提升了生产效率，减轻了生产风险。从猪的育种到养殖，通过大数据分析，青莲建立起柔性协同生产体系，可以更好地了解市场趋势变化和竞争对手的动态，快速响应系统内外环境的变化，从而更好地制定品牌策略和生产计划，加强生产体系的灵活性和应变能力。

撰稿单位： 海盐县农业农村局，浙江青莲食品股份有限公司

撰 稿 人： 陶海锋，吴鹏伟

安徽省现代牧业坚持数智创新引领 做全球牧业引领者优秀案例

➤ **基本情况**

现代牧业（五河）有限公司成立于 2011 年 7 月，项目占地 3 988.79 亩，项目总投资 22 亿元人民币，存栏荷斯坦奶牛规模 4.2 万头，年产优质鲜奶 25 万 t，现有员工 685 人，主要从事奶牛饲养、饲草种植、原奶生产和销售。公司先后获得部级畜禽养殖标准化示范牧场、国家级奶牛养殖综合标准化示范区、安徽优秀产业化龙头企业20 强等荣誉。公司围绕五河县优势主导畜牧产业数字化转型的重大需求，依托国家畜禽智慧养殖数字农业创新中心、安徽农业大学等技术支持单位，在五河县实现智慧牧场相关技术推广和集成应用示范、中试熟化，建成亚洲最大单体牧场。

➤ **主要做法**

集团领导深知奶业发展与信息化技术的应用密不可分，多年来一直重视企业信息化建设。15 年来，公司牧场信息化发展经历了电子化、软件化、系统化、智能化 4 个阶段，最初是使用 Excel 等办公软件进行生产记录和操作，然后使用单机版牧场管理软件记录和查询生产数据，生成打印纸质工作单和简单的统计报表。由于牧场使用不同的软件，形成很多"信息孤岛"，数据无法协同和叠加进行专业分析，以至于无法

发挥数据真正的价值。2018 年公司开始试用基于云计算架构的"一牧云"牧场生产管理云平台，将牧场不同软件、硬件进行连接，建立牧场生产流程，与自动化设备不断融合，实现大部分数据自动采集，数据不断汇集和积累，形成牧场大数据，通过大数据可视化技术直观地呈现到集团信息中心。公司积极与中国农业大学、

可视化实时监控

东北农业大学、东南大学等高校开展产学研合作，在国内率先建立了牧场数字化信息平台，推广应用标准化养殖技术和奶牛精准饲养技术，申请获批"一种基于多 RFID 天线的奶牛占位识别方法"等多项专利，参与制定了中国奶业协会发布的《现代奶业评价 奶牛场定级与评价》标准，公司 2020 年被授权设立首批现代奶牛场定级与评价中心，2022 年集团被评为"全国农业农村信息化示范基地"。

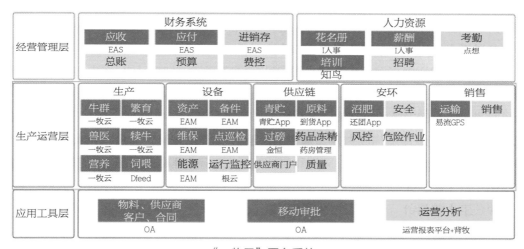

"一牧云"平台系统

硬件设施条件先进：公司投入大量经费来提高牧场硬件建设水平，每头牛都配有 RFID 耳标，牛舍环境监测、自动饲喂、饲料营养配比、自动挤奶、奶牛自动测产等系统都通过物联网设备来采集数据。安徽 3 个牧场都采用了世界最先进的散栏式工业化养牛方式，实现了全自动的 TMR 喂养、全自动清粪、全自动挤奶及全自动粪污处理，其中蚌埠牧场达到了"规模最大、自动化程度最高、奶牛品质最优、管理最先进、饲喂最科学"的国内"五之最"，是亚洲最大的高标准专业化和规模化奶牛养殖基地。

基于云平台的智慧牧场软件系统日益完善：目前公司牧场通过"一牧云"平台对牧场整体进行生产管理，以及专业的数据分析和预测，牧场管理水平和运营效率不断

提升。公司信息化系统架构分为 3 层，即应用工具层、生产运营层和经营管理层，其中生产运营层的系统是核心，共有生产、设备、供应链、安环、销售等 5 个部分，具体包括以下系统。生产，生产管理系统、精准饲喂系统、牛只智能识别系统等。设备，运行监控系统、设备维保系统等。供应链，青贮 App、到货 App、自动称重系统等。安环，还田 App、风控系统等。销售，运输易流 GPS、销售系统等。通过"一牧云"平台把奶牛的智能识别管理、繁殖管理、健康管理以及精准饲喂管理、生产性能等信息全方位监控和采集，建立统一的数据集合和分析平台，规避人工统计时存在的时间延迟、准确率不高、劳动强度大、效率低下等弊端，精细化管理牧场运营的各个环节，实现牧场生产管理决策快速有依据且精准高效，不断提高生产效率，实现牧场节本增效。

信息化团队提供有力保障：在集团公司成立产学研合作平台的同时，现代牧业（五河）有限公司以推进五河县数字技术与畜牧业发展深度融合为主攻方向，公司成立数字畜牧业专项"产学研"合作平台。依托国家畜禽智慧养殖数字农业创新中心、安徽

积极开展信息化业务培训

农业大学等技术支持单位，将先进、适用的技术及产品向下延伸，搭建五河县智慧牧场，实现智慧牧场相关技术推广和集成应用示范、中试熟化、标准研制等功能。充分发挥智慧养殖数字农业的引领带动作用，推动重要领域和关键环节数字化能力建设，促进提升现代牧业智慧牧场生产经营和管理服务数字化水平，加快农业数字化改造升级。探索产业数字化转型路径，增强数字农业技术示范推广应用能力，引领农业产业数字化和数字产业化。

➤ **经验效果**

1. 经济效益

现代牧业（五河）有限公司通过一系列数字化项目的实施，基本实现奶牛智慧养殖模式，直接节约人工 60 人，节省人工成本每年 300 万元。间接带动牧场提升单产 0.5 kg，实现增收约 1080 万元 / 年。2022 年实现原奶产量 25 万 t，实现销售收入12.42 亿元，同比 2021 年产量提升 4.92%，销售收入增长 6.45%。

2. 社会效益

在就业方面，带动周边居民园区内就业 1 200 余人，使其成为现代牧业正式员工，提高了当地的劳动力素质。另外，一部分先进技术人员和管理人员的引进，对提高当地的奶牛养殖和管理化水平也产生巨大的辐射效应。在种植方面，通过饲草种植及收购，在牧场周边进行大规模土地流转，现已种植青贮玉米等饲草料作物 11 万余亩，保证了牧场的饲草需求。此外，牧场项目的建成推动周边种植业的迅速发展，带动周边

近 20 000 农户，每亩增收 150～260 元，按照年玉米青贮收购量 20 万 t，周边农户年增收可达 1 500 万元以上。

3. 生态效益

在粪污处理方面，始终秉承环保理念，运用美国 PFR 工艺开展污粪处理，粪污通过厌氧发酵，产生沼气、沼渣、液肥。牧场在建设之初就配套建设完善的特大型沼气发酵工程，总投资金额超过 1.2 亿元，采用"能源生态型"处理利用工艺，牛粪经厌氧消化处理后作为农田水肥利用。实现了沼气发电（6 000 万度/年）、沼渣垫料（30 万 m³/年）、有机液肥（95 万 m³/年）还田，将牛粪尿 100% 利用，不仅保护了生态环境，而且实现了资源的循环利用和农业循环经济模式。沼气用于锅炉供热和沼气发电；沼渣用于铺垫牛舍卧床和制造有机肥；液肥全部通过管道用于周边饲草种植还田。做到能量多级利用、物质良性循环，形成无污染、可持续发展的生态农业系统。

撰稿单位：现代牧业（五河）有限公司

撰　稿　人：朱克伟

安徽省数字化赋能百亿家禽产业链优秀案例

➤ 基本情况

宁国市位于安徽省重点养禽区域。近年来，该市聚焦家禽业发展难点，坚持以市场的逻辑赋能本地家禽产业，以市场为导向，加快对禽肉加工市场的深度挖掘和活化，积极开拓长三角地区庞大的禽肉加工品消费市场；坚持以资本的力量壮大家禽产业，以"补链、延链、强链"的思路通过招商引资强产业链，建立企业利益连接机制并不断完善生态合作伙伴关系，将产业链延伸到家禽育种、养殖、熟食加工销售、粪污资源肥料化利用；以平台的思维做强家禽产业，依托安徽百万小白鸡父母代种鸡产业园，推进线下产业发展平台建设，同时积极引导企业打造家禽生产、加工、流通、服务四端 N 个线上数字化平台，帮助 4 个国内行业头部企业转型升级强基础，不断壮大产业基地的整体实力。宁国市通过全面推进"一县一业"工作，初步形成"思玛特种—顺安养—云燕销—司尔特处"的近百亿家禽深加工产业链，税收 1 亿多元，真正实现从农场到餐桌一体化发展，初步形成家禽产业"航母"雏形。

➤ 主要做法

智慧育雏设施建设：种业是禽业发展的"芯片"。宁国思玛特禽业有限公司作为国家肉鸡产业技术体系平谷综合试验站依托单位，聚集"产学研"优势资源，充分利用宁国本地资源和环境优势兴建的"安徽百万小白鸡父母代种鸡产业园"，总投资 2.5 亿元。园区规划建设 1 个单批育雏量 25 万只的育雏育成基地、2 个存栏量 25 万套的肉种鸡养殖基地、1个年孵化1亿羽的孵化基地以及1个年产3万t饲料加工厂，年提供1亿只商品肉雏鸡。产业园内配套建设商品肉鸡标准养殖示范区，创新中国式福利养殖，应用自动化行车式喂料、自动乳头式饮水供给，全系瑞典蒙特环控等智能设备，实现养殖数据的自动采集和智能调控，为鸡群提供五星级酒店般的舒适环境，示范推广"立体平养福利养殖"标准化养殖技术。思玛特禽业还以规模化、产业化为基础，发挥产业链头部企业的引领作用，逐步制定白羽肉鸡新品种制种、商品鸡饲养管理标准和屠宰加工标准。

思玛特禽业养殖示范基地

现代化养殖设备

智慧养殖设施建设：标准化规模养殖是发展现代家禽产业的重要基础。安徽省顺安农业发展股份有限公司是一家主要从事苗鸡孵化、饲料加工、肉鸡养殖及食品加工销售为一体的农业产业化国家重点龙头企业。下属山门养殖场采用"大牧人"环境控制系统，达到鸡舍内部环境根据生产需求自动调节期间温度风量，使鸡群始终处于适合生长的环境温度当中；通过打造自动饲喂模块，配套自动料线系统，实现日饲喂精准定时投料，在减少人力的同时不仅提升了饲喂精准度也提升了工作效率；公司技术部定期对水样进行检测及监管，舍内配套全自动调节饮水碗，既可保证鸡群饮水量，也能防止不必要的水源浪费；鸡舍内采用自动清粪系统，鸡粪统一运输到有机肥厂处理加工成有机肥，场区内安装有污水处理系统，对

顺安农业商品肉鸡标准化基地

自动控温系统

生产污水进行处理后达标排放；公司引进物联网生产跟踪系统，实时跟踪鸡场内部生产数据，通过生产数据详情快速诊断存在的问题并做出及时的改善决策；公司自建年产 25 万 t 饲料厂，机组采用自动微控配方中控系统及加工系统，在降低人力的同时也确保产量最大化、配方精度最优化。

数字化加工冷链设施建设：加工业是禽业发展的"硬核"。安徽云燕食品科技有限公司是紫燕食品在华东区倾力打造的第一个集研发、生产、加工、物流和工业旅游为一体的高标准生产基地。为追求更高的产品品质，宁国紫燕加快数字化建设进度，通过数字化三举措建立"标准化"体系，赋能品牌成长，打造令人安心的"紫燕品质"。一是大数据加持拓展辐射范围。借助物联网和大数据技术，安装自动化储存设备，实现了自动化订单、智能订单拣选流水线工作。在新兴科技的加持下，紫燕食品在宁国的工厂可以辐射面向华东、华中区大部分地区的门店。二是数字化管理提升服务水平。建立一体化数字供应链管理体系，包括数字化 CRM 管理系统、OMS 订单管理系统、WMS 仓储管理系统、FMS 财务管理系统等。企业管理更加精益，也为会员、消费者提供了更简单、便捷的消费体验。三是智慧化冷链助力物流提质。采用升级版智慧冷链物流服务平台，根据自动生成物流订单，一键下发，可实时把控货品位置，极大降低人工成本和配送出错率；同时采用数字化全程冷链控温配送，更好地保障产品品质。

云燕食品科技有限公司生产基地

司尔特公司生产基地

粪污资源肥料化 + 线上测土配方施肥服务：家禽养殖粪污处理社会关注度高，直接影响农村人居环境整治和禽业持续健康发展。安徽省司尔特肥业股份有限公司积极参与宁国市家禽粪污处理，现已建成 1 座流化床发酵塔、8 个粪污发酵罐，日处理粪污150 t，实现了粪污机械收集、密闭运

粪污发酵罐

输、工厂化生物发酵、商品化销售，每年生产 3 万多 t 优质商品有机肥。司尔特充分利用大数据、云计算等信息技术不断累积、反哺、清洗、优化土壤养分、农业气候、种植结构、农业知识等各类数据库，并实时跟踪政策、市场变化，通过"测、研、配、产、供、施"一条龙的测土配方施肥服务与融合自主研发的"二维码上学种田"农业生产技术智慧服务系统、"季前早知道"大数据分析预测系统和"甜农网"电商平台的有机融合，把商品有机肥销往全国各地。

➤ 经验效果

1. 经济效益

宁国思玛特采用行车式喂料，配合"V"形料槽，控制饲料厚度在 1.5cm，确保料均匀分布，且可以控制喂料次数。配备机头料尾双向配置回料装置，确保机头尾槽的余料自动清理，年节约饲料成本 39.8 万元。工厂配备自动水线高压冲洗消毒设备（清洗、反冲和水线消毒集中收集导流等功能），减少消毒剂化药使用，节约用药成本 13 500 元。工厂采用鸡蛋自动分选机，每小时处理种蛋 26 500~28 000 枚，提高工作效率的同时，每年每条生产线节约成本 85 600 元。

安徽省顺安农业发展股份有限公司通过建设全封闭禽舍系统、自动净化控温通风系统、自动喂料系统、自动饮水系统、自动粪污清理系统、疫病防控系统和管理与监控七大系统。通过笼养改造升级，降低了发病率，提高了饲料转化率，节约了土地和人力，养殖场实现了机械化、智能化和数字化，每只鸡比平养降低药品费 0.6 元以上，提高饲料报酬 10%，减少了 50% 用工，节约 50% 土地；全市家禽规模化养殖比重已达 95%，规模养禽场由 2018 年 468 家下降到 210 家，家禽出栏数量由 2018 年的 2 400 万羽提升到 4 000 万羽，初步实现"人管机器、机器养鸡"。肉鸡生长快、饲料报酬高，用药量少、死亡率降低，畜产品质量进一步提升，同时减少了养殖人员，降低了养殖管理成本，提高了生产效益和经济效益。

安徽省司尔特肥业股份有限公司通过项目的深度推广运用，通过积极引导农民朋友科学施肥科学种田，引导农民朋友采取节本增效的耕作方式，促进司尔特用户农民朋友增产增收近 8%，为农民朋友致富贡献着司尔特的力量。同时，司尔特通过该项目的实施，为企业节本增效也作出了积极贡献，促使企业内部运营效率提升了近 20%、运营成本降低了 10%、企业营收显著增长了近 30%。

2. 社会效益

通过建立实施"思玛特种—顺安养—云燕销—司尔特处"的育繁推全产业链协同运作模式，围绕肉鸡制种、商品鸡饲养、饲料加工、屠宰加工、食品加工和销售等领域，延伸产业链，打造长三角地区 2 亿只鸡的雏鸡生产供应基地、1 亿只鸡的福利养殖基地、1 亿只安全鸡的鸡肉供应基地，把产业做大、做强、做优，快速成长为长三角地区带动农民增收致富的现代化核心产业园区。

3.生态效益

一是通过家禽养殖精准化管理加工模式，用智能环控系统保持养殖环境舒适安全，肉鸡发病率低，用药量减少，提高了食品安全；二是减少养殖污染，支持企业商品化解决养殖废弃物，鸡粪采用传送带定时清理，传送至外部直接落入密闭的粪污运输车，鸡粪全程不落地，减少环境污染，同时实现了畜禽废弃物的资源化利用。

撰稿单位：宣城市农业农村局

撰 稿 人：张　黎

福建省光华百斯特生态农牧有限公司智慧农业建设优秀案例

➤ 基本情况

福建光华百斯特生态农牧发展有限公司成立于 2004 年，位于三明市尤溪县洋中镇洋边村，占地 1 540亩，以种猪生产为主，兼养殖生猪。现有杜洛克场、长白场、大白场、扩繁场等养殖小区，年出栏种猪、生猪 10 万余头，系福建光华百斯特集团的核心基地。公司以育种为核心，拥有长白种猪、大白种猪、杜洛克

基地全景

种猪核心群种猪 3 000 多头，系福建省规模最大的国家生猪核心育种场之一，构建了"核心种猪—扩繁种猪—商品猪"自主的金字塔三级种猪繁育体系，坚持开展自主选种育种工作，已成功育成"抗腹泻大约克新品系"和"光华配套系"种猪。公司实行标准化的规划布局、标准化的生产工艺流程、标准化环境治理和环境保护、标准化产品质量安全管理体系，全面实施标准化生产，建立了福建唯一的生猪质量安全可追溯系统，是农业产业化国家重点龙头企业、国家生猪核心育种场、国家高新技术企业、国家级猪伪狂犬病净化场、国家生猪标准化典型示范场、国家饲料研发与安全评价基地、国家现代农业产业技术体系三明综合试验站、省级高新技术企业、福建农民创业园核心基地和福建省首家兽用抗菌药使用减量化行动试点企业。

➤ 主要做法

2018 年以来，公司深入贯彻落实福建省委省政府关于加快推进智慧农业发展的决策部署，加大智慧农业建设资金投入力度，加快改善企业核心示范区的基础设施，推

行标准化生产，提升农业信息化水平，充分发挥现代农业智慧园核心示范区的辐射带动作用。

1. 智慧园可视化管理系统

通过可视化、GIS、物联网技术、大数据技术的集成，形成了园区可视化管理系统，实现了通过监控中心大屏实时监测企业设施运行状况、环境信息及生产情况，结合多源数据可视化分析方法，直观展示园区布局、生产信息、物联网数据与企业宣传等信息，实现企业基础数据展示、生产设施布局管理、环境监测动态展示、生产过程信息，建立以多源异构数据采集、处理、显示、管理、分析、维护的动态数据管理与分析的可视化展示，提升了企业的综合管理能力和风险防范能力。

2. 智能化管理系统

应用物联网、大数据、AI 等技术，建设猪舍环境智能化管理系统。在猪舍安装温度、湿度、CO_2、NH_3等智能环境采集传感器、智能环境控制设备和高清可视化监控设备，通过千兆高速网络统一汇聚到畜禽养殖数字农业管理平台和养殖安全生产监控运营中心，实现猪舍域环境信息实时采集和可视化管理。

舍内环境信息采集系统：在猪舍内安装传感器，对生猪生长影响较大的环境参数进行重点的自动化监控，如温度、湿度、光照度、CO_2浓度、NH_3浓度和视频图像。利用实时环境监控提供每个监测点的温湿度、NH_3、CO_2浓度、光照度、大气压力

光华百斯特畜禽养殖数字农业平台

猪舍环境信息平台

咳嗽管家

异常报警器

物联网视频监控平台

等实时数据；提供历史数据查询，支持过去任一时段的数据查询，对一些突发事件提供数据依据，并通过对过去某一时段的变化趋势观察，总结规律和经验；提供实时报警功能，当监测到的任一个参数达到报警条件时，监测软件会提供声音和相应数值闪烁报警，为相关管理人员提供报警提示。为管理者提供了基于 PC 端、微信小程序、手机 App 等不同渠道的实时环境监测和控制，使得管理者在现场和远程都可以实时对养殖场生产全过程进行监管和查看，为企业管理和生物防治提供了基于互联网的便捷管理方式。

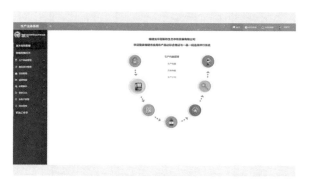

生猪质量安全可追溯系统

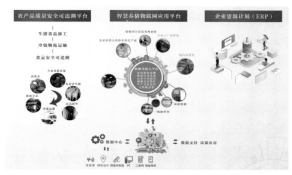

光华百斯特智慧养猪信息平台

舍内环境智能化调控系统：根据猪的生长需要，为猪提供舒适的温度和通风量，同时排出猪舍内的有害空气、湿气、粉尘。通过保障温度和通风的均匀性，有效降低温度及通风不均匀或温度变化幅度较大所造成的冷应激或热应激给猪带来的影响，提高猪群福利和健康水平，保证饲料消化率和利用率达到最高，从而提高猪群生长速度，提升生产效益。

猪舍环境智能预警：建设了智能预警系统，根据设置检测项目告警标准值，进行要素预警规则的配置。同时支持告警规则的添加、删除、修改等管理功能。针对监测要素异常现象阈值设定好告警规则。当设备采集控制设备出现离线，或者牲畜的健康指标超警戒点时，自动生成告警消息，通过消息订阅推送模块将消息通过系统页面、微信消息、手机短信或者电子邮件的方式推送给订阅者，在平台页面上产生消息，消息通知提示管理者查看。当设备运行情况恢复正常，或者检测值回到正常范围后，告警消息将自动消除。

3. 生猪质量安全追溯系统

公司使用 KFNets 猪场综合管理信息系统对猪的生长、销售过程进行全生命周期管理（饲料、检疫、生病、用药、送屠、宰前检疫、宰后检验、销售），使用省级农产品质量安全可追溯平台将纳入安全可追溯监管，实现可追溯到生产批次、生产投入品、原料来源等生产信息；对接全省"一品一码"管理同时让消费者购买猪肉食品可追溯到肉的生产全过程，实现生猪从基地、屠宰、加工、专卖店（超市）、市场到消费者的无缝对接和全程可追溯。

4. 农业电商系统

根据光华产业、市场特点，建设定制农产品 B2B 商城，为大客户、团销客户的在线预订、支付线上渠道，将传统销售模式和互联网营销模式相结合。利用移动互联网技术，整合溯源系统、企业可视化系统，实现开展种猪、生猪、饲料、冷鲜分割肉以及肉脯、肉松等深加工产品的电商模式销售，开拓"互联网+"业务，实现线上线下无缝交易。

5. 生产指挥调度与管理展示中心

建设面积 100 m² 的智慧园区生产管理中心，集企业智慧园信息中心、园区生产智能管理中心、生产过程安全监控中心、互联网营销管理中心、园区展示中心等多功能为一体。结合园区生产智慧化管理系统，实现企业一张图全景管理、园区生产信息实时监控、生产过程数字化管理、远程生产管理调度，信息化平台展示等。

6. 企业信息化系统应用

按照资源数据化、可视化、智能化的目标，为服务平台提供相关信息。公司自主开展生产经营数据收集、分析、挖掘和预警，充分发挥移动互联网、大数据、物联网等先进技术，实现信息流、商品流、资金流、物流"四流合一"，提升企业生产经营决策水平和抵御市场、自然风险能力，提升企业的竞争力和效益。

7. 企业数据中心

在原有信息化系统应用的基础上进行升级改造，实现了 KFNets 猪场综合管理信息系统与本期智慧园畜禽数字养殖平台的数据对接，为企业数据中心提供丰富、有效的数据分析来源，通过大数据分析方法提高企业信息化综合管理水平，对企业资源进行合理计划安排和利用。

➤ **经济效果**

1. 经济效益

通过智能化的信息设备实施以及后台的畜禽养殖数字农业平台远程获取相应的猪群环境及生产情况，通过智能化自动设备控制可明显降低现场劳动力占用，帮助管理者实现对生产设施的精准控制。按照年出栏 10 万头生猪的养殖技术人员配备，可以减少 3 名技术现场人员，降低劳动强度从而减少人工成本，每年节约人工成本 45 万元左右。智慧园区域进行全天候、全过程环境监控，自动控制风机、水帘等控制空气温湿度，保证猪只在最佳环境中生长，提高生产水平和生产效益，提高产品品质，年降低病死率 2%，全年增加出栏量 1 000 头，按照 1 800 元 / 头合计，年增加经济效益 180 万元。通过部署在养殖舍内的空气温度、空气湿度、NH_3 含量、CO_2 含量、光照度等传感器节点，对养殖舍现场环境参数进行实时采集。平台对数据进行汇总、分析。安装在现场的智能控制设备会根据控制规则以及以上各类信息的反馈对生产区域生产设施进行自动通风、自动喷淋、自动降温等自动控制操作，使养殖舍内的环境接近牲畜的舒适环境。减少了畜禽养殖设备受有害气体的腐蚀与损耗，降低了设备维修以及更换的频率，年减少设备成本100万元。

2.社会效益

通过企业数据中心及企业数据分析系统，实现数据分析、数据挖掘，及时发现问题、帮助预见风险；使企业不再局限于面对大量数据、通过报表与数据可视化直观地看清规律，实现信息共享，利于各部门的协调组织；增加问题透明度，有助于智能决策，提高了决策支持力度。基于物联网平台，结合养殖工艺、智能化饲喂系统、异常报警、逐级上报机制等实现远程操作、省时省力，可追溯，打造智能化养殖小区，不仅提高管理效率，更加为非洲猪瘟背景下的生物安全体系建设提供了有力的保障。

撰稿单位：福建省农业信息服务中心，三明市农业农村局，尤溪县农业农村局，福建光华百斯特生态农牧发展有限公司

撰 稿 人：陈　婷，念　琳，王相俊，吴文渔，刘亚轩

江西省九江市大业牧业数字赋能黑山羊产业优秀案例

➤ 基本情况

九江市大业牧业有限公司（以下称大业公司）创建于2013年，公司总投资5 000万元，总占地1 000余亩，生产建筑面积3万 m^2。是一家集养殖、种植、育种、科研、推广服务于一体的大型标准化数字化养殖基地，也是南方大型的黑山羊良种繁殖基地之一、人工高产牧草种苗培育基地、江西省黑山羊疾病防疫监控点、江西省农业大学技术指导单位、江西省农业科学院畜牧兽医研究所技术合作单位，同时也是兰州畜牧研究所技术合作单位。存栏良种黑山羊4 980只，其中能繁母羊2 879只，出栏良种黑山羊6 000余只。大业公司经过多年的养殖经验，改变了山羊传统天然放养的养殖模式，以发展绿色种养循环、开启绿色生态农业新模式为核心，按照现代规模化养殖企业的标准，建立了1套粪污无害化处理、资源化利用生产体系，并获得了相关专利证书。主要采用机械化饲喂、自动饮水系统、氨气监测系统、发情自动监测系统、自动消毒喷洒系统、无须冲栏洗栏，真正做到了零排放，减轻了环境承载力，降低了养殖人工成本。大业公司通过秸秆回收饲料化利用、粪污肥料化利用和无害化处理等方式，提高养殖废弃物资源化利用率，实现了"以地定养、以养肥地、种养对接、就地消纳"的种养循环体系，打造现代化高效绿色循环农业。同时，大业公司配备了1套监控系统，设立了检测实验室，采用羊场管理系统，定制信息化平台，全方位向规模化、良种化、智能化、集约化、环保节能的养殖模式发展。

➤ **主要做法**

近3年来响应国家乡村振兴产业发展政策，大力发展肉羊产业，通过"公司＋合作社＋农户"的形式，带动修水县及周边地区100多名合作社农户发展养羊，同时对口帮扶县脱贫户及周边农户100户，年培训养羊户1 500人以上。大业公司经过多年的努力，其良种引进与杂交利用技术、设计创新的智能化羊舍应用技术和粪污无害化处理专利技术等，在2022年中国农民丰收节上获得"大国农匠"一等奖，同时获得了国家级畜禽养殖标准化示范基地、畜禽养殖疫病（布病）净化场、首批省级优质农产品示范基地、江西省第十六届运动会定点食用农产品生产基地、江西省物联网示范基地、江西省农业科技示范展示基地、修水县农业产业化龙头企业、修水县创业致富带头人、修水县巾帼创业示范企业等奖项与荣誉。

1. 良种引进与杂交利用增效

为了解决修水黑山羊个体小、生长慢、出肉率低的问题，选取努比亚黑山羊、川中黑山羊公羊作与修水黑山羊母羊进行杂交，培育出来的黑山羊年出栏重可达40 kg左右，比原地方品种年出栏重20 kg增幅100%；且杂交培育的黑山羊产羔性能也由改良前的平均年产羊羔1.5只提升到了2.7只，增幅达80%；其成羊屠宰率由改良前的8 kg/只（去头、内脏、脱毛）提升到26 kg/只，增幅高达225%。经过杂交选育出来的黑山羊个体大、生长快、肉质好、出肉率高、抗病力强、可圈养可放牧，全国推广到15个省份备受青睐。

2. 新技术、新装备的创新与应用

针对南方湿度大，造成羊舍NH$_3$、H$_2$S等有害气体浓度超标，易引起羊咳嗽、流鼻

涕、流眼泪等不适症，影响羊健康与生长，严重的会形成肺炎等疾病问题。经过多年摸索和生产实践，创新研制出从根本上解决氨气等有害气体超标问题、养殖废弃物和粪污资源化利用、粪污排放几乎为零的整套栏舍建设新装备和新技术。

创新的栏舍建设设计：结构为两层（高床）开放式羊舍，第二层养羊，第一层粪污收集、发酵。栏舍采用钢架结构，羊床使用热镀锌钢丝网，使粪污自动及时分层分离，无须用水冲洗栏舍，做到栏舍随时保持干燥、整洁；第一层进行粪污收集处理，在地下建设防渗层，防止污水下渗。水泥面上填盖泥土 0.8～1 m 泥土与 2～3 层过滤网布，羊粪尿液经泥土和滤网布分解过滤排入污水池，排出来的水清澈无异味，经第三方检测达到直排标准。积集的羊粪污经喷洒激活过的发酵菌和撒过磷酸钙进行生物发酵制成有机肥（8 000 m^2 舍发酵菌种、红糖、过磷酸钙每月成本约 200 元，成本极低，操作简便），羊吃剩下的饲草料残渣也被漏到粪污发酵层又可作为发酵菌的养分，粪污产生的异味物质（NH_3、H_2S 等）被喷洒的发酵菌产生化学反应消除，同时，发酵过程中杀灭有害细菌病毒和蚊蝇虫卵。

创造性地研发的国内首台羊舍氨气智能控制系统：栏舍安装了自行创新研发的国内首台羊舍氨气智能控制系统，实时显示监控室内外的温度以及室内氨气和异味浓度，有效控制羊舍内的空气质量。设计的五级电动卷帘，在氨气和异味浓度过高的情况下，自动按层级逐步打开卷帘通风降低氨气和异味，不会因为季节变化昼夜温差大而引起羊伤风感冒，当氨气和异味浓度下降时，就能控制卷帘关闭进行保温，起到很好的通风换气作用。

3. 秸秆饲料化利用技术

大业公司作为修水县秸秆综合利用试点黄沙镇收储中心，2021—2023 年全县 15 个乡镇村点收储稻草秸秆、玉米秸秆、红薯藤秸秆等约 5 000 t。通过秸秆回收饲料化利用，提高养殖废弃物资源化利用率，将农作物秸秆通过揉丝、粉碎以及青贮等方式加工处理后，大大提高了秸秆饲喂羊的适口性和营养价值，可存贮两年。原来外购花生秧草 1 500 元 /t，回收稻草秸秆加工好约 400 元 /t，一年的饲养成本由原来 1 200 元 / 只能繁母羊，降低到 1 000 元 / 只能繁母羊。特别是青贮饲料技术的应用使得大量的农作物秸秆实现过腹还田，促进当地农业种养结合、良性循环，大大改变了当地山羊养殖主要依靠天然放牧的传统养殖模式。同时也改变了以往当地大量的农作物秸秆被废弃或焚烧（既浪费资源又污染环境）的现象。其利用秸秆青贮技术得到了全县的大力推广。

➤ 经验效果

1. 经济效益

建立了羊群信息采集系统，利用现代化信息技术准确掌握羊群的生长过程。通过监测智能设备收集养殖现场实时数据，例如 NH_3 浓度、CO_2 浓度、温湿度等展开实时监控，并实时传输到智慧农业云中心，及时发现生产中存在的问题，为羊群生产提供科学依据，优化羊群生长环境，不仅可获得羊群生长的最佳条件，提高产量和品质，同时可提高羔羊的成活率，有效促进农业增产增收。建立了养殖物联网平台系统，物联网智慧农业平台集信息采集监测系统、远程控制系统、视频监控系统等功能为一体，实现养殖全程数字化、网络化和智能化管理。建立现代农业生产管理体系，实现羊群安全生产的有效监控，每只羊从出生到终端配带专属耳标可追溯，为消费者提供了 1 个可溯源智慧农业平台。传统羊舍养殖 4 000 头黑山羊需要 16 个工人，需要冲栏、洗栏、除粪等烦琐工序而且羊也容易生病，造成大量粪污排放，影响了生态环境。现在利用智慧牧场农业物联网技术在农业生产中的应用，羊舍只需要 6 个工人就可以完成所有工作，人工成本降低了 60%，机械费用降低了 95%，用药量减少了 90%，通过将建设高标准智能化的羊舍与羊粪发酵专利技术相结合，粪污零排放量几乎为零，大大降低了湿度，既解决了羊舍氨气和异味，又可以将羊粪再利用生产为有机肥种牧草，以前羊粪用水冲洗走后没法再利用，现在 4 000 头羊每天每只羊产粪 0.75 kg，每年可生产约 1 095 t 有机肥，年增效近 150 万元。较好地实现了种养循环经济，降低了人工成本和生产成本，增加了经济效益。

2. 社会效益

通过电商网络平台，实现农产品线上交易，目前大业牧业官方抖音账号有 10 万 + 粉丝，通过短视频 + 电商形式实现黑山羊销售及品牌打造。个人致富，不忘带领群众一起致富，通过"公司 + 合作社 + 农户"的形式，带动全国 500 多户合作社农户发展养羊。供种黑山羊存活率达到 99.8%，此技术处于国内领先水平，已经申请了国家专利授权中。近 3 年培育了修水县 20 多户养殖大户，年培训养羊户 1 500 人以上，带动全县增栏山羊 10 000 多头，年产值增效 2 000 万元，户均增收 15 万元以上。还对口帮扶修水 100 多户农户及脱贫户，流转农民土地模式、企业带动农户养羊模式、农民到企业就业领工资模式、回收农户秸秆饲料化利用模式、以村集体经济土地入股分红模式，实现了年户均增收 5 000 元以上。在具体操作上主要实行"五统一回收"，即每个乡村成立合作社，统一由公司指导建设羊舍、统一提供良种黑山羊、统一派技术员指导、统一技术培训上岗、统一指导防疫、驱虫治疗。每个合作社指派 1 名技术员，协助传、帮、带农户养殖技术，公司与农户签订山羊回收合同，解决少数散户销路问题。新建李村村培训基地实现售前培训授课，售中上门应急服务和技术指导服务，并配有专人跟踪养殖状况。同时开通了免费的技术分享平台、电商销售平台，做到了与养殖户资源共享，为广大养殖户解决养殖过程中的技术问题及销路问题。

3. 推广情况

大业公司以良种引进、秸秆回收饲料化利用和粪污无害化处理新技术为抓手，结合农田废弃物资源化高效利用，摸索出了"以地定养、以养肥地、种养结合、就地消纳"的种养循环模式，开启山羊绿色生态农业发展新模式。大业公司的良种黑山羊养殖模式，已成功销售并推广到全国 15 个省份，客户反馈非常好。

4. 推广经验

利用物联网技术，建设畜禽养殖智慧牧场：智慧羊场管理系统全面采用现代化、智能化、集约化的养殖模式，养羊工序实现了自动化运行，即机械化饲喂、自动饮水、氨气监测、发情自动监测、自动消毒、无须冲栏洗栏，真正做到了零排放，减轻了环境承载力。采用物联网管理系统与传统养殖模式相比，人工成本降低了60%，机械费用降低了95%，用药量减少了90%，每只羊的饲养成本降低了20%。本模式适合南方黑山羊养殖模式。

利用物联网技术，联农带农机制，助力乡村振兴发展：九江市大业牧业公司将黄沙李村黑山羊现代农业养殖示范园，打造成农业物联网技术为主题的研学基地，发挥品牌及资源二优势，通过"公司＋合作社＋农户"联农带农机制，进一步开展、推进产业链模式，把公司建成集种植、养殖育种、科研、精深加工、冷链供应、大宗配送、生物农资、出口贸易为一体的农业产业化的集约型企业，带动周边农户一起发家致富。

撰稿单位：江西省农业技术推广中心智慧农业处

撰 稿 人：陈勋洪

湖北省老河口牧原智慧生猪养殖优秀案例

➤ 基本情况

老河口牧原农牧有限公司（以下简称老河口牧原或公司）成立于2016年9月，系牧原食品股份有限公司控股子公司，公司主要经营范围为生猪养殖及销售，主要产品为商品猪、种猪和仔猪。目前已建成年出栏生猪130万头智能化养殖场，2022年老河口牧原出栏生猪102.58万头，营业收入19.61亿元。老河口牧原沿用控股股东的"全自养、全链条、智能化"养殖模式，使各养殖环节置于公司的严格控制之中，从而使公司在食品安全控制、产品质量控制、疫病防治、规模化经营、生产成本控制等方面，具有显著的特色和优势。

近年来，国家以及省、市多部门均出台文件明确提出要大力推进数字农业建设，公司大力发展智能化饲喂系统和云服务平台等信息智能化系统，加快物联网、区块链、人工智能、5G等现代信息技术运用，以信息化带动农业现代化。公司作为行业内较早布局智能养殖装备的企业之一，研发的装备覆盖了生猪的饲料、智慧养殖和屠宰、无害化等全流程业务，公司通过研发和应用先进的自动化养猪设备，以现代工业装备、先进材料技术、高通量检测技术、物联网技术和人工智能技术引领智慧生猪产业发展，在系统智能化程度、设备自动化应用、人均产能、投入产出比等方面具有行业领先优势。

➤ **主要做法**

1. 实施背景

生猪产业是我国畜牧业乃至农业的支柱产业，畜牧信息化是我国农业信息化体系的重要组成部分，现阶段我国畜牧信息化的进程较为缓慢，无法支撑农业现代化的发展。牧原集团作为农业龙头企业，一直在探索供给侧结构性改革推动产业结构升级，通过加快技术突破，形成智能化养猪新模式，服务于行业快速发展。目前牧原集团信息化建设已具备一定的基础，能够快速形成可复制推广的信息化养猪方案，服务行业信息化转型发展。

2. 主要内容

老河口牧原智慧生猪养殖项目围绕规模化生猪产业一体化和种养一体化的发展路径，通过畜牧物联网技术的应用，打造一个统一的基础信息服务平台（统一设备接入、统一数据标准、统一对外服务），实现对猪舍采集信息的存储、分析、管理；提供阈值设置、智能分析、检索、报警功能；提供权限管理功能和驱动养殖舍控制系统，实现整个场区的饲喂、环控、巡检、原粮灭菌、水务、清洁生产和电力系统等数据的互联互通，打造一二三产业融合的畜牧业信息化管理中心。截至2023年2月，老河口牧原公司已在智能平台已注册6 000余台设备，日均在线5 000台设备，日均能够接收30万条环控数据、10万条巡检数据和15万条的饲喂数据。

牧原智能化平台：依托控股股东牧原食品股份有限公司现有的数字化平台——牧原智能化平台，实现公司内部网络内部局域网连接，在统一的基础信息服务平台建设牧原管理平台、财务系统、OA系统和生产管理系统等。牧原智能化平台是公司数据信息的一个汇总综合性平台，贯穿着公司主营业务的整个流程，从公司的运营管理上该系统贯穿了公司运营管理的整个流程，各个环节，从财务核算上，该系统对饲料成本的核算、生猪成本的核算提供基础的数据信息，该系统同公司的财务软件用友NC有数据传送端口，以及各个业务端口将数据上传到用友NC中，实现了生产、销售、育种等基础数据收集与ERP系统集成，实现数据共享；优化业务流程，规范基础数据，为领导层分析提供准确、及时、详细的数据，为公司实现报表管理提供有力支撑。支撑集团子公司经营管理，用数据指导经营决策，实现精细化管理；关键经营指标预警推送，加强目标管理；各部门关键业务绩效指标分析，提升业务水平。

物联网平台：综合运用物联网、大数据、云计算等，通过智能环控、

牧原智能化平台

发情检测、猪群分级、智能耳标、咳嗽监测等方式，建立领先的数字化智能养猪系统，利用图像识别、语音处理、LoraWAN、物联网传感器等相关技术，实现采购、饲料、生产、育种、兽医、销售、环保等全产业链条的数据采集。通过对结构化或非结构化数据处理，搭建原粮行情、种猪选育、养猪生产、市场行情、品质管理等预警决策模型，提高生产效率，提升运营决策能力，推进互联网与畜牧养殖深度融合。

智能化生产系统：智能饲料加工方面，公司配备饲料厂进行饲料加工，通过饲料加工智能控制显示屏，实现对饲料生产的各过程环节的动态监控，做到源头可知可控可追溯。智能环控系统通过智能控制终端，显示猪舍温度、湿度、喷淋启停、断电报警、应急风机启动、智能除臭加药等生产活动，出现异常及时反馈信息。智能养猪管理系统，猪舍内配有巡检机器人，通过智能控制平台，实现智能巡圈对猪舍采集信息的存储、分析、管理，减少饲养员进单元的频率，保证猪群健康。智能饲喂系统可根据猪群不同日龄的采食量、饮水量，合理设定采食、饮水标准，实现猪群的动态饲喂，合理控制体重，在预定时间内达到出栏时间。同时，智能饲喂系统的应用使猪群头均饲料、清水用量显著降低，有效节约了资源。场区环保管控系统方面，场区环保系统通过厌氧发酵工艺及脱色除臭回用工艺对场区粪污进行资源化高效利用和节约水资源，不仅采用智能水表、智能电表、液位监测、AI识别、集控柜等监测场区生产生活用水、沼液资源化利用、回用节水量、环保风险等状况，而且通过除臭墙、喷淋、UV除臭灯管等臭气治理手段进行场区臭气治理，保障无臭气、不扰民。

➢ **经验效果**

1. 经济效益

猪群的养殖智能化，可提高了人工效率、降低人工成本、减少饲料浪费；恒温控制模式对于猪群生长性能的优化，体现为健仔率和生长速度的提升，发病率及死亡率的降低等因素，商品猪出栏率85%提高到90%；料肉比由2.6∶1提高到2.5∶1，肉品质得到提高；智能化环境控制系统、场区无人驾驶等，将有效降低劳动力、水电等生产成本，商品猪平均每头可降低25元。采用数字化智能养猪系统后，智能化猪舍能根据猪舍内的温度，自动调节热交换风机的开启功率、定频风机的开启数量、滑窗开度。使得以最小的用电额度达到猪舍内温度恒定。无人过磅、刷圈机器人等大大提高了人工效率，降低了人工成本。以10万头商品猪全线厂为例，可以减少人员40人左右。技术应用后提高劳动效率35%，1名饲养员年饲养商品猪出栏达10 000头，是行业平均数的2倍，达115 kg出栏日龄≤160 d，母猪年提供断奶仔猪提高1.2头，促进了生猪产业转型升级。

2. 参考借鉴

猪场信息化建设破解了制约生猪产业可持续发展的技术难题，推动了传统养猪业向信息化、智能化方向发展。构建立体式生物安全防控体系，减少用药，减少了人畜接触，有效阻断疫病传播途径，降低养殖过程中人对生猪的影响，可以实现病原零传播，对我国猪肉供应战略安全意义重大。智能装备的应用推动了生猪养殖技术进步，推动中国生猪养殖技术向生态友好转变，促进畜牧业的可持续发展，起到示范引领作用，有助于行业管理部门、企业管理者及时准确地掌握全集团养殖及全生产链的运行动态和经营信息，科学决策，可极大地提高公司运行效率。

　　撰稿单位：老河口市农业农村局，老河口牧原农牧有限公司，湖北省农业农村厅
　　　　　　　市场与信息化处，湖北农村信息宣传中心
　　撰 稿 人：秦建林，王　雅，熊　蕾，耿墨浓

湖北省咸宁正大数字管理系统在正大崇阳种猪场的应用优秀案例

➤ 基本情况

　　咸宁正大农牧食品有限公司为正大食品（咸宁）百万生猪全产业链养殖主体公司，公司成立于 2013 年，经过近 10 年的发展，现已成为咸宁市育种最先进、育肥规模最大、智能化程度最高的生猪畜牧养殖企业，业务涵盖生猪育种、育肥、贸易等板块；公司设计规划种猪规模合计 3.9 万头，主要业务在咸宁市崇阳县，目前已投产 9 个种猪场，现有母猪规模合计 3.3 万头，育肥年出栏约 80 万头。咸宁正大农牧食品有限公司秉承"利国、利民、利企业"的原则，自进入咸宁市场后，不断提升产品品质，以满意的服务赢得了广大客户的信任。在各方大力支持下，咸宁正大农牧得到了长足的发展，推动本地区生猪养殖不断向规模化、产业化方向发展的同时，也取得了良好的经济效益和社会效益。

➤ 主要做法

1. 实施背景

　　数字农业是农业现代化的高级阶段，是创新推动农业农村信息化发展的有效手段，也是我国由农业大国迈向农业强国的必经之路，以智能化、数字化为代表的新技术是支撑畜牧行业降本增效、转型升级的重要手段。近年来，我国畜牧业向着规模化、集约化、专业化的方向快速发展，生猪产业表现尤为突出，开发出一批实用的数字农业技术产品并建立了专用网络数字农业技术平台。咸宁正大农牧食品有限公司主动适应潮流，提升数字化生产力，加快畜牧数字化发展步伐，不断推动公司养殖板块高质量发展。

2. 主要内容

　　咸宁正大农牧食品有限公司以种猪科学繁育为出发点，以种猪的精细饲养、工厂化养猪场建设以及全面数字化管理为目标，就种猪场生产过程中涉及的重要环节进行

数字化和可视化的表达、设计、控制和管理，建立了数字化种猪养殖平台，以优化种猪的品种、品质、饲养过程并提高生产效率。种猪养殖平台连接了牧场所有传感器、智能设备、信息系统，汇聚养殖投入品、产出品、生产记录、人员、成本等各类数据，构建环境智能调控、精准饲喂、

在线健康监测、疫病诊疗预警、繁育管理、市场分析等智能模型，打造牧场生产经营数字化管理中枢，实现生产经营过程的自动预警和辅助决策。

3. 主要技术

自动上料系统：可以满足整栋猪舍的饲料供应，通过送料自动控制器，把料箱中的饲料自动传送到每一个猪栏。与传统的饲喂方法相比，不仅可节省大量的人力资源，而且还可提高饲料运送的效率；另外，使用自动上料装备，不需要饲喂人员直接进入封闭式猪舍给猪只填料，避免饲喂人员从外界引入病菌，从而降低猪只发生瘟疫和疾病的机率。

精细饲喂系统：在种猪饲养过程当中，数字化饲喂平台能实现饲料输送的自动化以及饲喂量的精细化，系统根据每头种猪的体量、年龄、妊娠、繁育等具体情况，投放相应的饲料量，从而做到按照个体进行精细饲喂的目标。每个猪栏安装 1 个自动给料站，利用无线射频识别技术标识每头种猪，当种猪接近自动给料站时，无线射频网络控制器自动读取该种猪特有的编码信息，同时传送到计算机，与现有数据库规则进行比较推理，利用模糊控制技术将饲喂槽得到的饲料重力反馈信息进行逻辑推理，最终确定投放饲料数量。

猪舍环境调控系统：猪舍内环境质量的好坏直接影响种猪的健康状况和生产性能的高低，猪舍环境调控系统根据猪舍外气象站采集到的环境信息以及舍内的环境信息，对猪舍内各指标集中信息化调控。种猪舍环境控制系统主要通过对猪舍内各环境信息指标的集中拾取以及智能化调控方式的利用，不仅可以使猪舍内的环境调控到最佳状态，还可以降低电能的消耗，有利于种猪场进行数字化的生产管理。利用刮板式自动清粪机定时清理干净猪栏下方的粪便，进一步改善猪舍的环境质量，使其既能实现畜禽舍环境的全面自动化控制，又能达到节约能源的目标，可有效提高种猪养殖的生产效率。

数字化养殖管理系统：种猪的个体信息以及整个猪场的生产信息全部通过计算机平台添加到数字化种猪养殖管理系统当中，利用信息技术集成猪场信息采集、信息处理和信息应用。种猪的个体信息包括种猪谱系类型、出生记录、配种记录、分娩记录、饲料摄取记录、疾病与防疫记录等；生产信息包括猪场用户管理、猪舍管理、事

件记录、职员管理、业务管理等。每个子模块分别将种猪所属谱系、出生日期、配种分娩日期、发生疾病的类型日期以及其他的各类相关信息详尽地记录在管理系统中，实现种猪场的数字化、精细化管理。

可视化及远程监控系统：正大种猪场采用全封闭管理方式，有利于种猪的安全生产，为便于在外人员看到猪舍内活动情况，在猪舍内设置了监控设备，利用视屏摄像头的动态可视化特点，将种猪舍内猪只、设备的运转情况实时监控，将采集到的图像和声音信号，在局域网或广域网以数字化的形式上传到监控室，以便工作人员了解猪舍内部情况。种猪场远程监管系统可以将生产信息以数字化的形式通过专网接入到工作室和整个厂区的管理室或通过互联网接入到更高层次的管理部门，管理层利用此平台监管远离居民区的封闭式种猪场的管理模式，可改善猪场的环境，为种猪预防疾病、抵抗瘟疫提供外部条件。

➤ 经验效果

数字化养猪场管理系统基于物联网、大数据等技术，实时监控养殖环境、猪只生长等数据，实现智能化管理。通过精准饲喂、疫病防控等功能，提高养殖效率、降低成本并保障猪只健康。远程监控与管理方便管理者随时掌握养殖情况。实现数字化互联，将猪养殖的各个环节紧密连接起来。从"配种、养猪、生产、销售"等各个环节，数据在平台上得以共享，管理人员通过手机或电脑软件就能够实时掌握猪场的生产情况。这种一站式的数字化管理模式，极大地提高了生产效率和管理水平。

1. 经济效益

提升种猪生产指标：咸宁正大农牧食品有限公司已在崇阳青山种猪场等配置了智能化数字管理平台，通过平台的使用，极大地提升了种猪场精细化管理水平，提高了生产效率和效益。青山种猪场规模为6 000头种猪场，经过数字化管理系统加持，青山场母猪受种配胎率达到94.52%，分娩率约为94.52%，窝均产仔数为13.45，窝均活仔数为12.61，断奶仔猪存活率为96.69%，保育阶段存活率为95.54%，育成阶段存活率为94.23%，各项指标在国内均处于领先。

分析及预警：通过对大量的数据进行分析和比对，平台能够实时监测猪场的生产情况，一旦出现异常情况，系统会自动发出预警信号。这种智能化的预警机制，使得管理人员能够更快速地作出决策，采取措施，提前发现潜在的问题，帮助猪企管理人员及时采取措施，从而降低了生产风险。这不仅可以降低生产成本，还能够提高养殖效益，使养猪业的发展更加可持续。

降本增效、提升企业竞争力：通过"上系统，上网，上云，上链"的流程，实现企业降本增效，提高企业在未来商业竞争中的数据核心竞争力；数字化模式下，企业数字化转型可有效助推企业业务规模化发展，扩大业务市场，帮助企业内部实现精细化管理，解决企业金融需求，实现产业技术共享、人才共享。

2. 社会效益

推动产业转型升级。随着种猪养殖场的数字化建设，推动正大公司打造国家级生猪大数据一体化节点，推动建立全生命期养殖流程和对应的保姆式信息化解决方案，利用信息技术和智能装备实现生猪全生命周期的科学管理，使各生产环节、设备、系统间数据实时汇聚、信息共享，多项信息高度融合分析并作出决策指导和预测，通过硬件＋软件的智能化、数字化，大大提升畜牧领域的科技含量，带动产业转型升级。

随着信息技术的不断发展，智能化已经成为了各行各业的发展趋势。猪产业大数据平台的兴起，不仅为猪业带来了前所未有的机遇，也为猪业的现代化升级提供了新的路径。通过数字化转型，猪业可以实现全产业链的数字化互联、降本增效、智能化管理，助力产业升级和可持续发展。然而，数字化转型并不仅是平台的建设，更需要全产业的共同努力。只有通过全社会的合力推动，才能够实现猪业的数字化、智能化转型，为猪业的可持续发展注入更多的活力。

撰稿单位： 咸宁市农业农村局，咸宁正大农牧食品有限公司

撰　稿　人： 徐盛和，周　勇

重庆市国家级生猪大数据中心数字猪场
解决方案优秀案例

➤ 基本情况

重庆市荣昌区国家级生猪大数据中心，是农业农村部 2019 年 4 月批准建设的全国首个、目前唯一的畜牧单品种国家级大数据服务平台，致力于生猪产业数字化、数字产业化，立足重庆，服务全国。中心目前由"一事一企"即重庆（荣昌）生猪大数据中心（公益一类）和国农（重庆）生猪大数据产业发展有限公司（国有控股）共同建设运营。按照"国家平台、公益主体、科技创新、服务民生"的目标定位，中心重点汇聚国内生猪全产业链数据资源，形成服务于政产学研商的生猪数字产品，促进我国生猪产业数字化、智能化转型发展。目前中心总部共有人员 50 余人，科研人员占比70%，引入大数据区块链博士 1 人，研究生以上占比超过 30%，联合 16 家智库单位孵化新型研发机构 10 余个，围绕 6 大产业节点建成 7 个产业节点分中心。2019 年成立以来，中心累计投入 8 000 余万元用于生猪全产业链数字产品研发及推广，目前形成了中小养殖场数智化解决方案、生猪区域监管区块链电子签章、中小养殖户普惠金融服务平台数智贷等极具特色的产品 20 余个，初步搭建起了中心"研发—产品—市场—服务—数据"的基本框架，按照"1+18+1 000"的成果转化构架，建成农牧数字经济产业园 1 个、智慧养殖示范基地 18 个，1 000 个生猪数字服务站正在建设中，累计

服务市场主体160余家，效益8 000余万元。

➤ 主要做法

1.实施背景

近年来，养殖场的数智化转型趋势越来越明显，但主要集中于头部企业，且转型技术门槛和成本较高，中小养殖场只能被动接受。重庆市荣昌区国家级生猪大数据中心以农业农村部2020年智慧畜禽养殖（生猪）试点区建设项目为契机，以荣昌区生猪智慧养殖基地建设为抓手，聚焦不同规模的中小养殖场，有针对性地测算数智化转型成本，从养、管、卖、贷等不同环节入手，以数智化手段倒逼产业链重塑，以最经济适用的数智化解决方案助力中小养殖场数智化转型。

2.主要内容

该案例重点从3个方面发力，一是"点上"，专注于中小养殖场的智慧畜牧综合服务平台建设，选取不同规模的9个智慧养殖（生猪）示范场进行差别化建设，主要进行智能环控、精准饲喂、健康识别和数字屠宰等试点。二是"线上"，针对不同养殖主体在养殖、监管、交易、贷款等不同环节进行数智化变革，探索部分流程重塑机制。三是"面上"，探索了一套生猪智慧养殖生产规程和监管、交易、贷款模式，并形成了7个地方标准。

3.主要技术

搭建起生猪智能化养殖平台"猪e养"：一是养殖示范场的设施建设

产品定位

数据分析服务

溯源小程序

溯源信息

方面。硬件上，试点建设的 9 个智慧养殖（生猪）示范场安装各类新型智能环控、精准饲喂、健康识别和数字屠宰设备。软件上，研发有 9 个系统（平台），分别为智慧养殖管理系统、畜禽粪污资源化利用系统、猪肉溯源大数据平台、畜牧兽医区域化服务系统、畜牧大数据应用平台、畜牧大数据模型算法平台、畜牧数据资源库、畜牧大数据资源管理平台、畜牧大数据共享交换平台。二是以此为基础搭建起生猪智能化养殖平台。通过"企业 + 农户 + 扶贫 + 集体经济 + 科研 + 智慧养殖"的一体化模式，赋予示范场精准饲喂、智能环控、物联网 5G、智能管控等数字化设备，逐步形成生猪养殖"喝糊糊、饮温水、睡温床、享空调、全可视、智能管"的荣昌生猪养殖示范，旨在实时监控查看生猪活动行径、降低养殖成本、提高养殖效率、减少死亡风险。

开发生猪产业数字监管平台"猪 e 管"：以打造非洲猪瘟防控与监测"荣昌模式"，打通政府服务"最后一公里"为目标。以生猪产业的难点、盲点为导向，对行业高效监管、决策者有效调控市场、防止生猪疫病传播、保障食品安全等，运用大数据技术，精准施策，成功研发集生猪养殖、贩运、屠宰、销售于一体的生猪产业链数字监管平台。一是助行业精准监管，实现生猪养殖、贩运、屠宰环节的全程精细化、数字化监管，提高政府生猪市场调控和动物疫病防控能力；二是助猪肉食品安全，形成生猪养殖、销售、贩运、屠宰环环相扣的信息链条，有效防范不法分子违规开具检疫证明、违规调运生猪等问题；三是助生猪产业提档升级，构建起多层次的生猪质量标准体系，实现不同规模、不同模式的生猪养殖品牌化、差异化发展，最终实现生猪产业的整体提档升级。

研发生猪线上云养云卖平台"猪 e 卖"：以有效解决生猪养殖户销路问题和采购户采购问题，提供生猪价格"晴雨表"，促进生猪市场"稳供保价"为方向，为中高端客户定制化提供"云养猪·云卖猪"服务，联动 160 余户养殖户和个别养殖场，建设荣昌猪数字牧场，打造了吉吉熊猫猪旗舰店，在数字猪肉、数字门店、数字消费等方面开展探索，提高了荣昌猪附加值和品牌价值。研发猪肉产品区块链全过程追溯体系，目前在全市设立 10 余个猪肉食品溯源门店，打造生猪全链条、全过程溯源品牌，实现猪肉生产到销售"一品一码""一店一码"溯源查询，受益群众超 10 万人次。

研发生猪金融服务平台"猪 e 贷"：通过生猪大数据实现数字资本化，切实解决生猪产业上下游企业"融资难、融资贵"问题，为生产"赋能"。在精准掌握生猪全行业、全链条监管数据和市场数据的情形下，生猪大数据中心利用庞大的数据库，会同大型国有银行和城商行，创新开发生猪交易系统、结算系统以及生猪金融产品，拓展"生猪大数据 +"新业态，为生猪全产业链用户提供贴心、专业、高效的数据查询、数据保险及数据金融服务。一是生猪大数据 + 金融，与中国农业银行、重庆银行、重庆三峡银行、哈尔滨银行等金融机构合作开发的"猪 e 贷""猪易贷""生猪贷"等系列金融产品，解决养殖户及饲料兽药生产企业的生产扩能和生产要素购买等问题，也有效缓解生猪贩运户资金周转困难等问题。二是生猪大数据 + 保险，与中华联合保险共同开发的生猪保险和病死猪无害化联动处理模式，受到基层广泛好评。

> **➤ 经验效果**

1. 经济效益

一是培育新动能，推进智慧畜牧创新发展，形成数字经济条件下的新型实体经济形态。二是提供普惠公共服务，实现区域产业链优化，为企业和政府提供了生猪产业的成本低、覆盖广、效率高的流通渠道，降低流通成本。三是提高供给质量，实现降本增效，推广生产智能化，建设智慧养殖场，提高养猪场生产效率，减少人畜接触，降低猪只疫病风险和应激风险。以研发的多套适合不同规模的数字猪场建设方案为例，汇集了"AI 识别、智能环控、精准饲喂、智能水电、生物安全、猪舍管理、生物资产管理、效能分析"等九大基本功能，目前正在"上云"服务全国中小型生猪养殖企业，已惠及四川绵阳、内江、遂宁，重庆万州、武隆，广西贵港等地 30 余家中小养殖企业，服务生猪 60 多万头。

2. 社会效益

一是增加行业竞争力，促进企业数字化转型升级，养猪企业数字化技术实现精准养殖，同时也将刺激数字养猪场大面积的兴起。二是流程可视化，猪肉信息可溯源，产品安全可保障。三是建立涉及生猪全产业链的行业大数据平台，提供生产建议，稳定猪肉价格，实现以销定产，帮助养猪企业理性生产，以此稳定猪价。结合回流大数据分析中心推出了《每日猪讯》《行情报告》《今日猪价》《西南生猪产能分析》等专业报告，并订制开发《非洲猪瘟防控区域数据分析报告》，累计发布各类涉猪信息 10 万余条、普通分析报告 400 余份、核心分析报告 160 余份、专业分析报告 40 余份。目前核心关注用户达 2.2 万户，点击阅读量达 320 万人次，服务群众超 1000 万人。

3. 推广应用

形成一批"引领性、示范性、推广性"的养殖场数智化解决模式。一是"楼宇式生猪一体化"智慧养殖模式，以天兆公司双河楼房养殖场为试点进行探索，同华为合作，形成"楼房一体化"智慧养殖模式。二是"地方品种保护溯源"智慧养殖模式，以琪泰佳牧远觉育肥场为试点，引入生猪智能化液态饲喂系统，形成地方猪种保护与先进饲喂系统相结合，加持溯源、品牌的智慧养殖模式。三是"乡村振兴脱贫巩固"智慧养殖模式，以重庆荣昌吴家代兴畜牧、峰高艾迪食品、盘龙禾众农业、双河康庄农业等 5 个集体经济中小型猪场为试点，形成集体经济、个体养殖场的智慧养殖模式。四是"科学研究与品种开发"智慧养殖模式，利用重庆市畜牧科学院的九峰山科研基地资源，通过与重庆市畜牧科学院 SPF 科研基地的深入合作，形成科研型生猪的智慧养殖模式。五是"屠宰企业生产数字一体化"智慧模式，在重庆荣昌双河街道昌大食品屠宰场试点，探索屠宰环节的智能化实施途径，进行生猪屠宰数字化建设。

撰稿单位：重庆（荣昌）生猪大数据中心

撰 稿 人：秦友平，张顺华，易　杰

四川省射洪市正大食品白羽肉鸡数字化养殖提质增效优秀案例

➤ 基本情况

根据四川省委、省政府提出的"一带五区三十集群千个园区"布局，射洪白羽肉鸡产业属于"三十集群"中的畜禽优势特色产业，已按照全产业链开发、全价值链提升产业思路打造成为现代农业集群的优质特色产业。为进一步深入贯彻落实乡村振兴战略，白羽肉鸡产业正在以优化供给、提质增效为目标，以绿色发展为导向，以改革创新为动力，以结构调整为重点，加快推进产业转型升级，是推进农业供给侧结构性改革的有效形式和途径，具有创新性、示范性和可操作性。正大食品遂宁有限公司成立于2020年10月，由知名跨国企业正大集团投资组建，投资总额3.5亿元，是西南地区唯一一家一条龙大型现代农牧企业及食品加工企业。公司建有生产20万t饲料厂1座、饲养父母代白羽肉种鸡38万套种鸡场5座、年孵化优质白羽肉鸡鸡苗3800万羽孵化场1座、年屠宰肉鸡3600万只屠宰场1座，配套大型肉鸡养殖场24家。通过优选畜禽品种，引进先进的生产工艺和设备，采用科学的全封闭式可视监控体系和严格的防疫制度，对原材料、生产过程和终端产品实行严格的监控和检验，做到安全、可追溯，为消费者提供从农场到餐桌的健康、安全食品。为食品安全、消费者安全、健康可持续发展提供坚实保障。

➤ 主要做法

1.鸡舍运用智能养殖系统

公司养殖基地现已建成养殖场11个，其中肉鸡养殖场6个，种鸡养殖场5个。公司在种鸡场、肉鸡场进行智能化改造升级，全面引进智能化、自动化肉鸡养殖管理系统（由环境监控管理系统、饲料和料线管理系统、风机管理系统、蛋禽饲养监测系统以及应急报警子系统4个部分组成）及设备，形成标准化肉鸡养殖水线、料线、通风、清便等基本设备自动运行，鸡舍环境控制、光照调节、疫情监测预警等智能管控，达到"环境可感知，风险可预警，水料可量化，质量可追溯"的智能化管理目标，提升肉鸡产出效率和肉质品质。

2.打造智慧监控大数据平台

建立远程控制实时数据平台，通过对智能养殖、健康识别、防疫消毒、畜禽舍清扫等进行实时监控，利用球型摄像机和枪式摄像机，对各个养殖场进行24h监控。同时借助智能手机平台及远程控制App监测肉鸡生产情况，一旦数据出现异常，通过屏幕颜色报警和鸡舍现场声控报警后，养殖人员会及时处理异常问题。智慧跟踪和大数据分析，建立大数据分析平台，利用无线技术将采集到的数据发送到云端服务器，对数据进行智能处理分析，对肉鸡全产业链的生产过程、食品安全，管理人员通过服务器所收集的数据进行智能分析，按照"全程溯源、智能分析、智慧决策"，对养殖全过程进行正向跟踪，反向溯源，突破关键技术和集成创新。

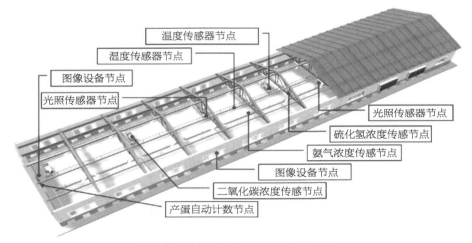

鸡舍（内部）实时环境监测和监控示意

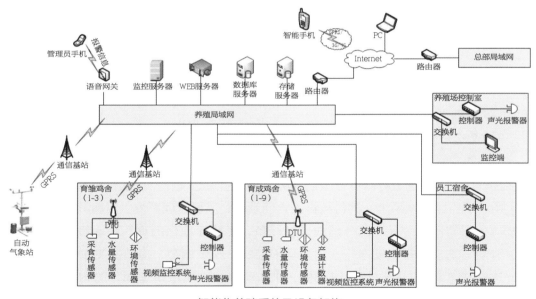

智能化养殖系统及设备架构

3. 建设智能化加工厂

智能化加工厂承载着公司肉鸡屠宰加工、生品加工等初步加工的功能，是公司经济效益、社会效益的直接产生部分，通过信息化、数字化打通整体产业链，联动智能供应、智能制造、智能仓库等建立先进的智能工厂，从而实现全产业链价值最优。通过优化工艺流程，按模块生产，提高企业的核心竞争力，满足消费市场的需求。公司加工功能区屠宰加工厂引进荷兰梅恩全自动屠宰设备，每小时屠宰能力1.2万只，年屠宰能力3 600万只；肠、羽、血、蛋壳处理引进丹麦霍斯利先进设备，实现废弃物资源化利用。同时公司针对自动化设备进行研究和创新，先后申请实用新型专利18项，通过了ISO 9001国际质量管理体系、ISO 2000食品安全管理体系和HACCP（危害分析与关键控制点）认证，为广大消费者提供安全、健康、美味的鸡肉产品。

4. 建设智能化冷链物流中心

智能化冷链物流中心的建设，主要满足公司各类冷鲜肉等加工产品的冷链物流配送需求，同时配备各类包装食品加工。公司肉类冷藏率、冷链运输率100%，公司引进日本前川公司制冷设备，修建容量为2 000t的冻库6座、鲜品库2座、速冻库6座、配送库1座，配送库面积达3万 m²，速冻库面积284 m²；冷藏库容量996.8 t，日产70.2 t肉品，冰鲜出货量40%约28.08 t，每日冻品入库42.12 t，可周转23.7 d，能够实现100%冷藏；公司现有合作冷链物流运输车145辆，冷链物流利用率达100%，年总运达2 000 t以上，通过产品所需温度先行设定运输温度，保障产品在途恒温运输。冷冻库物流方面，公司配套智能化监控冷链运输车30台，满足肉鸡产品仓储冷链的市场需求，形成鸡苗、饲料、兽药、养殖设备、屠宰加工、产品冷藏等配套完善的现代物流体系。建立冷链物流智能监控系统，包括温湿度传感器、RFID、GPS及软件管理系统，对冷链储存、运输过程进行监控与管理。

5. 打造多元化销售体系

线下网络销售体系建设：继续加强与KA、GKA、NKA、LKA等商超渠道的合作，发展企业团购等新型销售渠道。依托公司冷链物流体系，在成都、重庆、绵阳、遂宁等地建设以直营店（点）为核心，以形象店（专区）、小网点等为补充的线下网络销售体系。投资4 000万元，到规划期末，拟建成500家直营店（点），预计年销售额35亿元，实现利润2亿元。

公司数据管理、操作控制核心系统，数据与集团总部服务器连接

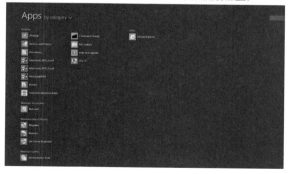

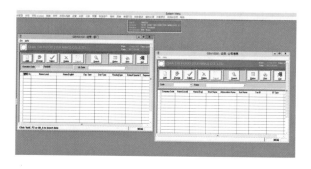

线上网络销售体系建设：整合进入现有的益农信息社、淘宝、拼多多、盒马鲜生、叮咚买菜、钱大妈等各类农产品电商平台与线上销售渠道资源，建设SPmart电商平台，重点

利用直播带货、拼团、冷鲜电商等方式，建设农产品线上销售体系，培养一支熟练掌握线上销售技巧的销售团队并定期做好培训。规划期末，农产品电商平台覆盖率达到100%，公司内农产品电商销售占比不小于30%。

线上线下融合机制建设：大力推进线上线下融合联动零售新业态，即"新零售云店＋智慧导购＋运营管理"系统整合解决方案，从"人、货、店"三要素进行分析总结，重点以消费者体验为核心，创新消费模式，进一步提升服务个性化服务和提高服务质量，提高品牌拓展渠道、加大覆盖客户群体、拓展销售渠道。

6. 智能化办公系统

公司全程办公使用正大集团自有系统，包括 OA、采购系统、销售系统、报账系统、印章系统、财务系统、物资管理系统、仓储管理系统、生产系统、物流系统等先进的、可分析的智能办公系统进行公司全面管理。

7. 建设高标准检验中心

公司拥有饲料检测中心、动保检测中心、食品检测中心三大检验中心，配备可精准确定各种畜禽疾病病毒类型的 PCR 仪、酶标仪，定期监测鸡群抗体水平，保证鸡群健康；配备各类气相色谱仪、液相色谱仪、液质联用仪，检测饲料维生素、矿物元素、食品药残等。依托集团饲料检测中心拥有 38 项权威专业检测，可以对饲料的营养成分、质量、有害物质和掺杂等进行快速精准检测。动保检验中心拥有 68 项权威专业检测，可以对血清、分子、微生物、病理学检测。食品检验中心，拥有 169 项权威专业检测，可以对兽药残留、农药残留、重金属、食品添加剂、营养成分、微生物等检测，充分保证食品安全。

8. 新型农业经营主体培育

以构建集约化、专业化、组织化和社会化的新型农业经营体系为目标，大力培育职业农民、养殖大户、家庭农场、农民合作社等农业经营主体。依托公司技术中心和正大集团等载体，聘请养殖专家，采取集中培训与入户指导相结合的方式，由集团统一考核发证，培育一批"懂技术、会营销、能致富"的职业农民队伍，实现产业内每个村民小组平均拥有 1 个致富能人或者职业农民的目标。依托公司白羽肉鸡产业，以"集团自养＋农户代养"和"统一供雏、统一供料、统一提供合规药品疫苗、统一管理及提供专业技术支持、统一回收毛鸡"的经营模式为基础，探索"养殖托管""反租倒包""公司＋互助社/联合社"等新型经营模式和联农带农机制，建立健全新型经营主体与农户合理分享全产业链增值收益的利益联结机制。

➤ 经验效果

1. 经济效益

形成以白羽肉鸡为主导产业，集养殖和加工一体化经营，建成集饲料生产、养殖、屠宰加工、食品生产、冷链物流、渠道销售全产业链发展模式，同时不断延伸产业链，提升价值链，促进企业扩大生产量、提高产品质量、降低生产成本、提升经济效益，联动推进周边现代农业和乡村旅游融合发展，形成规模适度、特色突出、效益良好和产品具有较强市场竞争力的现代农业产业体系，创建 5 星级省级现代农业园区，打造射洪市现代农业"样板区"、农业技术的"推广站"、农村改革的"试验田"。预计到 2026 年，全产业链将实现满产，满产后年屠宰毛鸡 3 600 万羽，年生产饲料 20 万 t，肉品销售 5.4 万 t，熟调销售 3 万 t，累计终端直营店（点）建立 500 家以上。年可创产值 35 亿元，企业和农户年可创利润 5 亿元，可为财政增加税收 10 亿元，可带动 6 000 户农户增收，户均增加纯利润 20 万元，辐射增加相关就业岗 3 000 个。通过产业将农户带入现代农业发展轨道，使贫困农民成为产业建设的最终受益者，彻底脱贫致富。

2. 社会效益

正大集团作为中国国家体育总局训练局指定产品供应商、"中国国家队合作伙伴"，积极配合国家体育总局体育器材装备中心进行备战保障工作，集团与国家队合作为运动健儿带来高品质、安全放心的产品，"CP 正大食品"严格遵守品质保障与食品安全承诺，为中国运动健儿保驾护航 16 载。通过产业的不断建设，将正大集团核心技术实力及现代产业发展理念全面实施，加快射洪市白羽肉鸡特色产业链发展，同时加快农业新技术新成果的转化和推广应用的范围及速度，提高区域内农业劳动者的科技文化素质和劳动生产力水平；推动农业现代化与农业产业化进程；全面改善农村生产生活条件，促进农村经济发展，提高农民生活质量和水平，吸引当地大学生回乡就业、同时也吸纳更多当地农民就业，加快当地农村经济发展与脱贫攻坚步伐，实现产业振兴、乡村富裕、农民增收。

3. 生态效益

白羽肉鸡产业始终秉承"提质增效、绿色发展"的基本原则，以生态经济学原理为指导，以建立复合型生态经济良性系统为突破口，以优势特色产业平台建设为切入点，配套发展优质饲用原料种植基地 4 800 亩，打造 11 个养殖示范镇，养殖肉鸡规模 11.75 万羽，养户户数同比增长 10%。通过有机肥工艺，将粪污处理为高品质的有机肥，按照白羽肉鸡鸡粪资源化利用的要求，配套发展标准化经济作物种植基地 2 716 亩。白羽肉鸡产业链从规划布局、产品流程、环境管理全过程贯彻生态、环保、无公害理念，重点打造发展绿色种养循环模式，努力实现碳排放达标、减少空气及环境污染。公司在肉鸡养殖生产过程的各环节大力推行环保养殖、减抗替抗、禽舍环境消毒、疾病防控制度化管理、饲料营养配方精准等管控工作，全面推行肉鸡优质绿色、标准高效的养殖技术及工艺模式，保持养殖区域水源、空气和土壤的生态涵养，持续改善生态环境，提高生态效益，用创新科技和技术进步推动我国肉鸡产业健康可持续发展。

撰稿单位：射洪市农业农村局

撰 稿 人：林　春

贵州省东彩畜牧业数字经营管理平台建设优秀案例

➤ **基本情况**

贵州东彩供应链科技有限公司（以下简称东彩公司）成立于 2019 年，地处贵阳市观山湖区，是一家专注于畜牧产业数字经济的平台服务型企业，先后荣获国家农业农村部 2023 年"管理型示范单位"（全国共 6 家）、农业农村部信息中心"智慧农业建设优秀案例""国家高新技术企业""贵州省万企融合省级标杆项目""贵州省乡村振兴实践示范基地""贵阳贵安融合优势示范""贵阳市观山湖区知识产权试点企业"等荣誉，累计获得实用新型专利 8 项（17 项发明专利待审）、计算机软件著作权 15 项。东彩公司通过物联网采集技术，实现对动物活动特性的数字化监测，形成数字孪生资产，建立了以"物联网＋大数据"为核心的生态畜牧业数字经济综合服务平台，为银行保险、养殖企业及政府主管机构提供详实的数据量化分析服务。在农业养殖产业分布广泛、小散为主的情况下，采用数字资产进行资源集中、大数据产生协同效应，体现集约化效果，既解决了农户小、散应对市场能力不足现状，又顺应了农户增收、乡村振兴的国家政策。

➤ **主要做法**

1. 金融服务平台

养殖产业存在融资难问题，主要是传统农业类信贷业务基本采用线下人为评估，缺乏有效风控手段，放贷后对抵押活体无法精准监管，企业面临信息不畅、销售面窄、饲养不科学、疾病防控预警程度不高等问题，导致贷款主体还款得不到保障。东彩公司提出将肉牛、生猪数字化，建立大数据风控模型，对存栏牲畜管理到头，"按头贷款"，资金 100% 匹配企业需求；对出栏要求"按头还款"，有效降低了企业一次性还款的压力。养殖存栏期间"按头监管"，随时掌握企业养殖动向和生产计划，提供疫情分析、常见养殖技术培训、大宗原料采购等企业服务，也可为政府主管机构的研究工作提供数据支撑。东彩公司数据平台动态监管为金融放款机构提升行政管理效率、节约了管理成本，既提升金融服务管理水平，还帮助养殖户提供科学喂养、疾病防控预警和市场数据分析，形成良好的产融结合闭环。

2. 管理服务平台

东彩公司建成生态牧场及数据管理应用平台，完成了物联网设备研发或应用（包括有源电子耳标、牛用电子项圈、牛用电子蹄环、牛用物联网称重设备等）、实时监控、溯源及辅助风控管理和全天候贷后管理等系统，截至 2023 年年底平台接入监管 365 家养殖企业，积累了 259 亿条企业数据，包含 300 万张图片，10 万个视频影像资料。

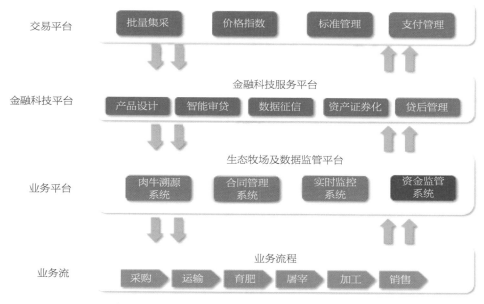

生态牧业数字经济运营管理平台业务功能逻辑关系

3. 信息技术融合应用

根据动态感知不同区域出现相同或类似病理状况，将各项体征数据、实现画面和统计数据比对分析，有效预警疫情，制定防控措施，快速为各级政府、养殖户提供预警预案，为专家提供诊断资料，协助职能部门进行非法屠宰监管，做到早发现早解决，潜在问题早预判早发现。依据产业发展数据，一是为养殖户提供市场波动情况、预警和决策参考，预测饲料损耗，饲料供给体系的稳定性、安全性等评价指标，促进生产活动或业务连续性。二是详细了解养殖企业/（养殖户）生产经营状态，制定合理的金融供给方案，结合信用信息，为银行提供准确的参考数据。

大数据管理服务平台界面

➤ 经验效果

1. 经济效益

通过物联网＋大数据为核心的数字经济运营管理综合服务平台进行"活体抵押"，

在全省 9 个地市、55 个区县、365 家养殖企业、合作社及个体养殖户，发放肉牛抵押类贷款总额 14.6 亿元，纳入大数据监管的牛只累计超过 10 万头、生猪 30 万头；建立青年创业养殖示范点 53 个和乡村振兴基层党建示范点 2 个，产业带动农民就业 2 000 人以上，养殖企业（含合作社）年均增收达 50 万元以上。帮助地方政府促进乡村产业结构调整，带动转型升级，使更多区域经济主体、地方龙头企业、中小微养殖群体依托科技赋能。通过线上线下培训相结合的方式，不断提高企业和养殖户精细化养殖水平，降低饲养成本，减少产业链上的损耗，培养乡村致富带头人、饲养能手、销售能手、畜牧经纪人，让老百姓"养得起、养得好、卖得好"。

2. 社会效益

东彩公司总体战略为从东北至西南相关省份的畜牧数字化服务业务向长三角、珠三角的供应链数字化管理业务延伸，计划 3 年内形成千亿级的数字化资产管理规模。建设"遵照小散现状，利用数字建立集约化成效"的总体平台模式。在数字资产化、大数据智慧农业方面成为数字经济条件下的标杆企业，为国家乡村振兴、发展新质生产力贡献力量。

撰稿单位：贵州东彩供应链科技有限公司

撰 稿 人：沈世光

贵州省蛋链大数据平台（蛋链网）优秀案例

➤ **基本情况**

贵州金蛋数链科技有限公司成立于 2021 年 6 月，公司致力于用互联网和大数据推动蛋鸡产业数智化管理，高效率协同，低成本运营，旨在为蛋鸡养户提供平台 + 金融 + 供应 + 生产 + 销售 + 社会化服务等一站式服务解决方案。公司自主开发运营蛋链大数据平台（蛋链网），通过与移动运营商合作，打造 5G+ 蛋鸡产业数字化应用场景，实现了蛋鸡养殖管理平台与数字鸡场融合贯通，以低成本的方式建立起了平台 + 金融服务 + 饲养管理 + 物资采购 + 社会化服务 + 产品销售等服务场景，构建起了蛋鸡产业互联网服务生态，为打造蛋鸡产业大数据平台经济奠定了基础。

➤ **主要做法**

1. 实施背景

根据农业农村部《关于做好 2021 年数字农业应用推广基地建设项目前期工作的通知》和农业农村部和中央网络安全和信息化委员会办公室联合印发《数字农业农村发展规划（2019—2025 年）》等文件精神，结合贵州省委、省政府关于打造大数据平台经济的工作安排，围绕行业痛点，通过在铜仁全市范围内实施蛋鸡养殖基地数字化、信息化集成改造，打造蛋鸡产业数字平台经济示范区，推动蛋鸡产业高质量发展。

2.主要内容

蛋链大数据平台按照"生产智能化、经营信息化、管理数据化、服务在线化"的发展理念，以节本增效和提高竞争力为核心目标，利用人工智能、大数据、云计算等现代信息技术，建设自动化精准环境控制系统、精准饲喂管理系统、AI智能鸡蛋计数系统、蛋鸡产业综合服务平台（企业生产管理系统、上下游协同系统、产业链金融服务系统、产业调度服务系统），打造行业领先的蛋鸡养殖数字化、信息化集成应用平台。平台建设内容包括两个方面，一是以硬件网络为主的物联网系统，包括4个子系统（视频监控系统、智能环控系统、饲喂饮水系统、AI智能产蛋计数系统）。二是以管理应用为主软件系统包括5个子系统（蛋鸡养殖管理系统、供应商服务协同系统、社会化服务子系统、产业链金融服务系统、政府数据调度管理系统）。

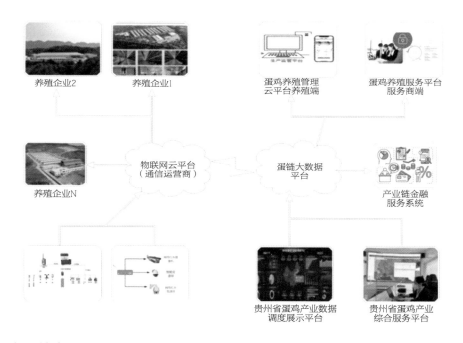

3.主要技术

物联网系统：本着低成本、可采集、可分析、可预警的原则，与生产管理系统无缝对接，解决鸡舍管理的"最后100 m"时空障碍。在蛋鸡养殖场主要包括环控数据采集、精准饲喂数据采集、水电数据采集等，同时每场配置1套物联网数据采集网关及告警系统。料塔、饮水数据采集分析，称重传感器采集料塔、饮水数据上报料塔控制器，料塔控制器的数据通过物联网网关将上传到云平台，蛋链平台养殖管理系统通过接口读取云平台数据做分析展示，当指标发生异常时，系统自动向管理人员发送预警提示信息。环控数据采集，鸡舍环境数据通过前端感知元器件上报到智能环控柜，智能环控柜通过RS485接口与物联网网关接通，数据通过物联网关上传到云平台，蛋链平台养殖管理系统通过接口读取云平台数据做分析展示，当指标发生异常时，系统自动向管理人员发送预警提示信息。产蛋数据采集通过在中央鸡蛋线的末端（进库位置）安装 AI 智能鸡蛋计数器，自动记录栋舍产蛋性能，形成鸡蛋生产日志和图表，数据通过网络传到云平台，蛋链平台从云平台读取数据并做分析应用。视频监控数据采集应用，通过视频监控云平台的视频接口与蛋链平台打通，实现在蛋鸡养殖管理系统即可调看鸡舍视频。

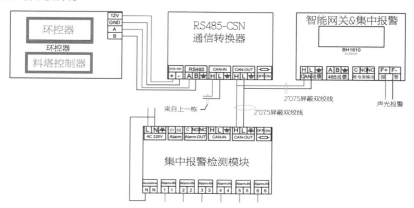

软件管理平台：蛋链大数据平台以产业链金融为切入，通过金融服务建立与养殖企业的黏性，在此基础上，通过接入上游供应商、社会化服务机构和下游采购商、淘汰鸡采购商，建立起养殖企业与供应商、服务商、销售商的服务链接（即蛋链大数据平台），平台包括企业养殖管理系统、供应商服务系统、社会化服务系统、采购商服务系统和政府端数据调度监管系统。在平台功能架构设计开发方面，按照强后台（强大的系统处理能力）、厚中台（复杂功能由运营中台处理）和薄前台（用户使用简单）的架构思路设计，前中后台统一入口登录，让用户使用更简单，体验更轻松。养殖企业系统（ERP 系统）以养殖企业生产管理为基础，以金融闭环服务为纽带，与蛋链物资商城结合，实现了上游采购和社会化服务协同；与物联网平台打通，实现了鸡舍实时在线管理；与第三方销售平台打通，实现了鸡蛋销售供应链管理；与银行、担保业务系统打通，实现了蛋鸡养殖贷款在线办理。同时平台形成的采购、销售和生产成本数据按照财务会计准则与财务管理系统对接，自动生成支出收入凭证、财务报表和养殖成本分析表，让蛋鸡养殖管理更简单。针对中小规模养殖场，则通过移动端为其提供平价的物资采购、专业的社会化服务、便捷的融资贷款服务和精准的产销对接服务。供应商服务系统主要针对青年鸡、饲料、动保药品等供应商，在实现精准获客、订单管理的同时，重点解决了长期的售后服务及数据共享问题，实现了供应商与服务的每栋鸡舍关联及鸡舍生产数据实时共享，并可根据生产标准指标设置预警，当出现指标异常时，该栋舍涉及的供应商都能收到预警信息，供应商对预警信息的分析处理结果自动加入该栋鸡舍批次养殖档案。社会化服务系统主要解决社会化服务队伍（抓鸡、疫苗注射、清洗消毒、灭鼠、运输等）数量少、不专业、不安全而导致蛋鸡养殖场服务成本高的问题。主要是通过平台登记服务机构和队伍，开展专业的服务培训，提高服务能力，降低生产安全风险；服务队伍（队长）可利用平台随时随地接单，记录开工和完工信息，形成闭环的服务管理，作为服务费用结算依据（同时该服务单也作为养殖场费用支付依据）。鸡蛋和淘汰鸡销售服务系统主要是针对加入平台的蛋商、淘汰鸡商提供精准的采购供应链服务，开展鸡蛋和淘汰鸡交易撮合，帮助中小养户卖好蛋。同时作为贵州禽业协会官方报价平台，为交易双方提供公平、公正的报价参考。产品溯源系统为高品质鸡蛋提供溯源数据支持。蛋鸡养殖融资服务系统按照资本进得去、过程可监管、资金收得回的风控理念，针对蛋鸡产业融资难、融资慢的痛点，平台通过蛋鸡养殖大数据应用，设计了蛋鸡产业融资解决方案，帮助蛋鸡养户解决流动资金不足的问题。目前平台与担保机构业务系统打通，金融机构可通过"存栏生物资产"或平台的"采购和销售数据"对养殖户授信，养殖户可在线获得蛋鸡养殖信用贷款支持。蛋链大数据平台技术方面。一是前/后端框架，前端采用 vue3 框架，后端采用自研的低代码框架 api-service 生成 api 接口和 api-gateway 控制资源访问权限，只需简单配置前置事件和后置事件可实现复杂的接口逻辑，同时也支持调用第三方接口的事件配置，以提高开发效率，事件的执行和第三方接口的调用可配置是否需要重试；使用自研的

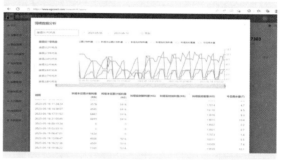

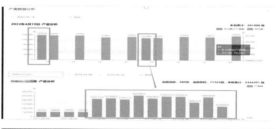

operate-log 分析日志和跟踪用户行为以及发生系统异常时进行邮件提醒。二是数据层架构，数据层采用 kingshard 做分库分表，提供数据库的高可用和数据访问的性能，redis 做数据缓存，提高数据查询效率，chickhoue 做物联网数据存储和实时大数据分析。三是部署架构，采用 k8s 做集群化部署，每个服务是独立的 service，每个 service 由多个 pod 组成，每个 pod 部署不同的服务器上，做到每个服务器的高可用，保证系统的稳定性和安全性。

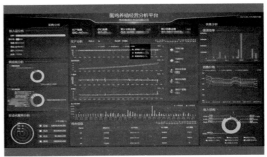

4. 运营模式

平台业务按照全国架构设计，以 Saas 方式部署，通过区域授权，便可实现全国拓展推广。贵州省则按照"一平台两中心"布局，即 1 个蛋鸡产业大数据平台，2 个运营服务中心（铜仁运营中心和贵阳运营中心），便可实现平台服务覆盖全省。平台运营则以政策性产业链金融为关键资源，基于平台建立起金融机构和养殖企业的金融服务连接，供

应商、社会化服务机构、销售企业和养殖基地的服务连接。

➤ 经验效果

平台在贵州计划服务养殖企业 100 家，服务蛋鸡规模 2 000 万羽以上，对接政策性产业链金融 5 亿元以上，实现平台流量 50 亿元，平台创收 1 500 万元。目前，贵州区 10 万羽以上的 198 家养殖基地数据全部采集进入平台，共有产能 3 592 万羽，存栏 2 685 万羽；2022 年通过平台对接金融服务 4 000 多万元。完成铜仁康盛达 100 万羽蛋鸡场数字化养殖示范部署，复制推广的养殖企业有 3 家，深度服务蛋鸡 200 多万羽。养殖基地引入蛋链大数据平台后，可实现基地劳动生产率提高 20% 以上，10 万羽以上养殖生产自动化、机械化和数字化率达 95% 以上，生产力显著提升；投入品（原料、药品疫苗、水等）使用量降低 3% 以上，产蛋期料蛋比控制在 2.1∶1 左右，投入品质量管控达 100%，产蛋鸡全程实现无抗养殖。

撰稿单位：贵州金蛋数链科技有限公司

撰 稿 人：唐 超

山东省青岛市田瑞智慧畜牧优秀案例

➤ **基本情况**

青岛田瑞生态科技有限公司始建于
2006 年，位于青岛市即墨区金口镇，
占地面积 460 亩，蛋鸡存栏达 40 万
只，日产鸡蛋 20 t，是中国畜牧业协会
常务理事单位、畜牧工程分会会长单
位、禽业协会副会长单位、山东省畜
牧协会蛋鸡分会会长单位，是国家高
新技术企业、国家级蛋鸡标准化示范
场、山东省农业产业化重点龙头企业、
国家 3A 级景区。经过近 20 年的发展
从蛋鸡养殖起步，始终依靠科技含量
和产品质量前行，在激烈的市场竞争
和行业调整中逐步壮大，形成了"蛋
鸡养殖"+"有机肥加工"+"生态观光
科普旅游"的发展新模式，探索出畜
牧企业的三产融合升级路径，被山东
省农业农村厅授予"新六产"示范企
业。公司生产"田瑞"牌鲜鸡蛋，以
品质优、营养丰富而著名，2008 年被
青岛奥帆委指定为"食品供应定点企
业"、2018 年作为上合组织青岛峰会畜
禽产品专供、2019 年作为中国人民解
放军海军 70 周年活动"食品供应定点
企业"。

➤ **主要做法**

1. 实施背景

当前，智慧畜牧业技术已经在欧美
国家取得了广泛而深入的研究和商业
化应用。从国际和国内大趋势看，畜
禽养殖规模化、自动化和智能化已成

为未来发展主流，促使传统养殖业向现代化的生产方式转型。就蛋鸡产业而言，标准化鸡舍逐渐普及，机械化、自动化程度逐年提高，人工智能、大数据、区块链等现代科技为蛋鸡产业各环节赋能，智能化是未来蛋鸡产业的发展方向。传统养殖模式人工成本高、规模效益低，在蛋鸡疫病防控、养殖环境控制、精准饲喂和饲养、智能化管理等方面存在诸多问题。为此青岛田瑞生态科技有限公司自建设之初就以智慧养殖为设计建设理念，建设了4栋现代集约化智慧养殖鸡舍，存栏达40万羽。

2. 主要内容

田瑞生态科技公司全部采用密封鸡舍、全进全出的标准化、规模化、机械化、智能化养殖模式，通过运用自动喂料、自动饮水、自动集蛋、自动清粪和智能环境控制等先进设备，实现从饲料加工、喂料、饮水、环控、清粪、集蛋、装箱、入库等环节全程自动化生产。公司建有蛋鸡舍4栋、育雏舍4栋，目前拥有先进、层数高、单栋养殖大的6列12层蛋鸡舍，单栋存栏可达15万只。

3. 主要技术

叠层鸡笼：采用"H"形叠层鸡笼，由鸡笼和笼架、行车喂料系统、清粪系统、集蛋系统、饮水系统、配电系统等组成，蛋鸡养殖实现自动喂料、自动供水、自动清粪、自动喷雾、自动集蛋等系列自动化运行，实现立体化、高效养殖。

智能环控系统：鸡舍采用双层保温隔热材料建设，通过养殖全过程的物联网数据采集、数据存储、数据分析，应用先进的人工智能养殖算法，对环控设备自动控制，实现对鸡舍环境的最优控制，舍内温湿度恒定，空气清新，环境舒适。

自动喂料系统：配备玉米、豆粕等饲料原料存储塔，通过全自动饲料机组，根据不同日龄、不同配方自动配料粉碎，经中央供料系统输送至鸡舍配备的料塔，按照设定时间和饲喂量，自动启动喂料装置，精准饲喂。

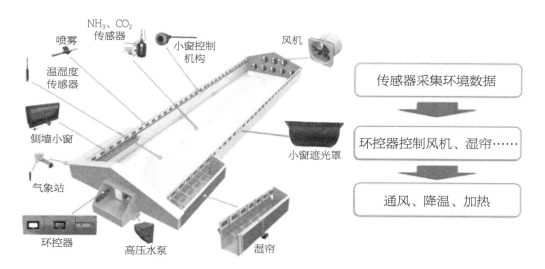

自动供水系统：饮水经反渗透净化处理，通过管线进入鸡舍水线，使用乳头式饮

水器供水，实现自动清洁饮水；水线中安装有电子流量传感器，实时记录饮水量。配备水线加药机，实现自动饮水加药功能。

自动光照调节系统：通过自动光控装置，根据鸡的日龄和生长状态，设定光照时间，保持每日稳定的光照时间，促进对营养的良好吸收，维持良好发育状态。

自动清粪系统：通过清粪带每日清晨进行自动清粪作业，将鸡粪运送至舍外粪场，加工为有机肥料，减少人工成本，降低鸡舍内环境影响，保持空气清洁度，减少粪便潜在病原在鸡舍扩散、减少有害气体引发的呼吸道疾病。

自动集蛋系统：通过传送带，将鸡舍内部的鸡蛋传送到鸡舍头端，通过自动捡蛋机，搭配中央集蛋带将各个鸡舍的鸡蛋统一传送至蛋库，实施自动分拣、计量，装箱入库销售，减少用工。

粪污循环利用：利用有机肥生产线，将养殖粪便及种植秸秆等废弃物配制，植入发酵菌种，经过 40～50 d 高温发酵、再经过 30～50 d 陈化腐熟，烘干、筛分，加工成优质的生物有机肥。蛋鸡粪便经生物发酵、除臭，加工成富含养分的有机肥，用于苗木种植和农田施肥，农作物又为蛋鸡提供饲料，打造出一条"饲料—鸡粪—有机肥—农作物—饲料"的闭合生态链，实现了种养结合、资源循环利用。

4. 运营模式

公司根植畜牧行业近 20 年，"立足主业，创新求变"是一直追求的目标。在青岛，田瑞一直所倡导的智慧生态畜牧农业，就是畜禽养殖、农业种植再结合生态观光旅游，进而在整个特定区域形成一个动态的、自然的生态循环，形成了蛋鸡智慧养殖 + 旅游观光 + 有机肥的三产融合发展模式。公司拥有 40 万羽蛋鸡养殖基地 1 处，年育雏 300 万羽养殖基地 1 处，生态种植园 300 亩，建设年产 3 万 t 生物有机肥加工厂 1 座，定期收购周边村庄废弃秸秆，利用先进生物技术对粪便和秸秆进行降解除臭、混合发酵，加工成富含多种营养素的有机肥，直接用于苗木种植和农田施肥，农作物加工后成为蛋鸡饲料，成功打造出一条"饲料—鸡粪—有机肥—农作物—饲料"的闭合生态链。

➢ 经验效果

1. 经济效益

在鸡舍建设上，采用双层保温隔热材料，利用新型环境控制技术，实现了舍内环境精准调控，鸡舍内温度夏季保持在 26℃，冬季 20℃，春秋季 22℃，为蛋鸡生产创造了适宜的环境，可降低料蛋比 0.2 以上，平均每只鸡多产蛋 1 kg 以上。全封闭管理形成相对封闭的鸡舍内部环境，降低了生物安全安风险，提高了蛋鸡整体健康水平，蛋鸡死亡率下降 5%。公司采用国内外先进的智能化、自动化成套养殖设备，实现了从蛋鸡喂料、饮水、调温到集蛋、装箱、入库全程智能化、自动化操作，1 栋存栏 15 万羽的产蛋鸡舍，过去要十几人饲养管理，现在仅需 1 名技术工人，既提高了工作效率，省时，又省心，还降低了人工劳动不可控因素对生产的影响。

2. 生态效益

目前，田瑞生态养殖基地拥有 40 万羽蛋鸡养殖基地及 60 万羽育雏基地，日产粪污量 45 m³。公司拥有生态种植园 300 亩，主要种植果树、花卉、草莓等；建设了年产 3 万 t 生物有机肥加工厂 1 座；利用公司养殖产生的粪污及农业种植产生的秸秆等废弃物，加上收集周边养殖户及定期收购周边村庄废弃秸秆，利用先进生物技术对粪便和秸秆进行降解除臭、混合发酵，加工成富含多种营养素的有机肥，直接用于苗木种植和农田施肥，农作物为蛋鸡提供饲料，成功打造出一条"饲料—鸡粪—有机肥—农作物—饲料"的闭合生态链。

撰稿单位：青岛市智慧乡村发展服务中心，青岛田瑞生态科技有限公司

撰 稿 人：赵　军，王　沛，于友利

西藏自治区农牧业大数据的实践与应用优秀案例

➤ 基本情况

西藏自治区农牧信息中心是西藏自治区农业农村厅厅属事业单位，主要职责为拟定全区农牧业信息化发展规划，指导全区农牧业信息化建设、项目的实施与管理；负责农牧业数据采集、处理、分析工作，提供农牧系统软件开发技术服务；承担农业农村厅信息化基础设施建设管理与运维；负责农业农村厅信息及网络安全管理与实施；负责制定和落实农牧系统信息化建设管理制度；承担农业农村厅信息化技术服务、技术支持、技术保障工作。组织农业农村厅业务处室及相关单位的管理和专业技术人员，开展了西藏农牧业信息化工程项目建设，项目总投资 5 186 万元。

➤ 主要做法

1. 实施背景

西藏自治区农业农村厅前期已建设多个业务系统，主要采用的是"分散投资，单独建设"的模式，各系统数据不整合、信息不共享，数据分散在各机关、各部门。对各职能部门的业务使用造成很大的影响，且各类型资源无法进行整体比对，无法提炼出更有价值的信息。基于西藏地区农牧业信息化发展现状，为提升农牧业信息技术应用水平，完善农村信息服务体系，补齐物联网装备在农牧业生产中的应用短板，推进农业农村大数据发展，加快数据整合共享和有序开放，深化大数据在农牧业生产、经营、管理和服务等方面的应用，为农牧管理部门和各类市场经营主体提供更加完善的数据服务，为广大农牧民群众提供更加便捷的信息服务，开展了农牧业信息化工程项目建设。

2. 主要内容

打造"1+3+N"的数字农业架构，"1"是指建设了 1 个面向全区的农牧数据云平

台,"3"是指围绕农牧云平台建设农牧信息管理、农牧业物联网监测和农牧综合信息服务,"N"是指围绕信息子平台部署的多个业务系统。

农牧云平台:通过对各职能部门的业务梳理、数据规范、标准设计,建设西藏农牧云平台,打通纵向到底、横向到边的信息采集渠道,实现数据互联互通。建立农牧统一数据库,形成农牧行业安全稳定、可靠、灵活的农牧业信息共享交换体系,完成农牧大数据综合监测分析系统建设。实现行业部门之间跨层级、跨部门共享共用,形成农牧各部门、各业务之间综合性的数据呈现能力,实现对农牧各项业务开展情况的全局掌握和统一展示。

农牧云平台界面

农牧业物联网监测平台

农牧业物联网监测平台:涵盖青稞大田、设施农业、养殖园区、农机作业、畜牧业生产等五大应用场景,在墨竹工卡县工卡镇格桑村等 10 个观测点部署青稞种植物联网监测设备10 套,实时采集青稞大田环境、墒情、虫情、苗情等数据;在堆龙德庆区净土健康产业园古荣园区部署大棚物联网监测设备 50 套、水肥一体化灌溉设备 1 套,实现大棚环境的实时监测和水肥一体化智能灌溉;在区畜牧总站曲水实验站部署牛舍物联网监测设备 6 套,饲料仓库物联网监测设备 1 套,电子称重设备 4 套,采集养殖场环境及牛体重数据;在拉萨等 6

藏汉双语 App

个地(市)安装农机深松监测设备 400 套,实时采集深松作业的面积、质量、图像数据;购置 63 300 个电子耳标,实现对犊牛养殖情况的信息化管理。

农牧综合信息服务平台:西藏自治区农牧综合信息服务平台为西藏优质特色农畜

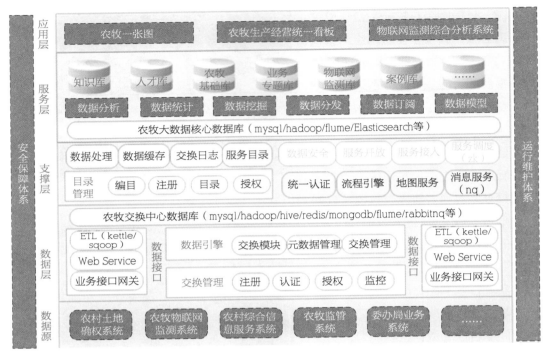

平台总体架构设计

产品以及"三品一标"产品提供展示渠道，汇聚农牧科技人才信息资源，为西藏农牧民提供便捷的信息服务和生产指导，为全区优质的农畜产品拓宽销售渠道，促进农牧增收。藏汉双语农村综合信息服务 App 为藏区社会公众用户、藏区企业摆脱地域、时间的限制，为更好的服务藏区农牧民、藏区政府、藏区生产监管人员，利用移动互联网的优势，解决部分农牧民汉语水平有限，无法接收有效信息服务的实际问题。

农牧行业信息管理平台：包括农村土地（耕地）承包经营权管理、农牧业防抗灾库管、农用药品监管等 19 个业务系统。实现对土地（耕地）确权登记成果进行统一组织、存储、管理、数据接入等功能；完善农

市场价格监测专题

数据管理平台

牧业防抗灾库管信息化体系建设，提高全区防抗灾管理水平；定期上报西藏特色农牧产品品种价格数据，提供统计、分析、比价、短期走势预测及中长期趋势预测分析等服务。

3. 主要技术

农牧云平台架构：农牧云平台是以完整的云平台设计体系来构建，系统架构采用平台能力与应用分离设计。设施层，基于西藏基础信息云平台，并进行分布式虚拟机部署。数据层，平台引用分布式文件系统与网络文件系统结合的方式；引入 Redis、Memcached、RabbitMQ 等技术实现数据缓存，与应用系统通过 ETL、Web Service 等方式进行数据交换。能力支撑层主要有流程引擎，地图能力，消息处理能力，全文检索、分布式服务调度等；数据能力包括数据交换平台，数据服务目录，能力开放平台以及通用导出导入能力。数据服务层主要采用 Dubbo+ZooKeeper 技术。ZooKeeper 作为 Dubbo 服务的注册中心，Dubbo 能与 ZooKeeper 做到集群部署，当提供者出现断电等异常停机时，ZooKeeper 注册中心能自动删除提供者信息，当提供者重启时，能自动恢复注册数据，通过大数据核心库为第三方应用提供数据订阅查询请求服务及专题数据共享开放。应用层通过 Nginx 实现反向代理服务器集群架构，为农牧云平台提供可视化大展示（农牧一张图、农牧生产经营统一看板、物联网监测综合分析）。

农牧统一数据库设计：采用 MySQL、MongoDB 和 ClickHouse 分布式集群部署，根据实际业务场景对各类数据进行动态接入和高效管理，即农牧统一数据库。主要实现信息资源规划、数据库设计、数据交换设计（ETL）和数据资源管理。此外，还负责统一身份认证、地图服务和数据接口服务等资源管理，为农牧应用系统提供统一的地图服务和数据接口服务。

数据仓库与数据治理：数据治理和数据仓库主要采用 ETL 工具，对其数据进行清洗和处理，将处理好的数据按照业务需求，回存到 HDFS 离线数据仓库中。对实时性要求高数据采用 Kafka+Flink 进行动态接入和实时分析，将 ETL 处理的历史数据放在 Hive 实时数据仓库。此外，预留设计了 Pulsar+Flink+Hive，进行实时计算与分析、实时数据仓库分层等应用需求，将来根据项目实际需要进行部署。

微服务架构设计：为便于系统开发和运行维护，平台采用先进成熟的微服务架构进行部署设计，即围绕业务领域组件来创建应用，这些应用可独立地进行开发、管理和迭代。在分散的组件中使用云架构和平台式部署、管理和服务功能，使产品交付变得更加简单。

异构空间数据共享：采用消息队列服务技术、反向代理技术，实现分布式高可用的 GISserver 集群。基于 OGC 标准 GIS 服务技术和 Rest 技术实现空间信息服务的封装、打包、分发、聚合、编排、门户展示等应用，实现不同粒度的空间数据、空间信息服务功能的封装与组合应用，是灵活实现统一 GIS 应用服务的技术关键。

青稞遥感长势监测与产量预估技术：将传统方法和农业遥感估产模型结合，既能发挥各自的优势，又能互相弥补各自的缺点。因此通过同化方法将二者结合，可快速、动态地对青稞产量进行估算。

➤ 经验效果

1. 经济效益

建立科学监督管理与处理解决的信息应用监管新模式，建立各部门综合协同开展工作的渠道，有效降低业务沟通成本；着力扩大全区"三品一标"产品、优质农畜产品宣传范围，拓宽销售渠道，提高销售收入；引入物联网设备数据，通过设备采集，一方面提高数据准确度及采集速度，另一方面节省人力成本，通过水肥一体化灌溉设备应用，减少园区人工投入及水肥、农药用量，经测算，年节约生产成本 8 万余元。

2. 社会效益

项目面向全区农口工作人员、农牧生产企业、广大农牧民，形成农牧生产、监管、服务"三位一体"的信息化有效支持能力，构建纵向贯通、横向协同的信息资源体系，提升各部门之间的信息共享能力，为加快推进农牧业现代化和城乡发展一体化提供数据支撑，实现安全、高质量的农牧业生产，高效的政务监管，便捷的农牧信息服务，为农牧业发展的数字化、智能化、互联网化打下坚实的基础，为提高政府治理的精细化和科学化提供有力的技术支撑作用，社会效益非常显著。

3. 推广应用

在西藏自治区全域以农牧业信息化标准规范为依据，梳理、规划、建立农牧数据仓库，定义各类农牧数据库的数据存储范围、格式、长度和业务逻辑等，结合各业务平台的业务系统，汇聚业务数据，形成农牧基础数据库、业务专题数据库、物联网监测动态数据库、系统信息库、业务规则库、业务信息库、交换信息库、其他数据库等 3 大类 27 小类数据库。基于全区农牧统一数据库实现农牧一张总图、市场价格监测专题图、确权专题图、生产基地类专题图、农牧业生产经营专题图及农牧物联网监测综合信息分析展示专题图等各类决策分析专题。目前平台已累计采集清洗数据 113 万余条，共享数据 14 条。

农业物联网试点应用方面：设施农业园区生产和管理人员可通过手机实时查看棚内的环境数据，根据土壤墒情进行定量水肥灌溉，既提高了园区的管理效率，同时还有效降低了园区劳动力成本；农机作业监测系统通过监测设备直接将深松作业的面积、质量、图像数据传输至平台，解决了西藏地区现场核验成本高、人员投入大、核验面积覆盖率低的问题，极大提高了农机管理部门的管理效率。

农牧业遥感应用方面：通过卫星遥感对 35 个粮食主产区青稞种植分布、长势、产量预估等的监测，结合 509 个外业采样点数据，形成监测报告 5 份、估产报告 2 份，验证了卫星遥感技术在西藏地区的适用性，为农牧业遥感监测的拓展应用提供数据支撑。

农牧综合信息服务方面：藏汉双语 App 满足了藏族群众农牧业信息服务的需求，

一方面，通过网上代缴、快递速查等一键服务按钮，实现了为民服务的系统集合，方便用户使用；另一方面，平台吸纳138名农牧专家，为社会公众提供线上咨询及农业技术指导，整理发布了43个农业技术藏语视频教程，为2.2万余户农牧群众提供了信息及农业技术推广服务。

撰稿单位：西藏自治区农牧信息中心

撰　稿　人：李　承

北京市北农智慧蜂场助力中华蜂产业发展新模式典型案例

➤ 基本情况

2022年北京农学院智慧农业研究院（以下简称智慧农业研究院）与房山区蒲洼乡政府签订合作协议，共同合作建设"北农智慧蜂场"，开展智慧中华蜂产业相关的研究和推广工作。目前，在蒲洼乡建立的北农智慧蜂场已达到3 000群中华蜂的规模，主要业务包括：建设标准化智慧蜂场，繁育优质中华蜂蜂种，生产高端优质中华蜂蜂蜜及相关蜂产品，标准化智慧养蜂技术，开展智慧养蜂技术的推广培训，对接北京高端市场开展定制认养，建立基于区块链的智慧溯源系统，进行互联网营销推广等工作。

➤ 主要做法

1. 实施背景

当前，全球蜜蜂产业正朝着智能化、标准化、专业化和品牌化方向不断发展。国内蜜蜂产业近年来也取得了一定的进展，一些企业开始尝试智能化的养殖方式，例如四川天府蜂谷等。然而，国内外研究蜜蜂品种主要是意大利蜂，本土中华蜂的研究较少，中华蜜蜂是我国本土的特色蜂种，更适合在山区环境中进行养殖。蒲洼自然保护区位于房山区蒲洼乡，该地区气候温和，光照充足，昼夜温差较大，土壤含水量高，适合植被生长，有着丰富的蜜源，为当地的中华蜂提供了得天独厚的自然条件。但是蒲洼山区传统的养蜂模式下，蜂农生产标准不统一，企业无法对养蜂过程及蜜源地进行有效控制，进而无法有效控制产品质量，造成好的蜂产品不能实现其价值、蜂农利益得不到保障、消费者无法得到优质产品的现状。

2. 主要内容

针对以上问题，智慧农业研究院制定了蜂产业数字化转型和升级研究方案。经过不间断地研发和实验，智能蜂箱、智慧蜂场管理平台和E窝蜂认养小程序、养蜂小帮手App相继上线使用和推广，同时建立养蜂技术培训与咨询体系。通过开展养蜂技术培训和提供咨询服务，帮助当地蜂农提升养蜂技术和管理水平，实现农村经济的联动发展。通过认养平台和农旅结合等方式，拓宽蜂产品的销售渠道，增加养蜂产业的科技含量和附加值，提升养蜂现代化水平，同时带动当地旅游业的发展。北农智慧蜂场对中华蜂产业进行数字化、智慧化产业升级，实现管理规范化、生产流程化、操作标准化，以此来完成蜂群活动数据、蜂产品生产数据、市场数据的高质量积累，通过智慧化升级减少人力、资源、时间等方面的损耗，提高生产和运营效率。另外，通过互联网、物联网、云计算、人工智能、区块链等新一代数字化相关技术的综合应用，更高层次地挖掘数据价值，优化中华蜂养殖管理模型与蜂产品生产预测模型，建立智慧溯源系统和基于实时溯源的智慧认养体系。另外，北农智慧蜂场加入了蜂产业联盟，增加了养蜂新模式，蜂产业联盟模式下，可以统一养蜂技术标准、统一智慧养蜂设备、统一蜂蜜质量管理、统一蜂产品品牌等，提高了蜂产业的标准化、高质量化，保障了蜂农的收益且利于整个房山区蜂产业的统一管理。

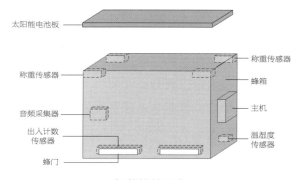

智能蜂箱示意

北农智慧蜂场管理平台

3. 主要技术

基于物联网技术的智能蜂箱主要由智能主机和传感器组成。智能主机主要实现数据采集、智能运算、

E 窝蜂认养小程序

5G 通信等功能，将采集的各种传感器数据，经过 CPU 运算处理，再将处理后的数据通过 5G 网络传输给管理平台。传感器包括温度传感器、湿度传感器、称重传感器、光栅计数传感器、音频传感器等，感知蜂箱内环境温度、湿度，计量蜂箱的重量变化，统计蜜蜂进出蜂箱的次数，感知蜜蜂的活动情况等。

基于大数据和人工智能的智慧蜂场管理平台：实现了对蜂场、蜂农、蜂箱、蜂群、设备等全要素的管理。对运营生产过程中产生的工作日志、物联网采集的蜜蜂活动数据和蜂场环境数据，以及对蜂产品加工仓储过程中的数据进行分析和挖掘，并通过深度学习的多层神经网络回归算法，建立蜜蜂采蜜生产预测模型、成熟蜜酿造模型、病虫害监测预警模型等人工智能模型，以更好地指导蜂场的生产管理工作。

基于区块链技术的蜂旅结合认养营销平台：蜂产品的销售和推广需要建立便捷、高效、可信赖的营销平台。蜂旅结合认养营销平台将蜂产品的生产、销售和旅游相结合，推广中华蜂养殖文化，有效提高了蜜产品的知名度和附加值。需要开发和推广适合蜜农和消费者的认养模式和销售渠道，建立信息化管理系统和服务体系。

4. 运营模式

建立"政府 + 院校 + 企业 + 村集体 + 合作社 + 蜂农"的产业模式，打破经济薄弱村的发展瓶颈，拓宽渠道，增加动力，提升效率。相比较个人的单打独斗，集体的发展，更能有效地应对市场，以强村带弱村，大村带小村，村村联合，连片发展，建立"多利合一"的盈利体系，立足地域特点和资源优势，打造高端产品，积极迎合市场的需求，走产、供、销一体化的道路，形成多种方式发展的集体经济网络，实现资源共享，利益共赢。在此模式下，统一养蜂技术标准、统一智慧养蜂设备、统一蜂蜜质量管理、统一蜂产品品牌等，提高了蜂产业的智慧化、标准化和高质量化，保障了蜂农的收益且利于蜂产业的统一管理。

➤ 经验效果

目前，智慧中华蜂产业项目已在北京市房山区蒲洼乡森水、议和、芦子水、鱼斗泉 4 个村落，以及门头沟百花山自然保护区、平谷区大华镇山门沟村、房山区周口镇泗马沟村推广实施；2023 年 9 月，蒲洼蜂蜜在中国国际服务贸易交易会上展出，获得国内外消费者的喜爱。同年 10 月，蒲洼"E 窝蜂—绿水青山黄金蜜"项目获第六届"创业北京"创业创新大赛乡村振兴专项赛决赛一等奖。

1. 经济效益

智慧农业研究院在北京市房山区蒲洼乡山区建立了智慧养蜂基地，以蜂蜜产业为核心，通过基地 + 合作社 + 农户的模式，2024 年带动蒲洼乡山区 3 000 群中华蜂标准化养殖，预计年产成熟蜜 3 万 kg，并通过国际有机认证标准，平均销售价为 400 元 /kg，年产值为 1 200 万元。极大地促进蒲洼山区蜂产品加工业、农业、文化、旅游业等相关产业的协同发展，实现蜜蜂产业的可持续发展。为当地农民提供就业机会，增加农村居民的收入。智慧蜂场运营管理平台的推广使用，节省了 50% 的劳动力成本。智能蜂箱可以自动完成很多传统上需要人工完成的任务，例如测温、自动喂食、蜜蜂群体健康监测等。这将减轻农民的工作量，同时提高了生产效率和中华蜂蜜的质量，实现了降本增效。

2. 社会效益

通过推动蜂业生产向智慧化、标准化、专业化、品牌化方向转型，提高蜂业生产的效益和竞争力，提升中华蜂产业现代化水平，实现中华蜂产业的可持续发展。通过科技创新和智能化技术在中华蜂产业的应用推广，探索中华蜂产业新型经营模式，拓宽蜂产品的销售渠道，推广蜜蜂观光旅游等，从而提高当地农村居民的收入水平，改善农民生活质量，促进农村经济社会发展。项目实施过程中，开展养蜂知识培训和技术指导，重点推广基于智慧化养蜂技术的规范化操作流程，提高蜂农的专业素养和技术水平，提升蜂产业的整体数字化、智慧化水平，增加蜂农的收入来源，振兴乡村中华蜂产业。

3. 生态效益

蒲洼乡的中华蜂产业与当地的生态环境相互促进。中华蜂是一种重要的传粉昆虫，对于促进植物繁殖和维持生态平衡具有重要作用。通过保护和繁育中华蜂，可以维护当地的生物多样性，保持生态系统的平衡。尤其是针对中国本土植物多样性和生态环境保护，中华蜜蜂具有重要且不可替代的作用。由于引进的"西蜂"的嗅觉、吻与我国很多树种和植物不相配，因此不能给这些植物授粉，特别是在高寒山区，很多树种都是早春或是晚秋开花的，还有的是零星开花的，在这种温度和环境下，"西蜂"无法生存，主要依靠中华蜂为这些植物授粉。项目推广应用，可为其他地区蜂业生产提供借鉴和示范，推动蜂业生产的现代化和可持续发展，促进全国农业经济的发展。

撰稿单位：北京农学院

撰 稿 人：徐　践

内蒙古自治区包头市草原立新绿色养殖园有限公司人工智能养猪设备典型案例

➤ 基本情况

包头市草原立新绿色养殖园有限公司是包头草原立新食品有限公司的肉源基地，建成于2014年，占地300亩，从美国麦克斯威尔引进祖代种猪650头，目前年出栏绿色、无抗商品肉猪2万头，开创了西部地区首家绿色无抗养殖基地。养殖设备全部采用全球最大的畜禽养殖设备公司"德国大荷兰人"公司的全套智能化养殖设备、智能化通风系统、智能化报警系统和智能化解决方案，创造了猪群更舒适的生活环境；建成数字化的全自动饲料生产线；配备成套的全方位质量管理追溯系统，使用国际先进的GBS育种软件，配套国内先进的智能化

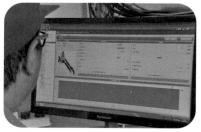

粪肥发酵系统和UASB污水处理系统。通过标准化的饲养管理、科学化的操作规程、严格的生物安全防控体系，全群应用益生菌代替抗生素进行日常保健，提高猪群生产性能、增强抗病力，全力打造阴性猪场，确保生产的猪肉无抗生素、无瘦肉精、无激素等药物残留，真正做到绿色、环保和可持续发展。

➢ **主要做法**

1. 实施背景

作为包头草原立新食品有限公司的肉源基地，为了建设国内首家绿色无抗生猪养殖基地，从项目规划的初期到项目实施就执行高标准、智能化的定位。最大程度地给猪群创造舒适的生活环境，减少不良应激，使猪住好、吃好、喝好，少得病或不得病，尽可能减少用药，采用天然微生态制剂或中草药代替抗生素进行保健，生产绿色、无抗的健康猪肉。

环境控制系统

2. 主要内容

智能化母猪精准饲喂系统——电子饲喂站：猪只佩戴电子耳标，由红外线耳标读取设备进行读取，来判断猪只的身份，传输给计算机，同时由称重传感器传输给计算机该猪的体重，管理者设定该猪的怀孕日期及其他的基本信息，系统根据终端获取的数据（耳标号、体重）和计算机管理者设定的数据（怀孕日期）运算出该猪当天需要的进食量，分量分时间地传输给饲喂设备为该猪下料。同时，系统读取猪群的其他信息来进行统计计算，为猪场管理者提供精确的数据进行公司运营分析。

温度传感器

温度显示屏

智能化发情监测系统：侧栏顶端设有监测装置，根据母猪体表温度变化判断发情状态，并通过声光报警装置进行预警，统计食料量和饮水量，提高配种效率；通过对单片机、传感器、无线传感器网络以及无线传输等技术进行综合应用，以母猪为研究对象，对其个体体温、脉搏、活动量等参数进行监测，并将采集到的信息定时传送至信息处理中

降温水帘

心或终端设备，对母猪的生理情况进行监测记录，从而建立母猪个体生理参数数据库，为判别母猪是否处于发情期提供可靠的数据依据。

屋顶风机

侧墙风机

智能化环境控制系统：采用微电脑进行控制系统，大屏幕 LED 触摸屏可全中文显示，控制风机（包括一组定时风机通风系统），并及时报警。采用微电脑环境控制器、猪舍环境控

自动环控仪 HK1000 2.0 版

环控盒

制器可以控制猪舍环境温度。根据猪的日龄设定饲养温度，通过控制风机、风窗、水泵等控制温度的变化，并且还有曲线降温功能，可以自行设定每天降温度数，从而控制猪舍温度。环境控制器通过控制风机、风窗、幕帘、水帘、水泵等设备使猪处于适合的养殖环境中，实现了猪舍环境的自动控制。

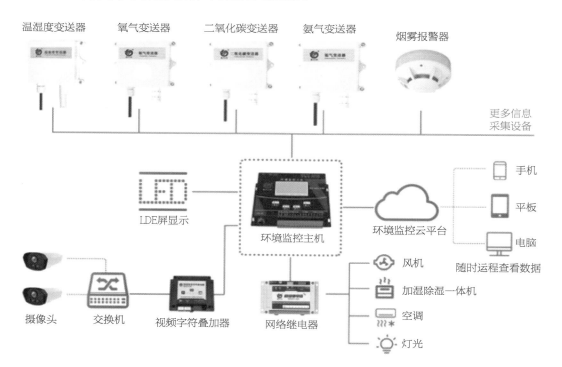

智能化空气质量监测系统：通过传感器对养猪环境中的空气温湿度、O_2 含量、CO_2 以及有害气体浓度进行 24 h 不间断监测。根据养猪场的环境对不同区域设置气体

安全阈值，当有害气体超过所设置的安全阈值时，系统便会以电话、短信、邮件、语音等方式向管理人员发出预警，提醒管理人员做好相关防护措施，保证猪的安全，使其在安全环境中正常生长，减小猪群的患病概率。

➤ 经验效果

上述人工智能设备已经过多年的实际应用，性能稳定、实用性强。在包头市草原立新绿色养殖园有限公司和正大集团养猪基地等已使用 8 年左右，产生了显著的经济和社会效益，有力促进了养猪信息化和数字化，对建设智慧养猪意义重大。

撰稿单位：包头市草原立新绿色养殖园有限公司

撰 稿 人：程孝新

内蒙古自治区包头市建华禽业智慧绿色养鸡典型案例

➤ 基本情况

包头市建华禽业有限责任公司 2001 年正式注册，主营蛋鸡养殖、品种育成、功能性蛋品研发、有机肥研发、粮食收储及加工、饲料原料研发生产，至今已成为一家农牧全产业闭环企业，经过 20 多年的发展，公司累计投资近 3 亿元，先后在包头市固阳县、土右旗、乌兰察布市设立 5 个分公司。蛋鸡年养殖量超过 200 万羽，日产鲜蛋近 20 t。公司拥有"建华""艾歌""中之佳""农思口""咕谷香"五大品牌，在包头市品牌蛋市场占有率达高达 90%，直接带动从事禽蛋养殖户和饲料原料种植户 556 户，户均年增收 3 840 元。2022 年，建华禽业被评定为国家级农牧业产业化龙头企业，公司生产的"建华"鸡蛋通过绿色食品认证，成为内蒙古禽蛋行业唯一获此殊荣的品牌。

➤ 主要做法

公司采用全球领先养殖场生产设备、信息化管理平台，实现了全智能机器人分蛋、捡蛋、消杀、饲喂以及配套智能化恒温、全智能化数字管理的蛋鸡养殖全产业链智能化。

养殖环节智能化：吃"营养套餐"，配"电子保姆"，住"星级套房"，个个都有"健康证"……建华养殖场里，蛋鸡们过着"安逸的生活"。建华智能养殖场项目是建华禽业发展的里程碑，以全智能化打造的饲喂行业新标准。根据鸡的生长特点严格划分不同的生长区域；并拥有鸡舍全方位智能化管理系统，有鸡舍温度、湿度控制装置、自动通风、自动饮水、自动上料、自动清粪的装置。智能化系统可以使鸡舍常年维持在一个温度和湿度都相对稳定的环境，使鸡群有一个舒适的生长环境。雏鸡进舍后会按照免疫流程接种新的疫苗，产生抗体，从而在降低母鸡的患病机率。截至目前，公司已在土右、固阳等地建成蛋鸡智能养殖基地 5 个。

生产环节自动化：自 2008 年起，公司先后多次从荷兰、日本、美国等国家整机进口蛋品加工及分选设备 5 套，包括鸡蛋分拣、烘干、激光喷码等设备。实现全产链鸡蛋的重量及颜色自动分类，并先通过光检、声波等方式识别次品蛋，最终在消毒、清洗、烘干、涂油、激光喷码"建华"标识上市销售。通过捡蛋机器人可实时读取蛋品质量信息，提升国家相关部门对养殖场的蛋鸡单产及质量的监管，搭建消费者放心的蛋品信息网络。

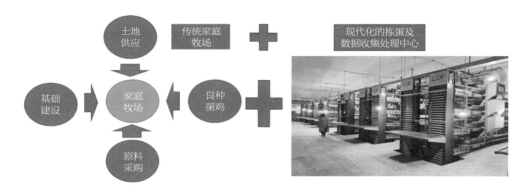

➤ 经验效果

智能化养殖有效提高产蛋水平：养殖设备的更新使得鸡舍内的养殖环境改善，智能设备可以对养殖的温度、湿度以及气压实时监控，达到自动通风换气效果。鸡群整体患病率降低，鸡群产蛋率增加。

智能化养殖有效降低人工成本：养殖人工方面，以 10 万羽鸡每栋为例，鸡舍内由需要 6 人到只需 2 人，大大减少了用工成本和人工劳动强度。现在鸡舍内的 2 人的主要工作就是观察鸡群状态和负责鸡舍内卫生。

智能化管理实现产品可追溯：通过捡蛋机器人可实时读取蛋品质量信息，在养殖场、蛋品厂、产品消费者及国家监管部门之间，搭建各方互信的质量监控信息互享平台，保证产品的质量。

撰稿单位：包头市建华禽业有限责任公司

撰 稿 人：吕炜东

山东省阳信亿利源 5G 智慧牧场典型案例

➤ 基本情况

阳信亿利源清真肉类有限公司是一家以肉牛产业为主的农业产业化国家重点龙头

企业。公司现有员工 157 人，其中专业技术人员 96 人。拥有国家肉牛加工技术研发专业中心、省级企业技术中心、省级工程实验室等研发平台、博士后创新实践基地是科技部"科技富民强县专项计划"实施单位、第一批进入国家物联网农业科技园示范企业、山东省互联网推进工程重点培育企业。荣获"中国驰名商标""山东老字号""中国十佳企业牛肉品牌"，是北京奥运会、上海世博会、杭州 G20 峰会"东坡牛扒"指定的原料供应商。经过 30 多年的发展，逐渐发展成为从育种到餐桌的全过程的数智化管理企业。入选中国品牌价值信息榜单，品牌价值 6.5 亿元。公司注重科研创新和信息化建设，获得 2019 年山东省两化融合管理体系贯标试点示范企业、2020 年第二批"现代优势产业集群 + 人工智能"试点示范企业、2020 年第三批省级产业互联网平台项目、2021 年山东省技术创新示范企业、2022 年新一代信息技术与制造业融合发展试点示范项目等。知识产权方面获得软件著作权 8 项，专利 30 余项，发表相关论文 10 余篇，出版信息化专著 2 部，参与制定国家标准 1 项、地方标准 4 项。

> **主要做法**

1. 实施背景

当前肉牛的规模化及标准化养殖水平不高、养殖相对粗放，有较大的提升空间。随着我国饲料资源趋紧、养殖用工日趋紧张及养殖环境控制严格等，肉牛养殖业结构不断优化，散养户不断退出，工厂化养殖模式比例逐年提高，规模化标准化饲养成为主流。与欧洲、北美等养牛业发达国家相比，山东省肉牛业仍存在出栏周期长

（国外 15～18 月龄，山东省 28～30 月龄）、能繁母牛繁殖成活率低（国际 85% 以上，山东省 70% 以上）、健康问题突出、死淘率高、智能设备利用率低、饲喂相对粗放等问题，导致养殖综合成本高，长期出现养牛的不如倒卖牛的，倒卖牛的不如宰牛的"怪象"，困扰山东省乃至我国肉牛养殖业的发展。

2. 主要内容

开展肉牛不同生理阶段体型、体征、健康状态、盘点计数等养殖过程信息数字化表征方法和获取技术；创制环境精准调控、分群与转运、精准饲喂与加药、粪污清除转运、疫病远程监测诊疗、清洗消毒巡检等智能管控作业装备；开发基于养殖过程大数据的管控分析平台；建设绿色、高效、智能养殖工厂示范基地，形成可复制推广的技术模式。

3. 主要技术

一是突破不同生理阶段牛只体型、体征与健康状态等养殖过程信息数字化表征和获取技术的复杂性，建立肉牛养殖数字化表征方法和获取技术；二是突破环境多元动态控制的瓶颈，创制肉牛设施智能环境调控系统与养殖过程大数据管控分析平台；三是突破肉牛养分需求的动态性及差异性，创制肉牛 TMR 精准饲喂与加药设备；四是突破牛舍地面与环境的不规则性挑战，创制清洗消毒巡检等智能作业装备开发基础理论与技术路线。

亿利源 5G 牧场以智能牛舍为基础，数字信息平台为核心，通过中央厨房、AI 监控等对肉牛管理，通过发情、饲喂、称重分群等养殖关键数据的智能抓取，有效协调生产运营监管；通过大数据技术分析，为牛场提供生产、经营最佳解决方案，使得牛场管理更加标准和规范，实现了肉牛全过程生产信息化管理，供应链金融互联网服务化、肉产品质量追溯等功能；通过分析收集到的各种数据，根据牧场的业务需要生成很多实用的报告和图表，使牧场管理人员的工作变得轻松和高效。涵盖了牧场管理的各个方面，包括饲喂、发情、自动称重等。智慧牧场管理平台具有灵活的报告设计功能，牧场可以根据业务需要，自行设计满足需要的报告。

4. 运营模式

公司通过产学研合作，与中国农业科学院北京畜牧兽医研究所强强联合，共同组建研发团队（技术支撑），联合北京国科诚泰农牧设备有限公司（硬件支撑），通过中国电信提供 5G 基站技术（5G 信号支撑），合力打造亿利源 5G 智慧牧场。

➤ 经验效果

1. 经济效益

通过精细化管理及精准饲喂以及数字化精细分割，实现每头出栏肉牛的综合效益在 2 000 元以上，每万头牛可直接增加经济效益 2 000 万元以上。

2. 社会效益

对当地加快推进物联网产业的发展作出了积极贡献，构建的数字化肉牛产业信息平台，将物联网技术、3S 技术、条码技术、溯源技术、数据仓库和供应链管理等先进的技术、理念融入生产管理实践中，使信息技术成为推动肉牛产业发展的生产力组成要素，加快农业科技成果向现实生产力的转化和面向农业产业的应用推广，降低农民接收新技术、新知识的成本，加快推动农业标准化生产管理，大幅度提高农产品产量和质量，有效节约生产成本，同时，以市场需求为导向，积极引导农业优势效益农产品产业良性发展，增强市场风险应对能力，增加农业总产值，实现信息惠民、信息富农。5G 数字牧场可带动高档肉牛养殖出栏量 1 万头 / 年，间接带动高档肉牛养殖 5 万头 / 年，带动种植面积 1.2 万亩，实现肉牛养殖户收入 0.6 亿元 / 年，带动当地及周边农村种植 1 000 户，每户年均收入 1 万元，对当地及周边的农村经济带动作用显著。解决农民就业人数 2 000 人，对缓解农村就业压力、增加农民收入、稳定社会秩序具有重要意义。

3. 生态效益

通过对养殖环境即牛舍的精准控制，减少有害气体（NH_4、H_2S 等）的排放，保护养殖场周边的环境包括水质等。通过对规模化养殖的肉牛实施精准饲喂，可减少饲料的浪费和提高饲料的转化效率，减少氮磷排放及温室气体如 CH_4、CO_2 等排放，较传统的粗放式饲养，减少氮磷及温室气体的排放量 15% 以上。在节省饲料用粮及减少劳动力成本上，项目的优势非常明显，饲料用粮经测算可以节省 8% 以上，养殖用工可综合减少 50% 以上，用工成本下降明显。5G 牧场的建设促进了肉牛养殖从传统农业向现代农业跨越，助力肉牛养殖的规模化、集约化、信息化、品牌化发展，实现肉牛养殖效益和养殖户收入增长，推进了现代生态农业和现代畜牧业的可持续发展，助力产业新旧动能转换和高质量发展。

撰稿单位：阳信亿利源清真肉类有限公司，山东省农业技术推广中心，滨州市农业农村局，阳信县农业农村局

撰 稿 人：刘民泽，宋雪晶，许子涵，王 颖

河南省济源市智慧养殖助力小兔子做成大产业典型案例

近年来，济源市阳光兔业科技有限公司积极探索数字化在肉兔全产业链的应用，让肉兔养殖搭乘智能互联的技术"快车"，助力"小兔子"做成了"大产业"。

➤ **基本情况**

济源市阳光兔业科技有限公司成立于 2008 年，是农业产业化国家重点龙头企业、

高新技术企业、河南省农业产业化集群和河南省农业产业化联合体核心企业。公司下设6家实体企业，拥有国内唯一的法国伊普吕肉兔配套系曾祖代良种群、国家畜禽标准化养殖场、出口兔肉备案养殖场、国家级农民合作社示范社，年可出栏种兔40万套、生物实验用兔10万只以上、生产畜禽饲料30万t、生熟兔肉2000t、兔粪有机肥2万t，业务辐射全国20余个省（市）。自2010年至今，公司累计投入8000万余元，依托中原工学院、河南拜特尔软件科技有限公司等单位，结合肉兔产业特色，立足全产业链发展，持续加强公司信息化建设。相继开发了"基于物联网的集约化智能养殖系统""阳光兔业智慧兔管理系统"等，搭建了兔肉食品电商销售网络、养殖技术服务信息平台，建设了企业无纸化办公信息系统，培养了一支专业的信息化人才队伍，逐步构建了"5G+阳光兔业智慧养殖平台"的管理模式，实现了智能养殖与科学管理，推动了信息技术在兔业发展现代化、规模化、标准化中的应用。

➢ **主要做法**

公司采用原有物联网、智能终端设备等搭建智慧化养殖体系，在5G网络应用的基础上，利用个体电子标识技术、自动感知技术、控制技术等，采集兔子养殖各环节的信息，实现养殖全过程掌控，挖掘环境、动物健康、动物疫病、生长周期之间的关系，建立动物饲养模型，提高养殖智能化水平。致力于打造智慧养殖示范点，在养殖生产中创新应用，共建5G产业新生态，为养殖户创造价值。

环境智能监控系统：通过构建基于5G+阳光兔业智慧养殖平台的环境远程监控系

远程监控系统

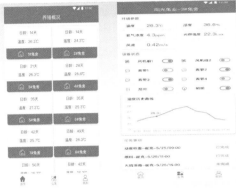

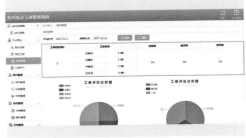

统，实时采集兔舍温湿度、氨气、硫化氢等环境数据；对兔子进食、生长、运动、发情等行为进行监控，及时报告异常；感知养殖场环境变化，控制进水进料、风扇、温度、光照等设备，创造最适宜环境，提高了监管的智能化程度和监管效率。

智能信息采集系统：传统的组网方式，接入系统平台的环境感知设备、监控设备、终端设备是有限的，当超过一定数量时，会出现终端平台抓取兔舍环境数据、视频图像"丢包""失真"等情况，获取的数据会不完整，5G 的接入可更多接入组网设备，稳定性、可靠性得到很大提升，为科学养殖提供有力的数据支撑。

精准饲喂控制系统：精准饲喂系统是由软件系统作为控制中心，多台饲喂器作为控制终端，采用多种称重感应传感器，为平台提供数据，同时根据饲喂耗料数据，由软件系统对数据进行运算处理，处理后指令饲喂器的机电部分工作，来达到对种兔的生长、繁育、健康等数据管理及精确饲喂管理，实现基于个体的精准饲喂、精准配方及饲喂绩效分析。

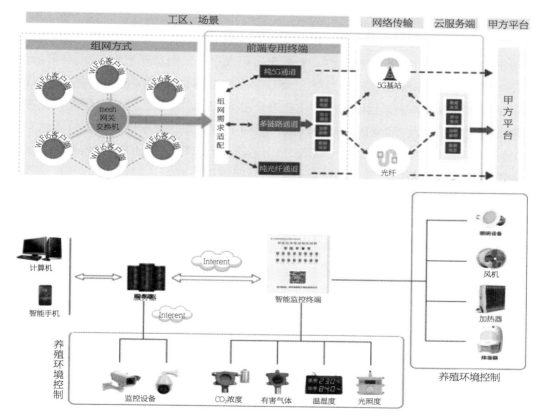

追溯系统：依托网络线上线下的公共营销网络，建立生产端与市场端的数字连接，创新新业态营销，充分利用"5G+ 智慧管理系统"在种兔饲养中积累的全程"大数据"，开发建立了兔肉质量溯源系统、产品网上营销展示系统和溯源移动终端应用（App），网民和消费者可通过网络平台、手机客户端实时观看养殖场生产管理实景，体验高品质兔肉的生产过程，通过扫描产品二维码查阅兔肉产品的全部信息和产品检

测报告数据。

数字化管理系统：利用 5G 技术设备，打通各个板块、业务环节的数据，通过"5G+ 阳光兔业智慧养殖平台"进行统一管理、统计分析，提升了数据处理、交互能力，形成数字可视化，为领导经营决策提供数据支撑。

养殖运营管理系统：通过智能手机、5G 网络和微信公众号等构建了一个合作养殖户运营管理平台，通过该平台可随时掌握养殖户的养殖规模、兔群生长信息、疫病信息，使得公司对养殖户管理更加系统化、规范化、精细化。同时也可以通过该系统向养殖户发送最新行业动态、养殖经验技术等资讯信息，提升养殖户的养殖技术水平，实现公司和养殖户的共赢共富。

➤ 经验效果

经过多年的探索与实践，公司已构建了"互联网＋"的肉兔全产业链管理模式，示范推动行业智慧化进程，促进企业由小到大、由弱到强。

1. 经济效益

通过 5G+ 阳光兔业智慧养殖平台，一系列先进设施设备的配套应用，全面提高了育种中心标准化生产、安全性追溯、智能化应用水平，从而实现了肉兔饲料消耗量降低 2%，种兔产仔率提高 5%，劳动生产率提高 8%，库存盘点误差控制在 1‰ 以内，实现了节本增效。其中，运用"工厂化全进全出 49 天繁育模式""肉兔标准化生产技术集成研究与示范"，改变传统养殖模式，节约土地资源，有效提高了单位养殖面积的产量。年可出栏肉兔 40 万只，实现产值 1 亿元。已成为国家出口备案养殖场、国家畜禽养殖标准化示范场、河南省美丽牧场、河南省生态农场。同时运用淘宝、天猫、京东、明日众购、扶贫商城等运营平台，搭建了兔肉食品电商销售网络，线上线下齐头并进，拓展了产品销售渠道，有效提升了"伊啦"品牌市场知名度、美誉度。通过平台统计，2022 年同比 2021 年销售额增长 20% 以上，销售量增加 15%。"伊啦"兔肉产品先后荣获第十四届和第十九届中国国际农产品交易会"参展农产品金奖"、第 22 届中国农产品加工投资贸易洽谈会"金质产品奖"。

2. 生态效益

通过自动清粪以及自动通风系统的应用，实现精细化饲养以及再利用，从源头上实现了干湿分离，干兔粪直接发酵后作为有机肥使用，兔尿直接进入地下污水管道，实现污水零排放；场区建设雨污分流系统，与所在地及周边村签订了《养殖粪水灌溉林地协议》，废液通过污水管道排入污水处理池，经三级沉淀后用于场区植被灌溉、周边农田消纳；对病死兔实行无害化处理，与济源市兴牧动物无害化处理有限公司签订了《病死兔无害化处理协议书》；建设了年产 2 万 t 的兔粪有机肥加工厂，对养殖场粪污综合处理和循环利用，同时增加了产品附加值。

撰稿单位：济源市阳光兔业科技有限公司，济源产城融合示范区农业农村局

撰 稿 人：王金华、张利平

湖南省郴州市苏仙区石榴冲新型楼房养猪场
典型案例

➤ 基本情况

郴州市石榴冲农业科技有限公司成立于 2020 年 9 月，注册资本 2 000 万元人民币。其下石榴冲新型楼房养猪场项目是湖南现代农业产业投资基金管理有限公司和郴州市湘牧农业科技合伙企业（有限合伙）在郴州地区投资建设的生猪扩产能项目，设计规模为年出栏商品猪 48 000 头，主要业务是生猪养殖及其资源化综合利用。项目位于苏仙区栖凤渡镇草田村，占地面积约 350 亩，建筑面积 25 000 余 m²，总投资 6 500 万元人民币。目前，项目已全面完成建设，于 2023 年 2 月正式进驻投入了生产。项目建设手续完备，完成了在湖南投资项目的在线审批监管平台备案，并获得当地发改委、水利局、生态环境局、林草局和国土资源服务中心关于猪场建设的相关批复。项目基础设施条件完善，能有效保障猪场高效运营。项目建设高标高质，严格按照新型楼房养猪技术设计规范施工建设，配套全自动控制设备，严格采购达标的建设原材料，施工过程精益求精，多措并举打造现代化、标准化、智能化、精准化标杆性新型楼房生态养猪场。

➤ 主要做法

1. 实施背景

鉴于 2018 年以来，非洲猪瘟肆虐、横扫大江南北，大量生猪死亡，大批养殖户被迫退出导致我国生猪产能严重不足，猪价上涨，为稳定生猪生产、保障菜篮子工程，与时俱进建设新型楼房养猪场。

2. 主要内容

养猪行业的效益重在管理，最大的风险是防疫风险，一旦防疫失败，一切归零。因此，后非瘟时代的养猪业就要从有利于管理、有利于防疫着手建设硬件设施和管理体系，包括房舍设备、喂料系统、排粪处理系统、其他设备、环境控制系统和养殖智能监控系统。

3. 主要技术

房舍设备：猪舍主体为钢筋混凝土框架结构五层楼房，由专业机构设计，集约用地，便于管理，经专业机构检测，安全性可靠，通风透气，方便实用。猪栏，根据功能划分为定位栏、保育栏、肥猪栏、分娩栏等，分阶段饲养。每间猪栏都配有自动饮水系统、漏缝地板、智能饲喂器等设备，给猪只提供了良好的生存环境。同时采用全封闭化管理，有利于防疫。

全自动喂料系统：配有料塔、料线、群养饲喂器、母猪饲喂站等饲喂设备。通常采用在食槽顶部装饲料储存箱，每间隔一段时间自动加一次料，可以减少饲喂工作量。可以根据猪生长的不同阶段、定时定量饲喂，能在一定程度上降低了劳动强度，节约了劳力，节省了饲料，还避免了猪群产生应激反应。

排粪处理系统：采用水泡粪形式收集猪尿水粪便，并设有污水处理站，定期启动排污阀排污，配合刮粪机便于彻底清除粪便。粪污在污水处理站经干湿分离、发酵，固污加工成有机肥，液污经处理后，达到综排一级标准，灌溉农作物。既保护了环境，防止二重感染，又实现了资源化利用。

其他设备：猪场设有种猪测定站、配种工具、妊娠检测工具、B超、化验设备、可以宏观地提前发现问题，提前采取解决措施。猪只配有标示器件和电子档案，随时可通过猪场管理软件查看和分析。

养殖智能监控系统：承担了串联养猪场的作用，依据大量各类型传感器在线采集的数据，来调节舍内温度、湿度、空气质量、控制料水喂养、清粪等设备，实时查看猪群动态。例如养猪场某一舍的温度为28℃，已然超过在云平台设定的温度为27℃的合理值范围，根据管理者设定的PLC逻辑控制条件，自动开启该猪舍对应的风机、开窗机等，等到再次检测温度降到27℃以下时，自动关闭；电路出现故障会自动报警；保温板超过设定温度会自动断电——整个调控过程可以选择手动开始控制、自动/远程云平台来执行。同时根据员工职责的不同，划分员工到不同的权限组中，一定程度上规范化员工管理制度。智能养殖场是在物联网、无线通信、移动互联网等技术发展下的产物，推动养殖业的养殖方案、养殖模式、养殖场管理制度等方面的提升，降本增效，实现养殖场经济效益提高。

4. 运营模式

生猪饲养采用自繁自养，减少引种风险，减少运输应激，提高生产效率；同时，通过猪—肥料—农作物形式实现资源化综合利用。

➤ 经验效果

1. 社会效益

石榴冲养殖场项目被列入苏仙区重点建设项目，得到了当地政府和村民鼎力支持，流转了 350 亩荒山、油茶林、山地、水田等消纳用地，充分利用了土地资源，同时项目的开展为当地政府创造了税收。

2. 经济效益

以石榴冲养殖场为核心，当地政府主导形成了苏仙区栖凤渡镇生猪产业融合发展示范园，通过"公司＋合作社＋基地＋农户"等方式创建利益联结机制，通过"生猪—肥料—油茶""生猪—肥料—玉竹""生猪—肥料—水果""生猪—肥料—苗木""猪—沼—菜""菜—饲—猪"等种养结合模式，提升农业废弃物综合利用水平，促进了当地农业产业内部深度融合。通过生猪产业发展带动民生事业，助力乡村振兴战略，促进了农业增效、农户增收、农村繁荣，带动当地农民工就业约 300 人，项目周边村民人均可支配收入增加 1 倍以上。

3. 生态效益

石榴冲养殖场作为现代化生态养殖场，配套建设了畜禽资源化利用项目。废水，建设了污水处理站，占地 3 亩。采取尿泡粪工艺，进入污水收集系统，废水经固液分离＋厌氧池＋DST＋二级 A2/O＋深度处理＋臭氧消毒处理，水质达到综排一级后再用于灌溉消纳地，实现资源再利用。废气，主体建设配套除臭设施，通过猪舍通风口安装除臭系统、喷洒生物除臭剂以及场内绿化等方式加强除臭，臭味减少 60% 以上。猪粪，附近配套建设有机肥加工厂。猪粪、污泥等运至堆肥间作为有机肥半成品，再运至有机肥加工厂加工制作成有机肥外售或用于当地农作物使用，以有机肥替代化肥，实现资源再利用，最终实现养殖与环境协调发展。

撰稿单位：郴州市石榴冲农业科技有限公司

撰 稿 人：徐　社

云南省双江三祥养殖蛋鸡智慧养殖典型案例

➢ **基本情况**

云南双江三祥养殖有限责任公司成立于 2008 年，注册资本 500 万元，属双江自治县招商引资重点农业产业化养殖企业。公司占地 130 亩。建筑面积 14 080 m²，总投资 1.3 亿元，固定资产 3 031.32 万元，主要从事蛋鸡的饲养管理、鸡蛋的生产销售、饲料和生物有机肥的研究开发及生产销售业务。目前，公司已建成年饲养蛋鸡舍 8 栋，年产 5 万 t 生物有机肥生产线 1 条，创造就业岗位 60 个，是目前全省自动化程度最高，规模最大的标准化蛋鸡养殖企业之一，也是临沧市最大的学生营养改善计划鲜鸡蛋供应基地。项目以拓面增量、提质增效为主攻方向，优布局、壮主体、育良种、强支撑，围绕蛋鸡养殖产业提质增效、转型升级这一主线，总投资 121 万元，建立蛋鸡智慧养殖数字化模型、建立蛋鸡智慧养殖数字化养殖技术平台功能模型、蛋鸡健康养殖技术综合技术体系研究、养殖研究、示范基地航测、智慧养殖环境监管物联网平台、鸡蛋质量安全追溯体系、蛋鸡智慧养殖数据管理平台等信息化、数字化平台，实现蛋鸡养殖全过程系统化的信息获取传输处理与应用，全面提高养殖场蛋鸡养殖、种鸡养殖数字化水平。

➤ **主要做法**

以蛋鸡、种鸡养殖的精准作业、精准控制为主导，全面采用大数据、云计算、物联网、移动互联及传感器技术，以蛋鸡养殖数字农业示范基地建设为切入点，通过项目建设实施促进信息技术与蛋鸡养殖的深入融合，加快实现生产智能化、经营信息化、管理数据化、服务在线化。

1. 蛋鸡智慧养殖数字化模型

环境参数监控及蛋鸡智慧养殖数字化提升：在鸡舍建设环境监测控制云盒，完成8个鸡舍环境的数据采集和监控，包括湿度、温度、负压、CO_2、NH_3等指标的实时监测、异常预警，鸡舍智能化供水、供料、控温、控湿，监测数据实时发送到物联网平台，实现自动化远程监控。

饲料管理、喂养管理、卫生防疫环节优化改进：配套全自动清粪系统（全程传送带），养殖场产生的鸡粪每天按时通过传送带直接送入运粪车辆并送达有机肥开发有限公司加工利用。在实际生产过程中，通过源头减量、过程控制、末端利用，实现畜禽粪污资源化利用，有效地控制养殖粪便的排放，削减氮、磷的排放量，减轻对澜沧江水系等水体的污染，在一定程度上缓解了当地因畜禽养殖带来的环境压力。

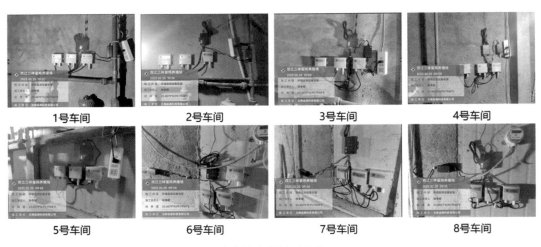

| 1号车间 | 2号车间 | 3号车间 | 4号车间 |
| 5号车间 | 6号车间 | 7号车间 | 8号车间 |

鸡舍数字化提升改造

2. 蛋鸡智慧养殖数字化养殖技术平台功能模型

鸡舍环境多参数监控（含视频监控）系统：在示范基地建设气象环境监测站、视频监控系统等，改造提升传统蛋鸡养殖管理模式，为蛋鸡养殖管理提供科学指导，解决产业养殖管理人力成本高、管理不及时的问题，实现基地数字化。

精准饲喂系统：在养殖圈舍内为蛋鸡配备自动喂料系统，降低饲料浪费率，实现蛋鸡养殖精准化、自动化，提高和规范自身养殖水平。

智能化集蛋：配套建设集蛋系统，实现鸡蛋自动收集，减少人力投入，通过集蛋系统还能大幅降低鸡蛋破碎率。

鸡蛋在线营销管理平台：通过将对养殖基地所有蛋鸡养殖舍和饲料生产车间及进行物联网优化，打造覆盖从投入品到养殖生产到产品销售的全链条智能化管理平台。建立鸡场从生产源头到销售的在线营销体系。

3. 示范基地航测

无人机捕捉整个基地场景的图像信息后使用建模等手段渲染后的基于空中视角的360°全景图，结合示范基地内部地面全景影像，形成720VR导览影像，展示基地情况。使用无人机倾斜摄影建模，建立基地三维影像模型及高精度正摄影像，并生成基地空间范围矢量图，使用户不用到达现场也能直观地了解基地信息。

4. 智慧养殖环境监管物理网平台建设

建成三祥智慧养殖环境监管物联网平台，实现养殖环境数据采集、控制和分析决策，通过物联网智能采集器把数据实时的传输到物联网平台

气象环境监测站安装效果

气象环境监测站实时数据

示范基地 VR 全景

产品质量安全追溯平台

上，从而可以远程通过智能手机或电脑进行数据查看和智能分析。用先进的物联网技术提升用户的养殖管理水平，节省人员，提高效率，实现更加精细化的智慧养殖。

产品追溯示范案例

5. 鸡蛋质量安全追溯体系建设

建成鸡蛋产品质量追溯质量体系及产品质量安全追溯平台，实现养殖企业信息管理、资质证照备案管理、养殖基地管理、鸡舍管理、喂养记录、卫生防疫记录等，追溯产品管理、员工管理、追溯码管理、销售管理等；赋予每一枚鸡蛋一个溯源二维码，让鸡蛋带上身份证号码，让消费者吃上放心蛋。

➤ 经验效果

1. 经济效益

通过数字农业示范基地的建设，将云计算、大数据、物联网、地理信息技术等先进信息技术与产业融合，把产业养殖、农业环境与农业生产者、销售者、消费者作为一个有机整体，深度挖掘各要素间存在的密切关系，将物联网技术与蛋鸡养殖

在线营销平台

结合起来，极大地提高了现代农业生产设施和设备的数字和智能化水平。形成以人员管理、饲养操作管理和生产管理为核心的数字化、信息化、智能化管理平台，快速应对各种环境状况，有效节省人力、产销成本及能源配置。

2. 社会效益

通过数字化示范基地的建设有助于基地建立科学有效的养殖管理计划，实现全程的可见、可管、可控、可追踪，实现全流程数据化的建档，引导、转变农业生产者、消费者观念和组织体系结构，从产品生产源头引导产品生产企业向绿色和有机产业方向发展，促进全县农业朝着生态型、环保型和外向型方向良性循环发展，提高双江自治县乃至临沧市养殖产业经济化管理效率，推动形成资源利用高效、生态系统稳定、产地环境良好、产品质量安全的农业发展新格局。

3. 生态效益

通过数字化示范基地的建设实现畜禽粪污资源化利用，有效地控制养殖粪便的排放，削减氮、磷的排放量，减轻对澜沧江水系等水体的污染，调解能源、肥料二者之间的关系，提高农作物有机肥的利用率，减少化肥、农药的使用量，既丰富了农村的能源供给，又增加了有机肥供给，减少了化肥的使用量，提高土壤有机质含量，促进全县有机肥替代化肥发展进程。

撰稿单位：双江自治县畜牧兽医技术推广中心

撰 稿 人：熊启应

陕西省略阳县智慧乌鸡养殖建设典型案例

➤ 基本情况

略阳乌鸡是全省唯一保护的家禽品种，是在略阳县独特的地理环境条件下经人们长期选育形成的一种古老而优良的地方鸡种，至今已有1 900多年的历史。略阳乌鸡鸡肉脂肪含量少、肉质劲道有嚼头、汤味鲜香、回味悠长，富含10余种人体需要的氨基酸和多种微量元素，兼有较高的药用和保健功效。2008年获得国家地理标志产品保护认证，2010年获得地理标志证明商标，2017年获得农业部农产品地理标志登记。

近年来，略阳县委、县政府坚持绿色循环、转型发展定位，按照"一县三品、一品一链"产业发展思路，将以略阳乌鸡为主的绿色食药产业作为全县首位产业，通过政策引导、项目扶持、专班推进，成功创建略阳乌鸡国家养殖标准化示范区、黑河镇略阳乌鸡全国"一村一品"示范镇，申报创建略阳乌鸡省级农村产业融合示范园，发布实施了地方标准和企业标准，建成省级现代农业产业园。略阳县略阳乌鸡获评陕西省特色农产品优势区，略阳乌鸡入选陕西省农产品区域公用品牌，产业品牌知名度和影响力不断提升。2022年，全县养殖略阳乌鸡295.3万只，全产业链产值达到11亿元以上。略阳乌鸡作为略阳县特色优势养殖产业，在整个产业链上具有巨大的发展潜力。为了实现乌鸡养殖产业的可持续发展，提高养殖效率，降低成本，同时保障产品质量，智慧养殖被当地政府和企业视为关键发展方向。为此，结合陕西省农业物联网综合管理分析平台，以物联网、云计算、人工智能等技术为支撑，构建数字化乌鸡养殖产业。

➤ 主要做法

1. 实施背景

积极争取到略阳县物联网管理平台推广应用项目，按照《关于印发2022年第四批省级专项资金项目实施方案的通知》文件要求，为深化县级物联网系统与省物联网管理平台的双向数据交换共享，推进省、市、县纵向联通，全县依托省级物联网管理分析平台，围绕种植业生产智能化示范、养殖业生产智能化等设备设施的信息化改造，开展环境监测控制、生产过程管理等设备设施的信息化改造。通过前期调研以及现场走访踏勘后，最终确定以鸡舍为长方形或者正方形，网络覆盖好的，有智慧农业发展需求的略阳县仙台坝镇黑咯咯养殖场作为项目的实施试验点。按照项目规范建设要求，经过政府招标采购设施设备，在 2022 年 11 月底完成了整体建设任务。项目共安装物联网监测设备 54 套，云服务器 3 台，养殖场终端计算机 1 台，实现对乌鸡生长环境进行 AI 智能感知与识别。通过机器视觉可以实现乌鸡的计数、称重、病死鸡监测，建立生产全过程实时数据库和可视化信息平台。

自动监测存栏量和病死鸡

2. 主要内容

构建物联网监测系统：在养殖场安装物联网监测设备和传感器，实时监测乌鸡生长环境，包括二氧化碳、氨气、光照、温度、湿度、粉尘等关键参数。

利用计算机视觉技术：在鸡舍安装摄像头，使用深度学习目标检测模型，对乌鸡进行目标检测、计数和估重，节省人力成本，提高盘点准确性。

建立乌鸡生长实时数据库和可视化信息平台：记录每日测量结果，形成乌鸡生长曲线，为养殖户提供科学决策依据。

建立乌鸡预警中心：实时预警生产过程中的疾病和死亡状况，降低损失，为实现减少死亡率起重要作用，同时降低预防非自然灾害下的生产损失。

3. 主要技术

物联网技术：实现各种传感器和监测设备与云平台的连接，实现远程实时监控和数据分析。

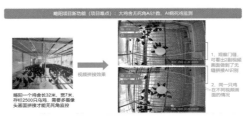

计算机视觉技术：利用深度学习目标检测模型，实现乌鸡的目标检测、计数和估重等功能。

云计算技术：整合各类数据和资源，为养殖户提供便捷的数据查询、分析和应用服务。

人工智能技术：运用人工智能技术，对乌鸡养殖数据进行智能分析。借助现代科技手段，实施信息化改造，推动乌鸡养殖产业的可持续发展，提高养殖效率，降低成本，同时保障产品质量。

4. 运营模式

加强与政府、企业和研究机构的合作，共同推动智慧养殖项目的实施。培训养殖户和相关人员，提高智慧农业技术的应用水平。不断优化和升级项目方案，推动技术创新，提高养殖效果。加大项目宣传力度，提高社会各界对智慧养殖的认知度和支持度。建立健全项目监测和评估机制，及时发现问题，调整方案，确保项目顺利实施。

➤ 经验效果

目前在仙台坝镇仙台坝村黑咯咯养殖场安装物联网监测设备，建立生产全过程实时数据库和可视化信息平台，对养殖户决策和应对解决方案的制定提供有效参考依据，通过 AI 设备对养殖场实现自动化、精准化，减少人力，有效利用资源，降低农业生产成本，提高乌鸡的存活率，同时降低预防非自然灾害下的生产损失。一是提高乌鸡养殖效率。实时监控乌鸡生长环境，调整参数以满足最佳养殖条件，从而提高乌鸡生长速度和品质。二是降低养殖成本。通过自动化监测和分析，减少人力成本，提高资源利用效率，降低养殖成本。三是保障产品质量。通过数据可视化和预警系统，确保乌鸡生长在良好环境下，减少疾病发生，提高产品质量。四是增加养殖户收入。优化乌鸡养殖技术，降低成本，提高市场竞争力，从而增加养殖户收入。五是为政府和企业提供决策支持。整合数据，建立行业数据库，为政府和企业提供实时、全面的信息，为决策提供依据。

通过实施此项优化和升级的智慧农业方案，略阳乌鸡养殖产业将实现可持续发展，同时提高产品质量和效率。

撰稿单位：略阳县农业产业发展服务中心

撰 稿 人：罗云鹏，韩晓勇

陕西省"嘟嘟农机"智能网约服务平台典型案例

➤ 基本情况

秦云技术股份公司，成立于 2021 年，致力于为政府及企业客户加速实现数字化转型，做好数字经济"新基建"。秦云技术股份公司坚持探索自研、自主、可控的区块链技术，投资数千万元研发"秦云链 BaaS 平台"，以"区块链+"助力产业沉浸式"升维"。2019 年 5 月 15 日上线的"嘟嘟农机"智慧农机服务平台是基于"互联网+农机作业服务"针对农村、农民和农田，服务农户、服务机手、服务农民专业合作社、服务维修点的"农字牌"手机网约平台，通过手机 App 实现"管理平台化、平台信息化、车辆标识化"做到便捷派车、高效用车、透明管车、有效督车的目标，实现参与深松整地的农机纳入信息化监管平台。

截至目前，嘟嘟农机手机网约平台已与宝鸡市 11 个县区签订协议，面向全市推广使用。截至 2023 年 6 月，"嘟嘟农机"小程序注册用户 82 680 人，认证机手 1 143 名，订单总数 13 549 笔，作业面积超作业面积 14 万亩。上线以来完成农田耕种 14 万亩以上，3 000 多套农机设备使用率得到提升，农机手增收近千万元。

➤ 主要做法

通过"嘟嘟农机"智慧农机服务平台，让农机手和农户实现了快速对接，解决了农机资源和信息共享共用的难题。特别是在应对农村劳动力不足、农业人口老龄化上，"嘟嘟农机"智慧农机服务平台，具有操作简单、容易上手、实时透明的特点，数字赋能、智慧管理，实现了传统农业"靠天生产"朝着农业智慧"看屏生产"的转变，在助力农业高质量发展，提高农业生产效率、跑出农业"加速度"上都有着强大的后劲。通过数字赋能智慧农业，将农产品生产、流通、加工、储运、销售、服务等相关产业紧密连接，实现农业要素资源的高效配置，促进一二三产业融合，极大的保障农业产业链条上农民利益。利用北斗定位、物联网、区块链等技术，平台整合农机作业状态信息和生产大数据，突破了传统农业"靠天靠地靠人力劳动"投入的局限性，解决了"有机无田耕、有田无机耕"的供需矛盾，让农业生产逐步朝着农业环境一体检测、农业数据

扫码登录界面

App 主要界面

一目了然、农技服务一键响应、农业链条不断延伸。机手进入平台后，需首先完成机手认证方可进行接单作业，使用人脸核身功能，陕西省农机监理平台实时同步机手与机械审验状态。当农户需要机手作业的时候可在右上角选择发布作业或者点击下方机手列表中对应的预约按钮预约机手。

➤ 经验效果

1. 经济效益

平台上线以来，总作业面积超过 14 万亩，以最低市场价旋耕费用在 60 元 / 亩费用来计算，为当地农机手带来超 840 万元以上直接收入，实现了农业生产效率的巨大提升，直接带动了农民收入的直接提升。

2. 社会效益

在农业数字化转型过程中，会生产和积累大量的管理数据，这些数据的整合和利用将对提升农业政策效果、设计和实施适当的智慧农业政策起到推动作用，"嘟嘟农机"智慧农机服务平台的数字服务功能，让当地政府对当地耕地基础信息、种植面积、农业投入、劳动力人口、农机数量等数据有了更加清晰的了解，破解政府部门、行业部门、市场主体之间信息不对称难题，实现农业要素资源的有效配置，具有强大的社会效应。

3. 推广应用

上线以来，与宝鸡市 11 个县区签订协议，截至 2023 年 6 月，"嘟嘟农机"小程序注册用户 82 680 人，认证机手 1 143 名，订单总数 13 549 笔。2022 年间产生订单 7 900 余笔，作业总面积 74 927.58 亩。其中加装检测设备的农机作业面积 4.9 万亩（具备完整的地块作业轨迹、面积、位置、形状及年度作业类型等数据）。

撰稿单位：秦云技术股份公司

撰 稿 人：王　健，张新忠

甘肃省秦岭中蜂产业专业合作联合社智慧平台建设典型案例

➤ 基本情况

两当县全县森林覆盖率 74%、植被覆盖率 83%，境内蜜源植物达 144 种，享有"狼牙蜜之乡"之美誉。近年来，两当县委、县政府高度重视，精心谋划，将蜂产业纳入全县农业特色产业发展，产业化、组织化、规模化程度不断提高，养殖和生产规模日益扩大。培育引进 4 家以收购蜂蜜为原料的生产加工龙头企业，注册"狼牙""蜜相蜂"商标，建立种蜂繁育基地、标准化养蜂示范基地，辐射带动各乡镇，形成"一纵一横"蜂产业带，并积极推广"进山入沟""土蜂洋养"养殖模式。养殖规模发展达7.85万群，蜂蜜年产量700余吨，产值达5000万元。两当秦南有机农业开发有限公司与35个农民专业合作社（涉及农户1000多户）投资500万元，共同成立甘肃秦岭中蜂产业专业合作联合社，投入使用智慧蜂箱，打造两当县中华蜂产业智慧农业平台，大力实施中蜂养殖"互联网+"行动，积极推进物联网、大数据、空间信息、移动互联等信息技术的融合与应用，为两当县现代农业发展提供了强有力支撑。

➤ **主要做法**

1. 实时监测与远程监控

智慧农业云平台通过传感设备实时采集养蜂环境的空气温度、空气湿度、光照、蜂箱动态、蜂箱定位、PM2.5（空气质量）、PM10（可吸入颗粒物）等数据；将数据通过移动通信网络传输给监控管理平台，监控管理平台对数据进行分析处理。养殖者可及时采取防控措施，降低养殖风险，远程监控全县中蜂养殖基地，通过前端探头对接平台会议系统，了解蜂农养殖情况，可实现远程控制功能。农户可通过手机或电脑登录系统随时了解蜂场状况，防止偷盗。

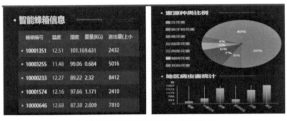

中蜂养殖智慧监控管理平台

中蜂养殖保种繁育场

2. 产品安全溯源

智慧农业云平台可以帮助用户进行蜂产品品牌管理，并为每一份蜂产品建立丰富的溯源档案。通过云平台，生产者可进行生产投入物品，以及蜂产品检测、认证、加工、配送等信息的记录管理，信息可自动添加到蜂产品溯源档案；同时通过部署在养殖基地现场的智能传感器、摄像机等物联网设备，平台可自动采集蜜蜂生长环境数据、采蜜期图片信息、实时视频等，丰富蜂产品档案。平台利用一物一码技术，将独立的防伪溯源信息生成独一无二的二维码、条形码及14位码，用户使用手机扫描二维码、条形码，或登录一品一码农产品溯源平台录入14位码，即可快速通过图片、文字、实时视频等方式，查看蜂产品从生产、加工检测到包装物流的全程溯源信息。使用一物一码技术，一次扫码后即无效，可实现有效防伪。

3. 远程培训、互动交流功能

联合社聘请专家、教授在平台中心，适时切换各蜂场画面，根据不同情况进行技术指导和培训，蜂农通过 App 随时随地都可参加学习，并可实现互动交流。

4. 远程疫病诊疗功能

蜂农根据养殖过程中出现的不同疫病情况及时反映给联合社，联合社通过画面切换联系相关专家、教授进行问诊把脉，并提出可行的治疗方案。安装了 App 软件的蜂农随时随地都可接收到专家会诊治疗方案，实现足不出户解决疫病防控难题。通过智慧平台以"联合社 + 基地 + 农户"的运营模式形成产、加、销一体化经营模式，在各环节上带动社员和农户。

➤ 经验效果

甘肃秦岭中蜂产业专业合作联合社智慧平台作为两当县养蜂产业大数据监管平台，帮助蜂农更好地进行中华蜂养殖管理，实现互联互通开放共享，打造了集约、高产、优质、高效、生态和安全为一体的现代养殖产业链。一是在中华蜂养殖过程中，利用云平台汇总数据，并进行分析处理，给当前蜂农提供专业的科学养殖技术指导，开展高效精准的养殖交流和互联互通的养殖培训，提高蜂农蜜蜂养殖技术水平。二是通过智慧平台运用，动态监测养殖环境，智能监控养殖基地情况，预防中华蜂病虫害，高效地利用两当县蜜源植物资源，优化了养殖资源，减少了人力成本。三是智慧平台的运用，只需通过一部手机，就能掌握蜜蜂生长情况，实现对蜂群的智能化管理，减少了人工投入，同时，提高自然灾害和病虫害防控水平，提升了产品质量，增加了经济效益，有利于生态环境保护。

撰稿单位：甘肃省农业信息中心，两当县农业农村局，两当县畜牧兽医站

撰 稿 人：高　虹，秦来寿，张满红

甘肃省张掖市肃南县智慧畜牧建设典型案例

➤ **基本情况**

肃南县智慧畜牧业发展模式采取政府引导，企业主导、农户参与的模式，现已建成共享牧场试点 7 处，细毛羊养殖专业村 4 个。建成文旅 + 共享牧场体验中心 1 处、共享牧场展销中心 1 处、共享牧场大数据平台 1 个，升级开发共享牧场微信小程序 1 个，牧场监控点位 11 处。2021 年，共享牧场认领销售高山细毛羊 2 800 只，销售额达 503 万元，带动增收 43.2 万元，初步建立起统一的产品规格、品质等级、销售价格和产品包装的销售体系，2022 年，主打高山细毛羊特色品牌，兼顾肃南高原牦牛、高原富硒藜麦等农特产品，全程实施标准化、规范化生产管理，大力开展农畜产品质量安全保障工程，健全完善监管体系、监测体系、追溯体系，确保肉食品安全可靠。通过线上线下各类渠道售出（屠宰）羊羔 2 688 只，销售额 450 万元，销售态势良好，市场需求

旺盛，消费者对"共享牧场"品牌认可度持续加深。

> **主要做法**

1.实施背景

肃南特殊的地理位置和气候条件造就了相对闭合、远离污染的原生态环境，具备了生产绿色、有机优质畜产品的先天条件，县内主要畜种甘肃高山细毛羊、肃南牦牛分别获得国家农产品地理标志认证，肃南县也被农业农村部确定为甘肃高山细毛羊生产基地县，但受祁连山生态环境保护要求和牛羊价格走低的影响，肃南县畜牧业发展遇到瓶颈。面对资源约束和环境约束的"双紧"挑战和在较高基数上继续保持较快增长难度加大的不利因素，肃南县积极主动适应经济发展新常态，聚焦推进农牧业供给侧结构性改革，发挥畜牧业资源优势，依托"互联网+"，借助现代通信、物联网、大数据、云计算等新技术手段，试点建设"共享牧场"项目。

共享牧场场景

共享牧场运营中心

2.主要内容

一是大力提升甘肃高山细毛羊生产能力、扩大甘肃高山细毛羊产品影响力，打造甘肃高山细毛羊全产业链高效信息化发展模式。二是大力推广人工智能、蓝牙高精度定位、无线传感技术在甘肃高山细毛羊生产、加工、市场营销、产业融资及风险防控等环节的数字化、网络化运用。三是完善畜牧业智能化管理体系。建设县、乡、农民专业合作社、运营企业等多方参与的联动机制，通过共享牧场运营平台，运用专业化的信息对肃南县畜牧业科学高效管控，实现互联

共享牧场外景

共享牧场场地环境检测数据

网＋畜牧业资源的全面共享。四是基于互联网＋甘肃高山细毛羊建设平台，建成联动高效的系统，拓宽产业范围，广泛吸引社会资本参与生态养殖、放牧体验、休闲养生等产业，加速提升产业发展水平，不断满足人民群众对美好生活的向往，助力于推动农村一二三产业融合发展。

3. 主要技术

一是运用网络视频 24 h 在线采集牧场、牲畜身份以及消费者需求信息等，及时与大数据管理智慧中心对接，实现养殖舍内环境信号的自动检测、传输、接收；运用无线传感器等网络传输技术对养殖舍内相关设备的控制，实现养殖舍内环境的集中、远程、联动控制；佩戴电子感应设备（电子项圈或智能耳标），运用物联网采集系统采集牧场内细毛羊的温度、运动轨迹、活动步数等数据，准确判断牲畜生命特征。二是建设可视化智能系统，对共享牧场生产的产品落实国家卫生、质量标准，制定共享牧场食品生产地方行业规程，导入 HACCP 质量控制管理理念管理生产、运输、销售各环节。邀请国家权威机构和专家对共享牧场产品进行鉴定，颁发鉴定书，建立统一产品规格和品质等级、统一销售价格和产品包装的推介销售模式。邀请新闻媒体对产品进行跟踪并做系列报道，探索"网络直播"营销模式，将直播间设在天然牧场，让消费群体直观了解牧场的真实环境。三是运用 RFID 设备实现牲畜"一羊一身份证"管理。牲畜"身份证"信息包括：牲畜种类、生产日期、选育重量、养殖地点、雌雄、照片、防疫、兽药使用情况、出栏时间、出栏重量以及后期屠宰加工企业、经销企业等信息，对每只羊从养殖到加工再到终端消费的全产业链追溯，确保影响羊肉质量的每个风险点都能防控，实现第三方检测与质量安全追溯体系基本配套。开发建设集计算、存储和系统研发等功能于一体的大数据平台，通过物联网信息智能化采集设备及技术，对畜牧业基础信息、服务信息、管理信息和空间信息进行采集、分析和处理，建立统一的畜牧业信息资源综合服务和智能分析系统，宏观调控畜牧产业、全面监管畜产品质量、精准提供综合信息服务。

4. 运营模式

采用"党支部＋合作社＋公司＋牧户"的模式，探索"资源变资产、资产变股金、村民变股民"的"三变"改革模式，引导农牧户与合作社签订协议，采取流转草场、吸纳生产资料等方式，让农牧户直接参与共享牧场建设各环节，引导合作社与龙头企业建立稳定的契约关系和利益联结机制，加快发展规模化、组织化、集约化现代农牧业，实现企业做大、合作社做强、农牧民增收的多重效应，支持龙头企业采取订单、入股分红、利润返还等方式，与农牧户形成紧密型利益共同体。

➤ 经验效果

1. 经济效益

盈利分红＋实体收入实现成果共享。坚持业态融合、产销对接，打造一二三产业融合的绿色有机食品产业链，通过发展"农牧户＋合作社＋企业"的运营模式，实现联产品、联设施、联标准、联数据、联市场，着力打造上联生产、下联消费、利益紧密联结、产销密切衔接、长期稳定的新型农商关系，目前，"共享牧场"云端销售羔羊达到3 500多只、文创玩偶1 200多个，每只均价高于市场400多元，辐射带动4个乡（镇）200多户农牧户，企业销售额达到600多万元，农牧户实现增收140多万元，发挥了绿色、有机农特产品在中高端市场的绝对优势，农牧民也分享到了二三产业的增值收益。

2. 社会效益

农牧融合＋产业互促实现资源共享。肃南县积极探索与旅游融合发展的新路子，深度挖掘细毛羊文化内涵，做大"细毛羊经济"，全力培育特色品牌和消费热点，通过举办细毛羊论坛、赛羊节、剪毛比赛等系列活动和乡村旅游农畜特产推介会，着力打造全县农特产品、特色旅游、产品展示、供应链管理、宣传推介、销售推广的公共平台。建成文旅＋共享牧场体验中心1处，重点打造集展销、体验、活动等功能于一体的趣玩牧场，通过墙体绘画、沙画、玩偶、首饰等文创作品，推动细毛羊文化的传播，扩大品牌影响力，吸引沿途游客的旅拍打卡和产品外销，以绿色、有机和自然风光、民族特色带动裕固风光特色旅游的发展。积极创建乡土文化展示基地，为青少年提供农耕、游牧、民俗等乡土文化体验，组织"青少年校外研学"等活动，初步形成了"草原生态观光游、裕固风情体验游、红色文化研学游、游牧生活体验游"的产业融合发展新格局。

3. 生态效益

绿色有机＋生态产品实现品牌共享。产业的发展，得益于品牌的带动。甘肃高山细毛羊作为甘肃省"独一份""特别特""好中优"的特色畜产品，因资源优势明显、产业规模领先、品牌效益突出、科技支撑有力，坐落于"高原""绿色"地域，集无公害、绿色、有机和地理标志于一身，共享牧场坚持品牌引领、质量为本，通过落实"统一建设、统一管理、统一监管、统一防疫、统一品牌、统一包装、统一宣传、统一销售、统一服务"的"九统一"标准，做实"共享"高原优质牧场，采取视频宣传、直播预热、牧场体验、网络预售和展会推介等活动，绿色健康的优质羊肉搭载"互联网"快车走进北京、广州、上海等一线城市高端市场，"宅家"就可以品尝来自大西北肃南"共享牧场"绿色有机美食，打通了从草原到消费者的一站式共享服务渠道。

撰稿单位：甘肃省农业信息中心，肃南县农业农村局

撰稿人：张　昕，杨鑫环，高　虹，杨　焱

第三部分

／

智慧渔业

江苏省数字赋能智慧渔业建设优秀案例

➤ **基本情况**

江苏泗洪县金水特种水产养殖有限公司成立于 2002 年，2011 年被评为农业产业化国家重点龙头企业，拥有优质河蟹养殖基地 9 500 亩，稻渔综合种养基地 5 500 亩，分别位于泗洪县临淮镇和龙集镇；建设水产品冷藏加工生产区 5 500 m²、科创中心 8 500 m²。主营产品包括大闸蟹、小龙虾、有机鱼、甲鱼、青虾等。先后获得国家级水产健康养殖和生态养殖示范区、国家级星创天地、农业部水产健康养殖示范场、省级水产良种繁育场、省级水产养殖全程机械化示范基地、省级数字农业农村基地、宿迁市质量管理优秀奖等荣誉。公司始终坚持现代渔业科技与生态资源深度融合的可持续发展道路，以引进新品种、探索新技术、推广新模式为己任，引领洪泽湖区域水产养殖高质量发展。探索以"公司＋农户"利益共同体经营模式解决规模养殖问题，通过带动本地养殖户就业，解决技术人员不足、生产管理效率低等问题，实现集聚人才补短板。通过"六统一"（塘口、种苗、投入品、技术、质量、品牌）专业管理模式，有效保证水产品质量安全，实现标准养殖强管理。

➤ **主要做法**

1. 实施背景

随着现代社会经济的飞速发展，我国农业（水产）生产模式已经发生了巨大的变化，正向现代化、智能化方向发展。智慧农业作为集保护生态、发展生产为一体的农业生产模式，有助于推动农业可持续发展。在"十三五"和"十四五"规划中都明确指出了发展智慧农业的必要性以及迫切性。习近平总书记强调："农业现代化，关键是农业科技现代化。要加强农业与科技融合，加强农业科技创新，科研人员要把论文写在大地上，让农民用最好的技术种出最好的粮食"。

2. 主要内容

打造数字化、智能化渔业智慧养殖基地：在生产养殖方面，公司大力推动机械化、自动化作业，配备现代化的渔业养殖设施、设备，自动投饵机、植保无人机、水产无人船、智能增氧机等设备可以进行远程控制，水质监测设备以及全方位监控设备，能够实现水质在线监测、安全监控全覆盖，并且在综合控制中心的统一管理下，对生产养殖过程进行系统化、信息化的管理，建成数字化渔业养殖物联网基地，形成了具有金水特色的水产养殖、销售、售后、管理为一体的较为完善的产业体系。

打造高效化、信息化全产业链管理基地：公司全面建成产业强镇项目，其中包括建设智慧农业控制中心、冷库等配套设施、电子商务平台。通过一系列项目的建设，全方位推动公司数字化基地的建成，真正建设形成了集种苗繁育—高效养殖—冷藏加工一流通营销为一体的产业链条。智慧农业控制中心利用物联网云平台可自动生成配套水产养殖管理办法，全程追踪管理。并且形成产品可追溯系统，保证产品生产、加工、销售的过程有迹可循，实现远程自动化监控、低成本、高效地生产。公司新建1 000 t 水产品冷库、3 000 ㎡ 大闸蟹、小龙虾等水产品分检包装车间，冷库房及冷藏设备的配置可以保证公司水产品的储存和加工过程中的新鲜和卫生，在捕捞、储存、加工、输送等环节，可防止水产品发生变质、腐烂以及脱水、冻伤。电子商务平台项目投入使用可助力养殖户高效快速地将养殖产品转化为收入。基于微信小程序，公司建设电子商务平台线上品牌商城，让产品线下销售和互联网营销整合成为一个有机整体。尾水处理系统大大降低尾水中氮磷物质的含量，减少面源污染，切实改善生产环境，构建了产出高效、产品安全、资源节约、环境友好的现代渔业产业体系，实现五水共治，建设美丽渔业。

金水集团农业大数据中心

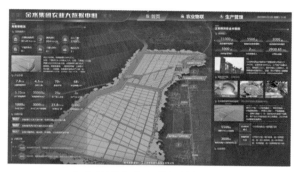

金水集团农业大数据控制平台

3. 主要技术

基地充分运用 5G、物联网、卫星遥感、大数据、云计算、视频监控等技术，建设了智慧农业控制中心、农产品质量追溯、尾水监测系统、电子商务平台 4 套软件系统。基地配备全套的智能微孔增氧机、自动投饵

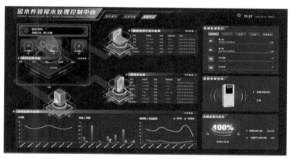

金水养殖尾水处理中心

机、撒药无人机、虫情监测设备、小型气象站以及水质监测设备等智能化设备。通过传感器、物联网以及移动互联网等信息技术将所有的智能设备与系统连接，进行统一管理、控制、运行，从而促进农业生产提档升级。智慧农业控制中心采用物联网控制系统的 PC 端以 B/S 结构，同时支持移动端 App、小程序等多种呈现方式，将生产过

程中所有信息进行整合，通过数据的实时更新，采用信息处理与分析技术、智能决策与控制技术等，建成智慧物联网体系，避免人工操作的随意性，增强对现场情况的精准掌握，实现远程自动化监控、低成本、高效地生产，为农业生产流程的标准化提供保障。

4. 运行模式

公司拥有现代化的渔业养殖设施设备，自动投饵机、植保无人机、水产无人船、智能增氧机等设备可以进行远程控制。安装水质监测以及全方位监控设备，能够实现水质在线监测、安全监控全覆盖。水质在线监测系统通过建立无人值守、实时监控的水质自动监测站，能够及时获得连续在线的水质监测数据，并将有关实时数据传输至控制中心，实现控制中心对自动监测站的远程控制，能够全面科学真实地反映各监测点的水质情况，及时准确地掌握水质状况和动态变化趋势，及时针对水质变化作出相应的反应。公司建设综合控制中心，统一管理，对生产养殖过程进行系统化、信息化的管理，形成了较为完善的数字化生产链条。

➤ 经验效果

通过智慧农业基地建设，公司不仅实现了高科技养殖、高质量产出，突破了传统养殖管理方式难以长期准确反馈养殖基数以及责任追溯困难等监管短板，使用"互联网＋"理念，打造养殖、种植、监管、流通、溯源一体化的智能养殖解决方案，推动稻渔综合养殖的规范性，搭建沟通及信息传递的数字化桥梁，带动产业链往更深处延伸，往更宽处拓展，从而更好助力农村渔业、经济社会发展。

1. 经济效益

稻渔智慧种养基地产品质量明显改善、产量显著增加，经济效益大幅提升，基地亩产小龙虾量 150 kg、水稻 600 kg，亩均增效 800 元以上。公司对水产品进行精深加工，增加产品附加值，延伸了智慧渔业产业链，预计年加工小龙虾 2 000 t，实现产值1.2 亿元，新创利润 2 000 万元。

2. 社会效益

公司通过实施智慧农业建设，逐步形成生产与加工紧密结合型生产模式，既可拓宽项目区的产业链条，增加农产品的附加值，同时也增加了大量就业渠道。全部项目完全建成后可带动基地周边地区新增农业从业人员 200 人，人均可支配收入达 2 万元以上，吸引周边沿湖乡镇农业从业人员参与技术、加工、销售等服务。

3. 生态效益

一是在生产过程中实行生态种植、养殖。在稻虾综合种养的过程中，通过塘口栽植水草净化养殖水质，并充分利用塘口原生的浮游生物、螺蛳等天然饵料，减少饲料投入；利用 EM 菌、光合细菌等微生物制剂调控水质，全程无化学药品使用；利用循环的生态沟渠净化养殖尾水，无养殖尾水向外界排放，实现养殖水体内循。二是生产过程中强化环境监测。企业定期对生产基地内的养殖尾水、土壤进行抽样并送至权威检测机构检测，同时建立健全相关制度，规定生产投入品必须符合有关国家标准，严禁违禁投入品使用，尤其是在化肥、农药使用上，必须符合《有机产品生产、加工、标识与管理体系要求》。三是生态处理养殖尾水。通过实行生态养殖，强化环境监测等措施，能够有效保证水产加工厂尾水达标排放，大大降低尾水中氮磷物质的含量，减少面源污染，切实改善生产环境，通过治水倒逼渔业产业转型升级，构建产出高效、产品安全、资源节约、环境友好的现代渔业产业体系，实现良好的生态效益。

撰稿单位：江苏泗洪县金水特种水产养殖有限公司

撰 稿 人：高新宇

湖北省宜昌市智慧渔政监管执法信息平台优秀案例

➤ 基本情况

宜昌市渔政监察支队主要承担宜昌市城区渔业行政执法，依法履行对县（市、区）渔政监管执法工作的督察指导和协调工作，是长江十年禁捕秩序维护的主体监管和执法单位，参照公务员法管理事业单位，核定事业编制 24 名，目前在岗 21 人。为了更好地推进长江大保护工作，宜昌市渔政监察支队在 2018 年率先在宜昌中华鲟保护区建成全省首个"长江水上在线监控系统"；2021 年启动建设覆盖宜昌长江干流全域的"智慧渔政监管执法信息平台"，实施禁捕执法"天网"工程，2022 年建成投入使用。信息平台的特点是长江宜昌干流"一张网"全覆盖，突出数据智能化分析，信息多部门共享共用联动，是现代科技在长江大保护中的创新运用。该平台是综合性智能管理系统，旨在提高渔政部门的管理水平，保障长江流域生态环境的可持续发展。平台投资 1 050 万元，覆盖长江干流 232 km 和主要支流，建设市级监督平台 1 个、县（市、区）指挥分平台 5 个。主要包含信息采集站点、信息传输、储存、运算一体化、信息预警分析和执法管理等软件。信息采集站点采用可见光、红外光和雷达光电等多种设备，实现了全天候、全时段监控，信息预警分析软件和执法管理软件可实现信息采集、预警推送、执法过程、办理结果全闭环，全程可监督、可追溯。该平台的建设标志着宜昌市长江干流渔业资源保护管理水平迈上了一个新的台阶。

➤ 主要做法

1. 实施背景

宜昌处于鄂西山区与江汉平原的过渡地带，江河湖库众多，水域生态类型多样，水生生物十分丰富，生活着中华鲟、长江鲟、江豚、胭脂鱼等大量珍稀的水生动物和各种鱼类约 120 余种，保护重要水生生物及维护这些保护性物种赖以生存的生态环境任务十分艰巨。2018 年 1 月 1 日起，长江湖北宜昌中华鲟自然保护区实施全面禁捕。

2020 年长江流域重点水域实施十年禁捕，随着鱼类资源的逐渐恢复，非法捕捞的问题日益突出。传统的渔业管理方式难以满足当前的监管需求，采用更加先进的技术手段来实现渔业资源的智慧管理十分必要。为了更好地推进长江大保护工作，坚决落实党中央、国务院长江"共抓大保护、不搞大开发"重大决策部署，全面适应长江流域重点水域常年禁捕新形势、新要求，宜昌市扎实构建长江十年禁捕长效机制，适时提出建设智慧渔政监管信息平台，打造全天候智能信息采集分析与执法行动有机联动，破解渔政执法发现难、取证难的困境，弥补人工执法巡查的不足，消除日常监管盲区，可以大大提升对非法捕捞、违规垂钓等违法违规行为的处置能力，起到强大的震慑作用，为打赢十年禁渔攻坚战提供强有力的科技支撑。

2. 主要内容

一是实现长江干流宜昌段全覆盖、全天候监控。宜昌市建成 5 个渔政执法视频监控平台，沿长江干流每 2 km 设置一个监控点，共设置 134 个，覆盖了宜昌长江干流 232 km 和主要支流。市级建监督平台，县级建 5 个指挥分平台，信息采集站点新建 97 个，整合已建站点 37 个全覆盖，并将宜昌市与恩施州交界的巴东县水域、与荆州市交界的松滋市和江陵县水域全部纳入渔政"天网"工程视频监控范围。系统包含了固定式可见光和红外光、移动式可见光和红外光（无人机）、雷达光电，实现了白天与夜晚，雾天与雨天的无缝采集信息，克服了特殊天气监控不足不全的困难，为后端预警分析提供了更多更全面的信息要素，实现了全天候、全时段的监控。二是实现智能化预警和智能化执法。新开发了雷达光电分析、视频预警分析、渔政执法应用等软件和执法单兵 App，准确收集非法船只、非法人员非法行为信息，自动生成重点水域、重点人群的数据信息，科学构建 5 个识别非法场景 AI 目标模型，实现了船只、人员、行为的分析预判与推送，非法行为无处遁形，执法实效大幅提高，真正达到了依靠科技提高监管能力。平台通过渔政执法应用系统将渔政执法人员与车船、渔政协助巡护人员、网格化管理人员连接成一个整体，实现了通过渔政执法小程序上传信息和接受任务的快捷反应。信息储存、运算一体化，信息预警分析和执法管理相连接，做到了信息采集、预警推送、执法过程、办理结果全闭环，全程可监督，可追溯，真正做到人防与技防联动，天网与人网合一。三是一个平台多部门共建共享和联动。依靠宜昌市"城市大脑"平台，将渔政"天网"工程与长航公安、地方公安、水利、交通海事等部门的长江水域监控系统组网对接，所有监测数据统一录入宜昌大数据中心，做到部门打通、资源共享，实现了"水上""岸上"全程轨迹追踪。市农业农村局渔政监察支队利用四部门的信息扩大了信息采集来源，市水利湖泊局利用船舶参数预设实现长江非法采砂行为实时监管、公安利用视频信息开展水上治安巡查、海事利用实时船舶信息开展船舶行为监督，以农业渔政"天网"为核心组织形成了多部门的水上"天网"，真正实现了多部门共建共享以及长江大保护事项的多部门联动。

3. 运营模式

一是快速高效处置警情。按照"闻令即动、快速处置"的工作要求，将预警的有效线索通过渔政监管平台迅速推送至责任江段巡查人员，第一时间赶赴现场取证，并将处置结果及时反馈，确保平均出警时间控制在半小时以内。同时执法人员、巡护员通过手机终端 App 开展常态化视频巡护，发现违规行为及时跟进，做到监管及时高效。目前，已累计推送预警信息 231 条，人工排除疑似违规行为 46 起，核实处理违规垂钓等行为 185 起。二是紧密实现两法联动。坚持"行刑结合、一网联结"，渔政部门根据信息平台的预警推送完成违法现场证据收集、进入立案程序后，将关键信息发至公安执法部门，执法部门根据信息平台的数据锁定嫌疑人。涉嫌刑事犯罪的，一键移交公安部门刑事立案侦查，建立了农业行政执法与公安的网上联动机制，实现了行政执法与公安一网联结。在重点案件实施抓捕行动中，渔政与公安根据信息平台的实时信息布置现场抓捕措施，提高了案件抓捕成功率。渔政与公安通过该平台已侦办非法捕捞刑事案件 57 起，破获团伙案件 1 起，打击处理犯罪嫌疑人 31 人。三是全面提升监管工作效能。将"非捕信息预警推送、任务派发指挥、现场取证抓捕、证据闭环收集、立案执法文书制作"5 项环节纳入渔政监管平台一体化运营，形成了"发现—抓捕—处置"的打击闭环，提升了禁捕监管质效。同时，市级监管平台实时跟踪县市区涉案线索，监督各地高效处置，压实了县级主体责任，有效提升了"天网"渔政监管平台整体效能。"智慧渔政监管执法信息平台"是宜昌"城市大脑""长江大保护小脑"的重要信息平台，数据存储于市政府大数据中心，市大数据局按年度安排专项资金用于渔政"天网"工程管理维护，确保"天网"始终保持良好运行状态。农业、公安、水利、海事各自负责所属领域的管理维护。相关县市区将禁捕执法经费纳入财政年度预算，安排专项资金用于监控系统的运营维护和升级换代。市级建立了依法打击非法捕捞联席会议制度，进一步畅通了行政执法、刑事司法衔接渠道。

➤ 经验效果

宜昌市政府常务会议专题研究部署全市智慧渔政系统建设工作，将其纳入"宜昌城市大脑"建设的重要内容，大力推动数据资源整合，打造覆盖全市禁捕水域的渔政"天网"。智慧渔政监管执法信息平台实现了从"人防"到"技防"的升级，"全域全时全监控"为更好地保护长江渔业资源和生物多样性提供了坚强保障。

1. 生态效益

该项目秉持"共抓大保护、不搞大开发"的指导思想，为应对长江流域重点水域常年禁捕的新形势和新要求而构建。"天网"工程已成为宜昌打击非法捕捞的重要"前哨"，"天网"与护渔"人网"、打击"法网"相结合，保护成效明显，渔业资源迅速恢复。该项目的生态效益主要体现在 生态保护与恢复、资源可持续利用、促进绿色发展等方面，为长江流域的生态环境保护和可持续发展作出了积极贡献。生态保护与恢复，通过全天候、全时段的监控体系，有效遏制非法捕捞行为，减少对长江流域水生生物资源的破坏，尤其是对珍稀、濒危物种的保护作用显著，有助于生态系统的自然恢复和生物多样性的维护。长江宜昌段江豚种群从 2015 年前的 2～3 头至 2022 年增加到 20 头以上。农业农村部长江水产研究所的监测数据表明，长江宜昌段国家二级保护野生水生动物胭脂鱼自然种群显著增长，"四大家鱼"年繁殖规模稳定在百亿以上，从 2020 年以来上升为长江流域最大规模产卵场，长江大保护的成效十分明显。资源可持续利用，长期而言，严格的禁捕执行和高效智能的监管有助于鱼类种群的恢复和增长，确保渔业资源的长期可用性。促进绿色发展，该项目体现了绿色发展理念，通过科技创新减少对传统渔业资源的依赖，推动渔业转型升级，鼓励生态友好型渔业模式，如休闲渔业、观赏渔业等，为绿色水产品品牌、生态旅游等绿色经济产业创造了良好的发展环境，促进区域经济的绿色高质量发展。

2. 社会效益

渔政信息化数字化平台的建设推动了监管领域数字化转型与信息化升级，为系统通过专业软件将信息与人联通，信息监管与工作监督集合，有效降低了执法风险和管理成本，为宜昌市构建长江十年禁捕长效机制提供了坚实的保障和支持，取得了良好的社会效益。增强法规遵从与公众意识，平台的高效运行显著增强了对非法捕捞行为的监测和执法能力，不仅直接打击违法行为，也间接提升了公众对渔业保护法律的认识与尊重，增强了社会各界参与长江大保护的意识和责任感。通过信息化赋能，案件办成率从 30% 提高到 80% 以上。自平台启用以来，自动预警线索 231 次，取证 54 次，通过"天网"共办理非法捕捞案件 53 起，违规垂钓案件 137 件，智能平台办案成为新常态。优化资源配置与政府效能，信息多部门共享和联动机制提高了政府部门间协作效率，减少了资源浪费，使得有限的行政资源能够更集中地用于关键区域和问题上，提升了政府公共服务的能力和公信力。科技创新示范效应，作为现代科技在生态保护领域的成功应用，该项目展示了科技赋能生态文明建设的巨大潜力，为其他领域和地区的智慧化管理提供了可借鉴的模式，促进了全社会的科技创新氛围。提升环境教育与科研价值，平台收集的大量实时数据为科学研究、环境教育提供了宝贵资源，有助深入研究长江生态系统的现状及变化趋势，促进生态环保知识的普及和专业人才的培养。

3. 推广应用

宜昌智慧渔政监管执法信息平台的建设，展现了信息化数字化生产的核心优势，探索了信息化应用的新方法和新模式，为生态保护类数字化监管的信息化建设和运用提供了新路径。首先，该平台采用了大数据、人工智能等新技术，实现了全天候智能信息采集分析与执法行动有机联动，实现对执法监管、案件处理、行动指挥、调度决策、监督考核、资源监测、信息服务等方面的信息化数字化管理，进一步提高了各项业务管理的效率，为其他生态环保监管领域提供了可供借鉴的管理模式。其次，该项目的特点是前端信息采集系统包含了固定式可见光、红外光和移动式可见光、红外光（无人机），雷达光电系统，实现了不间断采集信息，提高了后端预警分析的准确性，为提升渔政监管效率提供了技术保障。最后，该项目为有效打击非法捕捞行为，保护长江水生生物资源，建立生态文明社会作出了贡献。在此基础上，该项目还可以为其他区域、其他行业保护生态环境、推动可持续发展提供相应的技术支撑。

　　撰稿单位：宜昌市渔政监察支队

　　撰 稿 人：何广文

广东省阳江市阳东区对虾数智产业园优秀案例

➤ 基本情况

广州市健坤网络科技发展有限公司，成立于 2000 年 4 月，是华南地区典型的"数字农业先锋企业""高新技术企业""中国农业信息化最具影响力企业""广州市农业龙头企业"，拥有数字农业全行业解决方案。

健坤公司深耕数字农业领域 23 年，是国内农业信息化的先行者，在现代农业建设领域持续多年开创行业前沿技术。健坤公司有 80 多项软件产品、智能硬件产品 30 多种，2019 年"5G 智慧水产""农业大数据解决方案""农机作业智能监测终端"入围农业农村部优秀新产品新技术新模式名录；"农作物环境精准感知与节水灌溉技术"上榜广东省农业主推技术名录。2021 年，"空天地一体化智慧果园"入围农业农村部优秀新产品新技术新模式名录。公司拥有核心技术团队 100 多人，长期致力于农业信息化创新应用，融合人工智能、IOT、大数据、云计算等技术，全面形成"软件、硬件和服务"三位一体的智慧农业建设布局，为农业管理部门、涉农事业单位与农业龙头企业提供"政务高效化、生产智能化、经营网络化、服务便捷化"整体解决方案，赋能农业农村数字化转型升级。如今，健坤公司累计服务现代农业产业园、产业强镇、数字乡村、设施农业、智慧水产、智慧畜禽、农田托管等数字化建设面积超 2 700 万亩。

➤ 主要做法

1.实施背景

自阳江市阳东区启动省级对虾现代农业产业园建设以来，该行政区抢抓数字化建设机遇，提升全区对虾养殖整体数字化技术水平，规划建设"一核、两心、一带、两区、多基地"，与广州市健坤网络科技发展有限公司达成数字农业技术合作，定制开发空天地一体化农语云平台实现对虾全产业链数字赋能，标准化养殖模式和全方位监测预警体系，大幅度降低养殖风险，推动阳东建设成为对虾养殖聚集的功能区、先进区、科技转化核心区，水产加工、销售、品牌培育的展示区，生态环保绿色水产养殖业的样板区。

2. 主要内容

在阳东对虾产业园"农语云"数智养殖系统开发工作中，技术团队走访雅韶镇、大沟镇、东平镇、新州镇等沿海养殖区域进行深入调研，在评估产业现状、分析论证项目技术可行性以及经济合理性的基础上，运用物联网技术、遥感技术、大数据技术、智能传感器技术——构建"空—天—地"一体化园区农业管理与服务综合信息平台，实现阳东对虾"生产 + 加工 + 科技 + 营销（品牌）"的全产业链数字赋能应用。

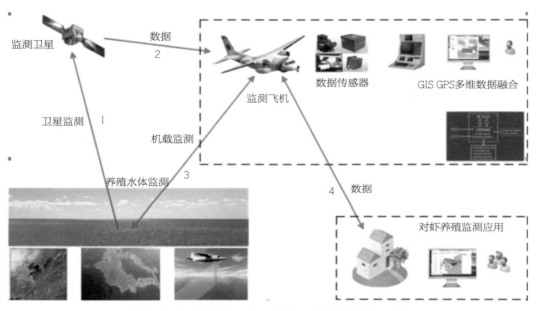

阳东对虾产业园"空—天—地"一体化信息平台示意

养殖环境感知与数据精准服务："空—天—地"一体化农语云平台，将阳东对虾产业大数据、投入品管理、农业生产设施控制、水质监测、对虾产品质量追溯、农业电子商务等内容有机整合，运用卫星影像分析、大数据处理、多光谱监测模型、数值气象预报模型等先进技术构建大数据平台，为养殖户提供一系列高精尖数据服务。一是实时推演整个大气圈中的水、热、气、交换过程，对养殖区域未来 7 d 进行逐个小时的精准气象预报，提前做好盐度、pH 值下降和溶氧过低的应对措施。二是实现对鱼塘所养殖的对虾宏观、周期性监测，

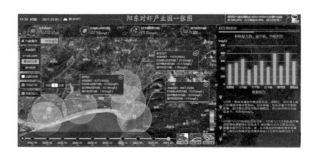

阳东对虾产业园数据平台示意

提取对虾养殖面积数据，为预测阳东对虾产业园对虾的产量提供准确信息，方便保险等金融服务接入产业园。三是对产业园历史数据分析训练，构建异常水体监测预警体系，在水体异常时及时告警养殖户采取应对措施。四是实现对台风监测预报、大雾监测预报、高低温监测预报、强降水监测预报等服务。

设备远程控制与数据赋能增产：对虾养殖产量上不去、水质偏酸性是普通存在的问题。一般养殖池塘水质偏酸的原因主要是由于水中有机质含量过高，缺氧分解引起溶氧不足，氧化过程受抑制，使鱼虾粪便和多余饵料分解不充足。在水量不增加，而积存的各种有机酸类却逐渐增多的状况下，水体自成酸性而 pH 值较低。调节水体的 pH 值除直接加入化学药物中和外，简易的方法是通过远程调控与数据反馈增大溶氧量，为浮游植物、水生微生物的生长繁殖提供适宜的环境；其次是经常通过农语云平台检查 pH 值的高低，做到及时调节，保证鱼虾生长的良好环境。

循环尾水处理与降低养殖成本：阳东对虾产业园的工厂化整个养殖过程很少排水，比起传统养殖节水 70% 以上，加上利用生物絮团处理虾的排泄物，排出来的颗粒经过絮团处理，比较环保，对环境污染比较少。阳东对虾产业园是工厂化分级养殖，目前一般一年可以出产 7～8 造，对虾质量比较好，产量相对也比较高。

3. 主要技术

该项目主要采用了卫星遥感、物联网、大数据可视化分析等装备信息技术，包括卫星遥感影像分析技术、大数据可视化分析技术、多光谱检测技术、气象环境预警及应对技术、在线式水质监测技术、循环尾水处理装备技术、生物絮团技术、高空全景视频监测技术、智能投饵装备技术、多功能无人投喂船装备技术。

在线式水质连续监测技术：通过水产卫—水质监测器全天候在线式采集水产养殖现场的水质信息，监测内容包括温度、溶解氧、pH 值、氧化还原值等水质指标，智能控制终端执行设备，如增氧机、投饵机、进出水口控制泵 / 阀，改善以往"按经验"管理的粗放式养殖模式，实现精准养殖，助力传统水产养殖业的信息化改革。

卫星遥感监测技术：大规模养殖监测应用到卫星遥感监测技术，为阳东对虾产业园提供精准气象预报、短临降雨预报、气象雷达 + 卫星动图反演、水体污染情况监控、水环境分析等功能，遥感数据赋能对虾养殖户提前 2～4h 采取异常天气、水体污染等应对措施，减少暴雨带来的水体盐度大幅度波动、水体溶氧含量快速下降现象引起对虾死亡频次。

物联网远程控制技术：通过渔语控制器，实现对阳东对虾产业园传统增氧机、投饵机的联网控制，渔民足不出户，即可通过手机远程控制投饵机、增氧机，不用经过专业培训即可自主操作，远程即使增氧、定时投饵操作都非常方便。

生物絮团技术：该技术通过操控水体营养结构，向水体中添加有机碳物质，调节水体中的 C/N 比，促进水体中异养细菌的繁殖，利用微生物同化无机氮，将水体中的氨氮等养殖代谢产物转化成细菌自身成分，并且通过细菌絮凝成颗粒物质被养殖动物所摄食，起到维持水环境稳定、减少换水量、提高养殖成活率、增加产量和降低饲料系数等作用的一项技术。

4. 运营模式

养殖企业自主运营模式。阳东对虾产业园"农语云"数智养殖系统实现"数字赋能、精准养虾"的自主运营管理模式，通过水产卫—水质监测器全天候在线式采集水产养殖现场的水质信息，监测内容包括温度、溶解氧、pH 值、氧化还原值等水质指标，智能控制终端执行设备，如增氧机、投饵机、进出水口控制泵 / 阀，改善以往"按经验"管理的粗放式养殖模式，实现精准养殖，助力传统水产养殖业的信息化改革；通过水环境在线测控设备集传感器和监控终端于一体，既能实现常规水质检测，又能对水体污染物进行评价，实现水质综合评价指标的在线获取；通过将融合组态技术应用于水产养殖环境监测，利于更准确地把握生产环境的本质和属性，模拟仿真作物需要的自然环境，指导水产养殖设施的科学合理调控，实现增产创收的目标。

➤ 经验效果

1. 经济效益

"增氧、调温，再也不用凭经验"阳东对虾产业园区内养殖用户今后只需通过手机 App，就能远程实时监控养殖水质信息，远程控制供氧机、投料机和循环水控制开关，实现高效、低成本、信息化和智能化的养殖管理。农语云智慧水产系统改变了传统的对虾养殖方式，促进了对虾养殖的增产增收，减少了养殖户工作量，再也不用没日没夜去巡塘、盲目开增氧机耗费大量电力资源。通过农语云智慧水产养殖监控系统实现了科学的信息化管理，缩短养殖周期、减少养殖风险、降低生产成本，提高水产养殖的技术水平与品质管控能力。采用农语云智慧水产养殖模式的养殖池产量比采用人工控制的养殖池非正常死虾减少 14% 以上，平均每亩节约电费达 80 元 /d，一年节约电费超过 160 万元，减少人员巡塘成本 50 元 / 亩。利用智慧水产养殖技术不仅减少了养殖风险，同时带来了产量、产值和利润的增加。

2. 社会效益

阳东对虾产业园数字化建设涵盖雅韶镇、大沟镇、东平镇、新州镇沿海区域，其中对虾养殖面积达 35 600 亩。产业园大力推进对虾产业"生产 + 科技 + 加工 + 品牌 + 营销"的全产业链数字化发展升级，大力发展节水减排、集约高效、种养结合、数字赋能的生态养殖模式，打造一个现代化、规模化、数字化、品牌化绿色生态养殖模式，标准化、数字化大基地、产业集群融合发展，通过数字养殖平台管理模式带动 1 231 户农户增产增收，合作农户整体增收达到 7.5%，数字化联农带农效应快速在市场中释放。

3. 推广应用

阳东对虾产业园信息化平台建成后，15 亩厂房可以年产对虾 17.5 万 kg，数智养殖效益显著。按照传统普通的养殖方式养澳洲小龙虾，50 亩水面大概只能出产 0.5 万 kg，与阳东对虾产业园的工厂化养殖差距大。目前，我国水产养殖模式和技术依然落后，随着集约型水产养殖行业的迅猛发展，养殖者普遍采用高密度放养、大量施肥投饵的养殖模式，导致水产品质量下降、水质恶化，污染严重。通过农语云智慧水产养殖管理系统，以及水产卫士等检测设备实现水产养殖精准测控，满足对虾产业升级发展的需要。近三年累计推广数智渔业养殖规模 200 万亩，累计带动农户 32 000 户，有效减少水质污染与生产成本，平均可增产 20 kg/ 亩，节本增效 80 元 / 亩，合计实现年增产 0.01 万 t，节本增效 24 万元。目前应用单位包括珠海市斗门区河口渔业示范区、阳东对虾省级农业产业园、电白对虾省级农业产业园、顺德均健草鲩现代农业产业园、饶平水产省级农业产业园、江门水产省级农业产业园、西江鱼专业合作社、勒北渔场、官田渔场、桑麻渔场、顺德绿源水产、韶关力冉工厂化水产养殖、省农业技术推广总站、中山农技推广中心等。

    撰稿单位： 广州国家现代农业产业科技创新中心，广州市健坤网络科技发展有限公司

    撰 稿 人： 张璟楣，谭　星，刘海峰，钟林忆

新疆维吾尔自治区新疆赛湖渔业科技开发有限公司白鲑鱼工厂化循环水养殖建设优秀案例

➤ 基本情况

新疆赛湖渔业科技开发有限公司成立于 2003 年，是中国最大的白鲑鱼繁育、增殖、捕捞、加工、旅游观光及冷链物流一体化公司。公司是国家级高新技术企业、国家知识产权示范企业、新疆维吾尔自治区农业产业化龙头企业，拥有国家健康养殖示范场、国家高白鲑保种繁育基地、自治区高白鲑良种场、自治区级水产原良种场。赛里木湖渔场是首批国家级水产健康养殖和生态养殖示范区，是全国唯一的冷水鱼国家级出口食品农产品质量安全示范区，白鲑鱼是安全示范区出口品种。主要产品被认定为 AA 级绿色食品、有机食品、新疆农业名牌产品、新疆特色农业好产品等。公司冷水鱼加工厂，拥有整套屠宰、包装、熟食、罐头加工自动生产线，以及冷链物流设施设备。目前已具备年加工鱼品 1 000 t、冷冻冷藏 1 200 t 的生产能力。取得了出口欧盟卫生注册和食品卫生注册认证，HACCP 食品安全管理体系、ISO 9001 质量管理体系、ISO 14001 环境管理体系认证，以及 QS 全国工业产品生产许可证，是新疆首家具有出口欧盟资质的鱼产品加工企业。是国家和自治区绿色示范企业。公司建有国家冷链物流体系和农产品质量追溯体系。

➤ **主要做法**

1. 实施背景

目前在新疆通过传统养殖方式做
大做强白鲑鱼产业主要面对几个问
题，一是不易在苗期进行人工驯化。
二是培育鱼苗规格小，养殖生长周期
长，三年达 600 g/尾，难以实现公
司加农户的养殖方式。三是鱼苗产量
不够。公司在赛里木湖投放的白鲑鱼
苗部分从俄罗斯进口，部分自己繁
育，额外给农户提供苗种需要额外投
资。四是规模小。由于环保要求，不
能在赛里木湖进行人工养殖，产量受
限。人放天养，生长速度慢，赛里木
湖白鲑鱼产量有限，不能满足市场需
要；五是白鲑鱼在冬季才是捕捞季，
季节性供应不均衡。为解决上述问
题，公司利用循环水数字工厂化养殖
技术，开展工厂化养殖，在人工控制
的条件下，驯化白鲑鱼苗，繁育大规
格鱼苗，在气温回升的五月提供给农
户养殖，冬季成商品鱼养殖户卖出或
由公司按合同回收。即采取公司＋工
厂化数字养殖基地＋农户的发展白鲑
鱼产业模式，与农户共赢共享，加之
部分通过工厂化养殖白鲑成鱼，快速
提高白鲑鱼产业规模，做大做强新疆
白鲑鱼产业。

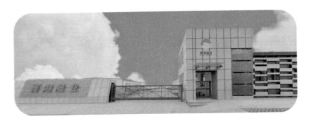

2. 主要内容

总目标是白鲑鱼工厂化循环水养
殖，实现公司冷水鱼（白鲑鱼）养殖全过程的信息技术集成应用，建立白鲑鱼数字化
循环水养殖技术规程；形成白鲑鱼数字化养殖集成应用模式，构建白鲑鱼养殖全产业
链数字技术集成方案及可持续发展机制；通过提升信息技术应用能力，提高劳动生产
率 50% 以上，提升单位面积产量 10% 以上，降低养殖投入品使用 10% 以上，取得显
著经济社会效益，实现绿色养殖。总体架构是项目通过信息化、可视化和智能化的广

泛应用，使行业管理更高效、产业发展更持续。项目总体架构由7个层次（基础设施层、感知层、数据传输层、数据存储层、应用层、用户层和表现层）和3个支撑体系（数据标准体系、追溯标准体系、安全保障体系）构成。

关键指标与设施设备：一是适合白鲑鱼的数字工厂化封闭循环水养殖技术及其装备。二是具有高度响应的白鲑鱼数字工厂化封闭循环水水质监控系统。三是数字工厂化封闭循环水养殖废弃物收集系统。

3. 主要技术

养殖环境管理系统构建了生长模型管理、网具管理、饲料管理、养殖记录、环境监测、自动投饲策划、自动投饲系统控制、数据报表等八大功能模块。养殖水环境监测技术，本建设采用水面平台+定点水下视频+水质监测的系统配置，利用水面平台测量水面各参数并为水下部分提供能源和通信，利用定点水下视频获取连续的水下高清视频数据，通过水质传感器实时监测水质信息数据。养殖废物回收清洁装备技术，设计安装有双排污底盘、微滤机、生物滤池系统。循环水系统工艺技术，原水经过沉淀和无阀滤塔加压送入高位水池，经调整水温、紫外杀菌并增加溶氧后，进入养鱼池供养殖生产使用。随着养殖过程中残饵粪便越来越多，需要通过池底生态收集器收集，转入旋转集污器将较大固体颗粒汇集、排出。养鱼池排水和小颗粒微粒被送入履带微滤机进行微滤。再经臭氧氧化和脱色，进入生化处理池去除循环水中的氨氮、亚硝酸盐等有毒物质后回用，完成循环水养鱼净化过程。

4. 运营模式

采取公司+农户模式，公司通过工厂化养殖生产大规格白鲑鱼苗，在为公司渔场提供鱼苗的同时，为周边群众供应，并提供养殖技术、药物使用技术等培训和产品回收销售等业务，使养殖农户当年可以实现收益。

➤ 经验效果

公司通过推广数字工厂化白鲑鱼养殖技术，一是可以最大限度的节省资源，包括水资源、土地资源、人力资源，重视环境保护和生态平衡，做到零排放，以最少的资源耗费获得最大的效益。二是可以稳定为周边农户提供部分鱼苗，在温度高的生长季节进行人工"育肥"式养殖，在冬季水温降低时公司收回，既改善了公司白鲑鱼产量不足的状况，也为农户增加收入。三是可以逐步实现高白鲑养殖全过程的信息技术集成应用，建立高白鲑数字化养殖技术规程，制定养殖数据感知识别、传输存储、分析处理、智能控制、信息服务等方面的技术规范，中试和熟化高白鲑数字化养殖过程中的关键技术和装备，形成高白鲑数字化养殖集成应用模式，构建高白鲑养殖全产业链数字技术集成方案及可持续发展机制，探索建立可看、可用、可复制、可推广的高白鲑数字化养殖发展路径。通过提升信息技术应用能力，提高劳动生产率50%以上，提升单位面积产量10%以上，降低养殖投入品使用10%以上，取得显著经济社会效益。项目建成后实现数据互联互通、共建共享，为制定产业政策、加强市场调控等提供支撑，切实推进水产养殖的机械化、自动化、智能化水平，为全区提供可复制可推广的经验模式。

撰稿单位：新疆维吾尔自治区农业农村厅信息中心，新疆赛湖渔业科技开发有限公司

撰 稿 人：热发提·艾赛提，田志康，毕福洋

山东省青岛市全球首艘 10 万吨级智慧渔业大型养殖工船优秀案例

➤ 基本情况

青岛国信蓝色硅谷发展有限责任公司（以下简称国信蓝谷公司）作为青岛国信集团全资子公司，联合中船集团、携手国家海洋实验室、中国水产科学研究院渔业机械仪器研究所等单位，投资建造了全球首艘 10 万 t 级深远海智慧养殖工船"国信 1 号"（以下简称"国信 1 号"），创新探索深远海工船舱养模式。该项目于 2020 年 12 月启动建造，2022 年 1 月出坞下水，5 月 20 日交付运营。"国信 1 号"以其养殖模式和技术创新应用上的突破性、引领性和示范性获得了国家、省市各级政府和社会各界的积极支持和广泛关注，项目被先后列入国家发改委、农业农村部"2020 年现代化海洋牧场综合试点项目"、2021 年省重大项目、2022 年青岛市海洋重点项目，获批农业农村部全国唯一深远海养殖工船运营试点，助力青岛掀起以设施渔业为标志的第六次海水养殖浪潮，为全球深远海养殖贡献"中国方案"和"青岛智慧"。国信蓝谷公司加大研发投入，与国家海洋实验室、中国水产科学研究院、中国海洋大学等高校和机构，设立"科技成果转化基地""科技成果奖励基金"，联合共建"深蓝渔业产业研究院""海水鱼营养与饲料联合研究中心"，保持深远海养殖、装备设计研发的技术领先优势和持续迭代升级能力。"国信 1 号"通过对深远海空间资源的高效利用，进行繁育、养殖、加工、冷冻冷藏等全流程数字化管理，提供自动投喂、自动排污、自动起捕等智能化养殖生产手段，可以实现高度集约化、生态化、规模化健康养殖，产品的全链路可追溯，促进渔业生产方式的转化，满足消费升级的需求，保障我国的粮食安全。

➤ 主要做法

1. 实施背景

当前，我国海水养殖业的发展，面临着供给能力下降、技术设备落后、养殖环境脆弱、质量安全不可控等突出问题，亟须推动海水养殖由近岸走向深远海、由传统散养方式走向现代工业化模式、由固定养殖设施走向移动式养殖装备。智慧渔业养殖工

船正是破解这些难题、实现海水养殖产业新旧动能转换的全新解决方案。

2019 年 2 月，10 部委联合印发《关于加快推进水产养殖业绿色发展的若干意见》明确将深远海养殖工船与智能渔场作为绿色养殖重点发展方向之一；2022 年山东省十二次党代会明确提出支持青岛建设引领型现代海洋城市；青岛市十三次党代会明确提出大力发展养殖工船产业，打造"蓝色粮仓"。为深入贯彻习总书记关于建设海洋强国的重要指示精神，全面落实省、市政府关于海洋强省、海洋强市建设的部署要求，青岛国信集团作为青岛唯一将海洋产业纳入主业的国有投资公司，联合中船集团、中国水产科学研究院、国家海洋实验

室、中国海洋大学等单位，进军"船载舱养"模式"无人区"，打造了全球首艘 10 万吨级智慧渔业大型养殖工船"国信 1 号"，实现"路上有高铁、海上有工船"，打造新的国家名片。

2. 主要内容

"国信 1 号"养殖品种为大黄鱼，选定青岛即墨海域、浙江舟山海域等四个区域作为养殖锚地。其设计航速 10 节，可移动躲避台风、赤潮等恶劣气候和灾害。通过养殖水体交换系统，实现养殖舱内水体与外界自然海水进行不间断交换，保持养殖鱼类一直处于最佳生长状态。"国信 1 号"按照"科技 + 资本 + 产业"的生态要素体系和"深耕一产、撬动三产、带动二产"发展路径，首创"船载舱养"模式，通过人工智能、物联网、视频监控、卫星通信、数字孪生、3D 等技术与船舶制造技术、养殖技术进行深度融合，围绕船载舱养、水体交换、减摇制荡、减振降噪、清污防腐、智能集控六大关键技术，开展了 2 000 余个重点课题攻关，形成了一种智能、可控、可视、环保的数字化养殖生产模式及较为成熟的技术路线，实现了养殖工船的自动化、信息化、数字化及智能化，带动产业链上下游集群式发展，推动智慧海洋建设。

"国信 1 号"配备了 196 个摄像头、2 108 个传感器，综合运用人工智能、物联网、云计算、北斗导航、卫星通信、数字孪生、视频监控、5G、3D 等信息技术与装备，利用其搭载的自动投饲、水质监测、成鱼起捕等 12 套智能化生产系统，集成养殖及船务信息化管理系统、养殖集控智能化平台、船岸一体数字化云平台、养殖工船 3D 智

能化模型，实现船岸数据的互联互通、养殖数据的智能研判、养殖管理和船务管理的协同联动、统筹管控；可通过多终端协同操作、远程监控、智能远程诊断、应用场景服务等方式为养殖生产提供便捷化服务；最终整合为全船的数字化管控，实现效能提升、智慧化管理。其中，渔业养殖自动化系统主要围绕鱼苗入舱、光照、投饲、成鱼的起捕、加工及水质增氧、海水交换等养殖流程，实现自动化控制，主要包括鱼苗入舱系统、光照系统、自动投饲系统、海水交换系统、水质增氧系统、水质监测系统、成鱼起捕系统、成鱼加工系统。养殖及船务信息化管理系统主要是通过北斗导航、视频监控、传感器、AIS、数据模型等信息化技术及智能化设备，进行数据及图像采集、养殖及船舶数据的实时处理，协同作业，设备故障及时处理，实现养殖业务及船舶业务的信息化管理。

➤ 经验效果

"国信1号"在数字化技术及设施上的应用，打造形成深远海智慧渔业养殖体系，推动了深远海智慧渔业养殖生产体系的数字化转型。

1. 经济效益

"国信1号"通过系统集成与模式创新，开创智慧养殖新模式，有效规避近海养殖污染与远海养殖风险，可带动船舶设计与制造、智慧渔业、物联网、水产品加工等多个产业融合发展，实现船舶工业新旧动能转换和拓展深远海国土利用空间的集成示范，将引领我国离岸深远海养殖新趋势。"国信1号"预计年产能名贵经济鱼类约3 700 t，年均营业收入约4亿元。经测算，一艘船每年产鱼可替代原粮2.8万t、节约耕地6.4万亩、灌溉水2 000万t。如形成规模化船队更将带来指数级资源节约效应。

2. 社会效益

转变渔业生产方式："国信1号"通过对深远海空间资源的高效利用，进行繁育、养殖、加工、冷冻冷藏等全流程管理，提供自动投喂、自动排污、自动起捕等先进养殖生产手段，可以实现高度集约化、生态化、规模化健康养殖，促进渔民转产转业，提高"渔业工人"收入，有效推进海洋渔业的转型发展。

推动深海特种养殖装备船的市场应用："国信1号"作为首创"船载舱养"模式的先例，以科技自主创新为导向，通过运用各种先进的技术手段、协调多方资源来保证该船的生产设计和建造，有利于引发一系列的技术革新与提升，推动我国深远海养殖特种工程船领域的发展及新旧动能转化。为贯彻落实青岛市"科技引领城建设"攻势的指导精神，突破制约深远海养殖的共性关键技术，加快推动海洋科技成果转化与应用，培育和发展战略性新兴产业，"以点带线，以线到片"，可全面加速形成深远海养殖装备发展先发优势，为区域经济高质量发展注入新的活力。

加强优质安全水产品供给，保障粮食安全：国信养殖工船主要养殖海水鱼类品种如大黄鱼、石斑鱼、大西洋鲑等，市场接受度好，消费者认可度高，适于开展工业化和规模化渔业生产。"国信1号"特有的生产模式和深远海优质的养殖环境，及高度自动化、信息化、数字化、智能化的集成，实现了产品的全链路可追溯，为广大消费者提供大量优质安全的水产品，满足消费升级的需求，保障我国的粮食安全。

3. 生态效益

"国信1号"通过深远海"船载舱养"模式规模化养殖，可以拓展养殖空间，减少养殖污染物排放，改善近岸水域环境，增加水产供给，减少捕捞渔船数量和捕捞强度，逐步恢复近海渔业资源，实现海洋渔业资源可持续利用。

撰稿单位：青岛市智慧乡村发展服务中心，青岛国信蓝色硅谷发展有限责任公司

撰 稿 人：张超峰，刘萌萌，杨晓蕙

河北省大数据赋能建设现代化海洋牧场典型案例

➤ 基本情况

唐山海洋牧场实业有限公司，位于河北省唐山市唐山国际旅游岛打网岗岛，类型为民营企业，注册资金5 000万元，拥有海陆域总面积20 350亩，主要从事以海洋生态修复为基础的海洋资源绿色综合开发，涵盖海洋生态系统修复、海洋牧场底播增殖、种参种苗工厂化养殖、渔港码头综合服务、休闲渔业及科普研学、海钓等。为首批国家级海洋牧场示范区、国家级水产健康养殖和生态养殖示范区、国家高新技术企业、河北省农业产业化重点龙头企业、河北省健康养殖场、河北省刺参良种场，河北省现代农业园区运营主体，并列入唐山国家级沿海渔港经济区。连续在农业农村部组织的2019—2022年度全国评价及5年复查工作中取得"较好"的评价。公司在海洋牧场板块投资1.8亿元，累计投礁110万m³，建设固定式海上监测平台1座，对水环境、水动力、生物资源及水上情况实时监控，利用CDMA通信技术和无线网桥技术，构建贝藻礁生态系统环境监测系统，实现对海洋牧场水上气象、水下水质实时监控以及水下视频的即时有效传输，并委托中国科学院海洋研究所、河北省海洋与水产科学研究院常年开展海洋牧场季度跟踪调查和效果评价。建立基于生态系统管理方法的资源养护技术，利用重要经济生物承载力、最大可持续捕捞量和未来生物量变化数据指导海洋牧场生产管理活动。

➤ 主要做法

1. 实施背景

习近平总书记在海南和山东考察时分别强调了海洋牧场建设的重要性，海洋牧场建设是实现"两山理论"的重要途径。海洋牧场建设已经从机械化时代至互联网时代到数字化时代转变，数字技术与牧场发展深度融合。实现理念、装备、技术、管理的现代化是成功建设海洋牧场的关键，海洋牧场建设原理亟待创新，特别是生物承载力

评估等是实施生境修复和资源养护的前提；资源环境监测装备和大型生产设备亟待研发；生物和环境承载力评估技术、选址和布局技术、生境修复和资源养护一体化技术、资源环境实时监测和自然灾害预警预报技术等有待提升；管理体系亟待提升，需要构建适用于海洋牧场全过程管理的专家决策系统等。

2. 主要内容

唐山海洋牧场集成现代数字化监测设备于海上监测平台，通过整合及积累牧场水体各项指标、气象等相关数据，为专家提供决策依据，对牧场及周边海域环境面临的风险因素、级别和风险区域位置进行精准评估。通过大数据分析平台和专家决策系统，对环境资源监测得到的海量数据进行存储、分析和决策，科学指导牧场建设及生产活动，保障水域生态牧场的生境资源安全和可持续利用。

3. 主要技术

监测技术：通过海上平台利用感应器或观测网收集牧场区域内所有信息要素，例如水质、水文、海洋生物等自然因素，以及鱼礁、设备运行等人为因素，将收集的数据有效整理，为海洋牧场科学管护提供数据支撑和科学决策。

可视技术：利用 CDMA 通信技术和无线网桥技术，实现水下监控装备与陆地基站的点对点对接，构建贝藻礁生态系统环境监测系统，根据实时监控反映的海水浑浊度情况以及海洋生物情况进而指导人工采捕生产活动等。

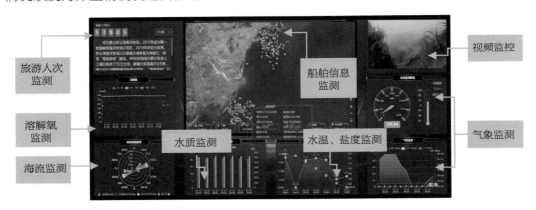

环境适宜性评价技术：在海洋牧场海域环境内确定关键物种、总结生境适宜性评价理论、选定适宜性评价技术路线，筛选关键种生境适宜性指标因子设计海洋牧场关键种适宜性评价软件，结合生态适宜性评价各要素权重，导入评价指标及站位信息，得出评价结果。

承载力评估技术：基于生物资源系统调查数据，利用生态系统模型 Ecopath 建立贝藻礁生态系统关于不同生物功能组之间能量流动模型。在维持当前生态系统结构稳定的前提下，以某经济生物最大食物供给量为条件，计算生态系统中各重要经济生物承载力；基于 Ecopath 建立贝藻礁生态系统 Ecosim 模型，评估系统重要经济生物未来生物量变化情况；根据最大持续产量理论，利用生物承载力和最适可持续采捕量数据指导实际生产活动。

大数据技术：通过海洋牧场海上平台利用感应器或观测网获取和挖掘水质、气象和生物监测等数据，并加以有效整合，找出主要问题；通过可视化的方式，最终使海洋牧场存在的规律性问题自动呈现出来并做出智能化的解决方案。

4. 运营模式

本底调查数据采集，前期通过调查评估掌握本底情况，特别是基质、生态系统健康状况和环境适宜性评价。与中国水产科学研究院东海水产研究所在唐山沿海联合调查得出结论为海域开展贝藻礁生态系统修复提供依据。

参照数据模拟设计规划，通过中国地质调查局天津地质调查中心对投礁区域海洋环境进行数值模拟、投礁区域及不同的礁体进行对比分析、水动力条件及泥沙冲刷淤积的变化规律及特征，以保证科学地进行贝藻礁工程建设。

依据数据实施建设，实施以牡蛎礁为核心的贝藻礁生态系统建设，对 20 余种礁型的稳定型、附着效果进行跟踪监测，生态修复效果良好。依据 Ecopath 模型确定海洋牧场生物承载力，在维持海洋牧场生态系统稳定的前提下，控制生物最大可持续捕捞量。

2018年、2020年分别对该礁区进行多波速测扫，显示礁体实际布局与设计符合度高，礁体稳定性好，没有显著倾覆、冲蚀或淤积现象

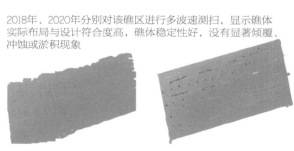

860亩2018年多波束测扫图   860亩2020年多波束测扫图

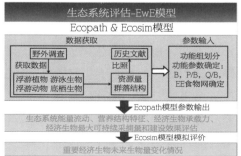

持续采集数据：效果监测—水质、沉积物、生物资源情况采集调查；为实现基础气象、水文、水质、冲淤等信息的全天候实时监测平台，确保数据基本完整。

第三代海上监测平台

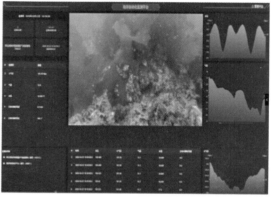

水下监测实时传输

➤ **经验效果**

基于目前海洋牧场环境及生物高精度调查监测设备方面的研发较为薄弱、环境及渔业资源数据不能实时获得造成过度采摘和增补失衡等问题。通过建立实时监测系统、预警预报系统构建立体监测平台和数字化管理平台，根据历年数据研究了海洋牧场示范区可持续利用模式与策略中经济生物相对生物量动态变化表，确定了最大可持续捕捞量和最大可持续捕捞策略下重要经济生物生物量变化情况，以此制定生态系统管理策略，指导捕捞生产，大大降低了水产品养殖生态安全风险，解决了采捕失衡问题。唐山海洋牧场所有监测数据实现了实时传输，并接入了国家级海洋牧场示范区管理信息系统。唐山海洋牧场实业有限公司获得的贝藻礁生态系统重构与应用技术成果经河北省科技厅组织专家评价为国际先进水平，作为成功案例入编中国海洋大学教科书《海洋恢复生态学》，填补了国内泥沙底质人工藻礁生态系统空白；作为藻礁型海洋牧场典型，列入中国科学院海洋研究所《海洋牧场监测与生物承载力评估》专著；

作为典型案例，列入全国水产技术推广总站主编的绿色水产养殖典型技术模式丛书中《增殖型海洋牧场技术模式》。唐山海洋牧场所属的祥云湾海域国家级海洋牧场示范区在 9 000 亩范围内应用，生物量较之前提升 44 倍以上，经济渔获量较之前增长 5 倍以上，年产值增加约 1 300 万元。唐山海洋牧场注重理论、技术与实践的融合，与中国科学院海洋研究所、中国海洋大学、自然资源部第一海洋研究所、中国地质调查局天津地质调查中心、河北农业大学等国内多家科研院所密切合作，建立产学研基地和河北省近海生态修复技术创新中心，形成强大的科技支撑体系，突破近海渔业生境修复与资源养护的新设施和关键技术，使唐山国际旅游岛海域重要渔业海域生态环境明显提高，全面提高渔业主导产业发展水平，建立节能高效、环境友好、资源节约、质量安全的现代海洋生态环境修复和海洋生物蛋白供给新模式，形成陆海统筹的海洋生态牧场建设和环境保障技术体系，实现海洋生态牧场监测与管控的信息化和智能化，建成以底栖贝类、大型海藻、鱼类为特色的唐山国际旅游岛区域性"蓝色粮仓"，形成一套科学实用的海洋生物蛋白安全供给关键技术体系，具有广阔的推广前景和应用价值。

　　撰稿单位：唐山海洋牧场实业有限公司
　　撰　稿　人：张云岭

广东省以数字化赋能惠州水产种业升级典型案例

➤ 基本情况

本案例实施单位为中国联通广东省分公司，是中国联通收入规模最大、地位最重要、创新最活跃的省级分公司之一。广东联通坚持党建统领全局，完整、准确、全面贯彻新发展理念，践行"数字信息基础设施运营服务国家队、网络强国数字中国智慧社会建设主力军、数字技术融合创新排头兵"的公司发展新定位，全面发力数字经济主航道，聚焦发展"大联接、大计算、大数据、大应用、大安全"五大主责主业，将落实国家战略摆在首要位置。目前，广东联通已成为广东"数字政府"建设的主供应商，成为省级政务大数据服务的唯一运营商。先后获评工信部中国通信产业榜省级运营商前三名、广东省企业文化建设十佳示范单位等荣誉称号。在数字农业领域，广东联通组建了包含"咨询、产品、方案、实施"在内的 30 余人的专业化队伍，形成了数字农业农村一体化的服务能力。公司聚焦农业农村大数据、数字农业产业园、数字乡村三大赛道，服务智慧渔船、智慧水产两大专项领域，已自主研发智慧农服、鱼塘宝、智慧农牧、农业农村服务平台等 10 余项自研产品，并承接广东省内数字农业项目 500 余项，助力广东省农业农村数字化转型。

➤ **主要做法**

1. 实施背景

苗种是现代渔业的"芯
片",作为生产的基础,直
接关系到产业的长远发展。
广东省农业发展中心惠州
大亚湾苗种基地,在养殖
行业处于领先和示范地位,
随着基地发展,渔业转型
升级越来越紧迫,亟待数

 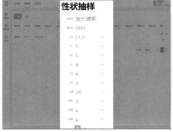

系统种质资源、性状抽样管理模块

字化赋予其规模化、智能化、标准化的助力。中国联通广东省分公司党委认真履行央
企责任,充分发挥联通优势,针对惠州水产种苗基地育繁过程依赖经验、溯源销售体
系欠完善等需求,构建涵盖水产苗种大数据平台、育苗养殖平台、物联网预警和智能
控制系统于一体的产前、产中、产后数字化平台,实现水产苗种繁育及养殖管理过程
降本增效,延伸苗种销售产业链,为苗种养殖业的可持续发展提供保障。

2. 主要内容

产前——数字化育种育苗,鱼苗质量有保障,利用数字化赋能水产苗种繁育过程
中种质资源管理、性状抽样、育种组合等方面。在种质资源管理方面,通过数字化方
式标识和记录每个种质资源的来源、批次、品种、数量等信息,并实现入库、出库、
库存和品种管理等功能,同时实现种质资源的数字化溯源。在性状抽样方面,通过图
像识别、传感器监测等技术手段,实现对鱼苗生长、繁殖和抗病性能的实时监测和分
析,并提供科学依据和管理建议。在育种组合方面,系统基于种质资源库、生产性状
数据库,结合遗传连锁图谱等自动化算法实现最优的亲鱼配组,根据不同的养殖条件
和产出目标,选择最佳的育苗组合方案,并进行全程记录和溯源。

通过数字化系统对投料、用药进行管理

产中——全方位智能管理，降本增效、防范风险，一是苗、料、药数字化管控。水产生产苗料药投入占整体养殖成本的绝大部分。通过数字化实现严格、精细化的管控，对养殖成本降低、产品质量提升等方面至关重要。在投苗管理方面，通过系统实现投苗记录、苗源追溯和质量分析，以及符合SPF苗种生产管控的管理体系；在投料管理方面，可实现投料计划、原料入库和投料记录的过程标准化和数字化管理；在用药管理方面，主要可录入用药计划、药品购进和用药记录等信息，以保障用药过程的规范化和数据化，实现药品来源、用量和用

增氧机 AI 巡检

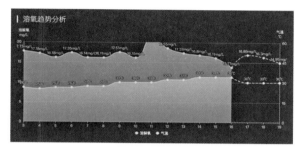

系统水质监测模块溶解氧趋势分析

途的可追溯。通过数字化管理系统的苗、料、药数字化管控，养殖成本降低 5% 以上，养殖效率提高 20%，产品质量也得到了有效提升。二是 AI 巡检，防灾减损。水产生产需要通过巡检对鱼塘环境和设备进行监测，传统方式靠人工、靠经验，问题发现不及时，判断问题也因经验而异、不精准。广东联通着眼该问题，为惠州定制基于 AI 的设备巡检和智能监测预警方案。在增氧机的 AI 巡检中，每 10 min 采集包括增氧机启停数据和塘面异物数据，通过特征提取、RPN 网络计算提取等智能识别算法，结合图像处理和分析快速判断是否出现异常情况，并进行预警，实现增氧系统 24h 智能监测预警，提高养殖抗风险能力，防灾减损的同时也可以减少人工

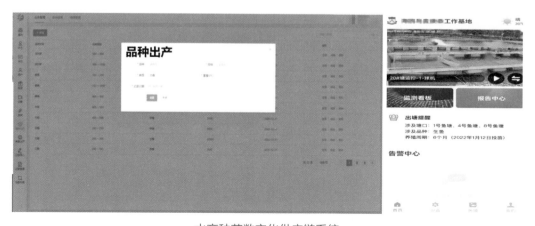

水产种苗数字化供应链系统

巡检成本。此外，建立精确的水质参数预测模型，对水质数据进行预处理，利用回归分析、时间序列分析以及支持向量回归模型预测算法，结合气象因素校正，根据采集到的气象数据和水质数据进行相关性分析、校正模型，对水质环境中DO、pH值、氨氮、亚硝酸盐等关键指标的变化进行预测和分析，实现未来24 h的水质参数预测，且相关数据可以同步到手机和PC端程序，以便使用主体及时了解鱼塘水质情况。

产后——出塘到销售一体化数字服务，做优水产种业"最后一公里"。惠州水产种苗产业已经基本形成从培育、生产到销售的完整产业链体系，但其供应链体系基本上还处于以收购为界的断裂状态，尚未形成一个完整通畅的水产品供应链。基于此现状，广东联通依托数字化技术服务惠州水产构建完整水产供应链体系。在水产苗种出塘时，通过数字化记录和可视化展示，实现出塘排程和渔货信息的实时传输和记录，并对苗种进行溯源管理，确保质量，提高市场竞争力。在加工管理方面，为企业提供鱼苗计数、冲氧、打包等全流程的数字化管理和运营优化工具。在销售管理方面，通过系统帮助企业实现订单管理、发货管理、退换货管理、库存管理、销售分析、客户维系等功能。在溯源管理方面，依托每一批次产品的生产过程和产地信息的全程数字化记录，对产品的来源和生产过程进行追溯，并提供产品追溯查询功能。

➤ **经验效果**

1. 经济效益

数字化平台目前已在广东省农业发展中心惠州大亚湾苗种基地全面推广使用，助力惠州水产种业提质增效明显。一方面，优化育苗配组，鱼苗成活率提高，效益约提升10%。另一方面，通过对苗、料、药的数字化、精细化管控，养殖成本降低5%以上，养殖效率提高了20%，产品质量也得到了有效提升。

2. 社会效益

此外，数字化育种育苗、苗料药数字化管控、AI巡检、智能水质预测和出塘到销售一体化的数字服务助力惠州水产种业基地打通产前、产中、产后完整供应链、数据链，提升产业各环节效率，实现苗种的全程追溯和安全保障以及种苗产业链上下游整合。其实践样板也可复制辐射至其他渔业养殖基地，有效促进水产种业数字化转型升级，实现水产种业高质量发展。

撰稿单位： 广州国家现代农业产业科技创新中心，中国联通广东省分公司

撰稿人： 杨润娜，刘万晶，黄　菁

广西壮族自治区象州县新大陆生态农业高密度渔业养殖及资源循环利用项目典型案例

➤ 基本情况

象州县新大陆生态农业有限公司创建于 2015 年，位于象州县石龙镇新塘村，公司注册资金 2 000 万元人民币。截至 2022 年 12 月累计投资 4 000 多万元在象州县新大陆田园综合体园区，园区采用智能集成控制系统，现代化农业基础设施齐全，园区现有专家、管理和技术人员 20 名、产业工人 60 人。主要产品涵盖富硒水稻、沃柑、蔬菜和高密度生态循环利用养殖鲈鱼等。2022 年初建成高密度圆形养殖池 60 个，养殖面积 3 000 m^2（养殖水体 4 500 m^3），每立方米水体可产出近百斤鲈鱼，养殖周期平均为半年，年养殖加州鲈鱼超 25 万 kg，年产值 1 000 万元。项目完成后，年产成品鲈鱼 50 万 kg，孵化鲈鱼苗 200 万尾，年产蔬菜 50 万 kg，循环利用水资源 36 万 t，提供劳务岗位 40 个，年产值达 2 000 万元；每年排放养殖尾水经过有益微生物的处理转化为有机肥，可灌溉 2 000 亩农作物，长期使用养殖尾水可有效改善土质板结问题。农作物每亩增收 600 元，合计增收 120 万元。发挥循环水养殖的优势，创造良好的经济效益。

➤ 主要做法

1. 实施背景

目前，象州县水产养殖大户、家庭农场以及农民专业合作社等新型渔业经营主体的数量较少，水产养殖主体基本是分散的千家万户的渔（农）民，大部分规模较小、较分散，并以单一经营为主；组织化程度、产业化程度不高，产供销和农工商经营不配套，综合经营管理的抗风险能力脆弱。象州县渔业生产信息化程度还处在初级发展阶段，智慧渔业有着广阔的向上发展空间。象州县新大陆生态农业有限公司配备智能电气系统，可对养殖各阶段的水温、水质、溶氧量等各项基本参数进行实时监测和预警，实现监测数据在设定范围外就自动报警，有效缩短人工采样监测和分析的时长，解决了数据报送慢、信息量少、数据不精确的问题，提高渔业养殖智能化水平；配备监控系统进行可视化管理，实现实时图像和视频监控，可实时观察养殖园区内的动态情况，能够及时发现和处理园区内出现的各种问题；另外还配备了水肥一体化智能控制系统，将养殖鲈鱼排放的尾水，经发酵处理后转化为有机肥用于灌溉水稻、水果、蔬菜，有效解决了水产养殖尾水排放的问题，实现绿色可持续发展。

2. 主要内容

2022 年，公司建成 60 个陆基圆桶养殖池，养殖面积 3 000 m^3（养殖水体共计 4 500 m^3），采用智能控制系统管理园区所需工人 20 人，其中，圆桶养殖管理只需员工 2 人，全年人工成本约 10 万元，与未使用智能控制系统相比人工费用减少约 15 万元，减少人工成本约 60% 以上；利用尾水灌溉水稻、果蔬，每年可减少使用化肥 100 t，与未使用智能设施相比，节约化肥投入成本 30 万元，长期使用经过益生菌处理的尾水还可以有效解决土壤板结问题；采用设备精准化、专业化管理，可有效减少鱼病发生率，减少了鱼病检测和用药成本，2022 年用药量 100 kg，同比减少 20%，未发生鱼病病害，有效减少死鱼损失，与未使用信息技术设备相比产量提高约 1.2 倍，大大提高经济效益；实施种养结合，打造"陆基水产养殖池 + 果蔬 + 稻田"的综合体园区，公司年养殖加州鲈鱼超 25 万 kg，年产值 1 000 万元，纯利润可达 200 万元。

公司自主设计、安装智能电气系统和水肥一体化智能控制系统，购置相关配件 30 多万元，一套监控系统 2.5 万元。虽购置成本较高，但一套完整设备可支持园区规模化使用，使用时间长，使用 10 年年均成本 3.2 万元，结合水稻、果蔬种植，年产成品鲈鱼 25 万 kg，孵化鲈鱼苗 100 万尾，年产蔬菜 25 万 kg，循环利用水资源 10 万 t，提供劳务出位 20 个，年产值达 1 000 万元；每年排放养殖尾水经过有益微生物的处理转化为有机肥，可灌溉 300 亩农作物，长期使用养殖尾水可有效改善土质板结问题。

➤ 经验效果

农作物每亩增收 300 元，合计增收 60 万元。公司建设成为当地的龙头企业，每年提供参观学习培训 200 人 / 次以上，辐射带动群众发展产业，实现对象州县 11 个乡镇的技术推广，进一步提升象州县农业科技水平，推动农业产业高质量发展，助力乡村振兴。本项目建设对促进当地养殖农业结构调整、实现农业增

新大陆高密度渔业养殖及资源
循环利用项目规划

综合种养水肥一体化智能控制系统

智能电气系统及监控系统

养殖尾水用于喷灌蔬菜

新大陆陆基圆桶养殖基地捕捞鲈鱼上市

产，农民增收，拉动本地农村经济建设具有推动作用。其经济效益可观，项目规模可扩大，可复制推广。

象州县新大陆生态农业有限公司采用自主研发的智能控制系统，国产化程度100%。该系统创新点在于可运用手机远程智能控制，实现远程实时监控，方便人员管理。经 4 年研究发展形成 1 套从种苗选育、日常管护、疾病防治、尾水利用等全流程高效循环鲈鱼养殖技术，逐步形成"智能工厂 + 高密度养殖 + 生态立体循环"的发展模式，打造低消耗、低排放、高效能的农业生产新格局。未来信息化进一步改造升级的方向。人工智能技术在此方向上有很大的发展空间，硬件、软件方面都有发展空间。硬件方面可集成水质传感器与摄像机，开发集水质参数和水下图像一体的环境感知系统。目前，生产上的鱼类疾病预测和诊断问题亟须用到信息技术解决，但当前还有较大差距。对于鱼类疾病的诊断问题，仍然存在极大的难度。目前可以实现的是对已发生疾病种类的判断，换言之就是辅助疾病的诊断。但在实际养殖生产过程中，疾病还是要从预测入手，方能提早发现病情。以深度学习为基础，从时间序列、空间特征两方面，对鱼病预测方法展开研究，是未来技术改造升级和创新的重要方向。

撰稿单位：广西壮族自治区农业信息中心，象州县农业农村局
撰 稿 人：唐秀宋，黄腾仪，韦玉花，韦积德，覃文娟

重庆渔政 AI 预警处置系统万州建设及使用典型案例

➤ 基本情况

重庆市万州区农业综合行政执法支队于 2019 年 12 月 26 日成立，为重庆市万州区农业农村委员会管理的行政执法机构，机构规格为副处级，内设 3 个综合科室、5 个执法大队。支队以区农业农村委名义，统一行使区级农业农村委系统内渔业、兽医兽药、畜禽屠宰、种子、化肥、农药、农机、农产品质量等行政处罚权及与之相关的行政检查、行政强制权等执法职能。按照全市统一部署，支队于 2021 年 6 月开始试运行重庆渔政 AI 预警处置系统，于 2021 年底顺利在长江干流万州段及重要支流完成 34 个高清视频监控点位建设并接入重庆渔政 AI 预警处置系统，每年运行维护费为 109.1 万元，对长江万州段重要渔业水域全天候实时监控。

➤ 主要做法

1. 实施背景

长江十年禁渔是党中央、国务院为全局计、为子孙谋的重大决策，是推动长江经济带高质量发展和恢复长江母亲河生机活力的重要举措。2020 年 3 月，农业农村部印发《关于加强长江流域禁捕执法管理工作的意见》，要求各地全面适应长江流域重点

水域常年禁捕新形势新要求，围绕禁捕后长江流域水生生物保护和水域生态修复重点任务需要，进一步加强长江流域渔政执法能力建设，推动建立人防与技防并重、专管与群管结合的保护管理新机制，为坚决打赢长江水生生物保护攻坚战提供坚实保障。自长江流域全面禁捕以来，新的非法捕捞工具、方法层出不穷，例如超声

重庆渔政 AI 预警处置系统万州高清视频监控

波诱鱼器、可视化锚鱼、路亚拟饵钓锚鱼、泥鳅钓等，非法捕捞人员作案更便利，长江禁捕监督执法更为困难。江面巡查、蹲守抓现行等传统打击手段，已不能完全满足长江十年禁渔工作需求。在重庆市农业综合行政执法总队的统一部署下，依托中国铁塔公司建立重庆渔政 AI 预警处置系统，支队以此契机接入并运行重庆渔政 AI 预警处置系统。

2. 主要内容

支队在长江干流万州段及重要支流的沿江铁塔上设置了 34 个高清视频监控点位，实现了执法过程的全程记录，在此基础上建立了"技防预警 + 人防响应"快速联动机制，34 个高清视频监控点位一一对应相关执法人员、渔政协助巡护人员、乡镇禁捕网格人员，如有船舶行驶或垂钓、捕捞等行为出现在"渔政视频AI"监管系统监控画面里，后台系统将通过 AI 算法自动识别、自动报警并及时取证，再将预警信息发送至执法人员、渔政协助巡护人员、乡镇网格人员处进行处置，支队设置专人管理预警事件处置情况，确保一旦预警违规事件，做到立即提醒，立即处置，以此提

重庆渔政 AI 预警处置系统移动端
万州预警信息处置情况

高渔政执法巡查效率，将传统的人力巡查转变为 24 h 实时监测预警，以"技防""人防"相结合，实现渔政执法智能化、精准化、常态化。

3. 主要技术

重庆渔政 AI 预警处置系统平台运用先进信息采集与传输、大数据、人工智能等技术，通过全流域无缝覆盖、全天候感知监控、违法行为智能识别、责任辖区常态巡查、预警消息精准推送、执法监管统一指挥等方式，实现渔政执法的违法识别、任务派发、处置办理、上报反馈、综合分析、调度决策全过程管理。通过数据归集和分析

应用，全面提升渔政执法的信息化、网络化和智能化水平。

➤ **经验效果**

支队自使用重庆渔政 AI 预警处置系统以来，共接收有效预警 405 起，现场处置 405 起，处置率达 100%，现场核实预警信息后及时将现场照片及视频上传系统，形成闭环管理。支队利用重庆渔政 AI 预警处置系统查获非法捕捞（违规垂钓）案件 100 余起，其中包括全市首例泥鳅钓案、全市首例在长江干流开放水域投放非本地物种种质资源案等案件，查获的泥鳅钓案获评 2022 年农业农村部渔政执法优秀案例，同时还入选重庆市打击非法捕捞和打击非法垂钓十大典型案例。

撰稿单位： 重庆市万州区农业综合行政执法支队

撰 稿 人： 姜 汉

宁夏回族自治区银川科海鱼菜共生智慧渔场典型案例

➤ **基本情况**

银川科海生物技术有限公司水产养殖基地是集优质苗种繁育、名特优品种引进试验示范、高产高效健康养殖、现代渔业物联网技术应用于一体的综合性示范园区，占地 1 230 亩。其中，水产养殖 520 亩，稻渔综合种养 710 亩。基地主要以渔业技术服务为主，兼顾饲料加工、渔药销售、水产品养殖繁育及销售、陆基生态渔场构建、稻渔综合种养、休闲农业示范，通过科技创新、新技术引进及试验示范，聚集现代化生产要素，建设"一二三产业融合发展"的现代农业科技园区。

近年来，园区建设名特优新品种选育及循环水智能养殖温室 7 000 m^2，优质苗种繁育智能温室 5 000 m^2，低碳高效循环流水养殖池 10 组，引进泥鳅、斑点叉尾鮰、异育银鲫、丁桂、松浦镜鲤、黄河鲤、螃蟹等 10 余个名优品种进行试验示范养殖，每年可繁育生产各类优质苗种 5 亿尾。2020 年，基地建成 2 000 m^2 智能鱼菜共生温室；2021 年，基地实施宁夏黄河经济鱼类水产种质资源场建设项目，总投资 1 120 万元，项目建成全自动化运行的循环水养殖车间；2022 年与中国电信合作，建设 5G 数字农业示范基地，建成 2 000 m^2 黄河流域生态保护和高质量发展创新中心数字展馆，累计投入达 3 200 万元。

➤ **主要做法**

1.实施背景

宁夏是西北地区重要的水产养殖基地，水产养殖在保障重要农产品有效供给、增加从渔农民收入、改善生态环境等方面发挥着重要作用。当前，宁夏渔业发展正处于传统渔业向现代渔业转型的重要时期，运用现代信息技术深入开发利用渔业信息资源，全面提高渔业综合生产能力和经营管理效率，推进渔业经营集约化、生产标准化、管理信息化、操作自动化、服务智能化是渔业养殖的发展趋势，也是宁夏建设国家黄河流域生态保护和高质量发展先行区、国家农业绿色发展先行区工作的战略要求。

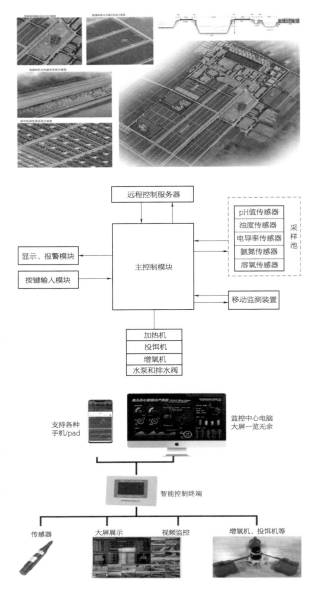

2. 主要内容

智慧水产养殖实现渔场智能化管理：银川科海水产养殖基地建设集渔场养殖管理、环境调控、污水处理多功能为一体的智慧渔场水产养殖监控管理系统，配套环境监控、水体环境监测控制、自动投喂等物联设备，实时采集渔场温度、湿度、光照、溶氧、pH值等数据，达到自动化增温、增氧及投饵等作业，实现渔场智能化和信息化科学管理。基于5G技术的养殖环境实时监测控制。利用气象传感器、智能物联网设备实时采集渔场光照强度、室温、水温、溶氧、pH值等数据，对水产养殖情况进行监测，实时在线监测并调控养殖环境参数。自动投喂、增氧系统利用采集到的溶解氧和有机质等参数，进行智能分析后，通过系统平台控制或者手机程序自动启闭控制加热、增氧、投饵等设备，实现增温、增氧和远程精准投喂自动控制功能。远程视频监控系统是利用AI智能高清摄像头实时监控、自动识别及采集生产视频信息，结合人工筛查，实现渔场异常事件事前预警、事中处理及事后取证；监控系统还可实时监测共生温室内蔬菜生长及病害发生情况，为专家远程诊断提供数据参考。农产品质量安全追溯管理。智慧渔场鱼菜共生的水产品养殖、共生菜品种植、稻田生产等环节的标准化生产、健康养殖、流通过程等信息可全程查询，实现了鱼菜共生农产品全程质量安全追溯。在出场销售环节，通过网站与"渔业产品交易总平台"相链接，可实现与农产品超市直接对接，或利用B2C微卖场、微店铺、微团购等运营模式，通过展示优质水产品生产过程信息，使消费者直观了解养殖户生产过程和产品质量，实现渔场产品直销到消费者手中。

创新养殖技术实现生态高效养殖：一是鱼菜共生循环农业养殖技术。该系统通过微生物技术，有效替代现有种养一体模式以及水产养殖模式当中所使用的大型机械设备，缩短规模生产中的烦琐流程，动植物对物质的吸收更加高效，可有效解决现代农业生产过程中所产生的污染及排放问题，并解决农业种植养殖的节水、节电的问题。二是稻渔共作陆基生态循环水构建技术。该技术通过高效的水循环设计，构建较完整生态系统，实现物质循环和能量高效利用。利用富含氮磷等营养元素养殖水体灌溉稻田，经过水稻种植系统充分吸收利用，净化后的净水可作为水产养殖的优质水源，既解决了水产养殖残饵排泄物引起的水质恶化问题，又降低了水稻施肥量和用药量，有效减少了园区农业面源污染，改善土壤盐碱化，最终实现以渔肥田，以田净水，以渔治碱，将稻渔产业深度融合，发展优势，互补劣势。三是池塘工程化循环流水养殖技术。该技术是传统池塘养鱼与流水养鱼技术的结合，将传统池塘"开放式散养"模式革新为池塘循环流水"生态式圈养"模式，即在流水养鱼槽中高密度"圈养"吃食性鱼类，并收集鱼类排泄物进行微生物发酵处理，外塘中利用生物浮床和滤食性鱼类及微生物净化水质，形成新型池塘养殖模式。四是池塘养殖尾水治理技术。养殖池塘尾水排出池塘，相继通过生态沟渠沉淀池、过滤坝、生物净化池、洁水池，过滤养殖尾水中的颗粒物、微生物制剂、有机质、氨氮、亚硝酸盐等物质，达到净化水质、降低尾水体中的氮磷含量，减少农业面源污染，切实改善养殖环境，实现养殖尾水各项指标达标。

➤ **经验效果**

1. 经济效益

运用信息化技术与物联网技术建立水产科技示范基地，实现基地集约化、专业化的管理，提高基地经济效益，降低基地的经营成本，提高土地的产出率，同时发挥了较好的示范引领和辐射带动作用。水产养殖亩均增产 568 kg，亩均增收 2 272 元；电力节约 35%，饲料利用率增加 30%；在稻蟹生态种养技术应用下，河蟹亩均增产 23 kg，亩均增收 1 150 元，综合亩均增收 3 682 元，年收入增加 552.3 万元。项目示范推广 10 000 亩面积，增加效益 3 682 万元。

2. 社会效益

通过现代渔业数字化与物联网技术应用，主要参与苗种引进、二级培育、饵料配送、新品种试验示范、鱼病防治、信息化服务及市场营销等，与农民建立利益共同体，以"公司+基地+协会+农户"的形式带动农民增收致富。同时，为广大渔业生产者开展新技术推广、培训、生产示范、质量检测、鱼病防治，水产品销售等服务，带动利用物联网技术发展名优品种的积极性，每年实现户均增收 20 000 元，人均增收7 000 元左右，亩均增收 300 元，新技术入户率达到 90% 以上，科技贡献率由 40% 提高到 70% 以上，在推动宁夏渔业结构调整战略的实施、发展特色品牌渔业方面奠定了基础，同时对增加从事渔业生产经营人员收入发挥了骨干作用。

3. 生态效益

通过智慧养殖管理模式和鱼菜共生、渔稻共作及养殖尾水处理等技术手段，推动了渔业绿色生态养殖，实现明显的节肥节药，减少了饲料的使用，减轻了生产饲料的环境污染问题，生态保护成效明显。

银川科海生物技术水产养殖基地通过现代渔业数字化与物联网技术应用，实现水产养殖环境、自动投喂等联动控制，节本增效效果显著。同时采用鱼菜共生系统的构建，实现盐碱地改良、养殖尾水处理双赢；通过建立子网站链接"渔业产品交易总平台"，与农产品超市直接对接，推广微卖场、微店铺、微团购等运营模式，实现超市销售或直销消费者；利用太阳能对养殖水体加温，自动控制水温、自动控制循环净化，利用微生物进行水体净化，已达到生态循环利用效果；依托已建成的全国优秀科普示范基地、全国水产健康养殖示范场、区级院士专家工作站等科技创新和转化推广平台与载体，开展种养一体化多品种、多技术、多方式的科学研究和示范，在生态循环养殖、鱼菜共生和尾水治理等方面，有较好的示范作用，具有很好的推广价值。

撰稿单位： 宁夏回族自治区农业勘查设计院
撰　稿　人： 兰进宝

第四部分

智慧农机

北京市小麦种植全程无人作业技术集成
示范优秀案例

➤ **基本情况**

项目集成智能农机，在密云建设农机无人作业试验示范基地，基地占地面积457亩。通过"产、学、研、评、推、用"高效合作模式，以"智慧种地"为目标，以"机器换人"为手段，打造成全国高水平农机无人作业试验示范基地。项目集成无人作业多级协同管理、高效任务动态路径规划、障碍物快速识别与避障、大型拖拉机及联合收获机的自主控制、智能灌溉施肥等系列高精尖技术，配套应用栽培、土肥、植保等新技术，实现农机农艺融合、农机化与信息化融合，以智能农机为核心载体，集成先进智能化技术，开展试验示范，从而显著提高农业生产效率和作业质量，为全国智能农机打造示范样板。有关资源投入450万项目资金。由北京市农业机械试验鉴定推广站统一组织规划，密云区农机推广站负责具体实施建设，中国农业大学、中国科学院计算机所、北京博创联动科技有限公司以及多家农机装备企业提供技术支持，密云区河南寨农机服务专业合作社提供试验用地和农机保障。

➤ **主要做法**

1. 实施背景

通过发展数字农业、精准农业、智慧农业等现代农业方式赋能农业高质量发展，助力乡村振兴，是"十四五"期间实现农业农村现代化的关键举措。在当前我国农村青壮年劳动力流失加剧的严峻形势下，在全程农业机械化的基础上，发展无人化农机作业技术装备，通过"机器代人"，解决谁来种地、谁来高效种地的问题，代表着最先进农业生产力，是未来农业的发展方向，必将引领数字农业、精准农业、智慧农业等现代农业方式的发展。

2. 主要内容

通过集成应用新一代物联网、大数据、无人驾驶等现代农业信息技术，应用智能拖垃机、植保无人机、智能水肥一体化设备、智能收割机等农业智能装备为核心的智能农机具，践行产学研评推用的合作模式，开展机群全程无人作业试验示范，在京郊建设集成示范区。

3. 主要技术

已实现农机自动路径规划、全程无人驾驶、作业自动控制和监测，极大地提高了农业生产效率和作业质量。

东风2204无级变速无人驾驶拖拉机：东风2204无级变速无人驾驶拖拉机基于电控底盘以及无级变速技术，结合北斗/GNSS定位技术，能够自动完成预先设定地块的耕整地、播种以及中耕等作业任务，具备远程启停，远程协助、远程控制等能力。电控能力包括挡位控制、动力输出、液压输出以及液压提升。该系统主要包括规划模块、控制模块、定位模块。路径规划模块负责规划作业路径以及掉头轨迹，定位模块负责获取农机位置信息，控制模块负责跟踪规划路径以及控制机具升降，最终控制精度可达 ±2.5 cm。

大型喷灌机水肥一体系统：圆形喷灌机具有智能施肥系统（Intelirri ZFB300）、远程水泵控制、入机流量及压力监测、基于北斗定位的运行位置监测、手机 App 控制等功能。系统具备本地及远程控制，运行状态监视等能力，可融合域内气象、视频等信息，实现精准水肥一体化灌溉。

T30 型电动六旋翼枝向对靶植保无人飞机：大疆 T30 型六旋翼植保无人机飞行性能强大且作业效果出色，将无人机最大载重提升至 30L，大田植保作业效率达到新高度 240 亩/h；采用革命性"变形"机身，实现枝向对靶施药，提高农药利用率 20% 以上，大田、果树植保喷洒效果突出，配合数字农业解决方案，实现绿色精准施药。

无人驾驶小麦收获机：全车采用了纯电控方式，操作简便。控制系统采用双天线高精度定位，误差不超过 2.5 cm，可实现路径自动规划，多路径方式作业，完全模拟人工操作，作业效率高；实现车辆点火熄火控制；实现车辆前进、倒退、停车控制，自

密云区试验田长势指数分布（2022 年 5 月 28 日）

动转弯控制，车辆路径规划行驶控制，车辆手自动驾驶一键切换控制，与车辆远程云端控制；同时还可实现电控 HST 系统、割台升降控制、卸粮桶自动控制与拨禾轮自动控制。

小麦出苗率和长势监测无人机平台：传统的小麦出苗率和长势监测平台存在一定的局限性，或受环境影响较大，或不能即时反映小麦的生长情况，无法对小麦出苗率和长势进行全面、综合的评价。为此，引进了无人机影像技术、遥感技术和传感器技术，无人机遥感手段既能满足高分辨率要求，且可在花费较少野外工作量的情况下，获取较大范围的即时、无损、可靠的农作物生长信息以更好地监测小麦生长状况，为后期预测小麦产量提供科学依据。用无人机遥感监测技术分别进行小麦出苗率和小麦长势的数据采集，主要采集冬小麦真彩色影像和多光谱影像。设计航向重叠 70%，旁向重叠 60%，无人机飞行高度为 100 m。图像后进行拼接和分析，从而监测出苗率和长势。

➤ 经验效果

本项目以智能农机为核心、高标准农艺为保障、精准化栽培为手段，践行产学研评推用合作模式，在密云建立农机无人作业试验示范基地。项目实现种植远程智能管控模式，大幅提高生产管理决策能力，实现品质、产量和效益提升。具备显著的"全天候、全过程、可复制、可推广"的示范效果与广泛的推广价值。

1. 经济效益

提高作业质量：农机手使用传统拖拉机进行田间作业时的精度约为 10 cm，经过长时间劳作后，作业精度大大降低，从而降低了作业质量，不利于前后环节的配套作业。无人驾驶拖拉机基于 GPS/北斗双模的自动导航技术，作业精度约可控制在 ±2.5 cm，可有效避免重播和漏播，提升作业质量。另外，根据自动导航过程中存储的路径数据，还可以使拖拉机在后续作业环节定位到固定的作业路径，有效保证农机各环节作业配合精度。由原来的作业质量靠机手的经验变为作业质量精准、一致、可控。

降低机手劳动强度：农机在无人驾驶作业过程中，不再像以往一样需要机手在农机上进行实时操控，机手只需要在道路交通驾驶农机行驶至目标农田，便可以由农机根据规划路线自主作业，从传统意义上的农机作业由 1 个机手 1 台车改变为 1 个机手可以负责多台车作业，使驾驶员从单调重复、高强度的劳动中解放出来，延长作业时间，提高机车的使用效率。

减少投入成本：由于无人驾驶行进中作业速度与发动机转速更为平稳，结合本课题的三维地形精准控制，匹配度更高，动力控制性能更优越，且通过优化路径规划方案，减少了不必要的行驶路程。因此相较人工驾驶可降低油耗 7%，减少环境污染；优化后的路径规划方案降低了播种期间的重播率，提高直线度 60% 以上，有效减少种肥消耗，降低投入成本。

提高配合效率：多机协同系统能够进行任务级别的规划，让农机编队作业，覆盖耕种管收全环节，作业效率相较人为操控提高 25%。多机协同能极大减少农机间作业沟通成本，实现提前规划，作业无缝衔接。例如收获小麦过程中转运车能实现接满即走，空车自动接上，工作期间收获机停车时间大大减少。

2. 社会效益

形成作业大数据。智能化农机上传大量的传感器数据能更加准确地反映作业效率、计算作业面积等情况。汇总所有农机提供农业作业大数据，为我国农业作业分布、播种收获情况、农机转移等农业宏观数据分析提供坚实基础。

3. 生态效益

无人驾驶相较人工驾驶行进中作业速度与发动机转速更为平稳，结合三维地形精准控制，匹配度更高，动力控制性能较优越，且路径规划方案优化，减少了不必要的行驶路程，可降低油耗，减少环境污染。另外，优越的路径规划降低在播种期间的重播率和漏播率，因此可有效减少种肥消耗，减少环境污染。

撰稿单位：北京市农业机械试验鉴定推广站，北京市数字农业农村促进中心，中国农业大学，北京市密云区农业机械化技术推广服务站

撰　稿　人：徐岚俊，孙梦遥，芦天罡，何继源

湖北省北斗导航赋能农机精准作业，促进京山优质稻产业迈向高标准智能化优秀案例

➤ 基本情况

案例主要以京山桥米优质稻产业为出发点，采用智慧农机装备，运用北斗导航技术和农机大数据平台等现代科技手段，对优质稻生产全过程实现信息感知、定量决策、精准投入和智能作业，达到降本增效、高质高效发展的目的。智慧种植优质稻核心示范基地 6 500 亩（其中流转土地 5 400 亩），带动周边农户 3 000 余户实现"订单农业"种植优质稻面积达 10 万余亩，通过互联网年销售优质稻大米等农副产品达 3.5 亿元以上。主要业务是开展集粮食种植、农业社会化服务、工厂化育秧、订单农业、农产品商品化处理、农电商互联、农作物秸秆综合利用等为一体服务。以机械化、信息化、智能化运作为支撑，实现机械耕整、育秧插秧、施肥施药、植保收割、粮食烘干、加工、互联网销售等"一站式"智能农机作业服务。

本项目主要资源投入有耕整、播种、田间管理、收获、烘干等 10 余种不同类型智慧农机计 68 台（套），涵盖智慧农机视频监控、环境数据远程监测系统、智慧农机管理、农情监测设备等，总投资达 480 万元。

➤ 主要做法

1. 实施背景

《中共中央关于制定国民经济和社会发展第十四个五年规划和二〇三五年远景目标的建议》提出，强化农业科技和装备支撑，支持北斗智能监测终端及辅助驾驶系统集成应用，建设智慧农业，提高农业质量效益和竞争力，全面推进乡村振兴。

2. 主要内容

积极推广北斗技术集成应用，助推农业机械智能化：公司通过将北斗智能终端系统加装用于拖拉机、插秧机（播种机）、农用无人飞机、收割机、烘干机等农业机械中，开展无人拖拉机旋耕、卫星平地、深松整地、无人插秧机插秧（播种）、无人机飞防飞播、无人收割、秸秆粉碎还田、智能烘干等 20 余项智能化农机作业，实现了北斗卫星导航系统与农业机械相结合，为农业规模化、集约化、高效化插上翅膀。创新了农业机械的无人驾驶，有效地代替人工操作，减轻了劳动强度，降低人力成本。同时，减少农业机械受到自然环境因素的影响，提高农业生产作业效率，对农业机械进行适时调整，保证农业作业质量与作业精度。

打造农业生产数字化管理平台，实现农资、人员、农事等信息化管理：公司利用农机作业平台实现远程监管，通过北斗系统搭载上农机，可以实现厘米级的精准导航。驾驶员只需要按照步骤提前设置好程序，农机就可按规划的路线自动驾驶，不错过

无人驾驶播种作业

无人驾驶插秧作业

无人机飞防植保作业

一分土地，又避免了重复作业。借助应用于大数据、云计算形成数字化地图，农机能准确把撑土地翻耕深度，记录用业轨迹，还可以将数据反馈到农机作业监测量产台，平台对农田所有数据进行分析和处理，农业生产的质量、防虫治病、精准施肥等大大提升。通过物联网进行监测和展示，实现农资、人员、农事、农机等信息化管理，为农业生产提供了准确的农机作业信息。

示范引领，建设高标准智能化生产基地：公司配置多光谱采集终端、气象观测、高清摄像头、土壤墒情仪等基于北斗技术的物联传感设备及智慧农机，在公司6 500亩智慧种植优质稻核心示范基地，运用智慧农机，开展耕整、工厂化育秧插秧、无人机飞防飞播、收割、烘干、加工、互联网销售等"一站式"智能化服务，对作物的苗情、墒情、病虫草鼠、灾情以及各阶段长势进行动态监测和趋势分析，实现了对农作物"耕种管收"全程机械化、智能化作业可视化、精准化、智能化管理，有效降低化肥、农药投入量，保障粮食生产安全，起到了典型引路，示范带动效果。

3. 主要技术

本项目围绕作物优质稻健康成长，依托北斗、互联网、大数据、人工智能、5G等现代科技手段，通过构建"天、空、地、人、农机"五位一体的数据采集体系，针对不同农户多样化、个性化需求，以机械化、信息化、智能化运作为支撑，开展农资供应、机械耕整、工厂化育秧插秧、无人机飞防飞播、机械收割、粮食烘干、加工、互联网销售等"一站式"智能化服务，为农业生产在最佳时机做出最佳决策，实现农业生产全过程的信息感知、定量决策、精准投入和智能作业，推动农业生产科技化、农业经营信息化、农业管理智能化、农业服务在线化、环境监测智慧化，有效推动了农业生产性服务内容升级，实现了农业生产降本增效、高质高效发展。

4. 运营模式

主要采取"公司+合作社+基地+农户+互联网（电商）"经营模式，运用智慧农机和现代科技手段，开展自动驾驶、产量监测、播种监控、变量施肥喷药、机务管理、农情监测等服务作业，充分利用互联网的优势，将本地农产品通过电商平台销往全国各地，形成了较为成熟的优质稻米产业链，实现了可推广可复制的优质稻产业发展"规模化、标准化、订单化、现代化、智能化"的生产模式。

➤ 经验效果

2. 社会效益

搭建信息化管理和服务平台，利用智能化统计数据和图像，为管理者科学决策提供了重要依据，节省了大量的管理成本，减少了人员投入，通过智能调度，极大地提高土地产出率、资源利用率和劳动生产率。推动了遥感、物联网、大数据等技术的应用，实现农机智能化与农艺、信息系统的深度结合，社会效益显著。

1. 经济效益

北斗技术与农业机械相结合，实现农业机械的无人驾驶，有效代替人工操作，提高机手和农机具的效率，减轻劳动强度，保证农业作业质量与作业精度。经科学调度，例如优质稻种植基地实施了智慧农机项目，配置了光伏系统、物联网等先进设施，对优质稻生产进行全程环境控制，可节约化肥 30%，节约农药 30%，降低生成成本 20% 以上，亩新增产量 55 kg 以上，节本增效达 200 元以上，经济效益可观、生态效益明显。

3. 推广应用情况

近年来，京山已推广北斗终端装置 1 200 多台（套），建设基于北斗农业领域大规模集成应用示范基地 1 个。北斗技术主要用于拖拉机卫星平地、旋耕整地、农机深松、机械育插秧（机械播种）、无人机飞防飞播、自动灌溉、机械收割、秸秆综合利用、烘干等农机作业领域，实现农作物"耕种管收储"一条龙全程机械化智能化服务，在提升科学决策水平和管理效率，服务"三农"等方面取得了突出成效，应用效果好。

通过部署智能物联网设备，农户、企业及工作人员可利用智能手机，通过微信小程序随时获取涵盖气象监测、病虫害识别监测、用药指导、个性化农技指导、专家问答等便捷服务，有效提升农业生产数字化服务水平。随着科技水平不断提高及农业现代化的飞速发展，在人工智能、5G、物联网等技术应用背景下，智慧农业将逐渐为社会经济的发展注入新的活力，极大地推动了相关应用行业领域发展与进步，从多个方面推动我国农业生产水平提高，促进农业向智能化、科技化、机械化的方向发展。

撰稿单位：京山绿丰家庭农场有限公司，湖北农村信息宣传中心
撰　稿　人：李亚红，耿墨浓

重庆市江津区丘陵山地果园履带式电动多功能农机动力平台研制与应用优秀案例

➤ **基本情况**

重庆市江津区通过水果首席专家团队项目，整合中国科学院重庆绿色智能技术研究院（以下简称中科院重庆院）和区属重庆汇田机械制造有限公司、江津区农业科教信息中心等单位，组建丘陵山地果园智能农机试验站，攻关履带式电动多功能农机动力平台电机、电控和整机设计等关键技术，研发和量产了履带式电动多功能无人农机动力平台及系列适配装备，支撑了山地果园生产管护的全程机械化无人作业。

➤ **主要做法**

1. 实施背景

我国丘陵山区占土地面积的 69%，重庆丘陵山地占 95.7%，是典型的丘陵山区，发展柑橘产业成为三峡库区生态环境保护、移民安稳致富和山区精准脱贫的必然选择。目前面积 388 万亩、产量 390 万 t，成为重庆农业第一特色产业、农民致富的支

柱产业。但是，近年农村劳动力紧缺、大型农机难以进园作业、中小型农机缺门断档等影响，果园用工成本逐年提高，占到约70%的管护成本，导致劳动力成本高、标准化管理难、产业效益低等瓶颈问题；现有果园装备主要燃油发动机，需操作手乘车或随车控制，在山地果园的作业强度高、安全性差、运行费用高，亟须适宜丘陵山区的智能无人农机装备等关键装备，依靠电动新能源降低运行成本，通过无人农机提高劳动生产率，解决当前和未来谁来种地种果问题。

2. 主要内容

重庆市江津区通过农业首席团队项目，组织"产学研推用"创新团队，围绕丘陵山地果园作业需求，攻关适宜丘陵山地果园履带式电动多功能农机动力平台，实现丘陵山区果园全程机械化无人化作业，解决农村劳力紧缺问题。

研制智能无人农机通用滑板底盘：围绕丘陵山地农机对动力、灵活性、续航时间、作业功能和成本控制等核心需求，重点聚焦新能源动力，应用强容错宽调速永磁无刷电机关键技术（国家技术发明二等奖），研制宽速域高扭矩电机、分布式协同电驱系统和大速比减速机"三合一"动力模块，峰值轴上牵引力100 KN以上，保障农机顺利作业；研发模块化分布式电机同步控制技术，保障双电机动力输出一致性、控制灵活性；采用低电压锂电池与增程发电机模式，保障8 h作业续航；在车身后部研发电控液压三点式悬挂和电动旋转动力输出系统，对标40马力（176 kw）燃油拖拉机全部配套作业装备可直接搭载或牵引作业，包括旋耕机、起垄机、开沟机、犁铧、深松铲、喷雾机、割草机、施肥机、播种机、移栽机、粉碎机和运输货箱以及智能作业机具，实现全程多功能无人作业。

农机智能控制系统研发：针对智能控制系统的实时性、智能化需求，利用中国科学院自主多模态融合定位导航技术，解决山区复杂地形定位与自主行驶不稳定难题；利用团队自主的高维稀疏大数据智能计算理论与方法（重庆市自然科学一等奖），建立智能果园感知决策边云协同计算平台，通过5G/Wi-Fi和射频通信等与农机智能控制系统交互，通过目视或远程视频监视，实现农机动力平台自动行驶、作业的驾驶；研制分布式架构的整车控制系统，通过CAN总线或无线通信将电池、电机、显示屏、遥控、遥控接收器、天线、导航装置、视觉装置等与控制系统连接，实时感知环境或接受远程信息，为电动无人多功能农机动力平台执行各类动作提供指令，保障智能农机在果园行驶的灵活性和多机具复合操作的协同性。

智能农机整机定型、检测与制造，经过对上述研制成果的大量试验与改进后，实施团队对智能农机产品进行定型，同时对喷药、开沟、施肥、旋耕和运输等配套作业装备进行适配，并通过了重庆市农业机械鉴定站等专业单位对产品性能指标的检测。

3. 主要技术

基于分布式架构的高实时性农机智能控制技术：针对农机在作业中对控制的实时性要求，研究了基于分布式架构的农机智能控制技术，按功能的区别划分不同的控制模块，各模块互相独立运行，仅通过分布式数据链进行交互，在避免模块运行相互干扰的同时，提高了对控制指令的响应速度，实现智能农机的高实时性控制。

智能农机整机数据通信链路组建技术：在上述分布式农机智能控制技术的基础上，根据控制系统对分布式数据链路的高速、高带宽、高并发等需求，构建基于现场总线的整机数据通信链路，将配套的作业模块电控系统、机载传感器、摄像头等设备接入后可完成自动设备检测并进行数据交互，实现喷药、开沟、施肥、除草和运输等作业装备挂载后即可无人化作业控制。

4. 运营模式

生产上，中国科学院重庆院与重庆汇田等合作研发，实现的知识产权共同拥有，江津区委区政府公开遴选、聘请主研人员熊棣文高级工程师担任区属重庆汇田机械公司科技副总，现场解决技术问题，指导企业生产与改进。应用上，与技术推广部门合作，以龙头企业和合作社等农业主体为重点，试验示范农机农艺技术融合和社会化服务，在江津、开州、万州、奉节等重点区（县）推动万亩山地柑橘生产管护全程无人作业应用场景建设，引导果园大户使用新能源电动无人农机，推动产品销售和柑橘无人作业技术装备的落地应用。

第一代无人农机作业

移交无人农机动力平台

特大高温弥雾喷抗旱剂

典型的开州区临江镇福德村集体经济组织管护的 3 500 亩投产果园，率先试验示范江津产电动无人农机，支撑了柑橘喷药补微肥、深翻开沟、田间运输和有机肥利用等作业的无人化，大幅提高了劳力生产率和果园生长势，2022 年战胜了重庆极端特大高温干旱，实现品质、产量大幅提升，产量由 2021 年的 57 万 kg 增至 2022 年的 106 万 kg，增长 86.0%，价格由 2.8 元 /kg 增至 3.6 元 /kg，增长 28.6%，节本增收超过 222 万元，增长 1.4 倍。

➤ **经验效果**

1. 经济效益

本装备与中国科学院重庆院研发的智慧柑橘果园管理系统有机结合，在开州区临江镇福德村智慧柑橘果园中实际应用，运行效果经果园业主实际测算，果园运行投入人工劳动力节省 60% 左右，同时药、水、肥均节约 40% 以上，全年节约成本大概 100 万左右，为未来果园管护探索出了一套可实施、可复制、可持续的新发展模式。

2018年7月启动以来，已经实施5年。2018年以来，主持科技项目7项，获科研项目资助1554万元，具体见下表。

表　项目具体情况

序号	项目名称	项目性质及来源	起止时间	经费来源及额度	团队角色
1	中国科学院青年创新促进会项目	中国科学院青年创新促进会	2023年1月至2026年12月	中国科学院（80万元）	牵头
2	山地柑橘精准变量施肥机器人研发及应用	重庆市政府与中国农业科学院战略合作项目	2022年11月至2025年12月	重庆市政府（500万元）	牵头
3	山地果园无人多功能智能混动平台及适配作业装备研制与产业化项目	重庆市科技局产业类重点研发	2018年7月至2021年10月	重庆市科技局（750万元）	牵头
4	山地智慧柑橘园建设与无人驾驶电驱新能源喷药作业机械研制与应用	重庆市现代山地特色高效农业产业技术体系创新团队2022年度项目	2018年1月至2022年12月	重庆市农委（122万元）	牵头
5	山地果园履带式多功能无人农业机器人研发	重庆市2018年"留创计划"创新类重点资助项目	2018年9月至2019年8月	重庆市人社局（12万元）	牵头
6	农机化技术装备提升	2023年重庆市农机化技术装备提升项目	2023年1—12月	重庆市农委（30万元）	牵头
7	水果首席团队	江津区首席团队项目	2022年1月至2024年12月	江津区农委（60万元）	参与
合计				1554万元	

3. 推广应用

项目团队研制的2款丘陵山地履带式电动无人多功能农机动力平台，采用全电力驱动和摇控操作或北斗定位导航驾驶，可实现山地果园旋耕除草、喷药补微肥、深耕深松、田间运输等果园全程生产管护的无人作业，日运行成本约耗电30 kwh，20元左右，较传统燃油农机装备日均300元燃料成本减少90%以上，推广应用节本增效价值突出，并为未来果园无人化生产管理提供了解决方案。电动无人农机动力平台产品已经通过重庆市农机鉴定站等农机检测，并实现量产，产品销往重庆开州、万州、江

电动履带式多功能无人农机动力平台，及部分模块化装备

无人有机肥施撒作业

田间无人运输车　无人喷药补微肥　无人驾驶升降机

带液压悬挂和旋转动力的履带式电动多功能农机动力平台及部分适配作业机具

加挂旋耕机作业

加挂犁铧作业

津、巫溪、奉节、渝北等多个区（县），应用面积上万亩。

研制成果受到农业农村部、市农业农村委、市科技局和江津区委区府等重视，牵头单位已落实重庆市政府与中国农业科学院战略合作项目等，开展柑橘开沟回填一体精准变量施肥（与南京农机所）、果树对靶喷药（与赵春江院士团队）、土壤旋耕起垄消杀一体和田间运输机器人等后续新型智能农业机器人研制项目，与全国农技推广服务中心、市农业农村委、市经信委等部门协同，进一步推动丘陵山地万亩果蔬智慧无人农场场景建设，规模化推动丘陵山地柑橘果园生产管护的全程无人化，进一步降低果园劳动力需求以及药、水、肥投入，智慧赋能丘陵山地农业绿色、高效、高质发展。

撰稿单位：中国科学院重庆绿色智能技术研究院

撰 稿 人：熊棣文

重庆市丘陵山区果园无人对靶施药机器人优秀案例

➤ 基本情况

重庆市农业科学院为正厅局级全民所有制公益型农业科研事业单位。现有 10 个职能处室，15 个研究所，包括农业信息、农业工程、农业机械、生物技术、水稻、玉米、特色作物、蔬菜花卉、果树、茶叶、农业资源与环境、土壤、农产品加工、农业经济与乡村发展、农产品质量标准与检测。

重庆市农业科学院下属农业机械研究所是重庆市农业机械领域唯一的市级科研机构，一直致力于山地农业机械的技术研究与装备开发。拥有"农业农村部西南山地智慧农业技术重点实验室（部省共建）""国家现代农业科技示范基地""重庆市山地农机数字化设计工程技术研究中心""重庆市农机装备试验测试工程中心""重庆市农机化中试基地"等多个国家级和省部级研发平台；建有计算机辅助设计、计算机辅助测试、农机综合测试等实验室 1 700 m²，数字化中试车间 6 000 m²，农机科研试验基地 500 余亩；配置有价值 3 000 余万元的科研仪器设备；拥有世界一流的数字化设计软件，为山地智能农机装备研发提供了数字化设计、仿真分析、试验测试、检测分析、加工试制、试验示范等软硬件支撑。近年来，在智能果园机械研究方面取得了重大突破，研发的柑橘采摘机器人实现了果实智能识别、定位、采摘和投放果箱；果园无人对靶施药装备实现了标准化果园遥控/无人作业、仿树形无人对靶精准施药。

➤ 主要做法

1.实施背景

我国是世界水果生产第一大国，重庆水果产业发展较快，2022 年重庆市果园种植面积36.62万hm²，水果产量593.3万t，近年来对新鲜果品的消费更是呈明显上升趋势，如何更好地丰富群众"果盘子"，成为一个重要的课题。但水果种植是高成本、大用工产业，植保作业次数多达8～15次，其工作量约占果园管理总工作量的25%。机械化是提高果园种植收益，降低作业人员需求度，提高种植积极性，守护好人民群众的"果盘子"的最为有效的手段。传统的植保方式存在工作效率低、劳动强度大、人身伤害大、农药利用率低以及环境污染严重等突出问题，精准植保是水果产业提质增效最有效的手段之一，能够提高农药利用率，减少农药使用量，从而减少农药残留，降低环境污染，符合当前农业高质量发展需求。

2. 主要内容

丘陵山区果园无人对靶施药机器人1套，具有以下特征：一是对靶施药，有树才喷，无树不喷，节约农药用量；二是仿树冠施药，增加农药叶背附着率；三是模块化设计，可挂接专用底盘或通用拖拉机，满足不同场景下的应用需求；四是遥控/无人驾驶，人药分离、人机分离式作业，降低药物对人体伤害；五是折叠式喷杆设计，田间行走、公路运输更安全可靠，在潼南、永川、涪陵等标准化果园内示范应用。

3. 主要技术

核心技术有3部分，即全株施药技术、超声对靶技术和无人作业技术。

机械臂展开状态

折叠状态

喷雾效果

作业示范

果树全株机械施药技术：针对果树机械施药时叶背药液沉淀量低、雾滴分布不均匀等问题，结合重庆市果园种植模式，对比筛选喷雾机用水泵、喷头类型，得到了全株施药喷杆形式。喷杆由 3 段组成，每段 2 组喷头，喷杆设计成弧形，可根据树冠大小自动调节弧度，包裹树冠上、中、下 3 部分，中间喷头直喷，上面喷头从顶往下喷，下面喷头从底往上喷，实现全株施药，叶背施药。

基于靶标生物量超声对靶技术：标准化果园果树在长大成林前，株间间距较大，传统喷雾机开机后有树无树均以相同压力喷洒农药，造成污染浪费严重，给环境带来很大的压力。对靶施药机器人基于超声波传感器获取果树树冠信息，通过对靶机制保持最佳的喷雾距离，研发了基于单片机控制技术对靶施药专用控制单元，形成了有树才喷、无树不喷的对靶施药技术，减少农药浪费，保护环境。

模块化设计满足不同场景下无人作业需求：根据丘陵山区标准化果园种植和植保农艺，研发了专用电动底盘，集成了适应丘陵山区的无人驾驶系统，实现果园植保无人化。同时，研发了履带底盘遥控系统，实现无级变速履带拖拉机前进、后退和转弯的精准控制。施药系统与底盘模块化设计，可专用底盘或拖拉机悬挂，满足不同场景下的应用需求。遥控／无人驾驶，人药分离、人机分离式作业，降低了药物对人体伤害。

4. 运营模式

与合作社合作，为合作社开展技术咨询和对靶施药服务，在应用中改进、熟化技术；研发基础款、智能款等不同定位产品，满足不同市场产业化需求；寻求与企业合作机会，开展成果转化。

➤ **经验效果**

1. 经济效益

《重庆市农业经济作物发展"十四五"规划（2021—2025 年）》指出，2025 年发展目标为"水果种植面积 720 万亩"。样机最初由 2019 年重庆市科技局重庆市技术创新与应用发展专项柠檬无人对靶施药技术装备研发与应用重点项目支持研发，又经2021 年重庆市农业科学院市级财政资金、市农委 2022 年度农业技术创新项目支持，不断完善。本成果在果园推广后，可提高作业效率 2 倍以上，节省农药 30% 以上，按每亩每次施药可节省 40 元计算、每亩每年施药 10 次可节省 400 元、全市 1% 果园使用本装备计，每年可节省成本 2 880 万元。

2. 社会效益

采用果园无人对靶施药将显著提高丘陵山区果园树体管理的机械化以及精细化水平，节约果园管理劳动力资源投入，减少果园种植人员依赖，降低农药带来的人身伤害和环境污染，节本增效的同时有利于提升水果品质，有利于果农扩大规模，能够提高水果产业的机械化程度和集约化程度，同时辐射周边地区水果产业，有利于乡村振兴和农民增收。

3. 生态效益

果园无人对靶施药机器人把农药利用率从不到 30% 提高到 52.1%，能够有效降低山区农业面源污染，促进水果产业向高效和绿色方向的发展。

4. 推广应用

2020 年至今，果园无人对靶施药机器人在潼南、永川、涪陵等地示范应用，示范应用品种有尤力克柠檬、塔罗科血橙、沃柑等，防治病虫害有潜叶蛾、介壳虫、蚜虫、红蜘蛛、树脂病等，获得经济收入 40 万元。

果园无人对靶施药机器人的研发成功，是丘陵山区农业机械从 1.0 到 4.0 的跨越，是农机人为丘陵山区果园机械从无到好跨越发展所做的努力，是丘陵山区农机装备智能化的一大步，为农机装备自动驾驶、智能控制技术奠定了基础，代表丘陵山区果园植保能够摆脱传统的背负式喷雾机与当前的大流量喷雾机，果园植保步入农机自动化作业、农药高效利用、农民无毒害的新阶段。

撰稿单位： 重庆市农业科学院

撰　稿　人： 湛小梅

湖南省天帮忙农机一键达农业数字化服务平台典型案例

➤ **基本情况**

湖南生平现代农业农机专业合作社联合社开展农业生产供、育、耕、扦、管、防、收、储、加、销 10 个环节的产前、产中、产后水稻全程社会化服务。主要有三大创新和成效。

创新农机服务模式：生平联合社全垫资不计息共投入 2 141 万元购置农机具 242 台租赁给农户经营使用，一租 4 年，年租金按购机款的 25% 支付给联合社，租期满后可优先续租，对农机手为农户服务好的经考核联合社另奖励机手 5 000 元。并将农机手融合为联合社的"五员"即农资推销员、农技宣传员、农机作业员、稻谷收购员、农机一键达服务推广员，"五员"的年收入平均在 13 万元以上"五员"模式的创建让农机手由打工仔变为农机主人。极大地调动了农机手的主动性、积极性。

创新订单种植模式：生平联合社采取"联合社 + 基地 + 农户"订单模式，实行"统一供种，统一技术指导，统一按保底价收贮等方式"。大力推广高档优质稻生平 1 号的机抛秧（该品种早中晚稻都能种植），实行"五包制"，即包种子、包育秧技术指导、包抛秧、包产量（除人为或自然灾害外，包产量 400 kg/亩以上）、包收购（保底价 2.8～2.9 元/kg），"五包制"服务收费标准 110 元/亩，可为农户节约成本 150 元/亩。

创新信息服务平台：2021年3月针对大户农机闲置率高散户找农机困难的矛盾，积极探索，成功开发了"农机一键达"手机小程序（即农机行业的"滴滴打车"）实现农机手一键抢单，农户一键派单的线上互联网技术与线下农机手有机融合模式，并获得创新创业大赛省赛二等奖、市赛一等奖。

➤ **主要做法**

1. 实施背景

我国农机设备闲置高达50%，折损率达30%，其根本原因就是农户既是农机手、又是种植户。专门从事农机作业的甚少，而专门从事农机作业的农机手又相对难找到适合自己的大量订单，而增大了各种成本的现况。

2. 主要内容

平台是湖南省气象部门与湖南生平现代农业农机专业合作社联合社联合打造的一款围绕共享农机为核心功能的信息服务平台。平台整合了农户、农机手、农田、涉农组织、气象部门等相关农业生产资源，通过地图定位等技术实现农户农机手线上就近下单接单，就近购买农资、收购农作物以及进行农机维修售后等服务。平台综合农作物的农机作业时间规律表、气象农事建议表，通过简约化、智能化的操作，结合共享农机、种田补贴功能采集农作物生产的各种成本数据实现对农田的精细化管理。

3. 主要技术

互联网技术：整合农户、农田、农机手的信息资源。

定位技术：对农户的定位、对

平台农机具

平台农机作业场景

平台农户发布作业需求、农机手找订单功能模块

农机设备的作业轨迹实时记录，从而算出农机作业的有效作业面积。智慧数据、筛查技术、搜索引擎技术等信息技术精准匹配供给农户和农机手需求两端。

共享农机具有两个特性，一是固定性，因为农民的农田位置、农田面积、农田分布区域基本固定，在平台操作一次后，所有农田数据都能被平台抓取、储存；后续再无烦恼，所有作业一键生成、操作简单、智能匹配，真正实现"农机一键达"，操作简约化。二是规律性，综合农作物的农机作业时间规律表、气象农事建议表实现平台操作简约化、智能化、农田管理精细化。

农事农机数字化：通过共享农机、种田补贴功能采集农作物生产的各种成本数据，助推乡村数字化建设。对于政府而言，平台亦可提供农事农机各类数据，为政府科学管理、精准施策提供便利。

4.运营模式

以县为单位，由当地县政府运营，对农户、农机手的信息服务费终身免费，通过农机作业轨迹作业面积确认种田补贴，通过平台发放或者查询种田补贴功能提高农户农机手平台使用率，吸引商家（农资销售商、农机销售商等）入驻平台盈利。

➢ 经验效果

1.经济效益

降低生产成本：农户无须拥有或购买大量的农机设备，而是可以通过平台发布作业需求，由农机手提供所需的农机服务。这大大减轻了农户的经济负担，使其能够更灵活地管理资金，投入其他农业生产环节中，提高整体的经济效益。

提高资源利用效率：平台通过智能匹配和调度，实现农机资源的优化配置。根据农户的作业需求和农机手的可用资源，平台可以进行高效的匹配和调度，使农机资源得到更加合理的利用。这不仅可以减少农机设备的闲置时间，提高设备的利用率，还可以减少能源的浪费和环境的污染，实现更加环保和可持续的农业生产。

增加收入来源：对于农机手而言，这种模式为他们提供了更多的作业机会和收入来源。农机手可以通过平台接收作业订单，利用自己的专业技能和设备完成作业任务，获得相应的报酬。这有助于提升农机手的收入水平，同时也促进服务热情。

2.社会效益

促进产业链整合：共享农机平台有助于推动农业产业链的整合和优化，促进农产品从田间到餐桌的全程追溯，形成集种植、加工、销售、服务于一体的共享农业综合体。这有助于提升农业产业的整体竞争力，实现一二三产业的融合发展。

促进农业生产的规模化和专业化：通过集中作业需求和资源，平台可以推动农业生产向更加规模化和专业化的方向发展，提高农业生产的效率和质量。有助于推动农业现代化进程，提升农业产业的整体竞争力。

节能减排，降低环境污染：共享农机平台的使用有助于减少单个农户使用农机时可能产生的排放和污染。通过集中作业和合理规划，平台可以有效控制能源消耗和排放水平，从而降低对环境的影响。此外，农机设备的集中管理和维护也有助于减少因设备老化或不当使用而造成的环境污染。

提升农业信息化水平：通过平台化运营，共享农机平台促进了农业信息的数字化、网络化和智能化。农户和农机手可以通过平台实时发布和获取作业信息，实现信息的快速传递和共享。这有助于提升农业生产的信息化水平，推动农业现代化进程。培养农业信息化人才：随着共享农机平台的推广和应用，需要更多具备信息化技能的人才来支撑平台的运营和维护。这促使相关机构和高校加强对农业信息化人才的培养和培训，为农业信息化的发展提供有力的人才保障。全方位采集水稻生产全流程的成本数据，为政府因时因地、精准施策，提供有效的数据支撑。

撰稿单位：湖南生平现代农业农机专业合作社联合社

撰 稿 人：何其龙

第五部分

／

智慧园区

山西省中国杂粮之都杂粮智慧园区建设优秀案例

➤ **基本情况**

中国杂粮之都杂粮智慧园区位于忻州市忻府区，种植规模为 240 亩。园区建设立足山西省打造忻州"中国杂粮之都"及忻州杂粮产业区位优势，依托忻州市政府与山西农业大学共建的山西农业大学杂粮研究院资源人才优势，充分展示忻州乃至全省丰富的杂粮种质资源、优良杂粮品种、传统及现代有机旱作技术、杂粮病虫害绿色防控技术及智慧农业新成果，开展中小学生劳动实践教育活动，集成果展示、科学普及、实践教育为一体，着力打造忻州游客打卡地，宣传忻州杂粮，推动忻州及山西杂粮向"特""优"高质量发展，服务山西十大产业集群和忻州六大产业集群的总体布局。园区主要利用物联网、云计算等技术，给杂粮示范区赋予智慧农业概念。采用田间环境实时采集系统、智能灌溉控制系统和智能云平台，实时采集土壤、植物、大气等环境要素，并通过无线传输至智能云平台进行数据分析和数据展示，实现管理可视化，并通过不同杂粮品种的水肥需求，进行远程智能灌溉和施肥，实现水肥投入精准化和种植标准化。智慧设备主要包括微型气象站、虫情监测仪、土壤墒情监测仪、苗情监测仪和智能灌溉控制系统等，实现将数据无线传输至云端，并通过手机或电脑对设备进行智能化控制。

➤ **主要做法**

1. 实施背景

智慧农业是我国农业现代化发展的必然趋势，也是我国的国家战略。2022 年中央一号文件提出，大力推进数字乡村建设，推进智慧农业发展，促进信息技术与农机农艺融合应用；国务院《"十四五"推进农业农村现代化规划》提出，推动物联网、大数据、人工智能、区块链等新一代信息技术与农业生产经营深度融合，建设一批数字田园、数字灌区和智慧农牧渔场；农业农村部《"十四五"全国农业农村信息化发展规划》提出，统筹推进智慧农业和数字乡村建设，促进农业全产业链数字化转型。杂粮是太忻经济区的特优产品，大力发展杂粮产业，以有机旱作为主题，将智慧农业融入杂粮生产中，必将提升杂粮产业的现代化。智慧农业将提升杂粮产业的过程标准化，将实现杂粮产业的管理可视化，助力杂粮产业的水肥精准化，增强杂粮产业的科技展示度。

2. 主要内容

主要建设了田间环境实时采集系统、智能灌溉控制系统和智能云平台系统等。

田间环境实时采集系统在杂粮示范区田间安装，用于实时采集土壤、植物、大气等环境要素，可根据不同杂粮品种进行田间分区安装部署，并通过无线传输至智能云平台进行数据分析和数据展示，从而构建出整个示范基地的数字化农业生产条件，为基地种植提供数据支撑。

智能灌溉控制系统可实现无线远程控制灌溉，可按时间和地块进行精确控制灌溉量和灌溉区域，也可根据智能云平台指令进行全自动/半自动灌溉。主要包括首部控制器和管路控制器两部分，首部控制器可控制水泵、电磁阀等水网灌溉首部设备，还配有传感器接口，获取灌溉主干管道的运行状态，并通过无线传输至智能云平台，可通过手机或者电脑对灌溉进行智能化控制。管道控制器安装在田间，与分区灌溉的电磁阀相连，精确控制各分区的灌溉启停，通过无线远程进行控制。

智能云平台可接收、存储、分析、展示田间各类智能系统的数据，远程对各类智能设备进行操控，是整个示范基地的"智慧核心"，实现了决策智能化。通过连接大屏幕，实现各类田间监测数据的图表化和动态化展示，基地农业生产条件一目了然，通过手机App，可控制基地进行智能无人值守灌溉和其他方面的操作，大大节约劳动力成本，实现管理可视化；通过建立不同杂粮作物的水肥需求模型，实现水肥投入精准化和种植标准化；通过田间操作日志的存储，实现杂粮产品可溯源化。

3. 主要技术

虫情监测系统：虫情监测仪通过黑光灯诱虫原理诱捕害虫，再采用远红外处理虫体（虫体处理致死率不小

中国杂粮之都杂粮智慧园区航拍图

田间环境实时采集系统—智能虫情、气象、土壤采集

智能灌溉控制系统

智能云平台

于 98%，虫体完整率不小于 95%），然后进入烘干仓二次处理，快速完成虫体烘干，更有效地完成虫体保存工作。虫体进入分散平铺机构，通过振动将虫体均匀撒落平铺在传送带上，传送带准确将虫体运输到拍照区域内，高清摄像头自动完成拍照成像，保证每一个虫子特征都可以被拍的清楚。采用 4G/RJ45 网络上传到智慧云平台，进行识别统计分析。

无线控制阀门

气象监测系统：气象监测系统对示范园区的风向、风速、降水量、气温、相对湿度、气压、光合有效辐射和光照度等 8 个气象要素进行全天候监测。该系统自动采集气象监测数据，通过 GPRS 无线网络平台传送至气象监测中心服务器，工作人员足不出户即可了解到气象监测站的实时气象监测数据。

2022 年中国农民丰收节山西主会场在项目基地召开

无线控制阀门：无线控制阀门通过太阳能供电，配合电磁阀，可通过智能手机进行远程控制，从而实现对田间灌溉区域的开关控制。水泵开关系统使用智能变频控制柜，再配合施肥机，通过灌溉系统控制运行。用户打开 App 或登录云平台，输入账号密码，即可控制设备启停。也可通过云平台查看当前区域内全部的生产设备及其运作状态（开启 / 关闭），根据实际需求或智能决策系统的辅助需求，选择手动或自动对设备进行相应的实时的控制。还可通过云平台远程开启水泵、电磁阀、水肥设备等可受控设备，设置定时轮灌、计时灌溉等。

4. 运营模式

以太忻经济区杂粮产业园为中心，山西农业大学各院所提供技术和基地，忻州市政府提供资金和政策支持，共建共管校（院）市智能农田展示平台。与地方政府相关人员定期召开协调推进会，共同解决课题实施过程中存在的问题。课题团队中有山西农业大学信科院、信息办、资环学院等多单位参与，多学科交叉，既有从事物联网方面的专职教师，也有从事成果研发的科研人员。课题组主要通过定期召开课题会议等组织形式，共同研究，互通有无，并对课题团队每个人进行岗位分工，既明确责任，又相互协作，压实课题任务，共同保障项目实施。利用各自优势资源，采用多学科交又，多部门联合的示范推广模式，以示范推广基地为核心，共同展示技术成果，达到良好的示范推广效果。

➤ 经验效果

通过智能装备的部署，减少了杂粮生产过程中的人力成本，提升了管理效率，使产业决策更加精准化和智能化，提升了当地杂粮产业的智慧化水平，避免肥料过量对土壤和水质造成污染，减少了人为经验对作物品质的影响，全程记录杂粮生长关键数据，积累科学数据，实现了水肥精准化、种植标准化、管理可视化和决策智能化，增强了当地杂粮产业的展示度。通过项目实施，减少基地劳动力投入50%，节约灌溉用水量20%，肥料利用率提高20%，合计节本增收35万元，取得了良好的经济效益。

通过项目实施，开展田间现场观摩会2次，参与人数约500人，受到了社会的广泛关注，取得了良好的社会效益。2022年9月21日，2022年中国农民丰收节山西主会场在项目基地召开，省市领导约400多人观摩了基地智能装备，起到了良好的示范效果。国庆期间，项目基地成为忻州市民网红打卡地，共约800多人次相继进行了参观，相关媒体进行了8次报道。

撰稿单位：山西农业大学信息科学与工程学院，山西农业大学玉米研究所，山西省农业农村大数据中心

撰 稿 人：王 斌，白 鑫

内蒙古自治区赤峰市林西县大营子乡智慧农业建设优秀案例

➤ 基本情况

林西县属中低山区，风沙干旱严重，雨热同季，降水少而集中，日照充足，年平均气温2.2℃，日照2 900 h，降水量360~380 mm，无霜期120 d，优于河北省坝上地区。这种得天独厚的地理环境使林西能够弥补长城以南地区夏季不能生产高品质蔬菜的缺陷。大营子乡根据全县产业总体规划，大力发展设施农业。截至目前，全乡现有设施农业产业园区8个，占地7 200亩，建设温室大棚1 583栋，冷棚1 310栋，主要种植番茄、辣椒、哈密瓜、蟠桃、圣女果等。设施农业平均亩产值4万元，亩纯收入2.5万元。

近年来，大营子乡将发展智慧农业作为转变农业发展方式有利契机，着力打造设施农业智慧园区，目前已投资925万元，建成智能温室42栋，2023年计划新建325栋智能冷棚。智能园区配备了全套的智能设备，包括园区总控设备及棚内装置，其中总控设备主要有首部过滤系统、流量控制器、施肥滴灌系统总控、室外气象站以及大

数据云端平台。棚内装置包括自动喷药器、环境监测感应器、喷淋装置及各类管件线路等。

> **主要做法**

1. 实施背景

大力发展和使用智能温室，是改善温室生长环境、提高菜果品质、解决农村劳动力短缺、节省人力物力、提升劳动生产率和经济效益的必然选择，是设施农业迈向现代化的必由之路。近年来，大营子乡充分发挥本地位置、土壤、光照等资源禀赋，按照"生态优先、绿色发展"的高质量发展要求，着力把现代信息化、智能化技术应用到设施农业生产实践中来，大力推广菜果新技术、新品种、新模式，实现了"科学管理、智能操作、减少成本、提高效益"的目标。

大营子乡禾旺智慧园区

2. 主要内容

智能温室全套智能装备主要有智能温控系统、智能喷淋系统、水肥一体化系统、智能卷帘系统、室外气象站以及大数据云端平台等6项。

智能日光温室将大数据、云计算、物联网、人工智能等前沿技术运用到实际农业生产，用手机或显示屏随时监测棚内温度、土壤湿度、光照强度等环境指标，特别是操作手机就可以实现远程操控，居家就能管理，更加方便快捷。自动放风系统会根据预先设定的温度和棚内温感器数据进行自动调节放风，手机远程遥控就可以完成打药、浇水、施肥的全自动化。智能设备的运用让温室大棚田间管理实现智能感知、智能预警、智能分析、智能操作，种植更加精细化、管理更加标准化、生产更加高效化，有效提高了设施农业抗风险能力。

水肥一体机

水肥一体机

> **经验效果**

1. 经济效益

通过水、肥、药的科学精准配置，使得

智能温控系统

农产品产量可增加10%以上，同时产品品质同步提升。以单个标准棚种植口感番茄为例，智能温室较普通温室年增产1 000 kg以上，按照4元/kg的收购价格计算，增加产值在4 000元以上，人工成本（包括喷药、浇水施肥、放风卷帘）可节约10%～20%，约合3 000元/年，单个标准棚增加利润近7 000元，单个标准棚智能设备投入1.3万元，两年可赚回全部投入。

2. 社会效益

有利于促进当地群众更充分更稳定就业。建设发展智慧园区，可以吸纳当地群众就近实现就业务工，帮助群众持续转变就业观念，提高就业技术能力水平，不断扩大家门口就业渠道，确保有劳动力的村民都能在家门口实现就业。有利于持续巩固拓展脱贫成果，促进乡村全面振兴。建设和发展现代智慧农业园区，大力发展蔬菜产业，可以持续巩固和拓展脱贫攻坚成果，促进一二三产业融合发展，真正让农业成为有吸引力的产业，让农民成为有竞争力的职业，让农村成为安居乐业的美丽家园。有利于促进乡村两级产业发展，助力当地经济提档升级。建设发展智慧园区，可以实现蔬菜产业由"种植—输出"，转变为"种植—加工—输出"。通过对蔬菜进行初级加工，提高蔬菜附加值，实现一二三产业融合发展。同时错开同品种蔬菜上市高峰期，提高蔬菜产值。另外，通过发展智能温室，可以吸引更多农户参与到蔬菜生产和经营当中，有利于形成规模效应，对提高市场竞争力和抗风险能力也有积极促进作用。

撰稿单位：大营子乡人民政府

撰　稿　人：王蒙祥

智能喷淋系统

智能喷淋系统

智能操控平台

智能卷帘系统

内蒙古自治区数字农业带动设施番茄产业升级
优秀案例

➤ **基本情况**

丰码科技（南京）有限公司（以下简称丰码科技）由图灵奖亚洲唯一获得者姚期智院士领衔的图灵人工智能研究院孵化成立，专注于智能化种植，旨在以技术推动传统农业生产整体智能化升级，帮助农户增产增收减少投入。公司的原创算法领先世界，已实现智能化环境控制、精准施肥灌溉及智能化植保决策，并与公司原创智能硬件实现联动，是国内首家实现智能化种植全面闭环的公司。丰码科技本着创新务实的理念，大力推动各类新技术在作物主要产区落地。2020 年，丰码科技在赤峰市宁城县建成大城子智慧农业示范园，进行设施作物智能化种植的规模化运营和示范推广。目前已建成并投产大城子智慧农业示范园一期（183.5 亩）多种作物智能化种植示范项目，刚刚投产运营二期（245.3 亩）项目主要用于示范智能化种植与智能化育苗，在建三期（672.8 亩）主要用于实践示范与种植户联营发展模式。丰码科技秉承合作共赢的理念，与产业上下游通力合作。吸引了上游数十家国内外知名育种企业进行作物新品种测试，战略投资中国农业科学院旗下育种公司中农美蔬，通过"好品种 + 好种植"模式推动产业升级。公司的技术能力与运营模式得到下游渠道广泛认可，与多家渠道伙伴签约订单，生产高价值番茄，以销定产带动种植户共同致富。

➤ **主要做法**

宁城县是典型的农业大县，先后荣获全国蔬菜生产基地重点县、无公害蔬菜生产示范县等国家级荣誉称号，是全国 580 个蔬菜产业重点县之一。近年来，宁城县依托优越的产业发展条件，积极践行新发展理念，坚定不移走转型发展之路，促进转型升级、提质增效，加快形成现代农牧业产业体系。截至 2022 年末，全县设施蔬菜总面积达到 52 万亩（综合占地面积），居全区首位。宁城县设施蔬菜产业经过 20 余年的发展，具备了较大的产业规模，但也遇到了发展瓶颈。一是设施农业产业前端种植技术储备不足，引领带动提升设施农业科技含量的能力较弱。二是一二三产业融合发展深度不够，溢价效应无法实现。三是宁城蔬菜虽有小名气，但地理标识和区域品牌效应尚未形成。

丰码科技技术实力雄厚，研发实力强，具有丰富的项目研发、管理和产业化经验。公司专注将人工智能大数据技术应用于作物种植，利用农业物联网技术实现作物多维多源数据的实时采集和高效传输，在此基础上构建通用化、动态化的数字作物模型。通过人工智能计算模型和算法，结合可视化技术和数据分析技术，建立以数字作物模型为基础的定制化智慧种植决策系统，实现"智能感知""智能分析"与"智能执行"的智慧农业全链闭环，实现作物生长、种植环境和种植管理等指标实时监测、作物生长状态和产量精准预测，为种植户提供精准栽培决策、智能执行方案和标准化种植体系，实现提高产量、提升品质、节水减肥减药的目标，解决由于粗放管理造成的高投入低产出问题，并通过数字化溯源栽培过程，为农产品优质优价奠定基础。公司还可进行植物营养元素的快速测定、无土栽培基质流出液检测、测土配方、病虫害鉴定，为用户提供及时准确的作物营养数据、肥料配方数据分析及虫情与病原物的早期监测与鉴定，实现精准用肥用药，提升农业生产效率。

大城子智慧农业示范园区

大城子智慧农业示范园区内番茄温室

丰码科技注重技术的产业化推进，通过联农带农的模式实现先进技术的推广。公司统一组织品种选择、茬口安排、技术服务和产品销售，形成统一种植品种、统一种植管理模式、统一技术指导服务、统一产品销售的联农带农运行机制。通过与农户联营，在产业链前端通过数字化赋能设施作物种植，推动大数据、物联网等技术的应用，发展智慧农业，带动农户转变生产方式，提升绿色发展意识，创新推广绿色防控、减药、减肥、节水等现代农业种植管理技术，确保项目区按计划生产经营所需农产品数量，并实现标准化种植，产品质量达到绿色农产品要求，进而获得最优种植效益，同时也增强企业带动农户的增收能力。在产业链后端搭建智慧农业综合管理平台，推进设施作

丰码科技智能管理系统（电脑端）

丰码科技智能管理系统（手机端）

物生产全程智慧监管，形成基地认证、订单式生产、流通追溯等智能化管理与服务，实现从田间到餐桌、从产地到销地、从工厂到市场的全过程保障；实现与优质渠道对接，稳定、提高农产品销售价格，增加农民收入。这既可减轻种植户在种植过程中的资金负担和心理负担，又可帮助种植户规避农产品价格波动的经营风险，切实保护种植户的基本收益，也能有效对种植、采收、销售环节进行质量把控，有利于促进宁城设施蔬菜品牌建设升级。同时发挥"传、帮、带"功能，通过专业指导培养，提升农民职业化技术水平，扶持带动示范作用性强、运行良好、管理规范、服务效果好的种植大户，提高农民组织化程度。

丰码科技通过示范带动农户、与农户联营发展，发挥企业引领种植户发展并促进规模化生产的能力，延伸产业链条，增强宁城蔬菜产业的核心竞争能力和辐射带动能力，促进宁城蔬菜打造绿色农业高端品牌，推动宁城设施农业产业升级，保障农民就业，实现有地方特色的乡村振兴。

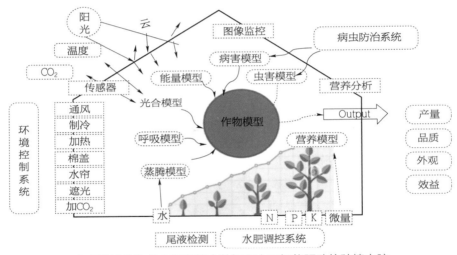

丰码科技作物自主研发的由数据和人工智能驱动的种植大脑

➤ 经验效果

丰码科技的数字农业精准种植技术和管理模式已在大城子智慧农业示范园应用，并顺利完成越冬和越夏两季生产，在当地及周边地区建立起一定的影响力，实现了"做给农民看、带着农民干、帮着农民赚"，起到了良好的示范带动作用。

1. 经济效益

采用丰码科技自主研发的国内最先进的设施作物栽培数字系统和管理平台，可实现精准灌溉、施肥、用药，最大可能满足作物生长需要，同时避免浪费。与传统日光温室园区相比，大城子智慧农业示范园内作物增产 40%～50%、节水 40%、减药40%、减施化肥 30%，减少用工 30%。

2. 社会效益

丰码科技数字化种植技术和管理模式的推广对促进农村产业结构调整、发展农村经济、构建和谐社会具有引领带动作用。通过统一管理种植，可以最大限度减少不可控因素干扰，提高作物产量和品质，有效提高菜农经济收入；可以提高农户的组织化程度，提高设施蔬菜生产的稳定性，增强小农户与大市场的衔接，降低生产与市场风险；可以有效促进农村剩余劳动力的就地转移就业，维护农村社会稳定，建设和谐新农村；可以有效引导带动周边地区进行设施农业生产升级，加快推动全县设施农业的高质量发展，壮大县域经济。同时，通过标准化种植和管理，可建立宁城设施蔬菜的品牌优势，并对接优质销售渠道，实现宁城设施农业产业的升级。

3. 生态效益

智能化设施园区的建设提高了单位土地面积的效益，有效地节约水资源，改善生态环境。智能化种植过程中实现了设施作物生长与管理过程的精确化设计、动态化预测和数字化调控，减少化肥和农药的用量，降低对土壤和生态环境的污染，改善生态环境，提高生态效益。同时，智能化种植提升了设施作物生产效率，且商品优质果率大幅度提升，实现收获果品随机抽检"零农残"，进而提升农业资源利用效率和保障农产品品质，满足消费需求升级。

丰码科技种植技术和管理模式的推广为宁城县设施农业向数字化、智慧化管理方向发展提供了示范和样板，为传统设施农业转型升级发挥示范引领作用。2023年，丰码科技智慧园区通过全球及中国GAP双认证，意味着获得了国际果蔬经销商进行交易的通行证，有利于以园区的先进生产体系为标准，带动宁城乃至赤峰的农产品向高精尖方向发展，将"宁城宁果""赤诚峰味"等当地品牌推向国际。2024年4月，经中国绿色食品发展中心审核，赤峰丰码农业有限公司的番茄符合绿色食品A级标准，被认定为绿色食品A级产品，许可使用绿色食品标志，颁发绿色食品认证证书。绿色食品认证产品申报标准高、认证严，全程以质量控制为核心，必须通过产地环境质量标准、生产过程标准、产品标准、包装与标签标准、贮藏运输标准等一系列程序，证书有较高的含金量。此次，丰码科技番茄成功获得绿色食品认证证书，是智慧农业与绿色农业的有机融合，是推进农业绿色可持续发展的有效举措，是科技赋能乡村产业新业态、新模式。目前，宁城县实现了设施蔬菜数字化种植技术的展示、技术推广及种植、管理模式复制，带动农户转变生产方式，提升了农户标准化种植水平与管理能力。同时，宁城县根据当地实际，制定了日光温室建造、种植管理等10项标准，指导设施农业全面推广标准化种植管理技术，促进改造提升农业产业链和一二三产业融合发展。为进一步确保农产品种植安全、提高宁城蔬菜品牌影响力、推进宁城设施农业高质量发展奠定了基础。

撰稿单位：丰码科技（南京）有限公司

撰 稿 人：南思洋

吉林省恒通生态智慧农业优秀案例

➤ **基本情况**

吉林省恒通生态农业科技开发有限公司成立于 2014 年，位于公主岭市范家屯镇金城村。公司占地 345 亩，是一家集科研实验、生产销售、资源推广于一体的农业高科技公司，目前已建成日光温室 50 栋、智能连体温室 3 栋、包装车间 2 座、冷藏室 2 座。公司主营业务分为四大板块：一是果蔬生产板块，有机种植模式面积达 200 亩，生产果蔬 40 余种，采取会员制销售，目前已有会员 2 000 多人。二是花卉苗木生产板块，目前已培育花卉 100 多个品种，花卉租摆业务扩展至各大单位及商业综合体。三是种苗培育生产板块，采用现代化育苗技术，播种、灌溉、管理等农业生产的各个环节全部实现自动化。四是新品种新技术研发板块，公司与全国知名果蔬专家、科研院所建立长期合作关系，打造产、学、研、用一体化服务平台。近年来，在吉林省、长春市等各级政府的大力支持和政策激励下，公司迅速发展壮大，先后被评为吉林省农业产业化重点龙头企业、一二三产业融合发展先进单位，2021 年被吉林省发改委认定为第三批省级特色产业小镇，2021 年被省科技厅确定为吉林省第三批入库的科技型中小企业，2022 年被评为全国巾帼现代农业科技示范基地、吉林省省级智慧农业示范基地。

➤ **主要做法**

1. 生产模式——"互联网 +"设施农业

公司生产管理主要采用物联网技术。园区云台监控设备可实现监测全覆盖，通过视频采集可以清晰地看到作物的叶脉，直观了解生产和长势情况。安装的物联网传感设备将数据通过移动数据网络传输至智慧农业系统服务管理平台，服务管理平台可实时采集温室内温度、湿度信号、光照、土壤温度、CO_2 浓度、叶面湿度、露点温度等环境参数，进行处理分析比对，自动开启或者关闭指定设备，从而达到在生产过程中对信息自动监测、对环境进行自动控制的目的。通过智能化管理，播种、灌溉、管理等农业生产各个环节已全部实现自动化。

2. 技术模式——依托科研院所

公司 2021 年与吉林省农业科学院签订技术服务合作，农科院经济植物研究所为企业"量身定制"专家组，对接企业花卉、果蔬、苗木等各生产环节，派专家现场指导及生产技术培训，专家通过实地考察或根据恒通农业大数据中心实时数据，为园区生产环节远程"把脉"，解决生产技术难题；制定蔬菜栽培设施环控技术规程、蔬菜工厂化育苗技术规程，提供设施蔬菜生产关键核心技术；同时以企业作为项目试验基地，利用秸秆还田、生物菌剂，园区水处理等方法，改善园区土地偏碱问题，改良蔬菜栽培土壤环境。

3. 发展模式——创新育苗产业

2020 年 4 月公司开工建设恒通农业综合建设暨工厂化育苗中心项目，2021 年获批吉林省首个蔬菜育苗繁育基地。2022 年 4 月建设一栋 11 000 m² 的育苗温室，引进自动化喷灌、潮汐苗床、植物补光灯技术，聘请专家研发花卉苗木组织培养方法及快繁技术，目前在蝴蝶兰新品种培育方面，投资 400 万元建设花卉培育实验室，花卉专家入驻定期指导培训，带来蝴蝶兰新品种 14 余种，培训企业蝴蝶兰组培人员 20 余人。目前已成功培育蝴蝶兰花卉幼苗 20 万株，辣椒种苗 2 000 万株。同时将"水肥一体化"与"植物立体栽培技术"融入智慧园区，实现从播种到采摘全程智能操作的无人植物工厂流水线。

4. 人才培养模式——校企合作

以乡村振兴战略推动创新人才培养为切入点，与吉林农业科技学院共建教学实践基地，为学生实习实训提供环境。与吉林农业科技学院高校共建教学实践基地，采取学校专业课学习＋企业课程学习＋企业跟岗实践方式进行学生培养，目前已联合培养学生技术员 30 余人，使学生在完成基础知识素养的学习基础上，全面了解企业文化、企业生产状况，同时让

恒通生态农业产业园全景

恒通生态农业大数据中心

恒通生态农业育苗中心

组织新型职业技术农民培训

专业理论教师担任校内师傅、企业资深技术员担任企业师傅进行联合培养。注重学历教育与企业培训相融合、教学过程与生产过程相结合，为学生创立真实的岗位工作环境。未来企业同高校在课程改革、课程开发、教材编著等方面，进行更深层次的合作与交流。

➤ **经验效果**

1. 经济效益

恒通生态农业作为新型农业经营主体以多元绿色服务为发展重点，秉承"引领现代农业，带动乡亲致富"理念，在公主岭范家屯镇郜家村、金城村分别建立了现代化棚膜园区，以"公司＋合作社＋基地＋农户"的模式成立了吉林省恒通万辉、万盛种植农民专业合作社。现有社员 125 人，吸纳劳动就业 160 多人，园区还为当地农户提供就业岗位 40 余个。带动周边数个乡镇，带动农户 1 100 多户，增加农民收入 1 100 多万元。2020 年 4 月公司开工建成恒通农业综合建设暨工厂化育苗中心项目，该项目采用现代化技术育苗，为当地农户在新设施方面进行展示示范及提供优质种苗。项目投产以后，预计带动返乡创业人员 30 余人，提供就业岗位 300 余个，会更大程度地解决周边农户的就业问题，提高经济收入。

2. 社会效益

公司与农业技术推广站合作，从 2018 年开展农民田间学习培训，每年开展各级各类培训 4 次，年培训人员达 300 人次；2020 年与公主岭林业局合作，聘请省内专家，讲解设施农业技术，培训人员 100 人次。2022 年建设恒通生态农业培训中心项目，未来开展职业技能培训，旅游观光、特色采摘体验等内容，发展大规模特色设施农业为基础的田园综合体，为更多新型职业农民提供学习环境，更好地实现农村一二三产业融合发展。

企业将依托中央一号文件"深入实施数字乡村发展行动，推动数字化应用场景研发推广"决策部署，在智慧园区建设、果蔬新品种新技术创新研发上继续努力前行，加快推进恒通生态农业智慧园区建设，加强农业农村新技术新产品新模式转化为现实生产力。未来我们将立足"科技、创新、生态、发展"理念，加大科技创新投入，增强示范带动力度，力争成为全国实现智慧农业的重要展示窗口，为现代信息技术赋能农业农村高质量发展、农业强国建设，奉献恒通力量。

撰稿单位：吉林省恒通生态农业科技开发有限公司，吉林省农村经济信息中心

撰　稿　人：龚楚然，田海运

上海左岸芯慧电子科技有限公司智慧农业优秀案例

➤ **基本情况**

上海左岸芯慧电子科技有限公司（以下简称左岸芯慧）成立于2010年，是国内领先的数字农业、智能装备及农业农村信息化整体解决方案供应商。左岸芯慧始终致力于农业农村数字化转型升级，经过十多年的发展，目前已是国家高新技术企业、上海市软件企业、上海市农业产业化重点龙头企业、上海市专精特新企业、上海市专利试点企业、上海市优质大数据服务供应商、上海市市级设计创新中心、嘉定区科技小巨人企业。也是中国传感器与物联网产业联盟智慧农业专委会的理事长单位，上海市农业工程学会副理事长单位，上海市设施农业装备行业协会理事单位。并于2022年与同济大学共同创建上海市专家工作站，同年，左岸芯慧打造的"神农口袋"入选《2022年全国农业社会化服务典型案例》，"数字农业云平台"入选《2022年度上海市创新产品推荐目录》；根据上海市农业农村委员会要求，左岸芯慧积极参与构建的数字农业架构，成为上海市推进农业数字化转型、赋能都市现代农业发展的典型，并入选2022年度上海"三农"十大新闻。

➤ **主要做法**

自2021年起，在上海市农业农村委的领导下，左岸芯慧建设开发了"上海数字农业云平台"。以农业数字底图、农业数据资源库为数字底座，以"神农口袋"作为信息直报系统，实现全市全口径生产数据的动态可视化监管，打破条线分割数据孤岛，编织农业生产管理"一张网"，为上海农业实现"一图知三农、一库汇所有、一网管全程"的目标提供了数字化抓手。2021年8月起，左岸芯慧为德阳市旌阳区打造建立较完善的农业农村数据采集体系，建设数字农业"全区域资源管理图、全过程服务物联网、全周期产业区块链"，运用现代信息技术全方位赋能传统农业，推动农业供给侧结构性改革。

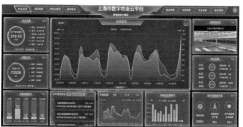

1.上海数字农业云平台

一是打造上海农业数据底座，摸清家

底。对全市 230 万亩农业生产用地、100 多万个地块进行"一地块一编码",汇聚地理空间、土壤环境、遥感与光谱影像等多源数据,形成上海农业一张"数字基础底图"。二是以数据反哺农业,农业生产提质增效。全市 178 万亩农用地,9 013 家规模化农业主体依托"神农口袋"入网直报,年采集农事档案记录 1 500 万余条,实现全市农业生产全产业的动态实时更新。左岸芯慧"神农口袋",是为农场提供的一套轻量级的,围绕农业产前、产中和产后各环节,构建集农场数字化管理、物联网管理、农药闭环管理、农机调度、金融保险、灾情预报、农产品溯源、仓储物流、订单管理和品牌营销等于一体的农业产管销一体化综合服务平台。上海的农业生产经营主体依托"神农口袋",实现了以地块为单元的农场可视化与精细化管理,减少农场用工成本 10%,农场产量提高 15%。助力打造了一批新型职业农民队伍,目前已覆盖上海全市 1 200 位信息指导员和 9 000 家农场基地。三是通过"数据透明",让消费更有保障。通过农产品生产经营主体与田块信息关联,形成动态实时更新的电子档案,实现一码通查,解决农产品优品优价,在原有基础上提升 10% 品牌溢价。将农业主体的电子码与鱼米之乡等电商平台打通,促进农产品线上产销衔接,让消费者购买农产品时可选择、可辨识、可追溯。四是利用云计算完善农村金融精准服务,让管理更有效。打通了政府监管、保险机构和农业主体,带动全市种养殖主体实现基于地块的无纸化精准投保与理赔,提高管理效率;实现政策性保险的精准服务,节约政府补贴资金 5%。"神农口袋"端已开通

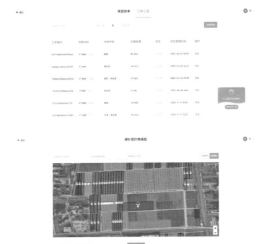

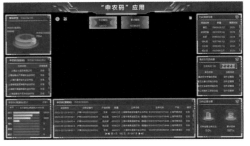

"农业保险"和"金融贷款"板块。与农业保险机构的业务系统打通，农户可基于作物的种植档案和地块信息，批量一键在线投保和自动化理赔申请。2022年起，上海绿叶菜价格险在神农口袋开放唯一线上投保，累计保单额超5000万元，覆盖投保面积超30万亩。五是打造农业辅助决策系统，助力政府精准管。整合各类涉农数据打造农业生产辅助决策系统，将系统嵌入"上海数字农业云平台"中。对接上海市"一图""一库"，采集全市地产农产品生产过程全口径数据，构建全市农业农事活动、生产经营全流程的数据展示场景。为区域蔬菜生产保供、重要农产品生产计划优化、市场供应调配、预警预报分析、投入品超量分析预警、保险补贴精准施政等提供科学决策指导。六是以数据为基础，构建"申农码"体系。为农业经营主体赋码，将其作为上海全市农业主体的唯一数字身份标识和从事农业生产经营活动的数字凭证，纳入了市随申码体系，实现亮码买药、扫码溯源和扫码监管等试点应用。七是构建农业主体精准画像，实现政策找人。基于农业生产档案实时有效的数据，融合农业主体基础信息、风险监测、涉农补贴等信息输出全面立体的经营主体信用评价报告，完善农业主体精准画像，构建新型农业主体评级体系及信用评级机制，为农村金融、农业政策扶持等提供赋能。八是实现"滴滴叫农机"，满足农民实际需求。利用神农口袋打通了区域农机指挥调度平台，农户在神农口袋端可一键勾选作业地块预约农机，最大限度解放农业生产力，促进农业增效农民增收。

2.德阳市旌阳区数字三农云平台

一是一张图——全区域资源管理图打造农业全景数字看板。建成旌阳区"1+3+N"

数字三农全景看板，"1"，即1个数字底座，充分利用国土空间规划，以及交通、水利等方面数据，建立起"三农"数据库，对全区42.9万亩耕地、41.4万个地块进行统一编码，赋予每个地块一个"数字身份证"，夯实实现全区所有农业用地、道路沟渠、农业人口分布等数据可视化；"3"，即农业生产、农村管理、农民服务3大功能板块，整合各类涉农资源要素，在底图的基础上，多个应用图层叠加，建立起旌阳数字农业的"智慧大脑"；"N"，N个管理软件建设，为旌阳区建立了土地安全利用监管系统、农业机械管理系统、动物防疫及病虫害监测系统等八大管理系统。二是一张网——全过程服务物联网催生智慧农业应用场景。建成天空地一体化物联网系统，它运用信息技术将数字底座、管理系统和数字化传设备有效串联，融合水肥一

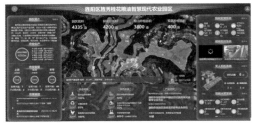

体化智慧灌溉、视频监控、无人农机、AI病虫害监测等物联网设施，形成了智慧农业应用场景，并在逐步推广中形成了数字农业全过程服务物联网，从而构建起旌阳数字农业的"智慧总管"。三是一条链——全周期产业区块链构建农业产业优势集群。以蚂蚁区块链技术为载体，构建全周期产业区块链，通过链上企业、链上渠道、链上人才、链上服务，将农业生产、行业管理与品牌溢价有机衔接，进一步提高优质粮油市场认可度，确保"卖得好"。通过蚂蚁品牌、旌耘公用品牌官方认证，与企业自主品牌"三品合一"，实现了销售溢价。还开发了旌耘里App，通过网上点单，开展生产、管理和金融服务，有效破解小农户单打独斗干不了、干不好的难题。四是建立耕地种植用途管控"一张图"。建成"旌阳区耕地保护监管平台"，将全区42.9万亩耕地、41.4万个地块纳入系统监管，以地块为监测单元，构建"空天地人"一体化监测体系。利用AI算法自动预警、取证，以"主动申报、遥感监测、问题预警、现场核查、处置整改、预警解除"6步工作法，有效遏制旌阳区耕地"非农化""非粮化"，进一步守牢耕地红线，压实耕地保护责任。五是建成国内领先的5G无人农场示范区。2022年，左岸芯慧在旌阳区打造数字农业示范区"旌秀桂花"5G无人农场，运用物联网、大数据、人工智能、5G、机器人等技术，重点进行农机作业无人化试验示范，配备智能喷灌滴灌、水肥一体化、实时监控系统等智慧设施，实现了"耕种管收"农业全智慧化管理。既减少人力投入和农药用量，又节约了肥料等成本，提高农产品品

质，提升收益 30%～40%。"旌秀桂花" 5G 无人农场已成为旌阳区数字乡村发展史上的一块"里程碑"。

撰稿单位：上海左岸芯慧电子科技有限公司

撰稿人：张 波，陆 翔，杨张兵

安徽省现代雾耕农业科技示范园优秀案例

➤ **基本情况**

安徽雾耘农业科技有限公司（以下简称雾耘农业）成立于 2021 年，是中国领军的气雾栽培全链企业，是一家集农业高新技术研发、工厂化农业生产、农产品仓储、农产品安全溯源、农民科技培训、青少年科普教育、生态农业观光等产业为一体的现代科技农业企业。公司致力于中国智慧农业、设施农业领域，推动中国特色现代化高科技农业产业体系建设，带动农业农村绿色产业经济发展。2021 年 4 月 14 日，雾耘农业与肥东县人民政府签订协议，计划总投资 16 亿元，占地 2 283 亩，在肥东县桥头集镇建设安徽现代雾耕农业科技示范园，主要包括"顾一乡太空农场"、雾耕现代设施农业综合基地及雾耕农产品分拣包装智慧物流仓储中心，计划分 3 期建设。目前，一期项目占地面积 120 亩的"顾一乡太空农场"已达产投入运营，主要以规模化生产基地应用数字农业为主，建设了以气雾栽培技术为核心的植物工厂 8 座（6 座鸟巢型雾耕植物工厂、1 座金字塔型雾耕科技馆、1 座土楼型雾耕体验馆）；二期雾耕现代设施农业综合基地项目；三期雾耕农产品分拣包装智慧物流仓储中心项目计划年内同时开工建设，即将陆续投产。截至目前项目已投入自有资金 9 000 余万元。全面建成达产后年产值约 10 亿元，可提供就业岗位 1 000 余个，带动农户 2 000 余户。

➤ **主要做法**

1. 实施背景

安徽现代雾耕农业科技示范园采用国际领先的第三代农业耕种技术，专注于开发应用无土气雾栽培技术，实现工厂化、工业化、互联网智能管理化、农产品源头追溯可视化等智慧生产模式，脱离土壤种植对农产品的污染，力争让每一位中国百姓都能吃上真正安全、营养、健康、无农药残留和无重金属污染的绿色农产品。

2. 主要内容

大数据平台：大数据平台集成安徽现代雾耕农业科技示范园主体介绍、品类、生产、物流、销售中的各方面数据，通过大数据分析后可视化地展现在一张图上。提供领导驾驶舱（大数据中心），提高产业管理效能，通过领导驾驶舱挂图作业，对园区产业基础、生产管理、产业提质增效能力、农业服务水平等进行产业数字化评估评价

决策，挖掘数字技术在现代农业中的巨大潜力，为监管者决策提供数字依据，促进产业全面升级，提升产业发展的评估评价，实现以图管农、以图管地、以图防灾的数字化创新管理模式，提高产业管理服务的实时化、可视化、精细化、高效化。

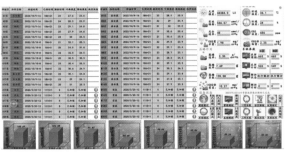

智慧园区：智慧园区建设内容主要包括环境监测、数据采集、数据分析、预警上报、数据推送等，并对接现有物流系统，同时打造园区和大棚监控系统，充分发挥物联网技术在设施农业生产中的作用。运用最新信息化技术，助力园区管理服务数字化转型，建立集视频监控、环境监测、消息提醒等于一体的产业管理服务平台，打造管理服务手机 App，实现产业园管理服务的数字化转型，提升园区内管理服务的数字化水平。

溯源系统：通过区块链全链追溯系统，一方面可以加强对生产各环节的监督，确保产品质量；另一方面可以收集统计数据供大数据分析，为雾耕农业科技示范园未来的发展决策提供数据支持。加强产品品质保障建设，提升品牌公信力，充分利用现代信息技术，建立区块链全链追溯管理平台，实现生产全程管控、安全实时监管、产品标识可控、产品信息可追溯、责任可追究，实现消费者的知情权和监督权，提升消费信心，提高品牌的公信力。

水肥一体化系统：通过搭建农业智能灌溉装备，再利用大数据实时监测种植槽内环境参数，系统自动控制灌溉系统，喷淋精准配比营养液至植物根系。

3. 主要技术

项目使用的雾耕技术源于航天空间站,从育苗到定植,实现了工厂化、工业化、互联网智能管理化、农产品源头追溯可视化。以气雾+种植槽模拟出土壤环境给植物根域创造良好的生长环境条件,实现植物短期内的快速生长和发育,达到与传统土壤种植相比时间上缩短1/3。同时,雾耕种植技术使得农业生产脱离土壤、立体种植,既节约了水土资源,还避免了环境污染,又让土地得到了净化和修复。

4. 运营模式

项目聚焦数字化目标,通过云技术、物联网、大数据、人工智能等在数字农业中的运用,建设集雾耕农业高新技术展示、数字化育种、工厂化雾耕农业生产、绿色果蔬供应、农产品安全溯源、农民科技培训、青少年科普教育、生态农业观光旅游等功能于一体的现代设施农业示范园区。该项目基于气雾栽培智能化种植技术,遵循优质、高效、生态、安全的理念,建设一个现代农业科技示范园,集种植、采摘、直销、观光、科普于一体,并将示范园逐步打造为中国现代农业示范基地、国家农业高新技术产业示范区、现代农业科技科普教育基地、农旅一体化发展乡村振兴试点基地,把雾培种植技术和产业化生产推向全国。

➤ **经验效果**

1. 经济效益

一是打造乡村产业全链利益共同体,雾耘农业充分发挥现代科技农业的示范带动作用,以当地的果蔬种植产业资源优势和优惠的政策扶持,无偿培训农民,参与园区生产、采摘等各项工作,项目运营需要管理人员、服务人员、农业生产人员等,新增大量就业岗位。自一期2022年6月开园以来,已带动属地360多名农民就业,"雾耕新农人"用传帮带的方式把农业新技术传授给农民、农户,至今共带动780多户农户增收约900万元。二是数字农业工厂建设节本增效显著,数字农业技术应用使气雾栽培更智能,相对传统耕作方式,省去了灌溉、翻耕土地、施肥等用工;可以循环使用的营养液,提升了肥料利用率,相对传统耕种方式更加节约;更充足的营养供给和适宜的生长环境,让气雾栽培产量是传统土壤种植的7~10倍。气雾栽培数字化种植相对于传统农业更科学化、规范化、现代化,无论是种植管控、生产效益还是体验观赏性等都更为符合现代化农业的发展。一期项目已于2022年1月31日建成,现已全线达产,日均生产果蔬2t,日均接待入园体验163人次,日均营收5万元,每月产值150万元。

2. 社会效益

雾耘农业通过开发农业多种功能、挖掘乡村多元价值效益,一二三产业融合发展。截至2023年2月,先后获得"安徽省特色农业产业示范""蔬菜产业高质量发展样本点""肥东县高质量综合发展贡献三十强企业""安徽省数字农业工厂"等荣誉,拥有专利11项,已注册"顾一乡""气雾农场""雾耕元年"等商标。园区建设广受外界关注，央媒、人民日报、安徽日报、安徽电视台等新闻媒体多次报道，并先后作为合肥市委党校第三、四期村（社区）党组织书记培训班、安徽省委党校乡村振兴班教学授课点。

撰稿单位：安徽雾耘农业科技有限公司

撰 稿 人：周爱宇

福建省智能型自动化瓶栽杏鲍菇生产模式优秀案例

➤ 基本情况

福建嘉田农业开发有限公司是民营有限责任公司，位于福建省漳州高新区靖城镇田边村，1993年4月成立至今已30年，是国家农业标准化示范区项目单位、国家高新技术企业、省级农业产业化重点龙头企业，集科研、菌种培育、食用菌工厂化栽培、及销售等为一体。公司稳步发展

成全国最大的工厂化瓶栽杏鲍菇生产企业，公司占地142亩，职工280人，建成4条国内生产规模最大、管理能力最强、智能化水平最高的瓶栽杏鲍菇自动化生产线，日产优质杏鲍菇40万瓶120 t，占全国瓶栽杏鲍菇年产量的70%，年销售额达2.5亿元，产品产销率达98%以上，出口欧美、东南亚等多个国家和全国各大城市。公司所产杏鲍菇2003年已获得北京中绿华夏有机产品认证中心"有机产品"认证。2019年获得良好农业规范（GAP）认证并保持认证至今，并获得HACCP质量体系认证。公司注重先进科技在生产、管理方面的积极作用，前后投资上千万元与福建农林大学、漳州食用菌研究所、福建思特电子有限公司等高校、研究机构、行业优秀企业常年合作，构成产学研结合的研发团队，与在无线通信终端、物联网、人工智能、云计算、大数据技术、软件架构、信息系统集成、数据质量管理等方面有雄厚的技术支撑，同时为行业培养10余位专业技术骨干，已自主研发拥有4个发明专利和37个实用新型专利，软件著作权6项。

➤ 主要做法

1. 实施背景

食用菌自古以来被誉为"山珍"，被世界各国人民誉为"绿色食品"和"保健食品"而深受青睐，据专家预测，食用菌将成为21世纪的主要食品之一。传统的食

用菌栽培做法是以家庭作坊为主，依靠个人体力劳动农业生产模式。农业生产发展已经进入了高级阶段——智慧农业，其优势是对菌菇工厂化生产中装瓶、灭菌、冷却、接种、培养、搔菌、出菇采收、包装等不同生产环节进行自动化控制生产，且在种植过程中利用数字化管理的需求，实现温度、湿度、光照、CO_2 浓度等环境因子智能监测，实现加湿、制冷、通风、光照等环境因子控制设备的远程智能调控；推动基于大数据的菌菇生长模型应用，强化关键数据采集、实时监控监测、智能调节和预测预警等功能，实现菌菇工厂化生产的全程标准化、智能化管理。

2. 主要内容

建设国内生产规模最大的瓶栽杏鲍菇工厂化生产线，从配料拌料、装瓶杀菌、接种、养菌搔菌、出菇管理、采收环节等均采用自动化生产及管理，工序与工序之间自动输送，无须人工运输；建设 5G 物联网智能视频监控系统，对杏鲍菇生产实行 360° 全覆盖可视化监管。

3. 主要技术

一是智慧生产，公司自从改变袋栽为瓶栽方式开始，通过多年的摸索，发明了 1 套适合瓶栽杏鲍菇特性的机械化、工厂化、周年化、自动化生产的技术，实现了自动装瓶、自动盖盖灭菌处理、强制预冷、自动接种、养菌出菇智能控制温度和光照、自动采收、自动包装过程的智能

灭菌锅自动检测报警器

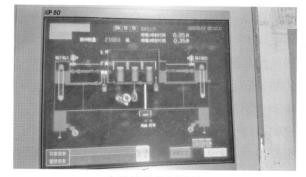

自动接种控制系统

智能自动包装机

生产监控室

化管理，根据杏鲍菇的生产特性，制定各个生产环节的技术规程，实现缩短生产周期，提高产量、品质、减少人工成本，降低污染。二是智慧管理，建设 5G 物联网智能视频监控系统，对杏鲍菇生产实行 360° 全覆盖可视化监管，用电脑端菇房智能化物联网管理平台及在菇房里安装温湿度传感器、CO_2 传感器及智能采集传输控制终端，利用现代电子技术、移动网络技术、计算机及网络技术相结合的技术。通过部署在食用菌生产中的传感器节点，组建无线传感器网络，采集食用菌生产中最为密切相关的空气湿度、空气温度等环境参数，实现湿度控制、CO_2 浓度控制、光照控制等功能，实现智能化控制菇房内的制冷、内循环、新风、加湿 LED 补光等，通过网络实时传输至远程中心服务器及手机 App 对环境进行智能监测和控制，以及时掌握食用菌的生长情况。

出菇调控自动集成系统

自动喷水系统

智能监控系统

➤ **经验效果**

1. 推广应用价值

项目建成后，对整个食用菌产业，甚至其他农业产业都有较强的推广示范意义，让食用菌行业能更快进入周年化、自动化生产，并可以通过横向推广云计算、大数据等在农业中综合应用，实现更完备的信息化基础支撑、更透彻的农业信息感知、更集中的数据资源、更广泛的、互联互通、更深入的智能控制、更贴心的公众服务。可改善农业生态环境、提升企业现代化农业水平，提高农业生产经营效率、提升企业市场竞争力，优化种植养殖产业结构。此外，平台可为政府监管部门提供农业资源监测与大数据服务，为农业监管部门提供农业决策数据支撑。

2. 经济效益

经过测算，本项目的实施，可大幅降低劳动强度，从而减少人工成本，年可减少人工60%以上，节约劳动成本2000万元，提高产品产量、品质，全年利润贡献率在60%以上，经济效益显著。同时，推广带动行业数十家生产企业，前后培训培养数十位系统操作人员，带动相关机械制造和软件开发企业投入研发，形成多项高新专利技术。

3. 社会效益

项目丰富了漳州市食用菌周年生产的品种结构组配，有效解决了食用菌生产淡季的持续发展和调节鲜菇市场供应。项目辐射带动作用大，项目技术将辐射到漳州市各县珍稀食用菌生产。预计能带动2500户农户从事珍稀食用菌周年生产，直接和间接增加就业人数3000人。

撰稿单位： 福建省农业信息服务中心，福建省食用菌技术推广总站，福建嘉田农业开发有限公司

撰稿人： 陈　婷，念　琳，庄学东，王炳河，苏伟平

山东省智联农创现代农业示范园区优秀案例

➤ 基本情况

利津县凤凰城街道抢抓黄河流域生态保护和高质量发展战略机遇，按照"质量兴农、品牌强农、数字赋能"的发展思路，深入开展技术引进研发、双招双引、品牌升级打造、电商名品孵化等一系列工程，为打造乡村振兴齐鲁样板提供了现代科技园区发展的"利津模式"。一期项目总投资8000万元，占地870亩。建有玻璃温室2栋，种植温室58栋。引入恒蔬无疆集团管理运营，与凤岐茶社合作搭建创服体系，探索出1条小农户与现代农业有机衔接的发展路径。目前，以种植釜山88西红柿为主，市场效益15万元/棚左右。二期项目总投资9000万元，占地400亩。建设有1.4万 m² 的农业双创中心（包括科研中心、培训中心、专家公寓、数字展厅、餐厅）、低温棚27座、高温棚28个、80亩共享农场1个、净水站1座，均已建成投用。其中，高温棚和共享农场由冀商农业科技有限公司种植管理，低温棚用于共富片区跨村联建提质增效工程，将番茄产业同各村特色有机结合，打造集体增生效益好、产业发展特色鲜明的共富片区。农业双创中心主要有中科华睿和诺尚传媒两家公司入驻，主要业务为视频安全审核、电商直播和视频剪辑，吸引百余名大学生就业。

➤ 主要做法

1. 实施背景

党的二十大报告提出"全面推进乡村振兴""加快建设农业强国"。智慧农业对促进农业有重大现实意义，是全面推进乡村振兴的关键抓手，一方面，可以打破传统产业的生产周期和生产方式，将产品和服务提供给更广泛的用户和消费者，提升农业产

出效率，推动农业生产规模扩大；另一方面，能够有效利用现代数字技术精确度量、分析和优化生产运营各环节，降低生产经营成本，提高经营效率，提高产品和服务的质量，创造新的产品和服务。利津县凤凰城街道以设施蔬菜信息系统为核心，应用"凤岐链"追溯系统、荷兰温室农业设施系统、"数字农业服务决策驾驶舱"等自动化设备和专设信息管理系统，运用数字技术对传统生产要素进行改造、整合、提升，优化传统生产要素配置，改造传统生产方式，实现生产力水平的跨越式提升。

2. 主要内容

一是聚力平台建设，实现农业种植"云管理"。借助云端平台、物联网技术以及部署在大棚内的大量传感器，实时采集棚内空气温湿度、土壤温湿度、光照度、CO_2 浓度以及实时视频等各类农业生产数据，实现农业生产全过程的精准化和标准化。"云棚"系统可实现种植户通过手机或 PC 端，不受时间地域局限，随时随地了解大棚农作物生长信息、环境数据等涉及农作物生长、棚内管理的关键信息，并对大棚内的水肥一体化设备、卷帘机等相关设备进行远程智能化控制。每个"云棚"内都部署了

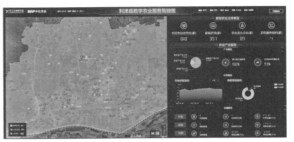

边缘计算节点（云棚大脑），可实现生产大棚内环境数据的感知以及人工智能的辅助管理、基于北斗导航模块对生产现场时空信息的确认、生产大棚内所有的感知及农事操作等数据的同步上链。二是聚焦数据整合，实现农业服务"云办理"。引入中国中化旗下"先正达集团·中国"，全面启动数字乡村合作试点，聚力打造全域数字乡村服务平台，搭建"一平台，两端口，四体系，N 场景"的利津数字农业平台总架构，"一张图"动态掌握全域农业农村实际情况，围绕生产服务、市场经营、数字金融、

综合服务，为农业产业链主体提供生产和管理服务，通过"政府—农服企业—农户"沟通渠道和数据链路的贯通，实现涉农服务一键办、涉农信息及时达、涉农数据随时采，促进全产业链价值提升，推动利津农业农村数字化升级转型。三是聚焦动态追溯，实现农业生产"云监工"。消费者可使用手机扫描农产品包装上面的追溯二维码，获取农产品的一物一码"身份证"，查看园区农产品对应的生产者身份、棚内实时视频、历史 AI 日志、第三方农残检测结果等信息，消费者、政府相关部门、农业科研院所以及企业根据各自权限共享数据。农产品从种植到销售的过程更加透明化，在满足消费者对高质量农产品需求的基础上，助力农产品打造优质优价的品牌形象。真正实现农产品源头可追溯、流向可跟踪、信息可查询、责任可追究，保障公众消费和农产品安全，解决传统的追溯系统应用成效不明显，消除因时空障碍造成的农产品质量安全追溯难、生产者与消费者之间不信任等问题。四是聚焦电商融合，实现农业销售"云购物"。以绿创数字农业产业园为依托，聚力打造电商直播基地产业平台，配套建设检测室、实验室、农资中心、培训中心、办公区等，为专家学者及园区技术人员提供便捷服务。先后成功开展春苗计划、时代新女性、新型数字化人才培养、新媒体达人特训营等 80 余场直播电商培训，累计培训 3 960 人次，孵化万人粉丝主播 40 余人，均实现常态化直播带货，孵化小微电商企业 10 余家，服务本地各类商户 100 余家，实现本地流量曝光贡献 8 900 万，政务服务流量曝光 530 万次，签约主播平均月收入达到 5 万元，实现直播带货销售额近 1 000 万元，为利津本地及周边县区"三农"发展注入了强大动力。

➢ 经验效果

1. 经济效益

通过创新"投资商 + 运营商 + 合伙人"模式，实行"联产计酬"，实现合作共赢、多劳多得，充分调动各方积极性。智联农创工场合伙人最高收入 12.5 万元，户均收入 8.5 万元。以番茄为例，"云棚"番茄比普通棚番茄单价可高出 1.6～2 元 /kg，按照每年两茬、每茬亩产 3.6 万 kg 计算，每年每个大棚可增收约 3 万元。同时为农户提供就业，日均工资达到 200 元，带动周边群众增收致富，实现了良好的经济效益。

2. 生态效益

以设施蔬菜信息系统为核心，应用"凤岐链"追溯系统、"数字农业服务决策驾驶舱"等自动化设备和专设信息管理系统，通过智能化提高日常管理和生产效率，实现节水节肥 30% 以上，农药使用量减少 80% 以上，减少农业面源污染，提高农业生产质量。

撰稿单位：利津县凤凰城街道办事处，利津县农业综合服务中心，山东省农业技术推广中心

撰 稿 人：李鹏宇，张乃芹，黄　莎

河南省泌阳嘉沁智慧食用菌工厂优秀案例

➤ **基本情况**

河南泌阳嘉沁节能食用菌工厂化循环农业项目基地位于河南省泌阳县产业集聚区，总体规划用地 500 亩，投资 5.6 亿元，涵盖食用菌工厂化生产、加工、销售、冷链物流、产品追溯、清洁能源、体验旅游、智能管控为一体的"5G+ 智慧农业"全产业循环项目。该项目一期用地面积为 111 281.28 m^2，约合 166.92 亩，总建筑占地面积约 7.3 万 m^2，目前已落地运营中。由中国农业科学院、河南农业大学、中国移动多方合作为背景，以食用菌科研、产业智能、行业大数据、智慧物联、智能 AGV 融合自然、人文、文旅、绿色为设计理念，重点规划项目的 5G 应用、智慧农业、科研成果、人文色彩及自然环境的相互融合与渗透。

➤ **主要做法**

5G 时代智慧农业最大的优点就是以机械替代人工，深层解决农业生产中的问题，推动传统农业向智慧农业（数字化、智能化）升级改造，带动智慧农业向高效率、低成本发展。在 5G 时代，遥感探测、大数据、物联网、移动互联等新技术对嘉沁食用菌产业园进行改造，在产前、产中、产后全方位的引入，达到作业精准化、技术智能化、产业发展现代化的目的。

驻马店移动与泌阳嘉沁深度合作，为嘉沁农业 5G+ 智慧农业提供一体化服务。5G+ 智慧农业产业园方案总体架构为 1+1+1+N 的建设方式，通过"1 个 5G 基础网络设施 +1 个工业数字感知基台 +N 应用场景 +1 个 3D 数字孪生系统"。嘉沁农业厂区采用数据采集终端，利用驻马店移动 5G 工业网关及 DTU 等工业数采终端采集现有生产数据，通过 5G 网络进行传输。支持对接各种仪器仪表、采集器、传感器，以及主流的大部分 PLC 设备。解决传统厂区设备类型杂、分散、单机未联网、协议繁多，数据采集难度较大、现场布线联网综合成本高昂、4G 网络无法满足低时延、高带宽要求等场景。

随着农业生产的发展，以及物联网、大数据等系统产品及技术的逐渐成熟，农业生产的信息化、农业运营管理的数字化成为未来智慧农业的重中之重。而 5G、云计算等技术与农业生产相融合，打通农业产业链，让农民在整个发展过程中收益，成为发展现代化农业的不二之选。嘉沁食用菌产业园以驻马店移动 5G 无线专网代替有线布置，推动农业生产由人工走向智能，通过对农业生产环境的智能感知和数据分析构建数字农业生产体系，开拓现代农业发展升级，实现农业生产精准化管理和可视化诊断。依靠汇集农业大数据可搭建"5G 数字农业云平台"，稳定生产、提高产业质量效益，让产业与市场紧密衔接。

通过此项目建立标准规范食用菌生产、产品质量及稳定性，通过不断科技创新和人才培养带动我国食用菌工厂化产业技术的整体水平，通过市场需求优化食用菌品种结构，通过提升经济效益、社会效益、生态效益推动我国食用菌工厂化生产模式与其他生产模式互补有无，拓展市场空间，延长产业链，提升企业格局，实现中国食用菌产业的战略性结构调整和快速发展。

可视化车间

➤ 经验效果

项目为全国首例在食用菌工厂化生产中与5G技术相结合的"智慧农业"创新型项目。通过生产管理系统、资源管理系统、设备管理系统、生产执行系统、过程控制系统、5G智能AGV、5G智能巡检机器人、5G视觉分拣包装机械臂、自动采收机器人等实现传统农业生产向智慧农业（生产过程数字化、智能化）的转型。

1. 经济效益

人工成本方面，按照传统菌类行业，该项目厂区有13个生产车间，约需500人，按照每年人均工资约需3.6万元，人工费用每年需1800万元（未含缴纳五险一金费用）。现经无人化生产，该厂区只需管理及技术人员约50人，每年能为企业节约人工1620万元。设备升级维护费用方面，厂区设备总量约为4000多套，含食用菌袋栽生产线、瓶栽生产线、菌种生产设备、灭菌锅、净化、制冷、加热等15条设备生产线。现通过数据采集将数据统一汇聚至DCS平台，可提前了解到所有设备运行情况，对即将发生故障设备进行预判并提前进行维护，减少因设备损坏造成生产流水线

5G+ 智慧菌菇园区培育图

5G+ 智能机器人巡检

停滞，每年可为企业节约 100 万元设备升级维护备用资金。

2. 社会效益

该项目可复制推广至全国食用菌种植企业，改变产业结构，使原有产业从高密集型产业转型成为科技型生产企业。降低人员成本，提高生产效率，推广过程中也可产生可观的经济效益。数据产生的巨大效能将深刻影响着行业的变革。该项目通过云化工业互联网，当食用菌生产数据累计到一定程度时，数据也会产生巨大效能，从而优化生产工艺，使得食用菌生产获得一套可自我进化的食用菌技术数字模型，该套创新技术服务后期可通过出售服务的形式作用于国内食用菌中大型企业。

撰稿单位：河南省乡村产业发展服务中心，泌阳嘉沁智慧农业产业园

撰 稿 人：汪秀莉，李晓梅，王雅坤，程相启

湖南省益阳市大通湖区智慧农业示范园引领现代农业高质量发展优秀案例

➤ 基本情况

大通湖区智慧农业示范园是大通湖区"四园两带"规划建设的园区之一，由省级农业产业化龙头企业湖南宏硕生物科技有限公司领衔建设，位于千山红镇大西港村，核心区域面积 6 173 亩，示范带动区域面积 5 万亩，园区目前已累计投入 3 500余万元。示范园引进中国工程院罗锡文院士、长江学者彭少兵教授、湖南农大唐启源教授等国家水稻产业技术体系著名专家，建设有 800 亩"国家水稻产业技术体系科研示范基地"、500 亩"大通湖大闸蟹科研示范园"、3 110 m^2 现代智慧立体育秧工厂和15 000 m^2 智能连栋大棚，以及综合农事服务中心、优质大米加工厂、虾蟹集散交易中心和智慧农业展厅，形成了从测土配方肥生产、科研试验示范、水稻种植、稻谷烘干收储、大米加工销售、全程智慧农事服务的现代农业全产业链。示范园积极与科研院所合作开展试验示范，探索农业新技术再生稻轻简高效栽培技术、种肥药一体化机械直播技术、有序机抛农艺技术、南方稻蟹共生技术等，其中 3 项技术成为湖南省农技推广主推技术，与上海海洋大学等联合攻关的大闸蟹生态精养、稻蟹共生、扣蟹苗培育技术带动了大通湖大闸蟹产业的长远健康发展，参与"十四五"国家重点研发项目——"长江流域再生稻产能提升和优质高效技术研发与集成示范"，并主持课题"机收再生稻农机农艺融合关键技术研究与应用"。

➤ 主要做法

园区已在应用的信息技术产品主要有农业无人农机（如无人耕种收机械、无人植

保机械等)、土壤/水质传感器、智能灌溉系统以及中联智农云App、农产品溯源系统、大通湖特色农产品商城等。

"智能化"育秧,奠定丰收基础:引进了国内一流智能化有氧恒温浸种催芽、智能温室育苗、立体循环育秧等技术,建成了3110 m²现代智慧育秧工厂和15 000 m²智能连栋大棚,集生产、示范、培训、科研于一体,年育秧服务能力达12 000亩,配套各类新型农业机械82台(套),常年农事服务面积可达5万亩次。智慧育秧项目从源头减少农药化肥的使用量,有效避免"倒春寒"给农作物带来的危害,使水稻育秧成苗率达98%以上,秧苗素质明显提高。

"科技化"灌溉,推动融合发展:引进上海农场智慧灌溉技术,在园区建设了智慧灌溉工程。新建T40灌渠6条、T50灌渠9条,配套安装了泵站控制、总控软件平台、水位传感器、田间进退水控制等智能灌溉设备来感知农业生产土壤、降水量、气温等影响因素,实现了自动化节水灌溉,每亩可节约用水约0.3 t,大幅度节约了人力成本,切实促进了农业增效、农民增收。

"数字化"生产,赋能信息效应:2021年开始,大通湖区通过与中联智慧农业股份有限公司、湖南农业大学等公司、院校开展合作,在智慧农业示范园开展水稻全程数字化体系建设,启动了"数字大米"建设工程。园区安装了包含气象站、土壤监测、虫情测报灯、视频监控、多光谱无人机和大米加工检测等物联网设备,全力打造集数据采集、智能决策、精准作业与科学管理于一体的

大通湖区现代农业智慧育秧工厂鸟瞰图

大通湖区现代农业智慧育秧工厂内部

智慧灌溉系统

农业生产全过程综合服务体系，以实现农业生产、经营管理标准化、信息化和数字化为目标，助力现代农业发展。经湖南省水稻研究所、湖南省作物学会、湖南农业大学、湖南生物机电职业技术学院等单位的专家现场验收和对比试验，早稻示范田按 13.5% 水分折合每亩干谷产量 509.2 kg；晚稻 H 优 7 601 亩产 525.4 kg；再生稻美香占 2 号头季亩产 503.5 kg，再生季亩产 260.7 kg，甬优 4 149 头季亩产 640.9 kg。示范田数字化技术方案比周边农户田少施一次农药和一次追肥，节本增效明显。

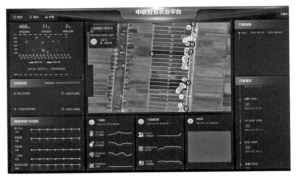
智慧农业管理平台

"实景化"展厅，打造品牌特色：打造了智慧农业展厅。集中建设了 248 m² 的智慧农业主题形象馆，对智慧农业成果进行智能化实景展示。通过展厅系统与田间实时视频了解水稻整个生产过程，也可透过监管平台对生产进行实时把控，从而全方位助推智慧农业健康发展。

"无人化"农场，引领智慧发展：2023 年新增投资 400 万元，与华南农业大学罗锡文院士团队合作，引进了全球高端科技人才和先进农业技

大通湖智慧农业展厅

术，采购了无人旋耕机、无人插秧机等无人智能农机 10 台（套），建成无人（少人）核心智慧农场，打造 1 个属地化的智慧农业大脑和数字农业展示样板（本地化软件平台 + 本地化数字水稻种植实景展示），探索水稻种植农机、农艺、数字化信息进一步融合，实现水稻生产全程数据采集分析、农事指令智能决策、农机作业智能执行，稻米耕、种、管、收、产、供、销环节全程溯源全面覆盖，有效提升大通湖区影响力和全区现代农业科技创新水平，助力大通湖农业发展提质增效。

目前，大通湖区智慧农业示范园已初步形成了一个"从种子到大米生产全过程"的实景展示区，它将智能化育秧、数字化生产、农产品质量追溯、农药化肥减量可控体系等要素聚集展示，实现了从种植、收割、存储、加工到销售的产业链示范。

➤ **经验效果**

1. 经济效益

水稻无人耕种收机械，平均每台投入 6 万～10 万元，日作业 60～70 亩，耕种收每亩可节约人工成本 30 元，同时更标准规范的作业能实现水稻更精准和便利的管理，每亩可增加产量 5% 以上。无人植保机大幅度提高了作业效率，每亩节约人工成本 5 元，减少农药使用量 10%，智能农机很大程度上解决了生产中的实际问题，值得大力推广。

2. 社会效益

园区围绕"智慧农业 + 科研育种 + 基地监管 + 品牌销售"的主题建设，将选种、育苗、种植、收割、烘干、储存、加工到流通、运输等各环节纳入云数据和物联网的管理，建立安全防护监测点、远程监控、阈值预警，并通过基地监测终端，直观地向科研单位提供基地实时数据和智能化建议，大力促进大米的标准化、智能化、便捷化、品牌化打造。形成 1 套属地数字农业（水稻）种植指南（高产和优质两种方案），包含种植用地标准、大米追溯标准、加工仓储管理、种植管理标准、育秧管理标准、品种选择标准等。农民按照这个指南能种植出高产或优质的数字大米，保证水稻品质均一性，为创建品牌工程奠定基础。

3. 生态效益

项目应用了无人机遥感技术，可快速采集病虫害的发生，通过作为长势判断作物施肥和施药的处方图，实现作物田间管理无人农业机械的变量施肥和变量施药作业，减少对环境的污染。项目实施能有效改善土壤、水分、水质和农村生活环境，提高食品安全，促使农业生产步入良性循环状态，也能促进大众食品安全和环保意识的进一步提高。

通过智能机械代替人的农业劳作，解决当前农业劳动力日益紧缺的问题，实现农业生产高度规模化、集约化、工厂化，提高农业生产对自然环境风险的应对能力，加快了大通湖水稻产业的现代化发展步伐。水稻无人农场项目建成运营后，能大量减少农业劳动力的投入，节约生产成本；能有效节省化肥、农药、灌溉用水，提高产量，全面提升水稻品质和安全，实现增产增收，提质增效。

撰稿单位：益阳市大通湖区农业农村和水利局

撰 稿 人：秦振华

广东省梅州市梅县区智慧金柚平台优秀案例

> **基本情况**

本案例是由梅州市梅县区农业农村局，依托梅县国家现代农业产业园，在华南农业大学的技术支持下建设完成，梅州市梅县区国家现代农业产业园智慧农业项目投入资金1250万元，项目自2021年2月至2022年9月累计6个月建设完成，建设范围覆盖了梅县区共计12个镇，乡村总人口43.17万人，涵盖了全区乃至全市金柚核心优势种植区域果园面积约30万亩。

> **主要做法**

1. 实施背景

梅县智慧金柚项目围绕梅州市梅县国家现代农业产业园建设的总体目标，建设梅县金柚"1+1+5+1"智慧化工程，包括"一个基础数据资源库""一个大数据综合服务平台""五个应用系统（种植物联网管理系统、种植生产管理系统、农资管理系统、区块链溯源系统、柚服务系统）"和"一个智慧农业科技展厅"。目标是重点突出种植智能化，利用5G、物联网、大数据、人工智能、VR/AR等新一代信息技术，促进信息技术与农业产业链深度融合，提高生产效率，提升产品质量，为新型经营主体提供咨询培训、技术支持、物流配送、营销推广等专业服务，构建主体多元化、运行市场化、服务专业化的农业信息服务体系，推动产业园内生发展动力，加快产业园现代化进程，打造成广东乃至全国金柚种植、加工、文化展示中心，属全国首创金柚主题的高科技信息港。

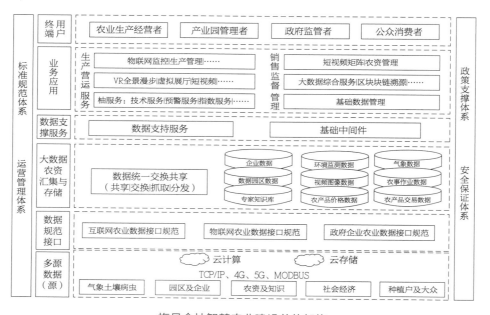

梅县金柚智慧农业建设总体架构

2. 主要内容

"1"个基础数据资源库，是对产业园的金柚企业、果园、果农、农技服务人员、设备、测土配方、专家、种植知识等基础信息进行标准化、规范化管理，实现数据资源整合与统一管理，为推进农业数据资源共享、提升农业数据资源价值提供支撑。基础数据资源库的建设，提供产业园的各种基本信息元数据，提高产业园的管理水平，对梅县金柚产业的进一步规划和决策以及提高信息化水平、产业园大数据挖掘和服务具有重要意义。

"1"个大数据综合服务平台，是对金柚产业园基础数据资源库、种植物联网管理、种植生产管理、农资管理、区块链溯源、柚服务以及金柚流通等的数据进行汇总、统计、分析，并通过可视化设备和技术对数据进行多层级的分类展示，为政府、企业和果农的生产、经营、监管、服务的全过程提供数据支撑，并以数据为驱动，挖掘生产、经营、服务过程中存在的问题，做出有效决策方案，从而达到提升生产管理水平、提高经济效益的作用。

"5"个系统。一是种植物联网管理系统，通过建设果园土壤—环境监测站、虫情监测站，采集土壤湿度、温度、EC值、pH值、环境温湿度、气压、风速、光照强度、害虫数量等参数，物联网平台对设备和采集的数据进行统一的管控，实现环境异常的实时告警，提醒种植户采取应对措施，降低损失；通过在果园内安装长势监测设备，实现对种植环境的远程视频监控和定时抓拍，为种植户提供实时监控和事后追溯的渠道。二是种植生产管理系统，面向专家，种植户，农企管理者，运营人员等多个角色，依托物联网感知系统，驱动作业系统（智能水肥一体化设施、农事人员的投入品/病虫害/农事管理），延伸到溯源、大数据、专家问诊指导等农业基础服务，结合专家知识和大数据，构建环境、病虫害、长势、水肥药策略和优品等预测分析模型，形成1套融合了种植管理标准的智慧农业数据系统，覆盖种苗、环境、种植过程、质检、

金柚智慧农业科技展厅

分级、运输的关键环境，并最终提供销售和品牌打造了"定制优选"品牌。三是农资管理系统，整合梅县原有的农资平台数据资源，实现农资数据无缝对接，并通过对梅县覆盖区域的 269 个农资店部署摄像头和扫描枪等工具实现农资销售的数据自动化，支撑主管部门对农药、化肥、农业机械等农业生产物资的供销进行全程数字化监管，包括农资销售点、农资产品、农资供应商、库存、订单、销售、消费者等，实现农资数据的及时上报与共享。四是区块链溯源系统，依托区块链技术，将金柚生命周期中的种植基础数据、物联网监测数据、生产加工数据以及销售、物流等数据作为区块链节点内容，并将其自动记录到区块链的账本中，利用区块链中数据的不可篡改性、不可伪造性、不可抵赖性等性质实现农产品的全过程溯源。构建果农、企业、消费者和监管机构之间的高公信力的溯源机制，解决数据造假的核心痛点。五是柚服务系统，是为产业园提供多种服务的系统，为种植企业、果农、消费者、监管者等提供多种便捷服务，包括科技服务、品牌推广及销售服务、溯源服务、应急预警服务以及其他服务（土地流转服务、测土配方服务）等，是为提高果农农业技能、扩大金柚品牌影响力、规避生产、销售、运输、加工等过程风险而建立的综合性服务系统。

"1"个金柚智慧农业科技展厅，采用新一代信息科技和数字媒体技术集中突出产业特色。视觉层面，以最新的媒体展现形式，营造具有吸引力的震撼效果，突出金柚产业；情感层面，以情融景，情景交融，从情感入手打造金柚智慧的独特魅力；文化层面，全方位呈现梅县金柚历史发展，强化梅县金柚的社会认知，并通过对梅县金柚展厅规划建设的展现，促进梅县金柚文化发展；科技层面，进行数字金柚探索之旅，探索金柚大数据赋能产业，促进金柚品质标准化和品控体系建设。

➤ 经验效果

该项目紧密围绕国家政策方针，强化农业信息化基础设施建设，通过大数据、云计算、物联网和人工智能等技术构建特色智慧果园示范区，制定安全管理和标准规范，发展梅州柚智慧农业，实现农业数字化，促进柚子生产智能化、管理数据化、经营信息化的发展，以达到金柚安全、优质、高产的目的。同时，总结优质柚的种植模型，为后续推广和规模标准化种植打下基础，并结合物流销售平台，建立溯源系统，实现全产业链数据开放和共享，提升金柚品牌价值。相比普通果园，智慧果园的梅县金柚不仅可提高产量和优果率，还依托专业的物流运输以及品牌营销服务，为农民群带来收入增加，具有很高的创新型、推广性和适应性，可作为智慧果园案例在广东省乃至全国推广。

1. 经济效益

通过在金柚种植基地安装物联网环境监控系统和生产管理系统，为种植户提供精准的数据指导；建设区块链农产品质量安全溯源系统将生产者使用的农药、化肥以及运输、加工等信息呈现给消费者；种植户通过短视频让消费者远程体验智慧农业产业园，联动线上线下引流更多客户到线下基地体验产业园区和形象店，带动线下观光农旅，线上销售产品；种植户通过大数据综合服务平台了解最新全国市场态势，掌握先机；项目建成后，示范园植保环节预计节省人力成本60%，减少农药使用30%，降低水资源浪费90%，金柚产量可增加5%～10%，减少生产过程中人工成本15%以上。

2. 社会效益

通过本项目实施，加快推进智慧化生产、智慧化服务、智慧化经营和智慧化推广，搭建起梅县的智慧农业基础体系，为梅县的农业生产提供现代化的技术方法和手段，对于推动梅县现代农业往精细化、智能化、信息化的方向发展，具有明显的效益。项目形成的数字农业运营模式具有可复制性，对广东省、全国具有较强的示范作用。项目实施后，带动金柚加工物流销售、观光农业、休闲农业等二三产业发展，提升具有智慧农业特色的梅县金柚品牌价值，提高市场竞争力，间接带动农民就业2000人，对提高当地农民收入及地方财政收入、提高人民生活质量、促进农业产业结构优化调整、农民脱贫致富及建设社会主义新农村均有着重要的积极作用。

3. 生态效益

通过物联网监控系统和生产管理系统的建设，为种植户提供精准的数据指导，减少传统人工经验管理过程中出现的过量灌溉、过量施肥、过量用药等情况，从而有效减少土壤盐碱化和水体污染的发生，项目的建设有助于环境生态保护。

撰稿单位：广州国家现代农业产业科技创新中心，梅县农业农村局

撰 稿 人：张兴龙，成竺欣，曾　蔚

广西壮族自治区玉林市玉州区参皇集团智慧化技术与养殖产业链融合示范项目优秀案例

玉州区大力推进智慧农业建设工作，挖掘出以参皇集团数字化智慧化技术与养殖产业链融合示范项目为亮点的农业农村领域数字化建设典型。该项目为广西首批"大数据与农业深度融合重点示范项目"，参皇集团被评为"广西信息化与工业化融合示范企业""广西信息化和工业化深度融合标杆企业""全国科普惠农兴村先进单位""广西扶贫龙头企业""全区脱贫攻坚先进单位"，基地被认定为"广西农业农村信息化示范基地""广西数字化车间"。

➤ **基本情况**

广西参皇养殖集团有限公司成立于2000年，是玉州区农业产业化国家重点龙头企业、高新技术企业。集团以黄羽鸡养殖为主营业务，打造原料贸易、饲料加工、种苗繁育、肉鸡养殖、肉鸡屠宰、生鲜配送等多元化产业链。现有员工1500多人，专

业技术人员 120 多人，合作农户 1 万多户，公司年可存栏种鸡 250 万套，年产鸡苗 3 亿羽，年出栏肉鸡 8 600 多万羽，3 项业务规模均居全国同业前五。年产饲料 100 万 t，规模全国 50 强。集团年销售收入 30 多亿元，是中国农业企业 500 强之一、广西 10 强饲料企业，连续 9 年被评为广西 100 强企业。

玉州区积极推动信息化发展，实行"互联网＋现代农业"模式，累计投入 6 000 多万元，打造全产业数字农业，赋能智慧化数字化技术与养殖产业链深度融合。建立了覆盖跨省（广西、广东）、多层次的计算机网络系统，以金蝶私有云 EAS cloud 8.6 系统为核心组建了参皇集团的信息化系统，在集团及各分子公司实施了财务管理、成本核算、资金管理、供应链、人力资源的信息化，并开发实施了肉鸡管理、种鸡管理、饲料管理等业务系统，全面实现了黄羽鸡养殖产业链信息化管理。同时以工艺和设备为基础，通过数据自动采集、设备智能控制、现场视频监控等技术手段，引入和开发育种选采集、种鸡生产管理、肉鸡生产追溯管理、兽药疫苗投入品管理、饲料原料追溯管理、饲料成品管理等信息化系统，实现在原料采购、生产加工、质量控制、产品销售、服务客户等方面与互联网、企业 ERP 系统深度融合。

➤ **主要做法**

1. 实施背景

随着时代的发展，传统粗放型养殖人力成本高、养殖效率低下、产品质量管控困难，与党和国家关于推进经济"健康、可持续、高质量发展""建设农业强国"的要求不相符，因而加快推进畜牧业的现代化、信息化、数字化建设关系养殖产业的现代化转型。玉州区综合运用物联网、智能监控、云计算、RFID、移动互联与人工智能等新一轮技术和自动化、智能化生产设备，推动粗放式传统畜牧养殖向现代化智慧畜牧养殖转变，全面提高了黄羽鸡产业效率和效益，引领广西黄羽鸡产业生产智能化、生态化和数据化发展方向，进一步促进农业现代化和乡村振兴，为养殖行业提供了可复制、可借鉴、可推广的示范样板。

2. 主要内容

一是实现企业全过程管理信息协同。积极承建自治区工业化与信息化建设项目，建成参皇集团企业数据中心，不断建设"八化"，增强业务协同，提高企业运转效率。二是建成完整的企业集成化信息管理平台。投资 3 000 多万元进行信息化系统开发应用，搭建覆盖良种繁育、饲料生产、肉鸡生产、种蛋孵化、产品销售等各环节的全产业链数字化生产管理系统，形成了企业内外互通、管理上下互通、生产前后互通的完整企业集成化信息管理平台。三是开发引进数字化生产管理系统和智能化设备。运用互联网＋、大数据、人工智能等技术，开发和引进育种、饲料生产、肉鸡养殖等环节的数字化生产管理系统和智能化设备，提高全产业链数字化技术应用水平。

3. 主要技术

品种选育数字化开发：一是采用大数据技术辅助育种。引进使用家禽系谱管理系统、开发应用种禽生产管理系统。利用大数据进行家禽系谱档案管理，改变传统纸质手工记录的繁杂性，快速对育种的性能进行分析，有效避免亲缘关系的混乱，提高保种效果。二是应用智能采集设备提高育种数据处理效率。引入专门化育种信息采集设备及育种系统。通过传感器、条码扫描实现了选育过程中性能测定数据的自动收集、上传、整理，能够自动对数据集中存储、计算及分析，加快了数据处理速度，实现了无纸化。

种鸡生产高度自动化：使用 3 层阶梯式鸡笼，人均饲养量由 5 500 羽鸡提升到 8 000 羽鸡，生产效率是传统鸡舍 1 倍，减少人工 100 多人。鸡舍配套自动化、智能化、节约化设备，包括自动喂料、自动喂水、自动清粪、自动温控系统。实现种鸡采食饮水、鸡舍环境控制、粪便冲洗、消毒净化等生产环节的高度自动化，同时具有节省饲料、节省水资源、提高集群生产性能稳定性等优点，年提高产蛋率 3%～5%。

种苗孵化智能化系统和自动化环控：一是引进孵化生产智慧节能管理云平台。通过控制器实现生产环境（温度、湿度、风向、风力）的全自动化控制。微电脑自动显示设备故障情况，自动诊断并进行处理。手机、电脑联网监控，随时随地掌握孵化生产运行现状。二是引进和开发多种自动化孵化生产设备。建成现代化的孵化大楼 1 栋，引进国外先进厂家的巷道孵化机，实现年产鸡苗 3 亿羽。引进种蛋自动化分级设备，通过系统设置鸡蛋重量分级参数，实现种蛋的自动输送和分级，有效提高孵化成绩。开展技术创新，制作自动照蛋器，节省人工 6 名，获得发明专利 1 项。采用 1 日龄自动计数免疫注射器，每小时可完成 3 000 羽鸡苗的疫苗注射，是传统人工效率的 3 倍，同时避免鸡苗免疫漏免，降低鸡群发病率。所有的鸡苗运输车配备空调，恒温运输，减少鸡苗死亡率 5%～8%，一次可运输 8 万羽鸡苗。获得实用新型专利 1 项。

肉鸡生产数字化、可追溯化：一是开发应用金蝶 EAS 数据采集系统。通过对饲养的每批鸡群设置二维码建立饲养档案，在技术员外勤服务技术指导时使用手机采集器对二维码进行扫描，即可获取现场管理的卫星定位信息以及该批肉鸡档案信息，录入生产数据即可更新金蝶 ERP 系统肉鸡生产信息，加强了生产数据实时性，实现可追溯式管理。二是应用物料领取身份证识别系统。身份证识别系统对接金蝶系统养殖户物料领取模块，自动储存物料领取人员信息，避免物料误领、多领造成的资产损失。

饲料生产全过程管理：一是采用数字化全线生产控制系统。开发应用饲料生产管理、饲料生产管理投料、饲料生产添加剂控制等多个系统，实现了从生产、库存、销售、物流到财务成本核算的整个饲料业务的信息化管理，大大提高了饲料厂生产管理水平，投入品使用准确率 100%。二是采用自动化智能生产设备。采用自动码包机、码垛机器人、自动定量包装机等自动化设备，与饲料生产管理系统与物流作业系统无缝集成应用，实现高效作业。采用锅炉自动化布袋降尘设备等绿色生产设备，有效降低粉尘污染，实现环境优化、清洁生产。

4. 运营模式

参皇集团数字化建设主要从业务运行层面，将业务链进行划分为研发、生产、采购、销售 4 个领域支撑应用集成平台实现整合运用。决策支持平台：用于将企业的经营数据与业务运行数据进行深层次的整合，转换成便于分析的信息，使得分析人员能够利用高效的分析手段来了解数据背后的意义，从而为企业决策提供充分的依据，促进企业决策科学性与效率的提升。

企业应用集成平台：对企业内部的各类信息平台以及合作伙伴企业间的相关信息系统，采用基于统一的标准实现所有相关系统集成应用的企业应用集成平台模式，实现企业内外各类信息的充分整合与共享，业务流程的紧密衔接，从而支持企业实现高效的运营。

经营管理平台：用来支持企业的计划管理、财务管理、人力资源管理及办公管理等方面的经营管理需求，为各类管理人员提供高效的管理手段，实现高水平的运营管控，有效防范各类风险。建设模式是 ERP 企业资源计划解决方案和 OA 协同办公平台解决方案。

研发设计平台：主要是品种培育，建设模式是采用家禽系谱管理系统和专门化育种信息采集系统解决方案。

生产运行管理平台：用来支持生产计划或生产方案的科学制订、生产数据实时采集分析与可视化展示基础上的生产指挥与调度及生产作业过程的先进控制与实时优化，促进生产作业的精细化管理。建设模式是采用 PLC 系统对生产过程实时监控。

物资管理平台：采取前台与后台的建设模式，前台主要面向采购交易的电子商务网站，后台主要面向企业内部采购业务流程和库存管理流程的业务支持系统。

销售管理平台：建设模式是搭建电子商务网站，借助互联网来实现产品销售。

➤ 经验效果

1. 经济效益

通过数字化、信息化建设，实现产业链主要业务信息化系统的全覆盖，企业业务数据的处理速度提高，工作量减少 10%～20%、劳动生产率将提高 5%～15%。为管理层人、财、物等各种资源进行有效合理的配置，提高了企业的生产效益，生产指标提高到 5%～8%，成本下降 7%～12%。信息化数字化建设保持同行业先进水平。黄羽鸡养殖基地劳动生产率提高 10% 以上，养殖生产自动化、机械化率达 95% 以上，生产力显著提升，形成鸡场生产管理数字化技术体系 1 套；投入品（原料、药品疫苗、水等）使用量降低 15% 以上，投入品质量管控达 100%。

2. 社会效益

应用金蝶 EAS 系统现代信息化管理技术，对养殖生产实施全程监控管理，对生产物料、兽用药物、疫苗、饲料原料等物料投入信息进行精确管控和追溯管理，保障产品质量可控。

3. 生态效益

种鸡养殖采用自动化机械化无害处理设备，改变传统的深埋、焚烧等无害化处理方法，申请实用型专利 1 项。引进生态养殖废水循环系统，采用全自动点对点控制，整个流程通过以厌氧和好氧相结合的高效处理工艺，全程实现生态处理，养殖生产废水有害微生物 100% 无害化处理，环境指标及无害化处理率达 100%。

4. 推广应用价值

大力推广智能化、工厂化畜禽养殖技术和数字化饲料加工生产，积极落实新设备、新材料的应用，不断优化环境保护设备和管理方法，实施"互联网+"行动，推进大数据、物联网、云计算、移动互联等新一代信息技术与黄羽鸡生产一体化产业深度融合，通过信息技术确保肉鸡产品和饲料产品各阶段皆可追溯，有效促进了玉州区农业新型业态快速发展，助推数字乡村和乡村振兴计划。推广应用先进产业模式，创新企农、企村合作机制助力乡村振兴。带动 10 000 多户农户投入黄羽鸡现代生态养殖增收致富，与 15 个村镇签订特色肉鸡养殖合作项目，通过提供产业帮扶，村集体平均获得收益 25 万元以上。同时建立"产业+金融"的精准担保模式，累计提供 2 亿多元资金，解决 5 000 多户农户养殖资金短缺问题。举办专业技术讲座、培训班 100 多期，培训养殖户 1 万人次以上，提高农民素质，培养新型职业农民。

撰稿单位：广西壮族自治区农业信息中心，玉林市玉州区农业农村局

撰 稿 人：唐秀宋，黄腾仪，曾鑫滔，陈佳佳

四川省宜宾市兴文县现代智慧农业产业园区建设优秀案例

➤ 基本情况

兴文县现代智慧农业产业园区是 2021 年 12 月经兴文县委、县政府研究同意成立的行政事业单位，范围涵盖 7 个乡镇 49 行政村，幅员面积约 400 km^2，人口约 20 万人。设立园区党工委和管委会，作为县委、县政府派出机构独立运行，县财政全额拨款，由县委、县政府直接管理，内设综合部、产业规划建设部、投融资工作部。

兴文县现代智慧农业产业园区主要业务：一是负责编制农业园区建设整体规划，整合各部门各乡镇各企业力量，统筹推进农业园区建设。二是负责农业园区产业规划和重点农业产业发展、项目包装及实施。三是负责农业品牌培育、创建等工作，协助相关部门进行国家地理标志产品的申报工作。四是负责编制园区招商规划，发布对外招商项目，组织对外招商活动。五是负责智慧农业项目的组织实施和技术推广应用。六是负责为园区企业提供相关服务，协助解决园区内企业运行中的问题。七是承办县

委、县政府交办的其他事项。目前，园区运行高效顺畅，建设成效显著，信息化数字化建设推进快速，基础条件和运营管理水平大幅度提升。

➤ **主要做法**

1. 实施背景

近年来，兴文县坚定不移贯彻落实习近平总书记关于"三农"工作系列重要论述，特别是在中央农村工作会议强调，要一体推进农业现代化和农村现代化，实现乡村由表及里、形神兼备的全面提升。兴文县立足"1+3+4"现代农业产业体系，按照"粮经复合、科技赋能、金融加持"的发展思路，坚决扛牢粮食安全政治责任，以统筹粮食安全和乡村振兴为总揽，以现代智慧农业产业园区建设为载体，以农业农村信息化数字化建设为抓手，全力以赴打造农业农村信息化数字化示范基地。

2. 主要内容

锚定目标，完善软硬件。信息化数字化是实现农业现代化和农村现代化目标的基础和关键。为加快农业农村信息化建设进程，编制了《兴文县国家现代农业产业园智慧系统专项规划》，拟投资 3 600 万元打造兴文县智慧农业数据运营中心，目前一期工程投资 1 600 万元，已成功运用和服务于粮油现代农业园区。一是完善硬件设施。截至目前，已完成 1 个智慧农业数据运营中心、多合一农业气象站 4 个、土壤墒情站 10 个、虫情测报灯 2 个、水稻稻瘟病监测仪 2 个、稻飞虱监测仪 4 个、二化螟性诱监测仪 4 个、孢子捕捉仪 10 个、远程苗情监测仪 5 个、田间显示终端 1 个、无人机 5 台、水质监测站 1 个等硬件设施。二是完善软件系统。已完成包括水稻种植标准化生产管理系统、农业物联网数字化平台、农产品品质

量安全追溯平台、农情遥感监测系统、五情监测预警系统、智慧农业管理系统（手机App）、智慧农业驾驶舱管理一张图、小龙虾标准化养殖管理系统；正在推进产业园区电商交易平台（电商前端系统）、产业园区电商交易平台（供应商管理后台系统）、产业园区电商交易平台（运营支撑平台）、国标视频管理平台等在内的12个智慧农业软件子系统建设。整个智慧农业系统兼具园区总览、监测预警、稻虾种养、数字交易、信息发布五大功能。

多方发力，拓展配套建设。由农业园区管委会、县委网信办、电信运营商合作创作的"打造智慧现代农业产业园助力兴文县数字乡村建设"参赛作品，荣获全国首届数字乡村创新设计大赛三等奖。实施新型农业经营主体、返乡农民工、村干部培育"三大工程"，被评为宜宾市返乡下乡创业示范园区、四川省乡村振兴高技能人才培育基地。近期，由农业园区管委会牵头申报的全国农业农村信息化示范基地于3月3日通过四川省农业农村厅组织的专家评审和推荐，成为全省6个农业农村信息化示范基地之一，并向农业农村部推荐。

3. 运营模式

按照"政府搭桥、国企主导、多元参与"思路，推进"大园区、小业主"发展模式，坚持"粮头食尾""农头工尾"。园区党工委和管委会统筹园区建设。县属国企农文旅集团公司负责园区的投资、建设和实体经济运营管理。与五粮液集团发展订单农业种植基地1万亩，引进宜宾市来运农业科技有限公司等发展标准化稻虾种养示范基地近1万亩，支持同乐农业科技有限公司等建设克氏原螯虾和澳洲小龙虾繁育基地各1个。采取以产业为依托，以信息化服务于产业发展，以产业支撑信息化运用，大力推广"稻虾种养＋信息化""稻渔＋信息化""粮药＋信息化"等高效信息化路径，形成独具特色的"产业＋信息化"模式，将信息化服务于产业发展全过程，助推产业科技化、信息化发展。建成农旅融合综合广场和水泸坝省级休闲农业主题公园，打造美食一条街，借势成渝现代高效特色农业带小龙虾产业发展论坛、创新竹日用品交易峰会、苗族花山节等大型节会，常态化举办丰收节、小龙虾节等，发展近郊游、同城游，倾力打造"川南一坝·共乐稻虾"特色文旅融合品牌。

➤ 经验效果

1. 经济效益

园区以优质稻、淡水虾综合循环种养为主导产业，利用冬闲田、春耕备耕期各增养一季小龙虾，出产的"兴文早虾""兴文晚虾"，与湖北、江苏的龙虾错峰上市，抢占了全国春节小龙虾供应市场，有效填补了其他地区冬季小龙虾市场空档。按照"粮经复合"思路，在四川省率先推出稻虾平田种养技术标准和稻虾田改造技术标准，形成了"一季稻、一季再生稻、三季虾"发展模式，实现稻谷每亩单产达600 kg，小龙虾每亩单产200 kg以上，田埂再套种大豆，亩均产值超过2万元，实现了"一亩田、千斤粮、万元钱"。

2. 社会效益

园区内规模化发展的新型农业经营主体探索出"农户＋村集体＋合作社""企业＋合作社＋基地""企业（合作社）＋基地＋农户"三大利益联结模式，通过"土地流转、劳动务工、技能培训、入股分红、产业带动、产品收购"等方式有效实现了土地综合利用"三赢"目标，构建了产销一条龙服务模式，保证了村集体经济的增长。园区内新型农业经营主体带动 91.22% 农户发展主导产业，2022 年园区农村居民人均可支配收入达 24 663 元（全县 20 238 元），联农带农成效显著。

促进农业信息化：坚持"科技赋能"，打造研发推广、现代种养、加工物流、消费服务集成发展的现代智慧农业产业园区，建设四川小龙虾产业研究院、组建水稻专家工作站，携手四川农业大学、四川轻化工大学、省（市）农业科学院开展院地合作，建成农产品检验检测中心。打造的兴文县智慧农业数据运营中心，以大数据、云计算、物联网、人工智能、5G 等先进技术为农业农村信息化作技术作支撑，在水下安装探测仪，对澳州小龙虾养殖的水温、pH 值、氨氮、水质浊度等进行适时动态监测和预警报警。科学指导发展精准智慧农业，实现信息及时收集、分析、处置，让信息化服务于产业发展。2022年，兴文县现代智慧农业系统及时处置 36 起灾情信息，成功实现了粮食生产减损。下一步，兴文县将持续推进现代智慧农业产业园区信息化数字化建设，对智慧农业系统进行不断升级完善，打造更高水准更高水平的农业农村信息化示范基地和农业农村信息化高地，并以此为抓手，高质量建设成渝现代高效特色农业带标杆区，积极争创国家现代农业产业园。

撰稿单位：兴文县现代智慧农业产业园区管理委员会
撰 稿 人：杨佳林

天津市中化 MAP 天津中心智慧园区典型案例

➤ **基本情况**

中化现代农业有限公司（以下简称中化农业）于 2018 年在市领导见证下同西青区及王稳庄镇两级政府达成战略合作，设立"以小站稻振兴为使命"的中化现代农业有限公司天津技术服务中心（以下简称 MAP 天津中心），从事小站稻振兴工作。MAP 天津中心占地 60 亩，于 2019 年 4 月正式建成，位于天津市西青区王稳庄镇。截至目前，完成投资 7 000 余万元（其中，智慧农业硬件投入 300 万元、定制系统和软件开发投入 200 万元），已完成低温循环烘干厂房、粮食标准仓、农机库和农资库建设。低温循环烘干厂房配备高品质稻谷低温烘干生产线，日烘干处理能力 500～600 t，粮食标准仓库库容 1 万 t，拥有全套国际领先水平水稻全程机械化装备。

➤ **主要做法**

在小站稻绿色种植，提质增效及智慧农业等方面，主要开展了以下工作：一是在测土配方施肥的基础上采用侧深施肥技术，水稻侧深施肥技术是一项可以减肥减药的轻简化技术，可降低成本，提高收益，对提高稻米品质也有一定作用。通过水稻侧深施肥技术与水稻侧深施肥插秧机结合，降低肥料用量，减少肥料流失；通过应用以硫酸铵作载体添加核心母粒增效包的核心母粒，添加在侧深肥中施用，与不含核心母粒增效包的硫酸铵在侧深肥施用作对比，验证硫酸铵型核心母粒的产量提升效果；通过施入核心母粒，改善土壤团粒结构，补充硅、锌，提高肥料利用率，改善土壤理化状况。二是采取稻蟹共作的绿色种养模式，把提高稻米的品质与螃蟹养殖有机结合，提高稻田的产出和收益。实施绿色种养方式，从除草、施肥、防病等多方面选择绿色、安全、高效的产品与种植方式，确保稻蟹和谐共生。三是在水稻农事作业上扩大无人机的使用范围，采取轻简化的方式进行植保、施肥等环节的无人机高效利用。从水稻插秧前的封闭除草到返青肥、分蘖肥的使用，以及病虫害的防治，均采用无人机喷洒和喷施。另外，通过应用飞防助剂，例如有机硅、植物精油、表面活性剂等，抗蒸发、抗漂移、促沉降、促附着、促吸收，提高杀菌剂、杀虫剂的作业效果，达到减少农药投入量 15% 的目标，同时形成自有植保飞防标准化操作规程，探究应用助剂有效降低农药施用量，对农业可持续发展具有重要意义。改自走式撒施返青肥、分蘖肥、穗肥为无人机撒肥，杜绝了农机进田对秧苗的毁损，确保了基本苗和有效成穗量，对减损和产量提升起到了积极的作用，预计产量提升在 10% 以上。四是改进了杂草防治方式，加强封闭除草，改"一封二杀三补"除草方式为"两封一补"，延缓杂草的抗性产生，减少

地块电子化

巡田管理

生长日志及田间秀

精准气象

遥感监测

农药用量，对保护稻田环境、延缓杂草抗性，提升绿色种植水平起到了很好的作用。五是着眼于以"MAP智农"服务平台，围绕高标准种植生产管理的业务流程，建立一体化智慧农场管理服务平台。综合利用卫星遥感监测、精准气象、物联网等农业信息化技术，在统一标准体系建设基础上，建设水稻高标准农田智慧农场项目，实现对农场的智能化、精准化、自动化监测，提高生产管理效率，推动现代农业智慧农场的落地。目前已利用"MAP智农"记录水稻生产全流程的各种数据包括：地块位置、

小型气象站　　　小型气象站　　　小型气象站

指挥调度平台示意

土壤信息、选种、播种、植保、收割等；种植环节采集田间土壤基础信息、气象环境信息、农事操作记录、农资投入品记录、农机作业信息、过程长势信息等，种植环节的数据采集以地块为单元，针对不同类型、不同阶段的数据，采取不同的数据获取方式，并将数据前后关联到相应的地块上，形成全程种植溯源记录。在核心示范农场（王稳庄镇小泊村）田间安装部署气象站、土壤墒情仪、虫情测报、远程视频等物联网设备，实现试验田环境数据的自动采集，为示范区范围数据自动化采集做实验示范，在示范农场采集的数据通过分析处理，为天津种植户提供墒情、虫情、苗情等专题报告，通过"MAP智农"将信息推送到种植户手机上。

农事管理

➤ 经验效果

自 2018 年中化农业落地天津至今，通过品种筛选、土壤改良、技术集成等多种措施手段，在王稳庄这片盐碱地上建成面积为 2 万亩的 MAP beside 优质小站稻全程品控溯源种植示范基地，集成一批绿色环保优质小站稻种植技术，产出小站稻米达到国家优质大米一级标准，香、甜、软、糯，连续 3 年上榜中国优质农产品榜单"熊猫指南"。

在天津市政府整体规划与政策支持下，中化农业强强联合中粮集团、益海嘉里、盒马鲜生等龙头企业，联合推出"百年津沽""盒马"等多款小站稻产品，在全国近 4 000 家线下商超销售，打通小站稻品种研发、种植、加工、流通、营销全链路，提升小站稻品质化、品牌化水平。

在做好小站稻种植示范的同时，MAP 天津中心践行中化农业 MAP 战略，向宝坻、宁河等区域小站稻种植户提供品种筛选、测土配肥、植物保护、检测服务、农机服务、技术培训、智慧农业服务及粮食烘干仓储、农业金融服务、农产品购销的"7+3"服务，致力于打通种植端和消费端，赋能小站稻种植户，整体提升小站稻种植水平，服务天津 100 万亩小站稻的全面振兴。

撰稿单位：天津市西青区农业农村委员会，天津市农业科学院信息研究所
撰 稿 人：孙国栋，高义苗，刘晓倩，杨 勇

山西省曲沃县智慧菜谷建设典型案例

➤ 基本情况

曲沃县"晋之源"供港蔬菜基地（一期）项目总投资 1 200 万元，在史村镇周庄村建设露地蔬菜种植基地，核心区面积 600 亩，辐射区面积 2 000 亩，配套建设内容包括喷灌工程、预冷保鲜库、分拣车间、包装车间、办公生活区、配套农业机械等。项目由县农业农村局、智慧菜谷发展服务中心牵头负责项目扶持、招商引资和人才引进，天利行（香港）果菜有限公司合作负责产品销售和市场拓展，县晋之源农业开发有限公司承办负责园区规划、基地建设、品牌推广、质量追溯，山西裕沃农业发展有限公司实施负责土地流转、标准化生产、加工包装、农技培训等，山西农业大学李梅兰教授和曲沃县智慧菜谷服务中心全程技术指导。

基地在种子选择和处理、田面整理（有机肥调理）、精准播种、水肥管理、植保管理、标准化采收、检验检测、分级包装、预冷、冷链物流等各个环节严格把关，进行标准化操作，有力推动了曲沃县农业产业现代化、规模化、标准化发展。通过新品种、新技术的引进示范，种植基地每年可为粤港澳大湾区等地提供菜心、芥兰、鹤斗白等蔬菜 1 800 余吨，基地全年实现总产值 800 万余元，带动周边农民劳动力近百人

就业，具有良好的经济效益和社会效益。

➤ **主要做法**

应用物联网、云平台等技术：采集菜场温湿度、风速、降水量，控制喷灌浇水设施，结合数据科学管理蔬菜种植，降低人员成本，提高产量。应用自动化控制、气象站实时监测等设备，采集田间土壤墒情、气象信息、作物长势信息，准确掌握大田作物生育进程和农情动态，对长势长相和生理指标进行动态监测和趋势分析，提高精细生产和田间智能管理的能力，提出田管意见或建议，促进增产增收。

喷灌工程：使作物根部的土壤保持湿润，有利于农作物的生长和发育；同时由于水的直接供应、均匀地喷洒到植物根系层内，减少了地面蒸发量和水分的散失；此外还可以减少病虫害的发生。

基地菜场的称重、入库、出库均采用信息化管理，一键上传，后台直接掌握生产数据，通过信息化管理减少人员统计工作，减少信息核对，提高效率。

菜场配备质检设备，对农残等进行检测并出具合格证，提升蔬菜品牌效应。

植保无人机对比人工完成虫害防治任务，无人机能够实现人药分离，有效保障施工人员的安全，同时可提高农药利用率，避免伤苗压苗，实现减药控害，提质增产的目标。

预冷保鲜库可以迅速降低农产品的温度和湿度，减缓新陈代谢速度，从而延长农产品的保鲜期。预冷可以延长农产品的保鲜期和品质，提高产品的附加值和市场竞争力，促进农产品的销售和流通，为农民增加收益和就业机会。

➤ **经验效果**

自动喷淋系统安装常规施工花费 800～1 000 元/亩。自动喷淋灌溉省水、省工、提高土地利用率、增产、适应性强。喷灌一般比漫灌节省水 30%～50%，喷灌便于实现机械化、自动化，由于取消了田间的输水沟渠，不仅有利于机械作业，而且大大减少了田间劳动量，喷灌所需的劳动量仅为地面灌溉的 1/5；节肥少药比例为 10%～60%，提高土地利用率一般可增加耕种面积 7%～10%。

自动播种机，能够精准控制种子的数量、株距，后期不需要人工间苗，苗均苗齐。从综合种子用量、播种时间和用工人数计算总成本方面进行比较，自动播种机器比纯人工可节省成本 45% 左右。

预冷保鲜库：基地配套建设有标准化预冷保鲜库，在蔬菜采收后将其冷却到设定的温度，通过预冷保鲜，蔬菜的损坏率由 30% 降低至 5%，有效提升了市场竞争力和蔬菜商品率。

撰稿单位：曲沃县晋之源农业开发有限公司，山西省农业农村大数据中心

撰 稿 人：赵治宇，张飞宇，李明明

辽宁省丹东市圣野浆果专业合作社智慧果园典型案例

> **基本情况**

丹东市圣野浆果专业合作社位于"中国草莓第一县"辽宁省丹东市东港市的十字街镇赤榆村，合作社成立于 2008 年，现有种植面积超过 1.2 万亩，合作社成员 150 多户，年销售额超过亿元，是东港市草莓协会会长单位。多年来，合作社秉承"好水果从种植开始"的理念，以"我为人人、向善向上"的合作社文化为引领，抓合作社党建，坚持"生产在家、服务在社"的经营管理模式；以农产品质量安全溯源监管体系为抓手，积极布局优势浆果产区，以线上线下、国内国外结合销售为纽带，形成了集种苗、技术研发、种植、管理、包装、销售为一体的现代化生态小浆果产业链体系。取得草莓、蓝莓绿色认证，草莓、蓝莓、软枣猕猴桃出口果园和出口果品包装厂资质认证，合作社创建的"圣野果源"品牌 2018 年价值达 1.82 亿元，合作社先后获得辽宁省先进集体、国家农民合作社示范社、全国百家合作社百个农产品品牌、全国农业农村信息化示范基地农业电子商务示范合作社、第十六届中国国际农产品交易会金奖、全国十大好吃草莓、十大好吃蓝莓、果多美十佳供应商等荣誉称号。

> **主要做法**

1. 主要内容

合作社有专门的技术研发和质量管理服务团队，与辽宁省众多院校合作，从种苗选育、土壤改良、投入品管控着手，组建"技术、管理、营销、服务"四大团队。合作社应用草莓秸秆生物反应堆技术、节水灌溉技术及草莓绿色防控技术体系，保证了草莓的品质和安全。草莓夜冷短日照超促成栽培技术使合作社的草莓比常规种植的草莓提早 1 个月以上成熟。

2. 主要技术

空气温湿度仪：在大棚的种植中，环境是决定作物生长的直接因素，如果仅仅依靠人工凭经验来管理温室大棚内的作物，对各大棚进行人工控温、人工卷帘需要用大量的时间和人员来操作。这不仅是对人力资源的浪费，而且人工判断容易出现较大误差，对于草莓来说温湿度监控系统的使用尤为重要，几摄氏度的温差就会影响作物的成长。在大棚种植使用温湿度监控系统之后，结合现代物联网技术，过去的传统手动控制也只需点击鼠标的微小动作，系统就会根据农作物生长需要进行实时智能决策，并自动开启或者关闭指定的环境调节设备，前后不过几秒，就能够实现完全替代了人工操作的烦琐。

二氧化碳变送器：为保持冬季草莓生产的温度，通常将大棚保持在关闭状态，导致大棚中的空气相对阻塞，并且不能及时补充 CO_2。日出后，由于草莓的光合作用加快，棚内的 CO_2 浓度急剧下降，有时会降至 CO_2 补偿点以下（0.008%～0.01%）。草莓作物几乎不能进行正常的光合作用，影响草莓的生长发育，引起疾病并降低产量。自从使用二氧化碳变送器后，保证在 CO_2 浓度不足的情况下及时报警，从而使用气肥。这一措施能够保证草莓提早上市、高质高产。

土壤温湿度采集设备：以往，监测土壤温湿度的方式是人工监测，这种方式费时费力，效率低，而且随机性很大，误差也很大。应用温湿度记录仪来监测土壤温湿度变化后工作人员无须亲自检测土壤温湿度的变化，减轻了员工的劳动强度，而且该仪器能够实时连续监测土壤温湿度变化，更能够及时发现土壤温湿度异常，及时处理，可以保障大棚内土壤温湿度的适宜，降低生产风险性。同时通过对土壤温湿度的实时监测，可为土壤温湿度精细化管理提供数据材料，降低相关设备的能耗以及减少水资源不必要的浪费。

光照强度变送器：一是通过安装光照度变送器实时监测环境光照度，得出数据后，使用遮光布或者补光灯等设备，搭建适宜草莓生长的阳光条件，加快植物生长，达到增产增量的目的。二是应用手机视频监控系统，全天候观察园区内的植被情况，通过环境数据传输设备，将所有数据传至手机终端。三是温度自动控制，实时监控温度，稳定高效，降低人工成本。四是创新农产品质量管理模式。2016 年开始，合作社率先在本地区试行了食用农产品合格证制度，在农产品质量管理上进行了大胆的尝试，2020 年与时俱进，在原有的基础上进行了完善，采取了合格证与追溯码合为一体的模式，将数字化、信息化很好地运用到质量管理环节。

➤ 经验效果

1. 经济效益

一是增产增效。通过物联网技术的应用，提升了产品的生产保障能力，对农户增产增收起了至关重要的作用。合作社社员 150 多户，单户年收入超过 20 万元。二是产品质量得到保证。合格证与追溯码合为一体这一举措，增加了消费者对圣野果源的信任度，取得了良好的市场效果，大幅度提升了销量，使用农产品合格证后草莓、蓝莓售价增加 3 元 /kg 以上，由于合格证制度的实施，合作社成员更加注重农产品质量安全，严格执行标准化生产，特别是在种植过程中能够预测防控为主，使用农家肥。杜绝使用禁用性农药，最大程度地降低了农药残留。

2. 品牌效益

大大增强了品牌影响力，2015 年"圣野果源"牌草莓获首批全国百家合作社百个农产品品牌；2018 年"圣野果源"草莓获第 16 届国际农产品交易会金奖，"圣野果源"草莓鲜果连续多次获全国草莓文化节精品草莓擂台赛金奖，是目前获得全国草莓行业大赛奖项最多的产品。

撰稿单位：辽宁省农业发展服务中心，丹东市圣野浆果专业合作社
撰 稿 人：王春蕾，马廷东，靳宏艳

黑龙江省鸡西虎林市加速构建现代化智慧园区典型案例

➤ **基本情况**

虎林市位于黑龙江省东部、完达山南麓，隔乌苏里江与俄罗斯相望。市域总面积9 334 km²，总人口 26.8 万，市辖 1 个街道办事处、7 镇、4 乡、85 个行政村，域内驻有省属 6 个国营农场、2 个森工林业局。域内 2/3 以上的土地被森林湿地草原所覆盖，市域环境空气质量保持在国家二级标准，地表水质达到国家三类标准。全市总耕地面积 710 万亩，其中水稻 480 万亩，占黑龙江省 8%、全国 1.05%。境内有乌苏里江水系的1 江、27 河，总蓄积量 41.3 亿 m³，拥有列入国际重要湿地名录的珍宝岛湿地国家级自然保护区，总面积 44 364 hm²，盛产大马哈、"三花五罗"等北方冷水特产鱼类。拥有林地 450 万亩，活立木蓄积量 2 600 万 m³，森林覆盖率为 24.6%，是国家重点木材生产基地。先后被评为国家生态文明建设示范市、中国绿色稻米强市、全国农村创业创新典型县、全国水稻绿色高质高效创建示范县等。2023 年粮食总产量达 30.3 亿 kg，位列黑龙江省县级第二，在维护国家粮食安全中发挥着重要作用。

➤ **主要做法**

统筹合力推进，加强智慧农业技术支撑：保障坚持科学谋划，加大财政支撑，持续推进现代智慧农业发展。一是强化顶层设计。研究制定《虎林市智慧乡村发展工作要点》，加强对农业数字化发展的战略指导、制度设计、政策支撑。二是完善基础设施。统筹推动农业基础设施数字化升级，加快推进传统基础设施数字化建设，保障农业数字化系统装备的相互配合与高效应用。依托项目补贴，引进农机智能设备 3 100台，其中，深松整地智能设备 80 台，玉米秸秆翻埋智能设备 230 台，水田翻埋智能设备 820 台，水田旋耕作业智能设备 970 台，水稻插秧无人驾驶测深施肥 1 000 余台，建设水稻智能浸种催芽室 43 个。推广应用全国农技推广、掌上植保 App 3 600 余人，342 家农资商店应用了黑龙江省农药进销系统平台，31 家"三品一标"企业入驻国家、省农产品质量安全溯源公共服务平台，中国农业社会化服务平台、黑龙江省农村集体资产清产核资直报系统等也得到了推广应用。三是整合数据资源。建设了虎林市智慧农业综合服务平台，整合相关数据，打破行业和部门限制，消除"数字鸿沟"。通过卫星集合了地理信息、气象、遥感等空间大数据，实现对虎林市土地资源的面积和地力精准监测，展示全市土地资源分布，提供可视化展示、资源管理、生产管理、数据管理等，协助政府提高农业信息化程度，提供辅助决策分析服务，提高整体运营效率，带来稳定、高效、精准的农业辅助决策管理服务。

补强短板弱项，夯实智慧农业产业基础：一是延伸产业链条。以农业大数据应用为战略引领，推进产业组织和商业模式创新，支持各类市场主体发展农业电子商务，延长数字产业链、提升价值链、打造供应链。二是培育产业集群。通过培育发展农业智慧技术创新联盟、产业联盟等，引导推动互联网、大数据、人工智能和实体经济深度融合，带动"互联网＋农业"及衍生的农业服务业向纵深发展，释放数字经济的放大、叠加、倍增作用。三是打造特色品牌。利用数字技术发展生态农业、设施农业、体验农业、定制农业和分享农业等，培育形成一批叫得响、质量优、特色显的农业电商品牌。虎林市建设县级云端中转仓 1 个，乡镇电商综合服务中心 11 个，村邮站 85 个，实现县乡村三级覆盖，推动优质绿色大米"上网触电"。在 40 多个大中城市建立了虎林绿色产品经销处和销售专柜。借助光明农发集团营销网络，虎林大米进入了上海的 530 家便利店和超市，与上海市民实现了"从田间到餐桌"的无缝对接，年供应总量达 20 万 t 以上。八五〇有

机稻香米入选全国"好粮油"产品，华滨公司年销售八五〇大米 10 万 t，销售额 4.2 亿元以上，其中线上依托天猫、聚划算、饿了么、盒马鲜生、拼多多等电商平台，年销售大米 139 万单，近 7 000 t，线上销售额 6 000 万元。

强化人才支撑，提升智慧农业服务能力：一是完善农民数字素养培育体系。整合政府、企业、学校、社会机构等各类资源，面向新型农业经营主体、返乡农民工、留守妇女等群体，加强电子商务、网络直播、普惠金融等方面的培训，培养知农爱农、扎根乡村、懂数字、会经营的新农民。引进了安阳全丰航空植保科技股份有限公司无人机组装合作项目，先后培训优秀飞手 800 多名，完成飞防作业 400 余万亩。与飞鸽传书传媒有限公司（MCN 机构）达成合作，积极培育电商主播 150 余人。二是创新技术服务和培训方式。依托基层农技推广和社会服务组织开展定制化服务，强化软件工具在生产作

业环节中的应用，探索线上授课、搭建夜校平台等多种指导方式，同时鼓励本地科研院所、互联网企业等深入基层开展项目实践。三是壮大智慧农业人才队伍。建立线上"云课堂"、线下培训相结合的人才培训机制，培养造就一批智慧农业领域科技领军人才、智慧农业发展急需的技能型人才和应用型人才，提升在岗人员的专业技术水平，打造多层次、多类型的人才队伍。

➤ 经验效果

多年来，虎林市一直秉承绿色发展理念，立足农民增收、龙头企业发展、合作经济结构优化，以发展智慧农业为重点，用数字化引领驱动农业现代化，推动现代信息技术与示范区农业生产经营深度融合。2020年虎林市获得全国第四批率先基本实现主要农作物生产全程机械化示范市荣誉称号；2021年虎林市获得第二批全国农作物病虫害专业化"统防统治创建县"荣誉称号；2022年获得全国农作物病虫害专业化"统防统治百强县"荣誉称号并成功入选国家农业现代化示范区创建名单。目前，示范区总面积发展到50万亩，下设水稻种植基地、粮食仓储物流区、粮食加工区、米糠油生产区、稻壳热电联产区、综合配套服务区等6个生产功能区。2023年，总产值实现47亿元，占全市农业总产值的35%，园区内农民人均可支配收入达到3.49万元，高出全市农民人均可支配收入30%。

撰稿单位：虎林市农业农村局

撰 稿 人：徐向文

福建省品品香茶业数字农业创新与应用典型案例

➤ 基本情况

福建品品香茶业有限公司创办于1992年，是一家集茶叶种植、加工、销售、科研及白茶文化推广为一体的农业产业化国家级重点龙头企业。公司专注白茶产业，在全国建立品牌专卖店700多家，连续9年白茶全国销量领先，连续8年上缴税收占福鼎茶产业纳税30%以上。公司建有5100亩生态有机茶基地，通过品品香茶产业联合体，链接茶农推进4万多亩茶园实施有机管理，实现茶农每亩年收入超1.5万元。公司设立林振传国家级技能大师工作室、福建省白茶企业工程技术研究中心等平台，拥有授权专利124项（其中发明专利10项），荣获国家知识产权优势企业、农业农村信息化示范基地、福建省政府质量奖等荣誉。并连续多年被评为"中国茶业百强企业"。企业积极履行社会责任，设立"晒白金献爱心"基金、奖教基金等，在产业带动、公益事业、助力教育和乡村振兴方面发挥重要作用。

➤ **主要做法**

1. 实施背景

《中国茶产业十四五发展规划建议（2021—2025 年）》提出，十四五期间，茶产业要平稳运行提质增效，茶叶产能得到有效控制，生产要素配置进一步优化，坚持推进茶叶生产过程工业化、智能化数字化发展，培育智能制造模式。提升茶叶生产性服务，充分运用物联网、5G、大数据等先进技术，打造茶产业智慧种植平台，建立茶园环境监测系统，实现茶产业种植环节的可视化、精细化、规范化管理；健全完善追溯管理与市场准入的衔接机制，以责任主体和流向管理为核心，以扫码入市或追溯凭证为市场准入条件，构建从产地到市场再到茶杯的智慧化质量安全可追溯体系；推动"大数据+"深度融合、开发数据资产潜在价值，发挥数据辅助决策分析的效能，促进茶行业信息化基础设施升级，使数据"资产化"成为行业新动能转换的源泉。

2. 主要内容

建设"天空地"一体化物联网监测系统，主要包括地面物联网监测技术和茶叶本体监测系统。应用多种技术手段，重点配备农业气象、土壤墒情、茶叶生长信息与品质监测等设施设备，形成茶园生态环境及植株本体的软硬件综合监测系统，集成信息融合、神经网络及模糊控制等关键技术，实现茶园面积、布局、长势、病虫害以及环境因子等的自动监测、数据采集。

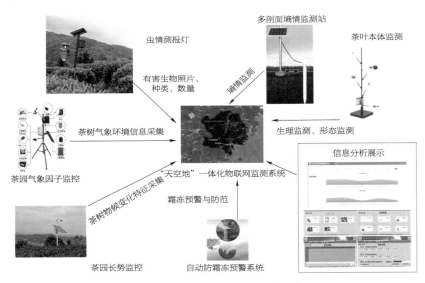

"天空地"一体化物联网监测系统

地面物联网系统是传感器技术、通信传输技术、应用软件开发技术以及电气自动化技术的集成应用，可开展预估、预测等测评计算等工作，其主要实现功能为茶园土壤墒情信息监测、茶园气象环境监测、茶树长势监测、茶园虫情监测、自动化防霜冻及预警。茶叶本体监测系统为生产管理人员合理调控环境及灌溉施肥决策提供可靠的科学依据，还能做到快速、准确、规模化地对茶叶进行无损品质监测以及等级评定，为提高茶叶的经济效益提供帮助。此外，针对茶园特殊地形的特点，配备无人机完成植保工作，无人植保机一次可携带 30 kg 药液，完成 500～800 亩施药，省时省工，效率高、安全，减少药害。建设大数据中心，通过建立恒温恒湿茶样数据库，实现对优质茶树、茶叶质量保证和全程质量可追溯。基于企业生产、加工、销售环节的大数据，提供数据统计汇总、分析茶叶基础信息、生产资料、经营管理等数据，实现茶叶生产、生产预警、产销分析、产量分析等服务，为茶叶种植、加工以及销售提供科学辅助决策。为实现茶叶商品生产标准化，车间配备自动化设备，建有 LED 白茶复式萎凋自动化生产线、白茶自动化精制生产流水线、自动智能化包装生产线，并搭载协作机器人、蜘蛛手、自动化单臂码垛机等，以数字化、智能化设备为驱动，推动福鼎白茶产业高质量发展。

3. 主要技术

项目采用 GIS、边缘计算、大数据、区块链等技术，构建茶园实景管理可视化监测系统，该系统可以自主上传照片，生成虚拟场景，并对实景模型扩展开发，智能设备上图便携标定，显示基地各位置点位进行标注，关联摄像头、传感器、病虫害监测、气象站等设备，而实景模型的传感环境数据协同显示，展示数据实时监测监控信息以及监测数据的历史趋势变化、异常数据提醒，包括在监控画面中同时展示监测的气象墒情数据情况等。与 VR 场景的联动展现茶园面貌，以可视化的形式直观展示基地种植情况、设备分布及环境监测数据概览，将基地各个分区实景集成到一张图上，直观形象地模拟出整个基地实景状况，打造立体式、沉浸式的用户体验。并通过远程监控系统，

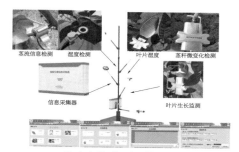

茶叶本体监测系统展示

恒温恒湿茶样数据库

LED 白茶复式萎凋自动化生产线

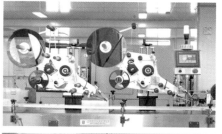

配备协作机器人、蜘蛛手等设备

对种植基地农事操作进行管理，线上可通过茶叶生产全过程数据采集和分析，对茶叶生产全过程进行溯源，并结合茶树编码标签系统，可有效做到预防个别茶农销售不明来源的茶青问题。通过系统巡检记录签约茶农茶园有无使用违规农药情况，对茶叶质量安全做到有效管理，实现从茶树管理、茶叶管理、种植管理、生产管理全程数字化管理。

4. 运营模式

品品香立足产业特点，运用科学手段因地制宜实现发展共赢，提出"企业推动 + 联合体带头"的发展模式让家庭农场从事生产、农民合作社提供服务、龙头企业专注于产品加工流通，以科学管理的方式实现了丰产丰收。构建全新供应链运营管理模式，搭建具有现代化、数字化的管理机制，让参与者之间形成利益共享，在实际的运营中实行"五大统一"管理，即统一工艺技术、统一质量、统一标准、统一管理、统一资金扶持。通过科学推动联合体政策落实，对联合体成员和茶农实行思想意识渗透、资金技术支持、行业标准制定、基础设施改进、质量安全督导以及奖惩制度设立等六大措施。此外，品品香团队还大力推动产学研合作，依托科技项目研究，带动联合体的技术成果转化，引领联合体走向规模化、优质化、标准化的产业发展路线，把促进茶业增收、茶农增收作为工作重心，以市场为导向，培育发展优势特色的福鼎白茶产业，从而进一步提高联合体的茶园种植、管理技术水平。并创新"联农带农"机制，从源头把控食品安全，稳定产业供应链，让茶农尽享产业发展红利，助力乡村振兴，推动福鼎白茶产业高质量发展。

➤ **经验效果**

1. 经济效益

以数字化搭建的创新供应链模式的推广运用，带动农户 5 100 户增收，年收入增长 200% 以上。企业不仅从源头保证了茶叶的质量，稳定了供应链，扩大了销售渠道，还实现了企业内外部的良性循环。自 2019 年以来，在受疫情影响下，企业年均营收以 28% 的速度增长。全国品牌专营店铺设 700 多家，连续多年白茶全国销售领先。项目的推广应用将有效减少种植、生产、经营环节人员投入，提高生产效率，合理安排茶叶产业生产资料投入和生产人员投入，提高资源和人员利用效率。节省人工在 20% 以上，生产资料投入节省 10%，增产 10% 以上，采后商品化处理与贮藏保鲜减少损耗 30% 以上。并将全面提升产业质量安全管理水平。

2. 社会效益

帮助政府解决了茶农就业增收的问题，农民的收入来源稳定且生活质量得到明显改善，从而进一步稳定了农村的社会发展，为振兴乡村起到了积极作用。新增带动农户发展福鼎白茶种植 1.25 万亩，增加当地农民收入，农民增收 5.2% 以上，农业生产标准化和适度规模经营水平明显提升，进一步促进福鼎现代农业的发展，进一步优化福鼎农业产业结构，有效促进农村经济社会的发展和进步。还通过与农户签订订单、合同等形式，与农民结成利益共同体，采取高于市场收购价价格收购原料，还通过提供技术服务，带领农户发展茶叶种植基地建设。

3. 推广应用

本案例通过整合茶叶种植信息、生产经营信息，以提升福鼎白茶产业种植布局优化、生产经营效率提升和品牌建设，实现白茶全产业链茶叶资源可视化管理和产业监管，有利于推动建立福鼎白茶数字农业生产技术规范，构建福鼎白茶技术集成方案与可持续发展机制，在地方起到示范引领作用，建立茶叶产业可看、可用、可复制、可推广的数字农业发展路径，同时实现数据互联互通、共建共享，为政府制定产业政策、加强市场调控等提供支撑，其相关实践对智慧农业建设具有参考借鉴意义。

撰稿单位： 福建省农业信息服务中心，宁德市农业农村局，福鼎市农业农村局，福建品品香茶业有限公司

撰稿人： 陈　婷，念　琳，张双寿，夏　露，徐宝玲

湖北省武汉市蔬菜气雾栽培智能温室典型案例

➤ 基本情况

问津龙丘雾耕现代农业科技示范园，位于新洲区三店街道南桥村，产业园规划面积103亩，计划分3年3期建成，每期建设当年即投入生产。由三店街道竹园村、南桥村同武汉群英智耕农业科技有限公司及武汉气雾栽培专业合作社共建，三店街农业服务中心为技术指导单位。问津龙丘鸟巢智能温室，占地面积3 200 m²，是该农业科技示范园的标志温室，目前是武汉首家规模化气雾智能温室。产业园已完成二期工程并投入生产，原计划建设智能化连栋温室8 500 m²的目标，也扩充到了1.3万 m²。温室里分为立柱栽培区、钢架栽培区、箱式栽培区、梯架栽培区和管道栽培区五大区域。根据规划，该农业科技示范园区融合一二三产业，建成集生产示范、观光科普、休闲采摘、研发推广为一体的雾耕农业综合示范园区，充分利用线上电商平台，线下果蔬采摘体验、观光科普及红色教育等方式，拓展销售渠道，提供更多务工岗位，带动当地农民致富。

➤ 主要做法

在要确保农产品质量安全、应用智慧农业生产技术的农业生产中，气雾栽培技术提供了很好的启发和运用。气雾栽培技术主要依托气雾栽培系统进行种植，系统主要包括栽培系统、营养液供给系统和计算机控制系统。通过物联网和信息技术，由计算机自动控制气雾栽培的营养液供给系统和大棚内的温光水气肥的适宜环境。应用到蔬

菜种植上，作物的根系悬吊生长于高湿度的营养雾环境中，能从环境中获取最充足的氧气，同时，通过弥雾技术又直接获取水份及营养，是供应水、肥、气三因子最直接、最充足、最适宜的方式。蔬菜气雾栽培技术可充分利用空间进行垂直化立体种植，实现节本增效，体现为"五省一优"。一是省水。生产1kg菜叶的用水量仅需露地种植叶菜的1/10。二是省肥。调配1t营养液成本在10元以内，比露地栽培施用化肥成本节约近50%。三是省地。相同面积的同品种的作物，土地可以实现出3倍以上的土地利用率，达到5~7倍；四是省工。通过设备自动化结合气雾栽培技术，可实现1人管理100亩作物种植。五是省电。智能系统通过监测，实行间歇式喷雾方式，每亩一天的用电量仅为3~5kW·h。六是优化环境，污水零排放。营养液循环利用，实行"喷雾—回流—收集—喷雾"闭环系统，气雾栽培充分利用空间进行垂直化立体种植，省水、省

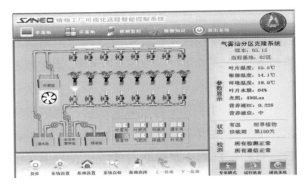

肥、省地、省工、省电，实现原有生态零破坏、零排放、零污染，构建循环型永久耕作模式。气雾栽培除了加快植物生长速度，使农业生产上作物栽培的生长发育进程加快，时间缩短，生物量大大提高外，还有以下诸多优势。

气雾栽培是节水的栽培技术：气雾栽培可以使水的利用率接近100%，气雾栽培中，水是以喷雾的方式供给植物的根系，经雾化集流的水份又经回液管回流至营养液池进行循环利用，气雾栽培与传统土壤栽培相比，省水率可达98%。可以在缺水少雨的地区及水资源极度匮乏的沙漠，淡水紧缺的军事岛屿上生产运用。

气雾栽培是节肥的栽培技术：气雾栽培植物的根系以悬于空中的方式固定，氧气充足，对矿质离子肥料的吸收效率和利用率极高。除了离子的吸收利用率较高外，较之土壤栽培，无环境下的肥水渗漏、土壤固定、微生物分解利用、氨的蒸发损耗发生，循环吸收利用率极高，除了选择吸收剩余的部份矿质离子外，全都参与了植物的

生理代谢，相比土壤栽培，节肥率可达95%以上。

气雾栽培是省药的栽培技术：气雾栽培技术农药可以做到用量最小化或者实现免农药栽培。气雾栽培系统不需要土壤，创造出一个洁净的无土环境，而且是没有有机物的无机环境，病菌及细菌或者昆虫没有滋生的有机营养及藏匿的空间，使病虫害发生的概率大大减小。结合物理的电功能水防治技术，也不会对环境及蔬菜产生任何的化学残留，所以说气雾栽培与土壤栽培相比，农药使用率可以减少99%～100%，是当前世界上生产安全蔬菜食品的先进技术之一。

气雾栽培是一种增产率极高的栽培技术：气雾栽培的增产率极高。气雾栽培一般瓜果类单株增产潜力可提高数倍，甚至有些达到数十倍，而叶菜类也至少可使产量增加45%～75%。在气雾环境中，根系大多是吸收肥水效率极高的不定根根系，是根毛发达的气生根为主，在氧气充足的空气中，它的吸收速度得以最大化发挥，几倍甚至数十倍于土壤栽培或者水培。生长加快后，使生育期缩短，生产的茬数得以增加，通过立体式的塔型种植，综合产量提高率可达5～10倍，节省了土地管理集约高效，气雾培蔬菜平均亩年产量就相当于土壤栽培的5～10倍。

气雾栽培是一种最大化地实施立体种植的技术：气雾栽培不受环境局限，只要有电有水有光照的地方就可以进行，离开土壤种植或者水循环的水栽培后，气雾栽培系统，对于土壤土质的问题就不复存在，可根本性地避免连作障碍的发生。不管是在城镇的空旷水泥地面上，还是没有土壤的沙漠环境和不适生长的盐碱地上，都可以进行植物的栽培，使植物生长的空间及环境得以最大化拓展，以气雾方式供肥供水进行立体式栽培，使空间利用率大大提高。

气雾栽培是一种工厂式的洁净化生产技术：气雾栽培完全做到了种植环境洁净化，没有任何土壤或其他污染发生。根本没有任可污染源及污染物的发生，是未来农业生产中最为洁净的一种先进模式，生产出来的瓜果蔬菜是洁净的无药害的安全食品。

➤ **经验效果**

推广应用情况：气雾栽培具有广阔的市场空间和发展前景，可以大幅度提高生产效率和产品质量，减少人力、肥料、水、及农药的投入，例如虫害控制可减少75%以上、节水效率可达90%，在蔬菜生产中可实现肥料、废物、废液的零外排，是一种可持续循环的农业生产方式，是未来设施栽培的一个主要发展方向。气雾栽培已在地下根茎类、叶菜类、瓜果类、药用植物、乔木类等植物中得到应用，可以有效地促进作物的生长，并促进产量和品质的提高。气雾栽培可用于各种农业生产中植物的高产优质栽培，具有很广泛的市场，同时气雾栽培不受外界环境的制约，可在沙漠、海岛、太空、盐碱地等特殊环境下完成作物的生产。温室运用物联网技术，通过计算机控制系统，调节环境温湿度和营养液的EC值，自动管理温室内空中平管区、地面立管区、地面钢构立架区、地面矩形槽区和地面立柱区等5个栽培分区。分别种植小番茄、意大利生菜、小西瓜、百香果、羊角蜜、冰菜、苦菊、紫甘篮、薯尖等作物。已注册"问津龙丘""问津菜"2个农业品牌。

1. 经济效益

根据鸟巢温室大棚种植情况，通过第一批蔬菜生产管理和销售情况，对该园区生产情况和效益进行分析。叶菜全年可种植8~10茬，实现常年循环供应。通过商业化运营，全年总产值可达到60万~80万元，纯利润可达到40万~60万元。小番茄一年种植2茬，全年总产值可达到近90万元，纯利润可达到80万元。3 200 m² 鸟巢温室大棚全年种植产值可达150万元以上，纯利润120万元以上。

2. 社会效益

园区规划全面建成投产后，可年产蔬菜瓜果1 000 t以上，实现产值400万元以上。可常年用工12人，带动脱贫户22户25人务工增收，带动农民用工50人以上，平均户增收14 000元以上，增加集体经济收入20万元以上。

3. 生态效益

气雾栽培使作物环境得到优化，污水零排放。营养液循环利用，实行"喷雾—回流—收集—喷雾"闭环系统，避免了水肥土流失问题，杜绝了面源污染，实现原有生态零破坏、零排放、零污染，构建立体循环环保节能型种植模式。

撰稿单位： 新洲区三店街农业服务中心，新洲区农业农村局，武汉市农业信息化
　　　　　中心

撰 稿 人： 黄慧军，陶晓凤，吴　杨

湖南省保靖历控智慧园区典型案例

➤ **基本情况**

保靖历控现代农业有限公司目前总资产6 000余万元，主要负责保靖黄金茶产业园区运营，园区基础设施齐全，具有产、学、研功能，有保靖黄金茶博物馆，高标准生产车间、包装车间及仓储物流库等。全自动红绿茶精制生产线，年产能500 t，黑茶生产线年可产5 000 t。

公司在保靖黄金茶产业园区引入湘西州首套自动化绿茶、红茶精制生产线，首个自动化清洁化品牌包装线等产业服务配套设施设备。同时，依据保靖县政府有关保靖黄金茶产业链建设规划，在县茶叶办的指导下，打造湘西地区首个高标准管培智慧茶园、种苗培育设施、县域茶叶检测中心、冷链储运、电商销售、品牌营销策划服务等全产业链服务及示范项目。

> **主要做法**

保靖历控现代农业有限公司是济南历城控股集团有限公司根据济南市历城区委区政府的统一部署和要求，深化贯彻落实中央东西部扶贫协作精神和2020年12月16日《中共中央、国务院关于实现巩固拓展脱贫攻坚成果同乡村振兴有效衔接的意见》文件精神，与保靖瑞兴建设投资有限责任公司合作而成立的一家合资公司。2022年根据结合当地政策及行业发展需要，在园区引入水肥灌溉一体化设施设备及现代化农业大数据中心平台，可实现水肥灌溉一体化现代数据化智能作业，同时现代化农业大数据中心平台的搭建与产品追溯及标准统一有机结合，通过该项建设为本地黄金茶标准体系、质量检测体系、全程追溯体系、服务等体系的建立起到带头作用。

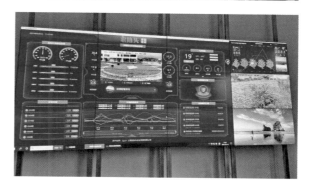

> **经验效果**

1. 项目可持续性

保靖历控现代农业有限公司分析保靖黄金茶产业现状，发挥国企平台优势，找准目标，分三步走，全面助力乡村振兴战略。第一步，以打造保靖县支柱龙头企业为首要任务，通过与初制厂合作，采购毛茶原料，通过红茶、绿茶的精制生产线，提高保靖黄金茶的品质稳定性，塑造保靖黄金茶的形象品牌——历湘茶邦，以销促产，进而保障茶农收益不降低。第二步，立足产业服务，打造保靖黄金茶产业链服务平台，以产业园为中心，建立黄金茶标准体系、等级分拣体系、质量检测体系、云仓服务体系、快递物流体系、全程追溯体系、金融服务体系、直播服务八大体系，促进数字农业新技术、新设施、新业态在农业发展领域的应用和转化。第三步，以产业园为根基，打造保靖县国家级现代农业产业园为目标，实现内部互联、外部串联、多产融合、全域发展，带动保靖县农业产业的全面发展，进而夯实乡村振兴战略的全面实施。

2. 社会效益

通过2022年的经营发展以及智慧园区的引进，目前已带动本地至少500户居民就业，在本阶段的经营和现代化园区建设中公司积极发挥国企优势，在政府的带领下，在产业链整合及平台打造方面积极拓展，目前已成为多家企业的加工及茶叶精选合作伙伴，为茶叶品质的标准统一发挥重要作用及影响。

3. 推广应用价值

通过公司可持续性发展规划目标的实现及落地，带动本地大量居民就业，助力当地税收，在本地产业链的整合、标准制定及统一、地域性品牌建设等方面作出重要贡献。

通过可持续性发展规划的不断落地，立足产业服务，引入现代化设施设备，打造现代化智慧园区，以产业园为中心，建立黄金茶标准体系、质量检测体系、全程追溯体系、服务体系等，促进数字农业新技术、新设施、新业态在农业发展领域的应用和转化。

撰稿单位：保靖历控现代农业有限公司

撰　稿　人：王　磊

湖南省湘西神秘谷智慧园区典型案例

➤　**基本情况**

湘西神秘谷茶业有限责任公司成立于 2020 年 12 月 17 日，是市属国有重点龙头企业。公司自有茶叶示范基地 4 500 亩，其中茶博园的 1 000 亩科技示范基地、矮寨八层坡的 3 500 亩高山有机云雾茶基地，为湘西神秘谷黄金茶高端茶主产地。公司拥有全国领先的全自动、智能化绿茶、红茶生产线，红、绿茶加工车间是四省边区智能化程度最高、产能最大、全封闭式可观光加工车间，日加工能力为 7 000 kg 鲜叶，年加工湘西黄金茶可达 500 t。车间占地 3 500 m^2，建筑面积 7 000 m^2，一层和二层为红茶、绿茶的加工流程线，三层为包装车间和冷冻冷藏仓库以及检验评审区。

公司湘西黄金茶先后获得的荣誉有 2021 "华茗杯"绿茶、红茶产品质量推选活动红茶金奖；2021 "中茶杯"第十一届国际鼎承茶王赛金奖；2021 中国好茶绿茶类评比金奖；2021 第十三届湖南茶业博览会"茶祖神农杯"名优茶红、绿茶金奖；2021 "华茗杯"绿茶、红茶产品质量推选活动优秀奖；2022 第五届"中国创翼"创业创新大赛湘西州选拔赛乡村振兴专项赛特别奖；2022 第十四届湖南茶业博览会"茶祖神农杯"名优茶红、绿茶金奖；2022 湖南茶叶乡村振兴"十佳茶旅融合标杆企业"；2022 "潇湘杯"湖南名优茶评比金奖；2022 湖南省顾客满意度调查满意单位；2023 "中茶杯"第十三届国际鼎承茶王赛金奖；第二十四届中国中部（湖南）农业博览会金奖；2023 第十五届湖南茶业博览会"茶祖神农杯"名优茶红、绿茶金奖；2023 年湘西州农业产业化龙头企业；2024 湘西州百亿茶产业建设先进单位；2024 吉首市诚信经营·放心消费示范单位。

➤ 主要做法

在标准化大生产和产品品质上下工夫。2022年公司引进的绿茶、红茶标准化、智能化加工生产线已投入使用，公司在标准化大生产和产品品质上下工夫。制定企业生产加工标准，制定神秘谷湘西黄金茶系列产品标准及标准样，制定包装及储藏标准，制定冲泡标准等（2022年底公司向湖南省市场监督管理局、湖南省农业农村厅申报的《湘西黄金茶标准化生产示范区》项目已立项）。通过标准化生产和工艺提升，提高和稳定产品品质，同时申请专利或成果1～2项。

在产品研发和产业链条开发上做文章。2023年，公司将在工艺创新、产品研发领域做出新的尝试。利用色选设备进行机采茶的精制、分级；开展湘西黄金茶单芽及直条茶生产；在夏秋茶的生产和综合利用方面，进一步对加工工艺进行探索；开展神秘谷牌湘西黄金茶系列白茶产品研发、生产；在茶食品、茶饮料、茶日化产品端口开展调研。公司在做好传统产品加工生产的同时，进一步延伸产业链条，做好差异化产品创新。

在产品结构和产品包装上上台阶。目前湘西黄金茶市场纷繁杂乱，没有很好的产品定级和包装定级，针对此种现象，公司产品将执行精制和分级，等级划分为精品、特级、一级、二级，并针对每个级别产品推出等级包装，推出"茶王茶""金奖茶""获奖茶"，打造1～2款爆款产品，同时结合当下的消费趋势和消费习惯，生产袋泡茶、

杯泡茶，冷萃茶等；针对茶旅消费市场，研发湘西黄金茶系列旅游产品；同时针对客户需求，开展 VIP 产品定制，不断地丰富产品结构，提升产品的综合效益。

➤ 经验效果

2022 年公司总营业额 300 余万元，2023 年全年产值将突破 1 500 万元，利润率 30%～40%。目前公司的智能加工车间能够带动周边 8 000 余亩的茶园，近 5 000 多名茶农的致富和增收。

撰稿单位：湘西神秘谷茶业有限责任公司
撰 稿 人：石兴贵

广东省中山市脆肉鲩产业园 5G 智慧渔业项目典型案例

➤ 基本情况

中山市嘉华脆肉鲩养殖专业合作社是专业从事脆肉鲩养殖的企业，公司在中山市小榄镇，公司养殖面积达到 500 多亩，年产值达到 5 000 万元，初步实现了养殖集约化和设施化，但离智能化、智慧化还有一定的差距，主要表现在部分环节中还是以人力和经验为主，例如养殖水质需要技术员在每周检测后，人工对检测数据进行分析判断，饵料投喂方式和投饵量也主要依靠技术人员经验来判断，容易造成饵料浪费或不合理投喂引发病害等状况发生。

随着渔业供给侧结构性改革的不断推进，渔业转型升级也越来越紧迫，公司要继续保持加州鲈养殖的领先和示范地位，就必须提高公司养殖智能化和自动化水平，构建加州鲈成鱼养殖渔业大数据平台，建设基于 AI 的智慧渔业平台，依靠智能系统自动抓取数据和挖掘数据，并给出有针对性的指导意见，以及通过物联网设备的预警告警和智能控制的功能，带给养殖管理过程增收节支的效果。减少养殖过程对人力和经验的依赖性，实现精准化控制，让养殖变得更简单、更科学。在小榄镇政府的大力支持下，合作社成为镇上首家"智慧渔业项目"试点养殖场。建成了集电子化、数字化、机械化等技术为一体的创新智慧渔业综合服务平台。通过"小榄镇脆肉鲩产业园智慧渔业云平台"可查看脆肉鲩养殖生产的相关流程，随时掌握鱼塘的含氧量、pH 值和水质水温，就连自动投喂机、增氧机的使用情况也能一览无遗。

➤ 主要做法

1. 实施背景

《数字农业农村发展规划（2019—2025 年）》提出，要加快 5G 网络建设进程，为发展数字农业农村提供有力的政策保障。在"渔业智慧化"方面要推进智慧水产养殖，构建水产养殖生产和管理系统，推进水体环境实时监控、饵料精准投喂、病害监测预警、循环水装备控制、网箱自动升降控制、无人机巡航等数字技术装备普及应用，发展数字渔场。脆肉鲩为中山市小榄镇特色产业，养殖面积 16 469 亩，在册渔业企业共 47 家，亩产 2 050 kg 以上，年单产 3.5 万 t，总产值 10.5 亿元，占全镇农业总产值约 80.04%，从育苗到饲料，已经形成一条上下游成熟、涉及产品丰富的产业链条。但近几年，随着物价与生产成本的不断攀升的，传统养殖模式的局限性也愈发凸显：一是散户各自为政，没有统一标准，难以实现产业的规模化。二是传统养殖模式生产劳动强度大，依靠"看天吃饭""凭经验养殖"模式无法推动生

平台展示

智慧投料机

产效能的进一步提高。三是政府补贴对生产的刺激和拉动作用有限，农企普遍技术人员缺乏，加大了新模式、新技术、新设备的推广难度。2019 年，小榄东升脆肉鲩产业园被列入广东省现代农业产业园建设名单，如何推动脆肉鲩养殖产业升级，实现现代化、高质量发展迫在眉睫。

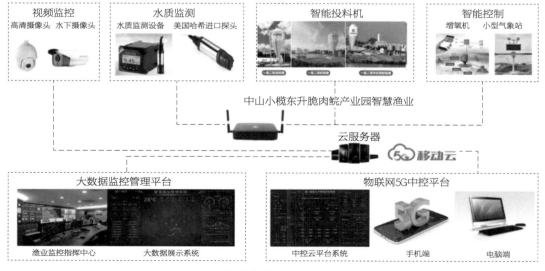

智慧渔业平台架构

2. 主要做法

政策导向，数智驱动：一是建设"5G+智慧渔业系统"，提升生产管理水平。系统以智能养殖为核心，包括"智慧渔业物理网 5G 中控云平台 + 大数据监控管理平台 + 配套手机端 App"，通过云计算、大数据、物联网、智能投喂、智能控制、自动识别、5G 应用等技术，实现智能化投料控制、动态化水质监测、自动化设备控制、精准化生产养殖、数据化预警分析，可视化决策管理，为养殖户提供精准高效的技术支撑。

专项资金引导，促进养殖设备智能化升级：制定《小榄镇东升脆肉鲩产业园数字化智能投料设备奖补实施方案》，下拨专项资金 350 万元，撬动养殖主体资金投入 1 050 万元，大力鼓励先进适用、技术成熟、安全可靠的智能投料设备接入 5G 智慧渔业云平台，加速产业园内的养殖主体生产设备智能化升级改造进程。一是多方参与，合力共建。完善政府引导、市场主导、社会参与的协同推进机制，鼓励农民和新型农业经营主体广泛参与，并发挥本地通信运营商技术力量及市场带动作用，形成多元主体参与的共建格局。二是统筹谋划，有序推进。强化顶层设计，因地制宜，重点突破，分步推进。选择示范性强、敢于尝试创新的实施主体作为智慧渔业首批试点对象，树标杆，以点带面逐步推动脆肉鲩整个产业链的转变发展。首个智慧渔业试点中山市嘉华脆肉鲩养殖专业合作社，是小榄镇内渔业的领头羊，年产值 3 777 万元，被广东省农业农村厅认定为"脆肉鲩标准化示范区"。

➤ 经验效果

"5G 智慧渔业平台"运用 5G 技术，实现了"一屏掌控千亩鱼塘"。天气状况、溶氧量、pH 值、水质水温，监控视频等情况都能实时监控和查看；增氧设备、鱼投料设备等都能实现远程手机控制，节省了塘头工人力成本，极大降低了整体运营成本。

更重要的是，智慧渔业系统将自动投喂设备与鱼塘溶氧、天气、水温等数据结合，用大数据指导生产，改变"主观经验判断""看天吃饭"的养殖方式，解决了过渡投喂，投喂不足等问题。以嘉华脆肉鲩养殖专业合作社实施数据来看，投放 5G 智慧渔业项目后，人力成本、饲料存放成本大幅削减，一年约能节省 30 万元以上开销，同时因为喂养模式的转变，鱼的食量增大，每条鱼每月增重 0.5～1 kg，通过脆肉鲩养殖增重带来的增收非常可观。

据统计，随着产业园及智慧渔业建设初显成效，中山小榄镇脆肉鲩产业园内农民年人均纯收入达到了 32 350 元，比产业园建设前提升了 15.1%。5G 智慧渔业推广后，脆肉鲩鱼塘平均综合节约成本 270 元/t，鱼体增重 3%～5%，带来鱼塘综合收益提升约 20%。高产鱼塘亩产量可达 3 000 kg，小榄脆鲩鱼塘年总产量达 3.5 万 t，提升 9.37%，脆肉鲩鱼塘年总产值超 11 亿元，提高了 8%。

撰稿单位：广州国家现代农业产业科技创新中心，中国移动广东中山分公司
撰 稿 人：陈婉姗，成竺欣，常芹华，龚 伟

广西壮族自治区苍梧六堡茶业智慧茶园典型案例

> **基本情况**

苍梧六堡茶业有限公司成立于 2006 年，坐落于苍梧县六堡镇大中村，主要从事六堡茶苗培育、六堡茶种植加工及销售，是六堡茶行业唯一同时通过中国、欧盟、日本、加拿大四大经济体有机认证的企业。

近 3 年公司通过银行贷款、与农户签订委托经营等方式加大建设规模，同时也获得了苍梧县对公司茶园、苗圃的补助，目前有 1100 多亩茶园、73 亩苗圃基地、客栈餐厅等集观光旅游设施，使公司更顺利发展成为茶叶全产业链企业。公司一直以来无不良违法违规行为，在六堡镇中众所周知信誉良好的企业。生产的多批次六堡茶陆续获得"国饮杯特等奖""中茶杯一等奖"等荣誉，2008 年成为"梧州农业产业化龙头企业"；通过带动六堡各村寨的茶农以茶增收，获得了"梧州市扶贫龙头企业"称号；2012 年获得"广西著名商标"称号；2016 年获得"广西老字号"企业称号；2017 年苍松生态茶园获得"全国 30 家最美茶园"称号；2019 年获得"广西扶贫龙头企业""广西五星级农家乐""优秀茶叶种植大户""香港优质正印"称号；2020 年获得"自治区级农业产业龙头企业""自治区文化产业示范基地""产业发展优秀示范企业"称号；2021 年获得"广西优质认证"和"ISO 9001 认证"。

> **主要做法**

苍梧六堡茶业有限公司 2019 年创建智慧茶园项目，结合物联网、移动通信、云计算以及人工智能等信息技术，运用传感器和软件通过移动平台或者电脑平台对农业生产进行控制，使传统农业更具有"智慧"。项目以"提升苍松六堡茶智慧园区信息化水平、提高农产品质量安全监管能力、建立农产品质量可追溯制度"为重点，从生产源头管控六堡茶质量，实现对六堡茶的生产、加工、仓储全程质量追溯与监管，有效地保障了六堡茶的质量和安全。企业通过视频监控来实际观察生长情况，电脑、控制中心以及手机软件均可以查看，更加直观有效的监管提高了管理水平和效率，实现对苍松企业六堡茶种植过程及每种农业产品的用药、施肥过程都需要经过这个平台进行质量安全检测。有利于完善六堡茶产业链条、使六堡茶产业成为苍梧县名副其实的农业特色产业，实现一二三产业融合发展，带动广大种植户发展生产，最终实现增收致富的目的。

1. 智慧农业平台

综合监测：智慧农业平台针对六堡茶农业生产活动定制开发的智能终端和传感器监控生产过程中各环节的现场环境和相关生长指标信息，通过物联网技术和移动互联网技术接入智慧农业平台，实现农业生产过程的标准化、自动化、精准化管理，后期可以基于大规模历史数据的数据挖掘和智能分析帮助采购人提供更好的决策建议。前端生产现场部署传感器并通过无线网络联网后由网关统一实时与感知信息处理系统进行数据交互；同时农户、农企和普通消费者都能通过互联网随时随地进行农产品信息的管理或查询。通过在农产生产区域部署多种传感器，可以全自动地实时采集与农作物生长相关的重要环境信息，包括光照强度、空气湿度、土壤含水率等数据。

品控溯源系统：系统根据标准化流程记录和规范种植过程中的化肥和农药使用情况，记录农产品各个生长关键时期的生产数据、环境数据、图片和视频等形成农产品档案，归纳出各类农产品生长特性的不同关键节点，实现农产品全程监控，为管理平台和期货平台等上层应用平台提供信息支持和决策服务。

大数据：通过各个终端设备实时采集数据，实现数据规范、采集、分析、存储的可视化，可以在 PC 端、手机端实时分析数据。

监测和自动控制系统：自动控制系统、温室智能控制系统：通过物联网传感系统将种植园区与电商平台有效衔接，在农产品商品详情页中，可以看到农产品种植场地的环境数据、实时视频数据，提升产品美誉度。

2. 互联网专线

智慧园区的通信网络是由大容量、高带宽、高可靠的光网络，具有超强环境感知能力、识别能力的物联网和全园区覆盖的无线宽带网络所组成，为六堡茶智慧园区的应用提供无所不在的网络服务。

3. 茶叶全产业链自动化生产和制造设备

茶叶静电除杂机（茶叶拣梗机）：本项目使用国内领先水平的、已经有研发经历11 年的茶叶静电除杂机，茶叶静电除杂机是精制茶叶生产的专用设备，通过静电吸附的方式剔除茶叶中混入的杂质，如毛发、扫帚毛、茶叶茸毛灰粉、茅草、编织袋丝、塑料碎屑、铁屑等。通过 6～10 个静电辊的吸附，除杂率可高达 90% 以上，生产效率为 300～400 kg/h，大幅度提高了除杂工序的效率，减少人工用量，有效提高了茶叶的品质和茶叶生产企业的经济效益。该机除了可以进行静电除杂外，还可以配置不同规格的筛网进行茶叶的筛分作业，分选出多个等级茶叶，配备结果紧凑简单，维修方便、使用可靠。

立体智能化茶砖成型生产线：使用目前国内最先进 4.0 版本生产线，生产企业为东莞市国威精密机械制造有限公司。其生产的 4.0 产品线应用茶厂应用于湖南省白沙溪茶厂股份有限公司，3.0 产品线应用茶厂用于梧州中茶、安化华莱。本项目使用该公司生产的最先进的 4.0 版本生产线。

➤ 经验效果

智慧茶园项目由中国联合网络通信集团有限公司与丰博信息科技（广州）有限公司制作的"丰博云"智慧农业管理平台系统进行企业茶园种植、茶叶生产加工、物流、仓储、销售为一体的管理系统，通过现代的物联网、智能化、大数据等新科技，让消费者能与茶园亲密接触，让客户更多、更好地了解茶园从种植、采摘至加工生产环节的一系列环节。

将传统茶园升级为智慧茶园，打通茶园从生产、加工、流通的全环节智慧化、智能化，使苍松六堡茶成为桂东地区最具影响力的农业观光和休闲旅游基地，通过基地带动当地农民种植原生态茶园，引导当地贫困户种植优质六堡茶，从而达到致富，带动当地农民增收。2021年6月，公司获得自治区农业农村厅认定为广西农业农村信息化示范基地。

撰稿单位：广西壮族自治区农业信息中心，苍梧六堡茶业有限公司

撰 稿 人：唐秀宋，饶珠阳，黄腾仪，徐柳燕

重庆市黔江猕猴桃智慧园区建设典型案例

➤ 基本情况

重庆三磊田甜农业开发有限公司成立于2010年，是一家专业从事以优质猕猴桃种植为主，兼具脆红李等高端水果研发、推广、冷链物流、销售和深加工的现代农业企业。公司是重庆市农业产业化市级龙头企业、重庆市农业综合开发重点龙头企业、重庆市高新技术企业、重庆市市级现代农业示范园区、重庆市乡村振兴综合实验示范试点、重庆市农产品出口示范基地、全国农产品质量控制技术体系（CAQS-GAP）试点生产经营主体、国家猕猴桃种植标准化示范区、全国"万企帮万村"精准扶贫行动先进民营企业、重庆市脱贫攻坚先进集体。根据黔江种植环境和市场价值，公司主栽猕猴桃品种涵盖红黄绿三大品系，有红阳、红磊、金艳、金磊、翠香、翠玉等多个优良品种。产业链建设方面，主要包括以下几个部分：一是育苗生产中心。公司开展无病毒组培快繁育苗，年生产种苗的能力达到200万株，可为黔江及周边地区提供无病毒优质猕猴桃种苗。二是花粉生产中心。建成西南地区首条花粉生产线，并配套建设了200亩雄株园和中心实验室。三是冷链物流中心。投资4.5亿元，在黔江正阳工业园区，为猕猴桃专属建设了50 000 t冷库的冷链物流中心，其中10 000 t保鲜气调库，配套包装分选车间，实现了猕猴桃采后运输—储藏—加工—交易—配送功能。四是深加工中心。主要研发生产猕猴桃果酒、果醋、果脯、果干、饮料等系列产品，目前正在进行前期市场调研等工作。五是工程技术中心。公司联合中国科学院武汉植物园、四川省农业科学院、四川农业大学、重庆文理学院等单位组建了猕猴桃工程技术研究中心，同时成立了重庆市猕猴桃科技专家大院，外聘国内猕猴桃专家18人，并配套中心实验室，为黔江猕猴桃产业发展提供技术支撑。六是物联网智能管理中心。利用"互联网＋农业"智慧化管理系统，实现了覆盖农作物种植全过程的环境监测、视

频监控和决策预警，为种植管理提供全方位、一体化的综合性智能化管理服务。

➤ **主要做法**

1. 实施背景

实施乡村振兴战略，是以习近平同志为核心的党中央从党和国家事业全局出发、顺应亿万农民对美好生活的向往作出的重大决策部署，是全面建设社会主义现代化国家的重大历史任务，是中国特色社会主义进入新时代做好"三农"工作的总抓手。农业产业数字化、智能化是现代农业高效发展的重要抓手，将有力促进农业农村优先发展，推动乡村全面振兴。智慧农业作为农业产业建设不可或缺的一环，是农业生产的高级阶段，是集新兴的互联网、移动互联网、云计算和物联网技术为一体，依托部署在农业生产现场的各种传感节点（环境温湿度、土壤水分、二氧化碳、图

像等）和无线通信网络实现农业生产环境的智能感知、智能预警、智能决策、智能分析、专家在线指导，为农业生产提供精准化种植、可视化管理、智能化决策。智慧农业充分应用现代信息技术成果，集成应用计算机与网络技术、物联网技术、音视频技术、3S技术、无线通信技术及专家智慧与知识，实现农业可视化远程诊断、远程控制、灾变预警等智能管理。"智慧农业"与现代生物技术、种植技术等科学技术融合于一体，解决了传统农业技术壁垒，降低了农业人力成本投入，提升了农业产业产量与质量，对现代农业建设发展具有重要意义。

2. 主要内容

黔江猕猴桃物联网平台主要由3部分组成，即猕猴桃物联网+农业系统建设项目、猕猴桃质量追溯体系建设项目和猕猴桃全自动水肥一体化系统项目。

猕猴桃互联网+农业建设项目："互联网+农业"系统主要从展示和管理两个方面展开，实现了覆盖农作物种植全过程的环境监测、视频监控和决策预警，为种植管理提供全方位、一体化的综合性管理服务。

猕猴桃质量追溯体系建设项目：在仰头山现代农业产业园范围内建设质量追溯体系1套，质量追溯体系主要为软件系统工程，系统采用二维码技术对产品的生产等环节实施全程监控与可追溯，对园区基地的生产加工档案信息、质量检测信息、产地信

息和产品信息进行统一编码，将码段分配给相应的基地，以二维条形码为信息承载体，为园区农产品设置溯源标识，消费者通过网站、公众号等媒体终端可直接输入溯源条码查询农产品的质量安全信息，质量安全监管部门也可以通过溯源条码直接对该产品的生产加工过程进行信息溯源。

猕猴桃全自动水肥一体化系统项目：项目覆盖了仰头山现代农业产业园和新华乡猕猴桃园区，覆盖面积达 8 500 亩。本系统主要利用重庆独特山地地形，通过无动能、高差自压方式，运用首部枢纽系统以输水管网形式，结合智能 App 实现猕猴桃园区远程水和肥的喷灌控制，着重解决了猕猴桃树体水分和营养高效精准供给，降低了人工成本，大大提高了水资源利用率。

3. 主要技术

"互联网 + 农业"系统主要包括基地网络覆盖系统、可视化基础系统、物联网以及气象环境检测设备。一是基地网络覆盖系统，通过基础数据的收集与搭建，可实现软件系统涵盖整个种植基地。二是网络覆盖系统主要体现为智慧农业云平台软件系统模块，如平台数据中心、物联网软件系统、管理中心系统等。三是可视化基础系统，主要包括网络覆盖光纤及无线和监控设备。硬件设备主要为含网络高清视频摄像头、NVR 录像设备、网络设备、监控立杆、操作台设备，以及配套电线电缆。高清网络摄像头根据实际基地分布情况进行布设，要求摄像距离全覆盖。四是物联网以及气象环境检测设备，包括智能环境数据采集设备、小型气象站设备、控制及网络通信设备。主要硬件设备为土壤温湿度传感器、土壤 pH 值传感器、光照度传感器、空气温湿度传感器等智能环境数据采集系统、物联网模块、LED 显示屏、网络系统以及配套电气控制系统。

猕猴桃质量追溯体系建设主要分为硬件系统和软件系统。其中，硬件系统主要为猕猴桃农残监测硬件，硬件设备主要有农药残留速测仪、二维码溯源打印机以及追溯一体机等。软件系统主要为质量追溯体系、智慧农业大数据服务平台、智慧农业信息化平台门户以及质量追溯体系微信端。软件系统主要用于信息的收集与整理，例如企业介绍、品牌介绍、生产溯源、生长参数等基础数据的收纳；还有后台管理、检测机构管理、产品二维码管理、中间件系统以及农业大数据物联网数据汇总分析等；同时进行新闻资讯、农技服务、行业动态等信息化资料展示，追溯体系匹配微信客户端展示农产品农事信息、生长信息、实时图片、实时视频、第三方监测机构认定信息、产地信息、产品介绍等。

猕猴桃全自动水肥一体化系统主要由 3 部分组成，一是首部枢纽工程。根据实际地形，建设首部枢纽系统，其中包含智慧水肥一体机、多段压力变频控制柜等多种智能控制设备和物联网云管控平台，安装了手动反冲洗叠片过滤器、免电源比例注肥加药泵等。二是田间灌溉系统，安装微喷套装和 LDPE 管等。三是输水管网系统，安装热熔焊接 PE 管，含 110、90、63 直径的管道。

4. 运营模式

黔江猕猴桃智慧果园由重庆三磊田甜农业开发有限公司投资建设，具体实施单位为科技研发公司。主要运营模式由三磊田甜公司建立独立完善运行机制，指派生产部专业技术人员进行日常管理维护和相关数据更新，科技研发公司定期组织人员对系统进行培训及相关系统技术维护，持续推进猕猴桃智慧果园获取精准、高效使用、效果突出，有效保障猕猴桃智慧果园高质量运营。

➤ 经验效果

1. 经济效益

通过"互联网 + 农业"系统、质量追溯体系建设、全自动水肥一体化的内容建设，做大做强主导产业，促进现代要素集聚，推进适度规模经营，进一步保障农产品优质、丰产；促进区内农业产业化、现代化，从而提升区农副产品的品牌价值和规模效益；通过引进"互联网 + 农业"系统、质量追溯体系系统和全自动水肥一体化系统等现代化农业技术，提高单位面积产值，仰头山现代农业产业园猕猴桃种植基地每亩产值可由原来的 12 000 元提升至 15 600 元，即每亩产值新增 30%。

2. 社会效益

项目实施后，培养了一批新型职业农民，掌握现代农业实用技术；通过现代农业园区的升级改造，展示现代农业的魅力，带动农民、大学生进行猕猴桃产业的创业创新，壮大黔江猕猴桃的发展。同时，项目的建设提升了黔江猕猴桃的品牌影响力和知名度，助推了产业的健康高质量发展。

3. 推广应用

黔江猕猴桃物联网平台覆盖了面积达 7 300 亩，系统通过智能环境数据采集设备、小型气象站设备、控制及网络通信设备，对土壤温湿度、土壤 pH 值光照度、空气温湿度进行全面精准数据采集，在进行数据归集分析，实现了对黔江猕猴桃种植全过程的高效精准控制，对农业精细化管理起到了关键性技术提升；同时，质量追溯平台的建立使消费者买得开心、吃得放心，推动黔江猕猴桃品牌健康高效发展。猕猴桃全自动水肥一体化系统应用以来，着力解决了猕猴桃园区水源供给和高效施肥问题，实现节水 30% ～ 50%、节肥 30% ～ 60%，水和肥利用率达到 90%。项目在仰头山现代农业产业园成功实施后，先后接待了 50 余批次国、市、区各级领导及相关产业单位的观摩考察，相关产业单位均参照我司物联网平台进行智慧农业建设，平台技术应用推广效果显著，对农业信息化、数字化起到了积极推动作用。

撰稿单位：重庆黔江区农业农村委员会

撰 稿 人：杨广群

陕西省鑫诚现代智慧农业园区典型案例

➤ **基本情况**

陕西省咸阳市鑫诚现代农业园区始建于 2013 年，占地面积 500 亩，总投资 1.2 亿元，是一家集种植、研发、销售、仓储、文旅为一体的综合性现代农业园区。每年有 300 t 叶茎菜、100 t 番茄等销售订单，在新阳光市场有 230 m² 的代办收购点，在咸阳及西安周边带动发展蔬菜 2 000 余亩，为全国 6 个地区 14 个大中小城市常年通过发散代办的形式提供优质蔬菜。园区通过聘请农业种植专家授课，使合作社成员及周边农民的蔬菜品质得到大幅度提升，连通了新疆、甘肃、山西等城市销售渠道，并与人人乐、爱家、永辉等超市签订购销订单，增加了当地群众的收入，坚定了他们长期从事农业生产的信心，一跃成为咸阳市重点农业综合类企业。目前，园区是陕西省内农业创新研发的技术先导企业，也是智慧农业的驱动型企业，拥有全市最先进的现代化农业生产设备和强劲的新品种研发创新能力，园区推出"菜生缘"牌无公害蔬菜系列总产值达 4.5 亿元，为全市蔬菜产业快速发展作出了应有的贡献。

➤ **主要做法**

1. 主要内容

园区建设主要有三大板块（智能温室版块、智慧农业板块、农业大数据板块），四大功能区（智能化育苗区、绿色蔬菜种植区、新品种试验区、农耕文化研学区）。农耕文化研学区，整合教育、农业、医疗、保险等社会力量，年接待劳动教育研学达 15 万人次。智能温室育苗区占地 10 亩，育苗面积共计 6 000 m²，为高科技全智能化温室，年育苗量 2 400 万株，可为 45 000 亩蔬菜生产提供种苗。绿色蔬菜种植区占地 40 亩，全程采用绿色生产集成技术，实现真正优质绿色生产。把产前、产中、产后统一为一体的全程绿色高效标准化生产技术，实现蔬菜绿色生产的全程管控。新品种试验区占地 30 亩 17 000 m²，园区每年从国内外引进多个蔬菜新品种进行栽培实验，每年筛选 2～3 个高产、抗病性好的蔬菜品种进行推广，提高蔬菜种植户收益。露地蔬菜种植实验区 80 亩，用来进行西北地区适种蔬菜品种种植实验。农耕文化体验区占地 30 亩 20 000 m²，青少年农耕体验实训中心占地 20 亩 13 000 m²。

2. 主要技术

运用智能化设施，助推蔬菜种植智能化：设施农业解决了冬季蔬菜种植难的问题，将物联网技术应用到蔬菜日光温室种植中，其智能化和科技化的特性可以使园区对大棚的控制更加高效和精准，技术人员可以对多个大棚的环境进行监测控制和智能管理，确保农作物有一个良好的、适宜的生长环境，达到增产、改善品质、调节生长周期、提高经济效益的目的，进而实现园区生产集约、高产、优质、高效、生态和安全的目标。

实施大数据应用，助推蔬菜种植现代化：充分运用物联网技术对园区 500 亩范围内的大田、大棚进行大数据分析，通过实时视频监控、设备控制，收集、管理和分析海量数据，通过平台可视化管理模式，综合展现和分析园区水肥一体化数据、土壤墒情数据、气象环境数据、水质数据、面源污染数据、病害虫害数据、异常自然灾害预警，使园区达到智能种植、智能灌溉、智能监管、智能采收全过程现代化。

强化运营模式，助推蔬菜种植标准化：园区建立农业数据网络中心，负责数据汇总、数据存储、数据分析。借助科技手段对不同的农业生产对象实施精准化操作，在满足作物生长需要的同时，保障资源节约又避免环境污染。通过智能化设备对土壤、大气环境、水环境状况实时动态监控，使蔬菜种植符合农业生产环境标准。按照生产各个环节技术标准和规范要求，通过数据采集和技术分析，针对不同品种不同生长期进行智能化、标准化生产，保障农产品品质统一。

加强农业科技投入，助推蔬菜种植科技化：园区借助地域资源优势，以智慧农业、农业新技术、特色农业为主题，积极吸纳省（市）农业专家、"三五人才"、县管拔尖人才、科技特派员等人才，组成园区技术力量，不定期赴山东寿光等地进行观摩学习，"走出去，引进来"，打造出一支知识型、技能型、创新型农业科技者大军。先后举办各类农技培训 16 期，累计培训初、中级蔬菜种植专业人才 550 人次，农业实用技术 350 人次，自主创业 130 人次。受秦都区农校委托落实阳光工程培训

鑫诚现代农业蔬菜成长监控中心

带动周边农户前来学习蔬菜种植技术

通过土壤干湿度传感器检测种植的冰激淋萝卜

为农户演示讲解技术要领

鑫诚现代农业农耕文化农具参观学习的农教园

650 人次，为园区提供强有力的人才保障和技术支撑，助推蔬菜种植科技化。

加强示范带动，助推蔬菜种植效益化：园区充分利用自然资源优势，探索和总结出了番茄、西蓝花、西芹、黄金白菜、芥兰高产栽培技术规范，为加快蔬菜品种更新换代，增加经济效益提供科学依据。项目通过实验研究及示范培训，带动周边农户 40 余户分别种植西芹、西蓝花、番茄等 1 000 余亩，以科技促生产，发挥科技示范和辐射带动作用。为做大做强蔬菜产业，打造咸阳市蔬菜生产基地规模化、技术标准化、产业质量无害化、销售品牌化的格局打下了良好的基础。

➤ 经验效果

通过智慧农业技术的应用，蔬菜高效高产栽培、水肥一体化、温室环境综合调控、病虫害综合防治技术的推广和示范，园区在蔬菜种植方面取得了长足发展，在咸阳及西安周边带动发展设施蔬菜种植 4 000 余亩，推动了当地设施农业持续快速高效发展。下一步，园区将会总结提炼智慧化生产模式，按照"合作社 + 基地 + 农户"的组织方式，积极推广智慧农业生产方式，因地制宜发展绿色有机蔬菜种植产业，逐步扩大种植规模，推动蔬菜产业现代化发展。

撰稿单位：咸阳市秦都区鑫诚蔬菜种植专业合作社

撰 稿 人：武军社

山东省青岛市瑞源中仓海青智慧农业示范园典型案例

➤ 基本情况

中仓农业科技发展有限公司成立于 2019 年，是瑞源控股集团投资成立的致力于"振兴乡村、产业带动"的农业全产业链企业。"瑞源中仓海青智慧农业示范园"（智慧园区类）总投资 6 000 万元，由（瑞源控股集团）中仓农业科技发展有限公司牵头与战略合作单位青岛农业大学合作，发挥瑞源控股集团下属子公司青岛文达通科技股份有限公司多产业联动优势，共同组成"产学研用"协同创新应用共同体，聚力打造集农业"一产育苗种植 + 二产生产加工 + 三产文旅研学"于一体的全产业链平台，推进订单农业和产供销一体化，并对外进行智慧农业定制化输出，促进"政府 + 龙头企业 + 农户"落地实施，成为青岛西海岸新区"政企联合、同兴共富"的示范标杆。示范园建设过程中突出产业优势，强化联动、深度合作，将物联网、大数据、人工智能等新一代信息技术深度应用到农业农村生产、经营、管理和服务等各环节各领域中，推动信息技术与农业农村深度融合，促进农业智慧化转型和发展。其中，中仓农业致力于"振兴乡村、产业带动"的农业全产业链，促进农村一二三产业融合，聚焦产业、平台、品牌，其"公司＋合作社＋农户"的业务模式，借助青岛农业大学技术资源优势，为基地农产品产销提供可行的实践模式；文达通股份为基地种植和管理提供数据监测服务和智慧示范基地为高效农业示范基地建设、农业标准生产体系建设、产供销全产业链建设提供科技赋能，实现"方寸屏幕"掌控"千亩良田"。

探索供应链服务模式，以自有基地种植、合作订单种植、优势产地直采等方式，聚焦机关单位、教育系统、医疗系统、部队保障、规上企业、社区新零售等重点客户，通过数字化赋能仓储物流体系、全过程溯源系统等手段，打通供应链环节，实现农产品"从地头到桌头"直供，稳定生鲜农产品供应价格，保障城市供应，打造安全可靠的农产品供应链。

➤ **主要做法**

1.实施背景

2024 年中央一号文件提出推进中国式现代化，必须坚持不懈夯实农

业基础，推进乡村全面振兴。"瑞源中仓海青智慧农业示范园"（智慧园区类）以"振

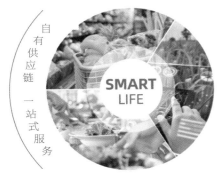

- 自有基地+生产加工
- 大客户业务全渠道把控
- 全智能供应链管理系统
- 专业仓储空间配置
- 自有车队统一调控

质检　分拣　仓储　销售　配送　客户

兴乡村、政企联合、产业带动、智慧农业、同兴共富、示范带头"为核心宗旨,深度开展智慧农业信息化建设。

2.主要内容

基于数字孪生技术的"物联网＋农业"赋能种植技术:示范基地采用数字孪生技术搭建真实建模场景,用以实时查看园区信息。通过"物联网＋农业"赋能种植,实现"方寸屏幕"掌控"千亩良田"。"物联网＋农业"赋能种植技术实现了每个种植棚作物的生长画面、大气数据和土壤氮磷钾含量情况等数据会一一上传到"智慧农业管控一体化平台",如果温度、湿度等指标超出正常范围,同样会在智慧农业管理屏幕进行预警提示,通过系统分析结果优化水肥一体配置及设施大棚温湿度控制,让农业种植有效规避病虫害,提高作物产量与品质,真正解决农业"靠天吃饭"的问题,打破农业投资成本高、回报周期长、收益见效慢的困局。

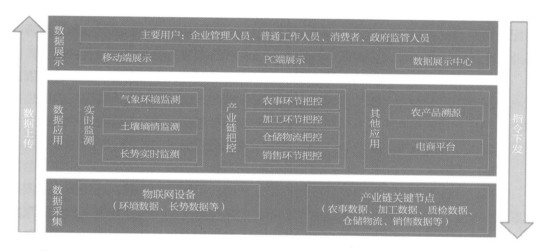

基于大数据技术的全产业链管控一体化平台:"智慧农业全产业链管控一体化平台"是文达通股份公司自主研发、多方共建的全产业监测管控平台,是信息化与农业生产深度融合的产物,是建设现代农业园区的智慧方案,由基础数据仓库搭建、物联监测管理子系统、农事生产质检管理子系统、产品溯源管理子系统、智能移动端管理子系统、数据驾驶舱管理子系统、基础支撑子系统、水肥一体化系统等平台建设和气象土壤物联网监测、作物长势、智慧农业集成应用模块等组成。通过智慧赋能,实现对传统农业的产业创新、业态创新、模式创新,最终实现智能化管理。

园区生产一张图:包括生产区域、农事情况、销售情况、流通概况等核心模块。其中,生产区域运用可视化技术对生产区域进行片区划分,展现各生产地块的生产状况信息;农事情况结合农业智慧生产管理系统,采集各块地农事作业信息,实时监测农事作业效果;销售情况可通过对企业销售数据进行可视化展示,展现农产品销售概览,为精准营销提供数据支持;流通概况由接入农产品流通物流数据,展现农产品流通路径,为精准营销提供区域分析。

动态监测一张网：包括大气环境监测、土壤环境监测、病虫害监测、监测预警等核心模块。其中，大气环境监测运用传感器网络实时采集农业生产过程中的温度、湿度、光照、CO_2、光照等数值；土壤环境监测运用物联网土壤监测设备监测土壤中 EC、pH、温湿度、氮磷钾等数值；病虫害监测运用病虫害监测设备，可捕捉识别地块内的病虫害现状；监测预警汇集监测数据，生产地块环境数据档案，对环境数值异常的地块，可自动预警。

➤ 经验效果

1. 经济效益

示范基地为高效农业示范基地建设、农业标准生产体系建设、产供销一体化全产业链建设提供科技赋能，打造特色模式，培育特色品牌，目前已在河北、山东等地洽谈复制输出模式。成熟的经营模式吸引了大量就业，包括信息技术人才和周边农民，基地建成以来，发挥产业资源优势，带动上下游协同发展，目前已带动了当地 100 余家配套商共同发展，2022 年配套资金达到 3 亿元，为社会提供了新的就业机会，带动就业上千人，缓解了社会就业压力，促进当地经济的发展，具有良好的社会效益。此外，科学的生产经营模式，精准且合理用水、用肥，利用农作物茎叶、秸秆等回收生产有机肥等措施，避免了水资源浪费和施肥过量对环境造成的污染，实现了农业生产废弃物循环利用，推动资源永续利用和农业可持续发展。生态压力减轻的同时也为消费者送去更绿色更健康的农产品。

2. 推广应用

目前，依托智慧农业，公司已经建立出成熟的社区新零售模式，这一模式强调了互联网时代下，利用大数据、人工智能等相关信息技术，线上服务与线下体验的深度融合。新零售模式的提出及应用是实体零售行业转型的必然结果。未来，在"互联网+"等技术的支持下，农业与现代技术的有机结合，将进一步打造特色的农产品零售模式，加快面向全国推进"从地头到桌头"的新零售模式，在确保粮食安全，拓宽农民增收致富渠道，促进一二三产业融合发展，加快建设农业强国，建设宜居宜业和美乡村，构筑"智慧 + 社区新零售"的智慧生活生态圈等方面取得突出成效，并形成典型服务新模式。

撰稿单位：青岛市智慧乡村发展服务中心，中仓农业科技发展有限公司

撰 稿 人：宋淑慧，刘萌萌，巩立锋，王小琪

第六部分

/

智慧服务

北京市打造全国产化设施农业智能装备技术服务体系，赋能设施农业高效发展优秀案例

➤ **基本情况**

北京市数字农业农村促进中心（以下简称中心）是北京市农业农村局直属全额拨款事业单位，主要承担了北京市数字农业的发展促进和智慧乡村的建设推广工作。近年来，中心立足北京市以发展设施农业为主导产业的战略定位，应用推广了一批新型农业物联网关键技术和智能装备，统一了全市物联网监测设备技术要求，建设了汇聚全市设施农业不同类型数据的信息平台，提升了设施农业数字化管理与服务水平，探索了基于图像识别技术的北京市设施温室动态监测研究，充分发挥了农业物联网、大数据、人工智能等先进软硬件信息技术的赋能效应，为北京市设施农业产业高质量发展提供了保障。

北京天创金农科技有限公司（以下简称天创金农）是中国领先的数字设施农业解决方案提供商，是国家级高新技术企业、瞪羚企业、北京市"专精特新"中小企业，通过ISO 9001、ISO 14001、ISO 45001等国际标准认定，已申请并获得百余项自主知识产权，公司旗下日光温室智能环境控制技术、日光温室新一代智能传感器技术、温室智能控制终端产品等荣获农业农村部"数字农业农村新技术新产品新模式推介优秀名单"。目前已在中国北方地区建立了完整的设施农业智能化应用服务网络，智能化服务覆盖设施温室超过5万栋，并在北京建设和运营了国家数字设施农业创新应用基地。

➤ **主要做法**

中心联合天创金农，充分发挥物联网、大数据、图像识别等先进信息技术对传统设施农业监管与服务的赋能效应，研发了1套完善的设施温室物联网智能控制技术体系，概括为"一批智能装备 + 智能控制终端 + 远程控制系统 + 专家控制模型"。通过新一代环境传感器监测的设施环境数值，结合专家控制模型的预设阈值，智能控制终端可集中联动控制设施温室中的卷膜通风、卷被、灌溉、补光、二氧化碳发生等各类智能装备，可实现基本脱离人工值守的设施环境（温、光、水、气、肥等）智能化控制，为作物生产提供最佳的生长环境，有效提升设施农业生产的效能和产品品质。

设施温室环境智能监测应用：研发了适宜于设施农业的高集成、高精度、低功耗、低成本的新型物联网监测装备，可实现7个参数的一体化采集，设备尺寸较传统采集设备缩小50%，功耗降低75%，成本降低10%，目前该设备已在北京市通州、大兴、昌平、平谷、密云等9个涉农区大范围推广应用，构建了北京市设施动态监测网络，实现设施农业大数据"全息感知"。基于设备实时采集的图像数据，开展了设施图像智能识别研究，构建设施大棚生产状态识别模型和作物品种识别模型等，可智能识别种植、休耕、撂荒、大棚房等设施状态和种植作物品种。已在北京市推广应用1.97万套，覆盖

北京市设施面积 5.7 万亩，覆盖率达到 35%，日均产生温室图像数据达到 3.9 万张。

设施生产环境智能调控应用：自主研发了设施农业智能化控制中枢和设施农业智能化控制设备，包括智能卷膜通风、智能卷被控制、智能降温控制、水肥智能灌溉控制、智能采收称重等设备，通过嵌入式操作系统、多路通信接口和标准的通信协议、指令集，应用设施农业智能化管理平台，智能化调控设施环境，打造高效能智能园区，大大节省人力成本、降低劳动强度、提高工作效率。已在北京市服务设施农业园区 100 余家，普遍提高设施增产约 10%，节药节肥约 50%，节省人工约 33%，显著提高了设施园区生产智能化水平和综合管理水平。

设施农业园区数字化管理平台应用：为设施生产主体提供数字农场、生产种植、监测控制、产销管理、质量管理、农资管理等服务，结合 30 余种作物生长标准化模型和图像识别模型，集成农业设施智能控制和病虫害预警系统等，实现设施蔬菜生产的标准化和智能化，促进园区农产品产量的提升和品质的提高，已在北京市 11 个涉农区近 400 家设施农业园区开展了系统的推广应用和数字化服务。

连栋温室全国产化智能装备集成应用：在北京市朝阳区国家数字设施农业创新应用基地，开展了工厂化育苗、温室环境调控、水肥灌溉、生产管理、质量追溯、采收加工等全环节的信息技术集成应用，提升设施农业信息技术应用能力，劳动生产率提高约 56%，单位面积产量提升约 27%，节约灌溉用水约 20%，采后商品化率提高 13%。打造北京市首个全国产化智能装备集成应用的连栋温室，并在日光温室、柔性温室等多种类

温室环境智能监测设备

连栋温室环境智能控制设备

环境智能控制模型

农业农村部副部长张兴旺莅临园区调研指导

型设施温室中进行智能化应用示范。同时，遵循智能化管理、标准化经营、示范式发展的模式，将园区打造成集农、文、教、旅于一体的都市科技农业示范园区，形成北京市都市型现代农业新名片。

➤ 经验效果

1. 经济效益

通过设施智能化技术产品的推广，主要通过增产、提升品质和节省成本等方面为用户创造经济价值，创造的经济价值合计约 5.49 亿元，其中带动产量提升创造经济价值约 6 693 万元，优品优价率提升创造经济价值约 34 590 元，降低成本所创造经济价值约 13 648 万元。在"十四五"期间实现北京市设施面积的全覆盖后，预计每年可创造经济效益达到 60 亿元。

2. 社会效益

通过将数字化与设施农业生产的深度融合，将智能感知、智能分析、智能控制等数字技术向设施农业产业渗透，形成可复制、可推广的全国产化连栋温室和智能日光温室样本，为应对设施农业智能装备技术"卡脖子"风险提供了重要支撑保障。同时，推动了物联网、大数据、云计算等技术在北京设施农业领域的应用，为政府决策分析提供服务，有助于主管部门精确掌握生产一线动态，随时摸清生产空间资源底牌，实时掌握生产空间资源变化、资源利用等动态数据，为全市设施农业监管提供动态化、透明化的数据支撑，助力乡村振兴发展。

3. 对农业信息化数字化的促进作用

构建了全国产化连栋温室智能装备应用模式：目前北京市高效设施设备和技术体系受制于国外，市领导多次提出要打破设施农业科技卡脖子问题，本市大兴宏福、密云极星等高效设施均为整套引进荷兰模式。通过联合国家农业信息化工程技术研究中心、北京市农业技术推广部门等国内领先技术力量，实现国产化物联网、云计算、数据处理、AI 控制等技术的落地集成应用，打破了设施农业科技卡脖子问题，打造了国产化智能化生产集成应用体系，并获得了农业农村部主管领导的充分认可。

打造了设施农业全产业链数字化服务模式：在生产端，创新性地研发 30 余种作物生长标准化模型和图像识别模型，集成农业设施智能控制和病虫害预警系统等，随时监控种植作物的各个生长阶段，帮助北京市 400 多家农业园区进行生产过程标准化。在消费端，实现从产地到客户、从农田到餐桌全链条的质量追溯的支撑，帮助企业实现质量的监管和追溯服务。通过质量安全追溯和食用农产品数字合格证，为 100 多家农业园区实现品牌塑造和质量监管。在监管端，为北京市设施农业产业智慧监管和服务体系提供技术支撑，采集产业、产品、质量、产量等数据，运用大数据分析整理，帮助政府实现数据化的管理和服务。

撰稿单位：北京市数字农业农村促进中心，北京天创金农科技有限公司

撰 稿 人：张辉鑫，唐　朝，潘志强，王建高，刘超超

河北省保定市农药兽药包装废弃物押金制回收体系建设优秀案例

➤ **基本情况**

保定市农业农村局为市政府工作部门，机构规格为正县级。负责全市种植业、畜牧业、渔业、农垦、农业机械化等农业各产业的监督管理，指导粮、棉、油、菜、水果、肉、蛋、奶、蜜、渔等农产品生产；负责全市农产品质量安全监督管理，负责有关农业生产资料和农业投入品的监督管理等工作；拟定全市农业环境、生态农业、循环农业政策建议、规划和年度计划，并组织实施；组织指导农业废弃物综合利用工作。指导服务承担农业环境污染突发事件应急管理工作。

➤ **主要做法**

1. 实施背景

保定市共有 22 个县（市、区），285 个乡镇，粮食作物种植面积 1005.5 万亩，主要作物种类有小麦、玉米、红薯、土豆、花生等。全市年农药使用总量约 3 000 t，保守估计约产生农药包装废弃物 200 t，本项目推广之前，只有 5% 的农药包装废弃物被回收，其余大部分被丢弃或被当作生活垃圾随意处置，严重污染水源、土壤，对人的健康造成潜在危害。2020 年 10 月，由农业农村部、生态环境部联合印发的《农药包装废弃物回收处理管理办法》正式实施，对农药包装废弃物的回收、贮存、运输、处置和资源化利用等进行了规定，进一步明确了农药生产者、经营者的回收义务。为彻底解决保定市农药兽药包装废弃物回收问题，2020 年，通过深入调研和实地考察，经保定市政府同意，开始推广农药兽药包装废弃物押金制回收处置机制。

2. 主要内容

搭建市—县两级实时监控平台，形成农药兽药"进—销—回—处"闭环，构建押金回收、追溯系统、智能硬件、宣传服务、运营团队五位一体架构。

"一套押金回收模式"：通过押金制回收模式，激励农药使用者、农药销售者等多方主体积极主动地参与回收，达到农药包装废弃物的高效、低成本回收。

"一套可追溯信息化系统"：通过智能化信息采集和分析，可实现从农药销售、使用到包装回收、转运至最终处理全流程追溯，实现对农药包装从销售到处理的全生命周期监控、溯源，确保回收的农药包装全部进入安全的处理渠道；建立 1 套两级（市级、县级）监管网络，实现各县（市、区）的独立管理和操作，从上而下进行逐级监管、追溯，最终实现农药包装回收管理工作的标准化、精细化和智能化，数据分析结果为管理决策提供科学有效的依据。

"一套智能化硬件设备"：包括监控设备、自助回收设备、自动计数设备、手持终

端、压缩设备及在现有设备中加装的
智能模块，可有效减少人力投入，加
强各环节监控，提升回收工作效率、
降低回收成本。

"一套定制化的宣传服务"：多
种形式地开展宣传活动，让参与主体
（农药使用者、销售者、管理人员等）
了解农药包装废弃物危害，积极配合
农药包装回收工作开展；全周期提供
优质的属地化整体宣传服务方案，使
服务覆盖各乡（镇）村的农药经营门
店及农药使用者等，宣传服务到户
到人。

"一支专业的属地化运营团队"：
跟进项目实施计划，配置含项目管
理、技术支持、运营保障、培训督导
等专业的执行团队，覆盖项目全周
期，力求提供专业、及时、周到的服
务保障。

3. 主要技术

一是软件开发方面，该模式将
"物联网＋互联网"技术引入农药包装
废弃物回收领域，并搭建起1套支持
海量终端接入的智能回收网络。该智
能回收网络分为农药包装智能回收机
端和统一监管中心两大板块，在回收
机端通过内置自主研发的软件系统、
智能硬件和物联网模块等，实现回收
物信息实时上报，回收机的状态和告
警实时上传，以及控制指令的远程接
收和执行等功能；统一监管中心可以
实现对回收物的信息流、资金流和物
资流全方位智能化的管理。通过该套
模式，可以实现农药包装废弃物的智
能、高效、溯源回收，全流程数字化

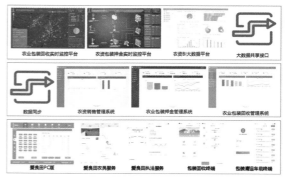

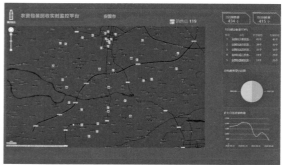

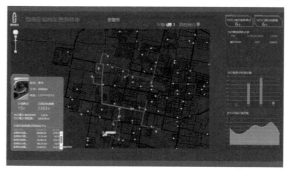

农业废弃物清运回收车

精细管控，全面提升农药包装回收监管的标准化、智能化水平。

包装废弃物回收：农药兽药包装废弃物包括塑料、纸板、玻璃等各种材料制作的与农药兽药直接接触的瓶、桶、罐、袋等。农药兽药经营门店与当地农业农村部门签署《农药兽药包装废弃物回收承诺书》，安装、使用"农药兽药包装废弃物回收处置系统"，在购入农药兽药时扫码录入"购销存系统"，同时负责向农药兽药购买者宣传讲解《农药兽药押金销售和回收的流程》及相关规定，农药兽药购买者在支付农药兽药价款的同时交纳押金。农药兽药经营门店通过使用"农药兽药包装押金销售终端"，扫描农药兽药包装上的二维码，按照系统提示收取押金，打印带有唯一标识二维码的"农药兽药押金销售单"给农药兽药购买者，并将相关数据提交到系统中。农药兽药购买者交回农药兽药包装废弃物，农药兽药经营门店使用"农药兽药包装押金回收终端"，扫描农药兽药包装或押金单上的二维码退还押金，并录入系统销账。

包装废弃物运输、处置：农药兽药经营门店将回收的农药兽药包装废弃物暂存于专门场所或容器，采取防扬散、防流失、防渗漏等措施，并在醒目位置设置有害垃圾标识，不得露天存放，不得将危险特性不相容的废弃物混合贮存。县（市、区）政府设置农药兽药包装废弃物集中贮存场所，并与专业化公司签署协议，委托其按照规定程序要求，有偿将经营门店回收的农药兽药包装废弃物运至贮存库，统一压缩打包后送到有资质部门进行无害化处理。

回收处置补充体系：农药使用主体（种植园区、种植大户、专业合作社、植保合作社、农业社会化服务公司及其他使用农药的经营主体等）集中外采农药的，需在所属农业农村局基层分站签订交回协议并交纳相应押金（根据农药使用量），保障产生的农药包装废弃物 100% 交送到农药包装废弃物集中暂存站。农药包装废弃物制度执行情况还与惠农政策挂钩。对田间地头、沟渠以前残留的农药包装废弃物，由各乡镇、办事处组织各行政村发动群众进行集中收集，对自行捡拾包装并交送至政府指定暂存点的群众给予一定的奖励，由运营方负责清运及无害化处理。

4. 运营模式

销售环节：农药经营门店通过"农药包装押金售退终端"扫码记录销售农药的名称、品牌、规格、类型、数量、生产企业、销售日期、包装押金金额等信息，形成押金销售电子台账。

回收环节：农药经营门店通过"农药包装押金售退终端"扫码记录农药包装废弃物的规格、类型、数量、回收日期、来源等信息，并按照押金金额全额退回包装押金，形成回收电子台账。

清运环节：通过配置车载智能终端设备、清运终端 App 等追溯设备，确保农药包装废弃物集中安全收集及清运过程可追溯、可监督。

监管环节：通过搭建市—县两级实时监控平台，形成农药兽药"进—销—回—处"闭环模式，可实现政府部门—农药门店—运输车辆—归集暂存点—无害化处理点的数字化衔接，对农药兽药销售—押金收退—运输交付—收集暂存—集中处置情况进行实时全程监控。

➤ 经验效果

推广应用：2020—2022 年，保定市累计完成 20 个县（市、区）农药兽药包装废弃物押金制回收体系建设，覆盖门店 2 111 个，回收站 2 138 个，"清运终端"用户 20 余人，系统服务农户超 320 万人，农药包装回收率达到 70.22% 以上，无害化处理率达到 100%，基本实现全市农药兽药包装废弃物全部回收处置。

1. 经济效益

作为社会公益事业，农业投入品包装废弃物回收处置由地方政府主导，每年费用由公共财政资金承担。单考虑回收环节，相对于回收率相当的有偿回收模式，保定市农药兽药包装废弃物押金制回收体系模式能节约回收奖励金部分费用、节省回收人力成本，节约政府财政费用支出。农药兽药包装废弃物的安全、有效、可溯源回收，使开展废弃物的资源化利用探索和实践更有意义和价值。

2. 社会效益

保定市农药兽药包装废弃物押金制回收体系的应用推广，使保定市建立了农业投入品包装废弃物全程可追溯信息化系统，完善了农业投入品包装废弃物回收处置综合监管能力，提升了政府精细化、智能化、专业化管理水平，是深入践行"国家数字乡村建设"的重要体现，是推进乡村治理数字化进程的有效抓手。

3. 生态效益

通过"农业投入品包装废弃物押金回收处置全流程数字化管理模式"的推广应用，实现了农业投入品包装废弃物的高效安全可溯源回收和无害化处理，从源头解决辖区内因包装物造成的农业面源污染问题，扎实推进农村人居环境整治，为"乡村振兴"和"国家数字乡村"建设目标提供有力支撑。2020 年至今，保定市每年可减少农药兽药包装废弃物排放 155 t 以上。安国市、高碑店市、涿州市、涞水县等农药兽药包装废弃物押金制回收试点县农药包装回收率达到 85% 以上，处理率达到 75% 以上，长效机制已基本建立。

撰稿单位：保定市农业农村局

撰 稿 人：郗宏彬，李建兴，王红江，王卫平，张　冲

山东省桓台县"桓农宝"App 优秀案例

➤ 基本情况

桓台县作为江北"吨粮首县"，从 20 世纪 90 年代，桓台农业一直在精耕细作上

做文章，通过测土配方施肥、病虫害综合防治、秸秆还田等新农技，实现了县域小麦单产连续 12 年居山东省首位。在落实黄河重大国家战略的过程中，桓台县农业向着标准化、信息化、数字化的方向发展，取得了新成果和新经验。

近年来，桓台县抓住淄博市建设数字农业农村中心城市和国家农村改革试验区的契机，引进先正达集团中国先农数科团队，面向桓台县各类农业生产主体、社会化服务机构和涉农服务部门，建设数字农业农村智慧平台，形成了网络化、专业化、社会化的农业大数据服务云平台，所开发的"桓农宝"App 成为种植大户接入现代农业信息科技的触手，让手机成为"新农具"。

➤ 主要做法

推广以标准种植方案为核心的数字化生产工具：面对种植大户生产"高产不高质，高质难高效"的现实问题，桓台县引入先正达集团中国先农数科团队，加强农业社会化服务力量，不断探索适合桓台农业产业升级的标准化种植方案，将零散的农业产业规模形成合力，以种植方案标准化推动规模化，实现农产品的高品质均一化，进而形成品牌化。在此过程中，利用"桓农宝"App 线上化的技术和工具，将标准方案推送到农业生产种植大户的手机上，同时结合遥感巡田、农业精准气象、灾害预警、农技课堂等功能，让种植大户不仅可以使用先进的数字化工具，还能获得标准种植方案的指导，帮助桓台县种植大户在统一的技术指导下从事农业生产，逐步形成产业规模效应，进而加快带动农业产业升级。

"桓农宝"App

整合农业生产全产业链，打造农资、农服、农产的线上信息平台：在标准种植方案执行过程中，围绕生产主体对产业链上各种资源的需求，"桓农宝"App 提供各类社会化服务主体的入驻功能，整合农资、农服、农产等全产业链资源，以村集体领办合作社、生产专业合作社、种植大户、家庭农场等为切入点，汇总农户

桓台数字农业农村智慧平台管理端

农资农服需求，转换"小需求"为"大订单"，探索农资、农服线上统购模式，助力生产节本增效；引入粮食集并经理、用粮企业等产后资源，为品质均一稳定的优质农产品提供信息对接出口，实现优质优价。

搭建围绕土地线上流转的生产经营一站式服务平台：桓台县土地流转率达到 86% 以上，现有 50 亩以上种粮大户 1 500 余家、农民专业合作社 650 余家、家庭农场 600

余家，是全国农民合作社质量提升整县推进试点县。农业适度经营规模的优势正逐步显现，通过搭建围绕土地线上流转的生产经营一站式服务平台，能够激活农村土地资源资产，厘清了土地的"三权"关系，平台在提供产业链信息服务的同时，提供线上补贴、贷款、保险等金融服务申请途径，能够使生产种植补贴等惠农政策更精准、更直接地直达实际经营者，同时经营者流转经营信息在平台记录，可以帮助其获得快捷、简化的金融和保险业务服务。

构建生产主体和社会化服务主体的信用白名单体系：通过持续不断运营服务，逐步吸引越来越多的农业生产主体和社会化服务主体上线"桓农宝"App，在平台上产生信息和数据交换，综合分析不同主体的涉农数据，清晰描绘涉农主体的信息画像，通过线上平台生产主体、金融保险机构、农资、农服、农产企业的互评机制，实现"需求—服务—评价"的信息交互闭环，动态更新金融保险服务和社会化服务组织白名单库，激发服务主体竞争意识，提升服务水平。

➤ 经验效果

"桓农宝"App 是在深入调研分析桓台县农业农村现状的基础上，利用先进信息化和数字化技术，为桓台县各类涉农主体定制开发的数字化工具平台。平台上线后，持续开展线上线下相结合的运营工作，通过政企农三方联动，构建"数据—服务—信用—价值—销售"五位一体协同机制，形成覆盖全县、统筹利用、统一对接的信息服务平台和数据管理体系。

针对农业经营主体，一是信息服务，及时获取政府相关惠农政策信息，及时了解银行、保险优惠政策信息，及时掌握农资、农产品市场价格行情，及时联系社会化服务组织资源。二是稳产保收，通过六统一标准生产方案，提高农产品产量和品质，运用遥感、气象等科技手段助力生产，通过品牌认证溯源，提升农产品溢价，增加农产品销售收入。三是降本增效，通过农资农服统购统销，降低农资农服成本，完善信用体系，降低资金使用成本和生产风险，通过标准种植方案和全程精准指导，提升农事操作精准性，增加效率效能。四是便民服务，在线申请办理涉农贷款、保险、补贴等业务，提高效率。

针对社会化服务机构，一是客户引流，搜集整理涉农用户的基础信息，形成精准用户画像，建立农户信用体系，完善风险管控手段，动态掌握农户生产状态，保证信贷资金安全，协助解决理赔纠纷。二是促成业务，实时在线发布产品信息，实现和农户的实时沟通，降低获客成本，共享基础信息，降低业务成本。三是优化迭代，通过了解农户需求，不断优化产品，升级服务，不断提升服务农户满意度，促进农业服务产业升级。

针对政府部门，一是提高效率，建立与农户的信息沟通渠道，及时发布相关惠农政策信息，业务在线办理，减轻基层政务负担。二是辅助决策，收集基础数据，实现跨部门、跨层级、跨系统的数据流通，通过数据分析实现精准的决策指导和制度制定。三是加强监管，通过科技手段掌握农业经营主体和社会化服务主体的生产经营信息，通过智能分析精准发力关键管理节点，通过政策引导相关主体持续守信。四是服务农户，在线接受用户的反馈评价和投诉，实时了解农户真实需求，急农户之所想，想农户之所急。

下一步，桓台县将立足现有工作基础，充分调动涉农机关、涉农企业和种植大户参与的积极性，不断深入做好各个应用场景的推广应用，以业务线上化运营为突破点，逐步扩大"桓农宝"App在全县的影响力，使手机真正成为种粮大户随身携带的新农具。

撰稿单位：桓台县数字农业农村发展中心，淄博市数字农业农村发展中心，山东省农业技术推广中心

撰 稿 人：杨　杨，徐学亮，蔡柯鸣

湖南省数字稻虾产业综合服务体系优秀案例

➤ 基本情况

湖南助农农业科技发展有限公司成立于2017年3月，公司在南县麻河口镇东胜村建有1500亩农业基地，以"互联网+"的商业模式，结合自身产业发展建设"特色种养、三产融合"为基础的稻虾特色农业产业园，通过模块化运营提供多方位数字化农业综合服务。主营稻虾种养殖生产、研发、质量溯源、虾稻种苗繁育、标准化种养、技术培训及稻虾产业平台打造等业务。

公司投入资金约3000万元用于数字化稻虾产业服务体系建设，将信息技术充分融入农业各环节中，采用"公司+基地+平台+产业"的发展模式，在基于"大数据生态管理"的运营方式上，从生产环节入手实施溯源、质量监测和绿色环保种养，打造产、学、研一体化稻虾综合示范服务体系。目前已获得9项软件著作权包括稻虾产业公共服务平台软件、洞庭虾网客户端软件、农业互联网电子商务服务系统软件、农业产业链综合服务系统软件等；已获得5项实用新型专利，4项稻虾种养技术发明专利。2019年公司建设的"洞庭虾网"服务平台荣获第3届国际智慧农业年度峰会"匠农杯"智慧优秀项目称誉，此项目将收录北京新型智慧农业研究院项目库，进入项目应用创新案例汇编。

➤ 主要做法

1.实施背景

随着信息化在乡村振兴和农业发展中的作用日益凸显，数字化网络技术成为拉动科技创新、促进农业经济增长的强大动力。近年来，南县在农业农村信息化快速发展

的基础上，以互联网为主要媒介，把现代信息技术创新作为实施乡村振兴战略的技术保障，为从事农业生产的各主体实现农业现代数字化发展创造了巨大的机遇。南县地区稻虾生态种养面积逐年增长，截至 2022 年底，全县共发展稻虾种养面积近 60 万亩，综合产值超过 100 亿元。如何将稻虾产业各服务领域的资源进行整合，利用物联网、大数据信息技术打破传统生产经营及服务的模式，成为推动稻虾产业战略发展的重要环节。

2. 主要内容

以质量兴农为发展理念，通过对传统农业从种养、生产、流通、销售等各环节的全方位信息化应用，以建设"一基地、一系统、三平台"的智慧农业应用模式打通产业链，为稻虾产业经营主体提供多方位综合服务。

"一基地"即农业物联网示范基地：在南县麻河口镇东胜村建设助农农业物联网示范基地，规划建设面积 1 500 亩，采用农业物联网控制系统和设备，采集图像、温度、风速、降水量等气象数据。让生产管理者通过下载手机 App 的看测者软件实现田间远程监管，了解田间各个环节的实时情况。

"一系统"即农产品可视化安全追溯系统：对稻虾基地的从生产种养到农事操作等方面进行管理，通过采用物联网传感设备及视频设备的应用，在全生产服务过程中均有数据可查、图像可看，实现可视化的稻虾质量安全追溯。

"三平台"即南县稻虾米质量监管追溯平台、农业信息化大数据平台、洞庭虾网稻虾产业服务平台。建立南县稻虾米质量监管追溯平台。根据南县农业产业结构特点与实际，通过互联网、物联网、移动通信、云计算等新一代信息技术的创新应用，建立农产品质量安全追溯与监管系统技术应用，实现农产品全生命周期管理，包含生

农业物联网示范基地

农业可视化追溯系统实时监控画面

南县稻虾米质量监管平台登录界面

洞庭虾网公共服务平台数据展示中心

追溯码管理包装印制产品

产、加工、销售、农资经营等管理子系统，以及农产品公众查询平台，实现对稻虾米的全程质量保障。

建立农业信息化大数据平台，通过平台整合资源数据，将区域内所有农业物联网建设点的地理环境、企业信息、生产管理、农资流通信息等进行远程管理和汇总。实现县乡镇标准化稻虾种养基地各类综合数据的全面监测，提高稻虾种养的技术应用和农业数据的统一监管。

搭建洞庭虾网公共服务平台，为稻虾生产、加工、流通提供有效通道，通过平台的数据运行和资源共享，结合龙虾全程溯源、仓配供应链、品牌打造、推广销售、延伸人才培训、资讯采集等各个环节，通过模块化运营，有效促进稻虾产业信息的交流汇集和产业提质增效。

3. 主要技术

物联网关键性技术：其智能终端设备的核心在于基于物联网的精准、完备的数据采集，所有的数据采集的关键环节包括气象温湿度、光照、风向、降水量、水质、土壤等，可根据时间或现场条件驱动预设任务，形成标准化生产流程，让农户通过手机就能够实时了解目前产品的生产情况和当天应该完成的事情，实现现代农业生产管理、智能预警、远程控制。

追溯码管理环节技术：通过二维码技术生成产品对应标签，每一个二维码标签都对应唯一的一个产品（批次）追溯码。消费者根据追溯码扫描直接查询，了解农产品从种植、加工、物流等各环节信息，并可查询产品质量真伪。

4. 运营模式

政企结合：发挥市场机制作用，通过政府引导，利用政策扶持优势聚焦稻虾种养业发展趋势、模式升级与构建，为稻虾产业提供完善的运营服务体系。

技术支持：项目信息系统技术通过与第三方机构合作，搭建线上服务平台，进行App开发、测试、维护等程序工作，公司配备技术人员4名负责各系统及平台的技术服务跟进、后台维护和常规运作。

配套支撑：建立了完善的培训服务体系，拥有专业的讲师团队外部专家团队资源，为各类种养户、农业主及从事农业种养殖用户提供技术课程体系服务，推广先进的养殖技术和研发成果。搭建完善的县乡村三级物流服务中心，实现统仓统配，通过稻虾米和小龙虾物流集配中心提供稻虾产品物流配送服务。

➤　经验效果

1. 经济效益

积极推动各种养大户和合作社基地采用智能化溯源管理体系壮大产业规模，结合科学种养理念，采用稻虾共作现代化管理新模式，能让种养殖农户和从事稻虾种养的企业、合作社平均亩产龙虾135 kg以上，稻谷500 kg以上，较传统种养方式每亩实现增收2 800元以上。通过农产品质量溯源体系建设，带动农产品上行及农产品下行的双向流通，通过农产品质量溯源推广，全县每年可实现健康安全农产品交易额达 10 亿元，企业在提高农产品质量、安全性方面增收达 10% 以上。

2. 社会效益

在农作物生产管理中，综合应用现代物联网技术，建立数字化、信息化技术和控制作业装备系统，实现资源、环境和生产管理信息的高效实时采集、监测、科学分析处理，有效改变传统农业用大量施肥、用药提高产量的方式，每年可有效减少农业品投入消耗量 10%，农业污染源减少 15%。与各农业专业高校达成合作，聘请相关行业的技术专家宣讲稻虾产品品牌优势及种养技术，让地方特色品牌服务于老百姓脱贫、就业、创业。每年均有 2 000 多人经过服务培训后可以走上稻虾产业经营和创业之路，每年实现解决就业人员约 2 000 人。

3. 对农业信息化促进作用及借鉴意义

有利于整合有效资源打通市场渠道：通过数字化稻虾产业综合服务平台的信息技术对产品交易、物流、培训、技术指导、政策对接、品牌孵化等多项服务资源整合，有力推动南县稻虾产业利用信息技术打破传统生产、经营、销售和服务模式。

有利于构建管理机制促推产业标准化：通过构建稻虾产业全流程质量安全溯源示范工程，从源头采集各类生产端的数据，为稻虾产业标准化建设提供标杆与可复制的模式，通过嵌入"洞庭虾网"平台进行信息公开，更好地推进稻虾产业生产过程标准化与规范化。

有效促进改革运营模式聚焦经济发展：以寻求政府支持为导向，立足市场，打造以"南县小龙虾""南县稻虾米"品牌为核心，具有南县特色、绿色环保、安全优质的稻虾品牌新形象，有助于加快乡村振兴战略实施和促进县域稻虾产业高质量健康发展。

公司在麻河口镇东胜村已建成 1 500 亩物联网溯源体系示范基地，投入使用相关设备设施共计 95（个）台。通过基地示范引导农业生产企业、农产品加工经营企业、合作社等建设物联网应用基地，辐射带动总面积约 58 000 亩基地，实现可视化农业种养各环节的在线管理、农事记录及种养维护。目前达到规模养殖的企业和合作社实施物联网建设的有 35 家，其中具有示范代表性的企业有湖南溢香园粮油有限公司、湖南金之香米业有限公司及南县克明面业有限公司。在发展农业物联网建设项目的实施进程中，协助政府大力推进信息进村及农村互联网全覆盖建设工程，实施了益村服务网点建设项目，目前网络已覆盖 132 个村点，有效促进乡村农业信息化发展进程。公司建设的"洞庭虾网"稻虾产业公共服务平台，为南县稻虾产业的发展提供技术服务支撑、信息数据分析和电商渠道销售保障，结合线下的田间种养、技术培训、电商物流中心等资源打通线上的服务平台。整合地方稻虾行业媒体资源，完善品牌媒体功能及服务；联合湖南农业大学、华中农业大学、县稻虾产业服务中心组建专家技术服务团，开展技术支持服务，并与农商银行初步达成合作，推出"助农养虾贷"服务。目前平台关注用户约 7.8 万人，注册用户 4.5 万人，在线培训访问量高达 156 万次，解决技术提问 5 900 次。

撰稿单位： 湖南助农农业科技发展有限公司

撰 稿 人： 黄庆明

四川省广元市旺苍县卢家坝村"东西部协作数字乡村平台建设"数字赋能实现智慧管理优秀案例

➤ **基本情况**

广元市旺苍县白水镇卢家坝村位于白水镇中部，距镇政府 5 kg，幅员面积 14 km²。该村是白水镇城乡统筹发展改革示范区和工业集中区，先后获得"全国精神文明村"和省级"四好村"、省级文明村、市级依法治理示范村、全市先进基层党组织、广元市"廉洁村庄"、广元市"乡村振兴示范村"等荣誉。

近年来，旺苍县按照"产业振兴、人才振兴、文化振兴、生态振兴、组织振兴"为主导的乡村振兴精神，结合东西部协作相关指导思想，县委、县政府多次召开会议研究部署，确定乡村振兴建设方向与内容，将白水镇卢家坝村列为全县数字乡村示范村。

➤ **主要做法**

1.实施背景

卢家坝数字乡村建设是基于云计算、物联网、大数据、AI 等信息化技术，重点围绕基础设施建设、政务办理数字化、治理与公共服务信息化为要点展开，构建"1+5+N"的数字乡村平台功能架构：建设 1 个村级数据中心，负责乡村整体数据管理和反馈；打造政务服务、组织管理、信息共享、乡村产业、乡村治理 5 个模块，为具体场景建设提供导向指引；开发落地 N 个智慧化应用场景，对辖区村民生产生活、防灾减灾、基层治理等痛点难点设计了信息化、数字化、智能化的技术方案和实现路径。

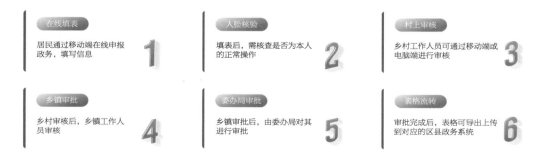

在线填表	人脸核验	村上审核
居民通过移动端在线申报政务，填写信息 **1**	填表后，需核查是否为本人的正常操作 **2**	乡村工作人员可通过移动端或电脑端进行审核 **3**

乡镇审批	委办局审批	表格流转
乡村审核后，乡镇工作人员审核 **4**	乡镇审批后，由委办局对其进行审批 **5**	审批完成后，表格可导出上传到对应的区县政务系统 **6**

数字政务办结流程

2.主要内容

村级数据中心建设：建设农村基层治理与服务的信息化系统，为基层政府提供统一的数据入口，通过数据中心可视化、直观化、图形化数据的汇集分析，满足基层建设分析、事件监测预警、指挥调度、分析决策及对外宣传需要。

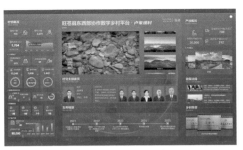

大屏数据展示内容

政务服务平台：数字政务可承接各委办局下沉政务，根据实际政务情况，打通群众—村社—乡镇—委办局审批通路，搭建面向村民的线上办事窗口，村民可通过移动端实现在线政务的办理咨询，经平台审批和数据流转，实现无纸化办公，减轻基层工作压力。

卢家坝村网格地图划分

基于 GIS 地图信息，按照"地域相邻、人员相熟、规模适度、方便管理"的原则和"扁平化"管理要求，进行合理优化细分网格管理。实现网格覆盖范围横向到边、纵向到底，不留空白区域，不交叉重叠，各区域内重点单位和重要防控区域全部纳入相应网格管理。

卢家坝村基层党员管理

组织管理平台：以党组织建设为主线，突出对党员管理、党务公开功能，加强以村党组织为核心的村级组织建设，实现基层党建与基层治理相结合，巩固党在农村的执政基础，助力乡村振兴发展。

信息共享平台：对涉及群众切身利益、需要广泛知晓的政策措施、改革方案等信息线上公示公开，通过线上平台发布服务通知、应急公告等重要信息，同时收取群众事件上报、意见建议等民情民意内容，提高群众参与度，构建政府部门和群众面对面线上沟通渠道，了解群众基本需求。

卢家坝村 GIS 立体云界面

乡村治理平台：一是采用 GIS 立体云防控，GIS 立体云是基于 GIS 地图为平面，汇

卢家坝村森林防火告警

聚村社辖区重点监控点位，汇聚辖区车辆识别监控、森林防火监控、智慧垃圾监控、水库周界监控、老年人手环信息，实时展示各类事件上报、智能告警等警情数据，为管理部门的信息检索、紧急事件处理和数据分析提供有利的信息和技术支撑，实现对辖区森林火灾等预警，增加基层应急管理能力。二是应用森林防火告警，管辖的森林片区实现7×24 h实时视频覆盖，当出现火情时，系统可通过PC端进行弹窗和声音报警，同时将预警信息以短信方式推送给指定工作人员手机，为救援救灾工作提供支撑。三是应用垃圾智慧管理，在垃圾堆放仓内部署垃圾监控传感器，当出现垃圾呈饱和状态、乱丢垃圾、暴露垃圾等情况时，系统自动告警，通过PC端进行弹窗和声音报警，并对指定工作人员

乱堆垃圾告警

人员抓拍图像

手机发送短信通知，方便工作人员及时处理。四是加强重点人员管控。为推进乡村治理进程，在卢家坝村建设人脸识别监控系统，结合重点人员数据库，通过人脸识别技术对村社重点人员的行动轨迹进行捕捉，实现重点人员出入告警和长期未出入告警，提高对重点人员的管理管控能力。

➤ 经验效果

提升基层服务能力：通过平台建设，以信息化手段来促进基层整体工作的完善，确保了工作规范化、流程化、便捷化，促进了基层治理、服务、创新能力的提升。为辖区居民提供快速、优质、高效的综合服务。

提高群众办事效率：将相关的业务、事务、服务等功能整合到同一个系统平台，形成一体化操作模式，并整合各类服务事项，搭建线上办事窗口，实现群众办事不跑路，提升了群众办事便捷度、满意度。

加快多网合一进程：通过创新基层治理形态和方式，将各部门在基层设置的多个网格整合为综合网格，统筹网格内党的建设、社会保障、综合治理、应急管理、社会救助等工作，推进行政执法权限和力量向基层延伸和下沉，加速多网合一进程。

撰稿单位：旺苍县农业农村局

撰稿人：李　明，张　玲，肖艳霞，李长芳

甘肃省临泽县种子管理局玉米制种基地监管服务平台智慧服务优秀案例

➤ **基本情况**

为充分发挥国家玉米制种基地向标准化、规模化、集约化、机械化、信息化"五化"基地发展，临泽县结合新一轮制种大县奖励政策实施，在临泽县国家级玉米种子产业园种子生产技术服务中心建设国家级玉米制种基地信息监管平台，统筹开发基地资源信息化管理和展示平台、统一的制种生产过程管理平台、面向政府的制种基地监管与数据分析、面向企业的制种过程管理信息化服务、种子质量溯源系统以及手机App客户端等服务平台。该平台于2015年投资建设，2022年根据新时期种子生产实际改造提升，着眼于补齐种业大数据短板、破解种业监管难点、疏通种业数据化监管堵点，监管和服务效应初显。

➤ **主要做法**

1. 实施背景

近年来，临泽县依托气候及地理条件优势，大力发展玉米制种产业，积极引进制种企业，努力提升制种基地管理水平，加强制种产业信息化监管，提升制种基地信息化水平，完善管理手段，健全现代化管理体系，构建制种基地监测网络，为精准掌握农情、墒情提供信息化支撑。通过打造公共服务和管理平台，对接全国种业平台，为基地监管提供全方位服务。同时，严格实施备案管理制度，推动信息化管理落地落实，实现地块、企业、农户、品种管理数字化，做到一一对应上图入库。在信息化建设上，注重与国家种业大数据平台做好衔接，与基地信息化管理试点对接，做到种业数据一盘棋、基本情况一张图，实现数据互联、信息互通。

2. 主要内容

临泽县国家级杂交玉米制种基地监管服务平台对全县玉米制种产业提供全方位的监管和信息化服务，主要目标是对原甘肃省国家级玉米制种基地监管信息平台改造提升，强化现代种业发展、优化制种产业结构和区域布局，提升制种基地的监管服务能力，满足政府、制种企业和制种农户的服务和管理需求。构建临泽县"一个中心"，即制种产业监管服务中心；搭建"三个体系"，即临泽种业信息管理体系、田间物联网管控体系、制种产业大数据分析体系，拓展现代种业经营管理体系。采用"三全"（全域、全程、全视）的方法为管理机构提供监管服务，采用两实（实用、实效）的方式服务于制种企业和制种农户，从根本上解决本地玉米制种产业在产前、产中、产后的监管难题，提高政府部门对制种产业监管能力，加强政府调控和引导，促进县企共建基地，推动临泽县制种产业稳健发展。

临泽县制种基地云服务平台：按照临泽县农业管理机构和管理对象，在平台中进行角色配置，能够进行用户的增加、删除、修改和查询，具体角色分为系统管理员、政府管理机构、农业综合服务中心、种子基地协管员、基地（其中包含育种、引种、制种企业）、加工企业（不局限于种子生产加工企业）、种子经营企业以及制种农户、植物检疫部门等不同角色，支持各角色登录后的模块差异化管理，支持平台系统管理的权限配置。

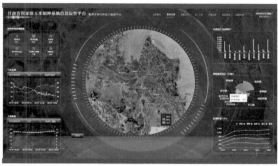

制种基地信息管理：主要对制种基地档案进行统一管理，具体内容包括地块位置信息、气象信息、土壤肥力等级、制种玉米类型、灌溉条件、品种信息等，支持手机移动终端自动采集，提高数据采集效率。支持智能检索，能够通过设置筛选条件进行快捷查询，支持电子表格导入功能，支持隐私信息隐藏功能，支持通过权限配置的信息导出功能，支持形成标准模式的电子档案和导出打印功能，对档案形成二维码，通过扫码获取档案信息。具备制种基地信息空间专题图，支持对制种示范基地生育期的环境信息监测（气象和土壤），支持对制种基地长势的实时监测。

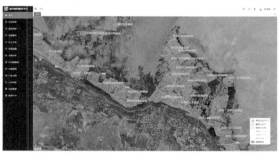

种子加工企业数据采集：支持通过产地检疫、调运检疫数据统计分析种子加工企业生产、加工、运销信息。

制种基地卫星遥感监测：利用卫星遥感技术进行制种基地监测，并通过遥感数据与备案数据叠加分析，排查非法制种田。

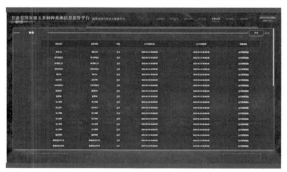

移动终端应用：支持对基地信息，如基地卫星定位的基地备案面积测量，分企业、分品种布局备案地图绘制等种子生产备案数据自动采集；支持玉米制种生产档案的管理；支持亲本种子检测、播种期抽检、苗期抽检、收获期抽检；具有农技知识库，具有作物田间管理、农技指导等信息。根据用户分类开放不同功能的权限。

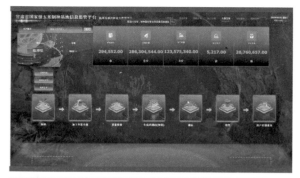

种子质量追溯：支持查询许可品种的审定情况、生产经营许可情况、委托生产情况、生产品种的种植、检测、收获、检疫（包装、加工、仓储）和扫码追溯，实现来源可查、去向可追、责任可究，强化全过程质量安全管理与风险有效防控。

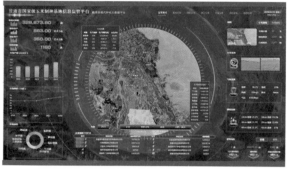

玉米制种抽检管理服务系统：建立玉米制种抽检管理服务系统，引入地理信息系统，通过定位，数字化办公，实现抽检过程和结果的数字化、可视化，并不断完善平台功能，实现信息平台数字化展示，节约抽检成本，提高抽检效率。

基地物联网设备实施工程：物联网设备主要包括室外多要素气象站、高清视频图像监测系统、智能土壤墒情仪及配套设施。

3. 运营模式

一是强化临泽县制种产业资源管理。通过统一的管理系统，实现临泽县制种产业基地区域分布、品种分布、企业分布以及相关配套的统一信息资源管理。二是提升临泽县制种产业监管能力。采用全域（管辖范围）、全程（制种全产业链）、全视（遥感、远程视频、现场）的服务方式，全面掌握制种产业信息，加强制种产业各环节的监管力度与能力。三是服务制种企业和农户。拓展现代种业经营管理体系，体现"实用""实效"的服务特点，覆盖制种产业各个环节、主动服务农事新模式，满足制种企业和制种农户的服务要求。四是整合制种产业大数据分析。梳理整合生产经营主体数据信息，借助大数据分析方法，围绕政府监管、企业服务、农户服务等主题，提供可视化展示、指挥调度、决策分析等应用服务，以"大数据"替代"经验主义"，用数据做决策。

➤ 经验效果

玉米制种基地监管信息平台的建设，在为国家级玉米制种基地提供玉米制种信息化管理与展示的综合指挥平台的基础上，大力提高了玉米制种信息化水平。一是实现了种子企业的田间生产数据采集管理信息化。为田间生产档案转化为云端的大数据分析处理，对指导田间生产、开展田间环境因子分析预警、种子生产阶段质量追溯管理搭建了信息化平台。二是实现了制种基地空间管理的信息化。利用GIS技术实现在线土地权属、面积、生产品种、隔离区的空间定位，为执法监管打通了信息化监管"最后一公里"。三是实现了基地制种田作物生长动态直观数据采集的信息化。利用视频采集系统实时采集基地作物生长视频，为企业、政府管理人员及时掌握种子生长动态、展示品种特性、开展质量追溯提供了直观的数据支持。四是实现了种子质量追溯管理的信息化。通过品种特性库、质量标识及抽检信息、检疫数据及运销数据库的建立，实现了国家级种子生产基地生产的种子"身份证"式管理，进一步杜绝了冒充国家级种子基地种子行为发生。同时，该信息化平台实现了上连省（市）种子管理部门，中通县级种子管理机构，下接基地、企业纵横有序的制种基地"信息化监管"目标。

撰稿单位：甘肃省农业信息中心，临泽县种子管理局
撰 稿 人：秦来寿，张　昕，杨　平，马丽娟

宁夏回族自治区宁夏绿先锋智慧农机服务优秀案例

➢ **基本情况**

宁夏绿先锋农业科技发展有限公司成立于2016年，建有450 m² 灵武市智慧农业服务中心和7 000 余亩水稻种植基地（其中包含2 100 亩智能化综合示范园区）等，总投资567万元（其中信息化投入185万元），引进国内先进的植保及智能农机装备，拥有大、中型农机及植保装备60台（套），先后建成绿先锋智慧农业指挥调度中心、综合智能化农业示范管理平台、自治区级技术创新中心，公司先后被评为国家级统防统治星级作业公司、自治区级科技型中小企业、自治区三星级农机服务公司和自治区专精特新企业，被广州极飞科技指定为宁夏植保无人机培训教育基地，2020年入选全国第一批"全程机械化＋综合农事"服务中心。宁夏绿先锋智慧农机服务包括基于综合智能化农业示范管理平台的数据采集与汇总服务、智能农机调度指挥服务、云RTK基站差分定位服务和7 000 余亩水稻种植基地托管服务等，范围涉及"农资购销、病虫害统防统治、无人机植保、智能农机作业、大田种植生产全程托管、农业信息化服务"等。

➢ **主要做法**

1.平台精准调度提升农机作业效率

智慧农机管理平台包含农机监测调度系统、农机共享服务系统、可视化监控系统

和田间气象监测管理系统等子模块，是集"农机作业管理、农机作业信息发布、作业补贴核查"等功能为一体的农机综合服务信息化平台。

农机监测调度系统：通过北斗定位设备、云 RTK 基站、智能传感器及视频监控设备，实时采集农机作业位置、工作状态、运行轨迹、作业质量及作业场景等数据，上传到指挥调度中心运算分析，形成智能作业调度方案和农机作业指导方案。可视化管理平台实现农机作业实时监控、作业轨迹全程回放、农机服务作业量精准统计、作业质量自动分析检验、作业区重复界的自动取重统计与分析。

智慧农机管理系统

农机共享服务系统：包含找农机、找农活、信息发布三大业务模块。其中找农活以农机机主为中心，筛选并显示周边相符合的农务信息；找农机以农民为服务对象，根据用户的作业要求，列出相匹配的农机信息；信息发布可实现农机手服务和农户需求的发布。3 个系统数据互联共享，解决了"有活找不着农机、有农机找不到活干"的问题，有效提升了农机使用效率。

农机监测传感器组成

2. 全托管助推规模化种植提档升级

水稻种植基地"全托管 + 智慧农机服务平台"利用农机监测传感系统、田间信息监测系统、可视化监控系统及智能农机服务系统，将流转土地进行集中管理，实行"统一播种、全程机械化作

田间气象监测

业、测土配方施肥、病虫草害统防统治、适时收割"等。"全托管"生产模式通过零散土地的集约利用、作物规模种植和全程机械化作业，有效提升了农事生产效率，提高了种植环节的透明度，实现农产品全程质量安全追溯。

田间可视化监控系统

农机监测传感系统：系统集成传感器技术、计算机测控技术、卫星定位技术和无线通信技术，具有卫星定位跟踪、耕深实时显示、面积自动计量、远程图像监测、机具自动识别、统计报表打印等功能，可实现对深松、深翻、旋耕、平地、播种、插秧、施肥、植保、收获、打捆、秸秆还田、残膜回收等多种农机作业的远程信息化监管，为农机作业补贴提供量化依据，显著提升工作效率。

田间气象监测系统：系统集田间环境信息捕捉、信息采集、数据传输、数据分析于一体，利用田间气象监测管理系统和田间物联传感设备，实时采集土壤温湿度、降水、光照、风速等数据，综合分析作物生长环境信息，为播种、施肥、用药、收割等农机生产操作提供数据参考，实现了田间气象信息收集、分类统计、实时报传、远程检测的智能化和防治指导信息化管理。

可视化监控系统：集成高分辨率监控、数字图像处理、物联网数据传输技术，实现农田作物的连续动态监测，对水稻播种、施肥、收获、装运等各个环节进行巡视监控。利用性诱虫情监测设备采集病虫害发生情况，综合信息分析后可产生预警信号，实现对田间病虫害情况及时预警，制订出植保方案，提示管理人员实施有效应对措施，有效提升了农作物病害综合防控信息化水平。

➤ 经验效果

1. 经济效益

智能化精准管理系统下的"全托管"水稻种植模式，实现水稻种植减肥减药20%以上，土地生产率提高10%～15%，水稻种植过程农机作业率达96%以上，优质水稻品种推广普及率达100%，亩增产5%～8%，新增产值284元/亩。通过基地示范带动，着力提高产量、改善品质、降低成本、增加效益，使全市绿色高产高效水稻面积大幅提升，加快形成技术体系，示范推广高产高效品种，实现农机农艺融合，乡村产业融合发展。

2. 社会效益

通过智慧农业平台建设，实现农机、农艺深度融合，加快推进农业机械化、智能化的推广应用，农业发展方向正由传统劳力和土地资源要素的投入向"数字乡村""智慧农业"的方向发展。水稻基地"全托管"后，智能化生产、管理水平不断提高，实现了生产管理信息化，起到了适时播种、适时灌水、适时施肥、适时喷药、适时收获的效果；及时预警和处理病虫害，改善了作物种植环境，提升水稻营养物质含量，稻米品质显著提高，为农机的智慧产业发展提供了可复制、可推广的样板。

3. 推广应用

宁夏绿先锋农业科技发展有限公司运用智能化、信息化技术开展水稻种植全程化托管服务，实现对农机"地时空"数据的有效整合，通过对零散土地的集约化利用和田间管理精细化控制，水稻种植节工节水节药节肥效果明显。智慧农机服务已在宁夏灵武市多家合作社推广，服务面积 3 万亩左右，受惠万人以上；在灵武市马家滩镇大羊其村，利用全托管模式成立了自治区首家无人农场，宁夏日报做了追踪报道。智慧农机管理平台借助物联网信息技术，对农机数据信息资源进行有效整合，大力发展精准化、智能化农机服务，为农机服务组织社会化转型发展探索出典型经验，具有较好地示范推广价值。

撰稿单位：宁夏回族自治区农业勘查设计院

撰 稿 人：马孝林

北京市通州区"信息进村入户"服务典型案例

➤ **基本情况**

北京歌华有线电视网络股份有限公司是负责北京地区广播电视网络的开发、经营管理和维护，并从事广播电视节目收转传送、网络信息服务、视频点播业务，以及基于有线电视网的互联网接入服务、互联网数据传送增值业务等的国有控股公司，目前有线电视注册用户已突破 600 万户，高清交互电视用户达 550 万户。近年来，歌华有线依托电视云平台，依托互联网应用模式，结合 IBOSS 数据资源，构建了有线电视网、互联网相互融合，电视端、手机端应用联动的"歌华生活圈"电视云服务公共服务信息传播承载平台，具备可按区、街道（乡镇）、社区（村）等不同行政区域和用户划分的，精准的个性化、专属性公共信息传播服务能力。

➤ **主要做法**

1. 实施背景

习近平总书记指出，乡村振兴是实现中华民族伟大复兴的一项重大任务。党中央、国务院历来高度重视信息进村入户工程，连续 4 年对信息进村入户工程作出重要战略部署，要求全面实施推进示范。为深入贯彻落实中共中央办公厅、国务院办公厅《数字乡村发展战略纲要》和市委市政府《关于做好 2022 年全面推进乡村振兴重点工作的实施方案的通知》，按照农业农村部《关于全面推进信息进村入户工程的实施意见》和北京市农业农村局总体部署，根据通州区农业农村局信息进村入户工作要求，开展通州区"信息进村入户"服务项目。

2. 主要内容

围绕通州区"三农"中心工作，充分发挥"互联网+"的支撑聚变效应，以"统筹规划、试点先行、需求向导、社会共建、政府扶持、市场运作、立足现有、完善发展"为原则，以打造"线上线下相融合"的综合服务体系为目标，以村级信息服务能力建设为着力点，以满足农民生产生活信息为落脚点，最大限度整合资源、降低成本，根据通州区农业农村局信息进村入户工作要求，将信息进村入户工程与智慧乡村建设统筹开展、一体推进，基于歌华有线云平台，搭建上线通州区256个行政村信息进村入户电视云服务，内容涵盖为民服务、政策宣传、农村新动态、村务服务、党建引领等。项目的开展为通州区农村村民提供更好的信息化公共服务，实现通州区农村地区信息服务广泛化、精准化，全面提升通州区农村地区信息化水平。

项目实现覆盖全区9个镇256个村7万多户村民家庭的农业农村信息传播。从内容上，设立了包括民生、养老、政策宣传、休闲农业、村务信息等与农民生产生活息息相关的板块内容。从功能上，具有开机直接进入、未读消息提示、文字转语音等全新功能，使农民享受更加便捷的信息服务，为推动智慧乡村、数字乡村、和谐乡村建设与发展，提供技术和服务。

3. 主要技术

以歌华有线电视云平台为基础，通过基础支撑平台对服务器资源、用户终端资源和网络资源统一管理、调度和共享，实现业务应用的快速部署、按需分配；通过应用管理服务系统、用户管理服务系统、内容资源服务系统

开机欢迎页

未读信息提示

文字转语音

服务主页

技术指导详情页

和数据管理服务系统的构建，形成完备的服务支撑系统；发挥有线电视传播和覆盖优势，对接新一代信息技术和互联网消费体验，建立具备支持 Web 门户类应用、互动业务应用服务、高清晰视频播放等多媒体应用和数据库服务等应用支撑平台。信息发布人员在系统编辑的内容支持一键发布到电视、手机等多媒体终端。

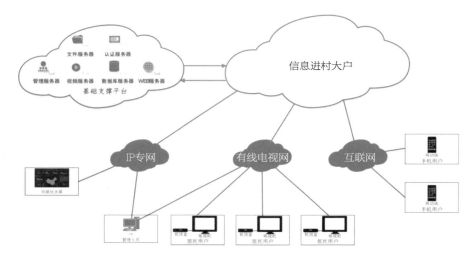

4.运营模式

信息资源收集：歌华有线积极与各村镇信息员联络，建立起沟通机制，指导各村镇完成信息采集工作，并不断与各村委交流沟通，完善信息收集工作流程和方法，总结整理各村信息资源的工作经验。

资源制作：针对村里收集的资料以及公共资源的生成，业务负责人制作电视 H5、图文、相册、视频等符合电视播出标准的资源内容。

特色产业详情页

内容审核信息发布：严格规定执行内容的技审发布，针对内容的安全性和稳妥性问题，采取人机双重校对模式，机审系统+传统人工校对双重把关，杜绝文稿中出现错别字、符号错用等低级错误，加强内容是否符合广电播出标准、图文显示的完整性、音频是否正常播放、

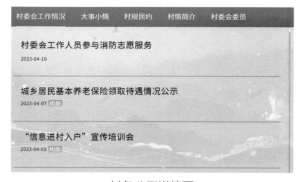

村务公开详情页

视频播放完整性等方面的技术审核工作。

现场培训：开展线下培训工作，工作人员在现场搭建演示环境、提供操作宣传单页，通过现场互动讲解、到居民家入户指导等方式开展平台宣传培训会。

媒体报道：自启动平台试运行培训会后，歌华有线组织发起"通州信息进村入户"服务宣传推广工作。新京报客户端、融合副中心 App、北京城市副中心报先后报道了"信息进村入户"服务在通州区启动试点上线工作。

➤ **经验效果**

1. 推广应用

通州区以打造全市乡村治理新标杆，创建乡村振兴可复制、可推广的样板为副中心农业发展的目标。"信息进村入户"服务项目通过各项运营支持，平台内容保持不断更新，不断向村民提供最新的各类资讯内容，提高村民观看的主动性、积极性，使项目具有可持续性。依托歌华有线普遍覆盖北京市居民家庭的优势，对于北京市其他地区数字乡村建设工作具备可推广性，未来在继续做好已覆盖行政村的各项服务工作同时，力争完成通州区剩余行政村的"信息进村入户"服务覆盖，打造具有通州区专属特色的"信息进村入户"服务。

2. 经济效益

通州区以率先基本实现农业农村现代化为目标，以深化农业科技创新和改革创新为动能。构建首都特色现代化农业体系，创新发展乡村新业态新模式，尊重农民主体地位，激发农民群众的积极性、主动性和创造性。做强产业特色盘，通过服务向村民

10月18日，永乐店镇召开中国共产党北京市通州区永乐店镇第五次党员代表大会，圆满完成各项议程。

水肥一体化技术简介

普及种植、养殖、生产等农业科学技术，使村民在家中即可按照需求进行学习。宣传推介如西集的大樱桃、张家湾的美味葡萄、于家务的芹菜等，让通州的特色产业传遍北京城，让北京居民尝到本地的新鲜菜，解决农产品销售问题，供给问题。同时大力发展休闲农业和乡村旅游，创建美丽休闲乡村休闲产业园，展示介绍通州区精品民宿，推动休闲农业走高质量发展之路。

3. 社会效益

提升通州区农业农村信息化建设水平：通州区农业农村局结合北京城市副中心建设与发展，坚持"智慧"与"特色"深度融合，在考虑全区乡村特点和实际需求前提下，借助有线电视高清交互云平台优势，开展了村内专属"信息进村入户"服务建设工作。村民不用增加任何设备，打开电视机就能收看与自己生活息息相关的信息，一系列精彩纷呈的独特板块为村民提供了丰富而有特色的智能服务。用现代信息技术武装农民、建设农村、服务农业，实现农村地区服务信息的渠道多元化、覆盖广泛化、传播精准化、操作便捷化。

使信息服务更具有普惠性：通州区"信息进村入户"服务项目将传播信息的窗口搬到了电视终端，虽然现在人们获取信息的渠道方式多种多样，电脑端、移动端使用已非常普及，但仍然有部分中老年人习惯于使用电视，电视大屏画面显示更加清晰，便于中老年人观看。项目的开展为不熟悉使用电脑手机、不喜通过新兴电子设备获取更多信息的中老年人，提供了更加方便、快捷、合适的获取信息渠道，使中老年人同样可以享受信息技术发展所带来的便利，使信息服务更具有普惠性。

撰稿单位： 北京歌华有线电视网络股份有限公司通州分公司，北京市通州区农业农村局

撰 稿 人： 马红燕，张春生，魏新亭

内蒙古自治区呼和浩特市土默特左旗高标农田建设项目典型案例

➤ **基本情况**

内蒙古小草数字生态产业股份有限公司，是内蒙古蒙草生态环境（集团）股份有限公司孵化的科创公司。公司主营"数字农业种植、智慧林草生态"，是生态产业 AI 应用服务商，在生态产业领域拥有数字化、智能化、AI 化的创新成果，是国家级高新技术企业、科技型中小企业、自治区级企业技术中心、研究开发中心；公司荣获农业农村部农业农村信息化示范基地认证，并被评为市级农牧业重点产业化龙头企业。在数字生态领域承担了 20 多项国家级、省市级科研创新，积累上百项知识产权，是内

蒙古大数据标准化试点单位及市级知识产权保护重点企业。公司获内蒙古科学技术进步奖一等奖、首届全国生态大数据创新应用大赛优秀奖、"创客中国"一等奖，获科技部授予"最具成长潜力团队"荣誉称号及市级"科技创新创业团队"称号。公司客户覆盖农业农村、林草、自然资源、水利、矿企等部分；公司业务细分为水肥智控、单产提升、智慧种植、数字高标准农田、智慧林草（林草长制数字化）、自然资源监管、水生态监测、矿区生态监测、智慧公园、数字生态馆等。公司已交付或在建项目包括生态大数据43个（涉及林草、农业、河湖湿地、草畜业、园林管养护、矿山、数字乡村等方面）、数字生态馆11处（涉及青海、内蒙古、河北等地）、规划设计7项；获省部级项目14项。

> ➤ **主要做法**

1. 实施背景

为深入贯彻习近平总书记以及国家对于美丽乡村建设、乡村振兴战略和数字乡村战略的总体要求，深入推进"互联网＋农业"，推动信息技术与农业发展的深度融合，加快建设"三农"大数据平台，扩大农业物联网示范应用，提升农业数字化、智慧化发展水平，助力农业供给侧结构性改革，加快地区现代农业转型升级，促进农业提质增效、农民持续增收、农村繁荣稳定，实现乡村振兴战略落地和推动农业现代化发展，以农业基地为示范，进行数字化、信息化升级，打造当地数字农业经济的示范基地，为农业转型升级探索方案蓝本。智慧农业作为农业中的智慧经济体现，不仅是智慧经济的重要组成部分，特别是对于发展中国家而言，它是消除贫困、发挥后发优势、实现经济赶超战略的关键途径。

2. 主要内容

2022年，土左旗对高标农田建设工程的部分区域实施了智慧化升级，这一项目由内蒙古小草数字生态产业股份有限公司成功中标并负责执行。项目聚焦在毕克齐镇的兵州亥村和什报气村，覆盖总面积达5 975亩的农田。改造过程中，项目团队充分运用了井电双控、水肥一体化以及物联网监测等先进技术，为种植田地提供了智能化管理支持。此外，项目还

配套了智慧农业的大数据系统，以实现对全旗农田的实时监测与数据分析，从而打造一个具备示范意义的智慧农业工程。通过以上软硬件技术实现了以下应用。

智慧灌溉：在土左旗的高标农田建设工程中，项目区配套水肥一体化、土壤墒情传感器、气象站、多要素环境监测站等设备。这些设备能够实时捕获当前灌溉状态、土壤温湿度数据、气象数据、虫情数据以及作物生长状况等关键信息。基于这些数据，项目团队建立了针对不同物候期玉米的灌水蓄水模型，并通过持续训练模型来增强其预测能力。通过对玉米整个生长周期用水的详细数据分析，项目能够精准调整不同物候期的土壤墒情阈值，进而智能控制水泵和电磁阀的自动启停。这种智能化的灌溉管理不仅提高了农田灌溉的效率和精准度，还有效促进了农作物的增产增收。

智慧化用水管理：井房中安装了井电双控控制箱，通过与变频柜和流量计的联动，实现了用户以刷卡的方式便捷地获取电力供应。同时，该系统还能实时监控每个井的用水量、用电量以及用户卡中的余额，为水价改革提供了有力的数据支撑和条件。

坐在炕头，管着地头：灌溉用户现在可以通过手机 App、PC 端或 IPAD 等多样化工具，根据各自的权限，轻松实现对农田灌溉设备的远程控制，包括设备的启动、灌溉计划的制订、轮灌计划的安排等，极大地简化了操作流程。同时，通过软件平台，用户能够实时查看当前的灌溉状态、正在执行的灌溉计划、田间作物的情况、各设备的运行状态以及田间的灌溉详情，无须亲自到场，就能全面掌握农田和作物的整体状况。

提升决策能力：土左旗智慧农田管理平台是全区首个集智管、智控和节效分析为一体的农田管理综合平台，部署在土默特左旗国家现代农业示范园。该平台充分运用了 4G/5G、物联网、大数据、人工智能、卫星遥感、无人机、智能终端以及可视化等尖端技术，实现了农业生产要素配置的优化和集成。通过农业的可视化和数据化，平台不仅促进了信息技术、遥感技术在农业生产、经营、管理、服务等各个环节的深度整合，还通过技术进步、效率提升和组织变革，推动了农业创新力的显著提升。这一变革引领了农业生产方式、经营方式、管理方式以及组织方式的新形态，为现代农业发展注入了新的活力。

➤ **经验效果**

目前，土左旗以毕克齐镇兵州亥村和什报气村为试点工程，打造智慧农业的示范区。经过1～2年的示范区实践应用，结合专业技术人才的实地指导与培训，帮助当地农民熟练掌握系统操作。同时，通过对大量农田灌溉数据和作物生长数据的深入分析，以及针对性的数据建模，旨在为土左旗农业积累丰富的数据经验。这些经验不仅为下一步技术的全面推广提供有力支撑，更将促进农民增产增收，为农村经济的可持续发展提供优质服务。项目建设产生的经济和社会效益显著。通过项目建设，可以稳定项目区域内灌溉面积，再通过改造原有的灌溉条件，可以促进原有传统、粗放的农业灌溉方式的改变，调整农业种植结构，优化耕作技术、耕作制度，对推进农田灌溉现代化管理科学化，促进传统农业向现代化农业转变，促进地区社会经济健康持续发展具有重要意义。

通过项目建设，能节约用水，减少水费支出，减轻农民经济负担，改善农业供水管理体制，完善水价形成机制，使农民得到真正实惠，对巩固完善农村承包经营机制，增加地方财力，促进农村经济发展将起到重要的作用。

项目建设充分体现了党和国家对农村发展及地区经济繁荣的高度重视。这一举措不仅拉近了党和政府与人民群众之间的紧密联系，还有效解决了灌溉用水难题，减少了因水资源分配而产生的矛盾和纠纷，促进了农村的社会稳定和和谐社会的建设。智慧农田项目的成功实施，有效解决了项目区农业生产面临的主要瓶颈，为粮食增产、农民增收以及农业产业结构的优化调整奠定了坚实基础。经过高标准建设，主要粮食作物的单位面积产量预计将显著提升，直接增加农民收入。同时，该项目还展现出种植经济作物的巨大潜力，对农业产业结构调整起到了积极的示范和带动作用，进一步推动了农村经济的蓬勃发展。此外，项目区水利设施的完善配套显著增强了农业抵御自然灾害的能力，改善了农业生产条件，为农业生产的持续健康发展提供了有力保障。通过项目工程的建设，项目区达到了"挡得住、排得出、降得下、配套齐"的标准，灌溉保证率提升至90%以上，显著增强了抵御自然灾害的能力，使原本的中低产田转变为稳产、高产的良田，为粮食安全提供了坚实保障。

通过项目区软硬件配套实施，结合建成前后的数据对比，项目后续实施计划等可分析得出以下结论：在效益方面可以达到节水45%，节肥32%，节药26%，省工80%，增产15%，增收392元/亩。在成本收益方面，每套灌溉设备的购置成本在118 000元/套，并且后期维护的费用在20 000元/年，但是综合效益每亩增收392元对比后每年的利润可以提升140万元。

撰稿单位： 内蒙古小草数字生态产业股份有限公司

撰 稿 人： 徐晓伟，朝鲁门

辽宁省联通农企智慧服务数字转型典型案例

➤ **基本情况**

自党的十九大首次提出乡村振兴战略至今，我国农业农村现代化快速推进已近6载。6年间，中国联合网络通信集团有限公司作为我国数字化建设领军企业，深度参与数字中国、数字乡村建设。集团支持农业农村优先发展、助力乡村全面振兴。截至2023年，联通数字乡村服务平台全国范围已覆盖23万个行政村；累计投入无偿帮扶资金12.1亿元，帮助定点帮扶地区培训基层干部、乡村振兴带头人和专业技术人才4.45万人次。辽宁联通秉承集团战略，发挥自主研发、自主实施及省市县乡村五级服务能力体系，全面投身辽宁乡村振兴事业。辽宁联通以乡村数字经济为主要抓手，将发展智慧农业、助力中小农业企业数字化转型作为战略锚点，自主投资，研发"天工·开物"云平台。平台实现农产品质量安全追溯及物联网自动控制两大智慧农业核心应用，并以标准化 SaaS 层产品投入市场，通过丰富的功能与定价策略，真正服务中小企业数字化转型，提升品牌价值。

➤ **主要做法**

1. 实施背景

设备集成需求：以辽宁为参考，物联网设备已在农业领域得到一定程度应用，但智能感知、控制设备间联动尚存在掣肘。因不同装备厂家间平台不互通、设备协议私有化、集成平台定制开发成本高等问题，中小企业用户实现智慧农业困难重重。

数据保密性需求：种养殖数据是农业科技型企业的重要数据资产。农业技术推广如何能在兼顾效果的同时，又保证核心数据不外泄，是其走出示范基地，走进广大农户的前提条件。

使用成本需求：集约式智慧农业平台目前在大型企业及地方示范园区有小范围应用，其高昂的开发费用超过中小型农业经营主体预期。脱离定制开发、节约使用成本、适用多类场景的标准化产品具备足够市场空间。

产业链追溯：传统编码规则开发的溯源平台常出现下游环节溯源信息缺失情况。在食品安全问题日益凸显的当下，生产、流通、仓储、分销的全产业链追溯更具现实意义。对生产者而言，如何摆脱对人工录入的依赖、实现传感器数据与溯源平台实时同步，亦是亟待解决的问题。

2. 主要内容

中国联通从服务中小企业数字转型出发，研判市场需求，研发"天工·开物"平台。完整生态由天工及开物两大平台构成，两平台功能相互独立，数据打通，支持标准版订购或私有化部署，支持 5G 专网 MEC。天工平台依托辽宁联通工业互联网二级节点，关注流程监管，实现农业产业链信息追溯。开物平台实现物联网设备数据采集、数据控制及设备联动。可选配联通农业传感器、CAT1网关及物联网集成控制箱。

用户界面个性定制

天工·工业互联网溯源平台：平台服务生产、经营、服务企业，聚焦农产品在生产、流通环节中存在的农药化肥滥用、出入库流程烦琐、信息流通困难、运输保存不规范、原产地伪造等问题，利用物联网、大数据、区块链等信息技术，贯穿农业生产、加工、仓储、物流、销售应用场景，建设包含标识管理、产品管理、设备管理、电子质保查询、区域防窜管理、溯源管理、物流管理、统计分析、营销管理等业务应用功能。同时，通过业务应用平台的建设，帮助企业完善基于产品标识的商业模式，促进企业生产运营方式的转型升级，提升市场信誉和竞争力，并有助于推动区域农业产业数据融合。

设备联动

标识管理，管理产品标识码的生成、分配和追踪。基于工业互联网二级节点解析，生产防伪二维码，并将其与用户自定义的产品或流程相关联。通过标识管理，企业可以追踪产品的生产流程、批次信息和相关环境数据。

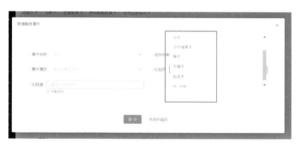

用户自定义联动条件

产品管理，这一功能旨在管理企业的产品信息。用户可个性化配置前端界面，记录产品的基本属性、规

物联网全景

格、生产日期、供应商信息、使用方式等。通过产品管理，消费者可以有效地跟踪产品的生命周期，并实现对产品信息集中查询。

营销管理，该功能旨在协助企业进行产品营销和市场推广活动。平台可以记录销售数据、市场反馈和客户需求，并提供地图显示、数据分析和决策支持。通过营销管理，企业可以更好地了解市场需求，优化产品定位和推广策略。

防窜管理，这一功能旨在防止渠道窜货和非法销售行为。平台可以监控产品的流向和销售渠道，识别并打击假冒伪劣产品和非法销售行为。通过防窜管理，消费者可识别农产品原产地，企业可以加强对产品的控制和保护，维护品牌形象。

溯源管理，平台核心功能，用于实现产品的全程溯源。它可以追踪和记录产品的生产过程、物流流向和销售环节，确保产品质量和安全；政府、行业协会等监管机构可以提供可靠的产品溯源信息，增强消费者对农产品的信任和认可。

数据展示，这一功能提供数据统计和分析工具，帮助企业对产品和市场进行深入分析。平台可生成用于大屏展示的报表和图表，展示销售趋势、产品质量数据和市场份额等信息。

开物·物联网管理平台：开物平台是遵循物联网行业标准，满足农业行业需求，具备设备接入及管理、设备运维及运营管理的综合物联网管理平台。平台以设备接入为核心，以设备感知和业务感知为基础，能够实现"端、管、云"的有效贯通，从而进行物联网设备的智能管理、运维和运营。开物平台总共具备 8 个功能模块，即租户管理功能、产品定义功能、设备定义功能、设备运营功能、设备接入功能、设备通信处理功能、物联网全景视图功能、终端管理功能。平台使用 B/S 架构，支持 PC 程序、手机 App 等，满足用户在不同场景的使用需求。主要功能如下。

产品定义，以属性、事件、指令三大部分构建高度抽象的物联网设备模型，用户根据自身需求，根据设备运行逻辑，灵活定义物联网产品。多协议多类型接入，支持 Mqtt、Coap、Modbus、Lwm2m、JT808、IEC104、OPC、LoRa、ZigBee 等多种物联网协议，多种类型设备的接入。

设备分析和运营，通过对设备全流程的数据采集和运营分析，提供完整的状态监控和分析告警。设备协同，通过物联网设备协同引擎，定制多个设备之间的协同规则，实现丰富的智慧农业联动场景。控制终端，针对多类型物联网设备，提供 App、小程序、Web 应用等多类终端，实现远程控制。可定义全景展示，通过用户、产品、设备 3 个维度形成物联网层次化的全景视图，同时具备大屏和 3D 展示能力。用户可自行编辑可视化界面。

平台优势：一是服务广大农户，天工·开物平台标准版为 SaaS 层产品，按年月计费提供服务，平台功能及价格适配中小企业及合作社。二是提供一站式软硬件解决方案，在设备、连接、存储、分析、展现、智能、应用等全链路各个环节，提供边端一体、软硬一体的产品，为新建或升级改造的园区提供已适配的物联网识别，对园区已有的数据采集设备，售后运维人员提供平台对平台服务。三是双平台无缝对接，天工·开物平台部署于联通行业云，由中国联通辽宁省公司统一运维，双平台间数据对接无障碍，保证物联网采集的环境数据实时同步溯源平台。四是 5G 边缘计算，依托联通 5G MEC 边缘云的强大网络能力和计算能力，以平台服务 + 边缘服务 + 边缘 SDK 形式构建全套边缘计算框架能力，结合边缘智能形成丰富的边缘计算场景。五是 5G 随行专网，可增设 5G 农业专网，在体验 5G 网络低延时高数据的同时，实现园区内网、外网分离，无感切换，数据不出园区，畅用外网同时，保证内部数据安全。

➤ 经验效果

1. 经济收益

天工·工业互联网溯源平台以年费会员形式向企业提供服务，为客户节约自建平台及机房成本；同时溯源平台的使用提升了农产品品牌价值，拓宽了市场销路，增加了企业营业性收入。开物·平台物联网功能面向社会免费开放使用，并提供人工智能等增值服务，为农业生产经营主体及农业装备制造企业发展现代农业降本增效。同时，开物平台对接的物联网感知设备，可用于活畜抵押及设施温室资产评估，助力农村普惠金融业务开展。

2. 社会效益

基于天工·开物平台，辽宁联通已打造 47 个 5G 工业互联网标杆项目，与 69 家行业客户签署战略协议，已与辽宁省农业科学院成立 5G 智慧农业联合实验室，开展辽宁省农业领域 5G 课题。平台的推广应用，打通农业各环节物联网控制及数据交互，实现生产、加工、流通、销售集群式发展，为发展辽宁省现代化大农业提供信息化能力。

3. 生态效益

天工开物平台由联通省－市－县－乡－村五级体系负责推广，已形成乡村网格化服务能力，每个乡镇至少 2 名创新人才。轻量化的 SaaS 应用配套完整的线下服务体系，有效提升了县乡经营主体的数字化能力，使村镇一级农业生产走向精准农业，节约农药化肥使用；农产品加工实现数字化、智能化，降低水电气使用，为实现双碳目标作出贡献。

撰稿单位：中国联合网络通信有限公司辽宁省分公司，辽宁省农业发展服务中心

撰 稿 人：杨　涛，赵　坤，黄端华，廉　晶

江苏省镇江市农业农村信息化综合服务平台典型案例

➤ 基本情况

镇江市农业农村局是镇江市政府工作部门，为正处级，挂市乡村振兴局牌子，镇江市委农村工作领导小组办公室设在镇江市农业农村局。在数字农业建设方面主要承

担镇江市农业信息化服务体系建设，指导全市农业电子商务、农业物联网技术推广应用、农业大数据平台建设运营、网络安全支撑保障、农业信息进村入户等相关工作。2019 年以来累计投入资金 1 080 万元开展农业农村大数据建设，分 3 期逐步建设镇江市农业农村信息化综合服务平台。镇江市农业农村信息化综合服务平台 2022 年以来先后入选"2022 数字江苏建设优秀实践成果""2022 年江苏省信息通信业助力乡村振兴十大典型案例""全省农业数字化建设优秀案例"，数字农业实践取得了丰硕的成果。

➤ **主要做法**

1. 实施背景

习近平总书记强调，要推动互联网、大数据、人工智能和实体经济深度融合，加快推动农业数字化、网络化、智能化。为贯彻落实中央决策部署，加快推动农业农村生产经营精准化、管理服务智能化、乡村治理数字化，农业农村部先后编制印发《数字农业农村发展规划（2019—2025 年）》《"十四五"全国农业农村信息化发展规划》《"十四五"数字农业农村建设规划》等文件，部署发展智慧农业、推动全产业链数字化、夯实大数据基础等一系列重点任务。

2. 主要内容

立足镇江市农业现状和现实需要，将全市范围内的农业数据基于统一的数据标准与规范进行统一的管理，搭建镇江农业大数据服务平台框架，实现数据丰富、完善、共享。按照"1+1+1+N"的平台模式，即"一中心、一云平台、一决策、N 应用"，建设综合型农业生产、经营、管理、服务平台。平台面向全市各级农业农村局、基层农技人员、各类农业经营主体、农民提供服务。

一中心：即镇江市农业农村大数据中心，依照"聚、通、用"建设思路，汇聚全市农村土地确权、两区划定、高标准农田、现代产业园区、卫星遥感等空间信息数据，各业务系统数据及省（市）大数据平台下行共享数据，目前平台数据中心累计对接数据库 35 个，形成数据表 700 多个，汇集数据量 700 万余条，存量数据接近 1.6T，为整个平台应用提供数据源泉。

一张图：构建了全市农业农村时空一张图综合应用，涵盖种植业、渔业、畜牧业、农田、农技推广、乡村治理、新型经营主体、农村经济、农民、农产品质量安全、农业物联网的全线条、全要素、多维度的农业农村数字地图。农业农村时空一张图汇集融合了卫星遥感数据、空间地理信息、农业农村专题矢量数据及各业务系统数据，通过电子地图、遥感影像图、农业专题图、农村专题图等 96 个图层叠加融合，探索实现了镇江全市农业农村多场景的"以图说农，以图智农"的新模式。

"一决策"：即农业农村数字决策，基于大数据中心，聚焦农业农村大数据资源的关联性分析与挖掘，通过数据模型引入与使用，初探农业农村预测、预警及科学决策的应用场景。数字决策中心主要包括总览、数字图谱、智能报表和监测预警 4 个子系统，其中监测预警通过对全市农药因素、病虫害因素、农村三资、涉农舆情、涉农项目进行实时监测、预测、预警与分析，为领导辅助决策提供数据与科学支撑。

"N应用"：即综合业务应用系统，紧密结合市—县—乡镇三级业务协同与联动需求，融合汇集在用的20个业务系统。新建业务系统主要包括农药监管系统、茶叶全产业链管理、现代农业产业园管理、农业新型经营主体评价体系、农技推广项目监管、畜牧业报表、重要信息名录高标准农田管理系统、农村人居环境长效监管、沼气工程、党建大数据系统、涉农项目监测预警等应用。同时，业务系统应用为"一张图"和"一决策"提供鲜活的、实时的、高质量的数据保障。

3. 主要技术

多样化的数据采集手段：提供农业农村数据一站式、智能采集服务，集成了实际工作中用到的离线采集、实时数据采集、接口采集、文件导入、网络爬虫等多种数据采集手段，严格保障数据采集的完整性和及时性。

丰富的数据挖掘算法：系统内置多种大数据算法，提供专业的分析预测，快速搭建完整的数据模型，一站式实现数据分析挖掘的全过程。

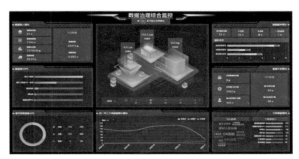
农业农村大数据中心

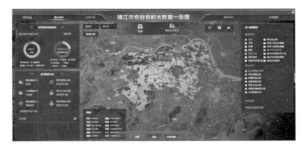
农业农村大数据一张图—农田一张图

农业农村大数据监测预警

镇江市农业新型经营主体评价体系

可靠的端到端数据共享：采用统一传输协议形成了数据共享互通，实现跨部门数据端到端可达，按需实现数据下载和调用，将数据直接落地至本地数据中心。

4. 运营模式

项目由镇江市发改委立项批准，具体实施由镇江市农业信息中心承担。镇江市大数据中心提供政务云服务器及网络存储资源等网络基础设施,江苏移动系统集成有限公司作为技术支撑单位负责具体技术方案设计,同时江苏移动系统集成有限公司负责平台建设、数据处理和运维升级,江苏乐普科技有限公司提供网络安全技术保障,镇江市农业信息中心负责平台功能管理、权限管理和数据共享交换对接等,从而保证项目的安全稳定运行。

➤ 经验效果

1. 经济效益

打破数据分割和利益壁垒,推动镇江市农业农村数据资源的整合、共享、开放和利用,形成覆盖全面、业务协同、上下互通、数据共享的农业农村大数据发展格局。将数据资源变为数据资产,结合具体需求形成了多角度业务分析、监管模型,为农业农村的提供各类业务信息服务,帮助产业主体提升生产经营效率,提高经济效益,推动数字经济发展。目前监测指导全市约 108 万亩水稻、71 万亩小麦、21 万亩油菜、8 万亩大豆的种植情况,19 万亩水域养殖情况,3 820 家养殖场的 65 万头/年的生猪生产情况,有效提升全市农产品稳产保供水平。农药监管系统通过在线监管全市 400 家农药经营门店,提高监管人员管理效率约 20%,长江沿线视频监控系统节省执法巡护人员时间成本约 35%。

2. 社会效益

为 4 000 多家农业经营主体建立信用档案,保障农业经营主体信用积累、信用使用的权利。平台建成提高镇江农业生产管控一体化水平,降低农业数据收集处理成本,降低农业信息管理使用成本,提高决策科学性与决策效率,减少决策失误,推动了农业增长方式的转变,将大数据与农业生产结合,推动数据的赋能农业产业发展,实现了农业生产与生态环境治理的结合,促进农业转型发展,带来了巨大的社会效益。

3. 推广应用

平台侧重于农业农村治理体系的数字化提升和农业经营体系的数字化改造,为镇江全市各级农业农村部门、农业产业园区及部分农业经营主体使用,涉及业务单位 11 个、用户 2 000 余个,年登录使用 4 万余次。平台的建成加快了数据整合共享和有序开放,深化了大数据在农业生产、经营、管理和服务等方面的创新应用,为政府部门管理决策和各类市场主体生产经营活动提供更加完善的数据服务,为实现农业现代化取得明显进展提供有力支撑。后续将围绕政务数据的价值释放,探索建立数字与普惠金融、科研、农业生产、产品营销等方面的联系和纽带。探索从政府投资为主,转向引入社会化力量参与。引导社会力量进行平台的运营和维护,畅通渠道,增加多元化参与方式,形成政府主导、市场和社会力量广泛参与的格局。

撰稿单位:镇江市农业农村局

撰　稿　人:史周成

浙江省台州市黄岩区打造"瓜果天下"助力瓜果产业升级实现"瓜果飘香，富甲多方"典型案例

➤ **基本情况**

台州市黄岩区农业农村局立足于历经 40 年发展的外出西瓜产业，以瓜农抱团作战、"地瓜经济"辐射、数字改革赋能等模式为牵引，创新打造"瓜果天下"场景应用。该应用场景由南京数溪智能科技有限公司建设，对接中国科学院南京土壤研究所，构建市、区两级供销社、农业农村部门、改革办、金融机构会商协作机制，为外出瓜农提供从金融贷款、土地承包、农资购销、市场对接等全链条的智慧服务。该项目已历时 3 年，累计投入 400 余万元。

➤ **主要做法**

1. 实施背景

浙江省人均耕地面积远低于全国水平，农业发展用地有限，"跳出浙江发展浙江"成为共同富裕的必然需求。台州市黄岩区"七山一水两分田"地貌，人均耕地较少，西部产业发展受水库保护制约，群众只有走出去才能谋发展。该区立足农业用地少的区情和中西部省份农业技术薄弱的互补难题，自 1983 年起不断探索打磨外出瓜果产业发展机制，经过近 40 年的发展，外出种瓜产业已成为浙江省"地瓜经济"的重要典型。

2. 主要内容

黄岩区通过多次赴省外瓜农所在地实地调研需求，认真梳理了瓜果生产端与消费端未形成联动、数据沉淀未能有效指导生产的现实需求。针对这些需求，该区通过数据链贯通产业链、资金链、创新链和政策链，全力破解堵点难点问题。

夯实产业基础，筑牢瓜果"走出去"后盾：强化种质支撑，提升竞争实力。积极承办浙江省西甜瓜良种育繁推科技创新平台现场考察培训会等活动，联合种子公司、科研院所，引进分子育种、遗传育种、生物信息等新技术，开展专项育种攻关，提升瓜果种业自主创新能力和综合竞争力。目前，黄岩区已与 20 多家种子公司开展合作，每年承接 200 多个新品种和试验材料试种、展示任务。加快产业迭代，助力链条升级。高质量建设茅畲西甜瓜科创产业园、北洋瓜果农业科技园区、瓜果天下大楼，打造瓜果产业协同创新高地。以茅畲西甜瓜科创产业园为例，该项目已入选 2023 年度乡村振兴综合试点项目，建成后预计每年可成功培育、推广 1 个以上新品种，西甜瓜产业可增加产值上亿元。推动政策突破，筑好营商环境。出台《关于扶持黄岩西瓜产业在全国高质量发展的政策意见》等支持政策，优化品牌建设、法律维权、融资保险等公共服务，为外出瓜农提供全方位保障。例如与云南省勐海县共同打造政策性保险

"共保体"，在全国首次实现跨区域政策性农业保险。据统计，黄岩农商银行为瓜农累计发放贷款 200 多亿元、共计 50 多万笔，共让利约 3 亿元。

甘肃千亩瓜地设施大棚

打造开放平台，贯通技术"送出去"路径：组织重构，嵌入现代产业思维。组建新型瓜农合作经济组织联合会，在全国 23 个省份建立联络处，以小兵团作战、大本营统筹经营为手段，链接各地 48 家瓜果生产基地，加强与商超、采购商对接，指导果农开展工厂化生产、订单式种植，实现以销定产，稳定市场价格。目前，该联合会已吸纳会员近 4 000 人。体系整合，构建产销全套服务。积极创办包装厂、冷链贮藏库等设施，为技术相对薄弱地区提供种子、薄膜、化肥农资，构建起种植、管理、经营、销售为一体的市场服务体系，实现"种植地选到哪，配套服务更新到哪"。目前，已在 17 个省份建立电商产业中心、农产品冷链仓配中心等平台 100 多个，在 23 个省份建立农资物流配送点 250 多个。痛点疏通，精准对接群众需求。打造"瓜果天下"场景应用，凿通政府、金融、协会、三方机构间行政壁垒，为果农提供从智能选址、农资对接、种植服务到供销对接、信用服务的全链式闭环服务，帮助外出农户了解市场、开拓市场。

促进资源反哺，共享产业"强起来"成果：打好共富牌。围绕区内瓜农擅长的西瓜、哈密瓜等种植作物，总结提炼关键种植技术，形成可在各地推广复制的全产业链发展模式，推动资金、技术、设施等核心要素一体化输出，为省外农民提供田地租金、就业岗位、农业技术等增收途径，带动当地群众增收致富，例如在陕甘宁、西南及北方等地区建成 48 个优质瓜类生产基地，支付各地土地租金近 10 亿元；向河南省夏邑县西瓜种植户推广三膜覆盖技术，实现亩均增收 3 000 元以上。打好回馈牌。依托黄岩西甜瓜品牌效应，加强与当地农业大户、村集体、农业部门等沟通对接，反馈区内瓜农在瓜果储藏场所、经营场地等方面需求，争取土地、资源等要素回馈，优化瓜农生产经营环境，例如云南省勐海县李忠强流转 3 500 多亩土地转包给黄岩瓜农，投资 500 万元建设冷库和包装场地，解决果农储藏难的问题。打好返乡牌。鼓励外出瓜农积极返乡创业、热心公益事业，带领家乡群众共同致富，例如茅畬乡瓜农应明富回乡投资 1 600 多万，在头陀流转土地 300 亩种植黄岩蜜橘，积极参与中华橘源小镇建设，现该基地产值达 160 多万元。成立运营公司，畅通大型商超等销售渠道，并为外出瓜农提供开票服务，将外出产值引回黄岩，实现税收返乡。目前，黄岩区已为西双版纳晶曜种植专业合作社的 2 500 kg 西瓜开出了"第一票"。

3. 主要技术

主要是依托卫星遥感等技术，通过积温积雨、土地墒情等构建智能选址、病虫害预测等六大模型，助力实现田块精细化管理、病虫害智能化防治等，实现"跟着数据种果"效果。并由建设公司合作的中国科学院南京土壤研究所提供全国土壤数据，综合土地流转、种果同乡、矛盾纠纷等因子，开发智能选址模型，形成 2 843 个县（市、区）的种植推荐指数，选址精准度可提升 70% 以上，极大减少果农选址成本支出。

4. 运营模式

该应用场景前期由政府投入建设资金，建设完成后，创新"政府 + 运营公司"的市场化运行机制，厘清政府与市场边界，政府部门重点提供政策支持、专家咨询、法律维权等公益性服务，由"国资 + 私企"合资组建"瓜果天下"运营公司开展市场化服务，也为应用场景的可持续发展注入源源不断的资源。

➤ **经验效果**

1. 经济效益

黄岩区的外出西瓜产业已历经 40 年的发展，成为浙江省"地瓜经济"的重要典型。目前，该区共有 4.3 万名外出农民，分布于全国 23 个省份，种植各类瓜果 70 万亩，是区内经济作物面积的 3.55 倍；产业链总价值达 100 亿元，仅西瓜年销售产值就超过了 50 亿元，相当于黄岩农业总产值的 179%；为当地提供农业就业岗位 5 万余个，带动全国近 10 万群众共同致富。

2. 推广应用

"瓜果天下"应用场景基于外出西瓜产业应运而生，已历时 3 年。截至目前，共有用户 10.4 万，其中瓜农 1.57 万；覆盖种植面积 107 万亩，累计访问 43 万人次，平均日活用户 800 人次；"瓜果天下"入选浙江省数字政府"一地创新　全省共享""一本账 S0"，在全省作推广，现已完成推广。除浙江省内推广外，更有一些省外的瓜农注册使用。同时，考虑到在省外瓜农的使用便利，建设了"瓜果天下"同名微信小程序端，不受地域限制，简单注册即可使用。

黄岩区将继续保持外出瓜农产业先行优势，按照"地瓜经济"规律，向内打造集种子研发、营销展示、资本助力于一体的研销体系，向外输出种植技术、营销理念和配套服务，让黄岩"总部"实力变得更强，瓜果"藤蔓"伸得更远，瓜农品牌擦得更亮，全面助推乡村产业提能升级。

撰稿单位：台州市黄岩区农业农村局

撰 稿 人：张景棋，周　佳

江西省会昌县农事服务助推产业高质量发展典型案例

发展现代农业离不开农业机械。近年来，会昌县麻州镇以农民的利益为出发点和落脚点，在县农业部门的指导支持下，结合自身资源，打造全程机械化综合农事服务中心，科学整合农机、人才等要素资源，不断提升农机作业服务能力，积极构建"互联网＋现代农机"全程机械化作业体系，立足长远，主动延伸产业链，实现了经济效益和社会效益双赢。

➤ **基本情况**

会昌县麻州镇全程机械化综合农事服务中心成立于 2022 年 6 月，是集万亩工厂化育秧、农机维修、农事服务、农资销售、农技、农机驾驶培训为一体的综合农事服务平台。中心位于麻州镇齐心村，占地 15 亩，建筑面积 5 850 m²，总投资 718 万元，其中齐心村挂点单位扶持资金 100 万元，大坪脑村、坳下村、麻州村、前丰村、齐心村产业发展资金 468 万元，县级衔接资金 150 万元，按 A 类综合农事服务中心建设要求，科学合理规划机械停放区、稻谷烘干区、机械维修区、机械保洁区、农资服务区、农机实训区、农技培训区、终端调度区，按种子处理、育秧播种、播后管护、功能辅助，建成 1 200 m² 的标准化育秧区域等九大功能区。农事服务中心自有11 台 904 拖拉机、10 台高速插秧机、7 台手推式插秧机、12 台联合收割机、1 台植保无人机、60 t 稻谷烘干机、26 台其他高性能辅助机械设备，同时整合社会闲散服务主体及 20 余台大型拖拉机、收割机。农事服务中心有专业农事作业人员 22 人，具备大规模农机社会化服务综合作业能力，能够为农业生产提供产前产中产后全过程综合配套服务。

➤ **主要做法**

基础设施标准化：一是农机库棚，库棚建设面积 980 m²，主体为封闭式库房，地面平整，采光、通风条件良好；库房内农机具分类标注，各农机具停放整齐，场所清洁；机库外场设有农机具清洗场及清洗设备。二是维修车间，占地 120 m²，建有与农机保有量、农机作业规模和维修工艺要求相适应的维修间和配件库，配备农机维修专业人员及必要的维修工具，可从事常用农业机械的修理、一般故障排除及整机维修保养等服务。三是培训设施，合作社配有设施齐全、功能完善的 65 m² 培训教室，配备桌椅、电脑、投影仪、音响等教学设备和 500 m² 操作技能训练场地，有专业技术人员提供生产指导、技术咨询、科普宣传，能够面向农业生产经营主体开展新品种、新技术、新装备等实用培训。四是信息装备，配备有电脑、电子屏幕等信息化设备并接入互联网，拖拉机、插秧机、植保机、收割机等主要机具安装了信息化监测终端并纳入远程监控平台管理，能对作业情况进行实时监控和指挥调度。五是农业生产配套服务，配备农资销售区，常备当地所需的种子、化肥、农药等生产物料并具备为当地农户统购农资的服务能力。

装备配置齐全化：一是配齐配全各类机械设备。中心配置农业机械装备共 84 台（件）、机械总动力达 2 750 匹，主要包括拖拉机、旋耕机、秸秆粉碎机、油菜一体机、圆盘犁和四铧反转犁、驱动耙、起垄机、高速插秧机、手扶式插秧机、联合收割机等设备。二是抓好水稻育秧中心装备建设。工厂化育秧中心占地面积 1 100 m²，配备与服务规模相匹配的水稻育秧中心，中心配备浸种池、秧盘、床土提升机、育秧播种流水线、暗化催芽室、托盘、转运叉车等设备设施，基本实现机械化。

跨区作业规范化：麻州镇齐心村经济合作社是一支组织机构健全、有各类农机操作员 20 人，管理运行规范的跨区作业队伍，为周边乡镇、县等提供跨区作业服务，既能服务周边农户和农业生产大户，又能组织农机手开展市内跨区或跨市机械化作业服务。

农事服务智慧化：麻州镇农事服务中心在齐心村、大坪脑村各设 1 个服务点，覆盖全镇、辐射周边乡镇及县外的农机经营服务。主要提供翻耕、插秧、植保、收割、运输、烘干等农业机械服务，同时兼具县级农机应急服务，为农业生产、农民生活提供全产业链服务。麻州镇农事服务中心还通过农机加装数据监测终端，建立以农机大数据为基础的农机服务体系，农户可通过手机扫农事服务二维码或"独好会昌"平台预约农机服务，是会昌县建设"数字农业"的重要实践成果。

➤ 经验效果

1. 经济效益

作为江西省粮食生产种植大县，通过开展机械化和数字化管理，构建综合农事服务中心，减少了劳动力投入，大大节省了种植成本，提高了粮食产业种植经济效益，实现了亩节本增效 300 元。

2. 推广应用

通过麻州镇全程机械化综合农事服务中心的成功经验，在全县 19 个乡（镇）建立了综合农事服务中心，服务面积覆盖全县及周边多个县（市），服务农民达 20 万人次。

3. 参考借鉴意义

全面提高了全县的农业机械化水平：通过抓好综合农事服务中心建设，充分整合资源，将机械化生产融入粮食生产翻耕、插秧、播种、收割等各个环节，提高农业生产过程当中的机械化投入。2023 年度会昌县水稻种植面积为 18 520 亩，其中机械插秧面积为 10 000.8 亩，人工插秧面积为 8 519.2 亩，机插率为 54%，市级下达目标为50.7%，超额完成上级下达任务目标，迈出了农业生产转型升级跨越性的一步。

全面提高了全县的农业数字化水平：通过开展智慧农机服务，利用农机数据监测终端，对机械作业进行实时监控和指挥调度，合理安排机械和人员，保障作业质量的同时保障了农业生产安全。利用"农户点单＋提供服务"的平台预约服务机制，合理调配农机，提高农机使用效率，实现了农机数字化管理。

撰稿单位：江西省农业技术推广中心智慧农业处

撰稿人：占　阳

江西省修水县美丽乡村大数据平台典型案例

➤ **基本情况**

建设数字乡村，既是建设数字中国、实施乡村振兴的战略需求，也是催生乡村发展内生动力、提升乡村生活服务水平的现实需求。修水县委县政府为修水县乡村治理、人居环境整治、现代农业的建设、助力乡村振兴、争创全省美丽宜居示范县，建设修水县美丽乡村大数据平台，提高内生的农业农村现代化发展和转型进程，打造"修水县样板"。近年来，修水县通过党委领导、政府负责、部门协同、社会参与、群众支持的方式，提高数字乡村建设的专业化、现代化、系统化和智能化，建设了集智慧农业和环境管护于一体的美丽乡村大数据平台。围绕人居环境整治和村庄长效管护工作，运用物联网、云计算、大数据、5G、遥感、人工智能等先进技术，打造县乡村三级数字管护平台，对农村地区垃圾收运、污水治理、村容村貌维护等进行数字化监管。通过以点带面逐步提升修水县人居环境整治工作成效，最终实现农村人居环境持续改善，推动乡村面貌由"一时美"向"持久美"转变。同时，紧跟现代农业发展趋势，建立智慧农业平台，满足智能化现代农业产业园建设要求，用数字化现代农业技术推进智能农业产业园实施，快速提升农业科技应用水平，特别是运用大数据平台，重点将宁红茶、蚕桑和设施蔬菜等建成产业特色鲜明、要素高度聚集、设施装备先进、生产方式绿色、一二三产业融合、带动能力强、辐射面广的一乡一园现代农业产业园，形成乡村发展新动力、农民增收新机制和产业融合发展新格局。

➤ **主要做法**

1. 建设智慧农业模块

在何市镇火石村、马坳镇黄溪村、杭口镇、黄沙镇、漫江乡等8个基地建设农事环境远程监控系统33套，远程虫情测报系统7套，作物生长环境监测系统7套，幼蚕养殖环境监测系统2套。大力发展数字化种植养殖，在苗圃、农业大棚安装气象站、土壤肥力、防火预警、病虫害预警等监测设备。通过智慧农业平台展示全县主导产业基本情况、主导产业分布情况、实时查看8大产业基地场景、全国农产品价格指数等，利用数字乡村大屏、手机进行实时监测，提升了农业生产的标准化、智能化、精准化水平。

农业数据云：围绕修水县农业生产实际需求，按照九江市委市政府的顶层设计，以农业大数据云计算为核心，建设农业大数据综合服务体系。

农业物联网信息平台：以物联网技术为基础，以"建立农产品全程可追溯、互联共享的综合服务"为目标，运用大数据采集共享与实时分析技术，针对政府监管、农产品生产及市场导向，指导农业产业化龙头企业、农民合作社、家庭农场、种养大户等新型生产经营主体，实行农业标准化生产。对农产品生产、加工、质检、仓储、包装、运输、销售等环节进行精细化管理，建立完善农产品质量安全追溯公共服务平台，逐步建立以追溯码为基础的市场准入制度，加快二维码、RFID 等先进技术的应用推广，创新应用和监管模式，提高农产品安全保障水平。

农业大数据应用与服务：农业可视化质量溯源系统。充分利用物联网、高清球机、二维码、传感器等数据自动采集技术，推动农产品生产、流通环节追溯衔接，实现质量安全可追溯、政府可监管、健康看得见，保障农产品产销安全、高效对接。

基地物联网信息化示范点建设：一是远程视频监控设备（蚕桑、果蔬、茶叶），在田间、果蔬、茶叶等种植基地安装高清摄像机获取高清晰度的监控画面，能更清楚地看清现场情况，使场景覆盖范围更广，可以提高监控效能，减少设备投资。二是气象数据采集设备（蚕桑、果蔬、茶叶），在田间、果蔬、茶叶种植基地安装自动气象监测站，可监测风向、风速、空气温湿度、气压、降水量、土壤温湿度等常规气象要素，具有自动记录、报警和数据通信等功能。三是土壤肥力监测设备（蚕桑、果蔬、茶叶），通过采用低功耗物联网传感设备，结合 GPRS 无线通信，采用太阳能板实现对土壤温湿度、土壤 pH 值、土壤电导率、土壤氮磷钾离子的数量实时监测，实时了解土壤肥力，为管理端提供数据支持。四是病虫害预警监测系统（水稻、果蔬、茶叶），在产业基地安装物联网自动虫情测报灯、固定式孢子捕捉仪，并接入病虫害监测预警系统，远程监测作物的各类病害情况。

2.建设村庄环境长效管护模块

整合雪亮工程、数字城管、天网工程等平台，运用物联网、云计算、大数据、5G等先进技术，打造万村码上通 5G+ 长效管护平台。对全县 46 个示范村庄的村容村貌、垃圾转运车辆、污水设施、公厕等设施，安装了监控摄像头、进出水量监控装置等进行数字监管，降低了人力成本，提高了环境管护水平，维护好"宜居、宜业、宜游"生态新村面貌。修水县充分利用万村码上通 5G+ 长效管护平台作用，积极引导群众关注万村码上通小程序，通过"线上曝光、反馈问题、线下整改、线上提交整改结果"的模式，群众在线上反馈的环境问题及时转到当地镇、村网格员进行处理。修水县制定了督导机制，压实乡村两级责任，要求问题及时处理，严禁出现跳档现象，实现群众上报便捷化、问题处理及时化和长效管护科学化目标。

软件应用平台建设：全县建设长效管护应用平台1套，平台包括管护调度一张图、管护大数据平台、管护 App、微信投诉公众号、综合管理系统、基础应用支撑平台等。

天翼云平台服务：按照年服务租用，服务项目包括云部署、云主机、云存储、云维护、云安全等服务。

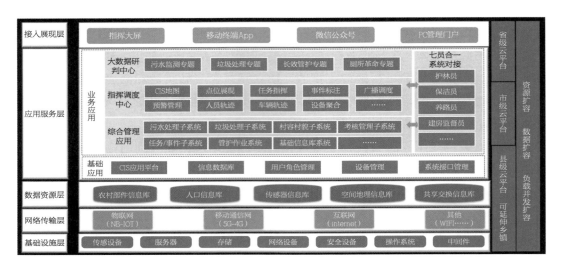

公厕环境监控：针对公厕进行环境监测，通过视频监控公厕周边环境及保洁员作业情况等。

污水处理站监测：针对污水处理站进行智能化监测，采用 NB 智能电表对设备用电进行监测，从而判断污水处理厂或污水处理站是否运行正常，如停电进行及时告警。

垃圾收集点垃圾清理监测：对垃圾收集点监控是否定期清理垃圾，通过监控摄像头实时监控，发现问题及时警报，传送给负责该区域的保洁员及时处理。

村容村貌智能视频监控：通过高清视频球机监控，对监控村庄整体面貌和村口主干道，实现视频查看及点位分布展示。

管护员 NB 卡牌：通过 NB 卡牌实施定位来实现管护员工作状态和工作信息数据及时上报，对工作人员进行有效的监管，实现长效管护的目的。

环卫车辆定位跟踪设备：对环卫车辆进行监控，通过定位跟踪设备跟踪环卫车辆是否在规定事件和区域、路线进行作业，对环卫工人进行有效监管，达到长效管护的目的。

指挥中心软件平台对接及电商网站建设对接：长效管护平台需配合做好修水县智慧城市指挥中心大屏平台的对接，能将相关内容显示在指挥中心大屏上，配合好相关的演示操作。对外展示的网站将和美乡村的相关建设内容、视频监控图像等在网站上按需展示，以便展示美丽乡村的建设成果，宣传修水的相关旅游资源等。

修水美丽乡村大数据平台是在人居环境的基础上，以此为基座，结合自身特色，延伸了修水智慧农业平台，使得修水美丽乡村大数据平台能够在乡村治理与乡村产业发展进行有机结合，形成乡村发展新动力、农民增收新机制和产业融合发展新格局。

➤ 经验效果

完善数字 + 产业体系，插上农业信息翅膀：在何市镇火石村、马坳镇黄溪村、杭口镇、黄沙镇、漫江乡等地，以"两茶一桑一蔬"为主，形成了集农业产前、产中、产后的全产业链应用平台，对修水农业进行数字化统一展现、统一监管、统一指挥调度。通过八大物联网示范基地，推动修水农业智慧化、现代化发展，起到引领示范、辐射带动作用。

完善数字 + 治理体系，提高农村管理效率：对全县 46 个示范村庄的村容村貌、垃圾转运车辆、污水设施、公厕等进行数字监管，降低了人力成本，提高了环境管护水平。同时结合平安建设，衔接好社会综合治理网格化系统，积极化解基层矛盾，做到"小事不出格、大事不出村、难事不出镇、落实不过夜"的乡村治理格局。

撰稿单位：江西省农业技术推广中心智慧农业处

撰 稿 人：胡翊炜

江西省上栗县数字乡村平台典型案例

➤ 基本情况

数字乡村建设是推进乡村振兴的重要内容，国家和省、市各级政府高度重视。上栗县作为江西省数字乡村试点县，积极推进数字乡村建设，通过搭建数字乡村平台，打造具有上栗特色的数字乡村示范点，提高村级"乡村治理""惠民服务"等方面的能力，不断提升村民的幸福感。上栗县数字乡村平台注重顶层设计、资源整合、集约建设、分级部署，全面汇聚涉及农业生产、经营、管理、服务等数据资源，构建县级"数字乡村大脑"，重点打造产业振兴、数字治理、数字服务、领导驾驶舱，实现各部门数据汇聚融通，促进产业、治理、服务全面升级，助推乡村产业智慧化、治理数字化、服务便捷化。

➤ 主要做法

充分利用 5G、物联网、GIS、人工智能、遥感等新技术，全面汇聚涉及农业生产、经营、管理、服务等数据资源，以"一个中心、四大服务、N 类应用"为核心，构建"数字乡村大脑"，面向乡镇提供三农科学决策支持，实现乡村治理数字化，面向公众提供惠农便民综合信息服务，助力数字乡村建设。

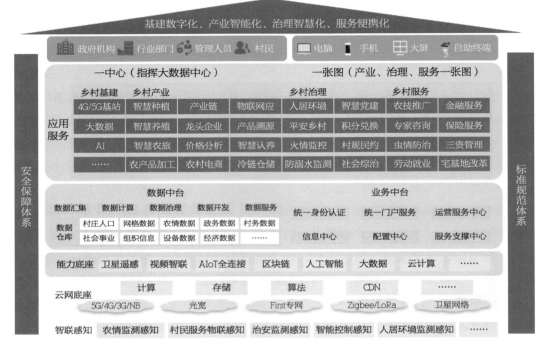

整体逻辑架构按照县、乡（镇）、村三级一体化模式进行打造，面向县、乡（镇）、村提供数字乡村大数据平台，统一展示数字乡村建设取得的成效，同时为政府相关领导提供数据决策依据。大数据平台汇聚各村数字乡村应用产生的数据，同时向上级平台提供相关数据。在乡镇一级提供符合数字乡村特色的应用，包括"智慧党建""数字兴农""乡村治理""乡风文明"四大应用群。

1. 县域数字乡村大数据平台

平台主要围绕发展农村数字经济、推进乡村治理能力现代化、深化惠民服务三大方向服务，着力提高农业农村信息服务水平，为农民提供准确的信息服务。通过整合目前已有的、分散的数字乡村服务数据，建立基层信息服务大数据，推动数据共享开放，打破信息"孤岛"，提高数据利用率。同时，通过大数据的分析，掌握农民的信息需求偏好，提高信息的精准服务能力。

2. 乡村治理平台

智慧党建：坚持"互联网+"理念，将"学习""党务""管理""考核评价"等内容进行整合，实现组织管理、党员管理、学习教育、信息展示等功能的一体化、平台化，全面提升党建管理水平。通过数据分析手段及时跟踪和了解基层党建工作情况，通过可视化手段直观展现党组织分布、党员分布、流动党员分布等，为党建管理和组织决策提供切实有效的数据依据，不断提升党建管理效率和科学化水平。

网络管理：实施网格化管理，通过运用数字化、信息化手段，以农村网格为区域范围，以事件为管理内容，以处置单位为责任人，通过加强对单元网格的主动排查，及时发现并处理各类问题，实现上下联动、资源共享的社会治理新模式。建立乡村网格化综治系统，及时了解掌握村民诉求、社会问题以及不稳定因素，通过网格责任人及时进行登记、排查、调处整治、结案分析、反馈于民，对信息资源与管理资源进行有效整治和梳理，对重点人群和重大紧急事件进行预防控制和监督管理。

平安乡村：建成全县重点企业、学校、安置房、河道、农田、垃圾堆放点、景区出入口、乡村主要出入口等重点区域监控调度网，实现联防联动，实时监控，安全监管，用最少的成本、最大限度地保护居民人身财产安全，提高政府保障公共安全和处置突发公共事件的能力，最大程度地预防和减少突发公共事件及其造成的损害。

人居环境：聚焦农村垃圾处置、污水处理、村容村貌、厕所革命、长效管护五大痛点问题，运用物联网、大数据、智能 AI 分析等技术，通过物联网设备、上报二维码等，实现智能上报事件与人工上报问题统一化管理，并与保洁员、养路员、网格员整合资源形成联动，打造对乡村的全面立体化监测、管理、巡护体系，实现群众上报便捷化、问题处理及时化、管理模式精细化、决策分析科学化。

3. 产业发展平台

"数字兴农"应用主要围绕数字农业、智能农业等进行设计，推动乡村产业振兴。

田园综合体：创建农业新产品、新技术、新成果孵化示范基地，培育金丝皇菊、桃园、桑葚园、千亩油菜花、智慧农业大棚、小龙虾、黑斑蛙等特色农业种养项目，打造集生态种植、农事体验、研学旅行、休闲度假、健康养生等功能于一体的省级田园综合体，带动当地"互联网＋现代农业"发展，提高农业生产效率，提升农业农村数字化水平，推动传统农业转型升级。打造智能连栋温室、智能大棚、智慧果园、农业文化公园、花海景观区等产业项目，以"物联网、云计算、人工智能 AI"等技术为基础，搭建数字农业系统，实现农业资源与环境数字化、种植过程标准化、管理数据化、数字农业体系化，促进一二三产业融合，打造集种、养、游于一体的田园综合体。

智慧种植：利用物联网、AR 及 5G 技术，实时感知环境变化、作物及动物生长状况、设备作业情况，智能化控制风机、湿帘、卷膜、水肥一体机等相关设备，调节种植养殖环境，提升生产管理精准化与智慧化水平。针对农业产业基地，进行气象、土壤、虫情等数据采集分析，实现科学种植、精准施肥。"5G+ 智慧农业"监测系统由小型气象站、土壤监测设备、水质监测设备组成，所有物联网设备通过电信 5G 网络将数据传输到云平台，实现对物联网系统数据的综合展示。

4. 公共服务平台

便民服务：居民可以通过手机及时上报灾情，政府部门能够快速掌握灾情信息，及时有效地处理灾情，保障百姓安全，提高应急预警能力；也可以通过手机随时随地查看相关事项办理流程及所需资料，一键提交办理城乡低保、特困供养、医疗救助、临时救助、老年人优待等各类事项。满足村民出行、邮寄、车辆违章、医院挂号等需求，包括查天气、查快递、查违章、健康医疗、居家养老等功能，全方位地解决村民生活方面的问题。

民事直说：民事直说融入在线"说、议、办、督、评"五大环节，村民通过"民事直说"可在手机上随时随地反映需要解决的问题，各村反馈的问题如果乡镇解决不了就报至县里，县里审核后交由相关部门解决，村民可实时了解处理进程，查看处理结果，有效破解民意沟通不畅问题，进一步密切了党群、干群关系。

农技在线教育：建设在线农技教学中心，切实提升农民技术水平，促进农业发展和农民增收。从"建、管、学、用"入手，更好地发挥农村在线教育在农技培训中的积极作用，进一步巩固和提升实际成效。

就业输转直通车：就业输转直通车按照"互联网 +"方式，精准对接基层富余人力资源和企业用工需求，按照"点对点""门对门""一站式送达"等方式，将"劳务超市"延伸到乡镇乃至家门口，使劳务人员随时能够掌握用工信息，选择最满意的就业岗位，实现就业培训、就业服务尽可能网上办、自助办，做到劳务信息清楚、输转流程清楚、职责任务清楚。

➤ **经验效果**

1. 经济效益

数字乡村平台通过整合乡村资源、提升农业生产效率、拓展农产品销售渠道等方式，运用"一村一品"上云及 5G 直播导览对本地特色农产品进行宣传，创建本地特色农产品品牌，结合乡村旅游吸引游客购买本村特色农产品，同时借助电子商务帮助农民将农产品直接对接市场；通过 5G 直播导览、VR 实景地图、二维码讲解、乡村文化、乡村活动等数字化应用帮助发展各村特色旅游，吸引更多游客进村消费，增加农民收入，助力农村数字经济。通过"泉之源"示范点的数字农业系统，实现农业资源与环境数字化、种植过程标准化、农产品的溯源管理，提高产品质量和安全性，从而增加农产品的附加值。同时，通过平台上的营销推广和品牌建设，提升了农产品的知名度和影响力，进一步增加了产品的市场价值。

2. 社会效益

通过建设多个村级数字化应用，提升乡村数字经济的同时可为全区乡村数字化应用建立实实在在的样板，成为下一步规模化数字乡村建设的典型案例。建立数字化智能化安防平台，能够大幅提升乡村安全指数，防患于未然，将以往难以管理的风险通过智能化手段进行管理，一方面可以有效防范乡村的痛点难点风险；另一方面也可以让村民真正能够监督村委干部的治理能力，通过随手拍、一键问政、河长制、三务公开等数字化手段让村民获得知情权、监督权，鼓励村民参与数字化建设，共同打造和谐、安全、幸福、美丽的数字乡村；最后，基层干部也可通过数字化治理手段简化管理工作，以便更高效地完成乡村管理工作，更易于掌握不良事件的发生，提早预防，及时获知，高效处置。通过惠民应用可以切实帮助村民在政务办理、农技学习、法律咨询、老人关怀等方面获得实实在在的好处，更加有利于村民积极参与数字化的建设，大幅提升村民自治、智治、德治、法治的水平。

3. 生态效益

通过丰富的数字化乡村治理手段，可以有效保护乡村生态环境，建立长效的监管机制帮助清洁、美化乡村，让乡村变得更加绿色环保。应用 5G 直播系统，创建本地绿色农业品牌，让绿色生态的农产品得以获得广大公众的认可和购买，提升本村农产品的销售价格，同时也可以引导村民向绿色农业发展，共同维护本村绿色生态的农产品种植养殖。

撰稿单位：江西省农业技术推广中心智慧农业处

撰 稿 人：熊倩华

山东省构建农批行业综合数字平台带动农业产业链高质量发展典型案例

➤ **基本情况**

金乡县凯盛农业发展有限公司位于国家现代农业产业园、国家现代农业示范区、国家级示范物流园区、"中国大蒜之乡"金乡县内。公司 2012 年 4 月成立，目前已发展成为集市场建设运营、仓储冷藏、中转集散、包装加工、一卡通电子结算、食品安全检验检疫、信息发布等功能为一体的综合性农业企业。由公司建设运营的山东凯盛国际农产品物流城项目于 2012 年 10 月投资建设，规划总占地 10 000 亩、总投资 130

亿元，是鲁西南地区规模最大、功能最完善的农产品集散基地，其中建造30万t冷藏保鲜库，单企恒温库总储存量居亚洲第一。截至目前已完成3 200亩建设任务，完成投资63亿元，入驻商户3 700余户，解决就业12 000余人，2022年年交易量超过300万t，交易额突破200亿元。项目全面建设完毕后，将为社会提供超2万个创业机会，带动就业10万人，实现农产品年交易量超700万t，交易额破1 000亿元，税收过亿元。

山东凯盛国际农产品物流城北大门航拍

➤ **主要做法**

1. 实施背景

当前世界，经济数字化发展飞速，农产品供应链企业面临自身升级与外部竞争的双重挑战，随着移动互联网的深度应用和生鲜消费渠道多元化，供应链各节点的数字化升级成为趋势，打造符合新时代流通需求的智慧农产品现代供应链体系，不仅利于提高农产品流通效率，更是扩大鲜活农产品消费、满足消费升级需求、促进农民增收、助力乡村振兴的必要途径。2018年，公司在物流城项目的基础上启动实施山东凯盛国际农产品物流城信息化、数字化升级改造项目，对山东凯盛国际农产品物流城1 200亩市场交易区进行信息化和智能化升级改造，建设数字食品快检实验室、电子结算中心、可视化监控调度中心；采购电子结算软件和配套硬件实现园区网络覆盖，采购数字拍卖软件和硬件（LED大屏、竞拍器及配套设备）进行拍卖大厅建设、拍卖标准化建设、信息服务平台建设，采购园区可视化监控

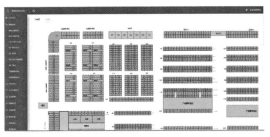

设备灵活掌握冷库整体运营情况。为整合各个业务板块及扩展延伸产业链条，2022年公司与郑大信息联合成立凯盛郑大农产品供应链工程技术研究院，目前已成功开发凯盛农产品拍卖系统、凯盛大数据平台系统、凯盛一卡通进门收费系统等多项软件，取得6项软件著作权和1项发明专利，并于当年成功推行应用。

2.主要内容

凯盛综合数字业务平台（以下简称综合平台），集成凯盛智慧农批、凯盛大数据、凯盛收蒜宝、凯盛数字拍卖平台等板块，打造产业链闭环生态圈，实现业务功能线上线下相融合，推动农产品产销地精准对接，进一步畅通农产品外销内调渠道，推动农产品流通的数字化与网络化。

凯盛智慧农批平台：凯盛智慧农批平台具备一卡通、商户管理系统、食品安全追溯系统、凯盛农批商城等多项功能。平台利用新的数据互通构架，结合物联网技术在供应链环节的应用实现市场交易费、过磅费、电费、装卸费、叉车费、物业费、租金等各项费用收取，批发市场内商户收款服务，大蒜过磅收储服务。同时还具备财务管理、记账管理、设备监控、合同管理等多种功能，真正实现了商流、物流、信息流、资金流融合，大大提高了管理效率。

凯盛大数据平台：凯盛大数据平台依托微信公众号为客户提供撮合交易、平台产品推广、活动组织及平台营销等多种服务。对凯盛大数据现有平台进行梳理优化可为大蒜产业提供涵盖产区行情、终端市场行情、产销地5G云直播、苗情数据、进出口数据、走量数据、库存数据、价格走势、价格发布、交易数据、行业论坛、行业资讯等多项信息服务，真正实现信息资源共享。通过现有的信息统计网络及区域资源采集全国恒温库基础数据，创建仓储大数据地图，基础数据及仓储资料形成了覆盖全国各大大蒜产区的仓储数

扫码界面

信息识别界面

据，实时展示对外租赁需求。

收蒜宝平台：收蒜宝平台由管理端 App、客户端 App、PC 端后台组成，可实现车辆进场抓拍、车牌自动识别、自动匹配入库货位及出入库重量统计等功能，从而实现农产品冷链进销存管理、农产品溯源、数据分析、资金监管等诸多功能，客户亦可通过收蒜宝平台客户端获得一键结算、交易统计等多项服务，既方便客户明晰货物进出、价格分析、各项交易交易结算情况，更有利于公司员工进行规范操作，避免人员记账导致的问题，公司亦能灵活掌握冷库库洞的存储量和员工的工作情况，从而进一步完成凯盛集团的冷链仓储产品数字化升级。

智能监控系统：园区智能监控系统由视频监控系统、冷库监控系统、出入门禁系统等构成。冷库监控系统在每个冷库内配置 4 个温控探头，实现 24 h 监控，可远程实时监控冷库整体运营情况，实现远程启停设备、设置温湿度值、查看冷库实时视频和设备异常报警功能。出入门禁系统可自动识别出入车辆信息，智慧化管理入园车辆。

3. 运营模式

凯盛综合数字业务平台实行"1+5+N"管理模式，即 1 个统一数字化综合分析管理平台，支持包括园区商户、农产品经纪人、冷库业主、购销商户、产区农民等 5 类人群线上查询交易，推广至整个农产品供应链上下游协同配合，从而实现整个农产品供应链高质量发展。该平台充分利用互联网技术以及人工智能、大数据等先进技术，提高信息化程度与运营效率，去除低效或无效环节，优化产业结构与流通环节，并实现对传统仓储和物流设施进行升级改造，让农批市场向标准化、规范化、溯源化和智能化方向发展。同时推动农业产业链产业集聚集群发展，这不仅是信息技术手段的采用，更体现了农批商业模式的变化。

➤ 经验效果

1. 经济效益

市场交易由传统交易手段转变为更加便捷的数字化交易模式，通过信息化手段把控农批市场内的交易结算，规范管理，减少了灰色漏洞，提升了运营的效率，降低了运营成本，2022 年市场交易量超 300 万 t，交易额超 200 亿元，入驻商户 3 700 余户，解决就业 12 000 余人，交易辐射云南、海南、广东、广西、福建、河南、江苏、山东、安徽等 15 个省（区），服务保障人口超过 1.5 亿人。公司在信息化升级的同时提升市场服务能力，建设完善的快检实验室，高标准高质量地完成市场农产品抽检工作，保障市民舌尖上的安全；减免一切本地农产品入场经营费用，对接订单种植基地 20 万余亩，带动 10 万余名农户致富。

2. 社会效益

在网络时代日新月异的今天，山东凯盛国际农产品物流城项目充分运用"互联网+"创新优势，利用人工智能、大数据等先进技术，实现订单、货物的可追溯、可监控、可预警，形成大数据，通过开发"云仓""撮合交易""普惠金融"等新型业务模块，打造"生态＋金融"的新业态模式，提升原有农产品拍卖中心功能，真正实现农产品产销地精准对接、农产品外销内调渠道畅通无阻，实现农产品流通的数字化与网络化。为加快农业产业结构调整、农业产业公共智慧服务体系进一步完善、国内批发市场行业升级转型、助力乡村振兴作出了积极贡献。

撰稿单位：金乡县凯盛农业发展有限公司，山东省农业技术推广中心，济宁市农业技术推广中心，平原县乡村振兴服务中心，金乡县农业技术推广中心

撰　稿　人：冯小妞，张朋伟，武永杨，仇胜囡，李　岩

河南省信阳市浉河区数字农业指挥中心典型案例

➤ 基本情况

信阳市浉河区位于河南省南部，地处淮河上游、大别山北麓。属半城半乡区，是信阳市的主城区、老城区，也是信阳市的经济、文化、交通、商贸和金融中心。近年来，浉河区坚持以服务"三农"发展为基本立场。在"政府引导、政策驱动、资金扶持"等措施的激励下，农民大力发展茶产业，使茶产业规模不断壮大，迅速成为近年来茶产业发展速度最快、带动力最强、广大茶农得实惠最多的一个时期，也成为农民增收、农业增效、农村增美的第一大支柱产业。经过不懈奋斗，推动了农业生产发生了历史性变革，为实现经济发展、社会稳定、粮食安全提供了强有力支撑。作为信阳毛尖的核心主产区——河南省信阳市浉河区，拥有60万亩茶园，茶叶年总产量高达4.9万t，涉茶综合产值约95亿元，先后荣获全国十大生态产茶县、中国十大最美茶乡、国家级茶叶全产业链典型县等20多项国家级荣誉。但存在茶业种植标准化程度低、自然灾害监测预警不到位、产业链条不完整、产销不对称等一系列问题，为此，浉河区出台了相应的政策措施和科学的管理手段进行应对，强化数字赋能茶产业，力争"华丽转身"撬动乡村"蝶变"。

➤ 主要做法

历经3年，2022年4月，浉河区政府获批2022年国家现代农业产业园创建资格，获得中央财政奖补资金7 000万元。结合浉河区信息化发展现状、茶产业发展情况、茶叶主体需求，浉河区在国家级现代农业产业园内围绕信阳毛尖"有数不能用、有数不好用"等问题，打造"一中心监管、多终端服务、全产业链融合"的数字农业指挥中心。"浉河区数字农业指挥中心"以大数据技术为基础，以人工智能、机器学习等为核心技术，利用农业3S、物联网、移动互联等应用手段，实现分散、多源、异构的农业农村地理空间数据的规范化集成、建库与集中展示，推动浉河区信阳毛尖由"产业数字化、管理数字化"向"数字产业化"升级。"浉河区数字农业指挥中心"应用

平台的建设内容为"1+N"，其中"1"即1个区级云平台——浉河区数字农业指挥云平台，"N"即N个涉农管理应用场景。

目前"数字茶园"应用场景已设计完成上线，该场景集"产业链管理、产业分析、产业示范、产业服务、文旅文创"等多应用场景为一体，有效解决当前存在的种植管理不科学、产销信息不对称、品牌管理效率不高、政府监管不全面等痛点，实现浉河茶产业"一图看全景、一屏管全程、一键控全场"的效果。

对于政府部门，通过统筹茶叶大数据、开发数据分析平台、指挥应用场景等方面，为政府宏观决策提供精准化生产、可视化管理、智能化决策的指挥基地。"茶产业中心"场景通过每8天采集1次数据的卫星遥感技术，实现对全区茶园实时监控比对，对发现的茶树流失情况，进行及时研判；"茶产业流通"场景通过接入电商交易数据、鲜茶交易数据，系统实时分析与监管茶市交易行情。在毛尖生产旺季，系统定期出具茶叶销售预警分析报告，帮助政府部门随时掌握茶叶产销整体形势及时研判；"茶树病虫害监测"场景通过采集器实时实现园区虫情信息自动采集和监测工作，一旦预测有病虫害发生，系统将会进行告警，以提醒或者短信的方式

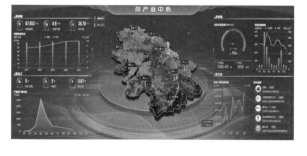

通知业务科室工作人员，工作人员可以通过平台提供的一键呼叫，通知茶种植主体及时做好病虫害防治措施；"5G茶园"场景中，通过长势分析、环境监测、茶树生长实时视频可视化等模块，结合实时与茶园负责人一键通话、高效调度，真正实现数字茶园"数智治理"，同时，"数字茶文旅"场景实现浉河区万亩茶园线上游，开启浉河区

茶文旅新模式。

对于企业用户，依托指挥云平台，种植层面实现茶园地块级种植标准化管理，对地块级长势分析、农事指导服务、病害预报预测等生产过程实现全流程精细化管理。加工层面，实现了茶叶采摘、加工、质检、仓储的全流程监管、溯源和智能化管控。通过"质量安全追溯"场景采用自动数据采集技术及全程视频监控系统，将茶叶原料的生长、加工、储藏及销售等供应链环节全程留痕，最终形成一个二维码，消费者通过扫一扫，就能得到茶叶种植、化肥、农药、采摘、包装的全流程信息。

对于茶农用户端，移动 App 端是实现数字化、便携化农事管理的好帮手，通过标准化的种植计划，实时记录、上传农事操作、投入品使用、病虫害信息，让茶叶种植全过程可查、可看、可应用。在"生产服务"场景集成了气象服务，在遇到异常天气时，平台自动通过短信推送实时精准预警，帮助茶农提高茶园防灾减灾能力。

➤ 经验效果

1. 经济效益

该场景平台对茶叶的生长态势、病害状况情况进行实时监管、调度、分析，增强对农业灾害的抵抗能力，平均每年减少 5% 的茶叶生产损失，单位面积产量提升 12% 以上，促进了浉河区茶叶高产稳产益。

2. 参考借鉴意义

浉河区通过全力打造国家数字农业应用基地建设，利用创建省级现代农业现代产业园、国家现代农业产业园、国家现代农业示范区"三园同创"机遇，布局数字农业，用大数据、物联网、人工智能、区块链、5G 等新一代创新技术给园区加持。显著提升浉河区茶种植管理精细化、茶产销信息透明化、茶品牌管理数字化、茶指挥应用智能化等水平，有效解决当前存在的种植管理不科学、产销信息不对称、品牌管理效率不高、政府监管不全面等痛点，实现浉河茶产业"一图看全景、一屏管全程、一键控全场"的效果。

撰稿单位：信阳市农业农村科教信息中心，浉河区农业农村局

撰 稿 人：孙全东，李 静，刘建杰，杨正友，王忠亮

河南省洛阳龙须坡农牧杜仲羊产业数字化管理模式典型案例

➤ 基本情况

洛阳龙须坡农牧有限公司位于洛阳市汝阳县小店镇龙泉村，成立于 2013 年 11 月，占地面积 380 亩。公司是以优良种羊繁育推广、优质杜仲羊肉生产销售、农业品牌打

造、羊文化展示为主体业务，集种植、养殖、饲料加工、科研教育、休闲观光于一体的现代化农牧企业。通过直接带动、公司＋合作社＋脱贫户、托管代养、粮食及农作物秸秆收购、技术培训等帮扶方式，共计带动脱贫农户 400 余户，脱贫人数 1 000 余人，人均年增收 5 000 元以上。公司秉承以科技谋发展、以品质创品牌的发展宗旨和做良心人、做良心事、做良心产品的经营理念，研发杜仲生态饲料，创新龙须坡"杜仲羊肉"品牌。目前已获批杜仲生态饲料等国家专利和实用新型专利 38 项，在国家级杂志上发表论文 3 篇。荣获国家级畜禽养殖标准化示范场、国家林业局杜仲羊养殖示范基地、国家杨凌高新技术产业示范区农业科技示范推广基地、国家肉羊产业技术体系推广示范基地、第一届中国林业产业创新奖、首批中国林草产业创新企业奖、河南省科技型中小企业、河南省扶贫突出贡献企业、河南省星创天地、河南省生态功能饲料工程技术研发中心、河南省林业产业化重点龙头企业、洛阳市农业产业化市级重点龙头企业等荣誉称号。2016 年荣登 CCTV-7《致富经》、2018 年 CCTV-7《每日农经》、2022 年 CCTV-7《谁知盘中餐》栏目。

➤ **主要做法**

1. 实施背景

公司致力于打造现代农业、智慧农业和创意农业，以信息技术平台建设为抓手，助力形成强基础、可追溯、优质量的管理体系。积极推进一二三产业协同发展，努力打造秦巴山区三产融合第六产业试点基地、国家安全食品生产基地、羊文化展示和科普教育基地，为农业产业结构调整和乡村振兴不断探索和创新。

2. 主要内容

打造系统平台，夯实管理基础：龙须坡杜仲羊场信息化管理系统由基本信息、企业标准、投入品管理、养殖管理以及出入库管理 5 个模块构成，2019 年底投入使用，可以兼顾对公司内部生产和外部养殖户的统一管理，对内能够实现肉羊的精准饲喂，对外可以及时掌握养殖户基地及圈舍的基本情况。生产管理平台涵盖了养殖、生产、销售等全产业链，做到了喂料、饲养、防疫、配种、出栏等生产环节的信息化管理，实现了科学、高效、稳定、安全生产。羊场生产环境监测物联网技术可改善传统畜牧养殖业普遍存在监管效率低、无法实现 24 h 值守等问题，从而减少养殖产物感染疾病。通过在羊舍内安装温度、湿度、空气等智能传感装置，对羊舍设施、设备和生产作业过程的多方面数据在线采集，养殖生产环境监测物联网系统能够实现养殖环境数据实时监控和羊舍环境指标自动调控，同时还实现了信息的整合，支持记录查看养殖户基地各个时段的环境信息，做到养殖有数据可依，进一步实现信息化、科学化的养殖管理。

全程数据化，保证生产加工管理可溯源：羊产品质量安全监管信息管理溯源系统是龙须坡杜仲羊场信息化管理的核心。整合了生产管理、仓库管理和供应链管理各个维度，包括管理员模块、仓储物流子系统模块以及销售管理子系统模块。为打造"饲养—屠宰—加工—消费者"的一站式溯源系统提供了基础技术支持。管理员模块包含生产档案、溯源查询、投入品监管、养殖监管、安全走势、危害追溯和标准化生产监管等部分。生产档案部分可以查询羊产品生产企业、圈舍、养殖个体信息等信息；溯源查询部分可以通过追溯码查询养殖基地信息、环境信息、认证信息、养殖过程等信息；投入品监管部分可以查询投入品的名称、销售记录、药品、疫苗使用备案；养殖监管可以查询养殖时间、操作人员、批次等详细信息；安全走势部分可以查看各养殖基地上传的羊产品生产信息和质量监测信息；危害追溯部分可以对存在质量隐患的羊产品进行质量危害追溯，直接追溯到羊产品生产的具体圈舍，将责任落实到生产者；标准化生产监管部分可实现相关部门对羊场生产过程远程管控，及时纠正安全隐患。仓储物流子系统模块可以记录农产品仓储物流状况，通过北斗、GPS、GIS 技术跟踪调度运输车辆，解决物流配送路线优化和实时监控。企业和客户能够查阅到包装好产品的入库时间、数量、最小包装规格、等级、包装人员，包装负责人、保存方式、保质期，以及运输过程中运输方式、承运单位、承运人、运输车号、驾驶人、运输出发时间、运输品种、车辆运行轨迹、车内温湿度、卸车时间地点，目的地签收接收人等信息。销售管理子系统模块可以记录出库、物流、销售信息。产品出库时，可以记录出库种类、品种、数量、出库时间、出库人、接货人，发货单目的地等信息；产品通过物流到销售网点后，通过接货人员手持终端扫描二维码，自动上传扫描时间、扫描地点、经营网点，对零售商、批发商（销售退货）信息

进行管理。系统还会对养殖、销售、物流等多方面相关数据的实时上传以及实时监控，通过对各项数据的检测分析，不断发现改正生产管理过程中出现的问题，严把质量关卡。

大数据分析护航食品安全：食安大数据中心由生产数据中心、库存数据中心、销

售数据中心、用户数据中心、溯源信息查询中心、第四方电商平台等 6 个模块构成。发挥大数据工具针对繁杂信息、潜在风险，在感知、总结、提炼、分析等方面的优势，在数据采集上重全面，在数据分析上抓细节，在数据利用上谋重点，提高对食品安全风险因素的捕捉、预测、防范能力，实现食品安全决策的科学化、精准化、高效化。

➤ **经验效果**

1. 经济效益

龙须坡杜仲羊场信息化管理系统的建立使羊场的现代化管理水平得到有效的提高，以云计算、移动互联网、大数据等新一代信息技术为手段，实现了降本增效。据测算，公司每年可以节约饲料成本及管理费用 60 余万元、合作社及养殖户节约饲料及人工成本 100 万元以上，并有效降低市场及疫情风险。另外，还可以使肉羊产品的卫生与安全管理水平得到提高，提高顾客满意度，树立企业信誉度。龙须坡杜仲羊场信息化管理系统在实践中为养殖基地的各项工作提供了极大的便利，无论是从日常饲喂投料、健康防疫、繁育，还是成本核算等方面的管理，都能做到科学合理。管理系统的建立还可以使羊场的现代化管理水平得到有效地提高，实现生产成本的降低，使企业效益得到一定程度的增加。同时还可以使肉羊产品的卫生与安全管理水平得到提高。

2. 社会效益

实现了校企合作，加快技术转化周期。洛阳龙须坡农牧有限公司杜仲羊产业数字化管理系统由西北农林科技大学信息工程学院、杨凌农业云服务有限公司开发，国产化程度极高。与国内外、行业内先进水平相比，实现了从羊场生产环境监测、羊产品质量安全监管信息管理溯源、消费者食安大数据全产业链的数字化管理。尤其是产品溯源、网上营销模式，在同行业处于领先地位。羊场信息化管理系统作为模块化开发，具有较好可移植性，可以根据用户个性化需求进行专业开发，具有良好的示范作用。

参考借鉴意义：项目的亮点是建立了龙须坡杜仲羊溯源管理系统，该系统由羊产品质量安全监管信息管理溯源系统以及溯源信息查询中心共同构成。羔羊出生后建立生长档案，统一佩戴电子耳标，出栏屠宰时生成产品溯源码，客户可以通过扫描溯源二维码查看产品羊的出生、断奶、饲养、防疫、屠宰、加工、物流等所有信息，了解从"饲养—屠宰—加工—消费者"的全部过程。溯源管理系统在帮助公司实现数字化、规模化、信息化养殖的同时能够使客户完成产品溯源，在食品安全方面吃一颗定心丸，进一步提升客户忠诚度。

撰稿单位：汝阳县农业农村局

撰 稿 人：曹玉良，李宗道

湖北省宣恩县植入"数字基因"，赋能宣恩"智慧服务"典型案例

➤ **基本情况**

智慧服务—数字乡村平台依托数字宣恩框架下数据中心和指挥中心等数字底座，建成覆盖全县的数字乡村智慧服务平台，实现县、乡、村、户四级数据互联互通，推进符合宣恩实际的农业农村现代化。

一码多用全覆盖。通过一户（物、企）一码，将农户、公共设施、企业统一纳入平台，做到数字化台账管理。同时，建立平台一码多用机制，全面满足村民、游客、企业、网格员、基层干部与县级工作人员等不同角色对数字化应用的差异化需求。实行扫码打卡、巡查定位、自主上报、事件处理的全流程线上化，加强对乡村人、地、事、物、情、组织全域数字化管理，通过一码管理服务全域，为政府在掌握基层运转情况、发展局势、制定发展政策等方面提供有效支撑。

一键办理优服务。通过在"数字乡村"客户端注册信息，可以通过平台享受80余项高频民生服务，包括一键拨打家庭签约医生、村干部电话，一键预览物流站点、农村公交、应急信息，一键查询涉农补贴名目、详情、进度，一键缴纳水、电、燃气、话费等生活费用，让"跑腿办"变为"码上办"。

一部手机走基层。村（社区）干部通过使用数字乡村 App，可以开展数据便捷采集、更新、实时查询和报表管理等工作业务，实现了掌上办公，基层干部工作负担显著下降，工作效率和工作质量明显提升。

一网赋能兴产业。围绕茶叶、黄金梨等特色产业，积极采用物联网感知、AI 监测、农产品溯源等技术，强化农业生产监管，整合电商平台，畅通销售渠道，实现了数字赋能、产业振兴。

一屏统揽强治理。以大数据分析应用为抓手，通过政府部门之间信息共享和交换，整合"信息孤岛"，将多系统、多源头、多维度的数据一网集成，形成了横到边纵到底的县、乡、村、户四级基层治理体系。村民通过村民说事、随手拍、书记信箱、清廉村居等应用，由被管理者转变成了基层治理的直接参与者。

➤ **主要做法**

1. 实施背景

《数字乡村发展行动计划（2022—2025 年）》《数字乡村建设指南 1.0》《数字乡村标准体系建设指南》等多个政策文件明确指出，反复强调数字乡村在乡村振兴工作中的重要性、紧迫性。湖北省加快推进"强县工程"，做大做强县域经济、建设绿色低碳县城、升级县城服务水准和构建一二三产业融合发展体系等厚植生态底色，加快绿

色崛起，奋力建设"两山"实践创新示范区。宣恩县十四五规划指出，全面巩固拓展脱贫攻坚成果，加强智慧农业数字乡村建设，全面实施乡村建设行动，以数字化推动经济、社会、政府全方位转型。

2. 建设内容

以"1+6+12+N"为整体框架，建设宣恩数字乡村平台。"1 个平台"，宣恩县数字乡村数据平台；"6 大板块"，信息发布、党建引领、民生服务、产业发展、乡村文旅、基层治理；"12 个系统"，平台基础支撑系统、农户基础数据管理系统、基础公共设施管理系统、企业信息服务系统、基层公共服务系统、基层治理信息化管理系统、防返贫监测系统、AI 录入助手、数据分析统计系统、数据可视化支撑系统、宣恩乡村数治一张图专题系统、外部系统接口模块系统；"N 个应用"，应急消息、通知公告、惠民政策、求职招聘、物品交易、党员管理、家庭医生、出行服务、生活服务、补贴查询、智慧农业、农货出山、农企关联、农技推广、清廉文化、活动评选、三务公开、小微权力监督、有理大家评、"码"上治理、积分制、村务管理、乡村小百科、防返贫监测、民意调查、数字防控（秸秆禁烧、河道监控、人员聚集）、随手拍、诉求上报等百余项应用。

3. 主要技术

通过构建三屏联动体系，实现了网格化管理、精细化服务和信息化支撑的深度融合与高效运作。手机小屏作为面向村民、游客和企业的便捷入口，通过定制开发的小程序和 App，提供了一村一屏的个性化内容推送服务，满足了不同群体的实时信息获取和交互需求。同时，也为基层干部如村委成员提供了数字化办公工具，以随时随地查看村级数据动态，迅速下发重要通知及信息。电脑中屏则承担了各级管理后台的角色，为管理者提供了强大的数据分析和智慧化管理功能。可以对各类数据进行深度统计与多维度查看，灵活设置信息权限，实现业务流程智能化管控，确保日常管理工作更加科学有序。政务大屏终端作为整个系统的核心展示窗口，实时汇集各层级、多维度的数据资源，并以可视化方式呈现出来，便于决策者统揽全局，快速查询、调取关键业务数据，有效支持跨部门、跨层级的业务联动。

4. 运营模式

项目采用专班统筹协调，以平台建设内容为驱动的方式制定管理办法，纵横交错、条理清晰、责任明确，在管理制度上规划了数字乡村建设方向，为后续应用提供有力保障。

专班统筹：平台整体统筹规划。通过前期广泛的调研，明确平台建设方向，划分六大板块。

细化责任：依据六大板块内容，分别确定对应牵头部门，并负责相应板块应用建设以及平台运营使用。

平台运营：坚持"目标导向、责任导向"，各乡镇、各部门要弄懂、弄透具体工作要求，明确责任人，按照时间节点推进。具体管理如下：一是基础数据类管理，平台建设初期由公司建设专班进行基础数据的整合、清洗、导入平台，搭建规划数据库。为保证平台数据的长效运营，由各村委、乡镇、各单位定期进行基础数据的更新，保持数据的有效性、准确性和实时性。为保障数据实用安全，制定相关数据管理办法。二是流程事项类管理，对于像"随手拍""矛盾纠纷排查"等流程类应用，各村委、乡镇、单位依据各自工作职责，建立长效的工作机制，保证事项从发现、流转、处理、回访到存档的全流程闭环。三是平台资讯类管理，对于平台资讯类应用，如三务公开、惠民政策等，各单位依据各自负责板块，实时的进行相关信息的更新，保障资讯的实时性。四是业务类应用管理，对于平台涉及各单位日常业务使用的应用，如防返贫监测、入户摸排等，实现由线下转移至线上，全面实现无纸化业务办理。五是平台推广，各村委、乡镇，广泛宣传平台的应用，加大引导村民积极参与，提升村民获得感及幸福感，以"实用""管用""好用"推动平台推广。

➤ 经验效果

1. 社会效益

服务一站集成，提升乡村居民福祉。村民在手机端完成"数字乡村"平台的实名认证后，可在线享受 80 余项高频民生服务事项，一键拨打家庭签约医生、村干部电话，一键预览物流站点、农村公交，一键查询涉农补贴详情，一键缴纳生活费用，全面提升公共服务供给的便捷性和满意度。数据一网打尽，挖掘数据资产增量价值。平台已对接 40 余个行业部门，归集整理超过 4 000 万项数据，并通过数据分析模型和算法，开展深度解读、交叉关联分析、灵活调取应用。沉淀下来的数据资产，将在未来持续推动资源配置、项目审批、风险防控等领域的科学决策，助力农业及其他产业精准营销、精益生产和智能化升级。增强乡村吸引力，构建可持续发展模式。围绕农业、文旅的一系列信息化建设，提升了乡村数字化水平，加上越来越便捷的公共服务，有力吸引了城市人才向乡村回流，也成为留住当地劳动力的关键因素，整体提升了乡村硬实力，为乡村振兴战略的持续推进奠定了坚实的社会基础和人文环境，也为乡村振兴提供源源不断的驱动力。

2. 经济效益

吃喝玩乐一站式，带动文旅消费。平台为外地游客提供从路线规划、景点介绍、特色民宿预订到地方美食、民俗体验等一站式的文旅信息服务，吸引更多的游客前来观光消费，带动周边住宿、餐饮、土特产消费，形成文旅产业良性循环，促进产业升级转型，带动相关产业链延伸及当地税收增长。赋能本地村民，带动增收致富。面向村民提供高效的农货出山、闲置物品、劳务供需、农技培训等服务，有助于缩短农资采购周期，降低农业生产成本，提高农产品曝光，多方式增加农民收入。赋能市场经营主体，增加企业收入。平台积极服务本地产业，尤其是本地特色农业、文旅产业，面向本地农业企业、农场主、民宿、餐馆、景区等市场经营主体，提供在线营销与服务支持，有效提升了产品曝光度和企业竞争力。

3. 生态效益

智能监管乡村环境，通过高空摄像头的全面部署，实现对乡村环境的全天候智能监控，实时预警森林火灾、秸秆燃烧等，有效排查各类安全隐患，确保重要路口、热门景点和水域的安全，利用行为识别技术，预防溺水事故，全方位守护乡村的自然与公共安全。群众监督美好共建，通过随手拍、村委信箱等应用，激发群众参与共建美好生态的积极性，鼓励村民参与环境监督，实时上传环境卫生问题、安全隐患或自然灾害情况，以便责任部门迅速响应，处理反馈，形成闭环管理，共同促进乡村环境的持续改善和生态文明建设。物联网感知农业生态，围绕茶叶、黄金梨、白柚等宣恩特色产业进行智慧农业示范点建设，依托遥感技术和无人机监测，对农田土壤健康、作物生长状态进行精细化管理，从而精确指导施肥与施药作业，大幅度减少了化肥和农药的过度使用，从源头上减轻了农业面源污染，有效保护了土壤和水源的纯净，为乡村生态的可持续发展奠定了坚实基础。

撰稿单位：宣恩县农业农村局

撰 稿 人：汪鼎昱，田云磊，黄承辉，李凯文，欧阳尚刚，龙守勋

河南省西峡县全力推进"数字孪生社会"建设，推动乡村数字治理开创新局面典型案例

➤ 基本情况

西峡县位于河南省西南部，是一个"八山一水三分田"的山区县，总面积3 454 km²，辖19个乡镇（街道）295个行政村（社区），常住人口45万。自然环境优越，经济社会发展较快，生态环境优良，文化资源厚重，2020年10月被确定为国家级数字乡村试点县。但是，村庄分布分散，人口分布不均，基础设施和软件建设还很薄弱，乡村数字化程度和组织化程度有较大发展空间，结合这一实际状况，县委、县政府决策建设"西峡县村振数字乡村服务平台"，着力夯实社会稳定基层基础，弥合城乡"数字鸿沟"，畅通群众诉求表达通道，探索乡村数字治理新模式和数字经济新业态，深入推进乡村治理体系和治理能力现代化，快速提升乡村基层治理精细化、现代化水平，推进完善西峡县网格化管理、精细化服务、信息化支撑的乡村基层治理新体系。西峡县创新"1+3+N"乡村数字治理模式，建设1个覆盖全县的乡村治理数字化平台，构建网格化

管理、精细化服务、信息化支撑的"三化"治理体系，承载 N 个治理模块和多样功能服务，形成横纵有序、全域联动、高效协同的乡村基层数字治理新体系。建设"西峡县村振数字乡村服务平台"，充分运用互联网、大数据、云计算、物联网、人工智能等数字技术，纵向融合县、乡、村、网格四级体系，横向融合县直各部门，采用多端交互方式，推动各级领导干部和基层党员群众全量迁移"数字世界"。采用政府主导、企业主体的运作模式，通过"资源共享、联动协同、数据分析、智能研判、精准决策"，实现跨层级、跨部门、跨业务协同管理和服务，提升西峡县乡村治理数字化、现代化水平。

➤ **主要做法**

科学规划平台架构，构筑"数字孪生社会"：结合全县基层治理结构特点，科学规划平台架构，设 100 多个角色权限、120 多个工作台、120 多项功能服务，全面兼容县、乡、村各级领导干部和基层党员、网格员、群众，满足多角色身份和多业务场景需求，以数字化社会治理服务为基础，全面覆盖 19 个乡镇（街道）295 个行政村（社区），推动各级干部、党员、群众全量迁移至"数字世界"，构筑"人联网数字孪生社会"，为构建社会治理新体系提供数字化基础支撑。

全域联动协同服务，推动资源服务下移：平台纵向贯通"县—乡—村—网格—户—群众"多级角色，横向兼容县直各部门，通过 1 个业务中台实现数据共享交换，保障政策传达、工作指挥、任务交办、民意采集、事项上报均可无缝流转，实现跨层级、跨乡镇、跨部门、跨业务的协同管理和服务，助力上级治理资源和服务重心向基层下移，减轻基层负担，切实打通服务群众"最后一厘米"。

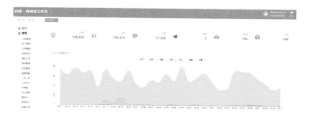

畅通民意全域感知，实现精准风险防范：通过"书记信箱""在线问政""随手拍"等线上服务，畅通群众与党组织、政府间的互动渠道，推动政府治理从单向管理转向双向互动、从线下转向线上线下融合。采用 AI 人工智能、大数据等技术，实现民情智能分析，结果通过"领导决策辅助系统"实时反馈主要领导，辅助领导实时掌控全域和精准决策施策，助

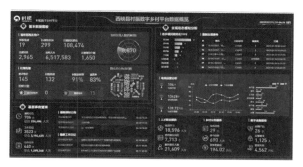

力社会矛盾风险化解在基层、消除在萌芽状态；实现全域智能感知和精准风险防范。

建立积分激励体系，激活乡村自治潜力：建立网络积分制体系，根据用户行为进行积分激励，积分支持在线兑换物品；常态化组织线上线下积分活动，发挥积分激励在乡村治理中的引导、助推、润化作用，激发干群积极性，激活乡村自治潜力，助力构建共治、共建、共享的社会治理新格局。

积极探索创新，积累可复制推广经验：创新探索党委统筹协调、政府组织推动、企业专业运营、社会公众参与的乡村治理数字化运营模式，积极实践总结社会治理与市场化服务相融合的落地经验，持续扩展平台面向社会公众的服务范围，以可复制推广、可持续发展为核心目标，不断迭新和强化赋能组织、人才、文化、产业、生态协同发展的市场化模式和场景服务，为乡村治理数字化发展提供成熟可复制经验。

➤ 经验效果

1. 社会效益

引入网络积分奖励机制，引导群众积极参与乡村治理。根据用户行为进行积分激励，积分支持在线兑换物品；截至目前累计发放 7 713 455 积分，留存各级干群使用记录 32.45 万条。常态化组织线上线下积分活动，发挥积分激励在乡村治理中的引导、助推、润化作用，激发干群积极性，激活乡村自治潜力，有效助力构建共治、共建、共享的社会治理新格局。2022 年 10 月平台运行以来，全县 41 个县直单位、19 个乡镇（街道）、295 个行政村（社区）、1 600 多名领导干部、10.8 万户居民群众全部实名制注册应用村镇数字乡村平台，全县居民户注册率达 94.3%，各级治理主体利用平台发布通知公告、工作日记、公示公开等累计 4 669 次，累计受众 471.6 万人次；基层事务管理和乡村治理数字化应用效果显著，西峡县"数字孪生社会"雏形已现。通过 1 个中台实现数据共享交换，保障政策传达、工作指挥、任务交办、民意采集、事项上报均可无缝流转，实现跨层级、跨乡镇、跨部门、跨业务的协同管理和服务，助力上级治理资源和服务重心向基层下移，减轻基层负担，打通了服务群众"最后一米"。

2. 参考借鉴意义

数字平台成为基层联系群众、服务群众的得力助手，成为干（党）群互动的重要工具，提升了干部公信力，促进了党群融合，助力矛盾风险及时发现、化解消除，乡村基层社会治理数字化水平得到显著提升。推动全域党员干部群众集中上线构筑"数字孪生社会"，打通服务群众"最后一厘米"，以数字技术链接群众、服务群众的产品和模式，对构建新时代乡村数字治理体系具有重要现实意义。有效破解基层干群受教育程度较低、数字化能力不够、思想观念守旧等关键难题，是弥合城乡"数字鸿沟"、成功推进乡村数字化的关键。西峡县积极探索政府主导、企业主体、专业团队运营的实践经验，具有较高借鉴意义和推广价值。

撰稿单位：西峡县农业农村局

撰 稿 人：刘静莹

湖南省嘉穗农业智慧农业社会化服务典型案例

➤ **基本情况**

湖南省嘉穗农业发展有限公司成立于 2017 年 1 月，位于衡阳县台源台九村，是一家集粮油种植、加工、销售和农业社会化服务于一体的省级农业产业化龙头企业。公司拥有领先的水稻、油菜籽烘干中心和智能育秧中心及大米加工厂，银行征信 A 级。现有员工 206 人，合作加盟者 86 家（含 63 个劳动力资源村组），粮油生产综合服务能力 66 000 亩次（播种面积）。公司建设的稻谷和油菜籽烘干中心共有 9 组烘干机，解决了本地种粮大户稻谷霉变难题，确保了原粮品质，提升了规模化生产能力。育秧中心有连栋育秧大棚、分离式简易大棚、智能玻璃温室大棚等 1 万 m² 以上，年供秧能力 2 万多亩。投资 100 余万元购置的稻草收捡打捆打包机械每天可收捡 110 亩约 18 t 稻草。采用最先进智能加工设施与配置建成的大米加工车间，年加工大米能力 1 万多 t。企业的综合农事服务中心共有翻耕、插秧、收割、施药等总装备 139 台（套）1 980 kW，可为 2 万亩农作物提供全程服务。公司先后被授予"省级龙头扶贫企业""爱心贡献企业""扶贫突出贡献企业""湖南省种粮大户"，总经理朱霞荣获全国粮食生产先进个人。

➤ **主要做法**

1. 实施背景

湖南嘉穗以农户需求为中心，以智慧农机作业服务为起点，不断提升服务能力、丰富服务内容，构建以粮油生产全方位全过程农事综合服务模式为主的农业社会化服务体系，着力破解"谁来种地""怎么种地"的难题，为全方位保障粮食安全根基倾心尽力。

2. 主要内容

加强服务能力建设，满足急速增长的智慧农业社会化服务需求：湖南嘉穗经过近 5 年的自身积累和发展壮大，现有新安装了卫星接收天线、车载导航终端、行车控制器、液压阀等装置的智能化农业服务总装备 139 台（套）1 980 kW，聘请高级农艺师等技术人员 5 名、熟练农机手 23 名、设备操作管理能手 5 名、后勤与经营管理人员 10 名、其他服务员工 163 名，可提供 6 万多亩水稻、油菜播种面积的全程农业生产服务，目前分别与粮食龙头企业、农资供应商、涉农协会、银信、保险、当地合作组织、劳动力资源村组等 86 家机构建立了稳定的合作、加盟关系。

13 个环节组成水稻全程服务，帮助农民轻松种田：公司主营的水稻生产全程服务，细分为"订单生产敲定收益预期—合理作物布局—农资团体采购—标准化浸种育秧—规范化大田翻耕整地—规范化机插移栽—科学化水分管理—有害生物绿色防控—

机械减损收获—规范化机械烘干—环保式秸秆回收—稻谷稻草统一销售—收入资金及时入户"等13个环节。选择全部环节全程服务的农户只需监管好服务质量和做好合理施肥、水田防漏、参与稻谷过磅结算即可，真正实现了轻松种田；农户亦可以根据自身条件和意愿，选择部分环节由公司提供服务。湖南嘉穗农业谷物和油菜籽烘干中心第二区，现已确保"谷不落地"达98%以上，减少稻谷搬运成本35元/亩。

集中育秧育苗中心

服务内容全面周到，帮助农民打消顾虑放心种粮：湖南嘉穗坚持以农户需求为中心，对社会服务过程中农户的所有顾虑进行重点研究和破解。针对种田累的问题，采取全程机械化率95%以上操作，实现"人不下田、谷不落地"的轻松种田模式，大幅减轻劳动强度。针对技术不熟练问题，公司专门聘请了高级农艺师和邀请市县专家团队加盟，跟踪指导、培训、育秧、合理密植等技术复杂农活由专业人员承担，编制水稻机插育秧技术标准、机械化移栽作业标准、摇控飞机施药作业标准、水稻机收减损作业标准等技术规程规范生产作业行为，从而解除了农户对种田技术的担心。针对部分农户启动资金困难，公司通过垫付和担保赊账的方式解决农户前期生产所需资金问题，并组织农户与金融机构对接农业生产小额信贷。针对生产成本控制问题，公司组织农资团购降低成本10%以上，提供的全程农机服务也比其他普通服务降低成本10%。针对农户担心的产量难肯定、灾害难防控、种田效益难保障等顾虑，通过制订水稻绿色种植技术规程并严格标准化生产，为稳产高产奠定基础；通过"水稻病虫草害防控预案"和"水稻气象灾害防控预案"及"水稻商业保险"等管理措施，有效化解水稻生产风险；通过定向订单生产

稻田翻耕平整

机播育秧与移栽

湖南嘉穗农业社会化服务——植保服务

湖南嘉穗农业社会化服务——机收

提高 10% 以上稻谷价格，保障产出效益。结合生产成本控制、稳产高产措施和风险化解机制，让农户产前有预期收益和信心，产中有看得见、放得心的周到服务，产后稻谷卖得出、价格好、人满意。

谷物和油菜籽烘干中心

努力建成数字智慧化农业种植示范区，打通农业全程现代化"最后一公里"：公司将北斗农机信息化智能系统与现代农业深度融合，让农业生产逐步从"凭经验操作"向"北斗数据"转变。当前已实施"数字智能设备较大比例替代翻耕机和插秧机人工驾驶作业""数字智能设备较大比例替代人工施肥""数字智能设备全面替代人工施药""数字智能设备全面替代人工播种育秧""数字智能设备全面替代人工晒谷""数字智能设备采集田间小气候与

数据采集设施

土壤环境数据"等智慧服务，农业作业效率和智能化程度大大提升。规划的"高标准农业全程现代化智慧种植示范区及其数字化智慧农业大脑中枢"正在紧锣密鼓地进行中。

➤ **经验效果**

1. 经济效益

2022 年，湖南嘉穗所在地周边 4 万亩稻田复种指数达 1.9，比偏僻的非服务区复种指数 1.3 高 0.6，相比之下，增加的 2.4 万亩复种面积可增加稻谷总产约 1 万 t，约增加的 2 600 万元产值大多转移到了附近 800 多个投入劳动力或农机手家庭的腰包。同时，智慧农业社会化服务也为活跃当地人员、市场流通和乡村振兴发挥了重大促进作用。

2. 社会效益

进军农事服务行业以来，湖南嘉穗服务能力与服务面积从 2017 年的 6 000 多亩播种面积发展到 2022 年 6 万多亩；服务环节从机耕机收和少量机插、烘干发展到如今比较完整的 10 余个环节；服务内涵从开始的单纯农机服务发展到如今的农机农艺融合、金融信贷中介担保、农资团购、商品化育秧供秧、农田"镉"污染管控、避灾减灾指导等农户顾及和需要解决的方方面面。2018 年接受全过程社会化智慧服务的农户仅 113 户，占当年全部服务对象 390 户的 29%，2022 年这一比例占全部服务对象 3 235 户的 63%。台源及其周边 3 个乡镇 2022 年种田农户约 3 900 户，接受单项或多项农事服务的 3 235 户，占 82.9%。

湖南嘉穗周边村组是双季稻生产规划区，每年种植两季水稻需要两遍农资、育秧物资与操作，工作烦琐劳累且种粮效益低下。在各级各部门支持和湖南嘉穗积极努力下，通过全程机械化智能作业大幅减轻劳动强度和劳动力，农资团购减少生产成本，订单生产提升稻谷价格，金融对接解决生产资金，水稻保险减少风险，强力技术后盾稳定产量，以全面周到的服务，帮助解决农户种植双季稻的一系列困难，提高农民种植双季稻的积极性，有效确保双季稻规划区粮食生产计划的落实。农户通过在全过程全面服务环节、服务内容和服务方式中自由选择"全过程全面一站式服务"或者"点菜式部分服务"，实现轻松种田稳增收。

　　撰稿单位：湖南省嘉穗农业发展有限公司
　　撰 稿 人：朱　霞

广西壮族自治区宾阳优质稻全产业链智能管理平台典型案例

　　➤ **基本情况**

　　根据《2022 年数字宾阳建设工作要点》等相关文件要求，宾阳县农业农村局数字乡村数字农业（智慧农业）工作重点为"加快农业生产经营数字化"，目前宾阳县重点实施的数字农业建设项目是宾阳优质稻全产业链智能管理平台建设。为持续做大做强优质稻产业，进一步优化升级古辣香米全产业链，宾阳县成功搭建广西首家优质稻全产业链智能管理平台，依托物联网、云计算以及大数据技术等现代信息技术，建设宾阳优质稻全产业链智能管理平台，建立水稻秧苗、种植、水肥、植保、气象、土壤、收割、产量品质、物流、销售的全产业链数据资源体系，解决目前宾阳优质稻全产业链存在的农业产业发展动力欠缺、供给保障不充分、新型经营主体带动能力较弱、品牌建设滞后、产业链条延伸不够等问题，从而提高对宾阳优质稻的全产业链的智能管理和完整的溯源体系，实现宾阳优质稻生产精准化管理和可视化诊断，加快推进农业生产智能化、经营信息化、管理数据化、服务在线化，推进一二三产业融合发展。

　　➤ **主要做法**

　　宾阳优质稻全产业链智能管理平台建设，目前已完成软件和硬件安装。平台依托物联网、云计算以及 3S 技术等现代信息技术，构建种质管理系统、育秧管理系统、生产管理系统、加工仓储系统、流通销售系统、农产品溯源系统、产业服务系统、综合展示系统。整个系统配置众多物联网设备，有 205 个定时拍照摄像头分布在全县各水稻生产基地，有 20 个土壤墒情站、5 个气象站、43 个实时监控摄像头、6 个虫情测报仪、1 台无人机等设备。已将"云农智联"中的视频监控接入系统，政务云已对接，各类设备已连接到系统中，包括拍照摄像头、视频监控、虫情设备、土壤墒情仪、气象站等。

　　宾阳优质稻全产业链智能管理平台物联网设备中，气象站可以实时采集多种气象数据；土壤墒情仪可以实时监测土壤的温度、湿度、EC 值；虫情测报仪可以自动采集分析病虫害信息；高清植物生长记录仪可以记录水稻全周期生长过程；实时监控仪实时、准确、清晰地观测到全县水稻备耕、育苗、插秧、收获等粮食生产过程，所有数据汇聚于云端网络，为科学种植和智能化、系统化管理提供数据支持，例如田长制就是充分利用了数据识别分析，自动识别种植作物品类，针对粮食种植与非粮食种植进行智能区分。此外，智能 AI 农业小助手每天自动整合系统内的气象、图像、水稻生长状态等数据，向管理部门和种植者汇报粮食生产种植情况，并链接销售终端，将古辣香米等优质产品进行多平台推广。一张图就可以迅速掌握全县域粮食种植情况，实现在云端对优质稻全产业链的统筹管理。

宾阳优质稻全产业链智能管理平台，通过精确、科学的数字化手段进行农业生产和管理，严格控制了种源、秧苗质量、减少农药和肥料等农业投入品的使用量，有利于保障食品安全、高效利用资源，从而避免对生态环境的破坏，达到保护生态环境的目标，通过尖端的物联网设备辅助种植，实时掌控水稻的生长情况，获取水稻生长所需的水分、气象、土壤、虫害等各项指标，为科学种植水稻提供重要的数据依据，同时也为企业节约了管理成本。链接国家气象信息中心，提供宾阳县格点级、小时级的历史气象数据，同时通过安装在基地的小型气象站，实时采集基地的气象环境指标，例如风速、大气温度、大气湿度、降水量等参数，可以预测未来 2 h 至 7 d 内气象灾害。通过虫情物联网设备，实现了在无人监管的情况下，自动完成诱虫、杀虫、收集等系统作业，定时采集接虫盒内收集的虫体图片，形成虫害数据库，提前发出病虫害预警，真正做到防灾、减灾，为农业高产、农产品高品质提供了有力保障。依托物联网、云计算以及 3S 技术等现代信息技术与农业生产相融合的产物，通过对生产、加工、销售等环节的智能感知和数据分析，实现农业生产精准化管理和可视化诊断，是引领农业走向品牌化发展的必然趋势。基于香米产业作为宾阳县最大的农业产业现状，建立优质稻全产业链智能管理平台，可以很好地解决目前宾阳优质稻全产业链存在的农业产业发展动力欠缺、农业供给保障不充分、新型经营主体带动能力较弱、农业品牌建设滞后、农业产业链条延伸不够等短板，对于提升"古辣香米"的品牌形象，助力品牌打造，具有积极意义。

目前正在同步开展宾阳优质稻全产业链智能管理平台项目网络安全等级保护测评及第三方软件测评服务。宾阳优质稻全产业链智能管理平台委托捷佳润科技集团有限公司建设和管理，智能平台系统持续优化中，已申请网站备案通过，已于 2023 年 3 月 20 日在政务云正式上线。

宾阳优质稻全产业链智能管理平台已开通微信小程序注册登录方式，为乡镇 200 多户优质稻种植大户（包括乡镇管理员）在微信小程序与系统网页统一注册认证，通过手机或电脑网页系统即可轻松登录智能平台。

下一步继续完善宾阳优质稻全产业链智能管理平台项目，立足宾阳县水稻产业链，构建水稻秧苗、种植、水肥、植保、气象、土壤、收割、产量品质、物流、销售的全产业链数据资源体系。开发水稻产业、生产、市场供需、价格、质量监测等预警体系和水稻智慧生产服务平台、质量安全追溯平台、市场销售服务平台，有利于推动大数据、云计算、物联网、移动互联、遥感等现代信息技术在农业中应用，打造智慧农业示范样板，加快推进农业生产智能化、经营信息化、管理数据化、服务在线化，推进一二三产业融合，全面打造智慧水稻产业，全面提高水稻产业现代化水平，推动农业供给侧结构性改革进程。

➤ **经验效果**

通过优质稻全产业链大数据平台，优化农业生产方式，提升品质特别是稳固古辣香米的理化指标。按照销售价格提升 0.2 元 /kg 计算，宾阳全年水稻种植面积约为 86 万亩，总产量约为 32 万 t，农业产值至少增加收入 6 400 万元以上。

撰稿单位：广西壮族自治区农业信息中心，宾阳县农业农村局

撰　稿　人：廖　勇，黄泽雄，曾鑫滔，覃进朝

贵州省六盘水市供销天鲜配智慧服务建设助力乡村振兴典型案例

➤ **基本情况**

六盘水市供销天鲜配农产品管理有限公司于 2019 年 5 月成立，公司以基地经营、食材配送、餐饮服务为主业，通过现代化基地运营、标准化农产品集散中心建设和运营，为六盘水市钟山区 10 个乡镇 116 所学校、六盘水城区 20 多家企事业单位提供食材配送，实现"农户 + 基地 + 企业"综合性能强大的配送体系，累计服务 5 万余人（其中学校师生约 4.6 万余人）。

➤ **主要做法**

民以食为天，食品安全无小事。为做好食品安全工作，六盘水市供销天鲜配农产品管理有限公司积极强化采购、分拣、仓储、配送全流程系统化、精细化管理，从采购到配送环节，全程安全存储、冷链运输、动态监控，有效降低商品损耗、人力物资消耗，高效、规范管理，确保食材新鲜、安全。

1. 基地建设，经营源头有依托

以食材配送业务为依托，建设农业种植示范基地。积极探索"龙头企业 + 专业化种植公司 + 农户"的基地运营模式，充分发挥带动效应，努力打造以基地为核心辐射周边的蔬菜种植示范基地。2023 年 1 月公司与六枝木岗镇政府签订 1 000 亩蔬菜种植示范基地协议，正式实施木岗 1 000 亩高标准蔬菜种植示范基地项目。基地主要建设蔬菜大棚 50 亩、农业生产设施 1 800 m²，以及蔬菜冷库建设、分拣设施、智慧农业信

息化平台、蔬菜舆情监控、供水管网、入场道路、水肥一体化设施等基础设施。其中智慧农业信息化管理平台主要是以信息化手段建设农业生产管理平台，指导农户科学化、精准化种植，实施订单农业生产，目前基地500亩核心地块主要作为蔬菜进出口贸易示范基地，根据进出口订单农业进行精准化生产，提高基地的生存能力；建设农业经营管理、农产品溯源系统，对已生成的蔬菜等农产品进行赋码，实施农业生产全过程追踪管理；建设产销对接服务系统、物流管理系统、销售管理系统，为市场销售提供精准分析管理。基地因地制宜，充分运用相关设施设备，在模式确立、品种选用、设施建设、科技导入等方面不断探索、改进和创新，坚持高起点、高规格、高标准进行建设，以订单化、信息化、规模化高要求、高标准进行农产品种植。

2.集散中心建设，规范管理有基础

为促进农产品分类、分拣、加工、包装、仓储、运输、销售、溯源等方面规范，通过精准化流程控制、标准化作业推动农产品产配一体化，从2022年4月6日开始，由天鲜配公司的持股股东（持股比例67%）六盘水市鼎农实业有限公司负责推动六盘水蔬菜产配一体化项目，负责将在红桥农业产业园租赁的6 000 m²仓库改造成集散中心，建成之后将资产及设备划拨给天鲜配公司免费使用5年，由天鲜配公司和六盘水慧农

产地冷链设施

滴灌带检修

智慧农业管理平台

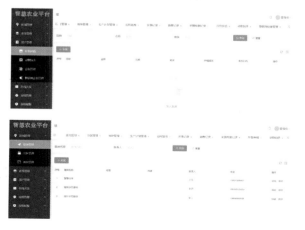

物资贸易有限公司签订 5 年场地租赁协议。集散中心配置 347 m² 干货库、136 m² 粮油库、433 m² 发货区、89 m² 肉类冷冻库、183 m² 蔬菜保鲜库、122 m² 肉类保鲜库、89 m² 肉类加工间、89 m² 蔬菜加工间，集散中心配备冷藏运输车、净菜加工设备、农残检测设备、兽药检测设备等，具有完善冷链车辆和配送系统，目前可为 11 万人规模单位提供农产品分类、分拣、加工、仓储及配送等经营服务。

3. 信息化软件建设，高效运转有保障

为进一步完善公司现代信息技术建设，将信息化软件技术和硬件设施有效关联，提升公司在农产品生产、采购、加工、分类、分拣、配送、仓储、线上商城、产品溯源、产品销售等方面信息化、规范化水平，促进公司在农产品生产经营方面做到精准作业、智能控制、实时监测预警等效果，天鲜配公司和深圳市观麦网络科技公司合作，购买观麦 SaaS 软件以及技术服务，全方位开展技术合作，观麦网络科技公司指派 3 名高级工程师为天鲜配公司农产品经营提供线上服务，技术服务全覆盖，涵盖订单管理、供应链管理、分拣加工管理、配送管理等业务模块。系统功能全面，使得整个农产品从产至销整个环节可控制，信息时时反馈，数据及时分析和汇总，有效为天鲜配公司生产经营的可视化、信息化、网格化、标准化、产销配一体化提供强有力的支撑。

➤ 经验效果

1. 生态效益

种植示范基地项目实施后充分利用智慧云平台对蔬菜示范基地进行精准化施肥、精准化用药，有效提升肥料的使用效率、

粮油库

发货区月台

减少农药的使用量，估算节约成本在 12% 左右，并且项目使用水肥一体化系统，采用滴灌技术，节约用水 15% 以上。同时节约施肥人工成本，1 000 亩施肥基地减少人工投入 5 000 人以上，节约成本 40 万元以上。

2.社会效益

一是基地推进"黔货"农业文化建设，提升民众菜篮子质量。二是基地耕种、采摘、包装、保鲜储存等环节使用当地农户用工，直接带动就业岗位约 65 人，间接带动就业约 100 人以上，2023 年发放民工工资 190 万元，有效拓宽了当地农民收入渠道，提高农民收入，巩固了脱贫攻坚成果，助力乡村振兴。三是以基地示范引领周边农户及企业参与种植，形成集聚效益，促进地方农业高质量发展。四是集散中心通过食材的分类、分拣、配送，招聘了分拣工、搬运工、清框工、配送员 4 个岗位合计 39 人，并给他们缴纳五险，为有效促进解决当地就业贡献了力量。

参考借鉴意义：天鲜配公司通过农业基地建设和经营、通过农产品集散中心高标准设施设备投入、通过观麦 SaaS 联接，一方面构建起了产销配连续纽带，另一方面规范了农产品生产、采购、加工、分类、分拣、配送、仓储、线上商城、产品溯源、产品销售等环节，同时借助智慧云平台管理、实施农业种植精准化管理，全过程追踪及溯源，减少农业生产投入，提高农药、肥料等利用率，有效降低农业生产投入，同时在产地建设冷库等基础设施、实施产地农产品分拣及预冷、提升农产品品质及附加值，推动产业全面信息化、规范化，通过信息化将天鲜配公司打造成六盘水农产品产销一体化的行业标杆。

撰稿单位：六盘水市农业农村局

撰稿人：王　婷

云南省"花智云"花卉产业数智化综合应用服务平台典型案例

➤ **基本情况**

本项目实施单位为云南云链未来科技有限公司，公司类型为民营企业，主要服务于数字化转型领域，提供战略、咨询、互动体验、技术服务、系统集成和智能运营等全过程数字化转型综合业务服务。为高新技术企业，同时为获科技部和云南省科技厅认定的科技型中小企业，为中国中小企业协会区块链专委会理事单位、云南省区块链产业联盟副理事长、云南省区块链和数字科技标准化技术委员会委员，是云南省第一批具备国家网信办区块链服务备案资质的企业和云南省 BSN 专网销售及运维服务特许授权企业，是云南首家获得上海数据交易所认证数据产品开发商的企业。

公司深耕数字化转型领域，一直致力于以多技术融合应用赋能云南省农业的数智化发展。本项目由公司自研投建，针对云南省花卉产业在产业统计、信息服务和产业互联网方面的需求痛点，融合区块链、大数据、人工智能等技术，建设"花智云"花卉产业数智化综合应用服务平台，构建适用于不同环节应用场景的数智化应用子系统，为云南省花卉产业链中生产经营企业提供全流程数智化管理服务，赋能花卉生产经营全流程的降本增效，充分发挥海量数据和丰富应用场景优势，促进数字技术与花卉实体经济深度融合，赋能花卉产业转型升级，激活花卉业发展新引擎。目前，项目一期已投资 300 万元建成并落地应用。

➤ **主要做法**

1. 实施背景

云南省是全球三大新兴花卉产区之一和全球第二大鲜切花交易中心，鲜切花在国内市场占有率在 70% 左右。云南省作为全国规模最大的鲜切花生产基地，在全国 15 个鲜切花出口省份中花卉出口总额位居第一。云南花卉产业作为云南全力打造世界一流"绿色食品牌"的 8 个重点产业之一，产业发展日渐向好，但仍然面临着产业标准化建设不健全、信息化建设程度滞后导致的质量监控不足、生产管理粗放、生产成本过高、缺乏产业服务等问题。针对上述情况，项目团队深入贯彻落实《全国花卉业发展规划（2022—2035 年）》指导要求，在深入行业调研后，自研建设了"花智云"花卉产业数智化综合应用服务平台，以期通过深化细化数字技术在花卉产业各领域与各环节的应用，促进花卉产业现代化发展。

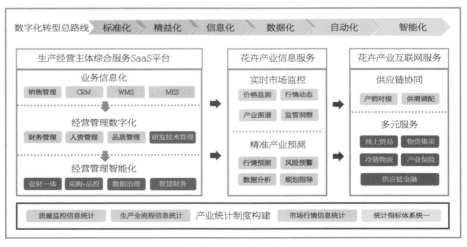

项目整体系统规划示意

2. 主要内容

项目整体规划分 3 期建设，一期主要聚焦产业内生产经营主体建设综合 SaaS 服务平台，基于适应产业内生产经营主体从育种研发、种植管理、生产加工、仓储包装到销售物流的全生命周期场景的应用系统，提供数智化管理服务。一期平台广泛推广应用后，再逐步在二期、三期中增设花卉产业信息服务和花卉产业互联网服务，全方位促进现代花卉产业数智化发展。目前项目一期——"花智云"花卉产业数智化综合应用系统 V1.0 已建成并投入应用。

"花智云"花卉产业数智化综合应用系统 Web 端

"花智云"花卉产业数智化综合应用系统 Web 端：平台包含仓库、销售、财务、生产、人力资源、品质、采购、研发技术、基础资料与审批管理的 10 个子系统（尚在完善拓展中），实现了从种源入库到销售完结的全流程信息化管理，以 ONE ID 串联整体数据流，实现全流程数据采集追溯，能够在节约大量内部数据统计、流转的情况下，保障企业能够基于产品 ID 识别了解每朵花匹配的种源、生产、仓储、销售信息，归集在种植、加工、仓储、物流等环节所消耗的成本和时效，精准洞察业务链问题，实现业财一体化，促进经营管理的降本增效。同时，平台立足花卉生产管理的实际业务场景设计，为花卉企业中常见业务痛点提供了创新应用服务。

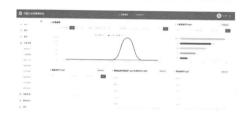

"花智云"花卉产业数智化综合应用系统 Web 端

"花智云"花卉产业数智化综合应用系统移动端

针对海量 SKU、实时生产及仓储情况与特殊客户订单需求的精准匹配问题，建设了 AI 分花模型，能够基于库内货存情况，结合客户订单需求与企业定制化的销售策略，一键智能生成分花方案，保障企业在利益最大化情况下进行销售，节省了过往大量核查库存、人工排序筛选匹配订单、斟酌判断货存分配合理性的人力成本和时间资源。

"花智云"花卉产业数智化综合应用系统移动端

"花智云"花卉产业数智化综合应用系统移动端：为匹配花卉业务链中不同办

部分项目现场调研、实施工作照

公场景需求，项目建设移动端平台，能够支持平台多端互联，以便捷化操作简化整体工作流程。

针对花卉企业生产端中常见的毛花采后计数、分级工作繁重、人力耗费大的痛点，平台提供 AI 识花功能，仅需拍照上传即可快速识别花朵数量与等级。

针对花卉企业销售端中客户需求来源于不同渠道、信息分散情况导致的客户需求信息录入统计时效慢、易出错的问题，提供需求信息自动识别匹配功能，销售人员仅需复制粘贴客户需求信息，即可自动识别并进行规范化订单录入，能够有效替代人工，实现工作降本增效。

3. 主要技术

AI 人工智能：用于建设花卉智能库存分配模型，识别匹配花材数量等级与客户需求信息。

大数据：用于企业业务链全流程数据的智能分析及可视化应用。

区块链：用于全流程关键数据上链存证，为内部管理分析提供可靠数据支撑，减少人为数据干预风险。

4. 运营模式

项目平台在设计之初就深入调研参考了云南省鲜切花卉产业链中花卉生产经营企业的实际情况，平台功能符合行业领域内多数业务运营需求，期望以低成本、广应用的商业模式服务云南省花卉产业，因此项目平台以 SaaS 服务形式向目标用户提供服务，以 SaaS 服务、特殊定制化功能开发服务为收入来源，由云南云链未来科技有限公司自主研发运营。

➤ 经验效果

1. 经济效益

目前项目已在云南省花卉产业龙头企业——丽江启泽农业发展有限公司中落地应用，并与云南云天化股份有限公司达成了后续合作意向，项目 SaaS 应用商业模式客户接受度良好，具备可持续发展应用的条件。针对项目应用在丽江现代花卉产业园中的应用情况，通过项目应用，将原本业务工作流中 97 项数据表单缩减归集为 14 项基础数据表单，不仅统一整体数据格式，打通全流程工作协同，实现整体数据交互，为管理提供数据依据，还节省了工作环节中人工数据统计、录入、复核的工作量，原本需要各部门协同统计汇总工作一周形成的数据分析成果，现在可以实时在平台中查看，实现了整体工作的降本增效，预期提升整体数据统计效率近 7 倍，综合节省人工50% 以上，极大提升了工作效率和管理效能。

2. 社会效益

项目为整体云南省花卉产业提供开放式公共服务平台，以低成本 SaaS 服务的形式为目标客户解决痛点问题，大量节省了其自主开发建设数字化应用的成本，为云南省花卉产业相关参与主体的数智化转型发展提供了可贵契机和有效途径。

项目平台中积累的海量数据信息，也将通过项目二期、三期建设完善，在拓展功能中逐步发挥其应用价值，反哺产业参与主体，为产业提供基于可信数据的信息开放共享服务与供应链协同服务，形成安全、高效、共享、共赢的花卉产业互联网生态。

同时，项目应用平台形成了统一的花卉生产经营数据信息统计管理格式，有利于云南省花卉产业统计调查方法和指标体系建设参考，具有显著的社会效益。

3. 推广应用

项目具备对云南省花卉产业的提升发展能力，打造了花卉产业的数智化应用标杆范本，是对多种成熟技术的融合应用，考虑了同类产业的通用性，形成了可以在相关农业产业中复制的产业应用模式，能够为更多农业产业和相关产区提供模式推广应用价值和参考借鉴意义。

撰稿单位：云南云链未来科技有限公司
撰 稿 人：黄　鑫，李紫馨，谢金燕，王晓涵

云南省临沧核桃智慧服务典型案例

➤ 基本情况

临沧工投顺宁坚果开发有限公司成立于2018年9月，是临沧首家国有控股的混合所有制企业，公司自成立以来，获"全国脱贫攻坚先进集体""凤庆县就业扶贫车间"、临沧市"社会扶贫先进典型"、临沧市"十佳名优农产品加工企业"表彰和云南省"社会扶贫先进典型"等荣誉称号。主营核桃、夏威夷果系列产品生产加工销售，目前已打造"秋吉""林苍山上""0883"等3个品牌，完成3个系列共计26类产品包装的设计并上市，现正以"临沧核桃，益智健脑"的核心定位，不断开发升级产品品类，推出以12个单品为主的"脑力爆表"系列产品。项目投资225万元，构建产业数字化示范基地、农业物联网云平台、产品质量安全追溯平台、产业数据库、资源一张图、产业数据中心，促使农户、合作社、水洗果站加强经营管理，强化质量标准的贯彻执行，改善核桃产业基础条件。

➤ 主要做法

项目充分运用互联网、移动互联网、物联网、大数据、区块链、二维码识别等信息技术，整合核桃产业资源数据，建成"一中心、一库、一张图、两平台"的现代数字农业服务体系，使核桃从质量、产量、营销和深加工方面增值，主要建设内容如下。

建设数字化示范基地：在产业基地建设小区域环境监测站、土壤墒情监测站、视频监控系统等，改造提升传统农业种植管理模式，为种植管理提供科学指导，解决核桃产

业种植管理人力成本高、管理不及时的问题，实现基地数字化。

在核桃初加工站布设实时视频监控，在核桃精加工厂建设视频监控系统及智慧仓储，对加工厂人员个人卫生、人流物流、车间卫生状况等方面进行实时监管，实现"阳光工厂"，生产数字化。

拍摄制作核桃种植基地、核桃水洗果加工站VR展示全景，将平面照片变为360°全景图，把二维的平面图模拟成真实的三维空间，使用户不用到达现场也能直观地了解基地信息。

设备安装实施效果

建设核桃产品质量安全追溯平台：建成产品质量追溯质量体系及产品质量安全追溯平台，实现核桃产品从"种植管理、生产加工、流通销售"全流程信息化、数字化管理和"从田园到餐桌"全程可追溯，实现产品品质数字化，并融入区块链技术，实现关键环节数据上链存储，保障数据的真实可靠，实现征信数字化。

厂区实时视频监控

建设核桃产业资源数据库：运用云计算、数据库、数据库管理等技术，结合核桃产业发展及现有数据资源，从核桃产业数字化发展角度长远考虑，做好顶层设计，建立统一的数据标准体系、数据共享交换标准体系。实现核桃产业数据"共建、共享、共用"，通过不断丰富数据库的数据广度和深度、实现核桃产业数据资源"一库统管"，为核桃产业大数据平台提供一站式数据支撑。

仓储环境监测终端安装效果

建设核桃产业资源"一张图"：推进信息技术与核桃产业生产、经营、管理、服务全面深度融合，打造产业发展智慧大脑，实现核桃产业资源各类数据"一图清"，全产业可视化展示和分析预判，

基地实时环境监测数据

创新产业数字化监管方式，帮助政府了解本地产业发展情况，服务政府监管决策。

仓库环境实时监测数据

➤ **经验效果**

通过数字农业示范基地的建设，将云计算、大数据、物联网、地理信息技术、区块链等先进信息技术与产业融合，充分发挥核桃智慧种植在节省生产资料、劳动力等方面的作用，实现核桃产品全程可追溯，构建数字化业务体系，实现基地、生产、仓储、流通的全面数字化。依靠数字化基地的建设，将物联网技术与核桃种植结合起来，实时监测基地环境，实现核桃种植智能化、数字化，能让企业、农户在第一时间感知到种植环境及作物生长变化，从而及时作出补救，提高核桃挂果、结果率，通过全产业链数字监控，实现精准生产及加工，推动规范化标准化生产经营，形成凤庆核桃标准化种植管理企业标准，推进行业标准制定，真正实现核桃种植过程的数字化控制和智能化生产管理，从产品生产源头引导产品生产企业向绿色和有机产业方向发展，降低投入品带来的产地环境污染，有效促进了凤庆县农业产业的绿色发展，极大地提高了现代农业生产设施和设备的数字和智能化水平，推动凤庆县种植业"互联网+"的进步，提升资源利用率和劳动生产率，促进核桃种植向智能化、

基地 VR 全景

产品质量安全追溯平台

产品追溯示范案例

精准化、网络化方向转变，实现节本增效，实现核桃产品种植智能化、生产标准化，降低成本，提高产品的销售量，为凤庆县核桃产业实现以数据驱动的可持续健康发展夯实数字基础。

撰稿单位：凤庆县农业农村局

撰 稿 人：周泓渊

陕西省农业物联网综合管理分析平台典型案例

➤ **基本情况**

陕西省农业宣传信息中心是隶属于陕西省农业农村厅的事业单位，单位设置 5 个科室，分别为综合科、信息服务科、技术开发科、宣传科、融媒科，主要职责是承担省农业农村厅机关内外网的建设、运行、维护及信息安全管理工作；承担农业信息、宣传计划、规划的拟定和农业信息采集、分析和发布工作；承担农业信息体系建设项目，开展农业信息宣传；承担全省农业信息、宣传人员培训。为了加快推进"一中心五平台"向市县区延伸，中心召开了"农业农村信息化建设实施方案培训视频会"，统一编制了农业农村大数据、物联网管理平台、智慧冷库管理系统、数字乡村试验示范推广应用实施方案模板，规范了项目实施内容、部署模式和组织形式，在灞桥区、韩城市、周至县、略阳县指导开展设施农业生产智能化试点。为保证项目的顺利实施，按照"统一领导、科学管理、分级统筹、共同协作"的原则进行组织实施。为确保推广应用的顺利进行，集合陕西省农业农村厅、区县农业农村局及相关单位的管理和专业技术人员，做好组织、管理、设计、实施等多个层面的人员配置工作。近两年来，中心在平台建设和推广应用方面共投入资金 1 200 余万元。

➤ **主要做法**

1. 实施背景

国家先后出台了一系列指导数字农业农村发展的政策文件，《中华人民共和国乡村振兴促进法》提出推进数字乡村建设和提升乡村公共服务数字化智能化水平，为数字农业农村发展提供了法律遵循。《中华人民共和国国民经济和社会发展第十四个五年规划和 2035 年远景目标纲要》提出加快发展智慧农业，推进农业生产经营和管理服务数字化改造，加快推进数字乡村建设，推动乡村管理服务数字化。中共中央办公厅、国务院办公厅印发了《数字乡村发展战略纲要》，农业农村部制定了《数字农业农村发展规划（2019—2025 年）》《农业农村大数据发展实施意见》《"互联网+"现代农业三年行动实施方案》等文件，陕西省委网信办印发了《陕西省加快数字乡村发展三年行动计划（2020—2022 年）》，都把推进部门数据资源整合、开放、共享作为大数据发展重要的战略方向，要求不断提高数据决策、数据管理、数据创新能力。

2. 主要内容

本项目以陕西省现代农业发展需求为导向，以农业设施装备智能化、生产过程控制精准化、农业资源管理数字化、农业信息服务网络化为目标，构建陕西省农业物联网综合管理分析平台，打造"一个标准、构建一张网、呈现一张图、构建一张屏"，实现两端合一，可圈可点的管理模式。利用物联网、大数据等技术有效采集省市县各级涉农资源，汇聚农业产业、现代农业园区等各级农业物联网数据，形成"物联网"数据中心，

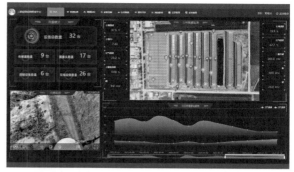

构建互联共享的"互联网 + 农业"信息服务体系，全面、有序推进政府决策与公共服务、农业生产经营管理服务、农产品质量安全等领域的智慧应用水平，促进农业生产方式由传统的人力密集模式向现代智慧化模式转变，加快陕西现代农业发展。

3. 主要技术

物联网技术：物联网技术是指根据信息内容感应设备，将物与物、人与物之间的信息进行收集、传递和控制等，主要分为传感器技术、RFID 技术、嵌入式技术、智能技术和纳米技术。现代农业通过和物联网技术的紧密结合，可以实现数据的可视化分析、远程操作和灾害预警，在种植业中通过监控、卫星等收集数据，畜牧业体现为动物耳标、监控、智能穿戴设备等收集数据，对收集到的数据进行分析，从而做到精确的管理。

数据分析与可视化技术：在大数据分析的应用过程中，可视化通过交互式视觉表现的方式来帮助用户探索和理解复杂的数据。可视化与可视分析能够迅速和有效地简化与提炼数据流，帮助用户交互筛选大量的数据，有助于使用者更快更好地从复杂数据中得到新的发现，成为用户了解复杂数据、开展深入分析不可或缺的手段。

此外，还采用了大数据采集与预处理、大数据存储与管理、数据集成技术、多维分析技术、地理信息系统技术等。

4. 运营模式

厅级层面，横向一体，纵向贯通：依托陕西省农业物联网综合管理分析平台，围绕种植业生产智能化示范，开展粮食大田农机装备作业、北斗精准导航、自动测量、精准耕整地、精准收获等设备设施的信息化改造，开展环境监测控制、生产过程管理等设备

设施的信息化改造，实现省、市、县三级物联网数据的交换共享。

依托"3+X"产业，对接数据资源，全局掌控：加快物联网技术与种植业、畜牧业、果业、农产品加工业等行业的深度融合和应用，构建"物联网＋产业"格局，推进基于物联网的生产管理技术应用，提升农业生产精准化、智能化、数字化水平。通过对产前、产中、产后各个生产环节和流程进行数据采集和汇总，为智慧农业应用、分析决策和指导生产提供基础数据和数据产品服务。通过农业信息化建设赋能产业数字化，让产业生产数据，让数据反哺产业，发挥产业数据的最大价值，扎实推进乡村振兴。

开展试点示范，树立典型，以点带面：在陕西省范围内开展物联网平台推广应用试点，培育形成一批智慧农业建设典型。利用应用示范点，打造标杆性智慧农业示范基地，在全省范围内逐步形成一个优势主导产业智慧农业示范基地引领的局面，推动陕西省智慧农业全面建设。

➤ 经验效果

1. 经济效益

节约人工费用和管理费用，降低种植成本，提高生产效率。一方面，对农业生产环境的远程实时监测，节约了生产过程中的人力成本和物资成本。另一方面，通过监测到的数据对生产环境进行智能化管理，及时发出预警，保证生产环境处于适合农作物生长的状态，提高资源利用率和生产效率，避免资源的浪费和经济损失。

2. 社会效益

构建陕西省农业物联网综合管理分析平台，建设物联网大数据管理与服务中心，融合全省各级各类涉农信息资源和业务系统，解决信息孤岛，实现部门信息交换、资源共享和业务协作，以大数据支撑科学决策，提高预测预警和风险应对能力，提高农业生产的标准化、集约化、自动化、产业化及组织化水平，促进农业生产，实现高产、优质、高效、生态和安全，为农业部门提供有力的实时动态数据分析及展现，有效提升政府服务及管理水平。

3. 推广应用

陕西省农业物联网综合管理分析平台已在西安市、灞桥区、韩城市、佛坪县、三原县、麟游县、周至县、兴平市、榆阳区和略阳区等区（县）完成推广实施，平台已完成 26 个园区、68 个监测点的数据对接，包含蔬菜、花卉、食用菌、奶牛等产业的空气温度、空气湿度、CO_2 浓度、光照度、土壤温度、土壤湿度等数据。

服务农业和农民：聚焦农业生产和农民群众的迫切需要，利用物联网技术来解决农业生产重点领域和关键环节存在的问题，着力解决传统生产模式办不了、办不好的难题，让农户和企业充分获得农业生产服务带来的便利和实惠。

模式复用性强：依托陕西省农业物联网综合管理分析平台，向各个区县进行数据库、系统功能和实施服务的推广应用，形成"标准＋网络＋地图"的管理模式，为粮食大田、设施农业提供精准化种植、可视化管理、智能化决策。针对不同区域和不同产业，基于陕西省农业物联网综合管理分析平台，结合当地种植业及当地环境特点，扩展该区县主导产业和特色化应用功能，以支持当地物联网应用和智慧农业的推广，不断推进业态和模式创新，实现乡村产业振兴。

有力决策支撑：通过数据共享及交换服务机制与其他单位等相关数据实现互联共享，构建物联网数据＋气象数据＋电商数据＋农产品数据＋互联网数据＋专家知识库数据＋预警分析模型数据等的农业大数据体系，结合遥感、GIS 技术，以时间、区域、生产环境等多维度展现，呈现高精度、网格化、区域化、可视化的农业产业地理分布电子地图，为农业部门及时提供可视化的农业产业分布、产量面积等农情信息，实现主要农产品产量预测、灾情预警、病虫害预警等。

撰稿单位：陕西省农业宣传信息中心

撰 稿 人：殷　华

山东省青岛市平度市仁兆镇智慧农业建设智慧服务典型案例

➤ 基本情况

仁兆镇是青岛市优质蔬菜生产大镇，也是山东省农业产业强镇。全镇现有 13 个行政村（91 个自然村），耕地面积 12 万亩，蔬菜种植面积 10.5 万亩，年产量 62 万 t，拥有"仁兆蒜薹""仁兆圆葱"两个国家地理标志保护农产品，所产"沽河"牌系列蔬菜先后被农业农村部和山东省评为优质产品，属山东省著名商标。针对仁兆镇独特优势，自 2020 年以来，仁兆镇致力于打造山东省首个数字乡村镇，与联通公司合作建立集"数字＋治理""数字＋党建""数字＋政务""数字＋产业"等内容于一体的"和美仁兆"数字乡村平台，为乡村振兴智慧农业服务注入新的发展动能。

➤ 主要做法

仁兆镇紧紧围绕数字乡村建设需求，与联通公司合作，聚焦基层党建、公共服务、社会治理、特色产业发展等智慧服务，重点从队伍建设、资金保障、人员培训、网络建设等方面入手，详细制定推进计划，确保各项工作扎实有效推进。

一是成立联合专班，选优配强队伍。由乡镇、联通公司主要负责人任班长，在全镇范围内公开选聘网格信息员，把乡镇、公司和村庄骨干力量拿出来，组成联合攻坚团队，推进智慧服务有序开展。二是划拨专项资金，提供有力保障。从镇级财政划拨 60 万元专项经费，有力地保障设备完善、物资采购等工作，确保工作顺利推进。三是整合全镇信息，构建一图感知。开展全镇"人、户、房、环境"4 项联动监管的村庄一图感知图建设，整合全镇 7 万人的个人详细信息，在电子地图上直观立体展示乡镇础信息、村民基础信息、待办信息、重点地段监控信息等。真正实现"一屏观全镇、一屏管全镇"的现代化智慧服务。

➤ **经验效果**

在治理方面，智慧服务云监控平台可在线查看视频监控内容，有效保障了村民的人身财产安全，提高了村民的安全感、满意度。数字广播系统实现播报无须人员到场，镇党委、政府各类政策、党建工作、精神文明建设、应急通知等信息快速、安全、及时传递到广大群众及基层一线。

常用应用

卫生检查　信用体系建　数字大屏　乡村大喇叭　仁兆镇蔬菜
评分表　　设居民日…　　　　　　　　　　　种植统计

智能填表　智能会议率　出租房屋采　包村干部走
　　　　　　　　　　　集表-实有…　访群众征…

在服务方面，智慧服务将日常办公、办事全过程融入"和美仁兆"数字乡村平台，满足干部线上办公、报表汇总、实时督查、汇报审批、云盖章和群众办事等日常高频次办公办事需求。设立"书记信箱"板块，村民可通过该板块直接向镇党委主要领导反映诉求、举报、咨询、建议等信息，问题由镇党委主要领导顶格阅

智慧互联网数字广播系统

实时广播　　　　分组管理

处、转办、调度，同时组织相关责任部门及时堵塞漏洞、补齐短板，变被动出访为主动预防，从源头化解群众合理诉求。

在经济方面，智慧服务通过平台大数据汇总，实时掌握全镇蔬菜种植种类、面积、产量，并与平度农旅集团建立的青岛农旅筑梦农业合作社合作，有针对性地寻求公司大额订单，用好用活"公司＋农户"的订单农业经营模式，既畅通了蔬菜销路，又确保了蔬菜价格的稳定，避免了"菜贱伤农"，有效带动群众增收，提升了仁兆镇蔬菜产业核心竞争力。

撰稿单位：青岛市智慧乡村发展服务中心，平度市仁兆镇农业农村服务中心
撰　稿　人：王　涛，于建青，赵　晗

产业，基于陕西省农业物联网综合管理分析平台，结合当地种植业及当地环境特点，扩展该区县主导产业和特色化应用功能，以支持当地物联网应用和智慧农业的推广，不断推进业态和模式创新，实现乡村产业振兴。

有力决策支撑：通过数据共享及交换服务机制与其他单位等相关数据实现互联共享，构建物联网数据＋气象数据＋电商数据＋农产品数据＋互联网数据＋专家知识库数据＋预警分析模型数据等的农业大数据体系，结合遥感、GIS技术，以时间、区域、生产环境等多维度展现，呈现高精度、网格化、区域化、可视化的农业产业地理分布电子地图，为农业部门及时提供可视化的农业产业分布、产量面积等农情信息，实现主要农产品产量预测、灾情预警、病虫害预警等。

撰稿单位：陕西省农业宣传信息中心

撰　稿　人：殷　华

山东省青岛市平度市仁兆镇智慧农业建设智慧服务典型案例

➤ 基本情况

仁兆镇是青岛市优质蔬菜生产大镇，也是山东省农业产业强镇。全镇现有13个行政村（91个自然村），耕地面积12万亩，蔬菜种植面积10.5万亩，年产量62万t，拥有"仁兆蒜薹""仁兆圆葱"两个国家地理标志保护农产品，所产"沽河"牌系列蔬菜先后被农业农村部和山东省评为优质产品，属山东省著名商标。针对仁兆镇独特优势，自2020年以来，仁兆镇致力于打造山东省首个数字乡村镇，与联通公司合作建立集"数字＋治理""数字＋党建""数字＋政务""数字＋产业"等内容于一体的"和美仁兆"数字乡村平台，为乡村振兴智慧农业服务注入新的发展动能。

➤ 主要做法

仁兆镇紧紧围绕数字乡村建设需求，与联通公司合作，聚焦基层党建、公共服务、社会治理、特色产业发展等智慧服务，重点从队伍建设、资金保障、人员培训、网络建设等方面入手，详细制定推进计划，确保各项工作扎实有效推进。

一是成立联合专班，选优配强队伍。由乡镇、联通公司主要负责人任班长，在全镇范围内公开选聘网格信息员，把乡镇、公司和村庄骨干力量拿出来，组成联合攻坚团队，推进智慧服务有序开展。二是划拨专项资金，提供有力保障。从镇级财政划拨60万元专项经费，有力地保障设备完善、物资采购等工作，确保工作顺利推进。三是整合全镇信息，构建一图感知。开展全镇"人、户、房、环境"4项联动监管的村庄一图感知图建设，整合全镇7万人的个人详细信息，在电子地图上直观立体展示乡镇基础信息、村民基础信息、待办信息、重点地段监控信息等。真正实现"一屏观全镇、一屏管全镇"的现代化智慧服务。

➤ 经验效果

在治理方面，智慧服务云监控平台可在线查看视频监控内容，有效保障了村民的人身财产安全，提高了村民的安全感、满意度。数字广播系统实现播报无须人员到场，镇党委、政府各类政策、党建工作、精神文明建设、应急通知等信息快速、安全、及时传递到广大群众及基层一线。

常用应用

 卫生检查评分表　 信用体系建设居民日…　 数字大屏　乡村大喇叭　 仁兆镇蔬菜种植统计

 智能填表　 智能会议率　 出租房屋采集表-实有…　 包村干部走访群众征…

在服务方面，智慧服务将日常办公、办事全过程融入"和美仁兆"数字乡村平台，满足干部线上办公、报表汇总、实时督查、汇报审批、云盖章和群众办事等日常高频次办公办事需求。设立"书记信箱"板块，村民可通过该板块直接向镇党委主要领导反映诉求、举报、咨询、建议等信息，问题由镇党委主要领导顶格阅

智慧互联网数字广播系统

实时广播　　分组管理

处、转办、调度，同时组织相关责任部门及时堵塞漏洞、补齐短板，变被动出访为主动预防，从源头化解群众合理诉求。

在经济方面，智慧服务通过平台大数据汇总，实时掌握全镇蔬菜种植种类、面积、产量，并与平度农旅集团建立的青岛农旅筑梦农业合作社合作，有针对性地寻求公司大额订单，用好用活"公司＋农户"的订单农业经营模式，既畅通了蔬菜销路，又确保了蔬菜价格的稳定，避免了"菜贱伤农"，有效带动群众增收，提升了仁兆镇蔬菜产业核心竞争力。

撰稿单位： 青岛市智慧乡村发展服务中心，平度市仁兆镇农业农村服务中心

撰稿人： 王　涛，于建青，赵　晗